航天器操控技术丛书

空间非合作目标交会运动规划与控制

Motion Planning and Control for Space Rendezvous with Non-cooperative Targets

罗建军　党朝辉　马卫华　殷泽阳　著

国防工業出版社

·北京·

图书在版编目（CIP）数据

空间非合作目标交会运动规划与控制 / 罗建军等著. —北京：国防工业出版社，2023.8

（航天器操控技术丛书）

ISBN 978-7-118-13023-2

Ⅰ. ①空…　Ⅱ. ①罗…　Ⅲ. ①航天器－飞行控制－研究　Ⅳ. ①V448.2

中国国家版本馆 CIP 数据核字（2023）第 162672 号

※

国防工業出版社出版发行

（北京市海淀区紫竹院南路 23 号　邮政编码 100048）

北京虎彩文化传播有限公司印刷

新华书店经售

*

开本 710×1000　1/16　**插页** 2　**印张** 25¾　**字数** 448 千字

2023 年 8 月第 1 版第 1 次印刷　**印数** 1—1500 册　**定价** 168.00 元

国防书店：（010）88540777　书店传真：（010）88540776

发行业务：（010）88540717　发行传真：（010）88540762

丛书编写委员会

主　编：

李恒年（宇航动力学国家重点实验室）

副主编：

罗建军（航天飞行动力学技术国家级重点实验室）
高　扬（中国科学院空间应用工程与技术中心）
姜　宇（宇航动力学国家重点实验室）

委　员：

陈　刚（宇航动力学国家重点实验室）
曹鹏飞（北京航天飞行控制中心）
党朝辉（航天飞行动力学技术国家级重点实验室）
马卫华（航天飞行动力学技术国家级重点实验室）
贺波勇（宇航动力学国家重点实验室）
李海阳（国防科技大学）
刘建平（宇航动力学国家重点实验室）
李　勇（宇航动力学国家重点实验室）
沈红新（宇航动力学国家重点实验室）
王明明（航天飞行动力学技术国家级重点实验室）
张天骄（宇航动力学国家重点实验室）
朱　俊（宇航动力学国家重点实验室）
赵树强（宇航动力学国家重点实验室）

丛 书 序

探索浩瀚宇宙，发展航天事业，建设航天强国，是我们不懈追求的航天梦。近年来，中国航天迎来了一个又一个的惊喜和成就：“天问一号”迈出了我国自主开展行星探测的第一步；“北斗三号”全球卫星导航系统成功建成；“嫦娥五号”探测器成功携带月球样品安全返回着陆；中国空间站天和核心舱发射成功，我国空间站进入全面运营阶段。这些重要突破和捷报，标志着我国探索太空的步伐越来越大、脚步将迈得更稳更远。

航天器操控技术作为航天科技的核心技术之一，在这些具有重要意义的事件中，无时无刻不发挥着它的作用。目前，我国已进入了航天事业高速发展的阶段，飞行任务和环境日益复杂，航天器操控技术的发展面临着前所未有的机遇与挑战。航天器操控技术包括星座控制、操控任务规划、空间机器人操控、碰撞规避、精密定轨等，相关技术是做好太空系统运行管理的基础。习近平总书记指出：“要统筹实施国家太空系统运行管理，提高管理和使用效益”“太空资产是国家战略资产，要管好用好，更要保护好”。这些重要指示，为我们进一步开展深入研究与应用工作提供了根本遵循。

航天器操控技术是做好太空交通管理，实现在轨操作、空间控制、交会控制等在轨操控航天任务的基础。随着航天工程的发展、先进推进系统的应用和复杂空间任务的开展，迫切需要发展航天器操控的新理论与新方法，提高航天器操控系统能力，提升我国卫星进入并占据“高边疆”的技术能力。航天器操控理论与技术的发展和控制科学与工程等学科的发展紧密结合，一方面航天器操控是控制理论重要研究背景和标志性应用领域之一，另一方面控制科学与工程学科取得的成果也推动了先进控制理论和方法的不断拓展。经过数十年的发展，中国航天已经步入世界航天大国的行列，航天器操控理论与技术已取得了长足进步，适时总结航天器操控技术的研究成果很有必要，因此我们组织编写《航天器操控技术丛书》。

丛书由西安卫星测控中心宇航动力学国家重点实验室牵头组织，航天飞行动力学技术国家级重点实验室、国防科技大学等多家单位参与编写，丛书整体分为4部分：动力学篇、识别篇、操控技术篇、规划篇；“动力学篇”部分介绍我国航天器操控动力学实践的最新进展，内容涵盖卫星编队动力学、星座动力学、高轨操控动力学等；“识别篇”部分介绍轨道确定和姿态识别领域的最新研究成果；“操控技术篇”部分介绍了星座构型控制技术、空间操控地面信息系统技术、站网资源调度技术、数字卫星技术等核心技术进展，“规划篇”部分介绍航天任务规划智能优化、可达域、空间机械臂运动规划、非合作目标交会规划、航天器协作博弈规划与控制等领域的研究成果。

总体来看，丛书以航天器轨道姿态动力学为基础，同时包含规划和控制等学科丰富的理论与方法，对我国航天器操控技术领域近年来的研究成果进行了系统总结。从书内容丰富、系统规范，这些理论方法和应用技术能够有效支持复杂操控任务的实施。丛书所涉相关成果成功应用于我国“北斗”星座卫星、“神舟”系列飞船“风云”“海洋”“资源”“遥感”“天绘”“天问”“量子”等系列卫星以及“高分专项工程”“探月工程”等多项重大航天工程的测控任务，有效保障了出舱活动、火星着陆、月面轨道交会对接等的顺利开展。

丛书各分册作者都是航天器操控领域的知名学者或者技术骨干，其中很多人还参加过多次卫星测控任务，近年来他们的研究拓展了航天器操控及相关领域的知识体系，部分研究成果具有很强的创新性。本套丛书里的研究内容填补了国内在该方向的研究空白，对我国的航天器操控研究和应用具有理论支持和工程参考价值，可供从事航天测控、航天操控智能化、航天器长期管理、太空交通管理的研究院所、高等院校和商业航天企业的专家学者参考。希望本套丛书的出版，能为我国航天事业贡献一点微薄的力量，这是我们“航天人”一直以来都愿意做的事，也是我们一直都会做的事。

丛书中部分分册获得了国防科技图书出版基金项目、航天领域首批重点支持的创新团队项目、国家自然科学基金重大项目、科技创新 2030−新一代人工智能重大项目、173 计划重点项目、部委级战略科技人才项目等支持。在丛书编写和出版过程中，丛书编委会得到国防工业出版社领导和编辑、西安卫星测控中心领导和专家的大力支持，在此一并致谢。

丛书编委会

2022 年 9 月

前言

空间交会是航天器在轨建造、在轨维护、在轨服务和深空探测的基础。自1957年世界上第一颗人造卫星上天以来的半个多世纪，世界航天科技取得了巨大进步和长足发展，人类以空间交会技术为基础完成了空间站建造和深空探测等多种复杂航天任务。进入21世纪以来，空间飞行器在轨服务与维护成为航天科技发展与应用的重要方向，而空间交会是服务航天器完成在轨服务与维护任务的必经过程。与传统的空间合作目标交会不同，空间在轨服务与维护的主要对象为空间非合作目标，其中包括失效/失控的航天器、未正常入轨的航天器、燃料耗尽的航天器或部件故障的航天器、非己方的航天器、空间碎片等。由于空间非合作目标在信息层面上不沟通、机动行为上不配合，与其进行交会的运动规划与控制同合作目标相比有很大不同，需要综合考虑交会过程中的多约束、观测受限、不确定性、目标运动特征、安全性、鲁棒性和自主性等需求。迄今为止，针对空间非合作目标的操控仍是一个具有多种技术挑战的研究领域，与空间非合作目标的交会也是尚未解决的世界难题，相关理论、方法和技术更是空间在轨服务与维护领域关注的前沿课题。因此，综合考虑与空间非合作目标交会过程中的特殊性和任务需求，研究与空间非合作目标交会的动力学、导航、制导与控制具有重要意义与应用前景。

本书以空间非合作目标交会的运动规划与控制为主线进行介绍。全书共分为9章，第1章为绪论；第2章给出了适用于不同交会任务的航天器相对运动模型集；第3章提出了基于贝塞尔曲线的连续小推力交会轨迹优化设计方法；第4章给出了基于主矢量理论的椭圆轨道交会最优脉冲序列求解方法；第5章建立了考虑多约束和不确定性的鲁棒交会轨迹优化设计方法；第6章给出了基于可达集序列组合的反馈运动规划方法和算法；第7章给出了仅测角交会的导航与制导方法；第8章提出了自主视线交会的约定时间预设性能制导与控制方法；第9章给出了平动点轨道近程交会控制的预设性能控制方法。本书不仅涵盖了空间交会过程涉及的动力学、导航与制导、运动规划与控制等内容，而且将理论方法研究和空间非合作目标及其交会的特征和实际约束进行了深度融合，重点关注多约束最优交会轨迹设计、鲁棒和安全的交会运动规划与控制、交会过程中导航制导与控制的一体化，还引入了大量具有代表性的仿真案例，使本书介绍的运动规划与控制方法更具航天科技前沿特色和实践特性。因此，本书对于航天器相对运动规划与控制、空间非合作目标操控技术研究与应用具有重要的理论和实用参考价值。

本书是作者及其团队近几年来关于空间非合作目标交会运动规划、导航、制导与控制研究的阶段成果总结，由罗建军教授策划和统稿，除本书作者外，参与本书部分章节撰写和资料整理的博士（生）有姚玮、郑茂章、靳锴、高登巍、郑丹丹、施俊杰等。本书的研究工作得到了国家自然科学基金重大项目“空间翻滚目标捕获过程中的航天器控制理论与方法”（61690210）及其课题“空间非合作目标交会的多约束智能自主规划与控制”（61690211）的资助，在此表示感谢！

本书可供航空宇航科学与技术、控制理论与工程领域的科学研究和工程技术人员学习参考，也可作为高等院校相关专业研究生的教学参考书。期望本书对于研究和应用航天器交会及其运动规划与控制、实践航天器在轨服务与操控的学者和工程技术人员具有学术参考价值和使用价值，并引发更深层次的创新研究与应用。

作　者
2023 年 1 月

目录

Contents

01

第1章 绪　论

1.1 空间非合作目标的概念与特征

1.1.1 空间非合作目标的概念与分类

1. 空间非合作目标的概念

空间非合作目标是指在测量与导航、星间通信、跟踪控制、交会对接等方面不能或不愿与主动航天器配合进行信息交互或实体交互的各类空间运动物体，包括自然天体、空间碎片、故障航天器、失效航天器及对抗性航天器等。主动航天器有时也称为服务航天器，是指在地面控制或自主运行下能够按照用户意图或空间任务要求，执行空间组网任务、空间交会任务、近距离操作任务或在轨服务任务的航天器。在空间交会和空间在轨服务任务中，主动航天器通常也称为追踪航天器，或者简称追踪器。这里所说的自然天体，主要是指能够被航天器进行观测、抓捕或操作的小天体，如小行星、陨石、彗星等。对自然天体进行主动观测、抓捕或操作的目的在于资源勘探、科学考察以及近地小行星防御。由于自然天体本身缺乏合作标识且不会进行主动配合，因此对其进行抓捕或操作过程中充满着非合作性。除自然天体外，空间非合作目标中的另外4类（空间碎片、故障航天器、失效航天器、对抗性航天器）均是人造空间物体，因此可称为人造空间非合作目标，在空间交会和空间在轨服务任务中通常也统称为目标航天器，或者简称目标器。

空间非合作目标的非合作性主要体现在主动航天器对其进行信息及实体交互操作等的过程中。典型的交互操作可分为接触性操作与非接触性操作两大类，其中接触性操作主要包括停靠、对接、姿轨接管控制、搬运、维修、燃料加注等，非接触性操作主要包括绕飞监视、编队飞行、非接触式姿轨接管控制（采用电磁力、静电力、洛伦兹力、激光、等离子体等）。一个航天器或空间对象能否成为空间非合作目标，与其所处的环境有关，也与任务类型、操作主体的能力等有关。在非接触式操作过程中，如果目标运动体存在不配合的主动轨道机动、姿态机动，则该过程属于典型的非合作操作。在接触式操作过程中，由于超近距离范围内的安全性要求，主动航天器对被操作对象进行观察、测量、靠近、控制或接管时需要后者具备或提供测量标识、信息应答、对接接口、控制接口等。当这种配合的条件与意愿不具备或受干扰时，被操作对象以被动或主动形式成为事实上的非合作对象。因此，非合作性是动态变化或可转化的，也是根据主观意愿或操作能力可以实时调控的。

空间目标的非合作性主要表现为信息层面不沟通、机动行为不配合、对抗威胁性。空间目标的非合作情形可以归纳为以下 4 种[1]。

（1）主动航天器与目标航天器之间没有通信链路，或通信不稳定、不连续，或通信受到干扰（自然的或人为的），从而使双方的信息交互缺失，主动航天器在靠近或操控目标航天器时较难获得对方的相关状态和参数信息（如运动状态、尺寸、质量、惯量、接口类型和位置等信息）。

（2）目标航天器没有安装用于相对位姿测量的合作标识，或其合作标识并非为主动航天器所设，或其合作标识损坏、故障或故意伪装等，导致主动航天器在靠近或操控目标航天器时无法精确获取目标的相对位置、姿态等运动状态信息或其他有助于操控的信息。

（3）目标航天器没有安装用于交会对接和抓捕接管的机械接口、信息接口，或者这些接口被隐藏、损坏，导致主动航天器无法对目标实施操控、服务或抓捕等操作。

（4）目标航天器的姿态存在翻滚或机动（自然的或有意为之）、轨道存在漂移或机动（自然的或有意为之），导致主动航天器无法或不容易完成对目标的观测、靠近、抓捕等空间操作活动。

2. 空间非合作目标的主要来源

本书所讨论的空间非合作目标主要指在轨飞行的失去用途或具有危害性的人造空间物体，主要包括空间碎片、故障航天器、失效航天器、对抗性航天器等。

1）空间碎片

空间碎片也称空间垃圾，主要是指地球轨道附近失效和废弃的人造空间物体。空间碎片的来源主要有 3 个方面：①发射任务结束后滞留在外太空的火箭残骸，包括火箭外壳、火箭助推器与上面级、航天器整流罩、卫星适配器残骸、火箭推进剂储箱等；②因故障或寿命到期而失去控制的废弃航天器和有效载荷；③航天器因碰撞、爆炸或解体产生的碎片。

根据欧洲航天局（ESA）的统计[2]，截至 2020 年 2 月，人类总共实施过 5560 次火箭发射，将 9600 多颗卫星送入了地球轨道。其中仍停留在外太空的卫星大约有 5500 颗，但仅有大约 2300 颗正常工作，停留在外太空的人造物体总质量超过 8800 吨。其中不能正常工作的卫星，因为碰撞、爆炸、解体或异常事件等原因产生了大量碎片。目前空间监测网（space surveillance networks）能够进行跟踪和记录的空间碎片大约有 22300 颗。根据该监测系统统计，截至 2020 年 2 月，已发生过的碰撞、爆炸、解体或异常事件超过 500 起。根据观测和模型计算结果可知，大于 10cm 的空间碎片超过 3.4 万颗，在 1～10cm 之间的空间碎片超过 90 万颗，1mm～1cm 之间的空间碎片超过 1.28 亿颗。空间碎片对在轨正常工作的航天器带来潜在的碰撞风险及航天器表面损害。根据 2019 年国际空间站撞击数据库（ISS impact database）的统计，自运行以来，从国际空间站返回的曾在外太空暴露过的物体共遭遇空间碎片撞击大约 1400 余次。

2）故障航天器

故障航天器（faulted spacecraft）是指子系统或星上设备故障导致部分功能无法正常工作的航天器。由于航天器是一个复杂的机电系统，包含结构、热控、电气、轨控、姿控、导航等多个子系统及相关设备，即使各部分的损坏概率再小，航天器整体出现故障的概率仍无法做到完全归零。当航天器出现故障时，其运行将会出现异常，从而表现出非合作性。按照故障的严重程度，可将故障航天器分为 4 类[3]：第 I 类为灾难性故障，第 II 类为严重故障，第 III 类为一般性故障，第 IV 类为轻微故障。伴随故障程度不同，其非合作性的程度也不同。

根据一项针对国外 527 个故障航天器的统计结果可知[3]，故障航天器中不同年代的比例分布为：20 世纪 60 年代占 2%，20 世纪 70 年代占 7%，20 世纪 80 年代占 13%，20 世纪 90 年代占 23%，2000—2010 年占 43%。其中，2000 年后的故障航天器数量最多，这是因为人类航天发射的频率在此阶段不断增高。研究结果还表明，航天器不同子系统发生故障的概率不同，从大到小依次为控制系统 28%、有效载荷 22%、供配电系统 14%、推进系统 13%、热控系统 5%、测控系统 4%、环控生保系统 3%、数管系统 2%，其他 9%。由上述统计结果可知，控制系统和有效载荷发生故障的概率最高，两者的故障之和占到了航天器总故障的 50%；而空间操作和在轨服务任务中，服务航天器和目标航天器之间进行交互操作涉及最多的部分又是这两个子系统。因此，故障航天器是一大类重要的空间非合作目标。

3）失效航天器

失效航天器（disabled spacecraft）是指因电量耗尽、燃料耗尽、电器老化等原因导致航天器无法继续在轨正常工作的航天器。故障航天器中的第 I 类（即灾难故障）航天器也可被看作失效航天器，但失效航天器并不总是故障航天器，因为前者在适当的外界条件激励下仍有可能恢复工作。例如，因燃料耗尽而无法继续进行轨道维持或机动的航天器是一类典型的失效航天器；但若通过在轨服务任务为其补充燃料，则这一类失效航天器仍可恢复正常工作。另一种常见的失效情形是各种行星或小行星探测器，因为太阳光被行星上的山脉或悬崖遮挡而导致太阳能电池耗尽“沉睡”，无法继续工作，典型案例为 2015 年 6 月欧洲航天局的“菲莱”探测器，其在彗星 67P 上的着陆位置靠近一处悬崖，由于光照不足，仅工作 60h 后便失效。

4）对抗性航天器

对抗性航天器（hostile spacecraft）是指主观上存在轨道机动（逃逸）、姿态机动以及其他潜在对抗性操作等特征的航天器。由于国家安全和空间安全的需要，世界各军事强国已经或将要开展空间攻防技术的研究。在可能的未来太空战场上，具有一定操作能力的航天器会对其他航天器实施抵近侦察、非合作干扰、接触/非接触式接管等。在这种空间对抗场景和操控过程中，主动航天器与目标航天器彼此均是对方对抗和防御的非合作目标，因此称为对抗性航天器。

1.1.2 空间非合作目标的主要特征

相比合作航天器，空间非合作目标的非合作特征主要表现在 3 个方面，即信息不沟通性、行为不配合性、对抗威胁性等。

1. 信息不沟通性

在轨操作与服务过程需要获取的信息包括位置与姿态信息、三维构型信息、惯性参数信息等。

（1）位置与姿态信息主要是指两航天器之间的相对运动状态信息，即主动航天器与目标航天器之间的相对位置、相对速度、相对姿态与相对角速度等。相对运动状态信息作为交会过程中必要的导航数据，其作用是确保交会的准确性和安全性。相对位置与姿态信息的获取方式包括激光测距、可见光成像、光电应答等。当目标航天器无法或不愿提供用于进行位置与姿态信息测量的识别标志器或应答器时，目标航天器处于非合作状态。位置与姿态信息的获取，除了采用相对测量技术实现外，也可由目标航天器通过星间通信方式将其自主测量的绝对位置和姿态信息提供给主动航天器。同样地，当目标航天器不具备星间通信或不愿通过该方式提供其位姿信息时，其行为也表现出非合作性。

（2）目标航天器的三维构型信息是指其结构构型与轮廓、星上载荷与设备分布情况、对接装置安装位置等信息。三维构型信息主要服务于主动航天器交会对接、目标抓捕和停靠方位的选择，其对空间操作与在轨服务的可实现性及安全性具有重要意义。当目标航天器为合作航天器时，这种三维构型信息是事先已知的，可以事先存储在主动航天器星载计算机内，因此降低了对在轨精确测量的要求。当目标航天器为非合作航天器时，其三维构型信息可能事先无法获得，因此需要主动航天器在接近过程中进行实时测量、观测与三维重构，增加了其在轨操作的复杂度。当在轨测量不精确或三维重构实时性不够时，会给空间操作与在轨服务任务的实施带来潜在风险和挑战。

（3）目标航天器的惯性参数信息是指其质量、转动惯量等表征其运动固有属性和参数的一些物理量。大多数空间操作及服务任务要求主动航天器与目标航天器通过对接或抓捕的形式形成组合体。当目标航天器是合作航天器时，其质量和转动惯量是事先知道的，因而组合体的总质量和总转动惯量可通过简单计算得知。当目标航天器是非合作航天器时，其质量和转动惯量事先不确定，这造成了组合体的总质量和转动惯量也是未知的。对于后一种情况，当主动航天器试图通过自身携带的推力器或姿态控制机构（如姿控推力器、飞轮或磁力矩器）进行组合体轨道或姿态控制时，会因模型参数不准确而造成控制偏差，严重时甚至会导致任务失败。由于非合作目标的这一特性，组合体的在轨参数（质量和转动惯量）辨识就成为一项重要的关键技术。

2. 行为不配合性

航天器的行为主要是指航天器在轨道运动、姿态运动、对接机构响应和配合等方面表现出的特定规律。按照行为的友好程度，可将其划分为配合性和非配合性两种类型。其中，配合性的行为是指合作航天器在轨道运动、姿态运动、对接响应等方面所表现出的有利于主动航天器完成空间操作与服务任务的行为。相反，非配合性的行为是指非合作航天器被动或主动进行的各种运动及响应，使操作或服务任务无法或者不容易正常完成。

（1）在轨道运动方面，配合性的行为表现为主动航天器和目标航天器之间的相对位置按照特定规律逐步缩小（从而实现交会对接或抓捕）或保持期望状态（实现绕飞侦察或编队飞行）；在此过程中，目标航天器沿着自然轨道或者期望轨道运行，其位置和速度可完全精确预报或测量。非配合性的行为表现为目标航天器通过推力器工作实现不配合的轨道机动或转移，从而导致主动航天器无法实现靠近、交会、抓捕或期望的相对运动控制。当目标航天器通过主动的轨道机动逃避主动航天器的接近时，两者之间构成一种空间追逃博弈问题。

（2）在姿态运动方面，配合性的行为表现为主动航天器和目标航天器之间的相对姿态按照特定规律演化，最终实现姿态一致或使相对姿态达到期望状态。在此过程中，目标航天器的姿态是三轴稳定的，或者按照特定规律发生变化的，因而是可以精确预测的。非配合性的行为表现为目标航天器的姿态因为失控处于翻滚、高速自旋等不可预测状态，或者因为受到主动控制力矩的作用而实现大范围的、明显的不配合姿态机动。这些行为均使主动航天器很难实现两者姿态的匹配与协调，因而阻碍了空间操作和在轨服务任务的顺利实施。

（3）在对接机构响应和配合方面，配合性的行为表现为主从航天器之间的对接机构是匹配的，且对接过程中目标航天器能够主动进行对接响应，包括对接标识的出示、对接信号的应答、对接锁紧的执行等。非配合性的行为表现为目标航天器缺乏对接机构或对接机构尺寸或类型不匹配，以及虽然存在适合的对接机构但没有进行合适的对接响应（如故障）。因此，非合作航天器的对接往往较难实现，需要主动航天器研制特定的抓捕机构完成对目标的捕获和抓捕，且要研究合适的抓捕策略、抓捕时机和抓捕位置。

3. 对抗威胁性

对抗威胁性是指空间非合作目标对正常飞行的航天器所带来的直接或潜在危

害，包括碰撞威胁、干扰威胁、被操控威胁等。

（1）碰撞威胁的实施主体包括空间碎片、故障航天器、失效航天器、对抗性航天器本身及其释放的撞击物（如动能武器）。其中，空间碎片体积小、数量多、运动不规律、较难被发现，是碰撞威胁中最主要的实施主体。一旦被空间碎片撞击，轻则损伤航天器表面材料、损坏光学成像设备等，重则导致结构被击穿造成航天器损毁或解体。故障航天器、失效航天器虽然数量少，但体积大、重量大，当其轨道运动未被发现或其轨道运动复杂时，会给在轨正常运行的航天器带来极大的碰撞威胁。对抗性航天器实施的轨道对抗活动也会造成碰撞威胁。轨道对抗是指航天器在轨道上进行的监视与反监视、拒止接近、阻止航天器服务甚至击败或者捕捉对方航天器的活动，典型的包括主动接近造成轨道碰撞威胁、干扰、通过释放污染物或撞击物，形成对正常工作航天器的威胁、干扰、定点损伤或严重破坏，从而影响航天器的正常飞行与作业，甚至导致航天器故障或航天器损毁。

（2）干扰威胁的实施主体主要是对抗性航天器，其主要干扰方式包括电磁干扰、光学干扰、化学干扰等。其中，电磁干扰是指对抗性航天器通过发送电磁信号实现对主动航天器的星上设备或通信链路进行干扰，导致主动航天器失控或无法收发数据。光学干扰是指对抗性航天器通过反射太阳光或发射激光，对主动航天器实现光学器件的临时致盲或永久致盲。化学干扰是指对抗性航天器通过散布气体、液体、涂料等化学试剂，实现对主动航天器设备或表面结构的损害。干扰威胁通常不会对主动航天器造成永久失控或损毁，但会对主动航天器的在轨运动和正常工作造成干扰或轻微损伤。

另外，考虑到故障航天器、失效航天器本身通过维修或者维护还可起死回生，或者其重要部件还有再利用价值，可通过在轨服务技术操控故障航天器和失效航天器实施空间在轨服务与维护。在此过程中，故障航天器和失效航天器是一类非合作目标，可能存在不确定性机动，对于服务航天器来说也有一定的对抗性。

1.2 空间非合作目标交会的技术挑战

1.2.1 空间非合作目标交会过程

服务航天器与空间非合作目标交会对接过程的示意图如图 1-1 所示。由图可知，空间非合作目标交会对接的过程可大致分为仅测角交会、抵近与监视、交会与对接、组合体机动等 4 个阶段[4]。

1. 仅测角交会

仅测角交会是在距离可测区域（range-capable zone）之外的自主交会阶段。在该阶段的交会任务中，距离不可观问题通常是由于只能进行低阶的测量。例如，只能对目标物体进行仅测角观测，或者是因为需要处理完全未知、非合作的物体，这类物体通常不能通过地面观测提供信息或只能提供有限的部分信息。

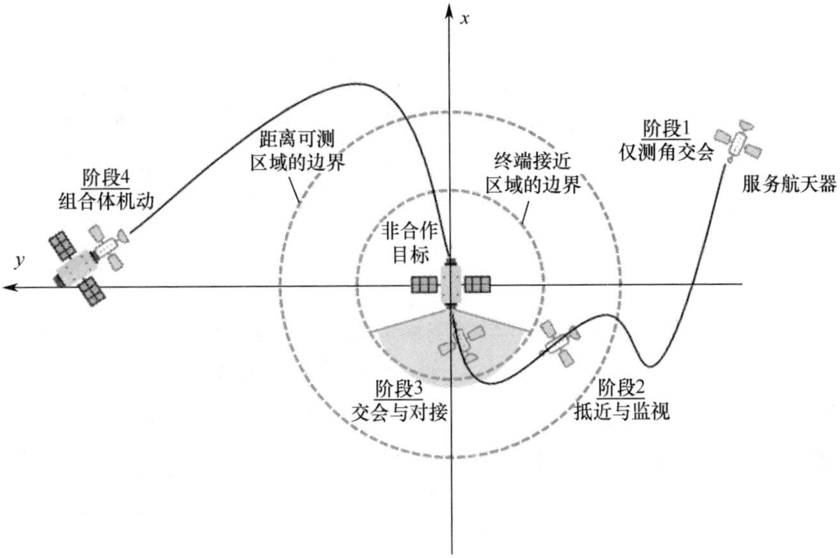

图 1-1　服务航天器与空间非合作目标交会对接过程示意图[4]

2．抵近与监视

在进入距离可观测区域后，航天器能够利用可用的星载传感器信息进行全面的相对状态估计。在这一阶段的典型任务是绕飞观测，追踪器环绕目标飞行，同时观测和获取有价值的测量信息。

3．交会与对接

一旦成功获得足够的信息，追踪器进入轨迹交会对接阶段，继续朝向终端接近区（terminal approach zone）运动。在任务的这一阶段，需要开始考虑附加约束，如视线持续朝向对接口，以及追踪器必须遵循精确规划的轨迹进行运动，并完成与目标对接或处于追踪器机械臂的抓捕范围内。

4．组合体机动

任务的最后阶段涉及在完成交会对接操作后的组合体系统。为了确保正确和成功的操作，必须在任务的导航、制导和控制方案中考虑组合后新系统的物理特性。

空间非合作目标交会的过程由于考虑到目标非合作性、有限观测性、交会过程不确定性、空间操控精确性和鲁棒性等因素的影响，其交会过程具有与传统合作目标交会的不同特点，也存在多方面的技术挑战。下面简要分析空间非合作目标交会在相对导航、轨迹规划和交会控制方面的技术挑战。

1.2.2 轨迹规划技术挑战

1. 轨迹规划的定位定姿需求

主动航天器与目标航天器之间的相对位姿信息是空间交会与在轨服务操控任务实施的前提，这些相对位姿信息是规划后续主动航天器姿轨运动规划与控制的基础。空间非合作目标交会的相对导航，所要实现的目标就是通过对所测得的信息进行处理，得到航天器与非合作目标之间的相对位置、相对速度和相对姿态信息。当距离目标较远时，空间交会对相对姿态测量的需求并不大，相对导航的主要任务是获得追踪器与目标之间的相对位置和相对速度；随着距离接近，需要获取相对姿态信息和目标的其他参数，完成与目标的抵近与对接。

传统上，可以通过地面站同时测量主动航天器和目标航天器各自的轨道，并进行差分计算得到两者之间的相对状态信息。但这种方法受地面站布设、可见性以及观测精度等因素影响，同时也不能提供相对姿态信息，无法满足逼近阶段的任务要求，因此必须发展在轨自主相对导航方法。

当目标航天器是合作型航天器时，根据相对距离的远近可以采用不同的自主导航方式，可分为信息共享方式和直接测量方式两种。①远距离相对导航方案。当航天器间的相对距离较远时，主动航天器携带的传感器无法探测到目标航天器的合作标识，双方可通过星间通信共享绝对导航信息，进而通过几何计算得到相对位置和速度信息。在此阶段，因为航天器之间距离较远，没有必要确定两者之间的相对姿态信息。相对位置和速度估计信息随后反馈给追踪航天器轨迹规划器和控制器，以便实现轨迹交会与抵近。②近距离相对导航方案。当主动航天器携带的传感器可以探测到目标航天器的合作标识时，则通过直接测量和状态滤波估计的方式实现相对位姿的精确确定。上述所述合作标识，在目标航天器的本体坐标系中的安装位置和方位是事先精确已知的，因此通过光学、雷达等测量手段获取这些合作标识在主动航天器视场中的测量数据（如图像序列、点云数据），并通过数据处理算法精确获取两个航天器之间的相对距离与方位。这种基于合作标识的相对导航技术通常可靠性较高、测量准确且受空间环境影响小，因此是合作目标相对位姿信息获取的主要手段。

然而，对于空间非合作目标而言，一般表现为以下特点：①未安装用于辅助测量的合作标识；②无法利用星间链路向外传输自身信息；③处于失控翻滚的运动状态。与上述面向合作任务的导航方法不同，针对非合作航天器的相对导航需在不依赖合作标识以及星间数据传输的情况下，完全依靠测距或者成像之类的星载相对测量装置进行观测和成像，自主地实现非合作航天器运动状态的高精度实时测量。对于己方的故障航天器、失效航天器而言，其外形结构、尺寸、部件组成、质量及转动惯量信息等是已知的；而对于对抗性航天器或空间碎片等非合作目标，其外形尺寸、结构组成、质量及转动惯量等信息均是未知的。因此，相对导航过程中无法通过事先确定的特征或标识进行非合作目标的相对测量。

目前，可用于空间非合作目标自主交会相对导航的相对测量传感器主要有微波雷达、激光雷达、光学相机等。由于非合作目标缺乏合作标识或应答装置，需要通过雷达（激光或微波）或相机进行主动或被动测量，通过纯方位或仅测角导航、测距/测角信息、图像处理与视觉导航等方式完成相对导航。其中，仅测角导航通常用于远距离的相对导航，雷达测量通常用于中近距离的相对导航，视觉测量用于近程或逼近段的相对导航。不同阶段的技术挑战有所差异。

针对远距离的仅测角导航，需要考虑的核心问题是如何解决仅测角导航的可观性问题所引起的相对导航误差增大的难题；近程或者逼近段的视觉相对导航中，需要考虑到非合作航天器相对导航的工作场景、目标可能存在的翻滚运动、目标表面材料的反射特性以及太空光照条件的不确定性均可能引起的敏感器成像尺度、质量的大范围变化。因此，在近距离交会阶段，特别是最终逼近阶段，需要同时考虑相对轨道运动、相对姿态运动以及两者之间的耦合作用，这是需要与完全未知且非合作目标对象进行交互的阶段，此时对于空间非合作目标的相对姿态参数的获取是最具挑战性的场景。

已有的特征识别方法无法适应自主在轨服务过程的特殊任务环境。同时，现有的图像处理技术需要庞大的计算量，在轨计算机的存储和计算能力，相对导航和视觉伺服控制的实时性要求。因此，需对目标表面特征识别技术进行深入研究。针对特征的大尺度变化以及光照等因素的影响，需研究具有鲁棒性的特征提取、匹配、跟踪算法。针对空间测量实时性的要求，需在保证精度的前提下对已有的特征识别方法进行精简与优化；同时，对于特征可能运动到敏感器视场之外，以及因目标旋转而导致特征被遮挡的问题，需深入研究特征的跟踪与接力观测方法。

为了收集足够的信息以支持后续的任务阶段，不仅需要执行相对状态估计，还需要执行系统辨识和跟踪控制。辨识任务又可以划分为不同的层次。在几何层次上，需要获取目标对象的三维图形表示，来估计追踪航天器与目标的相对位姿，并用于规划和跟踪算法中。这个问题可以表述为动态环境中的同时定位与地图构建（simultaneous localization and mapping，SLAM）问题，追踪航天器需要同时估计与目标的相对状态，并逐步构建用于定位的目标几何表示。现有的方法包括基于激光雷达和基于视觉的观测和 SLAM。

从语义上讲，系统辨识任务要对场景进行分割，并将目标分解为各组成部分。也就是说，不仅要求追踪航天器计算与目标的相对位姿，而且要分辨目标物体的重要信息，例如，目标的对接接口在哪里、目标上电池或燃料箱的位置、要维修的部件等。对于这方面的问题，机器学习和计算机视觉方面的文献给出了大量的方法，包括卷积神经网络、编码器–解码器、随机决策树、支持向量机等算法。

系统辨识任务的最后一个方面是对未知目标物体进行物理和惯性特性辨识。也就是说，需要获得目标的质心位置、惯性主轴指向、相应惯量比等参数的估计值。为了对这组参数进行辨识，需要研究和提出新的方法来将这些参数与目标的几何参数进行联合优化。

上述获得的目标信息随后传递到后续任务阶段和操作中，用于运动规划、制导和控制。其中，将由物理惯性参数描述的目标运动模型传递给追踪航天器制导模块，将目标的几何表示及其语义含义传输给追踪航天器规划算法，并将相对位姿和状态估计作为追踪航天器交会轨迹优化与闭环控制的一部分。

2. 轨迹规划的不确定性与安全性挑战

空间交会轨迹规划是服务航天器完成空间在轨服务的前提。轨迹规划是指在约束条件下，以相对运动模型为基础，采用优化算法确定航天器交会的最优转移轨迹，使其在指定时间内到达期望状态，并使目标函数最优。由于空间非合作目标在信息层面上不沟通、机动行为上不配合，导致非合作目标的交会轨迹规划与合作目标不同，因而存在以下特点：①考虑到大多数成为太空垃圾的运载火箭末级或上面级、未正常入轨的航天器等空间非合作目标在椭圆轨道运动，面向空间碎片主动清除和在轨航天器服务需求，需要探索椭圆轨道非合作目标交会的轨迹规划与制导方法；②由于目标可能处于姿态旋转或翻滚状态，交会过程有可能无法沿着前后方向或同轨道面上进行接近，交会方向可能根据目标具体情况位于异面轨道以及空间任意方向，需要研究沿任意方向接近和交会的轨迹规划方法；③由于测量手段受限，测量信息存在较大不确定性，且存在测量信息不完备的情况（如仅有角度信息、无距离信息），需要研究非完备信息的导航与鲁棒交会轨迹规划方法；④空间非合作目标机动行为不配合，且可能存在未知机动，需要研究智能博弈交会轨迹规划与制导；⑤空间非合作目标轨迹规划需要考虑多种约束，如接近走廊约束、避障约束、视线角约束等，需要研究多约束交会的综合优化制导与安全控制方法。

空间非合作目标交会的不确定性分析是轨迹设计与优化的一个重要内容。不确定性因素包括导航制导与控制系统中的不确定性、环境不确定性、未建模动态以及参数不确定性等。这些不确定性因素使交会过程中的真实轨迹偏离设计的标称交会轨迹，导致交会精度降低或者交会任务无法实施。因此，了解各种不确定性因素如何影响真实交会轨迹与交会精度，对不确定性因素及其造成的运动演化进行全面分析具有重要意义和应用价值。

空间非合作目标交会的轨迹规划还需要重点考虑安全性问题。由于非合作目标大多为失控或故障航天器，其姿态处于快速或不规则翻滚状态。因此，交会轨迹的设计必须考虑姿态与轨道的耦合问题，防止交会轨迹因目标姿态的变化使航天器之间发生危险接触或碰撞。因此，具体实施轨迹规划时，通常需要通过多阶段的“走-停”配合以及在线重规划实现安全接近。快速轨迹规划能够通过轨迹重规划消除不确定性因素及目标机动对交会精度的影响，因此综合考虑交会过程中的目标运动、多约束等特征，研究多约束轨迹快速规划具有重要意义。

1.2.3 交会控制技术挑战

空间合作目标交会控制是一个典型的多约束最优跟踪控制问题。因此，首先需要对服务航天器的跟踪控制能力进行分析与评估，以此判断服务航天器能否跟踪上非合作目标。同时，对服务航天器跟踪能力的定量分析也关乎到服务航天器在轨迹跟踪过程中能否依据自身跟踪能力进行智能自主的控制。针对推力受限下服务航天器的跟踪能力分析，现有研究多假定推力能够满足轨迹跟踪的需要，开展相应的交会轨迹跟踪控制研究。这种处理方法，只有初始追踪偏差有限情况下，才能成功实现推力受限跟踪控制。

在实际过程中，由于模型不确定性以及未知环境干扰的存在，导致初始跟踪偏差未知。当初始跟踪偏差过大时，有限推力难以实现对规划的交会轨迹捕获及后续跟踪。对推力受限下的服务航天器跟踪能力开展定量分析研究，可以给出推力受限下服务航天器可跟踪的初始偏差范围以及最大推力下的可达范围，用于评估服务航天器总体设计尤其是推力系统设计是否合理与有效。从控制角度来说，推力受限下的跟踪能力定量分析是受限控制系统的不变性问题。另外，由于非合作目标交会过程中测量信息不完备，存在多约束、多种不确定性和干扰以及目标运动的时变非线性，非合作目标交会的最优跟踪控制是约束条件下的不确定非线性最优控制问题。

为了有效实现非合作目标交会面临的不确定性非线性最优控制求解问题，传统的基于 Lagrange-Hamilton 求解的最优控制方法、基于线性二次型调节控制（LQR）、基于线性矩阵不等式（LMI）的控制、基于滚动优化的模型预测控制（MPC）面临复杂度高、时效性差、难以适应实时性要求等困难。为了克服上述困难，发展近似最优控制方法是一种思路，但是由于没有改变迭代优化求解的本质，因此并不能有效降低最优控制求解的复杂度。基于预测控制理论与混合系统理论的序列动作控制方法，能够解决一类在约束条件下的不确定性非线性预测最优控制问题。该方法以跟踪误差和控制力最小为优化目标，借助模式嵌入梯度思想设计最优控制器，不需要在线大量的迭代优化，大大降低了受限非线性最优控制求解的复杂度，是未来交会控制的重要发展方向。

1.3 空间非合作目标交会轨迹规划与控制研究现状

空间交会技术已经发展了几十年，我国也成功实现了“神舟”8 号、9 号、10 号、11 号与“天宫”1 号、2 号载人空间试验平台以及中国空间站的交会对接。但以往大多数空间交会属于合作交会，其中目标航天器具有信息、行为上的合作与配合。近年来，以美国、英国、欧洲航天局为代表的几个航天大国或组织已经开展和规划了多个面向空间非合作目标交会与操控任务的技术试验，包括碎片清除、故障航天器捕获、轨道寿命延长等，具有空间非合作目标交会特征的典型项目和计划如表 1-1 所列。综合分析合作目标与非合作目标的空间交会试验任务可以看出，航天器空间交会的对象呈现由面向主动提供测量信息的合作目标，到被动提供测量信息的合作目标，进而到无机动非合作目标，最终到机动非合作目标的发展趋势。交会任务考虑的目标所具有的非合作性和自主性不断增强；研究面向空间非合作目标的自主交会中的运动规划与控制问题，是当前航天领域的热点和难点，具有重要的理论意义和应用价值。本节对空间非合作目标交会的轨迹规划和交会控制的研究现状进行了总结和分析。

表 1-1 已开展或计划开展的典型空间非合作目标交会任务

时间/年	国家或组织	机构	任务名称	任务情况	在研状态	非合作程度
2021	日本	Astroscale 公司	ELSA-d	任务目标：近地轨道垃圾清理技术验证 系统组成：追踪星（100kg）、目标星（30kg） 技术特点：世界上第一颗使用磁捕获机制的垃圾清理卫星 执行日期：2021 年 3 月 22 日	完成在轨试验	部分非合作
2021	美国	诺斯罗普·格鲁曼公司	MEV-2	任务目标：轨道延寿试验与服务 服务对象：Intelsat-10-02 执行日期：2021 年 4 月 12 日	完成在轨试验	部分非合作
2020	美国	诺斯罗普·格鲁曼公司	MEV-1	任务目标：轨道延寿试验与服务 服务对象：Intelsat-901 技术特点：世界上第一次商业轨道延寿任务 技术成就：MEV-1 与 IS-901 成功对接，采用自身燃料和推进器为后者提供轨道控制服务，延寿能力可长达 15 年 执行日期：2020 年 2 月 25 日	完成在轨试验	部分非合作
2020	欧洲航天局	ClearSpace 公司	ClearSpace-1	任务目标：空间碎片清除技术验证 技术成就：ClearSpace-1 卫星与 Vespa 有效载荷适配器会合、捕获并将后者推入大气层 执行日期：2025 年发射	概念提出合同签署	完全非合作

续表

时间/年	国家或组织	机构	任务名称	任务情况	在研状态	非合作程度
2019	英国	空客公司	RemoveDebris	任务目标：通过 LiDAR 相机识别太空垃圾，并使用机械设备捕获空间碎片，脱离碎片进入大气层焚毁 首次试验：2018 年 9 月，通过国际空间站宇航员进行试验 第二次试验：2019 年 7 月，完成视觉导航系统测试，利用捕网和“鱼叉”捕获空间碎片	部分在轨试验	完全非合作
2019	美国	纽约伦斯勒理工学院	OSCaR	任务目标：空间碎片捕获与清除技术验证 技术特点：基于 3U 立方体卫星的捕获和移除技术；可在轨自主搜寻轨道碎片；通过发射网和缆绳收集碎片；携带 4 个发射网炮管，可捕获并移除 4 块轨道碎片；在 5 年内脱离轨道，返回大气层	概念提出方案设计	完全非合作
2016	中国	航天科技集团	“遨龙”1 号	任务目标：空间碎片主动清理技术测试 技术特点：对模拟的空间碎片进行捕获测试 主要设备：机械臂	在轨试验	部分非合作
2013	中国	航天科技集团	“试验”7 号	任务目标：空间非合作目标捕获与跟踪能力测试 技术特点：对携带的小卫星进行了捕获与释放测试 主要设备：机械臂	在轨试验	部分非合作
2006	美国	美国空军、海军、NASA 等机构	MiTEx	任务目标：非合作目标交会与观测技术验证 系统组成：MiTEx-A 卫星、MiTEx-B 卫星 技术成就：MiTEx-A 对准地球轨道、MiTEx-B 对墓地轨道中的非合作目标进行了抵近侦察	在轨试验	完全非合作
2005	美国	美国空军、海军、NASA 等机构	XSS	任务目标：非合作目标接近、绕飞、巡视技术测试 系统组成：XSS-10 卫星（2003 年）、XSS-11 卫星（2005 年） 技术成就：对 Minotaur-1 进行了 1.5km 到 500m 的超近距离绕飞；对美国多个失效卫星进行了交会、接近和观测	在轨试验	部分非合作

1.3.1 轨迹规划研究现状

空间交会轨迹规划是以服务星（或追踪器）和目标星当前的绝对状态（如轨道根数）和相对状态（如相对位置、相对速度、相对姿态等）为依据，在空间碰撞规避、燃料/电源配置条件、导航测量性能、推力控制性能等约束限制下，考虑空间轨道与姿态动力学演化规律，所开展的运动轨迹设计、优化及评估系列工作。轨迹规划是服务星安全、可靠抵近目标星进而开展绕飞监测与精密操作的前提，通常发生在交会任务开始前或交会初期阶段。轨迹规划的输出是服务星的期望运动轨迹或期望转移轨道，通常与自然演化轨道不同，因而需要服务星施加控制进行跟踪和反馈，从而形成闭环过程并完成运动轨迹的迁移。

经典的交会对接过程分为 4 个阶段，即远程导引段、近程导引段、监测绕飞段和最后逼近段。其中，远程导引段是追踪航天器从入轨开始到星上传感器捕获目标（一般为距离目标数十千米到数百千米）为止；近程导引段可使追踪器进一步到达目标附近数十米到数百米，此过程保持一定的安全性；监测绕飞段可使追踪器沿着自然或受控的绕飞轨迹对目标进行抵近侦察和状态测量；最后逼近段是追踪器接触目标表面并进行对接、组合、捕获或机械臂操作。

空间交会轨迹规划方法可按照交会阶段、推进方式（脉冲或连续）、约束类型（碰撞规避、交会走廊等）、动力学模型（如 Clohessy-Wiltshire 方程（简称 CW 方程）、Tschauner-Hempel 方程（简称 TH 方程）等）、不确定性因素（如动力学摄动或测量误差）等进行分类。通过几十年的发展，现已形成多种成熟的模型和算法。下面从开环与闭环两个角度，对重要的轨迹规划方法进行介绍。

1. 开环轨迹规划法

开环轨迹规划是指规划过程中不考虑控制力的执行约束或卫星运动过程中的实际偏差，通常用于任务设计与评估，也可作为闭环控制的参考轨迹。轨迹规划通常包括轨迹（包括绝对轨道和相对轨道）设计与轨迹优化两部分。轨迹规划方法可分为正方法和反方法两大类型。

（1）正方法的核心是通过控制律的设计进而获得期望的轨道，其中控制律的设计可采用各种控制理论作为指导。在正方法的框架下，空间交会轨迹规划问题的实质是，以相对运动模型为基础，采用优化算法确定航天器最优转移轨迹，使其在指定时间内到达期望状态，并使目标函数最优。在脉冲推力假设下，主矢量方法[5]是一种经典的轨迹最优规划方法，还可在转化为参数优化问题后通过非线性规划、极值理论、反馈线性化等加以解决。当考虑转移过程中的碰撞规避时，可通过人工势场法[6]或航路点参数法[7]进行无碰撞轨迹设计。在连续推力假设下，Hamilton-Jacobi 理论[8]是较为合适的轨迹优化方法，但当约束较多时则需要借助各种数值优化方法，如凸优化、遗传算法、模拟退火算法、蚁群算法、粒子群算法等。

当考虑目标的非合作性时，传统的正方法受到诸多挑战，主要表现在交会过程中不确定性因素的分析上。空间交会过程中主要的不确定性包括环境不确定性、动力学未建模或未知机动、系统参数不确定性、推力器不确定性等[9]。这些不确定性因素使交会过程中的真实轨迹偏离设计的最优交会轨迹（也称标称轨迹），导致交会精度无法满足。为了实现不确定性的剥离与抑制，学者们提出了不确定性传播的研究课题，并基于蒙特卡罗法、线性协方差方法、状态转移张量法等进行研究。在不确定性研究的基础上，近年来学术界提出一些鲁棒轨迹规划方法，如基于多目标优化的鲁棒轨迹规划方法[10]、基于协方差理论的鲁棒轨迹规划方法[11]、基于非线性理论的鲁棒轨迹规划方法[12]等。

（2）反方法又称形状法（shape-based method），是先通过一系列参数方程对轨道进行描述，或用一些特殊曲线来近似轨道形状，再通过动力学方程反推实现该轨道所需的推力[13]。反方法的结果往往不是最优的，但通过有限参数对轨道描述可以大大减少计算量，提高设计效率，得到的轨道往往可作为初值或标称轨迹供后续优化和跟踪控制使用。典型的形状法包括指数正弦曲线法[14-15]、对数螺线法[16]（包括笛卡儿卵形线、卡西尼卵形线等）、逆多项式形状方法[17]、余弦逆多项式方法[18]、有限傅里叶级数法[19-20]、复合函数法[21-22]等。反方法相比于正方法计算效率高，但轨道形状的假设过分依赖于设计者的经验，完全依赖主观假设，因此所设计的轨道是否可行还需要进一步验证和最优性分析。目前效果较好的多项式、逆多项式、余弦逆多项式和多项式复合函数等方法，由于轨道方程的形式已经被人为地约束成了多项式方程，从而将大部分可行轨道强制从设计空间中剔除，因此局限性很强。已有研究利用贝塞尔（Bezier）曲线解决了机械手抓捕区域问题[23]、无人机路径规划问题[24]和轨迹生成问题[25]等。然而，目前还没有研究将贝塞尔曲线用于航天器机动轨道设计和描述中。考虑到贝塞尔曲线具有参数化和可灵活设计的特性，可能在解决连续推力轨道设计问题中会有较好的应用前景。本书采用贝塞尔曲线研究了连续推力机动轨道的设计与优化问题，采用贝塞尔曲线参数优化后的轨道设计结果具有最优性，可以直接作为标称轨道使用。

2. 闭环轨迹规划法

传统的轨迹规划算法不考虑反馈和动力学，可行轨迹都是开环的，这意味着在按照规划的轨迹运动时没有通过闭环来修正规划好的路径。若在规划中考虑动力学的微分约束，则可为后续稳定控制提供可供稳定跟踪的标称轨迹，这种研究思路称为反馈运动规划，也称闭环轨迹规划法。反馈运动规划问题需要根据运动学或动力学信息预设运动体未来的所有可行的运动状态，该问题的核心是对未来状态的估计和根据估计信息作出合理决策。该问题可分解为两个子问题：①在未来一段时间内采用当前策略，可以到达什么状态；②如果要到达指定状态，采用当前策略能否到达。如果能准确预测未来状态并提前反馈给规划器，就能使系统有足够的时间进行重新决策。预测信息来自于系统模型，但模型所预测的状态和实际运行的状态之间存在偏差。因此，通常结合局部反馈控制对实际状态进行局部反馈调节，使真实状态位于预设的开环标称轨迹附近。

反馈运动规划问题可以分为 3 步：①规划无碰路径；②轨迹平滑；③反馈控制跟踪轨迹。其中第①步和第②步可以通过基于 Kinodynamic 的规划合成为一步开环轨迹规划。局部稳定的反馈控制调节器将真实状态约束在了标称轨迹附近，但无法准确确定真实状态，只能确定真实状态位于标称轨迹附近的邻域。该邻域描述了基于系统模型的所有潜在轨迹，即系统状态的可达性分析（reachability analysis）。可达性分析描述了标称轨迹邻域内运动产生的轨迹束，如果真实轨迹位于轨迹束中，则等价于提前设计了满足约束的规划决策，可以实现快速重规划。

人工势函数法（artificial potential function，APF）是经典的反馈运动规划算法，由 Khatib[26]于 1986 年首次提出。其主要思想是建立代数形式的吸引函数作为人工吸引势场，将所有状态引导到终端状态。设计吸引势场等价于设计反馈控制器，使所有状态处于终端状态的控制吸引域（region of attraction，ROA）中。然后，将约束设定为斥力势场，结合吸引势场和斥力势场使约束所在的状态不可达，但终端状态可达。合成后的代数形式的势场的梯度提供了导引函数（navigation function），该导引函数可完成反馈运动规划。然而，APF 虽然得到了反馈运动规划的解，但满足全局可收敛的吸引势函数通常不存在，即使在可构建吸引势函数的情况下，结合斥力势函数后通常会产生一系列的极小值点，很难保证终端状态全局可达。此外，由于无法找到通用的吸引函数且有经常陷入局部极小的固有缺陷，传统的 APF 算法通常只用作局部规划器。为了克服 APF 方法的固有缺陷，很多学者开始研究采用非代数形式的图来取代势场梯度构建导引函数[27-36]。

Rimon 和 Koditschek[28-29]提出了采用广义球划分复杂的状态空间，避免局部极小；Sundar 和 Shiller[31]提出伪归零函数使机器人在工作空间中可以躲避圆形障碍物；Kimmel 等采用水平集（level-set）方法计算导引函数。LaValle 和 Konkimalla[32]采用动态规划计算非线性系统的导引函数。其中一项关键的研究还是 Barraquand 和 Latombe[27]于 1991 年提出的以随机采样的方式构造图的方法，通过随机采样构建导引函数可避免规划器陷入局部极小。随后随机采样规划得到了长足发展，直到 LaValle 提出了经典的基于随机采样树状图的 RRT 算法。随机采样通过离散的节点构建树，虽然得到了不会陷入局部极小且全局概率完备的规划算法，但由于传统的 RRT 算法未考虑微分约束，因此并不能保证实际运动的稳定性和可达性。随后，LaValle 等[32]提出基于采样邻域图的方法（sampling-based neighborhood graph，SNG）划分空间，基于随机采样来分割空间构建图生成导引函数。但是，SNG 方法只离散化了状态空间，没有考虑系统的微分约束以及实际运动的稳定性和可达性，因此并不能保证实际运动轨迹位于离散化后的局部连续状态子空间中。

实际应用中的反馈运动规划策略的一个核心问题是必须考虑状态的稳定性和

可达性。为了保证规划的稳定性和可达性，Mason[34]首次提出了 funnel 概念，将这种终端集可达的正定函数形象地比喻为“漏斗”（funnel）。在 funnel 中，终端状态是唯一的零点和极小值点，因此克服了传统 APF 算法存在局部极小的固有缺陷。任何进入该区域的状态都会通过funnel中对应的执行策略沿funnel的梯度方向收敛到终端状态。本质上，funnel 在开环轨迹邻域定义了一个 Lyapunov 函数来描述状态集合的运动。其他早期的运动规划研究者们在 Mason 的工作基础上扩展了基于 funnel 的应用[35-38]。Lozano 和 Mason 等[36]提出了反向链式结构，采用控制序列切换将一个 funnel 导引到另一个 funnel。这种序列切换由 Burridge[38]进一步发展，提出了将 funnel 进行序列组合（sequential composition），基于随机采样通过在不同 funnel 序列中进行控制切换，使任意状态均可被导引到终端集。

由于随机采样的概率完备性，基于随机采样的 funnel 序列组合可以在任意范围内求解满足约束条件的反馈运动规划问题而不会陷入局部极小。而 funnel 的本质是标称轨迹的局部吸引域，这个问题最难解决的就是计算 funnel。直到 2010 年，由麻省理工的 Tedrake 教授[39]提出了基于平方和优化（sums-of-squares，SOS）的 LQR-Trees 反馈运动规划算法，funnel 的计算问题才得到了初步解决。由于 funnel 描述了一个空间而非单个节点或单个轨迹，因此，采用 funnel 覆盖状态空间的能力也要明显优于传统的随机采样方法。

1.3.2 交会控制研究现状

在规划好与空间非合作目标交会的轨迹后，控制系统需要根据导航系统获得的相对运动信息、轨迹规划和制导系统给出的轨迹和制导指令，施加推力控制，使追踪航天器沿规划轨迹高精度地完成与非合作目标的交会。本小节根据非合作目标交会控制问题的研究热点和本书的研究重点，介绍并分析了 5 类交会控制方法。

1. 基于在线规划与跟踪控制的非合作目标交会控制方法

当空间非合作目标所处的轨道难以测量，或非合作目标存在轨道机动导致其不在稳定轨道上运动时，离线规划的轨迹无法保证追踪航天器能够成功地完成与非合作目标的交会。此时，需要使用在线轨迹规划方法获得当前的期望轨迹，并采用脉冲或连续控制进行在线轨迹最优跟踪。

Ventura 和 Walter 等[40]提出了基于在线规划与最优控制相结合的失控翻滚目标交会控制方法。该方法包含一个基于逆动力学与直接优化相结合的在线轨迹规划器以及用于交会轨迹跟踪的最优控制器。其中，在线轨迹规划可通过多项式函数待定参数优化进行求解，而最优跟踪控制通过非线性规划进行求解。研究结果展现了这种基于在线规划与最优控制方法的有效性，但同时表明对模型误差及噪声较为敏感，不具有鲁棒性。Boyarko 等[41]针对翻滚目标交会问题，提出了一种基于高斯伪谱直接配点的最小时间最小能量非合作目标交会控制方法。其终端约束要求两个航天器接触点的位置和速度匹配。Li 等[42]采用模型预测控制设计翻滚目标交会的最优轨迹，然后通过在线滚动优化和递推预测完成交会。该方法实现了对控制输入饱和、碰撞规避、速度约束及对接条件约束等的综合考虑。Chai 等[43]提出了一种基于 RRT*算法与 3 次样条插值相结合的交会轨迹生成方法，并进而采用预测微分博弈控制实现空间非合作目标的安全接近。该方法可充分考虑动力学约束、碰撞规避约束、输入饱和约束等。

2. 基于鲁棒控制的非合作目标交会控制方法

由于非合作目标交会过程中存在多种不确定性和干扰，因此通过鲁棒优化和鲁棒控制方法克服不确定性和干扰可有效地实现与空间非合作目标交会控制。鲁棒控制方法的核心是构造一种对不确定性和干扰具有鲁棒性的结构，并迫使跟踪控制系统工作在鲁棒结构上，进而降低不确定性和干扰的影响。

基于鲁棒控制思想的非合作目标交会的第一种思路是线性矩阵不等式的构造和求解，最典型的如 H_∞ 控制方法。Wu 等[44]在圆参考轨道 CW 方程约束下，基于鲁棒 H_∞ 控制理论设计了用于非合作目标交会的控制算法，其中不确定性因素主要考虑了目标轨道参数和质量的未知性。Gao 等[45]基于鲁棒 H_∞ 次优控制理论设计了椭圆参考轨道下的非合作目标交会控制律，并通过快速多点打靶方法实现了控制参数高效计算。Dong 等[46]将鲁棒控制思想与模型预测控制相结合，建立了一种翻滚目标交会问题的控制方法，可实现飞行走廊约束、控制饱和以及参数不确定性下的安全交会。

基于鲁棒控制思想的非合作目标交会的第二种典型方法是滑模变结构控制方法。Capello 等[47]针对近距离目标的交会接近和停靠问题，考虑执行器的非连续性问题，提出了一种一阶滑模控制方法。Lee 等[48]进一步考虑了滑模控制器收敛的快速性问题，针对空间目标自主交会和停靠问题提出了一种终端滑模控制方法。Imani 等[49]将滑模控制与最优控制进行结合，针对考虑不确定性和外部干扰的交会问题，提出了一种兼具鲁棒性和最优性的最优滑模控制方法。Cao[50]和 Li 等[51]则考虑了交会过程中可能存在障碍物的工况，基于人工势函数法提出了具有避障能力的滑模控制方法。

基于鲁棒控制的交会控制方法充分考虑了交会问题中存在的不确定性和干扰等问题，能够大大提升交会精度和鲁棒性。然而值得注意的是，上述控制方法并不包含任何对控制结果的估计或先验设计。虽然对不确定性和干扰具有一定的鲁棒性，但在实际应用中仍然可能因为目标的非合作性导致交会过程中的某些约束被违反，或无法满足最终的交会精度。

3. 基于自适应控制的非合作目标交会控制方法

自适应控制是一种带有在线参数识别的控制方法，一般是指对象结构已知、参数未知而采用的一种基于模型的控制方法，主要包括自校正控制（STC）、模型参考自适应控制（MRAC）、参数自适应控制（PAC）等。其中，STC 方法可看作“参数估计器+控制器”的组合，其中典型的参数估计器包括递推最小二乘、卡尔曼滤波等，常用的控制器包括比例-积分-微分（PID）控制器、滑模控制（SMC）、预测控制（PC）等。MRAC 方法可以看作“参考模型+控制器+自适应律”3 部分的组合，其中自适应律可在线预测模型参数，抑制被控对象模型的扰动。PAC 方法可看作“控制器+参数观测器”两部分的组合，相比 MRAC 去掉了参考模型，但可以直接调用模型充当观测器，实现扰动抑制的效果。

自适应控制可适用于空间非合作目标质量未知、轨道角速度测量不精确以及追踪航天器自身质量变化等交会问题。Sun 等[52]基于修正的罗德里格斯参数建立了鲁棒自适应模糊控制方法，用于实现控制饱和情况下的非合作交会。Sun 等[53]还设计了一种基于反步控制的全状态约束饱和自适应控制方法，可实现姿轨耦合、参数不确定、干扰不匹配情况下的交会控制。Yang 和 Stoll[54]建立了一种自适应滑模控制律，用于克服追踪航天器的质量不确定性。Filipe 和 Tsiotras[55]建立了一种能够识别地球 J_2 摄动的自适应控制律，可有效地解决编队飞行过程中的自适应位姿跟踪问题。Singla 等[56]设计了一种模型参考自适应控制律，用于实现航天器交会与对接。Dong 等[57]设计了一种基于模型预测的自适应控制策略，可实现带有飞行禁区约束的翻滚目标安全交会。Sun 等[58]设计了一种面向非合作目标交会的姿态控制的鲁棒自适应控制方法。Xia 与 Huo[59-60]采用基于神经网络与反步控制器相结合的自适应控制算法，可有效实现参数不确定及控制输入饱和等情况下的非合作目标交会。其中，交会过程中相对动力学中的未知不确定性是通过径向基神经网络来进行识别和补偿的，而自适应控制则采用自适应神经网络和额外的鲁棒控制器相结合构成。

4．基于观测器的非合作目标交会控制方法

观测器作为可结合测量信号与控制系统动力学信息产生控制系统所需观测信号的一种算法，用于补充或者取代控制系统中的传感器。典型的状态观测器包括龙伯格（Luenberger）观测器等。一个完整的状态观测器包括被控对象的估计器、传感器的估计器、观测补偿器等。

Sun 等[61]建立了一种基于干扰观测器的抗饱和鲁棒控制方法，用于在交会过程中克服输入饱和、动力学耦合、参数不确定性以及未知边界的外部干扰。Xia 和 Huo[62]建立了一种基于 2 阶干扰观测器的控制方法，用于补偿输入饱和约束以及执行误差带来的问题。Li 等[63]研究了失控翻滚目标的交会对接问题，采用基于扩展状态观测器与反步控制相结合的方法，实现了无精确运动信息情况下的交会控制。Li 等[64]研究了带有路径约束的交会问题，建立了基于非线性干扰观测器的交会方法，可有效抑制外界干扰。Zhu 等[65]建了基于干扰观测器的自适应滑模控制器，实现了翻滚对象的六自由度交会抵近，可有效克服参数不确定性、未知干扰等问题。

Dong 等[57]在翻滚目标交会的鲁棒模型预测控制中同时结合了观测器，可有效实现未知干扰的估计。

5. 基于预设性能的非合作目标交会控制方法

预设性能控制（prescribed performance control，PPC）方法由 Bechlioulis 和 Rovithakis[66]于 2008 年首次提出。其核心原理是通过预先设计系统状态的性能上界和性能下界，从而约束系统状态的收敛过程。系统状态的性能上界和下界统称为预设性能函数。通过合理设计预设性能函数的收敛过程，可以约束系统状态的瞬态性能和稳态性能。其中瞬态性能包括收敛速度、超调量等，稳态性能主要指稳态误差。由于具备瞬态性能和稳态性能的预设能力，预设性能控制方法可以与非合作目标交会任务中的状态有界性约束、收敛速度约束、交会精度约束等进行有效结合，因此是一种具有理论研究意义和工程实用价值的控制方法。殷泽阳等[67]首先将预设性能控制方法应用在空间非合作目标的视线交会中，提出了一种可以预设交会性能的低复杂度预设性能控制方法。郑丹丹等[68]针对相对速度信息不可测的平动点轨道非合作目标的自主交会问题，基于微分跟踪器提出了一种无需速度信息的预设性能控制方法。殷泽阳等[69]进一步考虑了任务时间约束，提出了一种可以在任务设置的时间内完成交会任务的约定时间预设性能控制方法。

1.4 本书的内容安排及特色

本书面向空间飞行器在轨服务与维护对航天器操控的需求，围绕服务航天器与空间非合作目标交会的运动规划与控制，重点关注多约束最优交会轨迹设计与优化、安全和鲁棒的交会运动规划与控制以及交会过程中导航制导与控制的一体化。全书共分为 9 章，第 1 章为绪论，其他各章内容安排和特色如下。

第 2 章介绍了空间交会对接过程的动力学模型。包括交会过程涉及的各种相对运动坐标系及其转换关系、当地垂直当地水平（local vertical local horizontal，LVLH）坐标系下的经典相对运动方程——CW 方程和 TH 方程、圆参考轨道下考虑 J_2 摄动和大气阻力的相对运动方程、基于视线坐标系的相对运动方程、平动点附近的航天器相对运动方程等。该章内容为全书后续章节的轨迹设计与控制方法提供了动力学基础。

第 3 章介绍了一种基于形状法（主要是贝塞尔曲线）的轨迹规划方法。该章提出了基于贝塞尔曲线的机动轨道优化设计方法。首先，将贝塞尔曲线的基本特点与轨道机动问题相结合，提出用贝塞尔曲线与轨道形状方程的复合函数描述和设计机动轨道的方法，并给出相应的约束条件、控制点设计和累计速度增量计算。所设计的控制点和计算得到的累计速度增量即为后续优化过程的优化变量与指标函数。通过自由分段点的引入提出了多段式贝塞尔曲线机动轨道设计方法，实现了最大推力和燃料消耗的进一步优化。在此基础上，通过梯度下降算法对自由控制点进行修正来调整机动时间，解决了固定机动时间约束下的轨道交会问题。在平面机动轨道设计与优化研究的基础上，进一步利用贝塞尔曲线轨道设计方法解决了空间轨道转移和交会问题，给出了相应的机动轨道设计方法。

第 4 章介绍了基于主矢量理论的椭圆轨道脉冲交会控制方法。首先，结合 TH 方程建立了适用于任意椭圆轨道下的脉冲最优控制主矢量理论，推导得到包括首末滑移段调整、中间脉冲增加等多种形式的多脉冲最优主矢量判断和调节方法。然后，结合空间非合作目标交会问题，建立了一种交互式的优化方法。最后，将该方法应用于多个空间交会仿真场景，验证了方法的有效性。

第 5 章介绍了空间非合作目标交会的多约束鲁棒轨迹规划方法。首先，针对非合作目标交会过程的多约束问题，基于 2 阶锥规划方法，建立了摄动椭圆轨道交会的多约束轨迹规划方法，产生供后续分析的基准轨道；然后，针对交会过程的不确定性进行建模，采用状态转移张量方法建立了不确定性推演模型，为鲁棒轨迹规划进行必要的理论准备；最后，建立了摄动椭圆轨道交会的鲁棒轨迹规划方法，针对多种不确定性因素，采用状态传递张量理论和遗传算法完成鲁棒交会轨迹规划问题的求解。通过案例分析验证了摄动椭圆轨道交会的多约束轨迹规划方法和鲁棒轨迹规划方法的有效性。

第 6 章介绍了空间交会的反馈运动规划方法。为了解决满足约束情况下的一般非线性系统的反馈运动规划问题，本章首先将反馈运动规划问题分解为局部系统的可达集计算问题和可达集序列组合问题，深入研究了可达集计算方法以及基于可达集的反馈运动规划方法。其次，采用测度来描述可达集计算过程中的广义矩，通过平方和优化方法求解广义矩问题的对偶问题来实现可达集计算。然后，采用树结构连接可达集实现复杂约束下的反馈运动规划。最后，将基于可达集序列组合的反馈运动规划方法应用于空间近程交会与避障问题，通过交会过程的案例分析验证了基于树结构的可达集序列设计的反馈运动规划算法的有效性。

第 7 章介绍了空间非合作目标仅测角交会的导航与制导方法。首先，给出了仅测角导航的模型和可观测性，从提高可观测性的角度介绍了常用的仅测角导航方法；然后，面向空间非合作目标自主交会需求，介绍了基于仅测角的初始定轨和导航方法；最后，从导航与制导一体化的角度出发，提出基于轨道机动的仅测角导航与制导一体化策略，并通过案例分析验证了仅测角导航与制导一体化算法的正确性。

第 8 章介绍了空间非合作目标自主视线交会的制导与控制方法。首先，给出了视线坐标系下追踪航天器与非合作目标间的相对运动模型和自主交会策略。然后，考虑非合作目标存在翻滚运动、具有外形造成的动态禁飞区和交会走廊等约束。基于约定时间性能函数构造了一种能够保证不违反动态禁飞区和交会走廊约束，且能够在任务给定的时间范围内完成交会的动态交会走廊。随后基于约定时间预设性能控制方法分别构造轨道和姿态控制器，保证追踪航天器始终在动态交会走廊内运动，按时完成交会任务。仿真结果表明，本章提出的自主视线交会约定时间预设性能控制方法能够在非合作目标存在快速翻滚和强非合作机动的工况下，仍然保证追踪航天器在约定的任务时间范围内到达指定交会位置，安全自主地完成交会任务。

第 9 章面向平动点轨道交会与控制问题，介绍了平动点轨道动力学特性、轨迹设计与跟踪控制以及近程交会控制等问题的研究。首先，对限制性三体问题进行了描述，介绍了平动点、雅可比积分和平动点附近周期轨道等概念；其次，利用基于混合级数的反方法设计了地球同步转移轨道至平动点轨道的低能转移轨道；然后，设计了标称轨迹的跟踪控制器，保证了对不变流形的跟踪；最后，针对平动点轨道非合作目标近程交会问题，提出了一种安全、自主的高性能控制方法。

参考文献

[1] 高学海. GEO 非合作目标接近的编队机器人导航制导方法研究 [D]. 哈尔滨：哈尔滨工业大学, 2015.

[2] https://www.esa.int/Safety_Security/Space_Debris/Space_debris_by_the_numbers

[3] 谭春林, 胡太彬, 王大鹏, 等. 国外航天器在轨故障统计与分析 [J]. 航天器工程, 2011, 20(4): 130-136.

[4] ESPINOZA A T, HETTRICK H, ALBEE K, et al. End-to-end framework for close proximity in-space robotic missions [C]. Washington DC: 70th International Astronautical Congress, 21-25 October 2019, IAC-19-D1.6.x51097

[5] LION P M, HANDELSMAN M. Primer vector on fixed-time impulsive trajectories [J]. AIAA Journal, 1968, 6(1): 127-132.

[6] MCINNES C. Autonomous path planning for on-orbit servicing vehicles [J]. Journal of the British Interplanetary Society, 2001.

[7] SULTAN C, SEEREERAM S, MEHRA R. Matrix inequalities and energy optimal reconcfiguration for formation flying spacecraft [C]. AIAA Guidance Navigation and Control Conference and Exhibit, 2013.

[8] PARK C, GUIBOUT V, SCHEERES D J. Solving optimal continuous thrust rendezvous problems with generating functions[J]. Journal of Guidance, Control, and Dynamics, 2013, 37(29): 396-401.

[9] 靳锴. 空间非合作目标交会的多约束鲁棒轨迹规划研究 [D]. 西安：西北工业大学, 2019.

[10] DEB K, et al. A fast and elitist multi-objective genetic algorithm: NSGA-II [J]. IEEE Transactions on Evolutionary Computation, 2002, 6(2): 182-197.

[11] GELLER D, ROSE B, WOFFINDEN D. Event triggers in linear covariance analysis with applications to orbital rendezvous [J]. Journal of Guidance, Control, and Dynamics, 2012, 32(1):102-111.

[12] YANG Z, LUO Y Z, ZHANG J. Robust planning of nonlinear rendezvous with uncertainty [J]. Journal of Guidance, Control, and Dynamics, 2017, 40(8): 1954-1967

[13] 姚玮. 基于 Bézier 曲线和悬浮轨道的机动轨道设计与优化方法 [D]. 西安：西北工业大学，2018.

[14] PETROPOULOS A E, LONGUSKI J M. Shape-based algorithm for the automated design of low-thrust, gravity assist trajectories [J]. Journal of Spacecraft and Rockets, 2004, 41(5): 787-796.

[15] IZZO D. Lambert's problem for exponential sinusoids [J]. Journal of Guidance, Control, and Dynamics, 2006, 29(5): 1242-1245.

[16] PETROPOULOS A E. A shape-based approach to automated, low-thrust, gravity-assist trajectory design [D]. PhD thesis, Purdue University, 2001.

[17] WALL B J, CONWAY B A. Shape-based approach to low-thrust rendezvous trajectory design [J]. Journal of Guidance, Control, and Dynamics, 2009, 32(1): 95-101.

[18] ABDELKHALIK O, TAHERI E. Shape-based approximation of constrained low-thrust space trajectories using fourier series [J]. Journal of Spacecraft and Rockets, 2012, 49(3): 535-545.

[19] ABDELKHALIK O, TAHERI E. Approximate on-off low-thrust space tra- jectories using fourier series [J]. Journal of Spacecraft and Rockets, 2013, 49(5): 962-965.

[20] XIE C Q, ZHANG G, ZHANG Y C. Simple shaping approximation for low-thrust trajectories between coplanar elliptical orbits [J]. Journal of Guidance, Control, and Dynamics, 2015, 38(12): 2448-2455.

[21] XIE C Q, ZHANG G, ZHANG Y C. Shaping approximation for low-thrust trajectories with large out-of-plane motion [J]. Journal of Guidance, Control, and Dynamics, 2016, 39(12): 2776-2785.

[22] PASCALE P D, VASILE M. Preliminary design of low-thrust multiple gravity-assist trajectories [J]. Journal of Spacecraft and Rockets, 2006, 43(5):1065-1076.

[23] ROSALES C, PORTA J M. Synthesizing grasp configurations with specified contact regions [J]. International Journal of Robotics Research, 2011, 30(4): 431-443.

[24] INGERSOLL B T, INGERSOLL J K, DEFRANCO P, et al. Uav path-planning using bezier curves and a receding horizon approach [C]. Chicago: AIAA Modeling and Simulation Technologies Conference, 2015.

[25] CHOE R, PUIGNAVARRO J, CICHELLA V, et al. Cooperative trajectory generation using pythagorean hodograph Bezier curves [J]. Journal of Guidance, Control, and Dynamics, 2016, 39(8): 1744-1763.

[26] KHATIB O. Real-time obstacle avoidance system for manipulators and mobile robots [J]. International Journal of Robotics Research, 1986, 5(1): 90-98.

[27] BARRAQUAND J, LATOMBE J. Robot motion planning: A distributed representation approach [J]. International Journal of Robotics Research, 1991, 10: 628-649.

[28] RIMON E, KODITSCHEK D E. The construction of analytic diffeomorphisms for exact robot

navigation on star worlds [C]. Arizona: IEEE Conference on Robotics and Automation, Scottsdale, USA, 1989: 14-19.

[29] RIMON E, KODITSCHEK D E. Exact robot navigation using artificial potential functions [J]. IEEE Transactions on Robotics and Automation, 1992, 8(5): 501-518.

[30] KIMMEL R, KIRYATI N, BRUCKSTEIN A M. Multivalued distance maps for motion planning on surfaces with moving obstacles [J]. IEEE Transactions on Robotics and Automation, 2002, 14(3): 427-436.

[31] SUNDAR S, SHILLER Z. Optimal obstacle avoidance based on the Hamilton-Jacobi-Bellman equation [J]. IEEE Transactions on Robotics and Automation, 1997, 13(2): 305-310.

[32] LAVALLE S M, KONKIMALLA P. Algorithms for computing numerical optimal feedback motion strategies [J]. International Journal of Robotics Research, 2001, 20(9): 729-752.

[33] YANG L, LAVALLE S M. The sampling-based neighborhood graph: An approach to computing and executing feedback motion strategies [J]. IEEE Transactions on Robotics and Automation, 2004, 20(3): 419-432.

[34] MASON M T. The mechanics of manipulation [C]. St. Louis, MO: IEEE International Conference on Robotics and Automation, USA, 1985: 534-555.

[35] ISH-SHALOM J. The CS language concept: A new approach to robot motion design [C]. Las, Vegas, Nevad: IEEE Conference on Decision and Control, 1984: 760-767.

[36] LOZANO-PEREZ T M, MASON T, TAYLOR R H. Automatic synthesis of fine motion strategies for robots [J]. International Journal of Robotics and Research, 1984, 3(1): 3-24.

[37] KODITSCHEK D E. Task encoding: toward a scientific paradigm for robot planning and control [J]. Robotics and Autonomous Systems, 1992, 9(1-2): 5-39.

[38] BURRIDGE R R, RIZZI A A, KODITSCHEK D E. Sequential composition of dynamically dexterous robot behaviors [J]. International Journal of Robotics and Research, 1999, 18(6): 534-555.

[39] TEDRAKE R, MANCHESTER I R, TOBENKIN M, et al. LQR-trees: Feedback motion planning via sums-of-squares verification [J]. International Journal of Robotics Research, 2010, 29(8): 1038-1052.

[40] VENTURA, CIARCIÀ M, ROMANO M, WALTER U. Fast and near-optimal guidance for docking to uncontrolled spacecraft [J]. Journal of Guidance, Control, and Dynamics, 2016, 40(12): 3138-3154.

[41] BOYARKO G, YAKIMENKO O, ROMANO M. Optimal rendezvous trajectories of a controlled spacecraft and a tumbling object [J]. Journal of Guidance, Control, and Dynamics, 2011, 34(4): 1239-1252.

[42] LI Q, YUAN J, ZHANG B, et al. Model predictive control for autonomous rendezvous and docking with a tumbling target [J]. Aerospace Science and Technology, 2017, 69: 700-711.

[43] CHAI Y, LUO J, WANG M, et al. Predictive pursuit-evasion game control method for approaching space non-cooperative target [C]. IFAC-Papers OnLine, 2020, 53(2): 14882-14887.

[44] WU S, ZHOU W, TAN S, et al. Robust H_∞ Control for spacecraft rendezvous with a noncooperative target [J]. The Scientific World Journal, 2013, Cairo Vol. 2013.

[45] GAO X, TEO K L, DUAN G R. Robust H_∞ control of spacecraft rendezvous on elliptical orbit [J]. Journal of the Franklin Institute, 2012, 349(8): 2515-2529.

[46] DONG K, LUO J, DANG Z, et al. Tube-based robust output feedback model predictive control for autonomous rendezvous and docking with atumbling target [J]. Advances in Space Research,2020, 65: 1158-1181.

[47] CAPELLO E, PUNTA E, DABBENE F, et al. Sliding-mode control strategies for rendezvous and docking maneuvers [J]. Journal of Guidance, Control, and Dynamics, 2017, 40(6): 1481-1487.

[48] LEE D, VUKOVICH G. Robust adaptive terminal sliding mode control on SE (3) for autonomous spacecraft rendezvous and docking [J]. Nonlinear Dynamics, 2016, 83(4): 2263-2279.

[49] IMANI A, BEIGZADEH B. Robust control of spacecraft rendezvous on elliptical orbits: Optimal sliding mode and backstepping sliding mode approaches [J]. Proceedings of the Institution of Mechanical Engineers, Part G: Journal of Aerospace Engineering, 2016, 230(10): 1975-1989.

[50] CAO L, QIAO D, XU J. Suboptimal artificial potential function sliding mode control for spacecraft rendezvous with obstacle avoidance [J]. Acta Astronautica, 2018, 143: 133-146.

[51] LI Q, YUAN J, WANG H. Sliding mode control for autonomous spacecraft rendezvous with collision avoidance[J]. Acta Astronautica, 2018, 151: 743-751.

[52] SUN L, HE W, SUN C. Adaptive fuzzy relative pose control of spacecraft during rendezvous and proximity maneuvers [J]. IEEE Transactions on Fuzzy Systems, 2018, 26: 3440-3451.

[53] SUN L, HUO W, JIAO Z. Adaptive backstepping control of spacecraft rendezvous and proximity operations with input saturation and full-state constraint [J]. IEEE Transactions on Industial Electronics, 2017, 64: 480-492.

[54] YANG J, STOLL E. Adaptive sliding mode control for spacecraft proximity operations based on dual quaternions [J]. Journal of Guidance, Control, and Dynamics, 2019, 42(11): 2356-2368.

[55] FILIPE N, TSIOTRAS P. Adaptive position and attitude-tracking controller for satellite proximity operations using dual quaternions [J]. Journal of Guidance, Control, and Dynamics, 2015, 38(4): 566-577.

[56] SINGLA P, SUBBARAO K, JUNKINS J L. Adaptive output feedback control for spacecraft rendezvous and docking under measurement uncertainty [J]. Journal of Guidance, Control, and Dynamics, 2006, 29(4): 892-902.

[57] DONG H, HU Q, AKELLA M R. Safety control for spacecraft autonomous rendezvous and docking under motion constraints [J]. Journal of Guidance, Control, and Dynamics, 2017, 40(7): 1680-1692.

[58] SUN L, HUO W. Robust adaptive relative position tracking and attitude synchronization for spacecraft rendezvous [J]. Aerospace Science and Technology, 2015, 41: 28-35.

[59] XIA K, HUO W. Robust adaptive backstepping neural networks control for spacecraft rendezvous and docking with input saturation [J]. ISA transactions, 2016, 62: 249-257.

[60] XIA K, HUO W. Robust adaptive backstepping neural networks control for spacecraft rendezvous and docking with uncertainties [J]. Nonlinear Dynamics, 2016, 84(3): 1683-1695.

[61] SUN L, HUO W, JIAO Z. Disturbance-observer-based robust relative pose control for spacecraft rendezvous and proximity operations under input saturation [J]. IEEE Transactions on Aerospace and Electronic Systems, 2018, 54: 1605-1617.

[62] XIA K, HUO W. Disturbance observer based fault-tolerant control for cooperative spacecraft rendezvous and docking with input saturation [J]. Nonlinear Dynamics, 2017, 88: 2735-2745.

[63] LI Q, YUAN J, ZHANG B. Extended state observer based output control for spacecraft rendezvous and docking with actuator saturation [J]. ISA Transations, 2018, 88: 37-49.

[64] LI Q, YUAN J, ZHANG B, et al. Disturbance observer based control for spacecraft proximity operations with path constraint [J]. Aerospace Science and Technology, 2018, 79: 154-163.

[65] ZHU X, CHEN J, ZHU Z. Adaptive sliding mode disturbance observer-based control for rendezvous with non-cooperative spacecraft [J]. Acta Astronautica, 2021, 183: 59-74.

[66] BECHLIOULIS C P, ROVITHAKIS G A. Robust adaptive control of feedback linearizable MIMO nonlinear systems with prescribed performance [J]. IEEE Transactions on Automatic Control, 2008, 53(9): 2090-2099.

[67] 殷泽阳，罗建军，魏才盛，等. 非合作目标接近与跟踪的低复杂度预设性能控制 [J]. 宇航学报, 2017, 38(8): 855-864.

[68] 郑丹丹，罗建军，殷泽阳，等. 速度信息缺失的平动点轨道交会预设性能控制 [J]. 宇航学报, 2019, 40(5): 508-517.

[69] 殷泽阳. 约定时间预设性能控制及其航天应用 [D]. 西安：西北工业大学, 2020.

02 第 2 章 空间交会的相对运动动力学

2.1 引言

空间交会对接是指引力场中一个航天器（追踪航天器或服务航天器，也称从星）向另一个航天器（参考航天器或目标航天器，也称主星）靠近并最终合二为一的过程，是空间飞行器在轨服务、大型航天器在轨组装与在轨建造任务的关键环节。

空间交会的运动模型可通过航天器相对运动动力学方程来描述。最早的相对运动动力学方程可追溯到 1878 年美国天文学家 Hill 建立的在太阳引力场中月球相对地球的运动模型[1]。该组方程与 20 世纪 60 年代由 Clohessy 与 Wiltshire 建立的圆参考轨道线性相对运动方程相似，这两组方程后来被合称为 HCW 方程，也称 CW 方程或 Hill 方程[1-2]。同时期，Lawden[3]、Tschauner 与 Hempel 等[4]提出了更一般的相对运动方程，即 TH 方程，用于描述任意偏心率轨道下的相对运动过程。与 CW 方程相比，TH 方程是一组线性时变微分方程，其解析解不像 CW 方程那样容易求解。美国学者 Carter 等[5-7]于 20 世纪 80—90 年代先后建立了 3 种版本的解析解，最终于 1998 年成功获得 TH 方程的首个无奇异正确解析解[7]。但该解通过引入偏近点角和双曲偏近点角来间接给出解的表达式，使解的形式较为复杂，无法实现工程上的便捷应用。为解决该问题，2002 年日本高级工程师（后为日本轨道机动飞行器的首席科学家）Yamanaka 与美国学者 Ankersen 合作[8]，采用试错法正确“猜测”到一组有别于 Carter 解的新型解析解，给出了椭圆轨道情形下完全采用真近点角或时间变量描述的 TH 方程解析解，大大简化了 Carter 解的形式，得到学术界的广泛使用。但该解在抛物情形下会失效，使其工程应用受到一定限制。2017 年，我国航天动力学青年学者、本书作者之一党朝辉[9]，利用积分拆解组合技术，并巧妙引入一种新型数学积分，成功获得了 TH 方程的全新解析解，且被证明为首个适用于所有开普勒轨道类型的无奇异完整解析解，系统性地解决了 TH 方程的求解问题。

以上模型主要适用于空间近程交会问题中，且主要描述当地轨道坐标系下的直角坐标分量变化规律。当需要考虑大范围交会问题时，采用轨道根数差[10-11]、球坐标[12-13]、柱坐标等曲线坐标的相对运动方程更为合适，如交会对接问题中常用的视线坐标系。除了考虑动力学模型的形式外，近年来学术界也重点关注相对运动的摄动问题，包括 J_2 摄动下的相对运动[14-15]、大气阻力摄动下的相对运动[16-17]、三体引力摄动下的相对运动等问题。而针对平动点附近的交会问题，则需要在三体引力模型下建立更为适用的相对运动方程。由于相对运动的模型众多、适用范围各异，因此有必要对各种相对运动模型加以总结和分类，从而方便后续研究的开展。

相对运动动力学是空间交会运动规划与控制的基础，本章将作为全书后续章节的动力学基础，介绍常用的相对运动动力学模型。现有研究早已揭示，引力场下的相对运动微分方程是一非线性函数。对于近距离下的相对运动，如本书所探讨的空间自主交会对接问题，可以在原非线性微分方程基础上进行线性化处理，从而得到较为简洁的线性相对运动动力学模型。这种线性模型可用于轨迹规划、导航滤波以及控制算法的设计和实现，因而本章对此进行了较为详细的叙述。本章内容较为丰富，为保持简洁明了，略去了部分推导细节但保留了关键公式，方便读者查阅。

2.2 坐标系及其相互变换

本书用到的坐标系主要包括 4 种，即地球质心惯性坐标系、当地垂直当地水平坐标系、视线坐标系和平动点相对运动坐标系。

2.2.1 地球质心惯性坐标系

地球质心惯性坐标系如图 2-1 所示，以地球质心 O_E 为原点，可建立地球质心惯性（earth center inertial，ECI）坐标系 O_E-XYZ 。其中， X 轴指向 J2000 春分点，Z 轴与地球自转轴重合，Y 轴与另外两轴垂直，从而形成直角坐标系[1]。

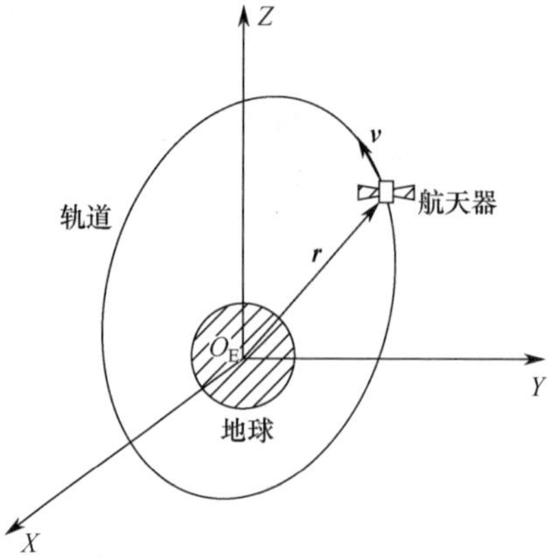

图 2-1　地球质心惯性坐标系

2.2.2 当地垂直当地水平坐标系

当地垂直当地水平（local vertical local horizontal，LVLH）坐标系是较为常用的相对运动描述系。其原点位于主星或参考航天器质心 O 并随后者移动，x 轴沿参考航天器轨道径向指向外，z 轴垂直于参考航天器轨道面并指向角动量方向，y 轴与另外两轴垂直，从而完成直角坐标系，LVLH 坐标系的定义及其与 ECI 的关系如图 2-2 所示[1]。根据上述定义，LVLH 坐标系 3 个坐标轴的指向可通过下式确定，即

$$x = \hat{\boldsymbol{r}},\quad z = \hat{\boldsymbol{h}},\quad y = \hat{\boldsymbol{h}} \times \hat{\boldsymbol{r}} \tag{2-1}$$

式中：轨道径向单位矢量 $\hat{\boldsymbol{r}}$ 和轨道角动量方向矢量 $\hat{\boldsymbol{h}}$ 的定义为

$$\hat{\boldsymbol{r}} = \frac{\boldsymbol{r}_{\mathrm{ECI}}}{\|\boldsymbol{r}_{\mathrm{ECI}}\|},\quad \hat{\boldsymbol{h}} = \frac{\boldsymbol{r}_{\mathrm{ECI}} \times \boldsymbol{v}_{\mathrm{ECI}}}{\|\boldsymbol{r}_{\mathrm{ECI}} \times \boldsymbol{v}_{\mathrm{ECI}}\|}$$

式中：$\boldsymbol{r}_{\mathrm{ECI}}$、$\boldsymbol{v}_{\mathrm{ECI}}$ 分别为参考航天器在 ECI 坐标系下的位置矢量和速度矢量。因此，若定义矩阵 $\boldsymbol{A}_{\mathrm{LVLH}\to\mathrm{ECI}}$ 表示从 LVLH 坐标系到 ECI 坐标系的坐标转换矩阵，则该矩阵可通过以下公式计算，即

$$\boldsymbol{A}_{\mathrm{LVLH}\to\mathrm{ECI}} = \boldsymbol{A}_{\mathrm{ECI}\to\mathrm{LVLH}}^{\mathrm{T}} = [\hat{\boldsymbol{r}}, \hat{\boldsymbol{h}} \times \hat{\boldsymbol{r}}, \hat{\boldsymbol{h}}] \tag{2-2}$$

式中：$\boldsymbol{A}_{\mathrm{ECI}\to\mathrm{LVLH}}$ 为从 ECI 坐标系到 LVLH 坐标系的坐标转换矩阵。上述坐标转换矩阵的时间导数具有以下性质[19]，即

$$\dot{\boldsymbol{A}}_{\mathrm{ECI}\to\mathrm{LVLH}} = \frac{\mathrm{d}\boldsymbol{A}_{\mathrm{ECI}\to\mathrm{LVLH}}}{\mathrm{d}t} = -\dot{\boldsymbol{A}}_{\mathrm{ECI}\to\mathrm{LVLH}}\boldsymbol{\omega}^{\times} \tag{2-3}$$

$$\dot{\boldsymbol{A}}_{\mathrm{LVLH}\to\mathrm{ECI}} = \frac{\mathrm{d}\boldsymbol{A}_{\mathrm{LVLH}\to\mathrm{ECI}}}{\mathrm{d}t} = \boldsymbol{\omega}^{\times} \cdot \dot{\boldsymbol{A}}_{\mathrm{LVLH}\to\mathrm{ECI}} \tag{2-4}$$

式中：$\boldsymbol{\omega}^{\times}$ 为主星或参考航天器轨道角速度 $\boldsymbol{\omega}$ 做叉乘（×）运算时的等效矩阵表示，是斜对称矩阵，即

$$\boldsymbol{\omega}^{\times} = \begin{bmatrix} 0 & -\omega_z & \omega_y \\ \omega_z & 0 & -\omega_x \\ -\omega_y & \omega_x & 0 \end{bmatrix} \tag{2-5}$$

其中，轨道角速度 $\boldsymbol{\omega}$ 由下式确定，即

$$\boldsymbol{\omega} = \frac{\boldsymbol{r}_{\mathrm{ECI}} \times \boldsymbol{v}_{\mathrm{ECI}}}{\|\boldsymbol{r}_{\mathrm{ECI}}\|^2} \tag{2-6}$$

另外，由于航天器的位置还可通过轨道根数描述，因此上述坐标转换矩阵还可通过下述方式计算[1]，即

$$\boldsymbol{A}_{\mathrm{ECI}\to\mathrm{LVLH}} = \boldsymbol{R}_2(\theta)\boldsymbol{R}_1(i)\boldsymbol{R}_3(\Omega) \tag{2-7}$$

式中：3 个角度量 θ、i、Ω 分别表示纬度幅角、轨道倾角、升交点赤经，其中 $\theta = \omega + f$，ω 表示近地点角距，f 表示真近点角。$\boldsymbol{R}_k(\alpha)$ 表示基本旋转矩阵，其

定义为

$$
\boldsymbol{R}_1(\alpha)=\begin{bmatrix}1 & 0 & 0\\ 0 & \cos\alpha & -\sin\alpha\\ 0 & \sin\alpha & \cos\alpha\end{bmatrix},\quad \boldsymbol{R}_2(\alpha)=\begin{bmatrix}\cos\alpha & 0 & \sin\alpha\\ 0 & 1 & 0\\ -\sin\alpha & 0 & \cos\alpha\end{bmatrix},
$$

$$
\boldsymbol{R}_3(\alpha)=\begin{bmatrix}\cos\alpha & -\sin\alpha & 0\\ \sin\alpha & \cos\alpha & 0\\ 0 & 0 & 1\end{bmatrix}
$$

式（2-7）的计算方式可参考图 2-2 得到。

根据这种定义，$\boldsymbol{A}_{\mathrm{ECI\to LVLH}}$ 可具体展开为

$$
\boldsymbol{A}_{\mathrm{ECI\to LVLH}}=\begin{bmatrix}c_\Omega c_\theta - s_\Omega s_\theta c_i & s_\Omega c_\theta + c_\Omega s_\theta c_i & s_\theta s_i\\ -c_\Omega s_\theta - s_\Omega c_\theta c_i & -s_\Omega s_\theta + c_\Omega c_\theta c_i & c_\theta s_i\\ s_\Omega s_i & -c_\Omega s_i & c_i\end{bmatrix} \tag{2-8}
$$

式中：缩略符号 c_α、s_α 的具体含义为 $c_\alpha=\cos\alpha$，$s_\alpha=\sin\alpha$。

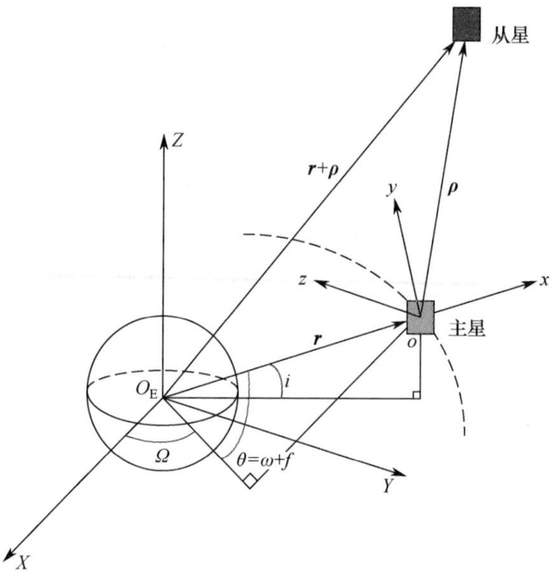

图 2-2 ECI 与 LVLH 坐标系的关系

2.2.3 视线坐标系

在对空间交会过程中两个航天器（追踪航天器和目标航天器）的相对运动进行描述时，若目标航天器在追踪航天器的视场范围内，则可以基于视线测量获得的视线角，在视线坐标系（line-of-sight，LOS）下进行相对运动的描述，视线坐

标系示意图如图 2-3 所示。为定义 LOS 坐标系，首先要选择参考惯性（reference inertial，RI）坐标系 O_I-$X_IY_IZ_I$。对于空间任务而言，RI 坐标系通常选取 ECI 坐标系，也可以根据实际工况选择任意惯性坐标系。通过将 RI 坐标系原点 O_I 移动到追踪航天器的质心 O_C 上，可以定义 LOS 坐标系 O_C-$x_ly_lz_l$ 如下：x_l 自 O_C 指向非合作目标的质心 O_T；y_l 在平面 O_C-X_IY_I 内且与 x_l 垂直；z_l 通过右手旋转坐标系进行定义。在 LOS 坐标系 O_C-$x_ly_lz_l$ 中，通过三维状态量 ρ、β 和 θ 来描述相对运动，其中 ρ 表示追踪航天器质心到目标航天器质心的标量距离；β 为视线倾角且定义为 Y_I 和 y_l 的夹角；θ 为视线偏角且定义为 $\tilde{x}_l$ 和 x_l 的夹角，其中 $\tilde{x}_l$ 为 x_l 在平面 O_C-X_IY_I 中的投影。值得注意的是，视线倾角 β 和视线偏角 θ 的定义分别满足 $\beta \in (-\pi, \pi)$ 和 $\theta \in (-\pi/2, \pi/2)$。

根据旋转关系，可以利用视线角 β 和 θ 获得 RI 坐标系与 LOS 坐标系间的旋转矩阵，即

$$\boldsymbol{A}_{\mathrm{RI}\to\mathrm{LOS}} = \boldsymbol{R}_2(-\theta)\boldsymbol{R}_3(\beta) = \begin{bmatrix} \cos\theta\cos\beta & \cos\theta\sin\beta & \sin\theta \\ -\sin\beta & \cos\beta & 0 \\ -\sin\theta\cos\beta & -\sin\theta\sin\beta & \cos\theta \end{bmatrix} \tag{2-9}$$

$$\boldsymbol{A}_{\mathrm{LOS}\to\mathrm{RI}} = \boldsymbol{A}_{\mathrm{RI}\to\mathrm{LOS}}^{\mathrm{T}} = \begin{bmatrix} \cos\theta\cos\beta & -\sin\beta & -\sin\theta\cos\beta \\ \cos\theta\sin\beta & \cos\beta & -\sin\theta\sin\beta \\ \sin\theta & 0 & \cos\theta \end{bmatrix} \tag{2-10}$$

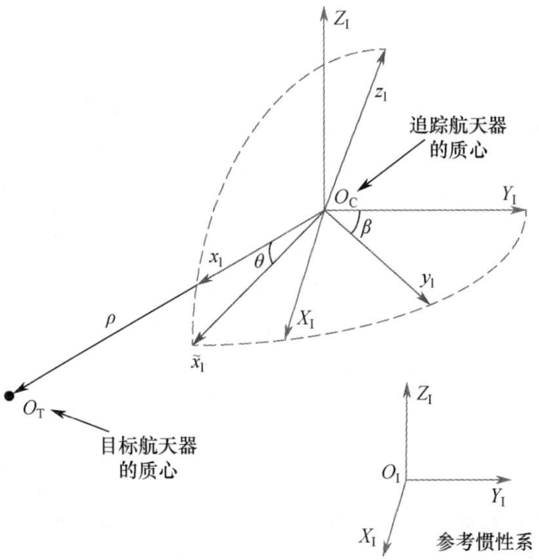

图 2-3　视线坐标系示意图

2.2.4 平动点相对运动坐标系

平动点是圆型限制性三体问题中相对于两个主天体的动平衡点。平动点附近的航天器相对运动通常表示在会合坐标系内，三体问题的会合坐标系如图 2-4 所示。图中，M_1 和 M_2（$M_1 > M_2$）是三体问题中的两颗主天体，彼此围绕其公共质心 O 做偏心率为 e 的椭圆运动。m_A、m_B 为两颗近距离飞行的航天器，分别称为参考航天器（也称主星、参考星或目标星）和跟踪航天器（也称从星、跟踪星）。两颗航天器的质量远远小于主天体的质量，不影响主天体的运动。会合坐标系 $O\text{-}xyz$ 的定义如下[20]：坐标原点 O 为两颗主天体的公共质心，位于两主天体质心连线上；x 轴由 M_1 指向 M_2，z 轴指向天体运动的角动量方向，y 轴与另外两轴垂直，从而构成右手笛卡儿坐标系。$\boldsymbol{r}_A = [x_A, y_A, z_A]^T$ 表示参考航天器相对于原点 O 的位置矢量，$\boldsymbol{r}_B = [x_B, y_B, z_B]^T$ 表示跟踪航天器相对于原点 O 的位置矢量，$\boldsymbol{\rho} = [\Delta x, \Delta y, \Delta z]^T$ 表示跟踪航天器相对于参考航天器的位置矢量。$\boldsymbol{r}_{1A}$、$\boldsymbol{r}_{2A}$ 分别表示参考航天器相对于两颗主天体的位置矢量，$\boldsymbol{r}_{1B}$、$\boldsymbol{r}_{2B}$ 分别表示跟踪航天器相对于两颗主天体的位置矢量。

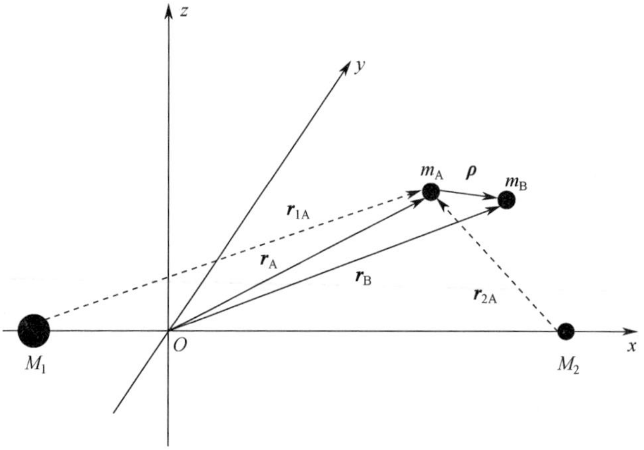

图 2-4 三体问题的会合坐标系

会合坐标系 $O\text{-}xyz$ 是一旋转坐标系，其相对惯性坐标系的角速度和角加速度分别为 $\dot{\theta}$ 和 $\ddot{\theta}$。由轨道动力学理论可知[21]：

$$\dot{\theta} = \frac{\sqrt{aG(1-e^2)(M_1+M_2)}}{a^2(1-e\cos E)^2} \tag{2-11}$$

式中：G 为万有引力系数；a 为两主天体之间椭圆运动的半长轴；E 为偏近点角。对式（2-11）进一步求导，可得

$$\ddot{\theta} = \frac{-2e\sqrt{1-e^2}G(M_1+M_2)\sin E}{a^2(1-e\cos E)^4} \tag{2-12}$$

2.3 LVLH 坐标系下的相对运动方程

航天器的相对运动可通过动力学微分方程描述，也可通过动力学微分方程的解（代数方程）来描述。动力学微分方程可通过在牛顿力学体系下通过受力分析得到运动坐标相对时间变量（或其他变量）的 2 阶导数得到。对于航天器相对运动来说，可通过分别建立不同航天器在惯性坐标系下的运动微分方程，再通过两者运动做差，并将其表示在合适的坐标系（如本节所采用的 LVLH 坐标系）下来描述。

2.3.1 非线性相对运动动力学方程

相对运动的非线性方程是一组在 LVLH 坐标系下描述相对运动动力学的方程，它给出了相对运动坐标分量的 2 阶时间导数的表达式。该方程的矢量表示形式为[22-23]

$$\ddot{\boldsymbol{\rho}} = -2\boldsymbol{\omega}\cdot\dot{\boldsymbol{\rho}} - \dot{\boldsymbol{\omega}}\cdot\boldsymbol{\rho} - \boldsymbol{\omega}\cdot(\boldsymbol{\omega}\cdot\boldsymbol{\rho}) + \frac{\mu}{r^3}\boldsymbol{r} - \frac{\mu}{\|\boldsymbol{r}+\boldsymbol{\rho}\|^3}(\boldsymbol{r}_1+\boldsymbol{\rho}) \tag{2-13}$$

式中：$\boldsymbol{\rho}=[x,y,z]^{\mathrm{T}}$ 为从星或追踪航天器相对于主星或参考航天器的位置向量；$\dot{\boldsymbol{\rho}}$、$\ddot{\boldsymbol{\rho}}$ 分别为该位置向量在 LVLH 坐标系下的时间导数；$\boldsymbol{\omega}$ 为主星的轨道角速度；μ 为地球引力常数；$\boldsymbol{r}$ 为主星在地球惯性坐标系下的位置矢量；r 为矢量 $\boldsymbol{r}$ 的长度。对于不考虑轨道摄动的情形，即两航天器均做开普勒轨道运动，则主星轨道角速度可表示为 $\boldsymbol{\omega}=[0,0,\dot{f}]^{\mathrm{T}}$，其中，$f$ 表示主星的真近点角，其 1 阶和 2 阶时间导数的表达式分别为

$$\dot{f} = \frac{h}{r^2} = \frac{\sqrt{\mu}(1+e\cos f)^2}{a^{3/2}\eta^3} \tag{2-14}$$

$$\ddot{f} = -2\frac{h}{r^3}\dot{r} = -\frac{2\mu(1+e\cos f)^3 e\sin f}{a^3\eta^6} \tag{2-15}$$

式中：a 为主星的轨道半长轴；e 为主星轨道偏心率；h 为主星角动量；$\eta=\sqrt{1-e^2}$。

将相对运动的非线性方程的矢量形式展开，可得到其分量形式的表达式[22-23]为

$$\ddot{x} = 2\dot{f}\dot{y} + \ddot{f}y + \dot{f}^2x - \frac{\mu(r+x)}{[(r+x)^2+y^2+z^2]^{3/2}} + \frac{\mu}{r^2} \tag{2-16a}$$

$$\ddot{y} = -2\dot{f}\dot{x} - \ddot{f}x + \dot{f}^2y - \frac{\mu y}{[(r+x)^2+y^2+z^2]^{3/2}} \tag{2-16b}$$

$$\ddot{z} = -\frac{\mu z}{[(r+x)^2+y^2+z^2]^{3/2}} \tag{2-16c}$$

当考虑摄动干扰和控制时，非线性方程右端项中需增加这些作用力的分量。记

摄动干扰带来的加速度为 $\boldsymbol{d}=[d_x,d_y,d_z]^{\mathrm{T}}$，记控制力带来的加速度为 $\boldsymbol{u}=[u_x,u_y,u_z]^{\mathrm{T}}$，则相对运动的非线性方程可表示为

$$\ddot{x}=2\dot{f}\dot{y}+\ddot{f}y+\dot{f}^2x-\frac{\mu(r+x)}{[(r+x)^2+y^2+z^2]^{3/2}}+\frac{\mu}{r^2}+d_x+u_x \tag{2-17a}$$

$$\ddot{y}=-2\dot{f}\dot{x}-\ddot{f}x+\dot{f}^2y-\frac{\mu y}{[(r+x)^2+y^2+z^2]^{3/2}}+d_y+u_y \tag{2-17b}$$

$$\ddot{z}=-\frac{\mu z}{[(r+x)^2+y^2+z^2]^{3/2}}+d_z+u_z \tag{2-17c}$$

定义相对状态矢量 $\boldsymbol{x}=[x,y,z,\dot{x},\dot{y},\dot{z}]^{\mathrm{T}}$，则上述分量形式的微分方程可表示为以下状态空间模型，即

$$\dot{\boldsymbol{x}}=\boldsymbol{f}(\boldsymbol{x},t)+\boldsymbol{B}\cdot\boldsymbol{u}+\boldsymbol{B}\cdot\boldsymbol{d} \tag{2-18}$$

其中，式（2-18）等号右端项为

$$\boldsymbol{f}(\boldsymbol{x},t)=\begin{bmatrix}\boldsymbol{0}_{3\times3} & \boldsymbol{I}_{3\times3}\\ \boldsymbol{A}_{21}(t) & \boldsymbol{A}_{22}(t)\end{bmatrix}\cdot\boldsymbol{x}+\boldsymbol{B}\cdot\boldsymbol{g}(\boldsymbol{x},t) \tag{2-19}$$

式中：$\boldsymbol{B}=[\boldsymbol{0}_{3\times3}^{\mathrm{T}},\boldsymbol{I}_{3\times3}^{\mathrm{T}}]^{\mathrm{T}}$；$\boldsymbol{A}_{21}(t)$、$\boldsymbol{A}_{22}(t)$、$\boldsymbol{g}(\boldsymbol{x},t)$ 的表达式为

$$\boldsymbol{A}_{21}(t)=\begin{bmatrix}\dot{f}^2 & \ddot{f} & 0\\ -\ddot{f} & \dot{f}^2 & 0\\ 0 & 0 & 0\end{bmatrix},\quad \boldsymbol{A}_{22}(t)=2\dot{f}\begin{bmatrix}0 & 1 & 0\\ -1 & 0 & 0\\ 0 & 0 & 0\end{bmatrix} \tag{2-20}$$

$$\boldsymbol{g}(\boldsymbol{x},t)=\begin{bmatrix}-\dfrac{\mu(r+x)}{[(r+x)^2+y^2+z^2]^{3/2}}+\dfrac{\mu}{r^2}\\ -\dfrac{\mu y}{[(r+x)^2+y^2+z^2]^{3/2}}\\ -\dfrac{\mu z}{[(r+x)^2+y^2+z^2]^{3/2}}\end{bmatrix} \tag{2-21}$$

式中：$\boldsymbol{g}(\boldsymbol{x},t)$ 为航天器间的引力差项。

2.3.2 圆参考轨道下的相对运动方程

当主星或参考航天器位于圆或近圆轨道时，真近点角的时间导数具有简单的表达式。若进一步考虑将式（2-16）中的非线性项线性化，则相对运动可通过一组线性方程描述。这组方程通常被称为 CW 方程或 Hill 方程[1-2]，即

$$\ddot{x}=2n\dot{y}+3n^2x+d_x+u_x \tag{2-22a}$$

$$\ddot{y}=-2n\dot{x}+d_y+u_y \tag{2-22b}$$

$$\ddot{z}=-n^2z+d_z+u_z \tag{2-22c}$$

式中：n 为位于圆轨道上的主星的轨道角速度，满足 $n=\sqrt{\mu/a^3}$ 。同样地，可以得到 CW 方程对应的状态空间模型，即

$$\dot{\boldsymbol{x}}=\boldsymbol{A}\cdot\boldsymbol{x}+\boldsymbol{B}\cdot\boldsymbol{u}+\boldsymbol{B}\cdot\boldsymbol{d} \tag{2-23}$$

式中：$\boldsymbol{B}=[\boldsymbol{0}_{3\times3}^{\mathrm{T}},\boldsymbol{I}_{3\times3}^{\mathrm{T}}]^{\mathrm{T}}$；$\boldsymbol{A}$ 为定常矩阵，其表达式为

$$\boldsymbol{A}=\begin{bmatrix}\boldsymbol{0}_{3\times3} & \boldsymbol{I}_{3\times3}\\ \boldsymbol{A}_{21} & \boldsymbol{A}_{22}\end{bmatrix} \tag{2-24}$$

其中

$$\boldsymbol{A}_{21}(t)=n^2\begin{bmatrix}1&0&0\\0&1&0\\0&0&0\end{bmatrix},\quad \boldsymbol{A}_{22}(t)=2n\begin{bmatrix}0&1&0\\-1&0&0\\0&0&0\end{bmatrix} \tag{2-25}$$

CW 方程有显式的解析解，通常采用初始位置和速度的坐标分量表示，即

$$\begin{aligned}x=&\left(\frac{\dot{x}_0}{n}-2\frac{d_y+u_y}{n^2}\right)\sin(nt)-\left(3x_0+2\frac{\dot{y}_0}{n}+\frac{d_x+u_x}{n^2}\right)\cos(nt)+\\&2\left(2x_0+\frac{\dot{y}_0}{n}+\frac{d_x+u_x}{2n^2}\right)+2\frac{d_y+u_y}{n}t\end{aligned} \tag{2-26a}$$

$$\begin{aligned}y=&2\left(\frac{2}{n}\dot{y}_0+3x_0+\frac{d_x+u_x}{n^2}\right)\sin(nt)+2\left(\frac{\dot{x}_0}{n}-2\frac{d_y+u_y}{n^2}\right)\cos(nt)-\\&3\frac{d_x+u_x}{2}t^2-3\left(\dot{y}_0+2nx_0+\frac{2(d_x+u_x)}{3n}\right)t+y_0-\frac{2\dot{x}_0}{n}+4\frac{d_y+u_y}{n^2}\end{aligned} \tag{2-26b}$$

$$z=\frac{\dot{z}_0}{n}\sin(nt)+\left(z_0-\frac{d_z+u_z}{n^2}\right)\cos(nt)+\frac{d_z+u_z}{n^2} \tag{2-26c}$$

当忽略摄动干扰和控制力时，式（2-26）可简化为

$$x=\frac{\dot{x}_0}{n}\sin(nt)-\left(3x_0+2\frac{\dot{y}_0}{n}\right)\cos(nt)+2\left(2x_0+\frac{\dot{y}_0}{n}\right) \tag{2-27a}$$

$$y=2\left(\frac{2}{n}\dot{y}_0+3x_0\right)\sin(nt)+2\frac{\dot{x}_0}{n}\cos(nt)-3(\dot{y}_0+2nx_0)t+y_0-\frac{2\dot{x}_0}{n} \tag{2-27b}$$

$$z=\frac{\dot{z}_0}{n}\sin(nt)+z_0\cos(nt) \tag{2-27c}$$

对应地，相对速度可表示为

$$\dot{x}=\dot{x}_0\cos(nt)+(3nx_0+2\dot{y}_0)\sin(nt) \tag{2-28a}$$

$$\dot{y}=(4\dot{y}_0+6nx_0)\cos(nt)-2\dot{x}_0\sin(nt)-3(\dot{y}_0+2nx_0) \tag{2-28b}$$

$$\dot{z}=\dot{z}_0\cos(nt)-nz_0\sin(nt) \tag{2-28c}$$

其中，上述公式中的下标 0 表示初始时刻 t_0 的相对位置和相对速度值。

2.3.3 椭圆参考轨道下的相对运动方程

当主星或参考航天器所在轨道为椭圆时，此时相对运动仍可通过一定的近似处理转化为线性形式，TH 方程即是一个典型结果。TH 方程的动力学形式为[4, 22]

$$x''=\frac{2+k}{k}x+2\frac{k'}{k}y-2\frac{k'}{k}x'+2y' \tag{2-29a}$$

$$y''=-2\frac{k'}{k}x+\frac{k-1}{k}y-2x'-2\frac{k'}{k}y' \tag{2-29b}$$

$$z''=-\frac{1}{k}z-2\frac{k'}{k}z' \tag{2-29c}$$

式中：$(\cdot)'$ 表示变量 $(\cdot)$ 对真近点角 f 的 1 阶偏导数；$(\cdot)''$ 表示变量 $(\cdot)$ 对真近点角 f 的 2 阶偏导数，其中，变量对时间的导数和对真近点角的导数之间的关系为

$$\dot{(\cdot)}=(\cdot)'\dot{f}，\ \ddot{(\cdot)}=(\cdot)''\dot{f}^2+(\cdot)'\ddot{f}f' \tag{2-30}$$

参数 k 为 $k(f)$ 的简写，具体表达式为

$$k(f)=1+e\cos f \tag{2-31}$$

若作无量纲化处理，即令 $\tilde{x}=x/r$、$\tilde{y}=y/r$、$\tilde{z}=z/r$，其中 r 为主星的轨道半径，则 TH 方程的无量纲化形式为[1]

$$\tilde{x}''=\frac{3}{k}\tilde{x}+2\tilde{y}' \tag{2-32a}$$

$$\tilde{y}''=-2\tilde{x}' \tag{2-32b}$$

$$\tilde{z}''=-\tilde{z}' \tag{2-32c}$$

将上述分量形式的微分方程转化为状态空间模型，则有

$$\tilde{\boldsymbol{x}}'=\boldsymbol{A}(f)\cdot\tilde{\boldsymbol{x}} \tag{2-33}$$

式中：矩阵 $\boldsymbol{A}(f)$ 为时变矩阵，其表达式为

$$\boldsymbol{A}(f)=\begin{bmatrix}\boldsymbol{0}_{3\times3} & \boldsymbol{I}_{3\times3}\\ \boldsymbol{A}_{21}(f) & \boldsymbol{A}_{22}(f)\end{bmatrix} \tag{2-34}$$

其中

$$\boldsymbol{A}_{21}(f)=\begin{bmatrix}\frac{3}{k(f)} & 0 & 0\\ 0 & 0 & 0\\ 0 & 0 & 0\end{bmatrix},\quad \boldsymbol{A}_{22}(f)=2\begin{bmatrix}0 & 1 & 0\\ -1 & 0 & 0\\ 0 & 0 & 0\end{bmatrix} \tag{2-35}$$

无量纲 TH 方程的解析解有 3 种，其中 Carter 给出的通解[5, 7]为

$$\tilde{x}(f)=c_1\varphi_1+c_2\varphi_2+c_3\varphi_3 \tag{2-36a}$$

$$\tilde{y}(f) = -2c_1 S(\varphi_1) - 2c_2 S(\varphi_2) - c_3 S(2\varphi_3 + 1) + c_4 \tag{2-36b}$$

$$\tilde{z}(f) = c_5 \cos f + c_6 \sin f \tag{2-36c}$$

式中：$c_i (i = 1, 2, \cdots, 6)$ 为任意常数；函数 $\varphi_i (i = 1, 2, 3)$ 的表达式为

$$\varphi_1 = k(f) \sin f \tag{2-37}$$

$$\varphi_2 = 2ek(f) \sin f \cdot J(f) - \frac{\cos f}{k(f)} \tag{2-38}$$

$$\varphi_3 = -2k(f) J(f) \sin f - \frac{\cos^2 f}{k(f)} - \cos^2 f \tag{2-39}$$

函数 $S(\cdot)$ 的表达式为

$$S(\varphi_1) = -\cos f - \frac{e}{2} \cos^2 f \tag{2-40}$$

$$S(\varphi_2) = -k^2(f) J(f) \tag{2-41}$$

$$S(2\varphi_3 + 1) = \frac{2}{e} [k^2(f) J(f) - \sin f] - \sin f \cos f \tag{2-42}$$

式中：积分 $J(f)$ 的定义为

$$J(f) = \frac{\sin f}{k^3(f)} - 3eK(f) \tag{2-43}$$

式中：积分 $K(f)$ 定义为

$$K(f) = \int \frac{\sin^2 f}{k^4(f)} \mathrm{d}f \tag{2-44}$$

注意：$K(f)$ 与 $k(f)$ 不是同一个函数。$K(f)$ 的具体结果与偏心率有关，即

$$K(f) = \begin{cases} (1 - e^2)^{-5/2} \left(\dfrac{1}{2} E - \dfrac{1}{2} \sin E \cos E - \dfrac{e}{3} \sin^3 E \right), & 0 \leqslant e < 1 \\ \dfrac{1}{10} \tan^5 \left(\dfrac{f}{2} \right) + \dfrac{1}{6} \tan^3 \left(\dfrac{f}{2} \right), & e = 1 \\ (e^2 - 1)^{-5/2} \left(\dfrac{1}{2} H - \dfrac{1}{2} \sinh H \cosh H - \dfrac{e}{3} \sinh^3 H \right), & e > 1 \end{cases} \tag{2-45}$$

式中：E、H 分别为偏近点角和双曲偏近点角，其与真近点角之间的关系为

$$\sin E = \frac{\sqrt{1 - e^2} \sin f}{1 + e \cos f}, \quad \cos E = \frac{e + \cos f}{1 + e \cos f}, \quad 0 \leqslant e < 1 \tag{2-46}$$

$$\sinh H = \frac{\sqrt{e^2 - 1} \sin f}{1 + e \cos f}, \quad \cosh H = \frac{e + \cos f}{1 + e \cos f}, \quad e > 1 \tag{2-47}$$

由于 $K(f)$ 在偏心率不等于 1 时是偏近点角（或双曲偏近点角）的函数，其后者与真近点角之间的映射关系较为复杂，这给实际使用带来不便。为此，Yamanaka 与 Ankersen[8]提出了第二种形式的 TH 方程解析解，即

$$\tilde{x} = c_1 k(f)\sin f + c_2 k(f)\cos f + c_3[2 - 3ek(f)L(f)\sin f] \tag{2-48a}$$

$$\tilde{y} = -c_1 \cos f(1 + k(f)) + c_2 \sin f(1 + k(f)) + 3c_3 k^2(f)L(f) + c_4 \tag{2-48b}$$

$$\tilde{z} = c_5 \cos f + c_6 \sin f \tag{2-48c}$$

式中：$c_i(i = 1,2,\cdots,6)$ 为常数；积分 $L(f)$ 的具体表达式为

$$L(f) = \int \frac{1}{k^2(f)} \mathrm{d}f = \sqrt{\frac{\mu}{p^3}} t \tag{2-49}$$

式中：$p = a(1 - e^2)$ 为参考航天器通径。

这组解比 Carter 给出的第一组解在形式上得到了简化，且唯一涉及的一个积分 $L(f)$ 可以通过时间变量 t 显式表示出来。因此，这组解在实际使用中具有较好的便利性。但需要指出的是，Yamanaka 和 Ankersen 提出的这组解不能适用于抛物轨道，即偏心率 $e = 1$ 的情形。另外，Yamanaka 和 Ankersen 在发表该结果时，只讨论了其在椭圆情形下的普适性，该结果对于双曲轨道也是适用的。

党朝辉给出的 TH 方程的第三种解[9]仍然采用了 Carter 给出的解的基本结构，即式（2-36），但其中积分 $J(f)$ 的求解采用了不同方式，具体结果为

$$J(f) = \frac{D(f) - 3eL(f)}{2(1 - e^2)}, \quad e \neq 1 \tag{2-50}$$

其中，积分 $L(f)$ 与 Yamanaka 和 Ankersen 给出的定义相同，而积分 $D(f)$ 的定义为

$$D(f) = \int \frac{3e + (2 + e^2)\cos f}{(1 + e\cos f)^3} \mathrm{d}f \tag{2-51}$$

可以验证，采用上述 $L(f)$ 和 $D(f)$ 的定义后，式（2-51）所给出的 $J(f)$ 与 Carter 给出的式（2-36）是等价的。由于 $L(f)$ 可以通过时间变量 t 显式表示出来，因此若 $D(f)$ 可以通过时间变量 t 或真近点角 f 表示，则 Carter 给出的解会得到形式上的简化。实际上，$D(f)$ 的具体积分结果很简单，其表达式为[9, 22]

$$D(f) = \frac{\sin f(2 + e\cos f)}{(1 + e\cos f)^2} \tag{2-52}$$

这样，积分 $J(f)$ 的具体表达式就变得相对简洁，即[9, 22]

$$\begin{cases} J(f) = \dfrac{1}{2(1 - e^2)}\left(\dfrac{\sin f(2 + e\cos f)}{(1 + e\cos f)^2} - 3e\sqrt{\dfrac{\mu}{p^3}} t\right), & e \neq 1 \\ J(f) = \dfrac{1}{4}\tan\left(\dfrac{f}{2}\right) - \dfrac{1}{20}\tan^5\left(\dfrac{f}{2}\right), & e = 1 \end{cases} \tag{2-53}$$

下面通过一个数值仿真案例验证 TH 方程解析解的正确性。

例 2-1 TH 方程解析解的数值验证。

假设参考航天器的轨道根数按照偏心率的取值不同，分为圆、椭圆、抛物、双曲 4 种情形，其余轨道根数相同，如表 2-1 所列。在这 4 种情形中，从星相对参考

航天器的位置、速度均设置为相同结果，即 $x_0=1\text{km}$ 、 $y_0=2\text{km}$ 、 $z_0=3\text{km}$ 、 $\dot{x}_0=1\text{m/s}$ 、 $\dot{y}_0=2\text{m/s}$ 和 $\dot{z}_0=3\text{m/s}$ 。

表 2-1　参考星的轨道根数

轨道根数	a/km	e	i/(°)	Ω/(°)	ω/(°)	f_0/(°)
情形 a	8378	0	45	60	30	0
情形 b	8378	0.1	45	60	30	0
情形 c	8378	1	45	60	30	0
情形 d	8378	2	45	60	30	0

首先，通过非线性数值微分方程（式（2-16））按照上述初始条件对相对运动积分，得到相对运动的精确解，作为 TH 方程解析解对比的标准。然后，采用本节给出的 TH 方程解析解（式（2-36））并结合积分 J 的求解方法式（2-53），计算各时刻对应的相对位置和相对速度。将数值精确解和 TH 方程解析解得到的相对运动轨迹绘图后，得到图 2-5 所示的结果。

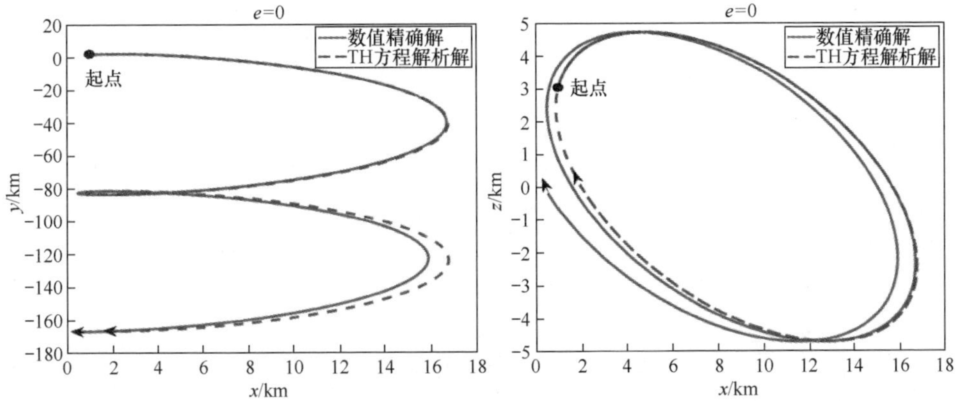

(a)

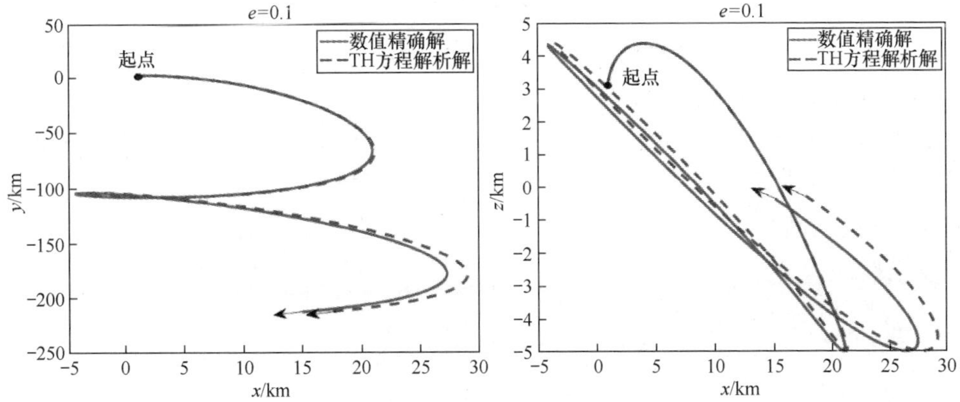

(b)

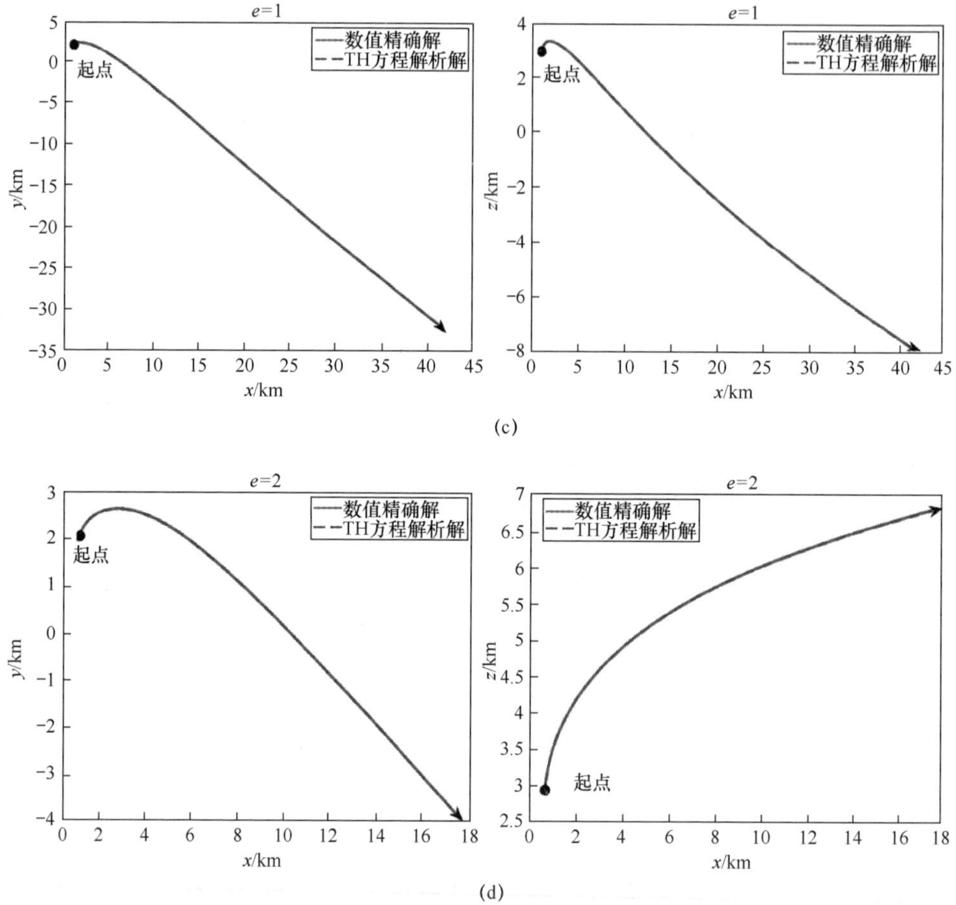

图 2-5　TH 方程解析解与数值精确解的比较

（a）圆参考轨道下的相对运动轨迹；（b）椭圆参考轨道下的相对运动轨迹；（c）抛物参考轨道下的相对运动轨迹；（d）双曲参考轨道下的相对运动轨迹。

由图 2-5 可知，在 4 种情形下，TH 方程的解析解均较为准确地模拟了相对运动的数值精确解，这说明了 TH 方程解析解的正确性。另外，4 种情形下，TH 方程解析解在刚开始的阶段均几乎精确地与数值解保持一致，但随着运动的继续演化，这种一致性渐渐破坏，两者之间出现偏差，并愈演愈烈。这是因为 TH 方程毕竟是一种线性化近似解，其精度仅有 1 阶，不能实现大范围或长时间对相对运动的精密模拟。

2.3.4　相对运动的 2 阶微分方程及其解

尽管相对运动的线性微分方程（CW 方程和 TH 方程）及其解在大部分情况下

都能够满足实际需求，但在某些有高精度要求的交会或编队飞行任务中，工程技术人员仍希望得到具有更高精度的相对运动模型。本节对圆参考轨道下的 2 阶相对运动进行了研究。

为使问题相对简单，采用归一化的无量纲形式，则圆参考轨道下的相对运动微分方程可表示为

$$x'' = 2y' + \frac{H(x,y,z)}{k(f)}(1+x) \tag{2-54a}$$

$$y'' = -2x' + \frac{H(x,y,z)}{k(f)}y \tag{2-54b}$$

$$z'' = -z + \frac{H(x,y,z)}{k(f)}z \tag{2-54c}$$

式中：x、y 和 z 表示无量纲的相对位置坐标；x'、y' 和 z' 表示相对位置坐标对真近点角的导数；函数 $k(f)$ 的表达式如式（2-31）所示；函数 $H(x,y,z)$ 的具体表达式为

$$H(x,y,z) \triangleq 1 - [(1+x)^2 + y^2 + z^2]^{-3/2} \tag{2-55}$$

将式（2-55）进行 2 阶泰勒展开，得到

$$H(x,y,z) = 3x - 6x^2 + \frac{3}{2}y^2 + \frac{3}{2}z^2 + O(\rho^2) \tag{2-56}$$

式中：$\rho = \sqrt{x^2 + y^2 + z^2}$。

将式（2-56）代入式（2-54），并忽略 3 阶及其以上的非线性项，得到

$$x'' = 2y' + \frac{3x}{k(f)} + \frac{3(-2x^2 + y^2 + z^2)}{2k(f)} \tag{2-57a}$$

$$y'' = -2x' + \frac{3xy}{k(f)} \tag{2-57b}$$

$$z'' = -z + \frac{3xz}{k(f)} \tag{2-57c}$$

当参考轨道为圆轨道时，式（2-57）可进一步简化为

$$x'' = 2y' + 3x + \frac{3}{2}(-2x^2 + y^2 + z^2) \tag{2-58a}$$

$$y'' = -2x' + 3xy \tag{2-58b}$$

$$z'' = -z + 3xz \tag{2-58c}$$

这样就得到了圆参考轨道下相对运动的 2 阶微分方程。

上述微分方程可通过逐次展开法[22, 24]得到其解。为此，令 2 阶微分方程的解表示为 $x=x_1+x_2$、$y=y_1+y_2$ 和 $z=z_1+z_2$。其中，下标 1 表示 1 阶解，下标 2 表示 2 阶校正项。其中，1 阶解是以下 1 阶微分方程（CW 方程）的解，即

$$x_1''-2y_1'-3x_1=0 \tag{2-59a}$$

$$y_1''+2x_1'=0 \tag{2-59b}$$

$$z_1''+z_1=0 \tag{2-59c}$$

由于 CW 方程的解已经得到，因此可以直接写出

$$x_1=x_0'\sin f-(3x_0+2y_0')\cos f+2(2x_0+y_0') \tag{2-60a}$$

$$y_1=2(3x_0+2y_0')\sin f+2x_0'\cos f-3(2x_0+y_0')f-2x_0'+y_0 \tag{2-60b}$$

$$z_1=z_0'\sin f+z_0\cos f \tag{2-60c}$$

式中：下标 0 表示初始状态。

采用逐次展开法求解 2 阶解时，2 阶校正项满足以下微分方程，即

$$x_2''-2y_2'-3x_2=\frac{3}{2}(-2x_1^2+y_1^2+z_1^2) \tag{2-61a}$$

$$y_2''+2x_2'=3x_1y_1 \tag{2-61b}$$

$$z_2''+z_2=3x_1z_1 \tag{2-61c}$$

将 1 阶解代入微分方程式（2-61），并进行求解，可得到 2 阶校正项如下[22]：

$$\begin{aligned}x_2=&\frac{1}{4}(42x_0^2+6y_0^2+3z_0^2+48x_0y_0'-6x_0'^2+12y_0'^2+3z_0'^2)-\\&\frac{9}{2}(2x_0+y_0')^2f^2+3(2x_0+y_0')(-2x_0'+y_0)f+\\&3(2x_0+y_0')(3x_0+2y_0')f\sin f+3(2x_0+y_0')x_0'f\cos f-\\&(6x_0y_0-12x_0x_0'+3y_0y_0'-z_0z_0'-7x_0'y_0')\sin f-\\&\frac{1}{2}(30x_0^2+3y_0^2+z_0^2+36x_0y_0'-4x_0'^2+10y_0'^2+2z_0'^2)\cos f-\\&\frac{1}{2}(6x_0x_0'+z_0z_0'+4x_0'y_0')\sin 2f+\\&\frac{1}{4}(18x_0^2-z_0^2+24x_0y_0'-2x_0'^2+8y_0'^2+z_0'^2)\cos 2f\end{aligned} \tag{2-62a}$$

$$
\begin{aligned}
y_2 = &\frac{3}{2}(2x_0y_0 - 5x_0x_0' - z_0z_0' - 2x_0'y_0') - \\
&\frac{3}{2}(11x_0^2 + 2y_0^2 + z_0^2 + 14x_0y_0' - 2y_0x_0' + x_0'^2 + 4y_0'^2 + z_0'^2)f + \\
&3(2x_0 + y_0')x_0'f\sin f - 3(2x_0 + y_0')(3x_0 + 2y_0')f\cos f + \\
&(30x_0^2 + 3y_0^2 + z_0^2 + 36x_0y_0' - 3x_0'y_0 + 2x_0'^2 + 10y_0'^2 + 2z_0'^2)\sin f + \\
&(-3x_0y_0 + 6x_0x_0' + 2z_0z_0' + 2x_0'y_0')\cos f + \\
&\frac{1}{4}(9x_0^2 + z_0^2 + 12x_0y_0' - x_0'^2 + 4y_0'^2 - z_0'^2)\sin 2f + \\
&\frac{1}{2}(3x_0x_0' - z_0z_0' + 2x_0'y_0')\cos 2f
\end{aligned}
\tag{2-62b}
$$

$$
\begin{aligned}
z_2 = &\frac{3}{2}(-3x_0z_0 - 2z_0y_0' + x_0'z_0') + \\
&3(2x_0 + y_0')z_0f\sin f - 3(2x_0 + y_0')z_0'f\cos f + \\
&(3x_0z_0' + z_0x_0' + y_0'z_0')\sin f + (3x_0z_0 + 2z_0y_0' - 2x_0'z_0')\cos f + \\
&\frac{1}{2}(3x_0z_0' + z_0x_0' + 2y_0'z_0')\sin 2f + \frac{1}{2}(3x_0z_0 + 2z_0y_0' + x_0'z_0')\cos 2f
\end{aligned}
\tag{2-62c}
$$

将上述 1 阶和 2 阶校正项（式（2-61）和式（2-62））合并，则得到圆参考轨道下的相对运动 2 阶解析解[22, 24]，即

$$
\begin{aligned}
x = &(4 - 3\cos f)x_0 + x_0'\sin f + 2(1 - \cos f)y_0' + \\
&\frac{3}{2}(7 - 12f^2 + 12f\sin f - 10\cos f + 3\cos 2f)x_0^2 + \frac{3}{2}(1 - \cos f)y_0^2 + \\
&\frac{1}{4}(3 - 2\cos f - \cos 2f)z_0^2 + \frac{1}{2}(-3 + 4\cos f - \cos 2f)x_0'^2 + \\
&\frac{1}{2}(6 - 10\cos f + 4\cos 2f + 12f\sin f - 9f^2)y_0'^2 + \\
&\frac{1}{4}(3 - 4\cos f + \cos 2f)z_0'^2 + 6(f - \sin f)x_0y_0 + \\
&3(-4f + 2f\cos f + 4\sin f - \sin 2f)x_0x_0' + \\
&3(4 - 6f^2 + 7f\sin f - 6\cos f + 2\cos 2f)x_0y_0' + \\
&3(f - \sin f)y_0y_0' + \frac{1}{2}(2\sin f - \sin 2f)z_0z_0' + \\
&(-6f + 3f\cos f + 7\sin f - 2\sin 2f)x_0'y_0'
\end{aligned}
\tag{2-63a}
$$

$$
\begin{aligned}
y &= 6(\sin f - f)x_0 + y_0 + 2(\cos f - 1)x_0' + (4\sin f - 3f)y_0' + \\
&\quad \frac{3}{4}(40\sin f + 3\sin 2f - 22f - 24f\cos f)x_0^2 + 3(\sin f - f)y_0^2 + \\
&\quad \frac{1}{4}(4\sin f + \sin 2f - 6f)z_0^2 + \frac{1}{4}(8\sin f - \sin 2f - 6f)x_0'^2 + \\
&\quad (10\sin f + \sin 2f - 6f - 6f\cos f)y_0'^2 + \frac{1}{4}(8\sin f - \sin 2f - 6f)z_0'^2 + \\
&\quad 3(1 - \cos f)x_0 y_0 + \frac{3}{2}(-5 + 4\cos f + \cos 2f + 4f\sin f)x_0 x_0' + \\
&\quad 3(12\sin f + \sin 2f - 7f - 7f\cos f)x_0 y_0' + 3(-\sin f + f)y_0 x_0' + \\
&\quad \frac{1}{2}(-3 + 4\cos f - \cos 2f)z_0 z_0' + (-3 + 2\cos f + \cos 2f + 3f\sin f)x_0' y_0'
\end{aligned} \tag{2-63b}
$$

$$
\begin{aligned}
z &= z_0\cos f + z_0'\sin f + \frac{3}{2}(-3 + 2\cos f + \cos 2f + 4f\sin f)x_0 z_0 + \\
&\quad \frac{3}{2}(2\sin f + \sin 2f - 4f\cos f)x_0 z_0' + \frac{1}{2}(2\sin f - \sin 2f)z_0 x_0' + \\
&\quad (-3 + 2\cos f + \cos 2f + 3f\sin f)z_0 y_0' + \frac{1}{2}(3 - 4\cos f + \cos 2f)x_0' z_0' + \\
&\quad (\sin f + \sin 2f - 3f\cos f)y_0' z_0'
\end{aligned} \tag{2-63c}
$$

下面通过一个数值仿真算例说明相对运动 2 阶解析解的正确性。

例 2-2 2 阶相对运动解析解的数值验证。

在本算例中，相对运动的精确解通过式（2-54）进行积分求解。相对运动的 CW 方程解析解通过式（2-60）进行计算。相对运动的 2 阶解析解通过式（2-63）进行计算。需要说明的是，这些积分和计算均是在无量纲意义下进行的。其中，相对运动的初始条件设定为 $x_0 = 10^{-4}$、$y_0 = 2\times10^{-4}$、$z_0 = 3\times10^{-4}$、$x_0' = 10^{-5}$、$y_0' = 2\times10^{-5}$、$z_0' = 3\times10^{-5}$（注意，这里是无量纲量，因此无单位）。为了更清楚地了解 2 阶解的精度，定义计算误差为

$$
\delta x_{\mathrm{CW}} = x_{\mathrm{CW}} - x_{\mathrm{real}}, \quad \delta y_{\mathrm{CW}} = y_{\mathrm{CW}} - y_{\mathrm{real}}, \quad \delta z_{\mathrm{CW}} = z_{\mathrm{CW}} - z_{\mathrm{real}}
$$

$$
\delta x_{\mathrm{2nd}} = x_{\mathrm{2nd}} - x_{\mathrm{real}}, \quad \delta y_{\mathrm{2nd}} = y_{\mathrm{2nd}} - y_{\mathrm{real}}, \quad \delta z_{\mathrm{2nd}} = z_{\mathrm{2nd}} - z_{\mathrm{real}}
$$

式中：下标 CW 表示该解是由 CW 方程解析解计算得到的；下标 2nd 表示该解是由所建立的 2 阶解析解计算得到的；下标 real 表示通过数值积分精确求解得到的。

将相关结果绘图后，得到如图 2-6 所示的结果。由图 2-6 可知，2 阶解析解和 CW 方程解析解在刚开始的阶段均很好地跟踪上了精确解，但随着运动的演化，CW 方程解析解的误差越来越大，而 2 阶解析解的误差相对于 CW 方程解析解其误差递增更缓慢一些。这就说明 2 阶解析解的正确性以及其预期的精度明显得到改善。

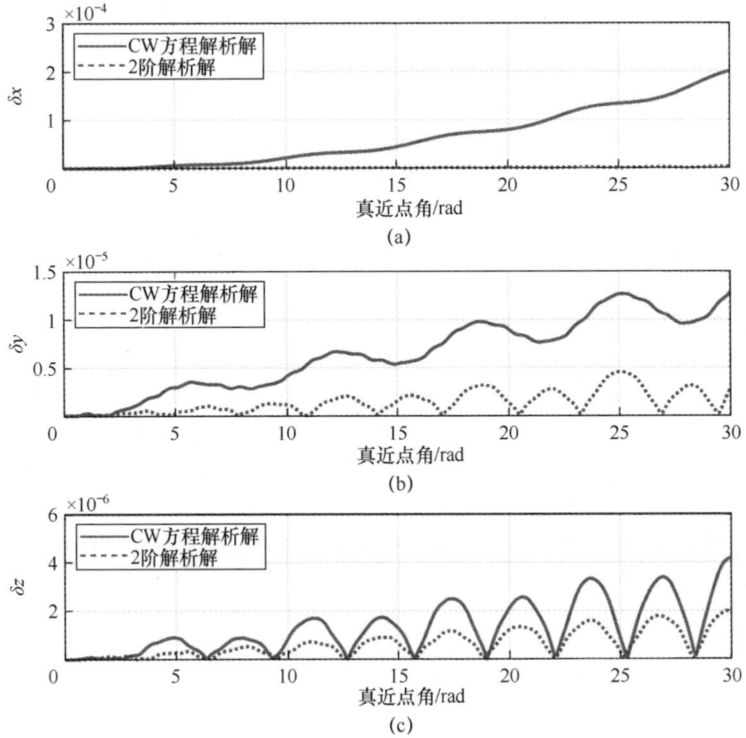

图 2-6　相对运动二阶解析解与 CW 方程解析解的比较

2.3.5　相对运动的稳定性及其周期解

相对运动动力学是否具备内在稳定性？对该问题的回答需要通过线性系统特征值理论加以解决。

1．圆参考轨道相对运动的稳定性

圆参考轨道下的相对运动微分方程（CW 方程）是一线性定常系统。因此，系统稳定性可通过式（2-24）中系统矩阵 $\boldsymbol{A}$ 的特征值 $\lambda_i (i=1,2,\cdots,6)$ 进行判断。若所有特征值的实部均小于零，则系统渐近稳定；若存在某一特征值的实部大于零，则系统不稳定；若存在部分特征值其实部为零，且剩余特征值的实部均小于零，则系统稳定与否需通过实部为零特征值的代数重数与几何重数的比较才能得出，具体判断准则为

$$\begin{cases} \forall i, \mathrm{Re}(\lambda_i) < 0 \Rightarrow \text{stable} \\ \exists i, \mathrm{Re}(\lambda_i) > 0 \Rightarrow \text{unstable} \\ \exists i \in S \neq \varnothing, \mathrm{Re}(\lambda_i) = 0 \text{且} \forall i \notin S, \mathrm{Re}(\lambda_i) < 0 \\ \Rightarrow \begin{cases} \mathrm{rank}(\boldsymbol{A} - \lambda_i \cdot \boldsymbol{I}) = n - n_i \Rightarrow \text{stable} \\ \mathrm{rank}(\boldsymbol{A} - \lambda_i \cdot \boldsymbol{I}) \neq n - n_i \Rightarrow \text{unstable} \end{cases} \end{cases} \tag{2-64}$$

式中：n_i 为某实部为零特征值的代数重数；$\mathrm{rank}(\cdot)$ 为矩阵的秩；S 为零特征值的序号集合。

按照上述稳定性理论，对 CW 方程对应的系统矩阵进行求解，可得以下 6 个特征值[22]：$\lambda_1=\lambda_2=j$，$\lambda_3=\lambda_4=-j$，$\lambda_5=\lambda_6=0$。由此可知，CW 系统对应有 6 个特征值的实部全为零。考察 λ_5、λ_6 这一对零特征值可知，其代数重数为 2，但 $\mathrm{rank}(\boldsymbol{A}-\lambda_{5,6}\cdot\boldsymbol{I})=5$。因此，由稳定性理论可知，CW 方程对应的圆参考轨道下的相对运动动力学不稳定。但因为存在实部为零的特征值，所以该系统蕴含着周期解。

2. 椭圆参考轨道相对运动的稳定性

椭圆参考轨道下的相对运动由 TH 方程描述，其为一个线性周期时变方程。此时，系统稳定性不能通过系统矩阵的特征值直接进行稳定性判断。但 Floquet 理论对周期时变系统的稳定性进行了说明：系统单值矩阵 $\boldsymbol{M}$ 的特征值 $\lambda_i(i=1,2,\cdots,6)$（称为特征乘子），若所有特征值的模均小于 1，则系统稳定；若存在某个特征值的模大于 1，则系统不稳定；若存在部分特征值，其模为 1，且剩余特征值的模均小于 1，此时系统是否稳定取决于模为 1 的特征值的代数重数是否与其几何重数相等。具体判断准则为

$$\begin{cases}\forall i,|\lambda_i|<1\Rightarrow \text{stable}\\ \exists i,|\lambda_i|>1\Rightarrow \text{unstable}\\ \exists i\in S\neq\varnothing,|\lambda_i|=1\text{且}\forall i\notin S,|\lambda_i|<1\\ \Rightarrow\begin{cases}\mathrm{rank}(\boldsymbol{M}-\lambda_i\cdot\boldsymbol{I})=n-n_i\Rightarrow\text{stable}\\ \mathrm{rank}(\boldsymbol{M}-\lambda_i\cdot\boldsymbol{I})\neq n-n_i\Rightarrow\text{unstable}\end{cases}\end{cases} \tag{2-65}$$

式中：n_i 为某模为 1 特征值的代数重数；S 为模为 1 特征值的序号集合。系统单值矩阵 $\boldsymbol{M}$ 的计算方式为

$$\boldsymbol{M}=\boldsymbol{\phi}_{\mathrm{LVLH}}(T+t_0,t_0) \tag{2-66}$$

式中：$\boldsymbol{\phi}_{\mathrm{LVLH}}$ 为线性时变系统的状态传递矩阵；T 为线性时变系统的周期。

根据上述 Floquet 理论，TH 方程对应的动力学系统，其单值矩阵的特征值为[22] $\lambda_1=\lambda_2=\cdots=\lambda_6=1$。由此可知，系统处于临界稳定状态。进一步检验可知，特征值 1 的代数重数为 6，而 $\mathrm{rank}(\boldsymbol{M}-1\cdot\boldsymbol{I})=6$，对应几何重数为 0，因此代数重数不等于几何重数，系统不稳定。由于特征值为 1，因此系统包含周期解。

根据上述分析可知，无论是圆参考轨道还是椭圆参考轨道，相对运动均包含周期解。当直接从线性相对运动方程出发，通过消除通解中的长期项即可得到周期性条件。对于圆参考轨道来说，由 CW 方程的解析解可知，当初始相对运动状态满足以下条件时，相对运动将变为周期的[1]，即

$$\dot{y}_0=-2nx_0 \tag{2-67}$$

式中：$n=\sqrt{\mu/a^3}$ 为参考星的轨道角速度。

对于椭圆参考轨道，由 TH 方程的解析解可知，当初始相对状态满足以下条件时，系统将变为周期的[1]，即

$$k(f_0)(\dot{y}_0+\dot{f}_0x_0)+e\sin f_0(\dot{x}_0-\dot{f}_0y_0)+\dot{f}_0x_0=0 \tag{2-68}$$

如果希望得到更高精度的周期解时，可以通过能量匹配实现[23]，即

$$\frac{1}{2}\{(\dot{x}_0-\dot{f}_0y_0+\dot{r}_0)^2+[\dot{y}_0+\dot{f}_0(x_0+r_0)]^2+\dot{z}_0^2\}-\frac{\mu}{\sqrt{(r_0+x_0)^2+y_0^2+z_0^2}}=-\frac{\mu}{2a_0} \tag{2-69}$$

上述采用坐标分量形式的周期性条件也可以转化为轨道根数形式的周期性条件。事实上，对于做圆轨道或椭圆轨道运动的航天器，若彼此之间的半长轴相等，则各自周期相同，因而相对运动也将为周期的。由此可知，半长轴差为零是周期相对运动的充分条件。

另外，上述 3 种周期性条件的精度是逐渐升高的：式（2-67）给出的周期性条件带来的误差大于式（2-68）给出的周期性条件带来的误差，而式（2-68）给出的周期性条件带来的误差又大于式（2-69）给出的周期性条件带来的误差。但从复杂性上来看，式（2-67）给出的周期性条件最简单，且对于圆参考轨道的相对运动来说，其精度在短时间内也是足够的，因此被使用得最多。当参考轨道为椭圆轨道时，式（2-68）给出的周期性条件能反映偏心率带来的影响。而且，可以验证当偏心率为 0 时，式（2-68）将退化为式（2-67）。

在应用 TH 方程周期解条件式（2-68）时，通常需要对 x 和 y 方向进行分解。观察式（2-68）可知，x 方向和 y 方向的速度若同时满足下述表达式，则可实现周期性，即

$$\dot{y}_0=-\frac{1+k(f_0)}{k(f_0)}\dot{f}_0x_0,\quad \dot{x}_0=\dot{f}_0y_0$$

由此可知，周期性要求 y 方向的速度与 x 方向的初始位置满足一个比例系数、x 方向的速度与 y 方向的初始位置满足一个比例系数。将这两个比例系数随偏心率 e 和真近点角 f_0 的变化规律绘图得到如图 2-7 所示的结果。由图 2-7 可知，相比于 CW 方程得到的周期性条件式（2-67）仅规定了 y 方向速度的约束，TH 方程得到的周期性条件同时对 x 方向的速度做了约束，并且这种约束随真近点角的不同而不同。

上述理论分析和计算结果表明，CW 方程的周期解条件仅适用于圆参考轨道，而 TH 方程的周期解条件可以适用于各种椭圆参考轨道。下面通过几个数值仿真例子对上述周期性条件加以验证。

例 2-3　CW 方程周期解与 TH 方程周期解的验证。

假设参考航天器的轨道根数如表 2-1 所列（但偏心率设置不同），其中偏心率分别设置为 0、0.1、0.2 这 3 种情形。设相对运动的初始位置坐标为 $x_0=1\mathrm{km}$、

$y_0 = 2\text{km}$、$z_0 = 3\text{km}$，初始相对速度中 $z_0 = 3\text{m/s}$。对这 3 种偏心率情形，分别通过式（2-67）与式（2-68）计算对应的初始 x 方向速度和 y 方向速度，计算结果如表 2-2 所列。

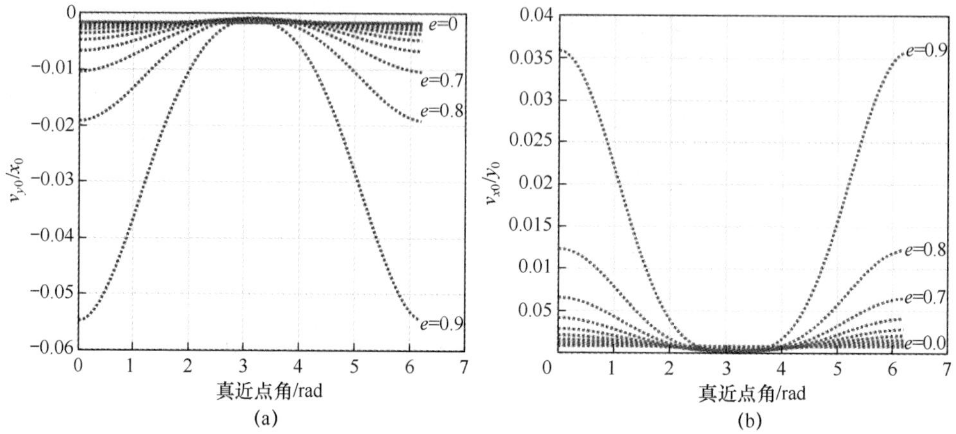

图 2-7 TH 方程周期解条件与 CW 方程周期解条件的比较

表 2-2 采用 CW 周期解条件和 TH 周期解条件计算得到的初始相对速度

偏心率	$\dot{x}_{CW,0}$ /（m/s）	$\dot{y}_{CW,0}$ /（m/s）	$\dot{x}_{TH,0}$ /（m/s）	$\dot{y}_{TH,0}$ /（m/s）
0	1.646	−1.646	1.646	−1.646
0.1	2.022	−1.646	2.022	−1.930
0.2	2.520	−1.646	2.520	−2.310

需要说明的是，采用 CW 周期条件时，x 方向的速度可以任意选取，但为了比较效果，这里将其设为与 TH 方程 x 方向的速度一样。按照上述计算得到的初始相对运动条件，分别通过原始非线性微分方程积分（得到的结果称为实际轨迹），采用线性相对运动解析解求解（得到的结果称为期望轨迹），相关结果如图 2-8 所示。

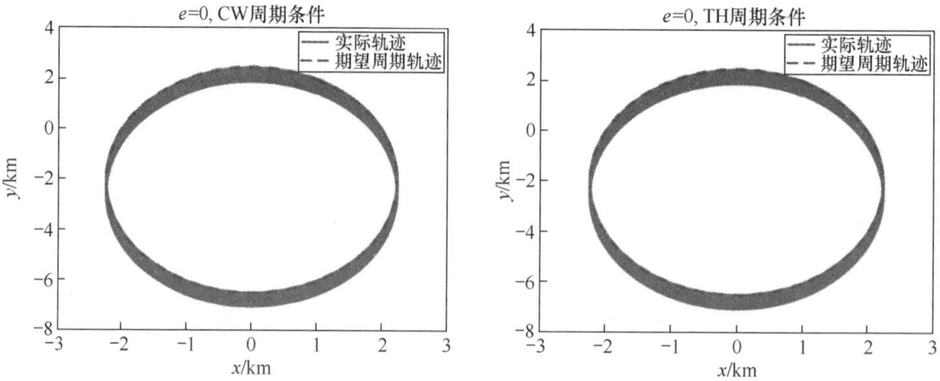

(a)

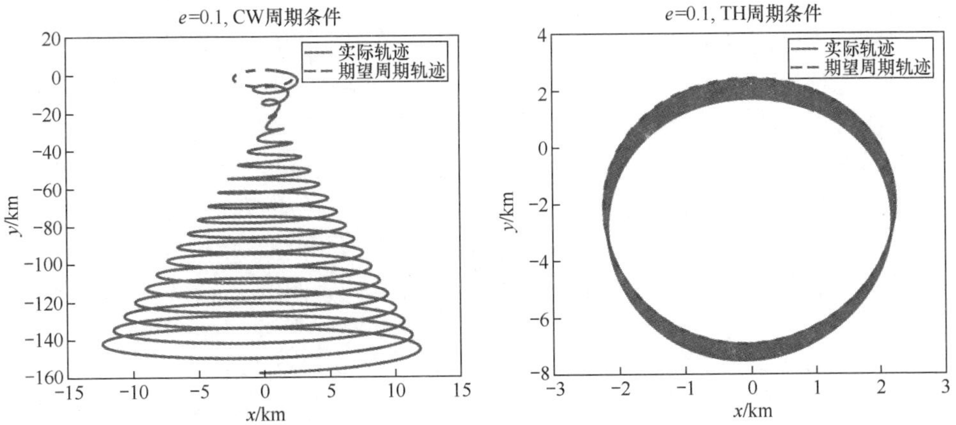

(b)

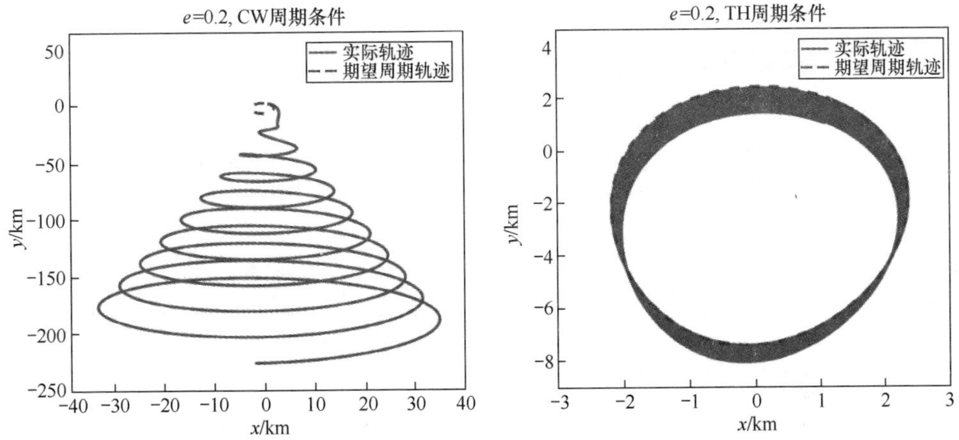

(c)

图 2-8　采用 CW 周期性条件和 TH 周期性条件积分得到的相对运动轨迹

（a）偏心率为 0 时两种周期性下的期望轨迹和实际轨迹；（b）偏心率为 0.1 时两种周期性条件下的期望轨迹和实际轨迹；（c）偏心率为 0.2 时两种周期性条件下的期望轨迹和实际轨迹。

由图 2-8 可知，当偏心率为 0 时，无论是采用 CW 方程还是 TH 方程所建立的周期解条件，均能得到较为理想的周期性轨迹。当偏心率不为 0 时，采用 CW 方程的周期解条件无法形成周期运动，但线性相对运动轨迹与实际非线性轨迹仍比较接近；而采用 TH 方程的周期解条件可形成较为理想的周期运动轨迹。

下面进一步通过数值仿真对基于能量匹配的周期性条件进行检验。由于能量匹配条件式（2-69）共包含了 3 个未知数 $\dot{x}_0$、$\dot{y}_0$、$\dot{z}_0$，而等式约束只有一个，因此理论上包含无穷多解。一种简易的求解思路是首先通过 TH 方程周期解条件式（2-68）得到 $\dot{x}_0$、$\dot{y}_0$ 的一个近似解，然后将其及 $\dot{z}_0 = 0$ 代入等式约束式（2-69），并通过数值迭代方法搜索得到 $\dot{x}_0$、$\dot{y}_0$、$\dot{z}_0$ 的精确解。

例 2-4 能量匹配周期解的数值验证。

假设参考航天器的初始轨道根数以及跟踪航天器相对参考航天器的初始位置坐标和例 2-3 相同，首先通过 TH 周期解条件式（2-68）计算得到相应的相对运动初始速度（下标 TH），然后将计算得到的结果代入能量匹配条件式（2-69），迭代计算得到更新的相对运动初始速度（下标 EN），结果如表 2-3 所列。按照上述初始状态积分得到实际相对运动轨迹，绘图得到图 2-9 所示的结果。由图 2-9 可知，采用 TH 周期解条件得到的周期相对运动随着演化的持续，其轨迹会发生一定的漂移，而采用能量匹配得到的周期相对运动能够长时间保持周期性。

表 2-3 采用 TH 周期解条件和能量匹配周期解条件计算得到的初始相对速度

偏心率	$\dot{x}_{\mathrm{TH},0}$ /（m/s）	$\dot{y}_{\mathrm{TH},0}$ /（m/s）	$\dot{z}_{\mathrm{TH},0}$ /（m/s）	$\dot{x}_{\mathrm{EN},0}$ /（m/s）	$\dot{y}_{\mathrm{EN},0}$ /（m/s）	$\dot{z}_{\mathrm{EN},0}$ /（m/s）
0	1.646	−1.646	0	1.646	−1.647	0
0.1	2.022	−1.930	0	2.022	−1.931	0
0.2	2.520	−2.310	0	2.520	−2.311	0

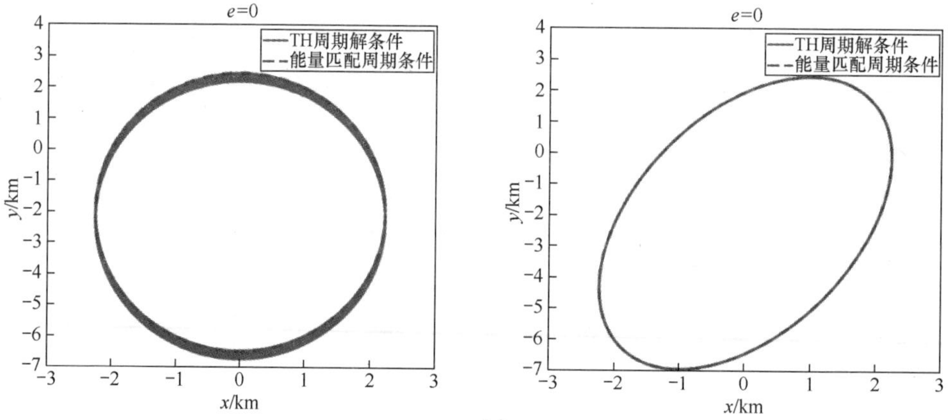

(a)

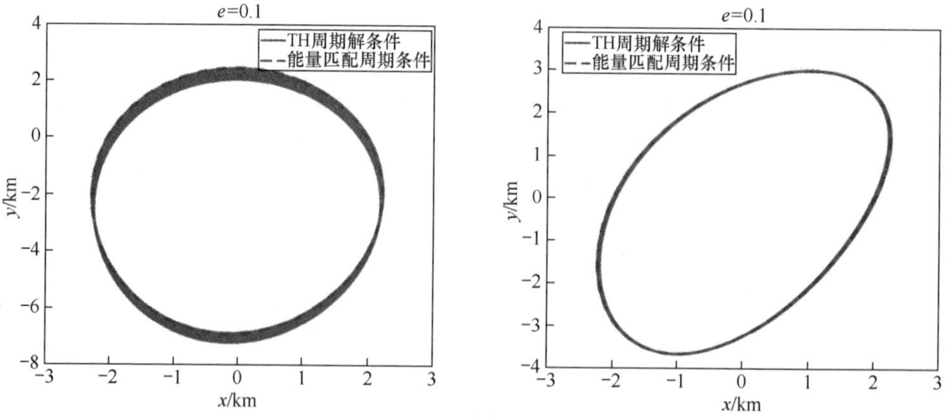

(b)

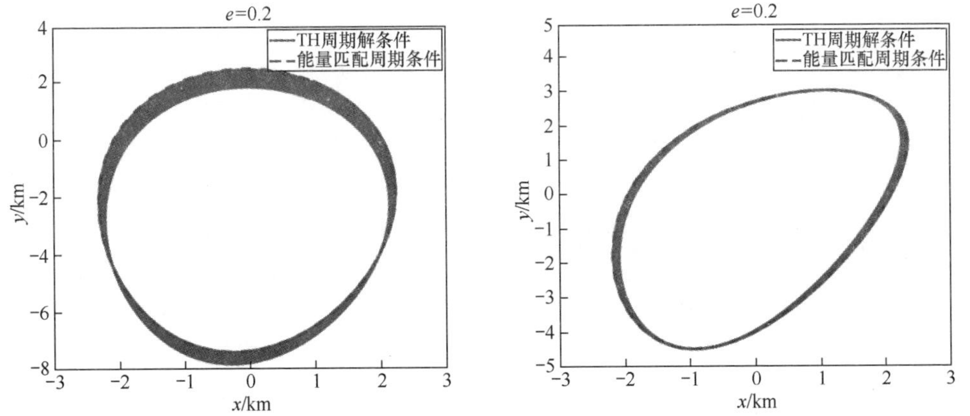

(c)

图 2-9 采用 TH 周期性条件和能量匹配周期性条件得到的相对运动轨迹

(a) 偏心率为 0 时两种周期性条件下的期望轨迹和实际轨迹；(b) 偏心率为 0.1 时两种周期性条件下的期望轨迹和实际轨迹；(c) 偏心率为 0.2 时两种周期性条件下的期望轨迹和实际轨迹。

2.3.6 考虑 J_2 摄动的相对运动

采用类似 2.3.1 小节的推导方法，可以容易地得到考虑 J_2 摄动后的相对运动微分方程[14, 22]，即

$$\ddot{\boldsymbol{\rho}} = -2\boldsymbol{\omega}\times\dot{\boldsymbol{\rho}} - \dot{\boldsymbol{\omega}}\times\boldsymbol{\rho} - \boldsymbol{\omega}\times(\boldsymbol{\omega}\times\boldsymbol{\rho}) + \nabla\boldsymbol{F}_{g2\mathrm{B}} + \nabla\boldsymbol{F}_{gJ_2} \tag{2-70}$$

式中：$\nabla\boldsymbol{F}_{g2\mathrm{B}}$、$\nabla\boldsymbol{F}_{gJ_2}$ 分别为二体引力梯度和 J_2 摄动引力梯度。当参考轨道为圆轨道时，通过线性化处理，这两项的最终表达式为

$$\nabla\boldsymbol{F}_{g2\mathrm{B}} \approx -\frac{\mu}{r^3}\begin{bmatrix} -2x \\ y \\ z \end{bmatrix} \tag{2-71}$$

$$\nabla\boldsymbol{F}_{gJ_2} \approx \gamma\begin{bmatrix} 1-3\sin^2 i\sin^2\theta & \sin^2 i\sin 2\theta & \sin 2i\sin\theta \\ \sin^2 i\sin 2\theta & \sin^2 i\left(\dfrac{7}{4}\sin^2\theta-\dfrac{1}{2}\right)-\dfrac{1}{4} & -\dfrac{1}{4}\sin 2i\cos\theta \\ \sin 2i\sin\theta & -\dfrac{1}{4}\sin 2i\cos\theta & \sin^2 i\left(\dfrac{5}{4}\sin^2\theta+\dfrac{1}{2}\right)-\dfrac{3}{4} \end{bmatrix}\boldsymbol{\rho} \tag{2-72}$$

式中：$\gamma = 6J_2\left(\dfrac{\mu R_{\mathrm{e}}^2}{r^5}\right)$；$R_{\mathrm{e}}$ 为地球半径；r 为参考航天器轨道半径；i 为参考航天器轨道倾角；θ 为参考航天器纬度幅角；$\boldsymbol{\rho} = [x, y, z]^{\mathrm{T}}$ 为相对运动位置矢量。

由于 J_2 摄动的影响，角速度 $\boldsymbol{\omega}$ 不再为常值，其具体表达式为

$$\begin{cases}\omega_x = \dot{\Omega}\sin i\sin\theta + \dot{i}\cos\theta \\ \omega_y = 0 \\ \omega_z = \dot{\Omega}\cos i + \dot{\theta}\end{cases} \tag{2-73}$$

式中：$\dot{\Omega}$、$\dot{i}$、$\dot{\theta}$ 的具体表达式详见文献[1]，这里不再列出。

2.3.7 考虑大气阻力的相对运动

当假设大气阻力为线性模型时，航天器的轨道运动动力学将具有以下表达式[16]，即

$$\ddot{\boldsymbol{r}} = -\mu\frac{\boldsymbol{r}}{r^3} - \alpha\frac{\dot{\boldsymbol{r}}}{r^2} \tag{2-74}$$

式中：α 为大气阻力系数。

通过类似 2.3.1 小节的推导，Humi 与 Carter 建立了圆参考轨道下考虑大气阻力的线性相对运动微分方程[16]，即

$$x'' = 2y' - \left[(A-1) - 3k\omega^{-\frac{1}{2}} + k_1\frac{\omega'}{\omega} + k_1^2\right]x \tag{2-75a}$$

$$y'' = -2x' + 2k_1 x - (A-1)y \tag{2-75b}$$

$$z'' = -A\cdot z \tag{2-75c}$$

其中

$$A = -\frac{1}{2}\frac{\omega''}{\omega} + \frac{1}{4}\left(\frac{\omega'}{\omega}\right)^2 + k\omega^{-\frac{1}{2}} - \frac{3}{4}k_1^2 - \frac{1}{2}k_1\frac{\omega'}{\omega} \tag{2-76}$$

$$k = \frac{\mu}{(h-\alpha\theta)^{\frac{3}{2}}} \tag{2-77}$$

$$k_1 = \frac{\alpha}{h-\alpha\theta} \tag{2-78}$$

$$\omega = \dot{\theta} = \frac{h-\alpha\theta}{h^4}\mu^2(J\cos\theta - g(\theta))^2 \tag{2-79}$$

式中：$J = h^2/\mu|\boldsymbol{J}|$，$\boldsymbol{J}$ 为 Runge-Lenz 矢量；g 为以下函数，即

$$g(\theta) = \frac{h^2}{\alpha^2}\left[\cos\left(\theta - \frac{h}{\alpha}\right)\right]C_i\left(\theta - \frac{h}{\alpha}\right) + \sin\left(\theta - \frac{h}{\alpha}\right)S_i\left(\theta - \frac{h}{\alpha}\right) \tag{2-80}$$

其中

$$C_i(x) = \gamma + \ln x + \int_0^x \frac{\cos t - 1}{t}\mathrm{d}t \tag{2-81}$$

$$S_i(x) = \int_0^x \frac{\sin t}{t}\mathrm{d}t \tag{2-82}$$

式中：γ 为欧拉常数。

2.4 视线坐标系下的相对运动方程

对于航天器相对运动，选取 ECI 坐标系作为参考惯性坐标系。此时，追踪航天器和目标航天器的绝对运动动力学模型为

$$\begin{cases} \ddot{\boldsymbol{r}}_{\rm c}^{\rm I} = -\mu \dfrac{\boldsymbol{r}_{\rm c}^{\rm I}}{\left\|\boldsymbol{r}_{\rm c}^{\rm I}\right\|^3} + \dfrac{1}{m_{\rm c}}(\boldsymbol{F}_{\rm c}^{\rm I} + \boldsymbol{d}^{\rm I}) \\ \ddot{\boldsymbol{r}}_{\rm t}^{\rm I} = -\mu \dfrac{\boldsymbol{r}_{\rm t}^{\rm I}}{\left\|\boldsymbol{r}_{\rm t}^{\rm I}\right\|^3} + \dfrac{1}{m_{\rm t}}\boldsymbol{F}_{\rm t}^{\rm I} \end{cases} \tag{2-83}$$

式中：$\boldsymbol{r}$ 为绝对位置矢量；上标 I 表示变量在 ECI 坐标系下；下标 c 和 t 分别用来描述追踪航天器和目标航天器；m 和 $\boldsymbol{F}$ 为航天器的质量和推力矢量；$\boldsymbol{d}^{\rm I}$ 为 ECI 坐标系下的外部干扰。

定义 ECI 坐标系下的相对位置矢量 $\boldsymbol{r}^{\rm I} = \boldsymbol{r}_{\rm t}^{\rm I} - \boldsymbol{r}_{\rm c}^{\rm I}$，基于绝对运动动力学模型可以得到相对运动模型，即

$$\ddot{\boldsymbol{r}}^{\rm I} = \Delta\boldsymbol{g}^{\rm I} + \frac{1}{m_{\rm c}}\left(\frac{m_{\rm c}}{m_{\rm t}}\boldsymbol{F}_{\rm t}^{\rm I} - \boldsymbol{F}_{\rm c}^{\rm I} + \boldsymbol{d}^{\rm I}\right) \tag{2-84}$$

式中：$\Delta\boldsymbol{g}^{\rm I} = -\mu(\boldsymbol{r}_{\rm t}^{\rm I}/\left\|\boldsymbol{r}_{\rm t}^{\rm I}\right\|^3 - \boldsymbol{r}_{\rm c}^{\rm I}/\left\|\boldsymbol{r}_{\rm c}^{\rm I}\right\|^3)$ 为相对引力差项。

根据 2.2.3 小节中视线坐标系的定义，可以得到相对位置矢量 $\boldsymbol{r}^{\rm I}$ 及角速度在视线坐标系下的值为

$$\begin{cases} \boldsymbol{r}^{\rm L} = [\rho, 0, 0]^{\rm T} \\ \boldsymbol{\omega}^{\rm L} = [\dot{\beta}\sin\theta, -\dot{\theta}, \dot{\beta}\cos\theta]^{\rm T} \end{cases} \tag{2-85}$$

将式（2-85）代入相对运动模型，可以得到 LOS 坐标系下的相对运动动力学模型为

$$\begin{cases} \ddot{\rho} - \rho(\dot{\theta}^2 + \dot{\beta}^2\cos^2\theta) = u_{\rm d1} + u_{\rm t1} - u_1 \\ \rho\ddot{\beta}\cos\theta + 2\dot{\rho}\dot{\beta}\cos\theta - 2\rho\dot{\beta}\dot{\theta}\sin\theta = u_{\rm d2} + u_{\rm t2} - u_2 \\ \rho\ddot{\theta} + 2\dot{\rho}\dot{\theta} + \rho\dot{\beta}^2\sin\theta\cos\theta = u_{\rm d3} + u_{\rm t3} - u_3 \end{cases} \tag{2-86}$$

式中：$\boldsymbol{u} = [u_1, u_2, u_3]^{\rm T} \in \mathbb{R}^3$ 为 LOS 坐标系下追踪航天器的控制输入，可以通过 $\boldsymbol{u} = \boldsymbol{F}_{\rm c}/m_{\rm c}$ 来计算获得，其中 $\boldsymbol{F}_{\rm c}$ 为追踪航天器在 LOS 坐标系下的推力，$\boldsymbol{u}_{\rm t} = [u_{\rm t1}, u_{\rm t2}, u_{\rm t3}]^{\rm T} \in \mathbb{R}^3$ 为目标航天器的控制输入，可以通过 $\boldsymbol{u}_{\rm t} = \boldsymbol{F}_{\rm t}/m_{\rm t}$ 来计算获得，其中 $\boldsymbol{F}_{\rm t}$ 为 LOS 系下目标航天器的推力。

组合外部干扰 $\boldsymbol{u}_{\rm d} = [u_{\rm d1}, u_{\rm d2}, u_{\rm d3}]^{\rm T} \in \mathbb{R}^3$ 定义为

$$\boldsymbol{u}_{\mathrm{d}}=\frac{\boldsymbol{d}}{m_{\mathrm{c}}+\Delta\boldsymbol{g}} \tag{2-87}$$

式中：$\boldsymbol{d}\in\mathbb{R}^3$ 为 LOS 系下外部干扰；$\Delta\boldsymbol{g}$ 为 LOS 系下的引力差项。

通过定义 $\boldsymbol{p}:=[\rho,\beta,\theta]^{\mathrm{T}}\in\mathbb{R}^3$，LOS 系下的相对运动动力学模型可以转化为以下欧拉/拉格朗日型非线性系统的形式，即

$$\boldsymbol{M}(\boldsymbol{p})\ddot{\boldsymbol{p}}+\boldsymbol{C}(\boldsymbol{p},\dot{\boldsymbol{p}})\dot{\boldsymbol{p}}=\boldsymbol{B}(\boldsymbol{p})(-\boldsymbol{u}+\boldsymbol{u}_{\mathrm{d}}+\boldsymbol{u}_{\mathrm{t}}) \tag{2-88}$$

其中

$$\boldsymbol{M}(\boldsymbol{p})=\begin{bmatrix}1 & & \\ & \rho^2\cos^2\theta & \\ & & \rho^2\end{bmatrix},\quad \boldsymbol{B}(\boldsymbol{p})=\begin{bmatrix}1 & & \\ & \rho\cos\theta & \\ & & \rho\end{bmatrix}$$

$$\boldsymbol{C}(\boldsymbol{p},\dot{\boldsymbol{p}})=\begin{bmatrix}0 & -\rho\dot{\beta}\cos^2\theta & -\rho\dot{\theta}\\ \rho\dot{\beta}\cos^2\theta & \rho\dot{\rho}\cos^2\theta-\rho^2\dot{\theta}\sin\theta\cos\theta & -\rho^2\dot{\beta}\sin\theta\cos\theta\\ \rho\dot{\theta} & \rho^2\dot{\beta}\sin\theta\cos\theta & \rho\dot{\rho}\end{bmatrix}$$

2.5 平动点附近的相对运动方程

2.5.1 三体引力场中航天器间的相对运动方程

图 2-4 所示为平动点附近相对运动的示意图。为讨论问题方便，定义质量单位$[M]$、长度单位$[L]$和时间单位$[T]$为

$$[M]=m_1+m_2,\quad [L]=a_{12},\quad [T]=\left[\frac{a_{12}^3}{[G(m_1+m_2)]}\right]^{1/2} \tag{2-89}$$

则两个主天体的质量分别为

$$1-\mu=\frac{M_1}{M_1+M_2},\quad \mu=\frac{M_2}{M_1+M_2} \tag{2-90}$$

设会合坐标系中主天体 M_1、M_2 的坐标分别为 $[x_1,0,0]^{\mathrm{T}}$ 和 $[x_2,0,0]^{\mathrm{T}}$，M_1 与 M_2 之间的距离为 d，航天器的坐标为 $[x,y,z]^{\mathrm{T}}$，则会合坐标系下航天器（第三体）的动力学方程为[20]

$$\begin{cases}\ddot{x}=-\dfrac{(1-\mu)(x-x_1)}{r_1^3}-\dfrac{\mu(x-x_2)}{r_2^3}+\dot{\theta}^2x+\ddot{\theta}y+2\dot{\theta}\dot{y}\\ \ddot{y}=-\dfrac{(1-\mu)y}{r_1^3}-\dfrac{\mu y}{r_2^3}+\dot{\theta}^2y-\ddot{\theta}x-2\dot{\theta}\dot{x}\\ \ddot{z}=-\dfrac{(1-\mu)z}{r_1^3}-\dfrac{\mu z}{r_2^3}\end{cases} \tag{2-91}$$

式中：$\dot{\theta}$、$\ddot{\theta}$ 由 2.2.4 小节的相应公式确定；r_1、r_2 为航天器到主天体 M_1、M_2 的

距离，$r_1 = [(x-x_1)^2 + y^2 + z^2]^{1/2}$ 、$r_2 = [(x-x_2)^2 + y^2 + z^2]^{1/2}$ 。

若考虑圆型限制性三体问题，此时 $\dot{\theta}=1$，$\ddot{\theta}=0$，$x_1=-\mu$，$x_2=1-\mu$，则航天器动力学方程组（2-91）可简化为

$$\begin{cases} \ddot{x} = -\dfrac{(1-\mu)(x+\mu)}{r_1^3} - \dfrac{\mu(x-1+\mu)}{r_2^3} + x + 2\dot{y} \\ \ddot{y} = -\dfrac{(1-\mu)y}{r_1^3} - \dfrac{\mu y}{r_2^3} + y - 2\dot{x} \\ \ddot{z} = -\dfrac{(1-\mu)z}{r_1^3} - \dfrac{\mu z}{r_2^3} \end{cases} \tag{2-92}$$

式（2-92）即为圆型限制性三体问题下的航天器轨道动力学。记 Ω 的表达式为

$$\Omega = \frac{1}{2}[x^2 + y^2 + \mu(1-\mu)] + \frac{1-\mu}{r_1} + \frac{\mu}{r_2} \tag{2-93}$$

则圆型限制性三体问题下的航天器轨道动力学还可表示为[20]

$$\ddot{x} = \frac{\partial\Omega}{\partial x} + 2\dot{y},\quad \ddot{y} = \frac{\partial\Omega}{\partial y} - 2\dot{x},\quad \ddot{z} = \frac{\partial\Omega}{\partial z} \tag{2-94}$$

式（2-93）中：$r_1 = [(x+\mu)^2 + y^2 + z^2]^{1/2}$；$r_2 = [(x+\mu-1)^2 + y^2 + z^2]^{1/2}$ 。

下面给出三体引力场下两颗航天器之间的相对运动动力学。记主星的相对状态为 $\boldsymbol{X} = [x, y, z, \dot{x}, \dot{y}, \dot{z}]^{\mathrm{T}}$，记从星相对主星的相对状态为 $\Delta\boldsymbol{X} = [\Delta x, \Delta y, \Delta z, \Delta\dot{x}, \Delta\dot{y}, \Delta\dot{z}]^{\mathrm{T}}$。因此，求两航天器之间的相对运动动力学，等价于通过 $\boldsymbol{X}$ 的动力学导出 $\Delta\boldsymbol{X}$ 的动力学。为此，在式（2-90）的基础上进行 1 阶泰勒展开，从而得到

$$\begin{aligned} \Delta\ddot{x} = {} & \left[-\frac{(1-\mu)}{r_1^3} - \frac{\mu}{r_2^3} + \dot{\theta}^2 + \frac{3(1-\mu)(x-x_1)^2}{r_1^5} + \frac{3\mu(x-x_2)^2}{r_2^5}\right]\Delta x + \\ & \left[\ddot{\theta} + \frac{3(1-\mu)(x-x_1)y}{r_1^5} + \frac{3\mu(x-x_2)y}{r_2^5}\right]\Delta y + \\ & \left[\frac{3(1-\mu)(x-x_1)}{r_1^5} + \frac{3\mu(x-x_2)}{r_2^5}\right]z\Delta z + 2\dot{\theta}\Delta\dot{y} \end{aligned} \tag{2-95a}$$

$$\begin{aligned} \Delta\ddot{y} = {} & \left[-\ddot{\theta} + \frac{3(1-\mu)(x-x_1)y}{r_1^5} + \frac{3\mu(x-x_2)y}{r_2^5}\right]\Delta x + \\ & \left[-\frac{(1-\mu)}{r_1^3} - \frac{\mu}{r_2^3} + \dot{\theta}^2 + \frac{3(1-\mu)y^2}{r_1^5} + \frac{3\mu y^2}{r_2^5}\right]\Delta y + \\ & \left[\frac{3(1-\mu)}{r_1^5} + \frac{3\mu}{r_2^5}\right]yz\Delta z - 2\dot{\theta}\Delta\dot{x} \end{aligned} \tag{2-95b}$$

$$\begin{aligned}\Delta\ddot{z}=&\left[\frac{3(1-\mu)(x-x_1)}{r_1^5}+\frac{3\mu(x-x_2)}{r_2^5}\right]z\Delta x+\\&\left[\frac{3(1-\mu)}{r_1^5}+\frac{3\mu}{r_2^5}\right]yz\Delta y+\\&\left[-\frac{(1-\mu)}{r_1^3}-\frac{\mu}{r_2^3}+\frac{3(1-\mu)z^2}{r_1^5}+\frac{3\mu z^2}{r_2^5}\right]\Delta z\end{aligned}\tag{2-95c}$$

式中：r_1、r_2的表达式如式（2-91）所示。$\boldsymbol{X}=[x,y,z,\dot{x},\dot{y},\dot{z}]^{\mathrm{T}}$由式（2-90）确定。

这样，式（2-95）为三体条件下两航天器间的线性相对运动动力学方程。但需要注意的是，由于r_1、r_2都是时变的，因此该线性动力学方程是时变线性微分方程。

当两个主天体之间的绕转运动是圆轨道时，相应地，三体问题退化为圆型限制性三体问题，此时有$\dot{\theta}=1$，$\ddot{\theta}=0$，$x_1=-\mu$，$x_2=1-\mu$，则圆型限制性三体问题下航天器相对运动动力学方程简化为

$$\begin{cases}\Delta\ddot{x}=\left[-\dfrac{(1-\mu)}{r_1^3}-\dfrac{\mu}{r_2^3}+1+\dfrac{3(1-\mu)(x+\mu)^2}{r_1^5}+\dfrac{3\mu(x+\mu-1)^2}{r_2^5}\right]\Delta x+\\\qquad\left[\dfrac{3(1-\mu)(x+\mu)y}{r_1^5}+\dfrac{3\mu(x+\mu-1)y}{r_2^5}\right]\Delta y+\\\qquad\left[\dfrac{3(1-\mu)(x+\mu)}{r_1^5}+\dfrac{3\mu(x+\mu-1)}{r_2^5}\right]z\Delta z+2\Delta\dot{y}\\\Delta\ddot{y}=\left[\dfrac{3(1-\mu)(x+\mu)y}{r_1^5}+\dfrac{3\mu(x+\mu-1)y}{r_2^5}\right]\Delta x+\\\qquad\left[-\dfrac{(1-\mu)}{r_1^3}-\dfrac{\mu}{r_2^3}+1+\dfrac{3(1-\mu)y^2}{r_1^5}+\dfrac{3\mu y^2}{r_2^5}\right]\Delta y+\left[\dfrac{3(1-\mu)}{r_1^5}+\dfrac{3\mu}{r_2^5}\right]yz\Delta z-2\Delta\dot{x}\\\Delta\ddot{z}=\left[\dfrac{3(1-\mu)(x+\mu)}{r_1^5}+\dfrac{3\mu(x+\mu-1)}{r_2^5}\right]z\Delta x+\\\qquad\left[\dfrac{3(1-\mu)}{r_1^5}+\dfrac{3\mu}{r_2^5}\right]yz\Delta y+\left[-\dfrac{(1-\mu)}{r_1^3}-\dfrac{\mu}{r_2^3}+\dfrac{3(1-\mu)z^2}{r_1^5}+\dfrac{3\mu z^2}{r_2^5}\right]\Delta z\end{cases}\tag{2-96}$$

式中：$r_1=[(x+\mu)^2+y^2+z^2]^{1/2}$；$r_2=[(x+\mu-1)^2+y^2+z^2]^{1/2}$。$\boldsymbol{X}=\left[x,y,z,\dot{x},\dot{y},\dot{z}\right]^{\mathrm{T}}$可以由式（2-92）确定。

下面通过一个数值仿真例子对三体引力场中航天器间的相对运动方程加以验证。

例 2-5 圆型限制性三体问题中的航天器相对运动微分方程数值验证。

假设两主天体的质量比$\mu=0.1$，彼此沿圆轨道相互绕转运行。两个航天器在这两个主天体构成的引力场中飞行，其中一个航天器在会合坐标系中的初始状态为

$X_0=[10^{-2},2\times10^{-2},3\times10^{-2},10^{-5},2\times10^{-5},3\times10^{-5}]^{\mathrm{T}}$，另一个航天器在会合坐标系中相对前面航天器的初始相对状态为 $\Delta X_0=[10^{-4},10^{-4},10^{-4},0,0,0]^{\mathrm{T}}$，则其初始状态为 $X_0+\Delta X_0$。采用式（2-92）作为动力学方程，以 X_0、$X_0+\Delta X_0$ 分别为初始条件，可对这两个航天器的状态分别做积分，得到各自的运动轨迹。将这两个运动轨迹做差，得到精确的相对运动轨迹。然后再采用式（2-96）作为动力学方程，以 ΔX_0 作为初始条件，积分得到预测的相对运动轨迹。对两种方法得到的相对运动轨迹作比较，得到如图 2-10 所示的结果。由图 2-10 可知，采用线性化的相对运动微分方程积分得到的航天器相对运动轨迹与直接积分两航天器的运动并做差得到的结果是一致的。这说明上述线性相对运动微分方程的正确性。基于上述线性相对运动微分方程，可以有效地设计三体引力场中航天器的交会轨迹及控制方法。

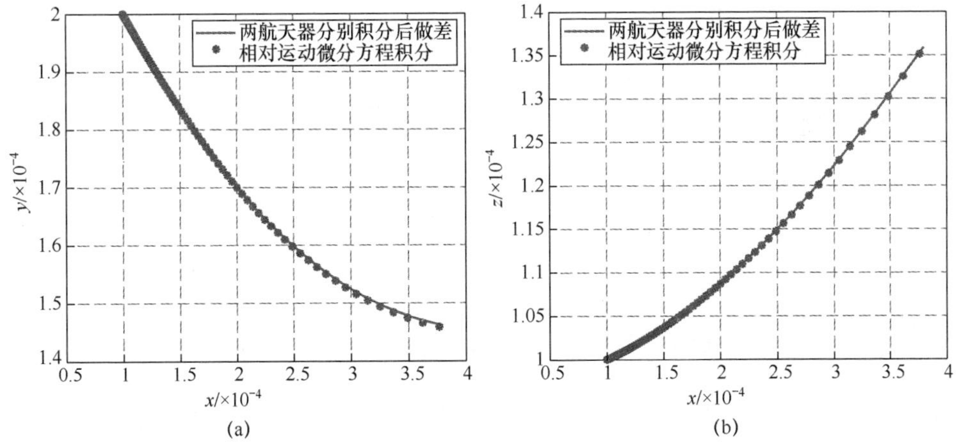

图 2-10　圆型限制性三体问题中两航天器相对运动的数值积分比较

2.5.2　航天器相对平动点的运动方程

圆型限制性三体问题中存在 5 个平动点，均位于会合坐标系的 xoy 平面内。平动点的具体位置可通过令式（2-92）右端项为 0 得到，包括 3 个共线平动点 $L_j(j=1,2,3)$ 和两个三角平动点 $L_j(j=4,5)$，如图 2-11 所示。记 $d_j(j=1,2,3)$ 表示共线平动点到最近天体的距离，则有

$$d_1=d_2=\left(\frac{\mu}{3}\right)^{\frac{1}{3}},\quad d_3=1-\frac{7}{12}\mu \tag{2-97}$$

两个三角平动点分别与两个主天体构成等边三角形，其位置坐标分别为

$$x_4=x_5=\frac{1}{2}-\mu,\quad y_4=\frac{\sqrt{3}}{2},\quad y_5=-\frac{\sqrt{3}}{2} \tag{2-98}$$

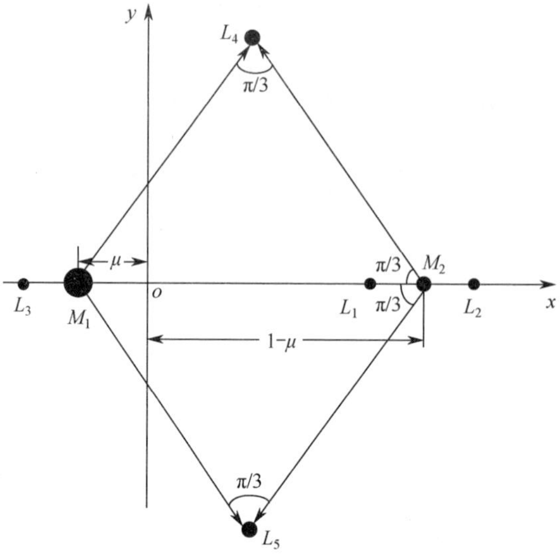

图 2-11　平动点位置分布示意图

对于圆型限制性三体问题，记任意平动点的坐标为 $\boldsymbol{L}_j=[x_j,y_j,z_j]^{\mathrm{T}}$ $(j=1,2,\cdots,5)$，则平动点附近航天器的坐标为

$$x=x_j+\Delta x,\quad y=y_j+\Delta y,\quad z=z_j+\Delta z \tag{2-99}$$

将式（2-99）代入圆型限制性三体问题中的航天器轨道动力学方程式（2-92），可得[20]

$$\begin{cases}\Delta\ddot{x}=\Omega_{xx}^{j}\Delta x+\Omega_{xy}^{j}\Delta y+2\Delta\dot{y}+o(2)\\ \Delta\ddot{y}=\Omega_{yx}^{j}\Delta x+\Omega_{yy}^{j}\Delta y-2\Delta\dot{x}+o(2)\\ \Delta\ddot{z}=\Omega_{zz}^{j}\Delta z+o(2)\end{cases} \tag{2-100}$$

式中：$o(2)$ 为 Δx、Δy、Δz 的 2 阶及以上小量；Ω_{xx}^{j}、Ω_{xy}^{j}、Ω_{yx}^{j}、Ω_{yy}^{j}、Ω_{zz}^{j} 为 Ω 的 2 阶偏导数在平动点 L_j 上的取值。

对于 3 个共线平动点（$j=1,2,3$）和两个三角平动点（$j=4,5$），分别有

$$\begin{cases}\Omega_{xx}^{j}=1+2C_j,\quad \Omega_{yy}^{j}=1-C_j,\quad \Omega_{zz}^{j}=-C_j,\quad \Omega_{xy}^{j}=\Omega_{yx}^{j}=0,\quad j=1,2,3\\ \Omega_{xx}^{j}=\dfrac{3}{4},\quad \Omega_{yy}^{j}=\dfrac{9}{4},\quad \Omega_{zz}^{j}=-C_j,\quad \Omega_{xy}^{4}=-\Omega_{xy}^{5}=\dfrac{3\sqrt{3}}{2}\left(\dfrac{1}{2}-\mu\right),\quad j=4,5\end{cases}$$

通过线性系统特征值分析可知以下几点。

（1）当 $0<\mu<\dfrac{1}{2}$ 时，3 个共线平动点附近的运动是不稳定的。

（2）当 $0<\mu<\mu_0$ 时，两个三角平动点是稳定的；当 $\mu_0\leqslant\mu$ 时，两个三角平动

点是不稳定的。其中，$\mu_0=\frac{1}{2}\left(1-\frac{\sqrt{69}}{9}\right)\approx 0.038521$。

下面进一步研究共线平动点附近的航天器的运动求解问题。为此，首先写出共线平动点附近线性系统的 6 个特征值：$\lambda_{1,2}=\pm\delta_1$、$\lambda_{3,4}=\pm \mathrm{i}\delta_2$、$\lambda_{5,6}=\pm \mathrm{i}\delta_3$，其中，i 为虚数单位，即 $\mathrm{i}^2=-1$；δ_1、δ_2、δ_3 的取值分别为[20]

$$\delta_1=\sqrt{\frac{1}{2}\sqrt{9C_j^2-8C_j}-\left(1-\frac{C_j}{2}\right)} \tag{2-101a}$$

$$\delta_2=\sqrt{\frac{1}{2}\sqrt{9C_j^2-8C_j}+\left(1-\frac{C_j}{2}\right)} \tag{2-101b}$$

$$\delta_3=\sqrt{C_j} \tag{2-101c}$$

式中：$C_j=\frac{1-\mu}{r_{1j}^3}+\frac{\mu}{r_{2j}^3}$，且 $r_{1j}=\left|x_j+\mu\right|$、$r_{2j}=\left|x_j+\mu-1\right|$，$j=1,2,3$。忽略 2 阶及以上非线性项后，微分方程式（2-100）的通解可表示为[20]

$$\begin{cases}\Delta x=B_1\mathrm{e}^{\lambda_1 t}+B_2\mathrm{e}^{-\lambda_1 t}+A_x\cos(\delta_2 t+\varphi_{\mathrm{L}})\\ \Delta y=\alpha_1 B_1\mathrm{e}^{\lambda_1 t}-\alpha_1 B_2\mathrm{e}^{-\lambda_1 t}+\alpha_2 A_x\sin(\delta_2 t+\varphi_{\mathrm{L}})\\ \Delta z=A_z\cos(\delta_3 t+\psi_{\mathrm{L}})\end{cases} \tag{2-102}$$

式中：$\alpha_1=\frac{1}{2}\left(\delta_1-\frac{\Omega_{xx}^j}{\delta_1}\right)$；$\alpha_2=\frac{1}{2}\left(\delta_2+\frac{\Omega_{xx}^j}{\delta_2}\right)$；待定系数 B_1、B_2、A_x、A_z、φ_{L}、ψ_{L} 由初始时刻航天器相对平动点的位置和速度确定。

由于 $\lambda_1>0$，位于平动点的航天器在小扰动下总是会逐渐远离平动点，其远离的速度取决于 λ_1 的大小。另外，由于线性系统特征值中包含纯虚数，因此航天器相对平动点的运动存在拟周期解（quasiperiodic solution）。拟周期的原因是，面内运动的频率 ω 与面外运动的频率 υ 一般情况下不通约，当通约时为周期解。拟周期解的条件可通过令初始相对状态满足 $B_1=B_2=0$ 得到。当拟周期解为三维运动时（即 z 分量不为 0），则这种周期解称为 Lissajous 轨道；当拟周期解限制在轨道面 $x-y$ 内时，则这种周期解称为平面 Lyapunov 周期轨道；当 $A_x=0$ 时，航天器的运动仅在 z 方向上进行简谐运动，称为垂直 Lyapunov 周期轨道。

式（2-104）也可表示为

$$\begin{cases}\Delta x=B_1\mathrm{e}^{\lambda_1 t}+B_2\mathrm{e}^{-\lambda_1 t}+B_3\cos(\delta_2 t)+B_4\sin(\delta_2 t)\\ \Delta y=\alpha_1 B_1\mathrm{e}^{\lambda_1 t}-\alpha_1 B_2\mathrm{e}^{-\lambda_1 t}-\alpha_2 B_3\sin(\delta_2 t)+\alpha_2 B_4\cos(\delta_2 t)\\ \Delta z=B_5\cos(\delta_3 t)+B_6\sin(\delta_3 t)\end{cases} \tag{2-103}$$

式中：$B_i(i=1,2,\cdots,6)$ 为待定系数，它们与初始状态之间的关系为

$$B_1=\frac{-\alpha_2^2\delta_2(\delta_1\Delta x_0+\Delta\dot{x}_0)+\alpha_2\delta_2^2(\alpha_1\Delta x_0+\Delta y_0)}{2(\alpha_1\delta_2-\alpha_2\delta_1)\alpha_2\delta_2}+\frac{\alpha_2\delta_1(\alpha_1\Delta\dot{x}_0-\Delta\dot{y}_0)-\alpha_1\delta_2(\delta_1\Delta y_0-\Delta\dot{y}_0)}{2(\alpha_1\delta_2-\alpha_2\delta_1)\alpha_2\delta_2} \tag{2-104a}$$

$$B_2=\frac{-\alpha_2^2\delta_2(\delta_1\Delta x_0-\Delta\dot{x}_0)+\alpha_2\delta_2^2(\alpha_1\Delta x_0-\Delta y_0)}{2(\alpha_1\delta_2-\alpha_2\delta_1)\alpha_2\delta_2}+\frac{\alpha_2\delta_1(\alpha_1\Delta\dot{x}_0-\Delta\dot{y}_0)-\alpha_1\delta_2(\delta_1\Delta y_0-\Delta\dot{y}_0)}{2(\alpha_1\delta_2-\alpha_2\delta_1)\alpha_2\delta_2} \tag{2-104b}$$

$$B_3=\frac{-\alpha_1\alpha_2\delta_1\Delta\dot{x}_0+\alpha_1\delta_2(\delta_1\Delta y_0-\Delta\dot{y}_0)+\alpha_2\delta_1\Delta\dot{y}_0}{(\alpha_1\delta_2-\alpha_2\delta_1)\alpha_2\delta_2} \tag{2-104c}$$

$$B_4=\frac{\alpha_1\Delta\dot{x}_0-\delta_1\Delta y_0}{\alpha_1\delta_2-\alpha_2\delta_1} \tag{2-104d}$$

$$B_5=\Delta z_0 \tag{2-104e}$$

$$B_6=\frac{\Delta\dot{z}_0}{\delta_3} \tag{2-104f}$$

由式（2-103）可知，要想获得拟周期解，需要使系数 $B_1=0$、$B_2=0$。由此，得到拟周期的条件为

$$\Delta\dot{x}_0=\frac{\delta_2}{\alpha_2}\Delta y_0,\quad \Delta\dot{y}_0=-\delta_2\alpha_2\Delta x_0 \tag{2-105}$$

此时，$B_3=\Delta x_0$、$B_4=\Delta y_0/\alpha_2$。将式（2-105）代入式（2-103），得到平动点附近航天器拟周期轨道的解[20]为

$$\begin{cases}\Delta x=A_x\cos(\delta_2 t+\varphi_{\mathrm{L}})\\ \Delta y=k_{\mathrm{L}}A_x\sin(\delta_2 t+\varphi_{\mathrm{L}})\\ \Delta z=A_z\cos(\delta_3 t+\psi_{\mathrm{L}})\end{cases} \tag{2-106}$$

式中：$A_x=\sqrt{\Delta x_0^2+\Delta y_0^2/\alpha_2^2}$；$A_z=\sqrt{\Delta z_0^2+\Delta\dot{z}_0^2/\delta_3^2}$；$\varphi_{\mathrm{L}}=\arctan(-\Delta y_0/(\alpha_2\Delta x_0))$；$\psi_{\mathrm{L}}=\arctan(-\Delta\dot{z}_0/(\delta_3\Delta z_0))$。

该解（式（2-106））为 1 阶近似解，这是因为前面建立的平动点附近航天器轨道动力学为线性模型。这种拟周期轨道可用于天文观测或深空任务通信中继。在研究平动点附近的航天器交会问题时，通常也希望航天器从一初始轨道通过控制（脉冲或连续推力）进入某个期望的拟周期轨道，并与目标航天器实现位置、速度一致。但上述拟周期解由于精度不够，一般并不被建议作为长期运行的目标飞行轨道。因此，有必要通过解析或数值方法得到精度更高的拟周期解。

另外，由于高阶非线性的存在，上述拟周期轨道的频率是振幅的函数，且会随着振幅的增大而发生变化。研究表明，存在一定的条件可以使 $\delta_2=\delta_3$，从而形成

周期轨道，也称为晕轨道（halo orbit）。采用 Lindstedt-Poincare 摄动分析方法，Richardson 利用三角级数构造了 Halo 轨道的 3 阶近似解，具体表达式为[20]

$$\begin{cases}\Delta x = -\alpha\cos\tau + a_{21}\alpha^2 + a_{22}\beta^2 + (a_{23}\alpha^2 - a_{24}\beta^2)\cos 2\tau + (a_{31}\alpha^3 - a_{32}\alpha\beta^2)\cos 3\tau \\ \Delta y = [k\alpha + b_{33}\alpha^3 + (b_{34} - b_{35})\alpha\beta^2]\sin\tau + (b_{21}\alpha^2 - b_{22}\beta^2)\sin 2\tau + (b_{31}\alpha^3 - b_{32}\alpha\beta^2)\sin 3\tau \\ \Delta z = \beta\cos\tau + c_{21}\alpha\beta(\cos 2\tau - 3) + (c_{32}\beta\alpha^2 - c_{31}\beta^3)\cos 3\tau \end{cases}$$

（2-107）

式中：$\tau = \omega t + \phi$，$\omega = \omega_0 + \omega_1 + \omega_2 + \cdots$，$\omega_i$ 表示 α 和 β 的第 i 阶量，有 $\omega_0 = \delta_2$，$\omega_1 = 0$，$\omega_2 = s_1\alpha^2 + s_2\beta^2$，且满足 $l_1\alpha^2 + l_2\beta^2 + (\omega_0^2 - c_2) = 0$；$s_1$、$s_2$、$l_1$、$l_2$ 的具体形式以及式（2-105）中各系数的表达式可参考文献[20]。

下面给出一个数值仿真算例，验证相关的拟周期解条件。

例 2-6 地月系统平动点附近的拟周期解。

地月系统的质量比 $\mu = 0.012150568$，3 个共线平动点附近的相对运动主频率 δ_2 分别为 $\delta_2(L_1) = 2.33438$、$\delta_2(L_2) = 1.8626$、$\delta_2(L_3) = 1.0104$。设航天器相对平动点的初始位置坐标为 $\Delta x_0 = 0.001$、$\Delta y_0 = 0.002$、$\Delta z_0 = 0.003$，z 方向的初始速度为 0。按照式（2-103）计算得到拟周期解的 x 和 y 方向速度为 $\Delta\dot{x}_0(L_1) = -0.00369$，$\Delta\dot{y}_0(L_1) = 0.00185$，$\Delta\dot{x}_0(L_2) = -0.00361$，$\Delta\dot{y}_0(L_2) = 0.00180$，$\Delta\dot{x}_0(L_3) = -0.00204$，$\Delta\dot{y}_0(L_3) = 0.00102$。按照上述条件，计算得到相应的相对运动轨迹演化结果如图 2-12 所示。由图 2-12 可知，航天器相对平动点的轨迹为拟周期类型，轨迹不重合但未发散。此外，地月 L_3 点附近的航天器相对运动更接近椭圆轨道，而 L_1 和 L_2 点附近的航天器相对运动更接近 Lissajous 轨道。

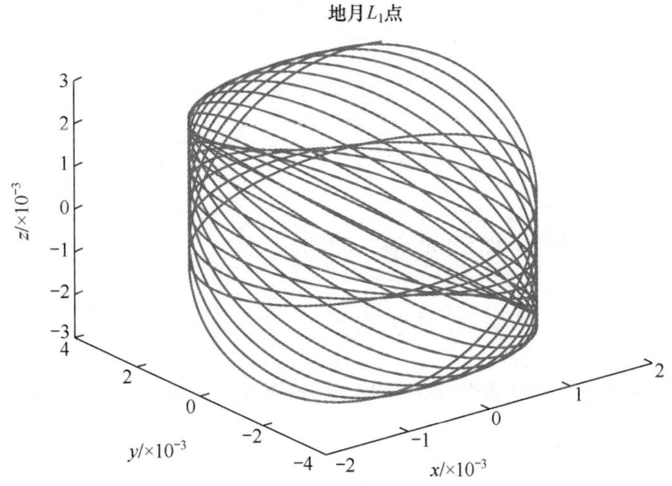

(a)

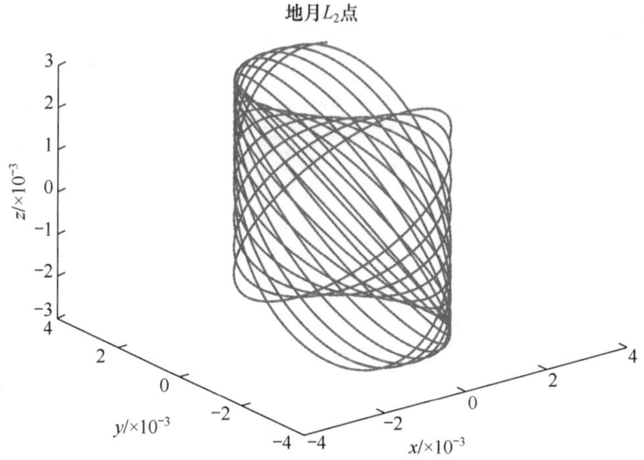

(b)

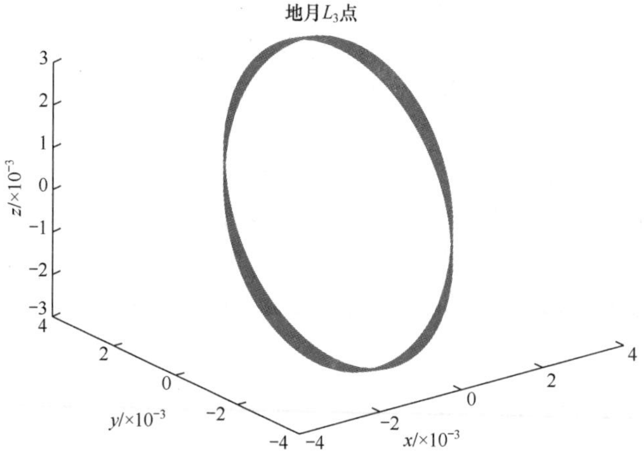

(c)

图 2-12　地月系统航天器相对 3 个共线平动点的拟周期相对运动

（a）航天器相对地月 L_1 点的拟周期运动轨迹；（b）航天器相对地月 L_2 点的拟周期运动轨迹；（c）航天器相对地月 L_3 点的拟周期运动轨迹。

2.6 相对运动的状态传递矩阵

2.6.1 状态传递矩阵的定义和性质

状态传递矩阵（state transition matrix）是动力学系统解的一种表示方式，其定义为[1]

$$\boldsymbol{x}(t)=\boldsymbol{\Phi}(t,t_0)\cdot\boldsymbol{x}(t_0),\quad \forall t、\ t_0\in\mathbb{R}^+ \tag{2-108}$$

式中：$\boldsymbol{x}(t_0)\in\mathbb{R}^6$ 为初始时刻 t_0 系统的状态；$\boldsymbol{x}(t)\in\mathbb{R}^6$ 为当前或任意时刻 t 的状态。

对于航天器相对运动来说，$\boldsymbol{x}(t)=[x,y,z,\dot{x},\dot{y},\dot{z}]^{\mathrm{T}}$，其中 x、y、z 表示相对位置坐标，$\dot{x}$、$\dot{y}$、$\dot{z}$ 表示相对速度分量。

根据上述定义，状态传递矩阵满足以下性质[1]，即

$$\dot{\boldsymbol{\Phi}}(t,t_0)=\frac{\partial \boldsymbol{f}}{\partial \boldsymbol{x}}\cdot\boldsymbol{\Phi}(t,t_0),\quad \boldsymbol{\Phi}(t_0,t_0)=\boldsymbol{I},\quad \forall t、t_0\in\mathbb{R}^{+} \tag{2-109}$$

式中：$\boldsymbol{I}\in\mathbb{R}^{6\times 6}$，为单位矩阵；$\partial \boldsymbol{f}/\partial \boldsymbol{x}$ 为系统雅可比矩阵。这里所说的系统是指以下一般非线性动力学系统，即

$$\dot{\boldsymbol{x}}(t)=\boldsymbol{f}(\boldsymbol{x},t),\quad \boldsymbol{x}(t_0)=\boldsymbol{x}_0 \tag{2-110}$$

上述状态传递矩阵微分方程式（2-109）的解为

$$\boldsymbol{\Phi}(t,t_0)=\exp\left(\int_{t_0}^{t}\frac{\partial \boldsymbol{f}}{\partial \boldsymbol{x}}\mathrm{d}t\right) \tag{2-111}$$

当动力学系统为线性系统时，则有

$$\dot{\boldsymbol{x}}(t)=\boldsymbol{A}(t)\cdot\boldsymbol{x}(t),\quad \boldsymbol{x}(t_0)=\boldsymbol{x}_0 \tag{2-112}$$

则对应的状态传递矩阵解为

$$\boldsymbol{\Phi}(t,t_0)=\exp\left(\int_{t_0}^{t}\boldsymbol{A}(t)\mathrm{d}t\right) \tag{2-113}$$

一般来说，由于矩阵微分方程很难求解，式（2-111）和式（2-113）这种形式积分并不一定能够写成解析解。但对于以下定常系统，即

$$\dot{\boldsymbol{x}}(t)=\boldsymbol{A}\cdot\boldsymbol{x}(t),\quad \boldsymbol{x}(t_0)=\boldsymbol{x}_0 \tag{2-114}$$

式中：$\boldsymbol{A}$ 为常矩阵，则可以得到解析形式的状态传递矩阵为

$$\boldsymbol{\Phi}(t,t_0)=\mathrm{e}^{\boldsymbol{A}\cdot(t-t_0)}=\boldsymbol{I}+\boldsymbol{A}\cdot(t-t_0)+\frac{1}{2!}\boldsymbol{A}^2\cdot(t-t_0)^2+\cdots \tag{2-115}$$

此外，状态传递矩阵也可通过动力系统本身的解来得到，也就是说，可以不通过求解上述较为困难的矩阵微分方程得到解。假设动力系统的解析解已经得到，其可表示为以下通解，即

$$\boldsymbol{x}(t)=\boldsymbol{x}(\boldsymbol{c},t) \tag{2-116}$$

式中：$\boldsymbol{c}\in\mathbb{R}^6$ 为某组待定的常系数，其由初始状态 $\boldsymbol{x}_0$ 确定，则状态传递矩阵可通过下式获得，即

$$\boldsymbol{\Phi}(t,t_0)=\frac{\partial \boldsymbol{x}(t)}{\partial \boldsymbol{c}^{\mathrm{T}}}\cdot\left(\frac{\partial \boldsymbol{x}(t_0)}{\partial \boldsymbol{c}^{\mathrm{T}}}\right)^{-1} \tag{2-117}$$

若上述待定常系数就是初始状态时，即 $\boldsymbol{c}=\boldsymbol{x}_0$ 时，则 $\boldsymbol{\Phi}(t,t_0)=\partial \boldsymbol{x}(t)/\partial \boldsymbol{x}_0^{\mathrm{T}}$。

2.6.2 圆参考轨道下的相对运动状态传递矩阵

对于圆参考轨道，航天器的相对运动动力学是一定常系统。其状态传递矩阵可通过式（2-115）求解，从而得到[1-22]

$$\boldsymbol{\Phi}(t,t_0)=\begin{bmatrix} 4-3\cos\Delta f & 0 & 0 & \dfrac{1}{n}\sin\Delta f & \dfrac{2}{n}(1-\cos\Delta f) & 0 \\ 6(\sin\Delta f-\Delta f) & 1 & 0 & -\dfrac{2}{n}(1-\cos\Delta f) & \dfrac{1}{n}(4\sin\Delta f-3\Delta f) & 0 \\ 0 & 0 & \cos\Delta f & 0 & 0 & \dfrac{\sin\Delta f}{n} \\ 3n\sin\Delta f & 0 & 0 & \cos\Delta f & 2\sin\Delta f & 0 \\ -6n(1-\cos\Delta f) & 0 & 0 & -2\sin\Delta f & 4\cos\Delta f-3 & 0 \\ 0 & 0 & -n\sin\Delta f & 0 & 0 & \cos\Delta f \end{bmatrix} \tag{2-118}$$

式中：$\Delta f=n\Delta t$。

2.6.3 椭圆参考轨道下的相对运动状态传递矩阵

对于椭圆参考轨道，航天器的相对运动动力学是一个时变系统。此时，状态传递矩阵的解析解较难求得。幸运的是，由于椭圆参考轨道下的线性相对运动微分方程（TH 方程）已经得到解析解，因此可通过该解析解构造状态传递矩阵的解析解。注意，TH 方程是一无量纲且以参考星真近点角 f 为自变量的，因此由 TH 方程解析解直接构造得到的状态传递矩阵也是以 f 为自变量的[9, 22]，有

$$\boldsymbol{\Phi}(f,f_0)=\boldsymbol{\phi}(f)\cdot\boldsymbol{\phi}^{-1}(f_0) \tag{2-119}$$

其中

$$\boldsymbol{\phi}(f)=\begin{bmatrix} \varphi_1 & \varphi_2 & \varphi_3 & 0 & 0 & 0 \\ -2S(\varphi_1) & -2S(\varphi_2) & -S(2\varphi_3+1) & 1 & 0 & 0 \\ 0 & 0 & 0 & 0 & \cos f & \sin f \\ \varphi_1' & \varphi_2' & \varphi_3' & 0 & 0 & 0 \\ -2\varphi_1 & -2\varphi_2 & -2\varphi_3-1 & 0 & 0 & 0 \\ 0 & 0 & 0 & 0 & -\sin f & \cos f \end{bmatrix} \tag{2-120}$$

$$\boldsymbol{\phi}^{-1}(f)=\begin{bmatrix} 4S(\varphi_2)+\varphi_2' & 0 & 0 & -\varphi_2 & 2S(\varphi_2) & 0 \\ -4S(\varphi_1)-\varphi_1' & 0 & 0 & \varphi_1 & -2S(\varphi_1) & 0 \\ -2 & 0 & 0 & 0 & -1 & 0 \\ -2S(2\varphi_3+1)-\varphi_3' & 1 & 0 & \varphi_3 & -S(2\varphi_3+1) & 0 \\ 0 & 0 & \cos f & 0 & 0 & -\sin f \\ 0 & 0 & \sin f & 0 & 0 & \cos f \end{bmatrix} \tag{2-121}$$

注意，上述状态传递矩阵 $\boldsymbol{\Phi}(f,f_0)$ 是用于将无量纲的 $\tilde{\boldsymbol{x}}(f_0)$ 变换到无量纲的 $\tilde{\boldsymbol{x}}(f)$，即 $\tilde{\boldsymbol{x}}(f)=\boldsymbol{\Phi}(f,f_0)\cdot\tilde{\boldsymbol{x}}(f_0)$。式中出现的中间函数 $S(\cdot)$ 的表达式如式（2-40）至式（2-42）所示。

当需要以时间为自变量的状态传递矩阵时，可以通过引入额外的变换对上述状态传递矩阵进行修正，即

$$\boldsymbol{\phi}_{\mathrm{LVLH}}(t,t_0)=\boldsymbol{D}^{-1}(f)\cdot\boldsymbol{\phi}(f)\cdot\boldsymbol{\phi}^{-1}(f_0)\cdot\boldsymbol{D}(f_0) \tag{2-122}$$

其中，$\boldsymbol{\phi}_{\mathrm{LVLH}}(t,t_0)$ 的作用是 $\boldsymbol{x}(t)=\boldsymbol{\Phi}_{\mathrm{LVLH}}(t,t_0)\cdot\boldsymbol{x}(t_0)$，这里 $\boldsymbol{x}(t)$、$\boldsymbol{x}(t_0)$ 都是有量纲的状态矢量。

式（2-122）中出现的矩阵 $\boldsymbol{D}(f)$ 的具体表达式为[9]

$$\boldsymbol{D}(f)=\begin{bmatrix}\dfrac{\mu(1+e\cos f)}{h^{\frac{3}{2}}}\cdot\boldsymbol{I}_{3\times3} & \boldsymbol{0}_{3\times3}\\ -\dfrac{\mu e\sin f}{h^{\frac{3}{2}}}\cdot\boldsymbol{I}_{3\times3} & \dfrac{h^{\frac{3}{2}}}{\mu(1+e\cos f)}\cdot\boldsymbol{I}_{3\times3}\end{bmatrix} \tag{2-123}$$

$$\boldsymbol{D}^{-1}(f)=\begin{bmatrix}\dfrac{h^{\frac{3}{2}}}{\mu(1+e\cos f)}\cdot\boldsymbol{I}_{3\times3} & \boldsymbol{0}_{3\times3}\\ \dfrac{\mu e\sin f}{h^{\frac{3}{2}}}\cdot\boldsymbol{I}_{3\times3} & \dfrac{\mu(1+e\cos f)}{h^{\frac{3}{2}}}\cdot\boldsymbol{I}_{3\times3}\end{bmatrix} \tag{2-124}$$

其作用是将无量纲相对状态矢量和有量纲相对状态矢量进行变换，即

$$[\tilde{x},\tilde{y},\tilde{z},\tilde{x}',\tilde{y}',\tilde{z}']^{\mathrm{T}}=\boldsymbol{D}(f)\cdot[x,y,z,\dot{x},\dot{y},\dot{z}]^{\mathrm{T}} \tag{2-125}$$

式（2-123）、式（2-124）中：$\boldsymbol{I}_{3\times3}$ 为单位矩阵；h 为参考航天器角动量。

2.6.4 基于轨道根数递推的相对运动状态传递矩阵

相对运动状态传递矩阵与绝对运动状态传递矩阵之间具有一定的关联，具体关系为[19,22]

$$\boldsymbol{\Phi}_{\mathrm{LVLH}}(t,t_0)=\boldsymbol{M}^{-1}(t)\cdot\boldsymbol{\Phi}_{\mathrm{ECI}}(t,t_0)\cdot\boldsymbol{M}(t_0) \tag{2-126}$$

式中：$\boldsymbol{\Phi}_{\mathrm{ECI}}(t,t_0)$ 为 ECI 坐标系下航天器状态向量误差的传递关系；$\boldsymbol{M}(t)$ 及其逆矩阵的具体表达式为

$$\boldsymbol{M}(t)=\begin{bmatrix}\boldsymbol{A}_{\mathrm{LVLH}\to\mathrm{ECI}} & \boldsymbol{0}_{3\times3}\\ \boldsymbol{\omega}^{\times}\boldsymbol{A}_{\mathrm{LVLH}\to\mathrm{ECI}} & \boldsymbol{A}_{\mathrm{LVLH}\to\mathrm{ECI}}\end{bmatrix} \tag{2-127}$$

$$\boldsymbol{M}^{-1}(t)=\begin{bmatrix}\boldsymbol{A}_{\mathrm{ECI}\to\mathrm{LVLH}} & \boldsymbol{0}_{3\times3}\\ -\boldsymbol{A}_{\mathrm{ECI}\to\mathrm{LVLH}}\cdot\tilde{\boldsymbol{\omega}} & \boldsymbol{A}_{\mathrm{ECI}\to\mathrm{LVLH}}\end{bmatrix} \tag{2-128}$$

式中：$\boldsymbol{\omega}^{\times}$ 为 LVLH 系旋转角速度 $\boldsymbol{\omega}$ 对应的斜对称矩阵，而角速度 $\boldsymbol{\omega}$ 由参考航天器的惯性位置和速度确定；坐标变换矩阵 $\boldsymbol{A}_{\mathrm{ECI}\to\mathrm{LVLH}}$ 为从惯性坐标系到 LVLH 系的变换矩阵。这里的 $\boldsymbol{\omega}$、$\tilde{\boldsymbol{\omega}}$、$\boldsymbol{A}_{\mathrm{ECI}\to\mathrm{LVLH}}$ 的具体结果见 2.1.2 节。

惯性坐标系中状态误差传递矩阵 $\boldsymbol{\Phi}_{\mathrm{ECI}}(t,t_0)$ 可通过式（2-129）来求解[19, 22]，即

$$\boldsymbol{\Phi}_{\mathrm{ECI}}(t,t_0)=\frac{\partial \boldsymbol{X}_{\mathrm{ECI}}(t)}{\partial \boldsymbol{X}_{\mathrm{ECI}}(t_0)}=\frac{\partial \boldsymbol{X}_{\mathrm{ECI}}(t)}{\partial \boldsymbol{\sigma}(t)}\cdot\frac{\partial \boldsymbol{\sigma}(t)}{\partial \boldsymbol{\sigma}(t_0)}\cdot\left(\frac{\partial \boldsymbol{X}_{\mathrm{ECI}}(t_0)}{\partial \boldsymbol{\sigma}(t_0)}\right)^{-1} \tag{2-129}$$

式中：$\boldsymbol{\sigma}=[p,e,i,\Omega,\omega,f]^{\mathrm{T}}$，为参考航天器的轨道根数矢量；$\boldsymbol{X}_{\mathrm{ECI}}=[\boldsymbol{r}_{\mathrm{ECI}}^{\mathrm{T}},\boldsymbol{v}_{\mathrm{ECI}}^{\mathrm{T}}]^{\mathrm{T}}$，为参考航天器在惯性坐标系中的状态矢量，其中，位置矢量$\boldsymbol{r}_{\mathrm{ECI}}$与速度矢量$\boldsymbol{v}_{\mathrm{ECI}}$可通过轨道根数来计算，即

$$\boldsymbol{r}_{\mathrm{ECI}}=\frac{p}{1+e\cos f}\begin{bmatrix} c_{f+\omega}c_{\Omega}-c_i s_{f+\omega}s_{\Omega} \\ c_{f+\omega}s_{\Omega}+c_i s_{f+\omega}c_{\Omega} \\ s_i s_{f+\omega} \end{bmatrix} \tag{2-130}$$

$$\boldsymbol{v}_{\mathrm{ECI}}=\sqrt{\frac{\mu}{p}}\begin{bmatrix} -s_{f+\omega}c_{\Omega}-c_i c_{f+\omega}s_{\Omega}-e(c_{\Omega}s_{\omega}+c_i c_{\omega}s_{\Omega}) \\ -s_{f+\omega}s_{\Omega}+c_i c_{f+\omega}c_{\Omega}-e(s_{\Omega}s_{\omega}-c_i c_{\omega}c_{\Omega}) \\ s_i(c_{f+\omega}+ec_{\omega}) \end{bmatrix} \tag{2-131}$$

式中的简写符号表示$c_\theta=\cos\theta$和$s_\theta=\sin\theta$。因此，$\partial \boldsymbol{X}_{\mathrm{ECI}}(t)/\partial \boldsymbol{\sigma}(t)$的表达式为

$$\frac{\partial \boldsymbol{X}_{\mathrm{ECI}}(t)}{\partial \boldsymbol{\sigma}(t)}=\begin{bmatrix} \dfrac{\partial \boldsymbol{r}_{\mathrm{ECI}}(t)}{\partial \boldsymbol{\sigma}(t)} \\ \dfrac{\partial \boldsymbol{v}_{\mathrm{ECI}}(t)}{\partial \boldsymbol{\sigma}(t)} \end{bmatrix}=\begin{bmatrix} \dfrac{\partial x}{\partial p} & \cdots & \dfrac{\partial x}{\partial f} \\ \vdots & \ddots & \vdots \\ \dfrac{\partial v_z}{\partial p} & \cdots & \dfrac{\partial v_z}{\partial f} \end{bmatrix} \tag{2-132}$$

其中涉及的36个偏导数可通过式（2-128）、式（2-129）的具体形式推导得到，具体结果如下[19, 22]

$$\frac{\mathrm{d}x}{\mathrm{d}p}=\frac{\cos(f+\omega)\cos\Omega-\cos i\sin(f+\omega)\sin\Omega}{1+e\cos f} \tag{2-133}$$

$$\frac{\mathrm{d}x}{\mathrm{d}e}=-\frac{p\cos f(\cos(f+\omega)\cos\Omega-\cos i\sin(f+\omega)\sin\Omega)}{(1+e\cos f)^2} \tag{2-134}$$

$$\frac{\mathrm{d}x}{\mathrm{d}i}=\frac{p\sin i\sin(f+\omega)\sin\Omega}{1+e\cos f} \tag{2-135}$$

$$\frac{\mathrm{d}x}{\mathrm{d}\Omega}=-\frac{p(\cos(f+\omega)\sin\Omega+\cos i\sin(f+\omega)\cos\Omega)}{1+e\cos f} \tag{2-136}$$

$$\frac{\mathrm{d}x}{\mathrm{d}\omega}=-\frac{p(\sin(f+\omega)\cos\Omega+\cos i\cos(f+\omega)\sin\Omega)}{1+e\cos f} \tag{2-137}$$

$$\begin{aligned}\frac{\mathrm{d}x}{\mathrm{d}f}=&\frac{pe\sin f(\cos(f+\omega)\cos\Omega-\cos i\sin(f+\omega)\sin\Omega)}{(1+e\cos f)^2}-\\ &\frac{p(\sin(f+\omega)\cos\Omega+\cos i\cos(f+\omega)\sin\Omega)}{1+e\cos f}\end{aligned} \tag{2-138}$$

$$\frac{\mathrm{d}y}{\mathrm{d}p}=\frac{\cos(f+\omega)\sin\Omega+\cos i\sin(f+\omega)\cos\Omega}{1+e\cos f} \tag{2-139}$$

$$\frac{\mathrm{d}y}{\mathrm{d}e}=-\frac{p\cos f(\cos(f+\omega)\sin\Omega+\cos i\sin(f+\omega)\cos\Omega)}{(1+e\cos f)^2} \tag{2-140}$$

$$\frac{\mathrm{d}y}{\mathrm{d}i}=-\frac{p\sin i\sin(f+\omega)\cos\Omega}{1+e\cos f} \tag{2-141}$$

$$\frac{\mathrm{d}y}{\mathrm{d}\Omega}=\frac{p(\cos(f+\omega)\cos\Omega-\cos i\sin(f+\omega)\sin\Omega)}{1+e\cos f} \tag{2-142}$$

$$\frac{\mathrm{d}y}{\mathrm{d}\omega}=\frac{p(-\sin(f+\omega)\sin\Omega+\cos i\cos(f+\omega)\cos\Omega)}{1+e\cos f} \tag{2-143}$$

$$\frac{\mathrm{d}y}{\mathrm{d}f}=\frac{pe\sin f(\cos(f+\omega)\sin\Omega+\cos i\sin(f+\omega)\cos\Omega)}{(1+e\cos f)^2}+\frac{p(-\sin(f+\omega)\sin\Omega+\cos i\cos(f+\omega)\cos\Omega)}{1+e\cos f} \tag{2-144}$$

$$\frac{\mathrm{d}z}{\mathrm{d}p}=\frac{\sin i\sin(f+\omega)}{1+e\cos f} \tag{2-145}$$

$$\frac{\mathrm{d}z}{\mathrm{d}e}=-\frac{p\cos f\sin i\sin(f+\omega)}{(1+e\cos f)^2} \tag{2-146}$$

$$\frac{\mathrm{d}z}{\mathrm{d}i}=\frac{p\cos i\sin(f+\omega)}{1+e\cos f} \tag{2-147}$$

$$\frac{\mathrm{d}z}{\mathrm{d}\Omega}=0 \tag{2-148}$$

$$\frac{\mathrm{d}z}{\mathrm{d}\omega}=\frac{p\sin i\cos(f+\omega)}{1+e\cos f} \tag{2-149}$$

$$\frac{\mathrm{d}z}{\mathrm{d}f}=\frac{pe\sin f\sin i\sin(f+\omega)}{(1+e\cos f)^2}+\frac{p\sin i\cos(f+\omega)}{1+e\cos f} \tag{2-150}$$

$$\frac{\mathrm{d}v_x}{\mathrm{d}p}=\frac{1}{2}\sqrt{\frac{\mu}{p^3}}\begin{pmatrix}\sin(f+\omega)\cos\Omega+\cos i\cos(f+\omega)\sin\Omega\\+e(\cos\Omega\sin\omega+\cos i\cos\omega\sin\Omega)\end{pmatrix} \tag{2-151}$$

$$\frac{\mathrm{d}v_x}{\mathrm{d}e}=-\sqrt{\frac{\mu}{p}}(\cos\Omega\sin\omega+\cos i\cos\omega\sin\Omega) \tag{2-152}$$

$$\frac{\mathrm{d}v_x}{\mathrm{d}i}=\sqrt{\frac{\mu}{p}}(\sin i\cos(f+\omega)\sin\Omega+e\sin i\cos\omega\sin\Omega) \tag{2-153}$$

$$\frac{\mathrm{d}v_x}{\mathrm{d}\Omega}=\sqrt{\frac{\mu}{p}}\begin{pmatrix}\sin(f+\omega)\sin\Omega-\cos i\cos(f+\omega)\cos\Omega\\+e(\sin\Omega\sin\omega-\cos i\cos\omega\cos\Omega)\end{pmatrix} \tag{2-154}$$

$$\frac{\mathrm{d}v_x}{\mathrm{d}\omega}=\sqrt{\frac{\mu}{p}}\begin{pmatrix}-\cos(f+\omega)\cos\Omega+\cos i\sin(f+\omega)\sin\Omega\\-e(\cos\Omega\cos\omega-\cos i\sin\omega\sin\Omega)\end{pmatrix} \tag{2-155}$$

$$\frac{\mathrm{d}v_x}{\mathrm{d}f}=\sqrt{\frac{\mu}{p}}(-\cos(f+\omega)\cos\Omega+\cos i\sin(f+\omega)\sin\Omega) \tag{2-156}$$

$$\frac{\mathrm{d}v_y}{\mathrm{d}p}=\frac{1}{2}\sqrt{\frac{\mu}{p^3}}\begin{pmatrix}\sin(f+\omega)\sin\Omega-\cos i\cos(f+\omega)\cos\Omega\\+e(\sin\Omega\sin\omega-\cos i\cos\omega\cos\Omega)\end{pmatrix} \tag{2-157}$$

$$\frac{\mathrm{d}v_y}{\mathrm{d}e}=-\sqrt{\frac{\mu}{p}}(\sin\Omega\sin\omega-\cos i\cos\omega\cos\Omega) \tag{2-158}$$

$$\frac{\mathrm{d}v_y}{\mathrm{d}i}=-\sqrt{\frac{\mu}{p}}(\sin i\cos(f+\omega)\cos\Omega+e\sin i\cos\omega\cos\Omega) \tag{2-159}$$

$$\frac{\mathrm{d}v_y}{\mathrm{d}\Omega}=-\sqrt{\frac{\mu}{p}}\begin{pmatrix}\sin(f+\omega)\cos\Omega+\cos i\cos(f+\omega)\sin\Omega\\+e(\cos\Omega\sin\omega+\cos i\cos\omega\sin\Omega)\end{pmatrix} \tag{2-160}$$

$$\frac{\mathrm{d}v_y}{\mathrm{d}\omega}=-\sqrt{\frac{\mu}{p}}\begin{pmatrix}\cos(f+\omega)\sin\Omega+\cos i\sin(f+\omega)\cos\Omega\\+e(\sin\Omega\cos\omega+\cos i\sin\omega\cos\Omega)\end{pmatrix} \tag{2-161}$$

$$\frac{\mathrm{d}v_y}{\mathrm{d}f}=-\sqrt{\frac{\mu}{p}}(\cos(f+\omega)\sin\Omega+\cos i\sin(f+\omega)\cos\Omega) \tag{2-162}$$

$$\frac{\mathrm{d}v_z}{\mathrm{d}p}=-\frac{1}{2}\sqrt{\frac{\mu}{p^3}}\sin i(\cos(f+\omega)+e\cos\omega) \tag{2-163}$$

$$\frac{\mathrm{d}v_z}{\mathrm{d}e}=\sqrt{\frac{\mu}{p}}\sin i\cos\omega \tag{2-164}$$

$$\frac{\mathrm{d}v_z}{\mathrm{d}i}=\sqrt{\frac{\mu}{p}}\cos i(\cos(f+\omega)+e\cos\omega) \tag{2-165}$$

$$\frac{\mathrm{d}v_z}{\mathrm{d}\Omega}=0 \tag{2-166}$$

$$\frac{\mathrm{d}v_z}{\mathrm{d}\omega}=-\sqrt{\frac{\mu}{p}}\sin i(\sin(f+\omega)+e\sin\omega) \tag{2-167}$$

$$\frac{\mathrm{d}v_z}{\mathrm{d}f}=-\sqrt{\frac{\mu}{p}}\sin i\sin(f+\omega) \tag{2-168}$$

轨道根数传递矩阵 $\partial\boldsymbol{\sigma}(t)/\partial\boldsymbol{\sigma}(t_0)$ 可以表示为

$$\frac{\partial\boldsymbol{\sigma}(t)}{\partial\boldsymbol{\sigma}(t_0)}=\begin{bmatrix}\dfrac{\partial\boldsymbol{\sigma}_{1\sim5}(t)}{\partial\boldsymbol{\sigma}(t_0)}\\\dfrac{\partial f}{\partial\boldsymbol{\sigma}(t_0)}\end{bmatrix} \tag{2-169}$$

式中：$\partial\boldsymbol{\sigma}_{1\sim5}(t)/\partial\boldsymbol{\sigma}(t_0)=[\boldsymbol{I}_{5\times5},\boldsymbol{0}_{5\times1}]$，这里 $\boldsymbol{I}_{5\times5}$ 为 5×5 的单位矩阵，$\boldsymbol{0}_{5\times1}$ 为 5×1 的零矢量；$\dfrac{\partial f}{\partial\boldsymbol{\sigma}(t_0)}=\left[\dfrac{\partial f}{\partial p},\dfrac{\partial f}{\partial e},\dfrac{\partial f}{\partial i},\dfrac{\partial f}{\partial\Omega},\dfrac{\partial f}{\partial\omega},\dfrac{\partial f}{\partial f_0}\right]$。

对于开普勒轨道运动，$\partial f/\partial i=\partial f/\partial\Omega=\partial f/\partial\omega=0$。因此，轨道根数传递矩阵求解的重点在于$\partial f/\partial p$、$\partial f/\partial e$和$\partial f/\partial f_0$。通过二体轨道积分结果，容易推导得到相关的表达式为[19, 22]

$$\frac{\mathrm{d}f}{\mathrm{d}p}=-\frac{3}{2p}(1+e\cos f)^2\sqrt{\frac{\mu}{p^3}}(t-t_0) \tag{2-170}$$

$$\frac{\mathrm{d}f}{\mathrm{d}e}=2(1+e\cos f)^2 I(f,f_0) \tag{2-171}$$

$$\frac{\mathrm{d}f}{\mathrm{d}f_0}=\frac{(1+e\cos f)^2}{(1+e\cos f_0)^2} \tag{2-172}$$

其中，积分$I(f,f_0)$的定义为

$$I(f,f_0)=\int_{f_0}^{f}\frac{\cos\xi}{(1+e\cos\xi)^3}\mathrm{d}\xi \tag{2-173}$$

式（2-173）在求解 TH 方程时，曾被 Carter 以偏近点角和双曲偏近点角作为自变量解决[7]，有

$$I=-(1-e^2)^{-\frac{5}{2}}\left[\frac{3e}{2}(E-E_0)-(1+e^2)(\sin E-\sin E_0)+\frac{e}{4}(\sin 2E-\sin 2E_0)\right],\ 0\leqslant e<1 \tag{2-174}$$

$$I=\frac{1}{4}\left[\tan\left(\frac{f}{2}\right)-\tan\left(\frac{f_0}{2}\right)\right]-\frac{1}{20}\left[\tan^5\left(\frac{f}{2}\right)-\tan^5\left(\frac{f_0}{2}\right)\right],\ e=1 \tag{2-175}$$

$$I=-(e^2-1)^{-\frac{5}{2}}\left[\frac{3e}{2}(H-H_0)-(1+e^2)(\sinh H-\sinh H_0)+\frac{e}{4}(\sinh 2H-\sinh 2H_0)\right],\ e>1 \tag{2-176}$$

考虑到偏近点角、双曲偏近点角使用起来不方便，因此对于$e\neq 1$的情形可以改用下述方式求解积分$I(f,f_0)$[9, 22]，即

$$I=\frac{1}{2(1-e^2)}\left\{\frac{\sin f(2+e\cos f)}{(1+e\cos f)^2}-\frac{\sin f_0(2+e\cos f_0)}{(1+e\cos f_0)^2}-3e\sqrt{\frac{\mu}{p^3}}(t-t_0)\right\},\quad e\neq 1 \tag{2-177}$$

2.6.5 基于数值积分的相对运动状态传递矩阵

除了上述给出的解析方法外，相对运动状态传递矩阵还可通过数值方法求解[16]。尤其是当考虑相对运动方程中的非线性以及各种摄动力后，解析的状态传递矩阵无法得到时，这种方法将更为有效。

假设包含非线性及各种摄动力的相对运动微分方程可以形式化地写为

$$\dot{\boldsymbol{X}}=\boldsymbol{F}(\boldsymbol{X},\varepsilon,t) \tag{2-178}$$

式中：$\boldsymbol{X}=[x,y,z,\dot{x},\dot{y},\dot{z}]^{\mathrm{T}}$ 为相对运动状态矢量；$\boldsymbol{\varepsilon}$ 为各种考虑到的摄动力；$\boldsymbol{F}(\cdot)$ 为相对运动微分方程的右端项。

求解相对运动状态传递矩阵 $\boldsymbol{\Phi}_{\mathrm{LVLH}}(t,t_0)$ 的数值算法如下[22]。

步骤 1：给定初始时刻 t_0 和末端时刻 t 的取值，同时输入状态改变量的步长 h（应尽可能小，如 $h=10^{-6}$）。

步骤 2：设定以下 24 个初始状态，即

$$\boldsymbol{X}_{1i}(t_0)=h\boldsymbol{e}_i,\quad i=1,2,\cdots,6 \tag{2-179}$$

$$\boldsymbol{X}_{2i}(t_0)=-h\boldsymbol{e}_i,\quad i=1,2,\cdots,6 \tag{2-180}$$

$$\boldsymbol{X}_{3i}(t_0)=\frac{h}{2}\boldsymbol{e}_i,\quad i=1,2,\cdots,6 \tag{2-181}$$

$$\boldsymbol{X}_{4i}(t_0)=-\frac{h}{2}\boldsymbol{e}_i,\quad i=1,2,\cdots,6 \tag{2-182}$$

步骤3:对上述24个初始状态,分别通过动力学微分方程式(2-179)至式(2-182)进行积分,得到时刻 t 对应的状态 $\boldsymbol{X}_{1i}(t)$ 、$\boldsymbol{X}_{2i}(t)$ 、$\boldsymbol{X}_{3i}(t)$ 、$\boldsymbol{X}_{4i}(t)$,其中 $i=1,2,\cdots,6$ 。

步骤 4：采用 Richardson 外推算法，计算偏导数，即

$$\left[\frac{\partial \boldsymbol{X}(t)}{\partial \boldsymbol{X}(t_0)}\right]_i=\frac{4}{3}\frac{\boldsymbol{X}_{3i}(t)-\boldsymbol{X}_{3i}(t)}{h}-\frac{1}{6}\frac{\boldsymbol{X}_{1i}(t)-\boldsymbol{X}_{2i}(t)}{h},\quad i=1,2,\cdots,6 \tag{2-183}$$

步骤 5：由所有 6 个偏导数矩阵合并形成相对运动的状态传递矩阵，即

$$\boldsymbol{\Phi}_{\mathrm{LVLH}}(t,t_0)=\left[\left[\frac{\partial \boldsymbol{X}(t)}{\partial \boldsymbol{X}(t_0)}\right]_1,\left[\frac{\partial \boldsymbol{X}(t)}{\partial \boldsymbol{X}(t_0)}\right]_2,\cdots,\left[\frac{\partial \boldsymbol{X}(t)}{\partial \boldsymbol{X}(t_0)}\right]_6\right] \tag{2-184}$$

上述算法对于任意动力学问题都是适用的，因此具有一定的普适性。但需要注意的是，上述状态传递矩阵 $\boldsymbol{\Phi}_{\mathrm{LVLH}}(t,t_0)$ 仅对时刻 $t_0\sim t$ 的状态传递有效。当起始和终端两个时刻发生变化时，则相应的状态传递矩阵必须重新按照上述算法计算。

小　结

相对运动动力学是空间交会运动规划与控制的基础。本章作为全书后续章节的动力学基础，介绍了常用的相对运动动力学模型。

在诸多动力学模型中，LVLH 坐标系下以笛卡儿坐标分量为基本变量的相对运动微分方程是应用最为广泛的一类相对运动模型。因此，本章对这一类模型的介绍较为全面，主要包括圆参考轨道下的 CW 方程、椭圆参考轨道下的 TH 方程以及它们的多种改进版本。CW 方程和 TH 方程都是线性模型，其优点是形式简单且具有显式解析解，因而在工程上使用最多。通过相关稳定性理论分析可知，无论是 CW 方程还是 TH 方程，其所描述的航天器相对运动都是不稳定的，但都包含周期解。本章对周期解的 1 阶线性条件、非线性精确条件以及基于轨道根数差的条件均给出

了具体结果。考虑到在某些情况下对高阶相对运动模型的需求，本章还介绍了圆参考轨道下的 2 阶相对运动微分方程及其解析解。另外，对于某些需要考虑摄动干扰对交会精度影响的情形，本章还介绍了圆参考轨道下考虑 J_2 摄动和大气阻力的相对运动方程。可以看出，这些摄动相对运动模型均是在 CW 方程基础上通过引入线性摄动项后形成的。

在以上相对运动微分方程和解析解的基础上，本章进一步总结了多种不同形式的状态传递矩阵，这为交会过程的轨迹设计、优化与控制算法设计提供了便利。

此外，对于一类以视觉跟踪和视线测量为主要模式的交会任务，本章还介绍了视线坐标系下的相对运动方程。对于三体平动点附近的航天器交会任务，本章介绍了平动点附近的航天器相对运动微分方程。

参 考 文 献

[1] HILL G W. Researches in the lunar theory [J]. American Journal of Mathematics, 1878, 1(1): 5-26.

[2] CLOHESSY W H, WILTSHIRE R S. Terminal guidance system for satellite rendezvous [J]. Journal of the Aerospace Sciences, 1960, 27(9): 653-658.

[3] LAWDEN D F. Fundamentals of space navigation [J]. Journal of the British Interplanetary Society, 1954, 13(2): 87-101.

[4] TSCHAUNER J, HEMPEL P. Optimale beschl eunigeungs programme für das rendezvous-manover [J]. Acta Astronautica, 1964, 10(296): 296-307.

[5] CARTER T, HUMI M. Fuel-optimal rendezvous near a point in general keplerian orbit [J]. Journal of Guidance, Control, and Dynamics, 1987, 10(6): 567-573.

[6] CARTER T. E. New form for the optimal rendezvous equations near a keplerian orbit [J]. Journal of Guidance, Control, and Dynamics, 1990, 13(1): 183-186.

[7] CARTER T E. State transition matrices for terminal rendezvous studies: brief survey and new example [J]. Journal of Guidance, Control, and Dynamics, 1998, 21(1): 148-155.

[8] YAMANAKA K, ANKERSEN F. New state transition matrix for relative motion on an arbitrary elliptical orbit [J]. Journal of Guidance, Control, and Dynamics, 2002, 25(1): 60-66.

[9] DANG Z. Solutions of Tschauner–Hempel equations [J]. Journal of Guidance Control and Dynamics, 2017, 40(11): 2953-2957.

[10] GIM D W, ALFRIEND K. State transition matrix of relative motion for the perturbed noncircular reference orbit [J]. Journal of Guidance, Control, and Dynamics, 2003, 26(6): 956-971.

[11] SCHAUB H. Relative orbit geometry through classical orbit element differences [J]. Journal of Guidance, Control, and Dynamics, 2004, 27(5): 839-848.

[12] HAN C, CHEN H, ALONSO G, et al. A linear model for relative motion in an elliptical orbit based on a spherical coordinate system [J]. Acta Astronautica, 2019(157): 465-476.

[13] DANG Z, PAN Z, ZHOU H, et al. Bounded relative motions near keplerian orbits in spherical coordinates [J]. Advances in Space Research, 2020, 66(11): 2654-2666.

[14] IZZO D, SABATINI M, VALENTE C. A new linear model describing formation flying dynamics under J_2 effects [C]. Proceedings of the 17th AIDAA National Congress, 2003, 1: 493-500.

[15] DANG Z, WANG Z, ZHANG Y. Improved initialization conditions and single impulsive maneuvers for J_2-invariant relative orbits [J]. Celestial Mechanics & Dynamical Astronomy, 2015, 121(3): 301-327.

[16] HUMI M, CARTER T. Rendezvous equations in a central-force field with linear drag [J]. Journal of Guidance, Control and Dynamics, 2002, 25(1): 74-79.

[17] YANG Z, LUO Y, ZHANG J, et al. Homotopic perturbed Lambert algorithm for long-duration rendezvous optimization [J]. Journal of Guidance, Control, and Dynamics, 2015, 38(11): 2215-2223.

[18] ALFRIEND K T, VADALI S R, GUFIL P, et al. Spacecraft formation flying, dynamics, control and navigation [M]. Oxford: Elsevier, 2010: 24-25.

[19] DANG Z. New State transition matrix for relative motion on an arbitrary keplerian orbit [J]. Journal of Guidance, Control, and Dynamics, 2017, 40(11): 2917-2927.

[20] 刘林，侯锡云. 深空探测器轨道力学 [M]. 北京：电子工业出版社, 2012.

[21] 张洪波. 航天器轨道力学理论与方法 [M]. 北京：国防工业出版社, 2015.

[22] 党朝辉. 航天器集群边界建模与控制方法研究 [D]. 长沙：国防科技大学, 2015.

[23] GURFIL P. Relative motion between elliptic orbits: generalized boundedness conditions and optimal formation keeping [J]. Journal of Guidance, Control, and Dynamics, 2005, 28(4): 761-767.

[24] LONDON H S. Second approximation to the solution of the rendezvous equations [J]. AIAA Journal, 1963, 1(7): 1691-1693.

03 第3章 基于贝塞尔曲线的空间交会轨迹设计与优化

3.1 引言

空间交会轨迹设计是一类受约束的转移轨道或机动轨道优化问题，根据航天器的推进方式可分为连续推力交会轨迹优化设计和脉冲推力交会轨迹优化设计。随着电推进技术的应用以及全电航天器和太阳帆航天器技术的发展，连续推力轨道机动在航天任务中的应用越来越广泛。连续推力轨迹机动的核心问题是轨迹设计和轨迹优化。对于连续推力轨迹设计问题，学术界已发展出两种不同的求解思路[1]：一种是正方法；另一种是反方法。其中正方法是通过直接设计控制律（即推力曲线）并结合动力学微分方程来确定机动轨道形状和相关参数。反方法也叫形状法（shape-based method），是先通过假设的参数化方程描述机动轨道，然后通过轨道方程和轨道动力学反算出实现该轨道运动的推力需求。正方法在具体应用时可通过解析法或数值法进行求解，但解析法需要一些特殊约束，不具有普遍性，而数值法计算量巨大，对计算能力要求过高。随着连续小推力技术的发展和应用，进入21世纪，反方法重新得到了重视和发展，目前已发展出指数正弦曲线法、对数螺线法、笛卡儿卵形线法、卡西尼卵形线法、逆多项式法、傅里叶级数法等[1-3]。反方法相比正方法计算效率高，通常作为一种快速的标称轨道设计方法使用，但由于轨道形状的假设过分依赖于设计者的经验，因此设计出的标称轨道是否可行需要大量分析验证且往往不具有最优性。

在反方法中，最近几年有学者提出一种将人为选择的自由函数与引力场下轨道圆锥曲线方程相结合的复合函数形状法[4-7]。这种复合函数形状法由于能够充分利用自然轨道内在的动力学性质，提高了所设计机动轨道的合理性，且能够通过自由函数带来的额外自由度提高轨道设计的最优性，因此，相比以往的形状法展现出了更优的性能。采用这种思路的代表性研究是哈尔滨工业大学的谢成清博士[4-5, 7]以及西北工业大学的姚玮博士[8]，其所采用的方法是将多项式函数与轨道方程进行复合。然而，现有的复合函数形状法尚未能发挥出最大的优化性能，这是因为其所用来复合的自由函数要么形式过于单调且自由度过少导致优化空间不大，要么其复合的形式过于保守导致将大部分可行轨道人为地从设计空间中剔除，这都使最终的设计结果不够理想。鉴于此，本章面向空间交会标称轨迹的快速优化设计需求，以及连续推力机动轨道设计在未来空间任务中的应用，介绍了基于贝塞尔曲线的空间机动轨道设计与优化方法[8]。其主要思想是将现有用于和轨道方程结合的多项式函数改为贝塞尔曲线函数；由于贝塞尔曲线具有可参数化设计且曲线形式灵活多变的特性，因此由其与轨道方程复合后形成的机动轨道方程具有较大的设计空间，能够充分获得尽可能优的机动轨道设计结果。

本章首先给出了贝塞尔曲线的概念和定义，并讨论了其所具有的一些优良性质，以及将其用于轨道转移和轨迹交会的基本思路和过程。其中，轨道转移问题是首末机动位置不作限定、机动时间不固定的一类轨道机动问题；而轨迹交会是首末位置确定或者机动时间约束的轨道机动问题。为叙述方便，本章将轨迹设计与优化问题按照运动维度分为两大类，即面内轨道运动问题、空间轨道运动问题。其中，面内轨道运动问题是二维问题，而空间轨道运动是三维问题。然后，给出了基于贝塞尔曲线的平面机动轨道设计及优化方法。该方法将贝塞尔曲线方程与轨迹形状方程进行结合得到机动轨道的复合函数，对机动轨道进行数学描述。当复合函数设计好后，通过机动轨道的首、末约束条件可获得可行的机动轨道族。当需要优化时，由贝塞尔曲线的控制点设计给出具体的优化变量，将累积速度增量作为优化指标函数，进一步利用优化算法完成轨迹优化，给出最优机动轨道。最后，在面内轨道机动及交会问题研究的基础上，进一步研究了空间三维轨道机动及交会问题。将空间轨道机动分解为轨道面内形状机动和轨道面外仰角机动两部分，并利用贝塞尔曲线轨道设计方法的复合函数分别完成面内形状机动和面外仰角机动的设计，实现了空间机动轨道的优化设计，并在此基础上通过自由控制点的修正解决了考虑时间约束的空间轨迹交会问题。

3.2 面内机动轨道与交会轨迹优化设计

本节首先简要介绍了贝塞尔曲线的概念和性质，并通过复合函数形式将贝塞尔曲线与轨道形状方程相结合对机动轨道进行描述；接着，针对平面内轨道连续推力机动问题给出了轨道匹配条件、贝塞尔曲线控制点的设计，以及燃料消耗与机动时间的计算；然后，通过案例仿真验证了贝塞尔曲线设计方法的可行性和有效性；最后，通过自由控制点修正解决了有机动时间要求的轨道交会问题。

3.2.1 贝塞尔曲线的概念和性质

贝塞尔曲线（Bezier curve）是一种参数曲线（parametric curve），被广泛地用在数值分析领域及计算机图形学中。贝塞尔曲线与 Bernstein 多项式相关，最早由法国工程师皮埃尔·贝塞尔（Pierre Bezier）于 20 世纪 60 年代在设计雷诺汽车车体形状时所使用。贝塞尔曲线具有可参数化设计且曲线形式灵活多变的特性，因此贝塞尔曲线常被用于设计计算机字体和动画；贝塞尔曲线也可以被组合，从而形成贝塞尔样条，或者进一步推广至高维问题从而形成贝塞尔曲面；在矢量图形里，贝塞尔曲线被用来为平滑曲线建模，这样可以实现曲线的任意放大或缩小。

1．贝塞尔曲线的方程描述

1）线性贝塞尔曲线

线性贝塞尔曲线也称1阶贝塞尔曲线。给定空间中两个不同的点 $\boldsymbol{P}_0$ 和 $\boldsymbol{P}_1$，则线性贝塞尔曲线 $\boldsymbol{B}(t)$ 是这两个点之间的一条直线，具体方程为

$$\boldsymbol{B}(t)=\boldsymbol{P}_0+t(\boldsymbol{P}_1-\boldsymbol{P}_0)=(1-t)\boldsymbol{P}_0+t\boldsymbol{P}_1,\ 0\leqslant t\leqslant 1 \tag{3-1}$$

上述表示方式等价于线性插值。变量 t 是该曲线方程的参数，当它的值从0变到1时，$\boldsymbol{B}(t)$ 的值从 $\boldsymbol{P}_0$ 变到 $\boldsymbol{P}_1$。注意，点 $\boldsymbol{P}_0$ 和 $\boldsymbol{P}_1$ 可以是任意维度的矢量。

2）2阶贝塞尔曲线

一个2阶贝塞尔曲线也称二次型贝塞尔曲线，如图3-1所示，是指由函数 $\boldsymbol{B}(t)$ 所给出的一条曲线，其由3个控制点 $\boldsymbol{P}_0$、$\boldsymbol{P}_1$ 和 $\boldsymbol{P}_2$ 所确定，具体方程为

$$\boldsymbol{B}(t)=(1-t)[(1-t)\boldsymbol{P}_0+t\boldsymbol{P}_1]+t[(1-t)\boldsymbol{P}_1+t\boldsymbol{P}_2],0\leqslant t\leqslant 1 \tag{3-2}$$

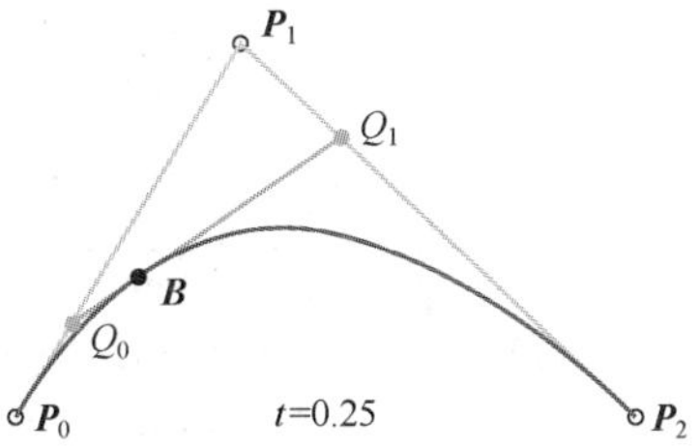

图3-1　2阶贝塞尔曲线

这可以被看作对从 $\boldsymbol{P}_0$ 到 $\boldsymbol{P}_1$ 形成的线性贝塞尔曲线和从 $\boldsymbol{P}_1$ 到 $\boldsymbol{P}_2$ 形成的另一条贝塞尔曲线的线性插值。将其整理后可以得到以下等价形式，即

$$\boldsymbol{B}(t)=(1-t)^2\boldsymbol{P}_0+2t(1-t)\boldsymbol{P}_1+t^2\boldsymbol{P}_2,0\leqslant t\leqslant 1 \tag{3-3}$$

3）高阶贝塞尔曲线

对上述1阶、2阶贝塞尔曲线的定义方式进行推广，可得到任意 n 阶贝塞尔曲线的定义。给定或设计 n+1个控制点 $\boldsymbol{P}_0$、$\boldsymbol{P}_1$、…、$\boldsymbol{P}_n$，则由这些控制点定义的贝塞尔曲线方程为

$$\boldsymbol{B}(t)=\boldsymbol{B}_{P_0P_1\cdots P_n}(t)=(1-t)\boldsymbol{B}_{P_0P_1\cdots P_{n-1}}(t)+t\boldsymbol{B}_{P_1\cdots P_n}(t),0\leqslant t\leqslant 1 \tag{3-4}$$

式中：$\boldsymbol{B}_{P_0}(t)=\boldsymbol{P}_0$。

由式（3-4）可知，贝塞尔曲线可以通过一种递归的方式进行计算。将上述表达式进行整理后，可改为以下级数形式，即

$$\boldsymbol{B}(t)=\sum_{i=0}^{n} b_{i,n}(t)\boldsymbol{P}_i,\ 0\leqslant t\leqslant 1 \tag{3-5}$$

式中：$b_{i,n}(t)$ 为关于变量 t 的多项式函数，即

$$b_{i,n}(t)=C_n^i t^i(1-t)^{n-i},\ \ i=0,1,\cdots,n \tag{3-6}$$

多项式（3-6）也称为 n 阶 Bernstein 基多项式。式中的二项式系数 C_n^i 的定义为

$$C_n^i=\frac{n!}{i!(n-i)!} \tag{3-7}$$

贝塞尔曲线上的点 $\boldsymbol{P}_i$ 叫做控制点（control points）。注意到贝塞尔曲线除了经过首末两个点外，并不经过中间的其他控制点。从控制点 $\boldsymbol{P}_0$ 开始到 $\boldsymbol{P}_n$ 结束，将两个控制点通过线段进行连接后形成的多面体称为贝塞尔多面体或控制多面体（control polygon）。贝塞尔多面体的凸包一定包含贝塞尔曲线。例如，一个由 4 个控制点定义的贝塞尔曲线如图 3-2 所示，其中 $\boldsymbol{P}_0$、$\boldsymbol{P}_1$、$\boldsymbol{P}_2$、$\boldsymbol{P}_3$ 为控制点，图中的虚线构成贝塞尔多面体，中间的实线是所形成的贝塞尔曲线。

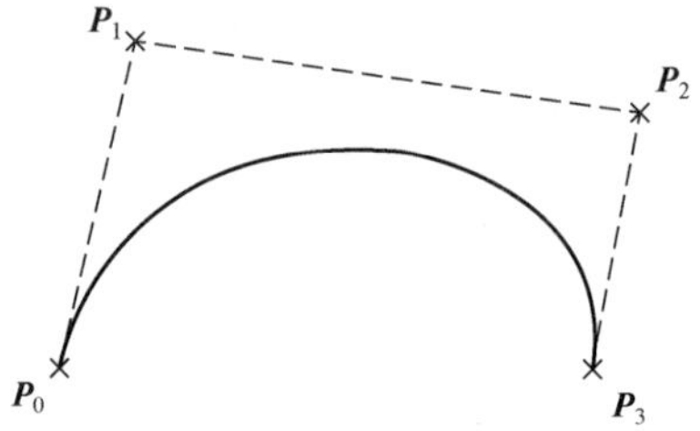

图 3-2　一个包含 4 个控制点的贝塞尔曲线示意图

2. 贝塞尔曲线的主要性质

贝塞尔曲线具有多种优良性质，一些基本的性质和规律如下。

（1）贝塞尔曲线开始于 $\boldsymbol{P}_0$、结束于 $\boldsymbol{P}_n$，这叫作终点插值属性。

（2）若控制点共线，则贝塞尔曲线是一条直线，反之亦然。

（3）贝塞尔曲线的起点和终点分别与贝塞尔多面体的首、末两个面相切。

（4）一个贝塞尔曲线可以在任意控制点处分割为两个不同的子曲线，或者在不同点处分割为任意多的子曲线，这些子曲线均是贝塞尔曲线。

（5）每一个 2 阶贝塞尔曲线也是一个 3 阶贝塞尔曲线；更一般地，当 $m>n$ 时，每一个 n 阶贝塞尔曲线也是一个 m 阶贝塞尔曲线，这是因为较少的控制点总是可以通过较多的控制点来模拟。

（6）当控制点选择较为特殊时，一个 2 阶以上的贝塞尔曲线有可能会与自身发生相交。

（7）一个 2 阶贝塞尔曲线通常是一个抛物线上的一段。

3.2.2 面内机动轨道设计与优化方法

1. 面内机动轨道设计方法

对于面内轨道机动问题来说，航天器的飞行轨道可通过矢径大小 r 和相位角 θ 两个变量描述。面内轨道机动问题（图 3-3）可描述为：设计转移轨道的矢径函数 $r_B(t)$ 和相位角函数 $\theta_B(t)$，使该转移轨道在初始时刻 $t=t_0$ 时满足 $r_B(t_0)=r_0$、$\theta_B(t_0)=\theta_0$，在末端时刻 $t=t_1$ 时满足 $r_B(t_1)=r_1$、$\theta_B(t_1)=\theta_1$。其中，r_0、θ_0 为初始轨道在 $t=t_0$ 时刻的矢径和相位角，r_1、θ_1 为目标轨道在 $t=t_1$ 时刻的矢径和相位角。相位角可以选择为真近点角、平近点角或用户自定义的其他角度。对于连续推力轨道机动问题来说，转移轨道还需与初始轨道和目标轨道分别相切，这是因为连续推力控制无法在瞬时实现运动速度的改变。因此，转移轨道在初始时刻的速度与初始轨道在该时刻的速度一致，且其在末端时刻的速度与目标轨道在该时刻的速度一致。

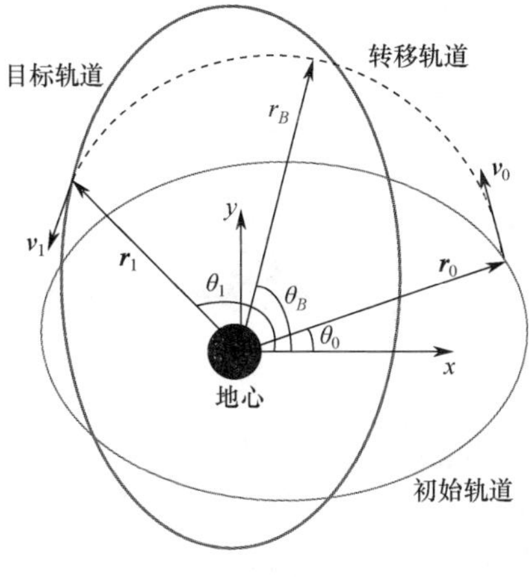

图 3-3 面内轨道机动问题

下面将分别给出描述转移轨道的贝塞尔曲线方程、基于贝塞尔曲线的机动轨道方程（复合函数）、轨道机动的约束条件，以及基于多种贝塞尔曲线的机动轨道设计方法，为下一小节的机动轨道优化奠定基础。

为了得到转移轨道函数 $r_B(t)$、$\theta_B(t)$，可考虑通过贝塞尔曲线的描述方式来实现。将 $r_B(t)$、$\theta_B(t)$ 组合起来，形成合矢量 $\boldsymbol{B}=[r_B,\theta_B]^{\mathrm{T}}$。假设转移轨迹（即贝塞尔曲线 $\boldsymbol{B}$）可通过 n+1 个控制点 $\boldsymbol{P}_i=[r_i;\theta_i]$ 来描述。根据 3.2 节的定义，则贝塞尔曲线 $\boldsymbol{B}$ 可表示为

$$\boldsymbol{B}=\begin{bmatrix} r_B \\ \theta_B \end{bmatrix}=\sum_{i=0}^{n}(C_n^i \boldsymbol{P}_{i+1}(1-s)^{n-i}s^i) \tag{3-8}$$

式中：s 为贝塞尔曲线的比例参数（只有几何意义，无实际物理意义）。当 s 从 0 到 1 逐渐改变时，贝塞尔曲线上的点对应地从起点移动至终点。这里之所以没有采用自然变量，即时间 t，是为了能够和贝塞尔曲线的标准定义一致，实际使用过程中，可将时间 t 做归一化处理，从而与这里的变量 s 进行一一对应。

贝塞尔曲线表达式对 s 的 1 阶导数、2 阶导数和 3 阶导数分别表示如下：

$$\dot{\boldsymbol{B}}=\begin{bmatrix}\dot{r}_B\\ \dot{\theta}_B\end{bmatrix}=\sum_{i=0}^{n}(-C_n^i A_{n-i}^1 \boldsymbol{P}_{i+1}(1-s)^{n-i-1}s^i+C_n^i A_i^1 \boldsymbol{P}_{i+1}(1-s)^{n-i}s^{i-1}) \tag{3-9}$$

$$\begin{aligned}\ddot{\boldsymbol{B}}=\begin{bmatrix}\ddot{r}_B\\ \ddot{\theta}_B\end{bmatrix}=\sum_{i=0}^{n}(&C_n^i A_{n-i}^2 \boldsymbol{P}_{i+1}(1-s)^{n-i-2}s^i-2C_n^i A_i^1 A_{n-i}^1 \boldsymbol{P}_{i+1}(1-s)^{n-i-1}s^{i-1}+\\&C_n^i A_i^2 \boldsymbol{P}_{i+1}(1-s)^{n-i}s^{i-2})\end{aligned} \tag{3-10}$$

$$\begin{aligned}\dddot{\boldsymbol{B}}=\begin{bmatrix}\dddot{r}_B\\ \dddot{\theta}_B\end{bmatrix}=\sum_{i=0}^{n}(&-C_n^i A_{n-i}^3 \boldsymbol{P}_{i+1}(1-s)^{n-i-3}s^i+3C_n^i A_i^1 A_{n-i}^2 \boldsymbol{P}_{i+1}(1-s)^{n-i-2}s^{i-1}-\\&3C_n^i A_i^2 A_{n-i}^1 \boldsymbol{P}_{i+1}(1-s)^{n-i-1}s^{i-2}+C_n^i A_i^3 \boldsymbol{P}_{i+1}(1-s)^{n-i}s^{i-3})\end{aligned} \tag{3-11}$$

式中：C 和 A 分别代表排列组合中的组合数和排列数。

由式（3-9）、式（3-10）和式（3-11）可推导出贝塞尔曲线上矢径方向参数 r_B 对相位方向参数 θ_B 的各阶导数分别为

$$\frac{\partial r_B}{\partial \theta_B}=\frac{\dot{r}_B}{\dot{\theta}_B} \tag{3-12}$$

$$\frac{\partial^2 r_B}{\partial \theta_B^2}=\frac{\ddot{r}_B\dot{\theta}_B-\dot{r}_B\ddot{\theta}_B}{\dot{\theta}_B^3} \tag{3-13}$$

$$\frac{\partial^3 r_B}{\partial \theta_B^3}=\frac{(\dddot{r}_B\dot{\theta}_B-\dot{r}_B\dddot{\theta}_B)\dot{\theta}_B-3(\ddot{r}_B\dot{\theta}_B-\dot{r}_B\ddot{\theta}_B)\ddot{\theta}_B}{\dot{\theta}_B^5} \tag{3-14}$$

基于上述转移轨道的贝塞尔曲线方程，即可通过将初始轨道方程、目标轨道方程与贝塞尔曲线结合构成的复合函数对机动轨道的表达式进行设计，并给出具体的转移任务起止点约束条件，包括相位角值、矢径值、矢径对相位角的 1 阶导数和 2 阶导数值。

本章将基于贝塞尔曲线的复合函数设计为初始轨道方程 H_1、目标轨道方程 H_2 和两个贝塞尔曲线加权相加的形式[5]，即将机动轨道表述为

$$r=r_{B_1}\cdot r_{H_1}+r_{B_2}\cdot r_{H_2} \tag{3-15}$$

该复合函数的设计思想是将机动轨道设计中需要考虑的两方面的物理特性通过两个部分实现：第一部分是需要满足初始轨道到目标轨道的逐渐改变，即轨道高度的逐渐提升或降低；第二部分则是机动轨道必须满足转移过程中椭圆机动轨道的物理特性，即近地点和远地点的交替出现。而复合函数的设计中，贝塞尔曲线 $\boldsymbol{B}_1$ 和 $\boldsymbol{B}_2$ 的设计使转移轨道可以参数化描述并可灵活设计与优化，同时为转移轨道高度

提供了一个全局的变化趋势，从而满足机动轨道设计第一方面的物理特性；而 H_1、H_2 作为开普勒椭圆轨道方程则为转移轨道引入了椭圆轨道极坐标系下固有的三角函数特性，从而满足了机动轨道设计第二方面的物理特性。这样，当贝塞尔曲线参数 s 从 0 到 1 缓慢变化时，航天器相应地就从转移轨道的起点逐渐机动到终点，在轨道高度逐渐提升或降低的过程中伴随有椭圆轨道的周期振荡，从而更优地完成轨道转移任务。如果不采用这种复合函数的设计思路，单纯靠贝塞尔曲线来完成机动轨道设计的两方面物理特性，那么每个周期内的轨道振荡都需要至少 6 个控制点来实现，多周期机动任务中贝塞尔曲线的控制点将会多达几十个，太过复杂，难以设计和优化。

通过上述复合函数矢径表达式可得 r 对 θ 的 1 阶导数和 2 阶导数分别为

$$\frac{\partial r}{\partial \theta}=\frac{\partial r_{B_1}}{\partial \theta_{B_1}}\cdot r_{H_1}+r_{B_1}\cdot\frac{\partial r_{H_1}}{\partial \theta_{H_1}}+\frac{\partial r_{B_2}}{\partial \theta_{B_2}}\cdot r_{H_2}+r_{B_2}\cdot\frac{\partial r_{H_2}}{\partial \theta_{H_2}} \tag{3-16}$$

$$\frac{\partial^2 r}{\partial \theta^2}=\frac{\partial^2 r_{B_1}}{\partial \theta_{B_1}^2}\cdot r_{H_1}+2\frac{\partial r_{B_1}}{\partial \theta_{B_1}}\cdot\frac{\partial r_{H_1}}{\partial \theta_{H_1}}+r_{B_1}\cdot\frac{\partial^2 r_{H_1}}{\partial \theta_{H_1}^2}+\frac{\partial^2 r_{B_2}}{\partial \theta_{B_2}^2}\cdot r_{H_2}+2\frac{\partial r_{B_2}}{\partial \theta_{B_2}}\cdot\frac{\partial r_{H_2}}{\partial \theta_{H_2}}+r_{B_2}\cdot\frac{\partial^2 r_{H_2}}{\partial \theta_{H_2}^2} \tag{3-17}$$

如前所述，轨道转移任务要求转移轨道的位置参数 r、位置对相位角的 1 阶导数 $\partial r/\partial\theta$ 和位置对相位角的 2 阶导数 $\partial^2 r/\partial\theta^2$ 与初始轨道 H_1 在初始位置 θ_0，目标轨道 H_2 在终止位置 θ_f 匹配，即轨道转移的约束条件为

$$\begin{bmatrix}(\theta|_{s=0})\\(r|_{s=0})\\\left(\frac{\partial r}{\partial\theta}|_{s=0}\right)\\\left(\frac{\partial^2 r}{\partial\theta^2}|_{s=0}\right)\end{bmatrix}=\begin{bmatrix}\theta_0\\r_{H_1}(\theta_0)\\\frac{\partial r_{H_1}}{\partial\theta_{H_1}}(\theta_0)\\\frac{\partial^2 r_{H_1}}{\partial\theta_{H_1}^2}(\theta_0)\end{bmatrix},\quad\begin{bmatrix}(\theta|_{s=1})\\(r|_{s=1})\\\left(\frac{\partial r}{\partial\theta}|_{s=1}\right)\\\left(\frac{\partial^2 r}{\partial\theta^2}|_{s=1}\right)\end{bmatrix}=\begin{bmatrix}\theta_\mathrm{f}\\r_{H_2}(\theta_\mathrm{f})\\\frac{\partial r_{H_2}}{\partial\theta_{H_2}}(\theta_\mathrm{f})\\\frac{\partial^2 r_{H_2}}{\partial\theta_{H_2}^2}(\theta_\mathrm{f})\end{bmatrix} \tag{3-18}$$

将式（3-18）代入式（3-15）、式（3-16）和式（3-17），轨道转移任务的约束条件转化为

$$\begin{bmatrix}(\theta_{B_1}|_{s=0}),(\theta_{B_1}|_{s=1})\\(r_{B_1}|_{s=0}),(r_{B_1}|_{s=1})\\\left(\frac{\partial r_{B_1}}{\partial\theta_{B_1}}|_{s=0}\right),\left(\frac{\partial r_{B_1}}{\partial\theta_{B_1}}|_{s=1}\right)\\\left(\frac{\partial^2 r_{B_1}}{\partial\theta_{B_1}^2}|_{s=0}\right),\left(\frac{\partial^2 r_{B_1}}{\partial\theta_{B_1}^2}|_{s=1}\right)\end{bmatrix}=\begin{bmatrix}\theta_0,\theta_\mathrm{f}\\1,0\\0,0\\0,0\end{bmatrix},\quad\begin{bmatrix}(\theta_{B_2}|_{s=0}),(\theta_{B_2}|_{s=1})\\(r_{B_2}|_{s=0}),(r_{B_2}|_{s=1})\\\left(\frac{\partial r_{B_2}}{\partial\theta_{B_2}}|_{s=0}\right),\left(\frac{\partial r_{B_2}}{\partial\theta_{B_2}}|_{s=1}\right)\\\left(\frac{\partial^2 r_{B_2}}{\partial\theta_{B_2}^2}|_{s=0}\right),\left(\frac{\partial^2 r_{B_2}}{\partial\theta_{B_2}^2}|_{s=1}\right)\end{bmatrix}=\begin{bmatrix}\theta_0,\theta_\mathrm{f}\\0,1\\0,0\\0,0\end{bmatrix} \tag{3-19}$$

基于上述转移轨道的复合函数设计和轨道转移的约束条件，选用合适的贝塞尔

曲线，并根据轨道机动任务设计相应的贝塞尔曲线控制点，进一步得到机动轨道的复合函数，从而完成机动轨道设计任务。下面分别以单 5 阶和双 6 阶贝塞尔曲线为例，给出相应的控制点设计方法。

1）基于单 5 阶贝塞尔曲线轨道机动的控制点设计

在起止点处，贝塞尔曲线参数的 n 阶导数只受相邻的 n 个控制点影响。又如前文所述，轨道转移任务要求 1 阶、2 阶导数匹配，即至少需要与起止点相邻的两个控制点被约束才能完成轨道转移任务，因此加上起止点自身，共需要至少 6 个控制点的贝塞尔曲线才可实现轨道转移，即需要使用 5 阶或 5 阶以上的贝塞尔曲线。

含 6 个控制点的 5 阶贝塞尔曲线方程为

$$\begin{aligned}\boldsymbol{B}=[r;\theta]=&\boldsymbol{P}_1(1-s)^5+5\boldsymbol{P}_2(1-s)^4s+10\boldsymbol{P}_3(1-s)^3s^2+10\boldsymbol{P}_4(1-s)^2s^3+\\&5\boldsymbol{P}_5(1-s)s^4+\boldsymbol{P}_6s^5\end{aligned}\tag{3-20}$$

5 阶贝塞尔曲线参数 r 和 θ 关于 s 的各阶导数分别为

$$\begin{aligned}\dot{\boldsymbol{B}}=[\dot{r};\dot{\theta}]=&-5\boldsymbol{P}_1(1-s)^4-20\boldsymbol{P}_2(1-s)^3s+5\boldsymbol{P}_2(1-s)^4-30\boldsymbol{P}_3(1-s)^2s^2+\\&20\boldsymbol{P}_3(1-s)^3s-20\boldsymbol{P}_4(1-s)s^3+30\boldsymbol{P}_4(1-s)^2s^2-5\boldsymbol{P}_5s^4+20\boldsymbol{P}_5(1-s)s^3+5\boldsymbol{P}_6s^4\end{aligned}\tag{3-21}$$

$$\begin{aligned}\ddot{\boldsymbol{B}}=[\ddot{r};\ddot{\theta}]=&20\boldsymbol{P}_1(1-s)^3+60\boldsymbol{P}_2(1-s)^2s-40\boldsymbol{P}_2(1-s)^3+60\boldsymbol{P}_3(1-s)s^2-\\&120\boldsymbol{P}_3(1-s)^2s+20\boldsymbol{P}_3(1-s)^3+20\boldsymbol{P}_4s^3-120\boldsymbol{P}_4(1-s)s^2+\\&60\boldsymbol{P}_4(1-s)^2s-40\boldsymbol{P}_5s^3+60\boldsymbol{P}_5(1-s)s^2+20\boldsymbol{P}_6s^3\end{aligned}\tag{3-22}$$

$$\begin{aligned}\dddot{\boldsymbol{B}}=[\dddot{r};\dddot{\theta}]=&-60\boldsymbol{P}_1(1-s)^2-120\boldsymbol{P}_2(1-s)s+180\boldsymbol{P}_2(1-s)^2-180\boldsymbol{P}_3(1-s)^2+\\&360\boldsymbol{P}_3(1-s)t-60\boldsymbol{P}_3s^2+180\boldsymbol{P}_4s^2-360\boldsymbol{P}_4(1-s)s+60\boldsymbol{P}_4(1-s)^2-\\&180\boldsymbol{P}_5s^2+120\boldsymbol{P}_5(1-s)s+60\boldsymbol{P}_6s^2\end{aligned}\tag{3-23}$$

从式（3-19）可以看出，贝塞尔曲线的约束是对称的。因此，贝塞尔曲线控制点设计可以通过式（3-24）所示的对称性约束假设得以简化，即

$$r_{B_1}=r_B,\quad r_{B_2}=1-r_B\tag{3-24}$$

由式（3-19）可知，贝塞尔曲线的第一个控制点和最后一个控制点参数分别为

$$\boldsymbol{P}_1=[r_B\,|_{s=0};\theta_B\,|_{s=0}]=[1;\theta_0]\tag{3-25}$$

$$\boldsymbol{P}_6=[r_B\,|_{s=1};\theta_B\,|_{s=1}]=[0;\theta_{\mathrm{f}}]\tag{3-26}$$

由式（3-12）、式（3-13）、式（3-14）和式（3-21）可得，在 $s=0$ 和 $s=1$ 处，1 阶导数 $\partial r/\partial\theta$ 分别为

$$\frac{\partial r_B}{\partial\theta_B}\Big|_{s=0}=\frac{\dot{r}_B}{\dot{\theta}_B}\Big|_{s=0}=\frac{r_2-r_1}{\theta_2-\theta_1}\tag{3-27}$$

$$\frac{\partial r_B}{\partial\theta_B}\Big|_{s=1}=\frac{\dot{r}_B}{\dot{\theta}_B}\Big|_{s=1}=\frac{r_6-r_5}{\theta_6-\theta_5}\tag{3-28}$$

引入两个中间变量 $k_2=\theta_2-\theta_1$ 和 $k_5=\theta_6-\theta_5$，并考虑式（3-19）的约束条件，可知控制点 $\boldsymbol{P}_2$ 和 $\boldsymbol{P}_5$ 的参数分别为

$$\boldsymbol{P}_2=[r_2;\theta_2]=\left[r_1+k_2\cdot\left(\frac{\partial r_B}{\partial\theta_B}\big|_{s=0}\right);\theta_1+k_2\right]=[1;\theta_1+k_2] \tag{3-29}$$

$$\boldsymbol{P}_5=[r_5;\theta_5]=\left[r_6-k_5\cdot\left(\frac{\partial r_B}{\partial\theta_B}\big|_{s=1}\right);\theta_6-k_5\right]=[0;\theta_6-k_5] \tag{3-30}$$

同理，由式（3-12）至式（3-14）和式（3-22）可知，在 $s=0$ 和 $s=1$ 处，2 阶导数 $\partial^2 r/\partial\theta^2$ 的表达式分别为

$$\frac{\partial^2 r_B}{\partial\theta_B^2}\big|_{s=0}=\frac{\ddot{r}_B\dot{\theta}_B-\dot{r}_B\ddot{\theta}_B}{\dot{\theta}_B^3}\big|_{s=0}=\frac{4}{5}\frac{(r_1-2r_2+r_3)(\theta_2-\theta_1)-(\theta_1-2\theta_2+\theta_3)(r_2-r_1)}{(\theta_2-\theta_1)^3} \tag{3-31}$$

$$\frac{\partial^2 r_B}{\partial\theta_B^2}\big|_{s=1}=\frac{\ddot{r}_B\dot{\theta}_B-\dot{r}_B\ddot{\theta}_B}{\dot{\theta}_B^3}\big|_{s=1}=\frac{4}{5}\frac{(r_4-2r_5+r_6)(\theta_6-\theta_5)-(\theta_4-2\theta_5+\theta_6)(r_6-r_5)}{(\theta_6-\theta_5)^3} \tag{3-32}$$

同理，引入两个中间变量 $k_3=\theta_1-2\theta_2+\theta_3$ 和 $k_4=\theta_4-2\theta_5+\theta_6$，并进一步考虑式（3-19）的约束条件，可知控制点 $\boldsymbol{P}_3$ 和 $\boldsymbol{P}_4$ 的参数分别为

$$\boldsymbol{P}_3=[r_3;\theta_3]=\begin{bmatrix}k_3\cdot\left(\frac{\partial r_B}{\partial\theta_B}\big|_{s=0}\right)+\frac{5}{4}(\theta_2-\theta_1)^2\cdot\left(\frac{\partial^2 r_B}{\partial\theta_B^2}\big|_{s=0}\right)+2r_2-r_1\\ k_3+2\theta_2-\theta_1\end{bmatrix} \tag{3-33}$$

$$\boldsymbol{P}_4=[r_4;\theta_4]=\begin{bmatrix}k_4\cdot\left(\frac{\partial r_B}{\partial\theta_B}\big|_{s=1}\right)+\frac{5}{4}(\theta_5-\theta_6)^2\cdot\left(\frac{\partial^2 r_B}{\partial\theta_B^2}\big|_{s=1}\right)+2r_5-r_6\\ k_4+2\theta_5-\theta_6\end{bmatrix} \tag{3-34}$$

至此，基于单 5 阶贝塞尔曲线机动轨道设计方法的控制点设计就已完成。对基于单 5 阶贝塞尔曲线的轨道设计，目前只是给出了控制点的表达式，这些控制点的参数 k_2、k_3、k_4、k_5 将作为轨道优化的变量，后续还需要利用优化算法获得最优的控制点参数，从而得到对应的最优机动轨道。

2）基于双 6 阶贝塞尔曲线轨道机动的控制点设计

为了进一步改进机动轨道设计方法，本小节取消式（3-24）所示的对称性约束假设，采用两条贝塞尔曲线并额外引入一个自由移动控制点来提高贝塞尔曲线阶数，即基于双 6 阶贝塞尔曲线进行机动轨道的设计。这样，贝塞尔曲线变化更加灵活，有望获得更优的机动轨道设计结果。

首先给出第一条 6 阶贝塞尔曲线 $\boldsymbol{B}_1$ 方程为

$$\begin{aligned}\boldsymbol{B}_1=[r;\theta]=&\boldsymbol{P}_{11}(1-s)^6+6\boldsymbol{P}_{12}(1-s)^6 s+15\boldsymbol{P}_{13}(1-s)^4 s^2+\\&20\boldsymbol{P}_{14}(1-s)^3 s^3+15\boldsymbol{P}_{15}(1-s)^2 s^4+6\boldsymbol{P}_{16}(1-s)s^5+\boldsymbol{P}_{17}s^6\end{aligned} \tag{3-35}$$

6 阶贝塞尔曲线参数 r 和 θ 关于 s 的各阶导数分别为

$$\begin{aligned}\dot{\boldsymbol{B}}_1=[\dot{r};\dot{\theta}]=&-6\boldsymbol{P}_{11}(1-s)^5-30\boldsymbol{P}_{12}(1-s)^4s+6\boldsymbol{P}_{12}(1-s)^5-60\boldsymbol{P}_{13}(1-s)^3s^2+\\&30\boldsymbol{P}_{13}(1-s)^5s-60\boldsymbol{P}_{14}(1-s)^2s^3+60\boldsymbol{P}_{14}(1-s)^3s^2-30\boldsymbol{P}_{15}(1-s)s^4+\\&60\boldsymbol{P}_{15}(1-s)^2s^3-6\boldsymbol{P}_{16}s^5+30\boldsymbol{P}_{16}(1-s)s^4+6\boldsymbol{P}_{17}s^5\end{aligned}\tag{3-36}$$

$$\begin{aligned}\ddot{\boldsymbol{B}}_1=[\ddot{r};\ddot{\theta}]=&30\boldsymbol{P}_{11}(1-s)^4+120\boldsymbol{P}_{12}(1-s)^3s-60\boldsymbol{P}_{12}(1-s)^4+180\boldsymbol{P}_{13}(1-s)^2s^2-\\&240\boldsymbol{P}_{13}(1-s)^3s+30\boldsymbol{P}_{13}(1-s)^4+120\boldsymbol{P}_{14}(1-s)s^3-360\boldsymbol{P}_{14}(1-s)^2s^2+\\&120\boldsymbol{P}_{14}(1-s)^3s+30\boldsymbol{P}_{15}s^4-240\boldsymbol{P}_{15}(1-s)s^3+180\boldsymbol{P}_{15}(1-s)^2s^2-\\&60\boldsymbol{P}_{16}s^4+120\boldsymbol{P}_{16}(1-s)s^3+30\boldsymbol{P}_{17}s^4\end{aligned}\tag{3-37}$$

$$\begin{aligned}\dddot{\boldsymbol{B}}_1=[\dddot{r};\dddot{\theta}]=&-120\boldsymbol{P}_{11}(1-s)^3-360\boldsymbol{P}_{12}(1-s)^2s+360\boldsymbol{P}_{12}(1-s)^3-\\&360\boldsymbol{P}_{13}(1-s)s^2+1080\boldsymbol{P}_{13}(1-s)^2s-360\boldsymbol{P}_{13}(1-s)^3-120\boldsymbol{P}_{14}s^3+1080\boldsymbol{P}_{14}(1-s)s^2-\\&1080\boldsymbol{P}_{14}(1-s)^2s+120\boldsymbol{P}_{14}(1-s)^3+360\boldsymbol{P}_{15}s^3-1080\boldsymbol{P}_{15}(1-s)s^2+360\boldsymbol{P}_{15}(1-s)^2s-\\&360\boldsymbol{P}_{16}s^3+360\boldsymbol{P}_{16}(1-s)s^2+120\boldsymbol{P}_{17}s^3\end{aligned}\tag{3-38}$$

由式（3-19）可知，6 阶贝塞尔曲线的第一个控制点和最后一个控制点的参数分别为

$$\boldsymbol{P}_{11}=[r_{B_1}|_{s=0};\theta_{B_1}|_{s=0}]=[1;\theta_0]\tag{3-39}$$

$$\boldsymbol{P}_{17}=[r_{B_1}|_{s=1};\theta_{B_1}|_{s=1}]=[0;\theta_{\mathrm{f}}]\tag{3-40}$$

由式（3-12）至式（3-14）、式（3-36）和式（3-37）可得，在 $s=0$ 和 $s=1$ 处，1 阶导数 $\partial r/\partial\theta$ 分别如式（3-41）和式（3-42）所示，2 阶导数 $\partial^2 r/\partial\theta^2$ 分别为

$$\frac{\partial r_{B_1}}{\partial\theta_{B_1}}|_{s=0}=\frac{\dot{r}_{B_1}}{\dot{\theta}_{B_1}}|_{s=0}=\frac{r_{12}-r_{11}}{\theta_{12}-\theta_{11}}\tag{3-41}$$

$$\begin{aligned}\frac{\partial^2 r_{B_1}}{\partial\theta_{B_1}^2}|_{s=0}&=\frac{\ddot{r}_{B_1}\dot{\theta}_{B_1}-\dot{r}_{B_1}\ddot{\theta}_{B_1}}{\dot{\theta}_{B_1}^3}|_{s=0}\\&=\frac{5}{6}\frac{(r_{11}-2r_{12}+r_{13})(\theta_{12}-\theta_{11})-(\theta_{11}-2\theta_{12}+\theta_{13})(r_{12}-r_{11})}{(\theta_{12}-\theta_{11})^3}\end{aligned}\tag{3-42}$$

$$\frac{\partial r_{B_1}}{\partial\theta_{B_1}}|_{s=1}=\frac{\dot{r}_{B_1}}{\dot{\theta}_{B_1}}|_{s=1}=\frac{r_{17}-r_{16}}{\theta_{17}-\theta_{16}}\tag{3-43}$$

$$\begin{aligned}\frac{\partial^2 r_{B_1}}{\partial\theta_{B_1}^2}|_{s=1}&=\frac{\ddot{r}_{B_1}\dot{\theta}_{B_1}-\dot{r}_{B_1}\ddot{\theta}_{B_1}}{\dot{\theta}_{B_1}^3}|_{s=1}\\&=\frac{5}{6}\frac{(r_{15}-2r_{16}+r_{17})(\theta_{17}-\theta_{16})-(\theta_{11}-2\theta_{12}+\theta_{13})(r_{12}-r_{11})}{(\theta_{17}-\theta_{16})^3}\end{aligned}\tag{3-44}$$

引入关于控制点 $\boldsymbol{P}_{12}$、$\boldsymbol{P}_{13}$、$\boldsymbol{P}_{15}$、$\boldsymbol{P}_{16}$ 的 4 个中间变量 k_{12}、k_{13}、k_{15}、k_{16}，分别为

$$k_{12}=\theta_{12}-\theta_{11} \tag{3-45}$$

$$k_{16}=\theta_{17}-\theta_{16} \tag{3-46}$$

$$k_{13}=\theta_{11}-2\theta_{12}+\theta_{13} \tag{3-47}$$

$$k_{15}=\theta_{15}-2\theta_{16}+\theta_{17} \tag{3-48}$$

考虑如式（3-19）所示的约束条件，$\boldsymbol{P}_{12}$、$\boldsymbol{P}_{13}$、$\boldsymbol{P}_{15}$、$\boldsymbol{P}_{16}$控制点的参数可分别表示为

$$\boldsymbol{P}_{12}=[r_{12};\theta_{12}]=\left[r_{11}+k_{12}\cdot\left(\frac{\partial r_{B_1}}{\partial\theta_{B_1}}|_{s=0}\right);\theta_{11}+k_{12}\right]=[1;\theta_{11}+k_{12}] \tag{3-49}$$

$$\boldsymbol{P}_{13}=[r_{13};\theta_{13}]=\begin{bmatrix}k_{13}\cdot\left(\dfrac{\partial r_{B_1}}{\partial\theta_{B_1}}|_{s=0}\right)+\dfrac{6}{5}(\theta_{12}-\theta_{11})^2\cdot\left(\dfrac{\partial^2 r_{B_1}}{\partial\theta_{B_1}^2}|_{s=0}\right)+2r_{12}-r_{11}\\ k_{13}+2\theta_{12}-\theta_{11}\end{bmatrix} \tag{3-50}$$

$$\boldsymbol{P}_{15}=[r_{15};\theta_{15}]=\begin{bmatrix}k_{15}\cdot\left(\dfrac{\partial r_{B_1}}{\partial\theta_{B_1}}|_{s=1}\right)+\dfrac{6}{5}(\theta_{16}-\theta_{17})^2\cdot\left(\dfrac{\partial^2 r_{B_1}}{\partial\theta_{B_1}^2}|_{s=1}\right)+2r_{16}-r_{17}\\ k_{15}+2\theta_{16}-\theta_{17}\end{bmatrix} \tag{3-51}$$

$$\boldsymbol{P}_{16}=[r_{16};\theta_{16}]=\left[r_{17}-k_{16}\cdot\left(\frac{\partial r_{B_1}}{\partial\theta_{B_1}}|_{s=1}\right);\theta_{17}-k_{16}\right]=[0;\theta_{17}-k_{16}] \tag{3-52}$$

其中，$\boldsymbol{P}_{14}$作为一个自由移动控制点，无法引入参数k_{14}，这样控制点$\boldsymbol{P}_{14}$的参数为

$$\boldsymbol{P}_{14}=[r_{14};\theta_{14}] \tag{3-53}$$

同理，第二条6阶贝塞尔曲线$\boldsymbol{B}_2$的7个控制点$\boldsymbol{P}_{21}$、$\boldsymbol{P}_{22}$、$\boldsymbol{P}_{23}$、$\boldsymbol{P}_{24}$、$\boldsymbol{P}_{25}$、$\boldsymbol{P}_{26}$、$\boldsymbol{P}_{27}$的参数分别为

$$\boldsymbol{P}_{21}=[r_{21};\theta_{21}]=[0;\theta_0] \tag{3-54}$$

$$\boldsymbol{P}_{22}=[r_{22};\theta_{22}]=[0;\theta_{21}+k_{22}] \tag{3-55}$$

$$\boldsymbol{P}_{23}=[r_{23};\theta_{23}]=[0;k_{23}+2\theta_{22}-\theta_{21}] \tag{3-56}$$

$$\boldsymbol{P}_{24}=[r_{24};\theta_{24}] \tag{3-57}$$

$$\boldsymbol{P}_{25}=[r_{25};\theta_{25}]=[1;k_{25}+2\theta_{26}-\theta_{27}] \tag{3-58}$$

$$\boldsymbol{P}_{26}=[r_{26};\theta_{26}]=[1;\theta_{27}-k_{26}] \tag{3-59}$$

$$\boldsymbol{P}_{27}=[r_{27};\theta_{27}]=[1;\theta_{\mathrm{f}}] \tag{3-60}$$

至此，双6阶贝塞尔曲线机动轨道设计方法的控制点设计就已完成。这些控制点的参数k_{12}、k_{13}、r_{14}、θ_{14}、k_{15}、k_{16}和k_{22}、k_{23}、r_{24}、θ_{24}、k_{25}、k_{26}将会作为后续轨道优化的变量。

得到控制点的12个参数后，最终的转移轨道可以通过式（3-15）获得。需要注意的是，当计算复合函数时，θ_{B_1}必须与θ_{B_2}一致才能做简单的叠加处理。然而，

前面的两条贝塞尔曲线是独立设计的，r 和 θ 参数都是由 s 独立求得，于是同一个 s 值将会求取出不同的 θ。因此，这里需要做相位归一化处理，即贝塞尔曲线 $\boldsymbol{B}_2$ 的 s 应由 θ_{B_1} 反解获得，进而求得第二条贝塞尔曲线的参数 r_{B_2}，这样就可以实现 $\theta=\theta_{B_1}=\theta_{B_2}$ 的统一。其中，由 θ_{B_1} 反解 s 的方程可通过式（3-35）获得，具体表达式为

$$c_1 \cdot s^6 + c_2 \cdot s^5 + c_3 \cdot s^4 + c_4 \cdot s^3 + c_5 \cdot s^2 + c_6 \cdot s^1 + c_7 \cdot s^0 = \theta_{B_1} \tag{3-61}$$

其中，系数矩阵可表示为

$$\begin{bmatrix} c_1 \\ c_2 \\ c_3 \\ c_4 \\ c_5 \\ c_6 \\ c_7 \end{bmatrix} = \begin{bmatrix} 1 & -6 & 15 & -20 & 15 & -6 & 1 \\ -6 & 30 & -60 & 60 & -30 & 6 & 0 \\ 15 & -60 & 90 & -60 & 15 & 0 & 0 \\ -20 & 60 & -60 & 20 & 0 & 0 & 0 \\ 15 & -30 & 15 & 0 & 0 & 0 & 0 \\ -6 & 6 & 0 & 0 & 0 & 0 & 0 \\ 1 & 0 & 0 & 0 & 0 & 0 & 0 \end{bmatrix} \cdot \begin{bmatrix} \theta_{21} \\ \theta_{22} \\ \theta_{23} \\ \theta_{24} \\ \theta_{25} \\ \theta_{26} \\ \theta_{27} \end{bmatrix} \tag{3-62}$$

2. 面内机动轨道优化设计

前文的机动轨道设计部分给出了平面机动轨道设计优化问题中具体的优化变量，本小节将首先给出优化问题的指标函数，即累积速度增量 Δv。在优化变量和指标函数都给出之后，就可通过优化算法求解，获得最优机动轨道。下面给出累积速度增量 Δv 的具体推导和计算过程。

在小推力机动轨道形状近似的方法中，轨道方程通常定义在极坐标系下。航天器在机动轨道起、止点的速度和位置必须分别与初始轨道和目标轨道一致。轨道形状方程为

$$r_H = \frac{a(1-e^2)}{1+e\cdot\cos\theta} \tag{3-63}$$

由式（3-63），可求得其关于相位角 θ 的各阶导数为

$$\frac{\partial r_H}{\partial\theta} = \frac{a(1-e^2)e\cdot\sin\theta}{(1+e\cdot\cos\theta)^2} \tag{3-64}$$

$$\frac{\partial^2 r_H}{\partial\theta^2} = a(1-e^2)e\cdot\frac{\cos\theta\cdot(1+e\cdot\cos\theta)+\sin^2\theta\cdot 2e}{(1+e\cdot\cos\theta)^3} \tag{3-65}$$

$$\frac{\partial^3 r_H}{\partial\theta^3} = a(1-e^2)e\cdot\frac{6e^2\sin^3\theta+6e\sin\theta\cos\theta(1+e\cdot\cos\theta)-\sin\theta(1+e\cdot\cos\theta)^2}{(1+e\cdot\cos\theta)^4} \tag{3-66}$$

航天器的速度可分解成两个分量，即切向速度v_θ和径向速度v_r，分别为

$$v_\theta = \frac{\partial \theta}{\partial t} \cdot r \tag{3-67}$$

$$v_r = \frac{\partial r}{\partial t} = \frac{\partial r}{\partial \theta} \cdot \frac{\partial \theta}{\partial t} \tag{3-68}$$

飞行航迹角γ和速度大小$|v|$分别由下式给出[1]，即

$$\tan\gamma = \frac{v_r}{v_\theta} = \frac{\dfrac{\partial r}{\partial \theta} \cdot \dfrac{\partial \theta}{\partial t}}{\dfrac{\partial \theta}{\partial t} \cdot r} = \frac{\partial r}{\partial \theta} \cdot \frac{1}{r} \tag{3-69}$$

$$|v| = \sqrt{v_r^2 + v_\theta^2} = \sqrt{\left(\frac{\partial \theta}{\partial t} \cdot r\right)^2 + \left(\frac{\partial r}{\partial \theta} \cdot \frac{\partial \theta}{\partial t}\right)^2} \tag{3-70}$$

如前所述，轨道转移任务需要速度方向即航迹角γ和速度大小$|v|$在机动轨道的起止点与初始轨道和目标轨道匹配。由式（3-69）、式（3-70）可知，位置和速度向量的匹配，需要r、$\partial r / \partial \theta$和$\partial \theta / \partial t$与初始轨道和目标轨道匹配。

$\tan\gamma$对θ的 1 阶导数和 2 阶导数可分别由式（3-71）和式（3-72）给出，而r对t的 1 阶导数和 2 阶导数分别由式（3-73）和式（3-74）给出，即

$$\frac{\partial \tan\gamma}{\partial \theta} = \frac{\dfrac{\partial^2 r}{\partial \theta^2}}{r} - \frac{\left(\dfrac{\partial r}{\partial \theta}\right)^2}{r^2} \tag{3-71}$$

$$\frac{\partial^2 \tan\gamma}{\partial \theta^2} = \frac{\dfrac{\partial^3 r}{\partial \theta^3}}{r} - 3\frac{\dfrac{\partial r}{\partial \theta}\dfrac{\partial^2 r}{\partial \theta^2}}{r^2} + 2\frac{\left(\dfrac{\partial r}{\partial \theta}\right)^3}{r^3} \tag{3-72}$$

$$\frac{\partial r}{\partial t} = r\frac{\partial \theta}{\partial t}\tan\gamma \tag{3-73}$$

$$\frac{\partial^2 r}{\partial t^2} = r\frac{\partial \tan\gamma}{\partial \theta}\left(\frac{\partial \theta}{\partial t}\right)^2 + r\left(\frac{\partial \theta}{\partial t}\right)^2\tan^2\gamma + r\frac{\partial^2 \theta}{\partial t^2}\tan\gamma \tag{3-74}$$

极坐标系下轨道动力学方程[9]为

$$\frac{\partial^2 r}{\partial t^2} - r\left(\frac{\partial \theta}{\partial t}\right)^2 + \frac{\mu}{r^2} = T\sin\delta \tag{3-75}$$

$$r\frac{\partial^2 \theta}{\partial t^2} + 2r\left(\frac{\partial \theta}{\partial t}\right)^2\tan\gamma = T\cos\delta \tag{3-76}$$

将式（3-76）中的$\partial^2\theta / \partial t^2$代入式（3-74）之后，可将$\partial^2 r / \partial t^2$改写为

$$\frac{\partial^2 r}{\partial t^2} = r\frac{\partial \tan\gamma}{\partial \theta}\left(\frac{\partial \theta}{\partial t}\right)^2 - r\left(\frac{\partial \theta}{\partial t}\right)^2\tan^2\gamma + T\cos\delta\tan\gamma \tag{3-77}$$

将式（3-77）代入式（3-75），并假设$\delta = \gamma$[4]，即推力方向与速度方向保持一致，则θ对t的1阶导数为

$$\frac{\partial \theta}{\partial t} = \sqrt{\frac{1}{r^3\left(1+\tan^2\gamma - \dfrac{\partial \tan\gamma}{\partial \theta}\right)}} \tag{3-78}$$

从式（3-69）、式（3-70）、式（3-71）和式（3-78）可以看出，轨道转移任务要求航天器在机动轨道起止点的位置r、位置对相位角的1阶偏导$\partial\theta/\partial t$和位置对相位角的2阶偏导$\partial^2 r/\partial\theta^2$分别与初始轨道和目标轨道相匹配，这就是轨道机动任务的约束条件。

相位角θ对时间t的2阶导数可由式（3-78）推导获得，其表达式为

$$\frac{\partial^2 \theta}{\partial t^2} = -\frac{1}{2r^3}\left[\frac{3\tan\gamma}{\left(1+\tan^2\gamma - \dfrac{\partial \tan\gamma}{\partial \theta}\right)} + \frac{2\tan\gamma\dfrac{\partial \tan\gamma}{\partial \theta} - \dfrac{\partial^2 \tan\gamma}{\partial \theta^2}}{\left(1+\tan^2\gamma - \dfrac{\partial \tan\gamma}{\partial \theta}\right)^2}\right] \tag{3-79}$$

将式（3-78）和式（3-79）代入式（3-69）和式（3-76），可得推力表达式为[4]

$$T = \frac{1}{2r^2\cos\theta}\cdot\left[\frac{\tan\gamma}{\left(1+\tan^2\gamma - \dfrac{\partial \tan\gamma}{\partial \theta}\right)} + \frac{2\tan\gamma\dfrac{\partial \tan\gamma}{\partial \theta} - \dfrac{\partial^2 \tan\gamma}{\partial \theta^2}}{\left(1+\tan^2\gamma - \dfrac{\partial \tan\gamma}{\partial \theta}\right)^2}\right] \tag{3-80}$$

则相应地进行积分，可得平面轨道转移的累积速度增量和转移时间分别为

$$\Delta v = \int_{\theta_0}^{\theta_f} \frac{T}{\left(\dfrac{\partial \theta}{\partial t}\right)} \mathrm{d}\theta \tag{3-81}$$

$$\Delta t = \int_{\theta_0}^{\theta_f} \frac{1}{\left(\dfrac{\partial \theta}{\partial t}\right)} \mathrm{d}\theta \tag{3-82}$$

以上得到的累积速度增量就是优化问题的指标函数$Q = \Delta v$，再结合前面机动轨道设计给出的具体优化变量，接下来就可以利用优化算法通过迭代寻找最优机动轨道。

综上所述，平面机动轨道设计与优化的基本流程如图3-4所示。首先通过复合函数设计给出机动轨道形状方程的通式；然后分别利用单5阶贝塞尔曲线和额外添加自由控制点的双6阶贝塞尔曲线形成具体的机动轨道复合函数和控制点设计，即得到优化变量和可行的机动轨道；最后以累积速度增量为优化指标，通过优化算法（如改进微分进化算法——SA-DE-RM算法[10]）进行优化，可得到最优控制点和对应的最优机动轨道及最优指标，再根据机动轨道的复合函数即可得到最优机动轨道及其优化结果。

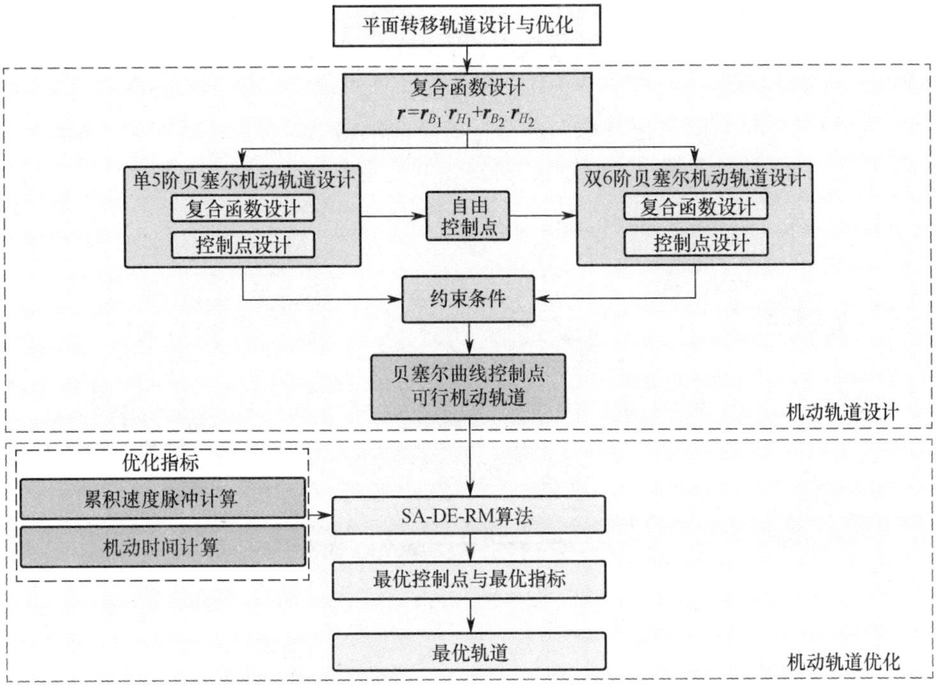

图 3-4　面内机动轨道设计与优化流程框图

3.2.3　面内交会轨迹设计与优化方法

通过前面的研究，利用贝塞尔的复合函数实现了机动轨道的设计与优化，而这里的机动轨道实际上是转移任务的机动轨道，因此只要求航天器速度矢量和位置矢量在机动起始点和终止点分别与初始轨道和目标轨道相匹配，然而对机动时间没有任何要求。当考虑一个机动时间为固定值的额外约束时，轨道转移问题就变成了轨道交会问题，为了满足这个额外的机动时间约束，本小节将在图 3-4 所示面内机动轨道优化设计的基础上，通过在轨道设计和轨道优化过程之间引入梯度下降修正算法来实施修正，满足时间匹配约束，从而实现交会轨道的设计与优化。面内交会轨道优化设计流程框图如图 3-5 所示。

针对具体交会任务，当机动起始点和目标点确定时，交会任务经历的总相位角是确定的，因此机动时间由轨道周期决定，而根据轨道力学可知，轨道周期受轨道高度直接影响，因此为了调整轨道机动时间，则需要对轨道高度进行修正，轨道高度越高则机动时间越长；反之，则越短。基于贝塞尔曲线的机动轨道高度又受自由控制点的矢径值影响，因此需要对自由控制点的矢径值进行修正以满足交会任务。如图 3-5 所示，交会轨道优化设计的具体流程与转移轨道设计十分相似，唯一的区别是在轨道设计和轨道优化中间加入了梯度下降修正算法部分，其中机动轨道设计与机动轨道优化部分与图 3-4 相同，这里不再赘述。在之前的轨道转移任务中，机动轨道设计部分给出的是可行转移轨道，机动轨道优化部分则是在这些可行轨道中优化出最优转移轨道；而对于交会任务，首先要把机动轨道设计部分给出的可行转移轨道，通过梯度下降修正算法变成可行的交会轨道，即实现机动时间匹配，然后再通过机动轨道优化部分优化得到燃料最优的交会轨道。

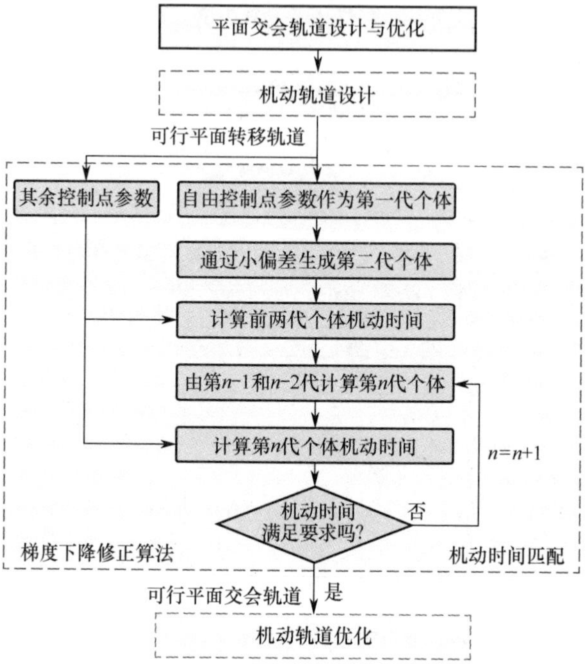

图 3-5　面内交会轨道优化设计流程框图

下面以双 6 阶贝塞尔曲线机动轨道设计为例，对平面交会轨道的优化设计进行详细介绍。基于双 6 阶贝塞尔曲线机动轨道的交会任务自由控制点参数修正如图 3-6 所示。当通过梯度下降算法对双 6 阶贝塞尔曲线机动轨道设计结果中两条贝塞尔曲线的自由控制点的矢径值 r_{14} 和 r_{24} 进行修正时，两个自由控制点的位置从 $\boldsymbol{P}_{14}$ 和 $\boldsymbol{P}_{24}$ 移动到 $\boldsymbol{P}'_{14}$ 和 $\boldsymbol{P}'_{24}$，对应的两条贝塞尔曲线也从虚线位置改变为实线所在位置，从而影响了机动轨道的变化趋势。自由控制点参数修正后的矢径变化和轨道变化如图 3-7 和图 3-8 所示，可以看出，通过这样的修正使机动时间达到了交会任务需要的值，从而实现轨道交会任务。

经过以上所述优化之后的结果修正过程，只能保证交会时间满足要求，却无法保证该轨道的累积速度增量最优，为了提高最优性，实现交会轨道的优化，需要将自由控制点的梯度下降修正过程嵌套进优化算法的迭代过程中，具体设计过程如下。

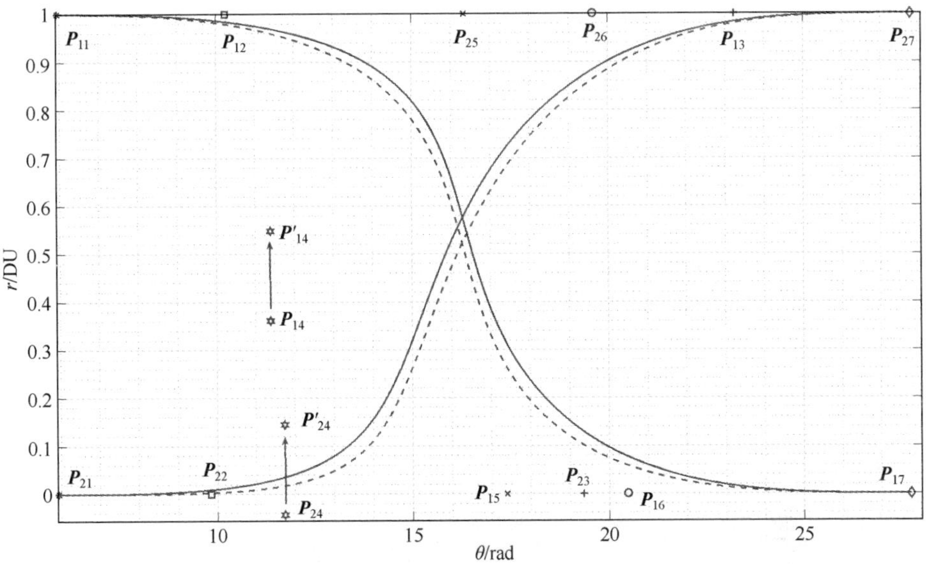

图 3-6　交会任务自由控制点参数修正图

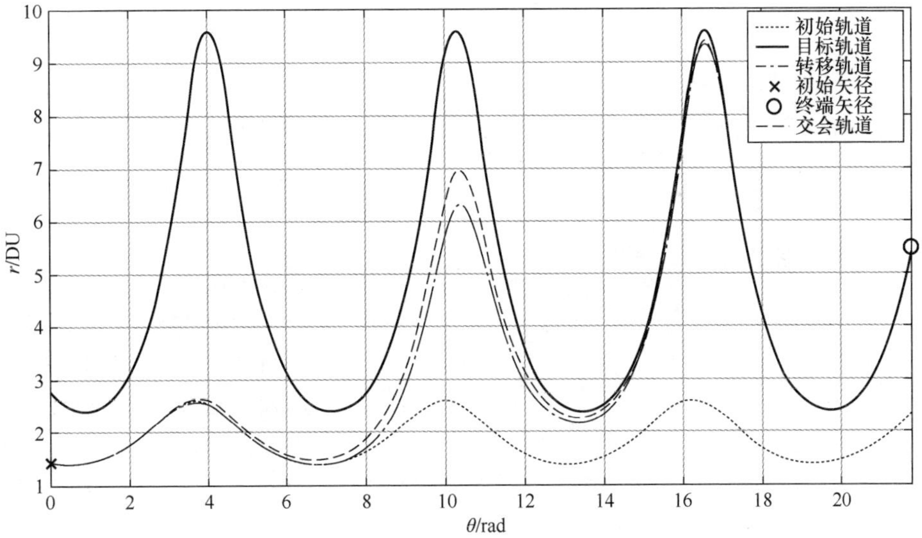

图 3-7　自由控制点参数修正后矢径变化

（1）在轨道转移任务每个个体确定之后，根据式（3-83）给出梯度下降算法的第一代个体，即

$$\Delta t_{(\mathrm{r})}(1)=\Delta t_{(\mathrm{t})},\ \ r_{14(\mathrm{r})}(1)=r_{14(\mathrm{t})},\ \ r_{24(\mathrm{r})}(1)=r_{24(\mathrm{t})} \tag{3-83}$$

式中：下标 (r) 和 (t) 分别代表轨道交会（orbital rendezvous）任务和轨道转移（orbital transfer）任务。

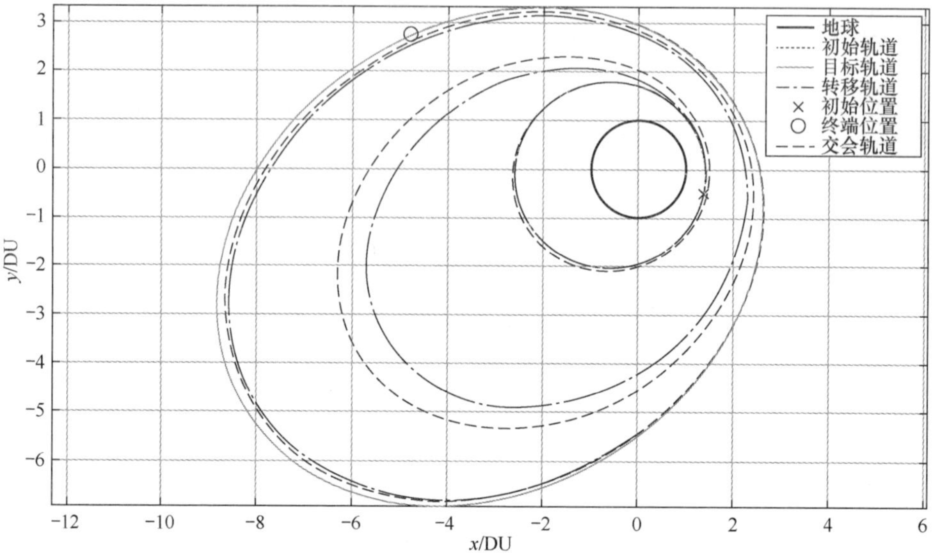

图 3-8 自由控制点参数修正后转移轨道变化

（2）通过式（3-77），利用较小的数值偏差 σ 生成第二代个体，通常 σ 取 1，即

$$r_{14(\mathrm{r})}(2)=r_{14(\mathrm{r})}(1)+\sigma,\ r_{24(\mathrm{r})}(2)=r_{24(\mathrm{r})}(1)+\sigma \tag{3-84}$$

根据 $r_{14(\mathrm{r})}(2)$ 和 $r_{24(\mathrm{r})}(2)$ 以及转移任务优化结果的其他参数计算可得 $\Delta t_{(\mathrm{r})}(r)$，进而利用式（3-85）和式（3-86）进行迭代生成之后的每一代个体，直到满足式（3-87）所示的终止条件即停止梯度下降迭代，并通过轨道机动任务的其他参数和最终一代的自由控制点矢径参数 $r_{14(\mathrm{r})}(n_{\max})$ 及 $r_{24(\mathrm{r})}(n_{\max})$ 计算对应的累积速度增量 $\Delta v_{(\mathrm{r})}$，将 $\Delta v_{(\mathrm{r})}$ 作为优化算法的指标函数，即

$$r_{14(\mathrm{r})}(n)=r_{14(\mathrm{r})}(n-1)+\frac{r_{14(\mathrm{r})}(n-1)-r_{14(\mathrm{r})}(n-2)}{\Delta t_{\mathrm{r}}(n-1)-\Delta t_{(\mathrm{r})}(n-2)}(\Delta t_{\mathrm{fixed}}-\Delta t_{(\mathrm{r})}(n-1)) \tag{3-85}$$

$$r_{24(\mathrm{r})}(n)=r_{24(\mathrm{r})}(n-1)+\frac{r_{24(\mathrm{r})}(n-1)-r_{24(\mathrm{r})}(n-2)}{\Delta t_{\mathrm{r}}(n-1)-\Delta t_{(\mathrm{r})}(n-2)}(\Delta t_{\mathrm{fixed}}-\Delta t_{(\mathrm{r})}(n-1)) \tag{3-86}$$

$$|\Delta t_{\mathrm{fixed}}-\Delta t_{(\mathrm{r})}(n)|<\mathrm{tolerance} \tag{3-87}$$

其中，tolerance 为一小量，例如 10^{-5}。

（3）通过优化算法的参数优化即可获得满足时间约束的、速度增量最优的交会轨迹。

3.2.4 仿真验证

1. 面内轨道机动仿真

初始轨道和目标轨道参数如表 3-1 所列，其中，单位无量纲化为 $\mathrm{DU}=R_{\mathrm{E}}$、

$\mathrm{TU}=\sqrt{\mathrm{DU}^3/\mu}$、$\mathrm{VU}=\mathrm{DU}/\mathrm{TU}$。而 R_E 与 μ 则分别代表地球半径和地心引力常数。优化过程由改进的微分进化优化算法（SA-DE-RM）完成，该算法的具体细节见文献[10]。优化过程中，每一代个体数设为 10，迭代代数为 100。单 5 阶贝塞尔机动轨道设计方法的 4 个优化变量为 k_{13}、k_{14}、k_{15}、k_{16}；双 6 阶贝塞尔机动轨道设计方法的优化变量为 k_{12}、k_{13}、θ_{14}、k_{15}、k_{16} 和 k_{22}、k_{23}、θ_{24}、k_{25} 与 k_{26}；目标函数为 $\min Q=\Delta v$，这是为了寻找燃耗最优的转移轨道。参数 N 代表转移轨道所需轨道周期数，T 代表每一时刻所需的推力，是一个没有任何约束的参数，完全由设计结果确定[4]。

表 3-1　初始轨道和目标轨道的轨道要素

轨道	a/DU	e	i/(°)	Ω/(°)	ω/(°)	f/(°)
初始轨道	2	0.3	0	0	10	330
目标轨道	6	0.6	0	0	30	120

1）单 5 阶贝塞尔曲线机动轨道设计仿真

5 阶贝塞尔曲线前 3 个控制点的矢径参数 r_1、r_2、r_3 均为 1，而后 3 个控制点的矢径参数 r_4、r_5、r_6 均为 0，这是因为 6 个控制点矢径参数均受约束条件限制。参数 k_2、k_3、k_4、k_5 由优化算法优化获得。单 5 阶贝塞尔曲线的控制点参数和优化变量最终设计结果如表 3-2 所列。

表 3-2　单 5 阶贝塞尔曲线控制点参数和优化变量的结果

控制点	θ_i/rad	r_i /DU	k_i
$\boldsymbol{P}_1$	0	1	—
$\boldsymbol{P}_2$	5.8595	1	5.8595
$\boldsymbol{P}_3$	13.3116	1	1.5919
$\boldsymbol{P}_4$	4.4731	0	1.0680
$\boldsymbol{P}_5$	13.6109	0	9.2057
$\boldsymbol{P}_6$	21.8166	0	—

图 3-9 给出了单 5 阶贝塞尔曲线设计结果的具体细节，其中 6 个控制点是由其参数确定的，而 k_2、k_3、k_4、k_5 这 4 个参数是通过优化算法获得的。

图 3-10 和图 3-11 给出了单 5 阶贝塞尔机动轨道设计结果，以及该结果与文献[4]算法设计结果在极坐标系和直角坐标系下的轨道对比图。图 3-12 为机动转移轨道起止点与初始轨道和目标轨道各参数的匹配情况。

图 3-13 是机动转移轨道的推力变化曲线。可以看出，单 5 阶贝塞尔曲线设计方法设计结果中的最大推力峰值高于参考方法；而通常情况下的推力值都小于参考方法，因此最终的累积速度增量 Δv 将会更优。设计结果中，单 5 阶贝塞尔曲线设

计方法的最终累积速度增量为 0.2515 VU，对应的文献[4]中的结果为 0.3231 VU，而文献[7]指出以文献[4]中的设计结果作为初值进行直接轨道优化后进一步的优化设计结果为 0.2995 VU，可以看出单 5 阶贝塞尔曲线设计方法的设计结果依然优于文献[7]进一步优化的结果。

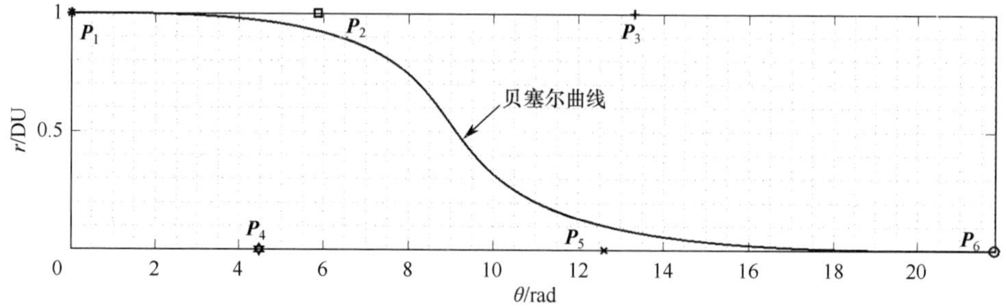

图 3-9　单 5 阶贝塞尔曲线轨道设计方法的贝塞尔曲线细节图

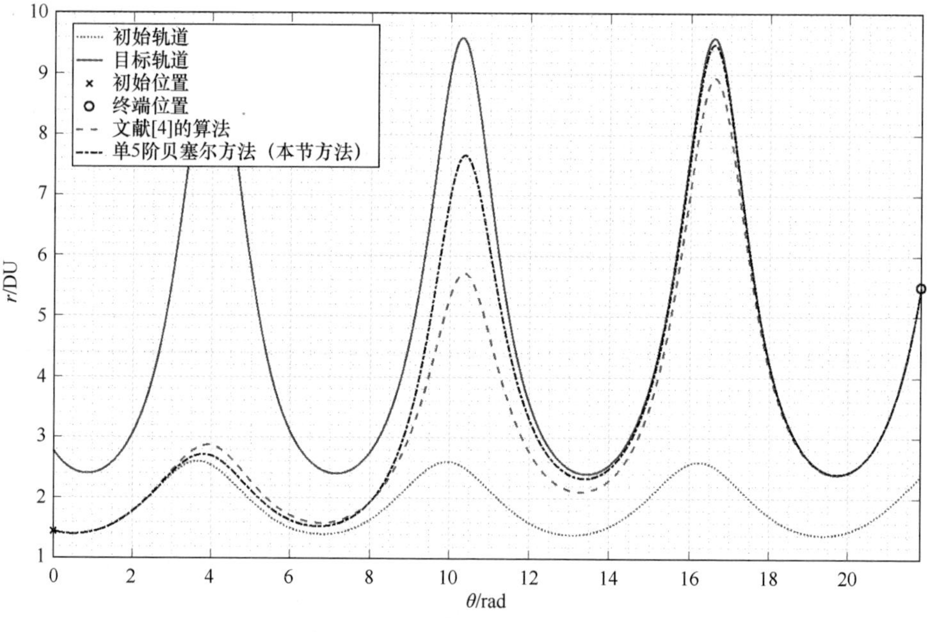

图 3-10　单 5 阶贝塞尔曲线轨道设计方法极坐标系下转移轨道图

2）双 6 阶贝塞尔曲线机动轨道设计仿真

在仿真参数不变情况下，采用双 6 阶贝塞尔设计方法进行面内机动轨道设计仿真来定量验证提高贝塞尔曲线复杂度的改进效果。设计结果中两条贝塞尔曲线的具体参数和形状如表 3-3 所列，其中 k_{12}、k_{13}、k_{15}、k_{16}、k_{22}、k_{23}、k_{25}、k_{26} 和 θ_{14}、r_{14}、θ_{24}、r_{24} 均为优化算法的优化变量。在这些变量中，θ_{14}、r_{14}、θ_{24}、r_{24} 是不受任何约束的自由变量。

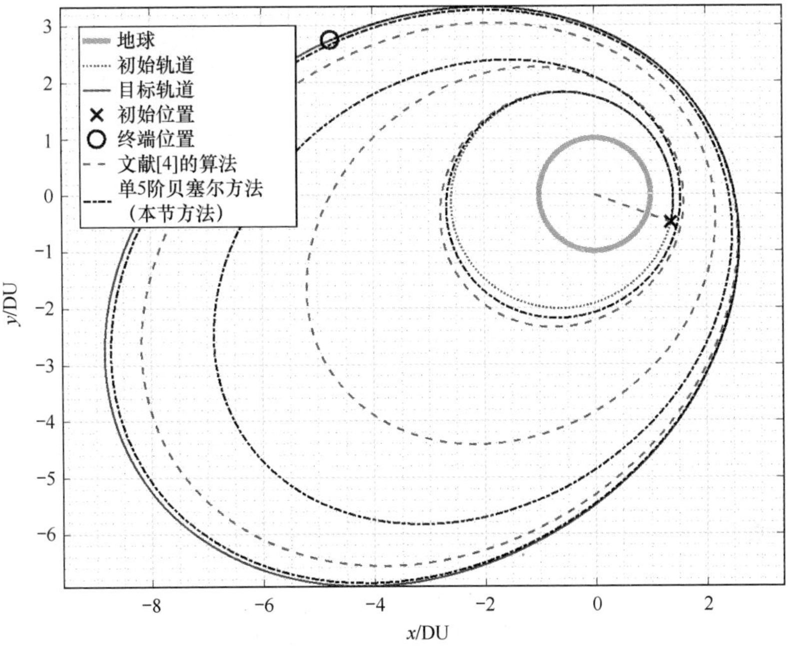

图 3-11 单 5 阶贝塞尔曲线轨道设计方法笛卡儿坐标系下转移轨道图

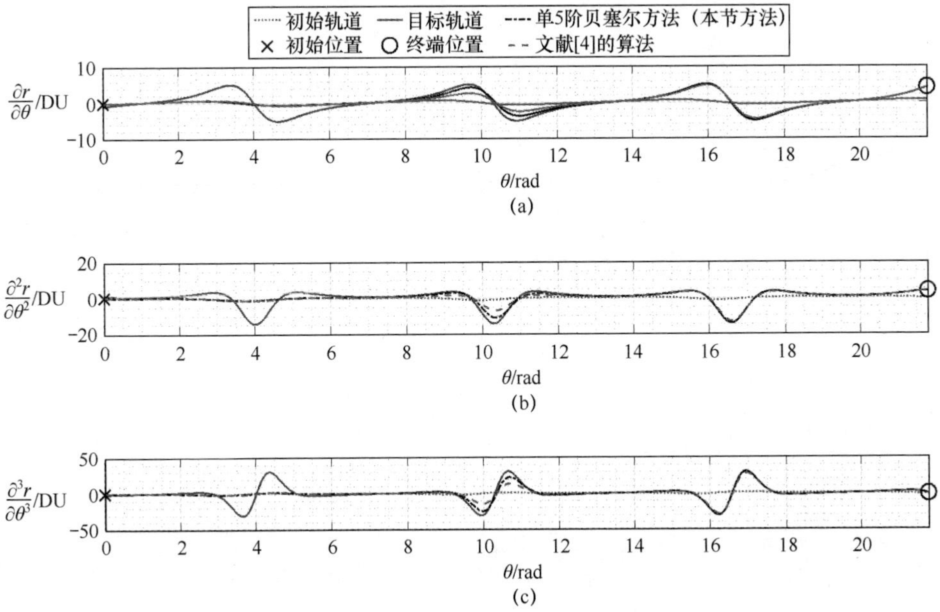

图 3-12 矢径对于相位角各阶导数匹配情况图

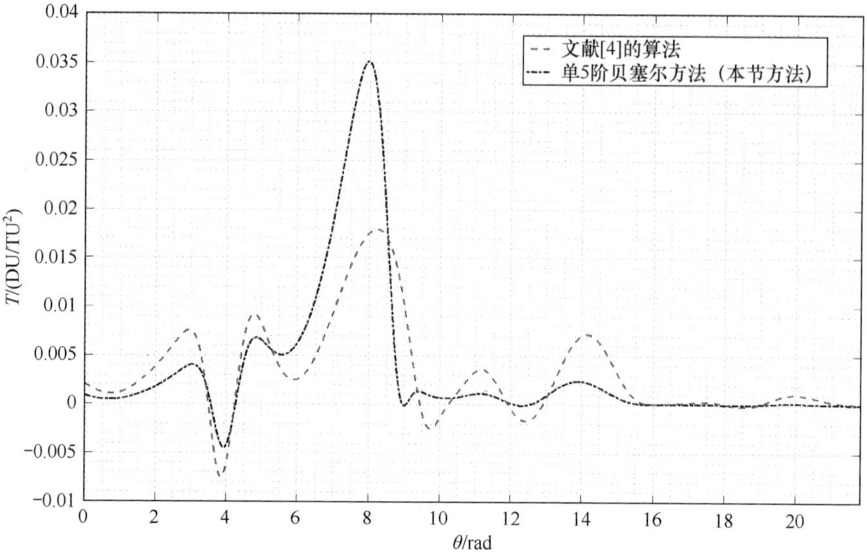

图 3-13 单 5 阶贝塞尔曲线轨道设计方法推力变化曲线

表 3-3 双 6 阶贝塞尔曲线控制点参数表

控制点	θ_i/rad	r_i/DU	k_i
$\boldsymbol{P}_{11}$	0	1	—
$\boldsymbol{P}_{12}$	4.3068	1	4.3068
$\boldsymbol{P}_{13}$	17.2891	1	8.6754
$\boldsymbol{P}_{14}$	5.4591	0.3613	—
$\boldsymbol{P}_{15}$	11.4663	0	4.1762
$\boldsymbol{P}_{16}$	14.5533	0	7.2633
$\boldsymbol{P}_{17}$	21.8166	0	—
$\boldsymbol{P}_{21}$	0	0	—
$\boldsymbol{P}_{22}$	3.8967	0	3.8967
$\boldsymbol{P}_{23}$	13.4122	0	5.6188
$\boldsymbol{P}_{24}$	5.8037	−0.04304	—
$\boldsymbol{P}_{25}$	10.3907	1	4.8349
$\boldsymbol{P}_{26}$	13.6862	1	8.1304
$\boldsymbol{P}_{27}$	21.8166	1	—

图 3-14 和图 3-15 分别给出了双 6 阶贝塞尔设计方法设计结果与单 5 阶贝塞尔设计方法在极坐标系和笛卡儿坐标系下的机动轨道对比。尽管两种方法都获得了一个可行的机动轨道，但设计结果差异明显。两条贝塞尔曲线的具体形状如图 3-15 所示，两条曲线各自独立、互不影响，使机动轨道的设计更加灵活。值得一提的是，从表 3-3 中可以看出，控制点 $\boldsymbol{P}_{24}$ 的矢径参数 r_{24} 为负数，这是因为它是一个完全自

由的优化变量，不受任何约束限制。

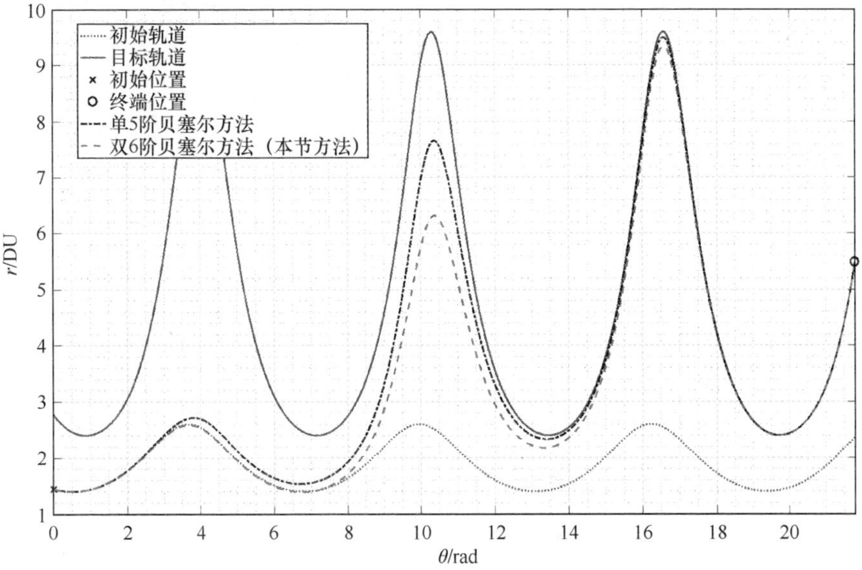

图 3-14　双 6 阶贝塞尔曲线轨道设计方法极坐标系下转移轨道图

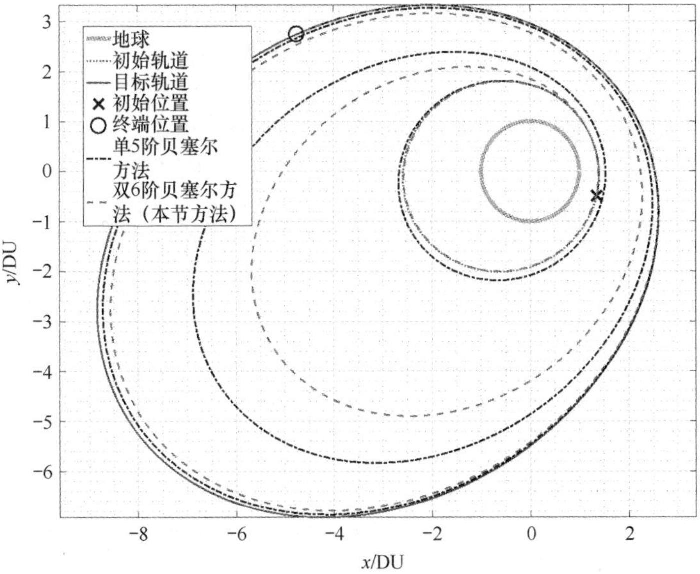

图 3-15　双 6 阶贝塞尔曲线轨道设计方法笛卡儿坐标系下转移轨道图

图 3-16 给出了双 6 阶贝塞尔设计方法推力变化曲线，设计结果的累积速度增量为 0.2044VU，而对应的单 5 阶贝塞尔设计方法为 0.2515VU，可以看出通过两条贝塞尔的独立处理和自由控制点的引入，设计结果明显得到进一步优化。同时，双

6 阶贝塞尔曲线设计方法设计结果的累积速度增量比文献[4]降低了 36.7%，比单 5 阶贝塞尔设计方法降低了 18.7%。图 3-17 给出了优化算法的收敛趋势。需要注意的是，图 3-17 中，在优化迭代过程进行到第 10 步时，设计结果的累积速度增量小于 0.3VU，已经获得了一个优于文献[4]的设计结果。

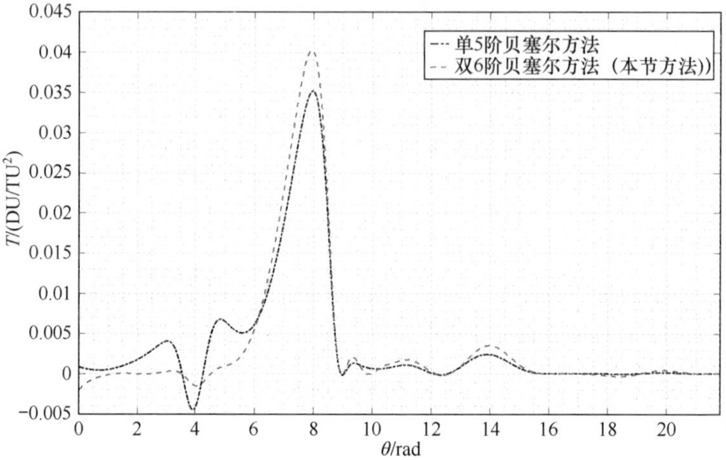

图 3-16　双 6 阶贝塞尔曲线轨道设计方法推力变化曲线

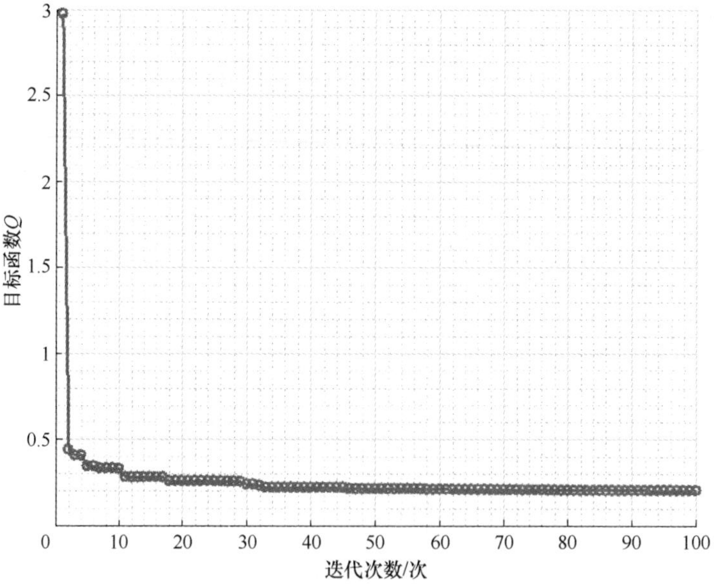

图 3-17　双 6 阶贝塞尔曲线设计方法优化算法收敛过程

极坐标系下和笛卡儿坐标系下的转移轨道图如图 3-18 和图 3-19 所示。可以看出，轨道转移过程中机动轨道总是保持在初始轨道和目标轨道之间，轨道转移的起、止点处，航天器的位置、速度都能与初始轨道和目标轨道完美匹配。图 3-19 中任意两个间隔点间距都为 2π，对应一个额外的轨道周期。

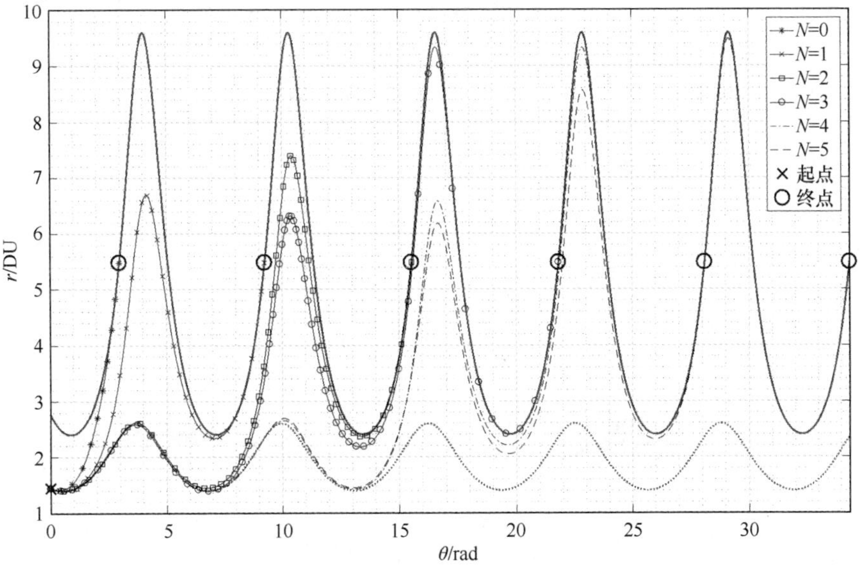

图 3-18　双 6 阶贝塞尔曲线设计方法极坐标系下转移轨道图

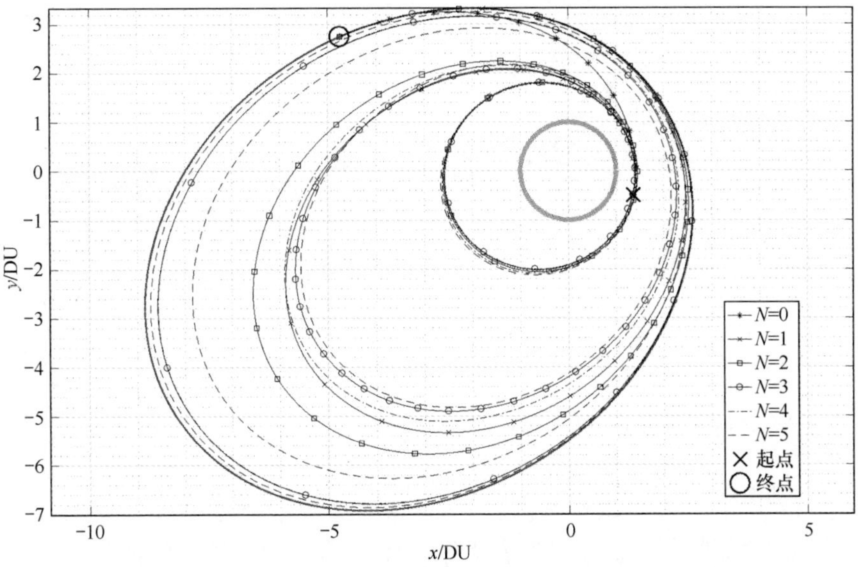

图 3-19　双 6 阶贝塞尔曲线设计方法笛卡儿坐标系下转移轨道图

当转移轨道的周期数 N 从 0 到 5 改变时，多种仿真案例下，双 6 阶贝塞尔曲线设计方法总是可以获得一个优于文献[4]设计结果的转移轨迹，累积速度增量降低了 15%～40%，具体结果对比见表 3-4 和图 3-20。由图可知，在 $N=0$ 时，双 6 阶贝塞尔曲线设计方法在累积速度增量 Δv 和最大推力峰值 $T_{\max}$ 方面均优于文献[4]。而当 $N>0$ 时，双 6 阶贝塞尔曲线设计方法总是得到一个更小的累积速度增量 Δv 和更大的最大推力峰值 $T_{\max}$，然而从图 3-20 中可以发现，双 6 阶贝塞尔曲线设计方法仅仅在推力峰值附近推力更高，其他时刻推力均更小，因此最终的累积速度增量优于文献[4]。另外，需要注意，当 $N>3$ 时，文献[1]的方法无解，而本章的方法和文献[4]的方法均可获取有效的解。

表 3-4 双 6 阶贝塞尔曲线设计方法设计结果

N	文献[4]方法			双 6 阶方法		
	Δv	Δt	$T_{\max}$	Δv	Δt	$T_{\max}$
0	0.8844	13.6687	0.9801	0.6553	12.8938	0.4259
1	0.2885	55.2603	0.0293	0.1937	68.7625	0.0477
2	0.3076	110.2879	0.0167	0.1991	94.7516	0.0390
3	0.3231	162.8876	0.0180	0.2044	170.4760	0.0403
4	0.3590	215.3593	0.0158	0.2287	191.7162	0.0366
5	0.4031	267.8211	0.0132	0.2417	263.4645	0.0315

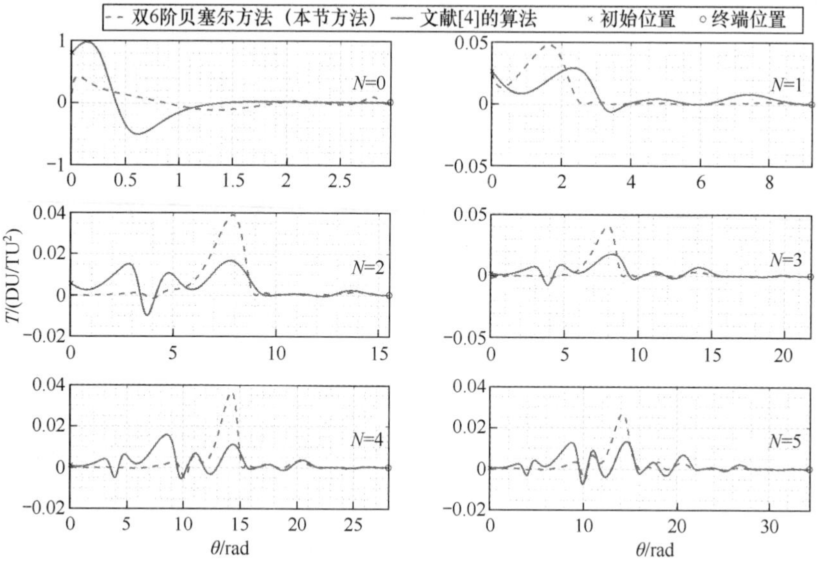

图 3-20 双 6 阶贝塞尔曲线设计方法推力曲线

3）多段贝塞尔曲线机动轨道设计仿真

在单 5 阶贝塞尔和双 6 阶贝塞尔曲线的机动轨道设计方法中，随着相位角 θ 从 θ_0 改变到 θ_1，整个机动轨道都是由一条完整的贝塞尔曲线控制，并且在仿真中可以发现，推力峰值往往出现在贝塞尔曲线变化最剧烈的部分。为了降低推力峰值，本小节将整个轨道机动过程用多段贝塞尔曲线进行描述，分段点参数通过优化获得，指标函数为累积速度增量最小，且考虑工程实际将最大推力峰值约束在一定范围内，从而降低对最大推力的需求，完成综合最优机动轨道设计。

具体做法是在每条贝塞尔曲线中引入一个自由设计的分段点将曲线拆分为两条，且在分段点处 2 阶连续。以多段 5 阶贝塞尔曲线机动轨道优化设计为例，如表 3-5 所列，单 5 阶贝塞尔曲线轨道设计方法经分段处理后的多段方法中包含两条贝塞尔曲线，其中 $\boldsymbol{P}_6$ 控制点为自由设计的曲线分段点，它既是贝塞尔曲线 $\boldsymbol{B}_a$ 的终点，也是 $\boldsymbol{B}_b$ 的起点；$\boldsymbol{P}_1$ 和 $\boldsymbol{P}_{11}$ 分别为贝塞尔曲线 $\boldsymbol{B}_a$ 的起点和 $\boldsymbol{B}_b$ 的终点。每条贝塞尔曲线设计的具体流程与单 5 阶方法类似，这里不再赘述，具体的 12 个优化参数包括 k_2、k_3、k_4、k_5、θ_6、r_6、$\partial r_6/\partial\theta_6$、$\partial^2 r_6/\partial\theta_6{}^2$、$k_7$、$k_8$、$k_9$、$k_{10}$ 等。机动轨道优化中指标函数计算与前面相同，但在优化过程中额外添加一个最大推力峰值 $T_{\max}<0.018$（该值为文献[4]的最大推力峰值）。

表 3-5　多段单 5 阶贝塞尔设计方法控制点属性表

贝塞尔曲线	曲线段	控制点属性	控制点编号
$\boldsymbol{B}_1$	$\boldsymbol{B}_a$	固定端点	$\boldsymbol{P}_1$
		约束控制点	$\boldsymbol{P}_2, \boldsymbol{P}_3, \boldsymbol{P}_5, \boldsymbol{P}_4$
	自由设计分段点		$\boldsymbol{P}_6$
	$\boldsymbol{B}_b$	约束控制点	$\boldsymbol{P}_8, \boldsymbol{P}_9, \boldsymbol{P}_{10}, \boldsymbol{P}_7$
		固定端点	$\boldsymbol{P}_{11}$

同理，多段双 6 阶贝塞尔设计方法的控制点属性如表 3-6 所列，其中两条曲线 $\boldsymbol{B}_1$ 和 $\boldsymbol{B}_2$ 分别由 $\boldsymbol{B}_a$、$\boldsymbol{B}_b$ 和 $\boldsymbol{B}_c$、$\boldsymbol{B}_d$ 组成，相比于多段单 5 阶贝塞尔设计方法，每条贝塞尔都额外添加了一个自由控制点。这样多段双 6 阶轨道设计方法中具体的优化参数共计 32 个，分别为约束控制点参 k_2、k_3、k_5、k_6、k_8、k_9、k_{11}、k_{12}、k_{15}、k_{16}、k_{18}、k_{19}、k_{21}、k_{22}、k_{24}、k_{25} 和自由控制点参数 θ_4、r_4、θ_{10}、r_{10}、θ_{17}、r_{17}、θ_{23}、r_{23} 以及自由分段点参数 θ_7、r_7、$\partial r_7/\partial\theta_7$、$\partial^2 r_7/\partial\theta_7{}^2$、$\theta_{20}$、$r_{20}$、$\partial r_{20}/\partial\theta_{20}$、$\partial^2 r_{20}/\partial\theta_{20}{}^2$ 等。

表 3-6　多段双 6 阶贝塞尔设计方法控制点属性表

贝塞尔曲线	曲线段	控制点属性	控制点编号
$\boldsymbol{B}_1$	$\boldsymbol{B}_a$	固定端点	$\boldsymbol{P}_1$
		约束控制点	$\boldsymbol{P}_2, \boldsymbol{P}_3, \boldsymbol{P}_5, \boldsymbol{P}_6$
		自由控制点	$\boldsymbol{P}_4$
	自由设计分段点		$\boldsymbol{P}_7$
	$\boldsymbol{B}_b$	约束控制点	$\boldsymbol{P}_8, \boldsymbol{P}_9, \boldsymbol{P}_{11}, \boldsymbol{P}_{12}$
		自由控制点	$\boldsymbol{P}_{10}$
		固定端点	$\boldsymbol{P}_{13}$

续表

贝塞尔曲线	曲线段	控制点属性	控制点编号
B_2	B_c	固定端点	P_{14}
		约束控制点	$P_{15}, P_{16}, P_{18}, P_{19}$
		自由控制点	P_{17}
	自由设计分段点		P_{20}
	B_d	约束控制点	$P_{21}, P_{22}, P_{24}, P_{25}$
		自由控制点	P_{23}
		固定端点	P_{26}

在多段贝塞尔设计方法仿真中，参数设置与前面的仿真算例相同，唯一区别是添加了最大推力峰值约束（仿真中取值为$0.018\mathrm{DU/TU^2}$）。表 3-7 给出多段单 5 阶贝塞尔设计方法设计结果参数，图 3-21 给出了具体的曲线形式。仿真结果中，累积速度增量为 0.2601VU，机动持续时间为 190.86TU，最大推力峰值为$0.018\mathrm{DU/TU^2}$。推力变化曲线如图 3-22 所示，从图中可以看出多段贝塞尔设计方法有效地降低了最大推力。

表 3-7　多段单 5 阶贝塞尔方法控制点参数表

控制点	θ_i/rad	r_i/DU	k_i	P_i'	P_i''
P_1	5.9341	1	—		
P_2	8.3845	1	2.4504		
P_3	12.0332	1	1.1983		
P_4	9.4855	0.9761	0.3624		
P_5	12.5946	0.5849	3.4715		
P_6	16.0661	0.3035	—	−0.0810	−0.0092
P_7	16.6663	0.2549	0.6002		
P_8	18.6983	0.0944	1.4318		
P_9	20.7283	0	2.7999		
P_{10}	22.8396	0	4.9112		
P_{11}	27.7507	0	—		

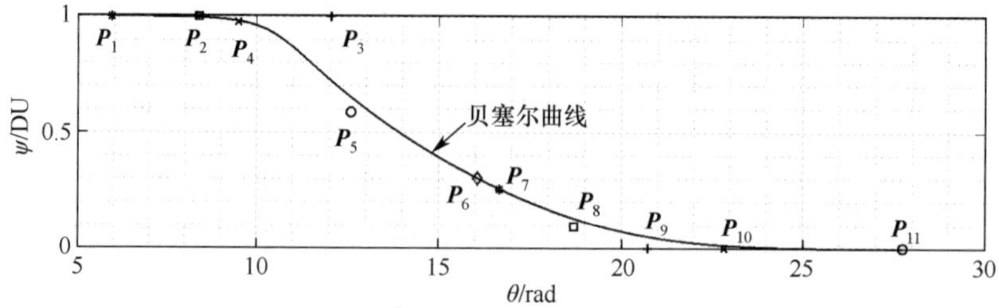

图 3-21　多段单 5 阶贝塞尔曲线设计方法贝塞尔曲线细节图

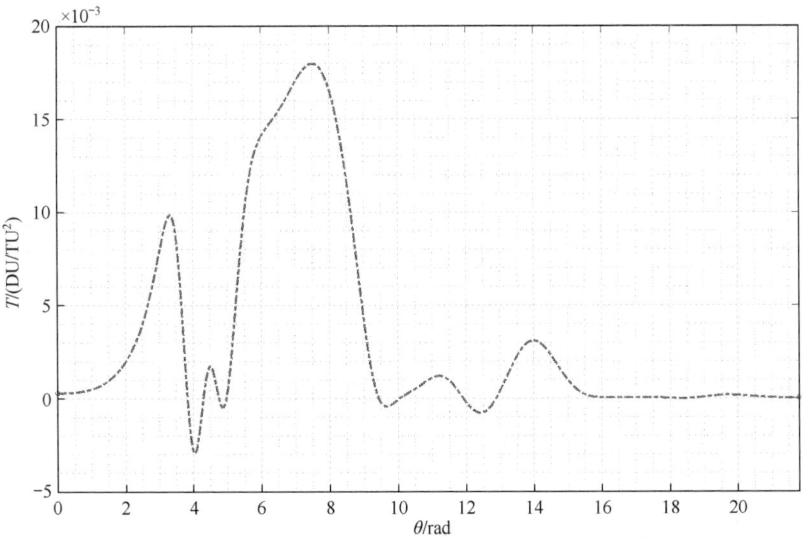

图 3-22　多段单 5 阶贝塞尔曲线设计方法推力变化曲线

多段双 6 阶贝塞尔设计方法的设计结果参数如表 3-8 所列，图 3-23 给出了具体的两条贝塞尔曲线形式，仿真结果中，累积速度增量为 0.1535VU，轨道机动持续时间为 169.8 TU，最大推力峰值为 0.013 DU/TU^2 。推力变化曲线如图 3-24 所示。与表 3-4 的双 6 阶贝塞尔曲线设计结果对比，可以看出多段双 6 阶贝塞尔设计方法无论累积速度增量还是最大推力峰值都远小于文献[4]，累积速度增量仅为文献[4]的 50%，这是因为分段造成的控制点增多，相当于提升了贝塞尔阶数，不仅降低了最大推力峰值，而且可以获得更优的累积速度增量。

表 3-8　多段双 6 阶贝塞尔方法控制点参数表

控制点	θ_i/rad	r_i/DU	k_i	P_i'	P_i''	控制点	θ_i/rad	r_i/DU	k_i	P_i'	P_i''
P_1	0	1	—			P_{14}	0	0	—		
P_2	2.4139	1	2.4139			P_{15}	2.2145	0	2.2145		
P_3	7.3623	1	2.5345			P_{16}	6.0923	0	1.6633		
P_4	2.7088	0.8937	—			P_{17}	3.0512	0.0365	—		
P_5	10.3022	0.3914	2.6069			P_{18}	6.9180	−0.0888	1.9300		
P_6	8.8565	0.5489	1.1612			P_{19}	7.5029	0.4374	2.5148		
P_7	10.0177	0.4604	—	[−0.0761;0]	[−0.0292;0]	P_{20}	10.0177	0.6014	—	[0.06524;0]	[−0.0643;0]
P_8	11.9599	0.3125	1.9421			P_{21}	11.4106	0.6923	1.3929		
P_9	16.3559	−0.1546	2.4534			P_{22}	13.3100	0.6666	0.5073		
P_{10}	17.1984	0.3824	—			P_{23}	13.8284	0.6873	—		
P_{11}	17.0370	0	2.0147			P_{24}	17.5727	1	0.1997		
P_{12}	18.4195	0	3.3971			P_{25}	19.5949	1	2.2218		
P_{13}	21.8166	0	—			P_{26}	21.8166	1	—		

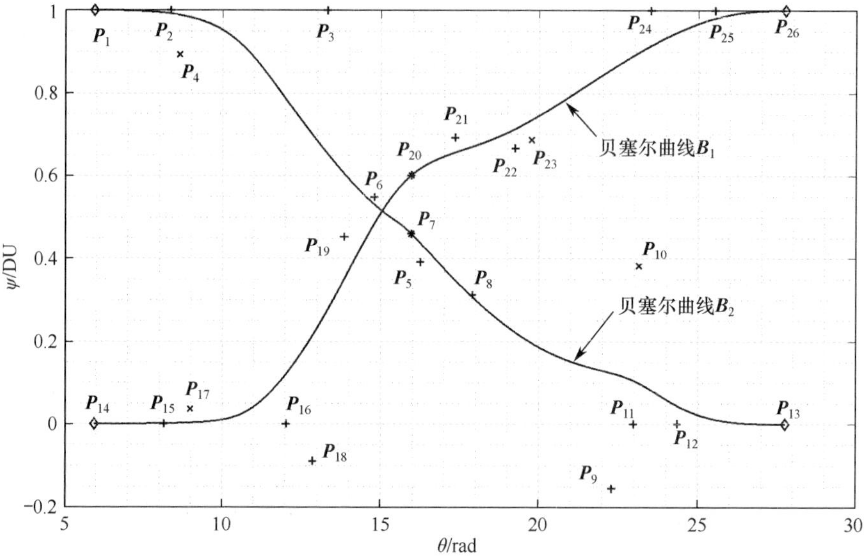

图 3-23 多段双 6 阶贝塞尔曲线设计方法贝塞尔曲线细节图

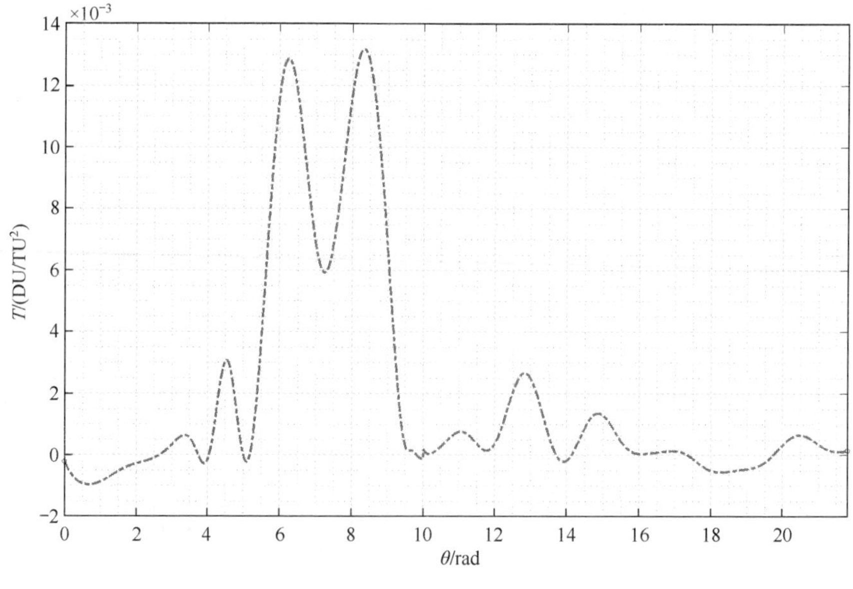

图 3-24 多段双 6 阶贝塞尔曲线设计方法推力变化曲线

图 3-25、图 3-26 和图 3-27 分别给出多段双 6 阶贝塞尔设计方法的收敛趋势和转移轨道图。从优化过程指标函数变化情况可以看出在进化到 200 代时，指标函数还在继续下降，这说明虽然目前设计结果累积速度增量仅为 0.1535VU，但随着进化代数的增加，设计结果还有进一步优化的潜力。仿真中将进化代数增加至 1000 时，累积速度增量可达到 0.135VU，机动时间和最大推力峰值分别为 178.75TU、

0.0136DU/TU^2。进一步优化的累积速度增量仅为文献[4]的 41%，同时最大推力需求和机动时间也都更小，设计结果全面优于文献[4]。

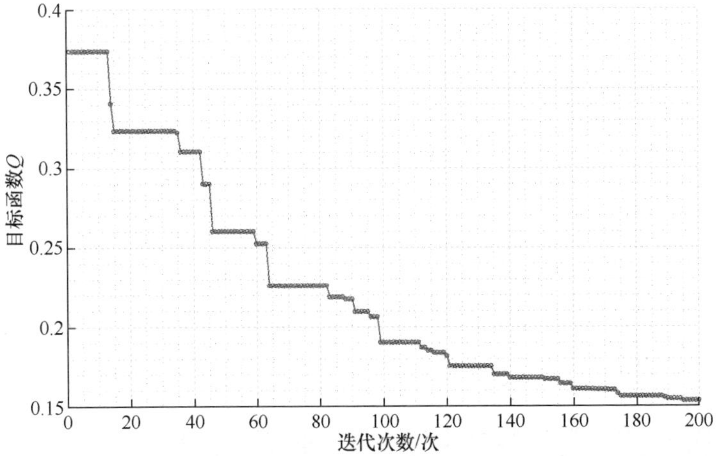

图 3-25 多段双 6 阶贝塞尔曲线设计方法指标函数收敛图

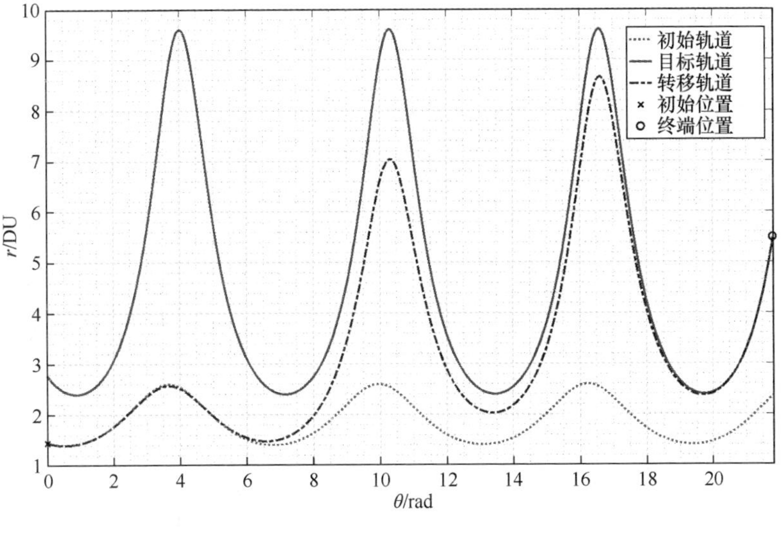

图 3-26 多段双 6 阶贝塞尔曲线设计方法极坐标系下转移轨道

2．面内轨道交会仿真

当轨道机动任务约束要求机动时间 $\Delta t_{\text{fixed}} = 180\text{TU}$ 时（即轨道交会任务），双 6 阶贝塞尔交会轨道设计方法与双 6 阶贝塞尔转移轨道设计方法的仿真结果对比如表 3-9 所列，可以看出，交会任务结果满足机动时间约束，实现了面内交会轨道设计与优化。

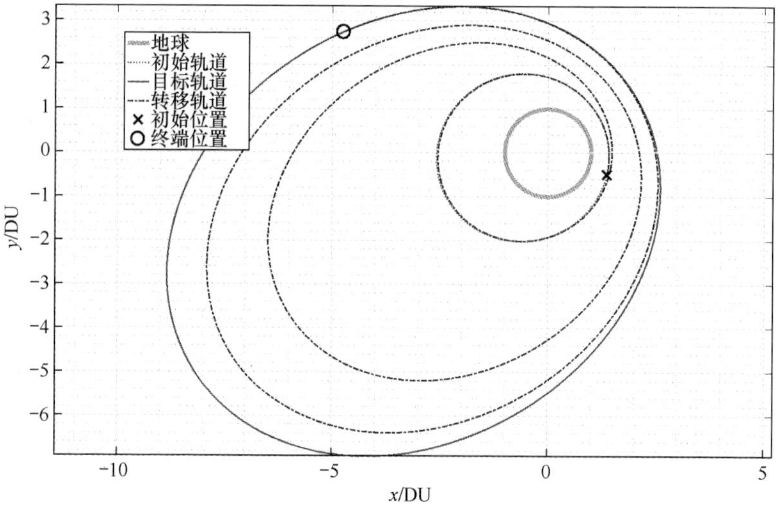

图 3-27 多段双 6 阶贝塞尔曲线设计方法直角坐标系下转移轨道图（彩图见书末）

表 3-9 平面转移任务与交会任务仿真结果对比

任务类型	满足时间约束	Δv/VU	Δt/TU	T_{max}/(VU/TU^2)
转移	否	0.2044	170.4760	0.0403
交会	是	0.2059	180.0000	0.0401

为了全面对比本章的设计方法与已有文献方法的设计结果，表 3-10 给出了相同案例下，本章提出的多种贝塞尔曲线机动轨道设计方法与参考文献[1]、[2]、[4]和参考文献[7]的仿真结果对比，结果表明本章提出的贝塞尔曲线机动轨道设计方法得到的设计结果远优于其他方法，双 6 阶贝塞尔曲线交会轨道设计方法的设计结果可以满足 $\Delta t_{\text{fixed}} = 180\text{TU}$ 的交会时间约束。另外，文献[4]的方法得到的设计结果还需作为初值进一步经过轨道优化才能得到最终优化结果[7]，而且本章的设计结果仍然远远优于文献[7]的最终优化结果。因此，基于贝塞尔曲线的机动轨道设计方法可以更优地解决平面轨道转移和交会问题。

表 3-10 本章方法与已有方法设计结果对比

设计方法	Δv	Δt	T_{max}
余弦逆多项式法[1]	无解	无解	无解
逆多项式法[2]	1.1677 AU	58.1208 TU	0.0828 VU/TU^2
双多项式法[4]	0.3231 AU	162.8876 TU	0.0180 VU/TU^2
以多项式法结果为初值的间接法优化[7]	0.2995 AU	—	—
单 5 阶贝塞尔曲线法	0.2515 AU	198.8405 TU	0.0352 VU/TU^2
双 6 阶贝塞尔曲线法	0.2044 AU	170.4760 TU	0.0403 VU/TU^2
双 6 阶贝塞尔曲线交会轨道设计方法	0.2059 AU	180.0000 TU	0.0401 VU/TU^2

3.3 空间机动轨道与交会轨迹优化设计

3.3.1 空间机动轨道设计与优化

含轨道面外机动的空间机动问题，可采用地心赤道平面为参考平面的球坐标系来描述。Novak[6]在此坐标系下分别设计了径向表达式和仰角表达式来对机动轨道进行描述。该方法仅在部分案例适用，在多周期机动情况下，该方法无解。而 Xie[5]定义了一个以初始轨道平面为参考平面的球坐标系，并设计了相应的基于多项式的复合函数机动轨道设计方法，在任意机动情况下都有解。空间机动任务实际上就是轨道面内的形状机动和轨道面的机动，轨道面内形状机动设计的本质就是调整半长轴、偏心率和近地点幅角，而轨道面的机动本质上就是调整升交点赤经和轨道倾角，但这两个角度值可综合成一个轨道面夹角（仰角）值。本节利用前面提出的贝塞尔曲线轨道设计思想，通过将轨道形状变化设计和轨道面改变设计相解耦的方式，分别利用贝塞尔曲线轨道设计方法对面内机动和面外机动规律进行设计，这样就可以利用贝塞尔曲线轨道设计方法解决空间轨道机动与交会任务，从而形成基于贝塞尔曲线的空间机动轨道设计方法。该方法中包含 3 条贝塞尔曲线，其中两条控制轨道面内形状机动规律，另一条控制轨道面外仰角机动规律。

根据上述思想，下面首先给出了轨道面内形状机动和轨道面外仰角机动的方法以及相应的约束条件和控制点设计；然后给出了优化指标函数的计算，包括空间机动控制量和机动时间的计算；最后通过空间机动任务仿真验证了空间贝塞尔曲线机动轨道设计与优化方法的有效性，并通过自由控制点修正解决了空间交会问题。

1. 空间机动轨道设计

本小节将给出空间贝塞尔曲线设计方法涉及的机动轨道方程设计、约束条件以及控制点设计，为后续轨道优化提供基础。本节对空间机动问题的研究定义在图 3-28 所示的球坐标系下，该坐标系不同于一般的球坐标系，其参考平面为初始轨道面，而不是赤道平面。

空间机动轨道形状的设计原理与平面机动轨道设计类似，主要目的是求取 $\left(\dfrac{\partial r}{\partial\theta},\dfrac{\partial^2 r}{\partial\theta^2},\dfrac{\partial^3 r}{\partial\theta^3}\right)$。具体流程如下

（1）$\boldsymbol{B}\rightarrow(\dot{\boldsymbol{B}},\ddot{\boldsymbol{B}},\dddot{\boldsymbol{B}})\rightarrow\left(\dfrac{\partial r_B}{\partial\theta_B},\dfrac{\partial^2 r_B}{\partial{\theta_B}^2},\dfrac{\partial^3 r_B}{\partial{\theta_B}^3}\right)$；

（2）$r_H\rightarrow\left(\dfrac{\partial r_H}{\partial\theta},\dfrac{\partial^2 r_H}{\partial\theta^2},\dfrac{\partial^3 r_H}{\partial\theta^3}\right)$；

（3） $\left(\frac{\partial r_B}{\partial \theta_B}, \frac{\partial^2 r_B}{\partial {\theta_B}^2}, \frac{\partial^3 r_B}{\partial {\theta_B}^3}\right)\left(\frac{\partial r_H}{\partial \theta}, \frac{\partial^2 r_H}{\partial \theta^2}, \frac{\partial^3 r_H}{\partial \theta^3}\right) = \left(\frac{\partial r}{\partial \theta}, \frac{\partial^2 r}{\partial \theta^2}, \frac{\partial^3 r}{\partial \theta^3}\right)$。

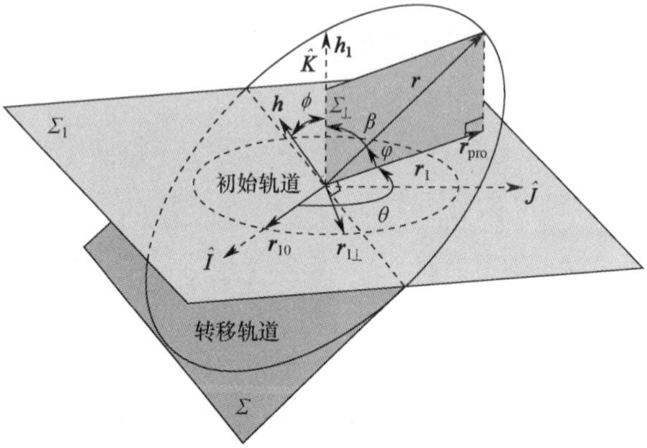

图 3-28　初始轨道面为参考平面的球坐标系示意图

具体设计过程如下。贝塞尔曲线方程为

$$\boldsymbol{B} = \begin{bmatrix} r_B \\ \theta_B \end{bmatrix} = \sum_{i=0}^{n} (C_n^i \boldsymbol{P}_{i+1} (1-s)^{n-i} s^i) \tag{3-88}$$

贝塞尔曲线表达式对 s 的 1 阶导数、2 阶导数和 3 阶导数分别为

$$\dot{\boldsymbol{B}} = \begin{bmatrix} \dot{r}_B \\ \dot{\theta}_B \end{bmatrix} = \sum_{i=0}^{n} (-C_n^i A_{n-i}^1 \boldsymbol{P}_{i+1} (1-s)^{n-i-1} s^i + C_n^i A_i^1 \boldsymbol{P}_{i+1} (1-s)^{n-i} s^{i-1}) \tag{3-89}$$

$$\begin{aligned} \ddot{\boldsymbol{B}} &= \begin{bmatrix} \ddot{r}_B \\ \ddot{\theta}_B \end{bmatrix} \\ &= \sum_{i=0}^{n} (C_n^i A_{n-i}^2 \boldsymbol{P}_{i+1} (1-s)^{n-i-2} s^i - 2C_n^i A_i^1 A_{n-i}^1 \boldsymbol{P}_{i+1} (1-s)^{n-i-1} s^{i-1} + C_n^i A_i^2 \boldsymbol{P}_{i+1} (1-s)^{n-i} s^{i-2}) \end{aligned} \tag{3-90}$$

$$\begin{aligned} \dddot{\boldsymbol{B}} = \begin{bmatrix} \dddot{r}_B \\ \dddot{\theta}_B \end{bmatrix} = \sum_{i=0}^{n} (&-C_n^i A_{n-i}^3 \boldsymbol{P}_{i+1} (1-s)^{n-i-3} s^i + 3C_n^i A_i^1 A_{n-i}^2 \boldsymbol{P}_{i+1} (1-s)^{n-i-2} s^{i-1} - \\ &3C_n^i A_i^2 A_{n-i}^1 \boldsymbol{P}_{i+1} (1-s)^{n-i-1} s^{i-2} + C_n^i A_i^3 \boldsymbol{P}_{i+1} (1-s)^{n-i} s^{i-3}) \end{aligned} \tag{3-91}$$

这样，由式（3-89）、式（3-90）和式（3-91）可推导出贝塞尔曲线上矢径方向参数 r_B 对相位方向参数 θ_B 的各阶导数分别为

$$\frac{\partial r_B}{\partial \theta_B} = \frac{\dot{r}_B}{\dot{\theta}_B} \tag{3-92}$$

$$\frac{\partial^2 r_B}{\partial \theta_B^2} = \frac{\ddot{r}_B \dot{\theta}_B - \dot{r}_B \ddot{\theta}_B}{\dot{\theta}_B^3} \tag{3-93}$$

$$\frac{\partial^3 r_B}{\partial \theta_B^3}=\frac{(\dddot{r}_B\dot{\theta}_B-\dot{r}_B\dddot{\theta}_B)\dot{\theta}_B-3(\ddot{r}_B\dot{\theta}_B-\dot{r}_B\ddot{\theta}_B)\ddot{\theta}_B}{\dot{\theta}_B^5} \tag{3-94}$$

考虑到初始轨道和目标轨道均为开普勒轨道，其对应的轨道方程为

$$r_H=\frac{a(1-e^2)}{1+e\cdot\cos\theta} \tag{3-95}$$

由式（3-95）可求得 r_H 关于相位角 θ 的各阶导数分别为

$$\frac{\partial r_H}{\partial \theta}=\frac{a(1-e^2)e\cdot\sin\theta}{(1+e\cdot\cos\theta)^2} \tag{3-96}$$

$$\frac{\partial^2 r_H}{\partial \theta^2}=a(1-e^2)e\cdot\frac{\cos\theta\cdot(1+e\cdot\cos\theta)+\sin^2\theta\cdot 2e}{(1+e\cdot\cos\theta)^3} \tag{3-97}$$

$$\frac{\partial^3 r_H}{\partial \theta^3}=a(1-e^2)e\cdot\frac{6e^2\sin^3\theta+6e\sin\theta\cos\theta(1+e\cdot\cos\theta)-\sin\theta(1+e\cdot\cos\theta)^2}{(1+e\cdot\cos\theta)^4} \tag{3-98}$$

当转移轨道为初始轨道方程 H_1、目标轨道方程 H_2 和两个贝塞尔曲线组合的复合函数形式时，机动轨道可由下式给出，即

$$r=r_{B_1}r_{H_1}+r_{B_2}r_{H_2} \tag{3-99}$$

这样，r 对 θ 的各阶导数分别为

$$\frac{\partial r}{\partial \theta}=\frac{\partial r_{B_1}}{\partial \theta_{B_1}}\cdot r_{H_1}+r_{B_1}\cdot\frac{\partial r_{H_1}}{\partial \theta_{H_1}}+\frac{\partial r_{B_2}}{\partial \theta_{B_2}}\cdot r_{H_2}+r_{B_2}\cdot\frac{\partial r_{H_2}}{\partial \theta_{H_2}} \tag{3-100}$$

$$\frac{\partial^2 r}{\partial \theta^2}=\frac{\partial^2 r_{B_1}}{\partial \theta_{B_1}^2}\cdot r_{H_1}+2\frac{\partial r_{B_1}}{\partial \theta_{B_1}}\cdot\frac{\partial r_{H_1}}{\partial \theta_{H_1}}+r_{B_1}\cdot\frac{\partial^2 r_{H_1}}{\partial \theta_{H_1}^2}+\frac{\partial^2 r_{B_2}}{\partial \theta_{B_2}^2}\cdot r_{H_2}+2\frac{\partial r_{B_2}}{\partial \theta_{B_2}}\cdot\frac{\partial r_{H_2}}{\partial \theta_{H_2}}+r_{B_2}\cdot\frac{\partial^2 r_{H_2}}{\partial \theta_{H_2}^2} \tag{3-101}$$

$$\begin{aligned}\frac{\partial^3 r}{\partial \theta^3}=&\frac{\partial^3 r_{B_1}}{\partial \theta_{B_1}^3}\cdot r_{H_1}+3\frac{\partial^2 r_{B_1}}{\partial \theta_{B_1}{}^2}\cdot\frac{\partial r_{H_1}}{\partial \theta_{H_1}}+3\frac{\partial r_{B_1}}{\partial \theta_{B_1}}\cdot\frac{\partial^2 r_{H_1}}{\partial \theta_{H_1}{}^2}+r_{B_1}\cdot\frac{\partial^3 r_{H_1}}{\partial \theta_{H_1}^3}+\frac{\partial^3 r_{B_2}}{\partial \theta_{B_3}^3}\cdot r_{H_2}+\\&3\frac{\partial^2 r_{B_2}}{\partial \theta_{B_2}{}^2}\cdot\frac{\partial r_{H_2}}{\partial \theta_{H_2}}+3\frac{\partial r_{B_2}}{\partial \theta_{B_2}}\cdot\frac{\partial^2 r_{H_2}}{\partial \theta_{H_2}{}^2}+r_{B_2}\cdot\frac{\partial^3 r_{H_2}}{\partial \theta_{H_2}^3}\end{aligned} \tag{3-102}$$

至此，就得到了$\left(\frac{\partial r}{\partial \theta},\frac{\partial^2 r}{\partial \theta^2},\frac{\partial^3 r}{\partial \theta^3}\right)$。

轨道面外机动仰角设计的主要目的是求取$\left(\frac{\partial \varphi}{\partial \theta},\frac{\partial^2 \varphi}{\partial \theta^2},\frac{\partial^3 \varphi}{\partial \theta^3}\right)$，具体流程如下

（1）$\boldsymbol{B}\rightarrow(\dot{\boldsymbol{B}},\ddot{\boldsymbol{B}},\dddot{\boldsymbol{B}})\rightarrow(\dot{\varphi}_B,\ddot{\varphi}_B,\dddot{\varphi}_B)$；

（2）$\varphi_H\rightarrow(\dot{\varphi}_H,\ddot{\varphi}_H,\dddot{\varphi}_H)$；

（3）$(\dot{\varphi}_B,\ddot{\varphi}_B,\dddot{\varphi}_B)+(\dot{\varphi}_H,\ddot{\varphi}_H,\dddot{\varphi}_H)=\left(\dfrac{\partial r}{\partial\theta},\dfrac{\partial^2 r}{\partial\theta^2},\dfrac{\partial^3 r}{\partial\theta^3}\right)$。

与平面轨道机动问题类似，将仰角变化过程设计成复合函数的形式，即

$$\varphi=\varphi_{B_3}\varphi_{H_2}+\varphi_{B_4}\varphi_{H_1} \tag{3-103}$$

由于空间机动轨道的设计建立在初始轨道面为参考轨道面的球坐标系上，因此表达式右边第二项中的 φ_{H_1} 恒等于 0，因此式（3-103）可简化为

$$\varphi=\varphi_{B_3}\varphi_{H_2} \tag{3-104}$$

轨道仰角的贝塞尔曲线表达式为

$$\boldsymbol{B}=\begin{bmatrix}\varphi_B\\ \theta_B\end{bmatrix}=\sum_{i=0}^{n}(C_n^i\boldsymbol{P}_{i+1}(1-s)^{n-i}s^i) \tag{3-105}$$

贝塞尔曲线表达式对 s 的 1 阶导数、2 阶导数和 3 阶导数可分别为

$$\dot{\boldsymbol{B}}=\begin{bmatrix}\dot{\varphi}_B\\ \dot{\theta}_B\end{bmatrix}=\sum_{i=0}^{n}(-C_n^iA_{n-i}^1\boldsymbol{P}_{i+1}(1-s)^{n-i-1}s^i+C_n^iA_i^1\boldsymbol{P}_{i+1}(1-s)^{n-i}s^{i-1}) \tag{3-106}$$

$$\begin{aligned}\ddot{\boldsymbol{B}}=\begin{bmatrix}\ddot{\varphi}_B\\ \ddot{\theta}_B\end{bmatrix}=\sum_{i=0}^{n}(&C_n^iA_{n-i}^2\boldsymbol{P}_{i+1}(1-s)^{n-i-2}s^i-2C_n^iA_i^1A_{n-i}^1\boldsymbol{P}_{i+1}(1-s)^{n-i-1}s^{i-1}+\\&C_n^iA_i^2\boldsymbol{P}_{i+1}(1-s)^{n-i}s^{i-2})\end{aligned} \tag{3-107}$$

$$\begin{aligned}\dddot{\boldsymbol{B}}=\begin{bmatrix}\dddot{\varphi}_B\\ \dddot{\theta}_B\end{bmatrix}=\sum_{i=0}^{n}(&-C_n^iA_{n-i}^3\boldsymbol{P}_{i+1}(1-s)^{n-i-3}s^i+3C_n^iA_i^1A_{n-i}^2\boldsymbol{P}_{i+1}(1-s)^{n-i-2}s^{i-1}-\\&3C_n^iA_i^2A_{n-i}^1\boldsymbol{P}_{i+1}(1-s)^{n-i-1}s^{i-2}+C_n^iA_i^3\boldsymbol{P}_{i+1}(1-s)^{n-i}s^{i-3})\end{aligned} \tag{3-108}$$

为后续描述方便，这里定义一个参数 A，即

$$A=\tan\varphi_{H_2}=\tan\Delta i\cdot\sin\theta \tag{3-109}$$

参数 A 对 s 的各阶导数分别为

$$\dot{A}a=\tan\Delta i\cdot\cos\theta\cdot\dot{\theta} \tag{3-110}$$

$$\ddot{A}=-\tan\Delta i\cdot\sin\theta\cdot\dot{\theta}^2+\tan\Delta i\cdot\cos\theta\cdot\ddot{\theta} \tag{3-111}$$

$$\dddot{A}=-\tan\Delta i\cdot\cos\theta\cdot\dot{\theta}^3-3\tan\Delta i\cdot\sin\theta\cdot\dot{\theta}\cdot\ddot{\theta}+\tan\Delta i\cdot\cos\theta\cdot\dddot{\theta} \tag{3-112}$$

由式（3-109）可知，目标轨道的仰角对 s 的各阶导数分别为

$$\dot{\varphi}_{H_2}=\frac{\dot{A}}{1+A^2} \tag{3-113}$$

$$\ddot{\varphi}_{H_2}=\frac{\ddot{A}(1+A^2)-2A\dot{A}^2}{(1+A^2)^2} \tag{3-114}$$

$$\dddot{\varphi}_{H_2}=\frac{\dddot{A}(1+A^2)-2\dot{A}^3-2A\dot{A}\ddot{A}}{(1+A^2)^2}-\frac{(\ddot{A}(1+A^2)-2A\dot{A}^2)4A\dot{A}(1+A^2)}{(1+A^2)^4} \tag{3-115}$$

复合函数对 s 的各阶导数分别为

$$\dot{\varphi} = \dot{\varphi}_{B_3} \cdot \varphi_{H_2} + \varphi_{B_3} \cdot \dot{\varphi}_{H_2} \tag{3-116}$$

$$\ddot{\varphi} = \ddot{\varphi}_{B_3} \cdot \varphi_{H_2} + \varphi_{B_3} \cdot \ddot{\varphi}_{H_2} + 2\dot{\varphi}_{B_3} \cdot \dot{\varphi}_{H_2} \tag{3-117}$$

$$\dddot{\varphi} = \dddot{\varphi}_{B_3} \cdot \varphi_{H_2} + 3\ddot{\varphi}_{B_3} \cdot \dot{\varphi}_{H_2} + 3\dot{\varphi}_{B_3} \cdot \ddot{\varphi}_{H_2} + \varphi_{B_3} \cdot \dddot{\varphi}_{H_2} \tag{3-118}$$

从而，复合函数对 θ 的各阶导数分别为

$$\frac{\partial \varphi}{\partial \theta} = \frac{\dot{\varphi}}{\dot{\theta}} \tag{3-119}$$

$$\frac{\partial^2 \varphi}{\partial \theta^2} = \frac{(\ddot{\varphi}\dot{\theta} - \dot{\varphi}\ddot{\theta})}{(\dot{\theta})^3} \tag{3-120}$$

$$\frac{\partial^3 \varphi}{\partial \theta^3} = \frac{((\dddot{\varphi}\dot{\theta} - \dot{\varphi}\dddot{\theta})\dot{\theta} - 3(\ddot{\varphi}\dot{\theta} - \dot{\varphi}\ddot{\theta})\ddot{\theta})}{(\dot{\theta})^5} \tag{3-121}$$

至此，就得到了$\left(\dfrac{\partial \varphi}{\partial \theta}, \dfrac{\partial^2 \varphi}{\partial \theta^2}, \dfrac{\partial^3 \varphi}{\partial \theta^3}\right)$。

如前所述，对于轨道形状调整，轨道转移任务要求机动轨道的位置参数 r 、位置对相位角 1 阶导数 $\partial r / \partial \theta$ 和位置对相位角 2 阶导数分别 $\partial^2 r / \partial \theta^2$ 与初始轨道 H_1 在初始位置 θ_0 、目标轨道 H_2 在终止位置 θ_{f} 匹配，则有

$$\begin{bmatrix} \theta|_{s=0} \\ r|_{s=0} \\ \dfrac{\partial r}{\partial \theta}|_{s=0} \\ \dfrac{\partial^2 r}{\partial \theta^2}|_{s=0} \end{bmatrix} = \begin{bmatrix} \theta_0 \\ r_{H_1}(\theta_0) \\ \dfrac{\partial r_{H_1}}{\partial \theta_{H_1}}(\theta_0) \\ \dfrac{\partial^2 r_{H_1}}{\partial \theta_{H_1}^2}(\theta_0) \end{bmatrix}, \quad \begin{bmatrix} \theta|_{s=1} \\ r|_{s=1} \\ \dfrac{\partial r}{\partial \theta}|_{s=1} \\ \dfrac{\partial^2 r}{\partial \theta^2}|_{s=1} \end{bmatrix} = \begin{bmatrix} \theta_{\mathrm{f}} \\ r_{H_2}(\theta_{\mathrm{f}}) \\ \dfrac{\partial r_{H_2}}{\partial \theta_{H_2}}(\theta_{\mathrm{f}}) \\ \dfrac{\partial^2 r_{H_2}}{\partial \theta_{H_2}^2}(\theta_{\mathrm{f}}) \end{bmatrix} \tag{3-122}$$

将式（3-122）代入式（3-99）、式（3-100）和式（3-101），空间轨道转移任务轨道形状变化的约束条件变成

$$\begin{bmatrix} \theta_{B_1}|_{s=0}, \theta_{B_1}|_{s=1} \\ r_{B_1}|_{s=0}, r_{B_1}|_{s=1} \\ \dfrac{\partial r_{B_1}}{\partial \theta_{B_1}}|_{s=0}, \dfrac{\partial r_{B_1}}{\partial \theta_{B_1}}|_{s=1} \\ \dfrac{\partial^2 r_{B_1}}{\partial \theta_{B_1}^2}|_{s=0}, \dfrac{\partial^2 r_{B_1}}{\partial \theta_{B_1}^2}|_{s=1} \end{bmatrix} = \begin{bmatrix} \theta_0, \theta_{\mathrm{f}} \\ 1,0 \\ 0,0 \\ 0,0 \end{bmatrix}, \quad \begin{bmatrix} \theta_{B_2}|_{s=0}, \theta_{B_2}|_{s=1} \\ r_{B_2}|_{s=0}, r_{B_2}|_{s=1} \\ \dfrac{\partial r_{B_2}}{\partial \theta_{B_2}}|_{s=0}, \dfrac{\partial r_{B_2}}{\partial \theta_{B_2}}|_{s=1} \\ \dfrac{\partial^2 r_{B_2}}{\partial \theta_{B_2}^2}|_{s=0}, \dfrac{\partial^2 r_{B_2}}{\partial \theta_{B_2}^2}|_{s=1} \end{bmatrix} = \begin{bmatrix} \theta_0, \theta_{\mathrm{f}} \\ 0,1 \\ 0,0 \\ 0,0 \end{bmatrix} \tag{3-123}$$

对于轨道面的调整，轨道转移任务要求转移轨道的仰角参数 φ 、仰角对相位角 1 阶导数 $\partial \varphi / \partial \theta$ 和仰角对相位角 2 阶导数分别 $\partial^2 \varphi / \partial \theta^2$ 与初始轨道 H_1 在初始位置 θ_0 、目标轨道 H_2 在终止位置 θ_{f} 匹配，则有

$$\begin{bmatrix} \theta|_{s=0} \\ \varphi|_{s=0} \\ \dfrac{\partial\varphi}{\partial\theta}|_{s=0} \\ \dfrac{\partial^2\varphi}{\partial\theta^2}|_{s=0} \end{bmatrix} = \begin{bmatrix} \theta_0 \\ 0 \\ 0 \\ 0 \end{bmatrix}, \quad \begin{bmatrix} \theta|_{s=1} \\ \varphi|_{s=1} \\ \dfrac{\partial\varphi}{\partial\theta}|_{s=1} \\ \dfrac{\partial^2\varphi}{\partial\theta^2}|_{s=1} \end{bmatrix} = \begin{bmatrix} \theta_\mathrm{f} \\ \varphi_{H_2}(\theta_\mathrm{f}) \\ \dfrac{\partial\varphi_{H_2}}{\partial\theta_{H_2}}(\theta_\mathrm{f}) \\ \dfrac{\partial^2\varphi_{H_2}}{\partial\theta_{H_2}^2}(\theta_\mathrm{f}) \end{bmatrix} \tag{3-124}$$

将式（3-124）代入式（3-103）、式（3-119）和式（3-120），空间轨道转移任务仰角变化的约束条件变成：

$$\begin{bmatrix} \theta_{B_3}|_{s=0}, \theta_{B_3}|_{s=1} \\ \varphi_{B_3}|_{s=0}, \varphi_{B_3}|_{s=1} \\ \dfrac{\partial\varphi_{B_3}}{\partial\theta_{B_3}}|_{s=0}, \dfrac{\partial\varphi_{B_3}}{\partial\theta_{B_3}}|_{s=1} \\ \dfrac{\partial^2\varphi_{B_3}}{\partial\theta_{B_3}^2}|_{s=0}, \dfrac{\partial^2\varphi_{B_3}}{\partial\theta_{B_3}^2}|_{s=1} \end{bmatrix} = \begin{bmatrix} \theta_0, \theta_\mathrm{f} \\ 0,1 \\ 0,0 \\ 0,0 \end{bmatrix} \tag{3-125}$$

基于贝塞尔曲线的空间机动轨道设计方法的贝塞尔曲线控制点设计与平面机动轨道设计方法类似，但额外增加了一条控制轨道面的贝塞尔曲线，这样整个空间机动轨道设计方法共包含 3 条贝塞尔曲线的控制点设计。其中两条控制轨道形状的贝塞尔曲线 $\boldsymbol{B}_1$ 和 $\boldsymbol{B}_2$ 的控制点设计的过程与平面机动轨道双 6 阶贝塞尔设计方法相同，这里不再赘述。控制轨道面的贝塞尔曲线 $\boldsymbol{B}_3$ 的控制点表达式分别为

$$\boldsymbol{P}_{31} = [\varphi_{31}; \theta_{31}] = [0; \theta_0] \tag{3-126}$$

$$\boldsymbol{P}_{32} = [\varphi_{32}; \theta_{32}] = [0; \theta_{31} + k_{32}] \tag{3-127}$$

$$\boldsymbol{P}_{33} = [\varphi_{33}; \theta_{33}] = [0; k_{33} + 2\theta_{32} - \theta_{31}] \tag{3-128}$$

$$\boldsymbol{P}_{34} = [\varphi_{34}; \theta_{34}] \tag{3-129}$$

$$\boldsymbol{P}_{35} = [\varphi_{35}; \theta_{35}] = [1; k_{35} + 2\theta_{36} - \theta_{37}] \tag{3-130}$$

$$\boldsymbol{P}_{36} = [\varphi_{36}; \theta_{36}] = [1; \theta_{37} - k_{36}] \tag{3-131}$$

$$\boldsymbol{P}_{37} = [\varphi_{37}; \theta_{37}] = [1; \theta_\mathrm{f}] \tag{3-132}$$

当给出 3 条贝塞尔曲线的 21 个控制点参数表达式后，基于贝塞尔曲线的空间机动轨道设计方法的贝塞尔曲线控制点设计就已完成，控制点的参数 k_{i2}、k_{i3}、r_{i4}、θ_{i4}、k_{i5}、$k_{i6}(i=1,2,3)$ 将作为后续空间机动轨道优化的 18 个优化变量。

表 3-11 给出了空间机动轨道设计的 3 条贝塞尔曲线控制点属性表。

2. 空间机动轨道优化

基于贝塞尔曲线的空间机动轨道设计与优化的基本流程如图 3-29 所示。该基本流程具体为：将空间机动拆分为面内形状机动和面外仰角机动，先通过轨道面内

机动形状设计得到r、r'、r''、r'''，再通过轨道面外机动仰角设计得到φ、φ'、φ''、φ'''，并综合得到约束条件和优化变量；然后通过轨道优化部分的指标函数计算给出累积速度增量；最后通过优化算法完成轨道优化，给出最优控制点和对应的最优机动轨道及最优指标。

表 3-11　空间机动轨道贝塞尔曲线设计方法控制点属性表

曲线功能	贝塞尔曲线	控制点属性	控制点编号
面内形状控制	$\boldsymbol{B}_1$	固定端点	$\boldsymbol{P}_{11}, \boldsymbol{P}_{17}$
		约束控制点	$\boldsymbol{P}_{12}, \boldsymbol{P}_{13}, \boldsymbol{P}_{15}, \boldsymbol{P}_{16}$
		自由控制点	$\boldsymbol{P}_{14}$
	$\boldsymbol{B}_2$	固定端点	$\boldsymbol{P}_{21}, \boldsymbol{P}_{27}$
		约束控制点	$\boldsymbol{P}_{22}, \boldsymbol{P}_{23}, \boldsymbol{P}_{25}, \boldsymbol{P}_{26}$
		自由控制点	$\boldsymbol{P}_{24}$
面外仰角控制	$\boldsymbol{B}_3$	固定端点	$\boldsymbol{P}_{31}, \boldsymbol{P}_{37}$
		约束控制点	$\boldsymbol{P}_{32}, \boldsymbol{P}_{33}, \boldsymbol{P}_{35}, \boldsymbol{P}_{36}$
		自由控制点	$\boldsymbol{P}_{34}$

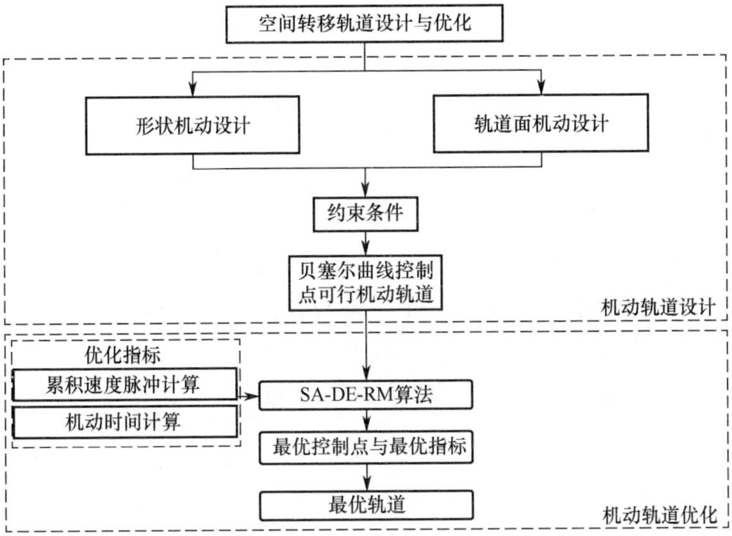

图 3-29　空间机动轨道设计与优化流程框图

下面具体解释上述流程的细节。首先在通过机动轨道设计已经获得轨道形状和轨道速度后，r、φ对θ的各阶导数均为已知，为后续表述方便，由式（3-133）和式（3-134）给出。上文给出了空间机动问题具体的优化变量，本小节将给出具体的指标函数计算，为后续使用优化算法进行空间机动轨道优化提供支持。

$$r' = \frac{\partial r}{\partial \theta} \quad r'' = \frac{\partial^2 r}{\partial \theta^2} \quad r''' = \frac{\partial^3 r}{\partial \theta^3} \tag{3-133}$$

$$\varphi' = \frac{\partial \varphi}{\partial \theta} \quad \varphi'' = \frac{\partial^2 \varphi}{\partial \theta^2} \quad \varphi''' = \frac{\partial^3 \varphi}{\partial \theta^3} \tag{3-134}$$

根据文献[5]和文献[6]，可知θ对t的1阶导数和2阶导数有以下表达式，即

$$\frac{\partial \theta}{\partial t} = \sqrt{\frac{\mu}{Dr^2}} \tag{3-135}$$

$$\frac{\partial^2 \theta}{\partial t^2} = -\left(\frac{\partial \theta}{\partial t}\right)^2 \left(\frac{D'}{2D} + \frac{r'}{r}\right) \tag{3-136}$$

式中：参数D和D'由式（3-137）和式（3-138）给出[6]，参数D仅是一个为表述方便而取的中间参数，并无实际物理意义，其只与矢径r和仰角φ的值与各阶导数有关，因此在轨道状态确定的情况下均为已知参数，从而可获得θ对t的1阶导数和2阶导数，即

$$D = -r'' + 2\frac{r'^2}{r} + r'\varphi'\frac{\varphi'' - \sin\varphi\cos\varphi}{\varphi'^2 + \cos^2\varphi} + r(\varphi'^2 + \cos^2\varphi) \tag{3-137}$$

$$\begin{aligned} D' = &-r''' - 2\frac{r'^3}{r^2} + \frac{4}{r}r'r'' + (r''\varphi' + r'\varphi'')\frac{\varphi'' - \sin\varphi\cos\varphi}{\varphi'^2 + \cos^2\varphi} + r'\varphi'\frac{\varphi''' - \varphi'\cos(2\varphi)}{\varphi'^2 + \cos^2\varphi} - \\ &r'\varphi'\frac{\varphi'' - \sin\varphi\cos\varphi}{(\varphi'^2 + \cos^2\varphi)^2}[2\varphi'\varphi'' - \varphi'\sin(2\varphi)] + r'\varphi'^2 + 2r\varphi'\varphi'' + r'\cos^2\varphi - r\varphi'\sin(2\varphi) \end{aligned} \tag{3-138}$$

由文献[5]和[6]可知，轨道机动对应的控制量为

$$\boldsymbol{T} = \mu\frac{\boldsymbol{r}}{r^3} + \frac{\partial^2\theta}{\partial t^2}\frac{\partial \boldsymbol{r}}{\partial \theta} + \left(\frac{\partial \theta}{\partial t}\right)^2 \frac{\partial^2 \boldsymbol{r}}{\partial \theta^2} = \frac{\mu}{r^2}\tilde{\boldsymbol{e}}_r + \frac{\partial^2\theta}{\partial t^2}\tilde{\boldsymbol{v}} + \left(\frac{\partial \theta}{\partial t}\right)^2 \tilde{\boldsymbol{a}} \tag{3-139}$$

其中

$$\tilde{\boldsymbol{e}}_r = \begin{bmatrix} \cos\theta\cos\varphi & \sin\theta\cos\varphi & \sin\varphi \\ -\sin\theta & \cos\theta & 0 \\ -\cos\theta\sin\varphi & -\sin\theta\sin\varphi & \cos\varphi \end{bmatrix} \cdot \begin{bmatrix} \cos\theta\cos\varphi \\ \sin\theta\cos\varphi \\ \sin\varphi \end{bmatrix} \tag{3-140}$$

$$\tilde{\boldsymbol{v}} = \begin{bmatrix} r'' \\ r\cos\varphi \\ r\varphi' \end{bmatrix} \tag{3-141}$$

$$\tilde{\boldsymbol{a}} = \begin{bmatrix} r'' - r(\varphi'^2 + \cos^2\varphi) \\ 2r'\cos\varphi - 2r\varphi'\sin\varphi \\ 2r'\varphi' + r(\varphi'' + \sin\varphi\cos\varphi) \end{bmatrix} \tag{3-142}$$

进而，通过与平面机动轨道设计中类似的积分方法即可获得累积速度增量Δv，累积速度增量就是轨道优化的指标函数Q，通过对式（3-135）积分，可获得轨道机动的时间。

3.3.2 空间交会轨迹设计与优化

为了解决空间交会问题，本小节通过与平面交会问题相同的处理方式，利用梯度下降修正实现机动时间匹配。

根据轨道力学可知，轨道周期受轨道高度直接影响，而与轨道面无关，因此在空间转移轨道设计过程中的优化迭代部分只引入梯度下降方法对控制形状的两条贝塞尔曲线的自由控制点矢径值进行修正，即可使交会时间满足的额外时间约束（仿真中取 $\Delta t_{\mathrm{fixed}} = 200\mathrm{TU}$ ），从而满足空间交会任务。本小节将在图 3-29 所示的空间轨道机动问题流程图的基础上，通过在机动轨道设计和机动轨道优化过程之间引入梯度下降方法来对面内形状机动的贝塞尔曲线自由控制点实施修正，实现空间交会轨道的设计与优化，具体流程如图 3-30 所示。与机动轨道设计的区别在于轨道设计和轨道优化部分中间加入了梯度下降修正算法实现交会时间匹配，设计中的梯度下降算法与平面交会问题完全相同，机动轨道设计与机动轨道优化部分与图 3-29 所示的空间转移问题完全相同，这里不再赘述。

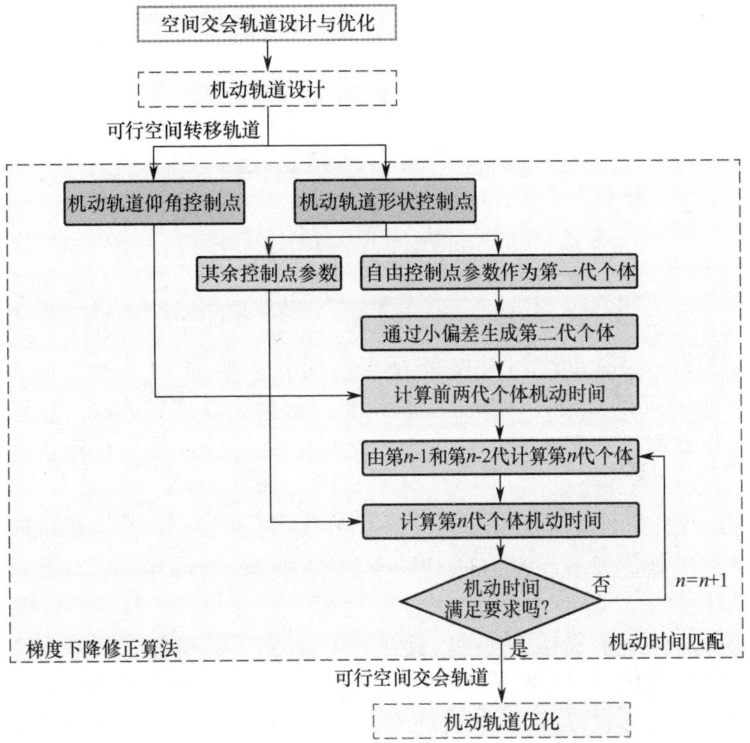

图 3-30　空间交会轨道优化设计流程框图

3.3.3 仿真验证

1. 空间轨道机动任务仿真

初始轨道和目标轨道如表 3-12 所列，其中，单位无量纲化与平面轨道机动相同。优化过程中，每一代个体数设为 20，迭代代数为 200 和 500。优化变量为约束控制点参数 k_{i2}、k_{i3}、k_{i5}、$k_{i6}(i=1,2,3)$ 和自由控制点参数 r_{14}、θ_{14}、r_{24}、θ_{24}、φ_{34}、θ_{34}，对应优化算法中的 X_i，目标函数为 $\min Q=\Delta v$，寻找燃耗最小的转移轨道。参数 N 代表转移所需轨道周期数，T 代表每一时刻所需的推力。

表 3-12 初始轨道和目标轨道的轨道要素

轨道	a/DU	e	i/(°)	Ω/(°)	ω/(°)	f/(°)
初始轨道	2	0.3	10	10	0	0
目标轨道	8	0.6	40	40	0	0

需要注意的是在实际仿真中，由于本章的坐标系参考轨道面为初始轨道面，因此赤道平面为参考面的球坐标系下轨道要素要转化到本章的坐标系下，应更新为 $\Omega_1'=\Omega_2'=0$、$i_1'=0$、$i_2'=31.6716°$、$\omega_1'=-37.7430°$、$\omega_2'=-9.5184°$，其余参数保持不变，转化过程相当于求解一个球面三角形，具体过程为

$$i_2'=\arccos(\sin i_1\cdot\sin(\pi-i_2)\cdot\cos(\Omega_2-\Omega_1)-\cos i_1\cdot\cos(\pi-i_2)) \tag{3-143}$$

$$\omega_1'=-\arcsin\left(\frac{\sin(\Omega_2-\Omega_1)\cdot\sin(\pi-i_2)}{\sin i_2'}\right) \tag{3-144}$$

$$\omega_2'=-\arcsin\left(\frac{\sin(\Omega_2-\Omega_1)\cdot\sin(i_1)}{\sin i_2'}\right) \tag{3-145}$$

当优化算法迭代 200 次时，机动周期数 N=3 时，设计结果如表 3-13 所列。空间轨道机动的推力变化曲线如图 3-31 所示，图中分别给出了三个方向的推力分量和总推力大小。可以看出设计结果的累积速度增量为 0.5252 VU，小于文献[5]的设计结果，机动时间也是如此。这是因为文献[5]过早施加推力导致轨道平均周期增大。

图 3-32 是控制面内形状机动的两条贝塞尔曲线和控制面外仰角机动的贝塞尔曲线的设计结果具体细节，图 3-33 和图 3-34 分别是设计结果的矢径变化规律图和空间机动轨道图。

随着设计方法中的进化迭代的继续进行，在 N=3 的情况下，当迭代到 500 次时，从图 3-35 可以看出相比于 200 步迭代结果，第一个推力峰值向后延迟了大约一个轨道周期，这也导致表 3-13 所列设计结果中的机动时间进一步减小。同时，从表 3-13 中还可以看出，随着优化代数从 200 增加到 500，设计结果的累积速度增量进一步降低为 0.4488VU，仅为文献[5]算法设计结果的 78%。表中还给出了当

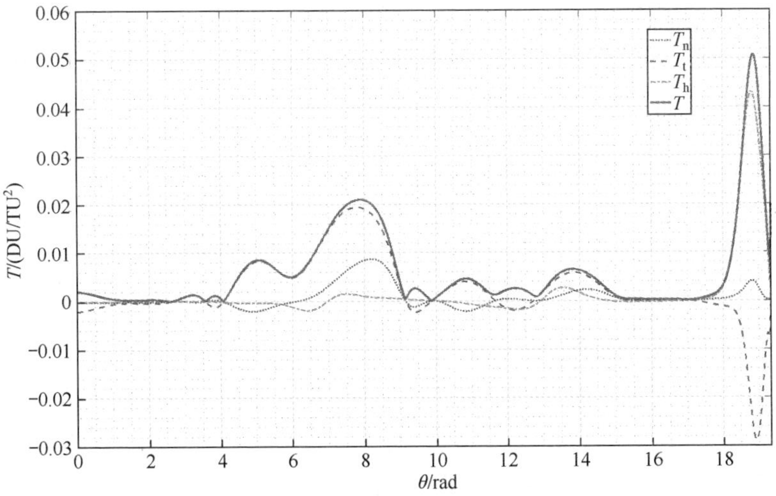

图 3-31 空间机动轨道推力变化曲线（g=200）

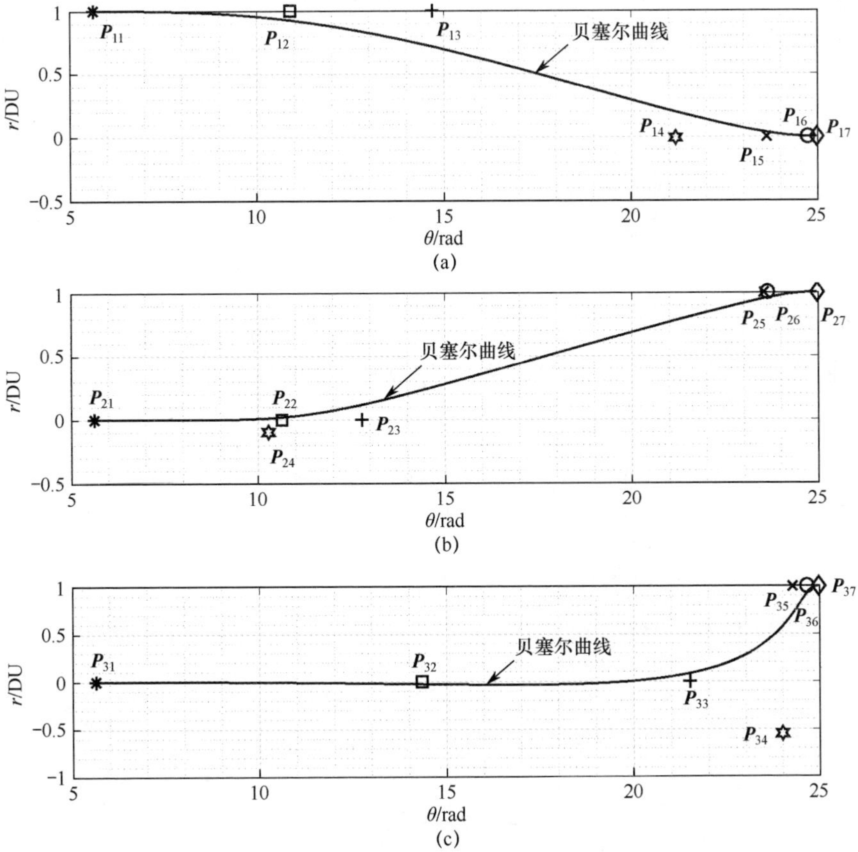

图 3-32 空间机动轨道贝塞尔曲线细节图（g=200）

$N=1,2,\cdots,5$ 时不同情况下的仿真结果，均可以看出本章方法的设计结果累积速度增量和机动时间都小于文献[5]。而推力峰值较大的问题，通过分段设计方法或优化中添加最大推力峰值约束的方法可以解决。

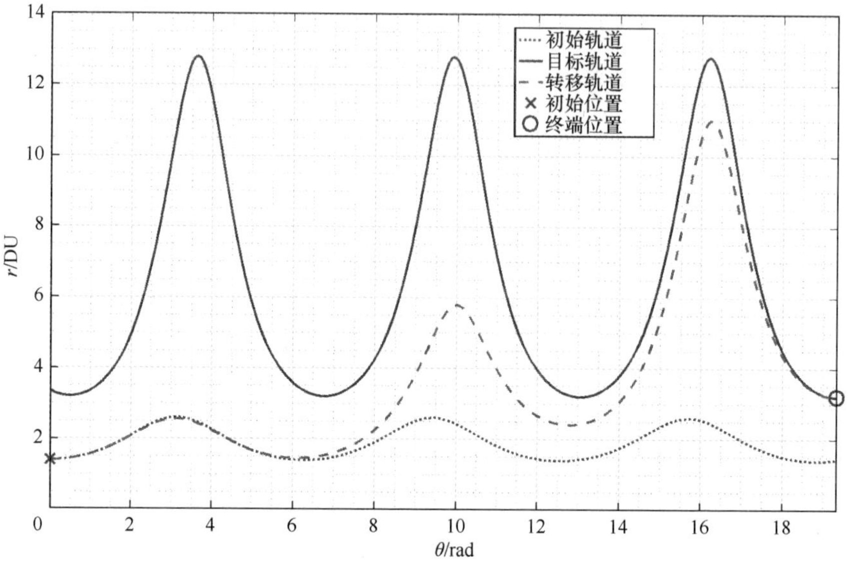

图 3-33 空间机动轨道矢径变化曲线图（g=200）

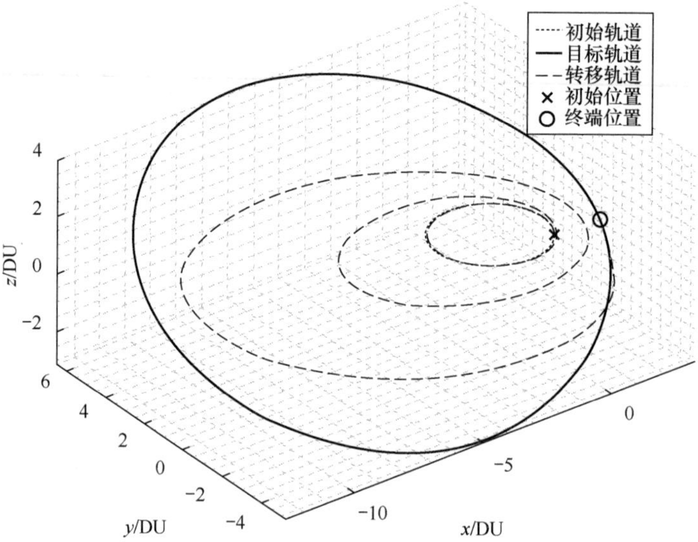

图 3-34 空间机动轨道图（g=200）

表 3-13　空间机动轨道贝塞尔曲线设计方法与文献[5]仿真结果对比

N	文献[5]			贝塞尔方法			
	Δv/VU	Δt/TU	T_{max}/(VU/TU^2)	优化代数 g	Δv/VU	Δt/TU	T_{max}/(VU/TU^2)
1	0.5999	78.66	0.1060	200	0.4164	73.72	0.0540
				500	0.3879	43.67	0.0374
2	0.5807	156.51	0.0411	200	0.4420	99.16	0.0440
				500	0.4294	97.78	0.0434
3	0.5733	230.36	0.0368	200	0.5252	180.54	0.0508
				500	0.4488	122.35	0.0427
4	0.5795	305.19	0.0252	200	0.5373	151.97	0.0374
				500	0.4702	146.83	0.0411
5	0.6401	380.20	0.0234	200	0.5300	148.91	0.0367
				500	0.4697	134.10	0.0351

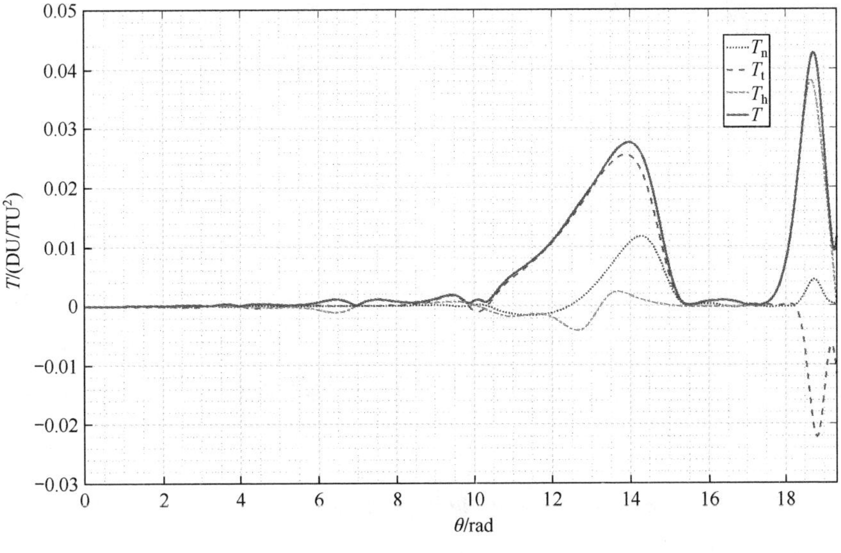

图 3-35　空间机动轨道推力变化曲线（g=500）

表 3-15 分别给出了迭代 500 次时的设计结果，包括两条控制形状的贝塞尔曲线和一条控制仰角的贝塞尔曲线控制点的具体参数设计结果。

图 3-36 所示为迭代 500 次时 3 条贝塞尔的变化趋势图，可以看出相比于迭代 200 次的结果，贝塞尔曲线的变化和推力变化曲线类似地向后延迟了大约一个周期，这也导致机动过程的前几个周期矢径和轨道基本变化不大，如图 3-37 和图 3-38 所示。从图 3-38 中可以看出，前几个周期的机动轨道基本与初始轨道差别不大，直到最后一个周期才明显有一个类似于双脉冲机动的轨道变化形式，这种优化的结果也符合轨道机动动力学中的双脉冲机动燃料最优的结论。

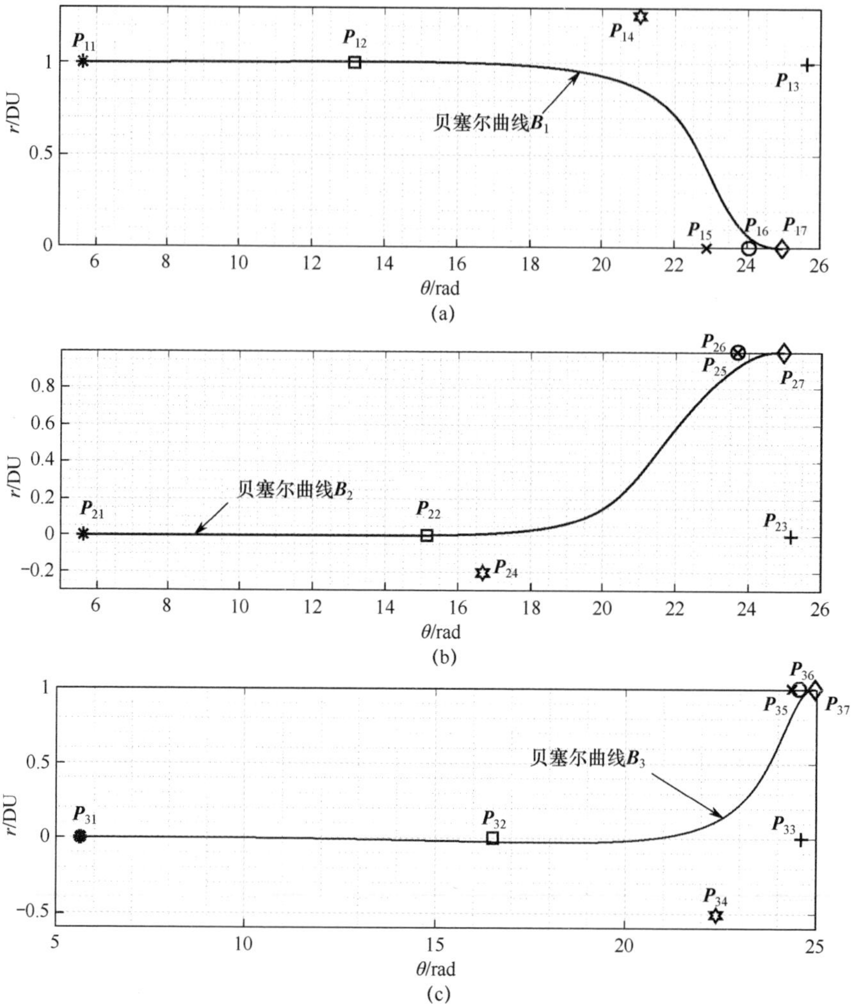

图 3-36　空间机动轨道贝塞尔曲线细节图（g=500）

2. 空间交会任务仿真

这里以双 6 阶贝塞尔设计方法为例，对空间交会轨道的优化设计进行详细介绍。仿真中当进化代数为 200 代时，设计结果如表 3-16 所列，从仿真结果可以看出，交会时间满足任务要求，且累积速度增量和最大推力需求变化不大。自由控制是参数修正后的轨道变化如图 3-39 所示。从图 3-39 可以看出，考虑速度、位置及机动时间匹配的交会任务和只考虑速度、位置匹配的转移任务相比，轨道明显有所不同，为了使轨道周期满足 $\Delta t_{\text{fixed}} = 200\text{TU}$ 的约束，轨道平均高度明显有所提升以增加机动时间，对应的推力曲线（图 3-40）也有很大不同。至此，空间交会任务就通过自由控制点的修正得以实现。

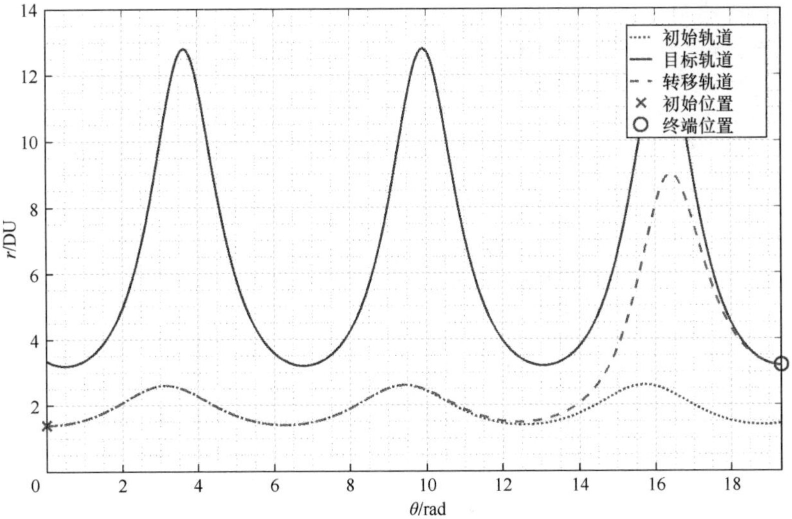

图 3-37 空间机动轨道矢径变化曲线图（g=500）

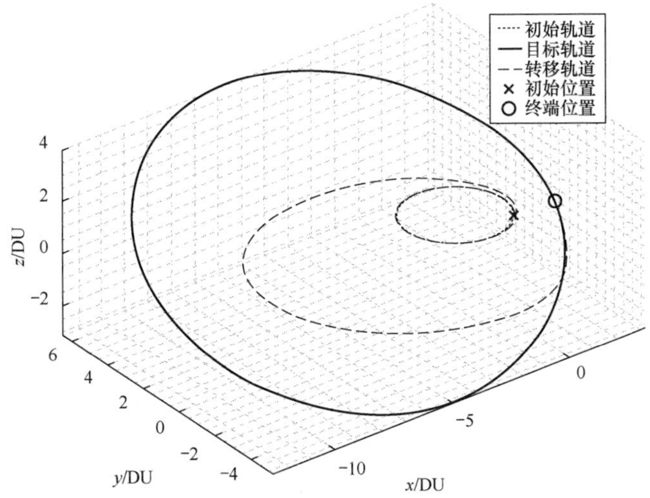

图 3-38 空间机动轨道图（g=500）

表 3-14 空间机动轨道形状控制点参数表（g=500）

控制点	θ_i/rad	r_i/DU	控制点	θ_i/rad	r_i/DU
$\boldsymbol{P}_{11}$	0	1	$\boldsymbol{P}_{21}$	0	0
$\boldsymbol{P}_{12}$	7.5489	1	$\boldsymbol{P}_{22}$	9.5261	0
$\boldsymbol{P}_{13}$	20.0159	1	$\boldsymbol{P}_{23}$	19.5606	0
$\boldsymbol{P}_{14}$	15.4140	1.2563	$\boldsymbol{P}_{24}$	11.0618	−0.2014
$\boldsymbol{P}_{15}$	17.2620	0	$\boldsymbol{P}_{25}$	18.0647	1
$\boldsymbol{P}_{16}$	18.4382	0	$\boldsymbol{P}_{26}$	18.0825	1
$\boldsymbol{P}_{17}$	19.3422	0	$\boldsymbol{P}_{27}$	19.3422	0

表 3-15 空间机动轨道仰角控制点参数表（g=500）

控制点	θ_i/rad	φ_i	控制点	θ_i/rad	φ_i
$\boldsymbol{P}_{11}$	0	0	$\boldsymbol{P}_{15}$	18.7276	1
$\boldsymbol{P}_{12}$	10.8853	0	$\boldsymbol{P}_{16}$	18.9283	1
$\boldsymbol{P}_{13}$	18.9934	0	$\boldsymbol{P}_{17}$	19.3422	1
$\boldsymbol{P}_{14}$	16.7621	−0.0508			

表 3-16 空间转移任务与交会任务仿真结果对比

任务类型	满足时间约束	Δv/VU	Δt/TU	$T_{\max}$/(VU/TU^2)
转移任务	否	0.5252	180.54	0.0508
交会任务	是	0.4970	200.00	0.0600

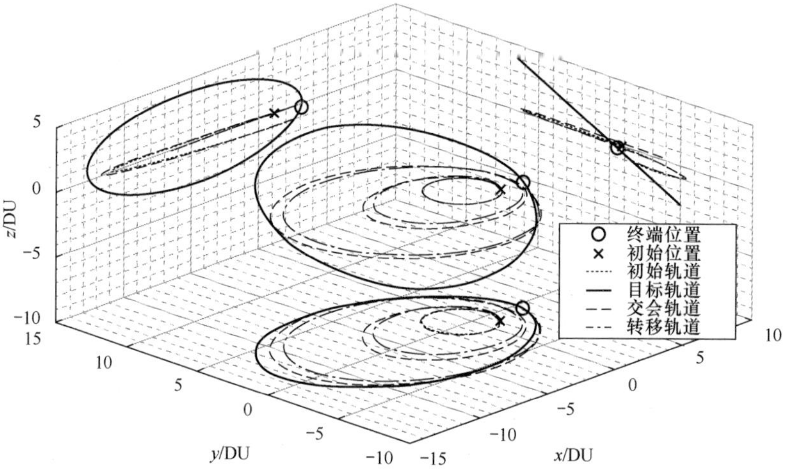

图 3-39 自由控制点参数修正后的轨道变化

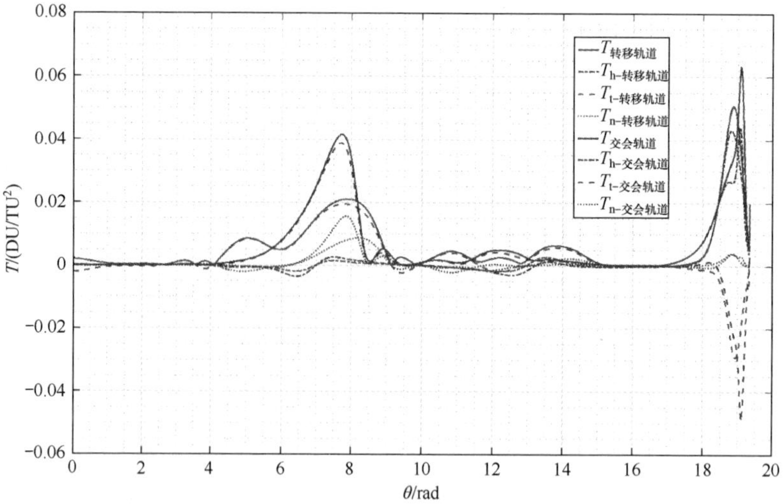

图 3-40 自由控制点参数修正后推力曲线变化（彩图见书末）

小　结

本章通过对基于贝塞尔曲线的面内机动轨道与交会轨迹设计与优化、空间机动轨道与交会轨迹设计与优化的深入研究，形成了基于贝塞尔曲线的机动轨道设计与优化方法。

首先，将贝塞尔曲线的基本特点与轨道机动问题相结合，提出了用贝塞尔曲线与轨道形状方程的复合函数描述和设计机动轨道的思路，并给出了轨道机动相应的约束条件、控制点设计和累积速度增量计算，所设计的控制点和计算得到的累积速度增量即为轨道优化过程的优化变量与指标函数。然后，进行了单5阶贝塞尔曲线机动轨道设计方法、两条贝塞尔曲线独立的双6阶贝塞尔曲线机动轨道设计方法研究，并进行了相应的机动轨道设计与优化仿真。仿真结果表明，基于贝塞尔曲线的机动轨道优化设计方法的设计结果远优于其他方法，但存在推力峰值过大的问题。最后，通过自由分段点的引入提出了多段式贝塞尔曲线机动轨道设计方法，解决了推力峰值过大问题，并进一步优化了性能指标。

在平面机动轨道设计与优化研究的基础上，通过梯度下降算法对自由控制点进行修正来调整机动时间，解决了有机动时间约束的轨道交会问题，并进一步利用贝塞尔曲线机动轨道设计方法解决了空间轨道转移和交会问题，形成了空间机动轨道与交会轨迹的优化设计方法，进行了算例仿真和有效性验证。

机动轨道与交会轨迹优化设计的研究结果表明，基于贝塞尔曲线的机动轨道与交会轨迹设计与优化方法在求解时间和降低燃料消耗方面具有优势，该方法在连续小推力轨道设计与优化、面向任务的标称机动轨道快速优化设计中具有重要应用。

参考文献

[1] WALL B J, CONWAY B A. Shape-based approach to low-thrust rendezvous trajectory design [J]. Journal of Guidance, Control, and Dynamics, 2009, 32(1): 95-101.

[2] WALL B J, POLS B, LANKTREE B. Shape-based approximation method for low-thrust interception and rendezvous trajectory design [J]. Advances in the Astronautical Sciences, 2010, 36(2): 1447-1458.

[3] CHOE R, PUIGNAVARO J, CICHELLA V, et al. Cooperative trajectory generation using pythagorean hodograph bezier curves [J]. Journal of Guidance, Control, and Dynamics, 2016, 39(8): 1-20.

[4] XIE C Q, ZHANG G, ZHANG Y C. Simple shaping approximation for low-thrust trajectories between coplanar elliptical orbits [J]. Journal of Guidance, Control, and Dynamics, 2015, 38(12): 2448-2455.

[5] XIE C Q, ZHANG G, ZHANG Y C. Shaping approximation for low-thrust trajectories with large out-of-plane motion [J]. Journal of Guidance, Control, and Dynamics, 2016, 39(12): 2776-2785.

[6] NOVAK D M, VASILE M. Improved shaping approach to the preliminary design of low-thrust trajectories [J]. Journal of Guidance, Control, and Dynamics, 2011, 34(1): 128-147.

[7] 谢成清. 基于正切推力的轨迹优化问题研究 [D]. 哈尔滨:哈尔滨工业大学, 2016.

[8] 姚玮. 基于 Bézier 曲线和悬浮轨道的机动轨道设计与优化方法 [D]. 西安:西北工业大学, 2018.

[9] PETROPOULOS A E, LONGUSKI J M. Shape-based algorithm for the automated design of low-thrust, gravity assist trajectories [J]. Journal of Spacecraft & Rockets, 2004, 41(5):787-796.

[10] YAO W, LUO J J, MACDONALD M, et al. Improved differential evolution algorithm and its applications to orbit design [J]. Journal of Guidance, Control, and Dynamics, 2018, 41(4): 935-942.

04 第4章 基于主矢量理论的椭圆轨道交会最优脉冲序列求解

4.1 引言

空间交会问题本质上是一种航天器机动轨道优化设计问题。由于航天器携带的燃料有限，因此燃料最优交会成为这一领域的重要问题[1]。第3章介绍了一种连续推力机动轨道优化设计方法，本章研究一种脉冲机动轨道优化设计方法；同时，考虑到大多数成为太空垃圾的运载火箭末级或上面级、未入轨的航天器等空间非合作目标在椭圆轨道运动，面向未来的空间碎片主动清除和在轨航天器服务需求，重点研究椭圆轨道交会燃料最优的脉冲序列求解方法。

众所周知，圆参考轨道燃料最优多脉冲交会问题已经被研究了几十年，并广泛应用于工程实际，但椭圆参考轨道下的多脉冲交会问题研究还未取得成熟的工程应用。这一方面是因为目前的空间任务需求和工程实践中已完成和计划实施的大部分空间交会任务主要是在圆参考轨道附近进行的；另一方面是因为椭圆参考轨道下的空间多脉冲交会问题远比圆参考轨道的相应问题难。空间交会作为一类航天器相对运动规划与控制问题，圆参考轨道下的相对运动动力学可被简化为一种线性定常系统进行研究，而椭圆参考轨道下的相对运动动力学只能被建模为线性时变系统[2]。对于线性定常系统，其多脉冲交会制导与控制可以被表示为状态量的解析函数，因而其燃料最优问题具有较为清晰的极值分布规律，可采用多种优化方法解析求解或快速数值计算。然而，对于线性时变系统而言，其稳定性本身无法通过系统矩阵特征值直接进行判断，且多脉冲控制也很难被表示为状态量的解析函数。这就给椭圆轨道空间交会的多脉冲燃料最优求解带来了困难。

燃料最优脉冲交会问题本质上为最优控制问题，其求解方法通常可以分为两类，即直接法和间接法。直接法[3]以脉冲矢量及其施加时刻为优化变量，将最优控制问题描述为非线性规划问题，进行优化求解。燃料最优控制问题一般将特征速度作为代价函数，而代价函数一般为非凸函数。由于非凸的特性，直接法有可能陷入局部最小值而无法保证获得全局最优解。智能优化算法在统计学意义上能够获得全局最优解，在航天领域有广泛的应用，但是这些算法通常计算量较大且仍然存在一定概率陷入局部最小值。间接法[4]将机动轨道优化问题转化为两点边值问题进行处理，典型的算法有最速下降法、牛顿法、拟牛顿法、共轭梯度法、打靶法等。间接法的优点是计算量比直接法要小很多，其缺点是需要求解状态方程和协态方程，且对初始猜测值较为敏感。

基于主矢量理论求解最优脉冲序列是一种间接法。主矢量理论由 Lawden 在研究空间最优交会问题时建立，是基于最优控制的 Mayer 问题推导得到的，其中主矢量定义为与速度相关的 3 个伴随变量[5]。该理论后来在燃料最优问题中应用较多，且在燃料最优脉冲序列求解问题中取得了丰富的成果。Lawden 的主矢量理论给出了二次反比引力场下固定时间交会问题最优脉冲序列必须满足的必要条件。但该理论没有给出充分条件，因此不能保证满足必要条件的脉冲序列一定是最优的，也不能用来求解脉冲序列或者对非最优脉冲序列进行改进。因而对于如何获得多脉冲交会最优解没有给出完备的解决方案。随后，Lion 和 Handelsman[6]将主矢量理论用于固定时间脉冲交会轨迹求解，在二次反比引力场下提出了一些非最优脉冲序列的改进策略，包括移动脉冲施加时刻和施加位置、增加脉冲数目。Prussing 和 Chiu[7]针对圆轨道交会问题，将其简化为线性定常系统，建立了固定交会时间的燃料最优多脉冲控制解。Prussing[8]对主矢量理论进行了进一步研究和改进，证明了如果运动方程是线性的，Lawden 必要条件同时也是充分条件。这样，对于轨道坐标系下的线性相对运动来说，满足 Lawden 必要条件的解即为全局最优解。另外，也有不少学者将主矢量理论和现代优化算法相结合，为多脉冲最优交会问题提供更有效的求解方法，如 Luo 等[9]的研究工作。目前，基于主矢量理论求解最优脉冲序列的研究主要基于以下两方面的研究成果：①Lawden 必要条件，该条件可以用来判断脉冲序列的最优性；②Lion 和 Handelsman 提出的非最优脉冲序列改进策略。有关主矢量理论及其应用的研究，大多集中在圆参考轨道附近的线性定常系统交会问题。尽管主矢量理论以及针对线性定常系统改进的主矢量理论取得了不错的应用，但针对线性时变系统（如椭圆参考轨道下的交会问题）的应用仍面临两方面的不足和挑战：一是如何根据脉冲序列快速有效地计算主矢量及其 1 阶导数；二是当获得的多脉冲解不满足最优性条件时，如何修正这些脉冲解以便快速地收敛到最优解。其中，关于第二个问题，Lion 和 Handelsman 在二次反比引力场下提出了两种改进策略，即移动脉冲和增加脉冲数目，但其理论分析和方法并不全面，在增加脉冲数目的改进策略中仅推导了增加中间脉冲的判断条件，而未从理论上推导并给出判断是否增加初始或末端脉冲的条件。

由于大多数空间非合作目标没有运动控制能力，同时考虑到运载火箭末级或上面级、未入轨的航天器等空间非合作目标大多运动在椭圆轨道，因此，面向空间在轨服务的交会轨道设计与优化，需要进一步研究一般椭圆轨道交会的脉冲优化控制。鉴于主矢量理论在判断和改进最优解方面的重要价值，以及与现代优化算法相结合能有效改进求解效率的潜在优势，本章将进一步完善主矢量理论，并将其应用于椭圆轨道交会的燃料最优脉冲序列求解问题中。

本章针对椭圆轨道脉冲交会燃料最优问题，研究固定时间交会的全局燃料最优脉冲序列求解问题，并将主矢量理论拓展到固定脉冲数目的最优交会问题中，求解最优交会时间。本章的内容包括 4 个部分：首先建立椭圆轨道脉冲交会的燃料最优问题的模型；其次推导主矢量及其 1 阶导数的解析表达式，给出最优脉冲序列充要条件；然后对于不满足充要条件的非最优脉冲序列研究改进策略；最后基于主矢量理论与梯度下降法，针对固定时间交会问题和固定脉冲数目交会问题，设计最优脉冲序列求解算法，并针对共面和非共面椭圆轨道脉冲交会的典型情况进行仿真验证。

4.2 椭圆轨道脉冲交会燃料最优问题

与 TH 方程相比，CW 方程形式简单，具有完整的解析解，但其仅能够描述参考轨道为圆轨道或近圆轨道的相对运动，描述大偏心率参考轨道的相对运动时误差较大；而 TH 方程能够描述任意偏心率参考轨道的相对运动。在本章的研究中，考虑目标运行在任意偏心率的椭圆轨道上，因此，选择 TH 方程描述追踪器（服务航天器）与目标航天器之间的相对运动。根据 2.2 节坐标系的介绍和定义，在目标航天器上建立 LVLH（local-vertical-local-horizontal）轨道坐标系：坐标系原点位于目标质心；x 轴由地心指向目标质心；z 轴与轨道法线同向；y 轴由右手法则确定。根据 2.3 节 LVLH 坐标系下椭圆参考轨道的相对运动方程，TH 方程的状态空间形式为[10]

$$\dot{\boldsymbol{X}}(t) = \boldsymbol{A}(t)\boldsymbol{X}(t) + \boldsymbol{B}\boldsymbol{u}(t) \tag{4-1}$$

式中：$\boldsymbol{X} = [\boldsymbol{r};\boldsymbol{v}] \in \mathbb{R}^{6\times1}$，为 t 时刻的状态向量，$\boldsymbol{r}$ 为追踪器在目标轨道坐标系中的位置矢量，$\boldsymbol{v} = \dot{\boldsymbol{r}}$ 是相应的速度矢量。

式（4-1）中的其他项为

$$\boldsymbol{A} = \begin{bmatrix} \boldsymbol{A}_{11} & \boldsymbol{A}_{12} \\ \boldsymbol{A}_{21} & \boldsymbol{A}_{22} \end{bmatrix}，\quad \boldsymbol{A}_{11} = \boldsymbol{0}_{3\times3}，\quad \boldsymbol{A}_{12} = \boldsymbol{I}_{3\times3}$$

$$\boldsymbol{A}_{21} = \begin{bmatrix} 2k\dot{f}^{3/2} + f^2 & \ddot{f} & 0 \\ -\ddot{f} & -k\dot{f}^{3/2} + \dot{f}^2 & 0 \\ 0 & 0 & -k\dot{f}^{3/2} \end{bmatrix}，\quad \boldsymbol{A}_{22} = \begin{bmatrix} 0 & 2\dot{f} & 0 \\ -2\dot{f} & 0 & 0 \\ 0 & 0 & 0 \end{bmatrix}$$

$$\boldsymbol{B} = [\boldsymbol{0}_{3\times3};\boldsymbol{I}_{3\times3}]，\quad \boldsymbol{u}(t) = \sum_{i=1}^{N} \delta_{\mathrm{D}}(t - t_i)\boldsymbol{u}_i$$

式中：$\boldsymbol{0}_{3\times3}$ 为 3×3 阶零矩阵；$\boldsymbol{I}_{3\times3}$ 为 3×3 阶单位矩阵；f 为目标真近点角；$\dot{f}$ 为轨道角速率；$k=\mu/(R^3\dot{f}^{3/2})$ 为常数，$R=|\boldsymbol{R}|$，$|\cdot|$ 表示矢量的模或欧氏范数，$\boldsymbol{R}$ 是目标航天器在惯性系中的位置矢量；μ 为地球引力常数；u_i 为 t_i 时的控制输入；δ_{D} 为 Dirac 函数，定义为

$$\delta_{\mathrm{D}}(t-t_i)=0\quad(t\neq t_i)$$

$$\begin{cases}\displaystyle\int_{-\infty}^{+\infty}\delta_{\mathrm{D}}(t-t_i)\mathrm{d}t=1\\ \displaystyle\int_{-\infty}^{+\infty}\delta_{\mathrm{D}}(t-t_i)\boldsymbol{u}_i\mathrm{d}t=\Delta\boldsymbol{v}_i\end{cases}\quad(t=t_i)$$

式中：$\Delta\boldsymbol{v}_i$ 为时间 t_i 处的控制脉冲。

忽略控制输入，TH 方程可以改写为

$$\boldsymbol{X}(t)=\boldsymbol{A}(t)\boldsymbol{X}(t)\tag{4-2}$$

文献[11]推导得到了 TH 方程的全新相对简单的解析解，便于工程应用。根据文献[11]和 2.3.2 节，式（4-2）的基础矩阵解为 $\boldsymbol{\psi}(t)\in\mathbb{R}^{6\times6}$，其具体表达式为

$$\boldsymbol{\psi}(t)=\boldsymbol{T}(t)^{-1}\cdot\boldsymbol{P}(t)\tag{4-3}$$

其中

$$\boldsymbol{T}=\begin{bmatrix}\rho\boldsymbol{I}_{3\times3} & \boldsymbol{0}_{3\times3}\\ -e\sin f\boldsymbol{I}_{3\times3} & \dfrac{1}{\rho}\sqrt{\dfrac{p^3}{\mu}}\boldsymbol{I}_{3\times3}\end{bmatrix},\quad \boldsymbol{T}^{-1}=\begin{bmatrix}\dfrac{1}{\rho}\boldsymbol{I}_{3\times3} & \boldsymbol{0}_{3\times3}\\ e\sin f\sqrt{\dfrac{\mu}{p^3}}\boldsymbol{I}_{3\times3} & \rho\sqrt{\dfrac{\mu}{p^3}}\boldsymbol{I}_{3\times3}\end{bmatrix}$$

$$\boldsymbol{P}=\begin{bmatrix}\varphi_1 & \varphi_2 & \varphi_3 & 0 & 0 & 0\\ -2S(\varphi_1) & -2S(\varphi_2) & -2S(2\varphi_3+1) & 1 & 0 & 0\\ 0 & 0 & 0 & 0 & \cos f & \sin f\\ \varphi_1 & \varphi_2 & \varphi_3 & 0 & 0 & 0\\ -2\varphi_1 & -2\varphi_2 & -2\varphi_3-1 & 0 & 0 & 0\\ 0 & 0 & 0 & 0 & -\sin f & \cos f\end{bmatrix}$$

$$\boldsymbol{P}^{-1}=\begin{bmatrix}4S(\varphi_2)+\varphi_2 & 0 & 0 & -\varphi_2 & 2S(\varphi_2) & 0\\ -4S(\varphi_1)-\varphi_1 & 0 & 0 & \varphi_1 & -2S(\varphi_1) & 0\\ -2 & 0 & 0 & 0 & -1 & 0\\ -2S(2\varphi_3+1)-\varphi_3 & 1 & 0 & \varphi_3 & -S(2\varphi_3+1) & 0\\ 0 & 0 & \cos f & 0 & 0 & -\sin f\\ 0 & 0 & \sin f & 0 & 0 & \cos f\end{bmatrix}$$

上述矩阵中涉及的中间函数具体表达式如下：

$$\varphi_1 = \rho \sin f$$

$$\varphi_1 = \rho \cos f - e \sin^2 f$$

$$S(\varphi_1) = -\cos f - \frac{1}{2} e \cos^2 f$$

$$\varphi_2 = \frac{e\varphi_1}{1-e^2}[D(f) - 3eL(f)] - \frac{\cos f}{\rho}$$

$$\varphi_3 = -\frac{\varphi_1}{1-e^2}[D(f) - 3eL(f)] - \frac{\cos^2 f}{\rho} - \cos^2 f$$

$$\varphi_2 = \frac{\varphi_1}{1-e^2}[D(f) - 3eL(f)] - \frac{e\sin f\cos f}{\rho} - \frac{\sin f}{\rho}$$

$$\varphi_3 = 2[\varphi_1 S(\varphi_2) - \varphi_2 S(\varphi_1)]$$

$$S(\varphi_2) = -\frac{\rho^2[D(f) - 3eL(f)]}{2(1-e^2)}$$

$$S(2\varphi_3 + 1) = \frac{e\sin f(2 + e\cos f)}{1-e^2} - \frac{3\rho^2 L(f)}{1-e^2}$$

$$D(f) = \frac{\sin f(2 + e\cos f)}{(1 + e\cos f)^2}$$

$$L(f) = \sqrt{\frac{\mu}{p^3}}t$$

式中：ρ 为目标轨道半正交弦，$\rho = 1 + e \cdot \cos f$；$e$ 为目标轨道偏心率，$0 \leqslant e < 1$。

TH 方程的由时间 t 到 $t+\tau$ 的状态转移矩阵 $\boldsymbol{\Phi}(t+\tau,t) \in \mathbb{R}^{6\times 6}$ 可以表示为

$$\boldsymbol{\Phi}(t+\tau,t) = \boldsymbol{\psi}(t+\tau) \cdot \boldsymbol{\psi}(t)^{-1} \tag{4-4}$$

此状态矩阵可以分解为以下分块矩阵，即

$$\boldsymbol{\Phi}(t+\tau,t) = \begin{bmatrix} \boldsymbol{\Phi}_{11}(t+\tau,t) & \boldsymbol{\Phi}_{12}(t+\tau,t) \\ \boldsymbol{\Phi}_{21}(t+\tau,t) & \boldsymbol{\Phi}_{22}(t+\tau,t) \end{bmatrix}$$

式中：$\boldsymbol{\Phi}_{11}(t+\tau,t) \in \mathbb{R}^{3\times 3}$；$\boldsymbol{\Phi}_{12}(t+\tau,t) \in \mathbb{R}^{3\times 3}$；$\boldsymbol{\Phi}_{21}(t+\tau,t) \in \mathbb{R}^{3\times 3}$；$\boldsymbol{\Phi}_{22}(t+\tau,t) \in \mathbb{R}^{3\times 3}$。

由状态矩阵定义可知，状态 $\boldsymbol{X}(t+\tau)$ 可以表示为状态 $\boldsymbol{X}(t)$ 的函数，即

$$\boldsymbol{X}(t+\tau) = \boldsymbol{\Phi}(t+\tau,t)\boldsymbol{X}(t) \tag{4-5}$$

本章假设控制输入为在时间 t_i 施加的 N 个速度脉冲序列 $\Delta \boldsymbol{v}_i$（$i = 1,2,\cdots,N$），因此在 t_i 时刻状态会出现突变现象，即有

$$\boldsymbol{X}(t_i^+) = \boldsymbol{X}(t_i^-) + \boldsymbol{B}\Delta \boldsymbol{v}_i \tag{4-6}$$

式中：上标 + 和 − 分别表示速度脉冲施加前和施加后的时刻。

目标轨道 LVLH 坐标系下的双脉冲交会问题如图 4-1 所示，问题的实质为如何根据飞行时间和初末相对位置矢量确定速度脉冲和转移轨道，即已知 $\boldsymbol{r}_i$、t_i、$\boldsymbol{r}_{i+1}$、

t_{i+1}，如何确定 $\boldsymbol{v}_i^+$ 和 $\boldsymbol{v}_{i+1}^-$，进而确定控制脉冲 $\Delta\boldsymbol{v}_i$ 和 $\Delta\boldsymbol{v}_{i+1}$。由式（4-5）的分块矩阵形式可知：

$$\begin{bmatrix}\boldsymbol{r}_{i+1}\\ \boldsymbol{v}_{i+1}^-\end{bmatrix}=\begin{bmatrix}\boldsymbol{\Phi}_{11}(t_{i+1},t_i) & \boldsymbol{\Phi}_{12}(t_{i+1},t_i)\\ \boldsymbol{\Phi}_{21}(t_{i+1},t_i) & \boldsymbol{\Phi}_{22}(t_{i+1},t_i)\end{bmatrix}\begin{bmatrix}\boldsymbol{r}_i\\ \boldsymbol{v}_i^+\end{bmatrix} \tag{4-7}$$

因此，$\boldsymbol{v}_i^+$ 和 $\boldsymbol{v}_{i+1}^-$ 可由以下公式计算，即

$$\begin{cases}\boldsymbol{v}_i^+=\boldsymbol{\Phi}_{12}^{-1}(t_{i+1},t_i)[\boldsymbol{r}_{i+1}-\boldsymbol{\Phi}_{11}(t_{i+1},t_i)\cdot\boldsymbol{r}_i]\\ \boldsymbol{v}_{i+1}^-=\boldsymbol{\Phi}_{21}(t_{i+1},t_i)\cdot\boldsymbol{r}_i+\boldsymbol{\Phi}_{21}(t_{i+1},t_i)\cdot\boldsymbol{v}_i^+\end{cases} \tag{4-8}$$

速度脉冲 $\Delta\boldsymbol{v}_i$ 和 $\Delta\boldsymbol{v}_{i+1}$ 分别为

$$\begin{cases}\Delta\boldsymbol{v}_i=\boldsymbol{v}_i^+-\boldsymbol{v}_i^-\\ \Delta\boldsymbol{v}_{i+1}=\boldsymbol{v}_{i+1}^+-\boldsymbol{v}_{i+1}^-\end{cases} \tag{4-9}$$

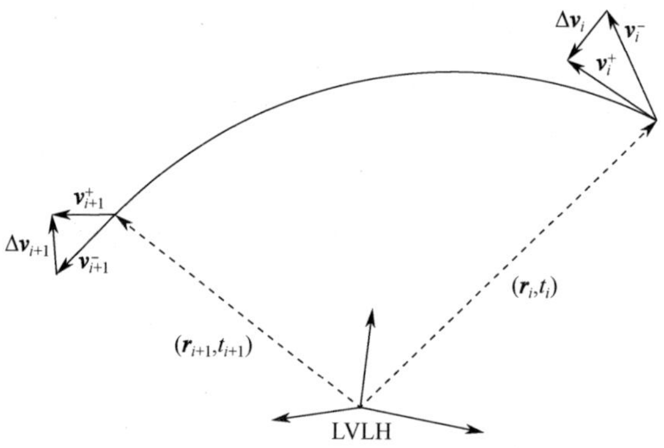

图 4-1 目标轨道 LVLH 坐标系下的双脉冲交会问题

对于燃料最优问题，代价函数为所有速度脉冲欧氏范数的和（即特征速度），该函数为非凸函数，即燃料最优脉冲交会问题为非凸问题，采用直接法求解容易陷入局部最小值。考虑到 N 脉冲交会问题可以分解为以下的 $N-1$ 个双脉冲交会问题，即

$$\begin{cases}\{\boldsymbol{r}_1,t_1\}\to\{\boldsymbol{r}_2,t_2\}\\ \quad\vdots\\ \{\boldsymbol{r}_i,t_i\}\to\{\boldsymbol{r}_{i+1},t_{i+1}\}\\ \quad\vdots\\ \{\boldsymbol{r}_{N-1},t_{N-1}\}\to\{\boldsymbol{r}_N,t_N\}\end{cases} \tag{4-10}$$

这样，选择 N、t_1、t_N、t_j、$\boldsymbol{r}_j$ 为优化变量，椭圆轨道固定时间脉冲交会燃料最优问题可以描述为

$$\min \qquad J=\sum_{i=1}^{N}|\Delta\boldsymbol{v}_i| \tag{4-11}$$

s.t.
$$\boldsymbol{X}_0=[\boldsymbol{r}_0\,;\boldsymbol{v}_0] \tag{4-12}$$
$$\boldsymbol{X}_{\mathrm{f}}=[\boldsymbol{r}_{\mathrm{f}};\boldsymbol{v}_{\mathrm{f}}] \tag{4-13}$$
$$\boldsymbol{X}_1=\boldsymbol{\Phi}(t_1,t_0)\boldsymbol{X}_0 \tag{4-14}$$
$$\boldsymbol{X}_N=\boldsymbol{\Phi}(t_{\mathrm{f}},t_N)^{-1}\boldsymbol{X}_{\mathrm{f}} \tag{4-15}$$
$$\boldsymbol{v}_i^+=\boldsymbol{\Phi}_{12}^{-1}(t_{i+1,t_i})[\boldsymbol{r}_{i+1}-\boldsymbol{\Phi}_{11}(t_{i+1},t_i)\cdot\boldsymbol{r}_i] \tag{4-16}$$
$$\boldsymbol{v}_{i+1}^-=\boldsymbol{\Phi}_{21}(t_{i+1,t_i})\cdot\boldsymbol{r}_i+\boldsymbol{\Phi}_{22}(t_{i+1,t_i})\cdot\boldsymbol{v}_i^+ \tag{4-17}$$
$$\Delta\boldsymbol{v}_i=\boldsymbol{v}_i^+-\boldsymbol{v}_i^- \tag{4-18}$$
$$t_0\leqslant t_1<\cdots<t_N\leqslant t_{\mathrm{f}} \tag{4-19}$$

其中，式（4-11）为代价函数；式（4-12）和式（4-13）为初、末状态约束；式（4-14）至式（4-18）用来计算控制脉冲序列；式（4-19）为控制脉冲施加时间约束。

下面基于主矢量理论研究上述椭圆轨道脉冲交会燃料最优问题，首先分析和给出燃料最优脉冲序列的充要条件；然后研究不满足最优脉冲序列充要条件的非最优脉冲序列的改进策略；最后给出椭圆轨道交会最优脉冲序列的求解方法和算法，并进行仿真验证。

4.3 基于主矢量理论的椭圆轨道交会脉冲序列最优性分析

式（4-11）～式（4-19）定义了椭圆轨道交会燃料最优脉冲控制问题，根据主矢量理论[1,8]可知，该问题的解对应的主矢量与主矢量的 1 阶导数满足特定的充要条件，其中主矢量为与速度相关的 3 个伴随变量。将式（4-1）的 TH 方程改写为
$$\begin{cases}\dot{\boldsymbol{r}}=\boldsymbol{v}\\ \dot{\boldsymbol{v}}=\boldsymbol{A}_{21}\boldsymbol{r}+\boldsymbol{A}_{22}\boldsymbol{v}+\boldsymbol{u}\end{cases} \tag{4-20}$$

为了最小化特征速度，定义 Hamilton 函数为
$$H=\boldsymbol{\gamma}^{\mathrm{T}}\boldsymbol{v}+\boldsymbol{\lambda}^{\mathrm{T}}(\boldsymbol{A}_{21}\boldsymbol{r}+\boldsymbol{A}_{22}\boldsymbol{v}+\boldsymbol{u}) \tag{4-21}$$

则伴随方程为
$$\dot{\boldsymbol{\gamma}}=-\frac{\partial H}{\partial \boldsymbol{r}}=-\boldsymbol{A}_{21}^{\mathrm{T}}\boldsymbol{\lambda} \tag{4-22}$$
$$\dot{\boldsymbol{\lambda}}=-\frac{\partial H}{\partial \boldsymbol{v}}=-\boldsymbol{\gamma}-\boldsymbol{A}_{22}^{\mathrm{T}}\boldsymbol{\lambda} \tag{4-23}$$

其中，伴随状态 $\boldsymbol{\lambda}$ 即为主矢量。由于 TH 方程为线性相对运动方程，固定交会时间的燃料最优脉冲序列对应的主矢量 $\boldsymbol{\lambda}$ 及其 1 阶导数 $\dot{\boldsymbol{\lambda}}$ 必须满足以下充要条件[8]：

① 主矢量 $\boldsymbol{\lambda}$ 在区间 $t_0\leqslant t\leqslant t_{\mathrm{f}}$ 内连续；

② 主矢量导数 $\dot{\boldsymbol{\lambda}}$ 在区间 $t_0\leqslant t\leqslant t_{\mathrm{f}}$ 内连续；

③ $|\boldsymbol{\lambda}|\leqslant 1,\ t_0\leqslant t\leqslant t_{\mathrm{f}}$；

④ $|\boldsymbol{\lambda}_i|=1,\ \boldsymbol{\lambda}_i=\Delta\boldsymbol{v}_i/|\Delta\boldsymbol{v}_i|,\ i=1,2,\cdots,N$；

⑤ $\mathrm{d}|\boldsymbol{\lambda}_i|/\mathrm{d}t=\dot{\boldsymbol{\lambda}}_i^{\mathrm{T}}\boldsymbol{\lambda}_i=0$，$i=1,2,\cdots,N$，$t_1\neq t_0$ 且 $t_N\neq t_{\mathrm{f}}$。

根据主矢量理论，满足充要条件的脉冲控制序列为燃料最优问题的全局最优解，因此燃料最优脉冲序列求解问题可以转换为寻找满足充要条件的脉冲序列的问题。

图 4-2 给出了几种典型的主矢量模的曲线，其中图 4-2（a）和图 4-2（b）满足上述所有的充要条件，其对应的脉冲序列即为最优脉冲序列；图 4-2（c）、图 4-2（d）、图 4-2（e）和图 4-2（f）存在主矢量的模大于 1（$|\boldsymbol{\lambda}|>1$）的情况，不满足第③条，其对应的脉冲序列为非最优脉冲序列。此外，图 4-2（e）在脉冲施加时刻 t_1 处主矢量的模不等于 1（$|\boldsymbol{\lambda}_i|\neq 1$），不满足第④条；图 4-2（f）在脉冲施加时刻主矢量模的导数不等于零（$t_1>t_0$ 且 $\dot{\boldsymbol{\lambda}}_1^{\mathrm{T}}\boldsymbol{\lambda}_1\neq 0$），不满足第⑤条。

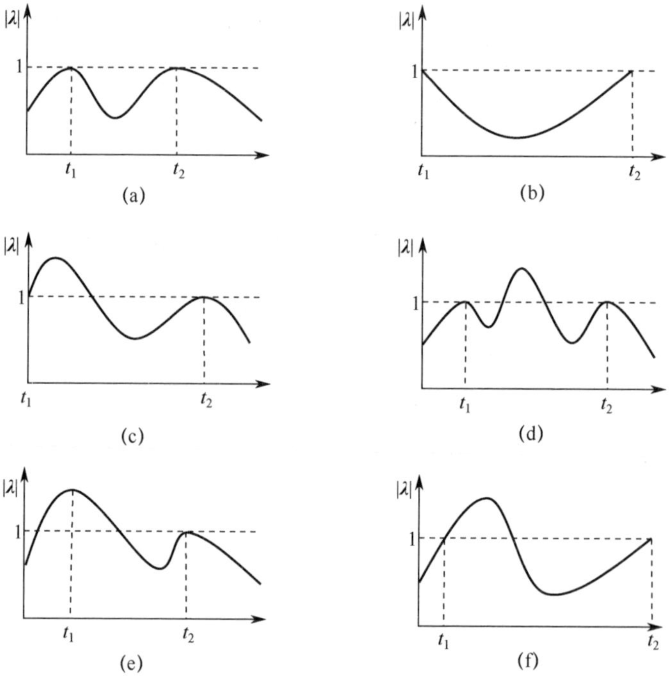

图 4-2　典型情况主矢量的模

（a）满足充要条件；（b）满足充要条件；（c）不满足第③条；（d）不满足第③条；（e）不满足第③④条；（f）不满足第③⑤条。

上述充要条件中第⑤条给出了脉冲施加时刻处主矢量模的导数必须满足的条件，即 $\mathrm{d}|\boldsymbol{\lambda}_i|/\mathrm{d}t=\dot{\boldsymbol{\lambda}}_i^{\mathrm{T}}\boldsymbol{\lambda}_i=0$，但该条件不包含 $t_1=t_0$ 和 $t_N=t_{\mathrm{f}}$ 两种情况，下面分别针对这两种情况进行讨论，以便进一步完善主矢量理论并为求解椭圆轨道交会最优脉冲序列奠定基础。

当 $t_1=t_0$ 时，根据条件③和④可知：

$$\left|\boldsymbol{\lambda}(t_1)\right| = 1 \tag{4-24}$$

$$\left|\boldsymbol{\lambda}(t_1 + \mathrm{d}t_1)\right| \leqslant 1 \ (\mathrm{d}t_1 > 0) \tag{4-25}$$

t_1 时刻主矢量模的导数为

$$\frac{\mathrm{d}|\boldsymbol{\lambda}_1|}{\mathrm{d}t}\bigg|_{t=t_1} = \frac{\left|\boldsymbol{\lambda}(t_1+\mathrm{d}t_1)\right| - \left|\boldsymbol{\lambda}(t_1)\right|}{\mathrm{d}t_1} \leqslant 0 \tag{4-26}$$

因此，可得 $\dot{\boldsymbol{\lambda}}_1^{\mathrm{T}}\boldsymbol{\lambda}_1 \leqslant 0$。同理，$t_N = t_{\mathrm{f}}$ 时可得 $\dot{\boldsymbol{\lambda}}_N^{\mathrm{T}}\boldsymbol{\lambda}_N \geqslant 0$。根据上述推导，可以将充要条件第⑤条进行扩展，得到以下扩展充要条件：

① 主矢量 $\boldsymbol{\lambda}$ 在区间 $t_0 \leqslant t \leqslant t_{\mathrm{f}}$ 内连续；

② 主矢量导数 $\dot{\boldsymbol{\lambda}}$ 在区间 $t_0 \leqslant t \leqslant t_{\mathrm{f}}$ 内连续；

③ $|\boldsymbol{\lambda}| \leqslant 1 \ (t_0 \leqslant t \leqslant t_{\mathrm{f}})$；

④ $|\boldsymbol{\lambda}_i| = 1, \boldsymbol{\lambda}_i = \Delta\boldsymbol{v}_i / |\Delta\boldsymbol{v}_i| \ (i = 1,2,\cdots,N)$；

⑤ $\mathrm{d}|\boldsymbol{\lambda}_i|/\mathrm{d}t = \dot{\boldsymbol{\lambda}}_i^{\mathrm{T}}\boldsymbol{\lambda}_i = 0, i = 1,2,\cdots,N$，$t_1 \neq t_0$ 且 $t_N \neq t_{\mathrm{f}}$，如果 $t_1 = t_0$，$\dot{\boldsymbol{\lambda}}_1^{\mathrm{T}}\boldsymbol{\lambda}_1 \leqslant 0$；如果 $t_N = t_{\mathrm{f}}$，$\dot{\boldsymbol{\lambda}}_N^{\mathrm{T}}\boldsymbol{\lambda}_N \geqslant 0$。

显然，扩展充要条件由原有充要条件推导得到，两者功能完全等价。与原有充要条件相比，扩展充要条件仅第⑤条不同，扩展充要条件第⑤条包含了 $t_1 = t_0$ 和 $t_N = t_{\mathrm{f}}$ 两种情况下主矢量模的导数必须满足的条件，可以针对主矢量及其1阶导数进行更加全面、详细的讨论和分类，同时也便于对不满足充要条件的非最优脉冲序列进行优化和重构。比如，根据原有充要条件，图4-2（c）和图4-2（d）都仅不满足第③条；而根据扩展充要条件，图4-2（c）除了不满足第③条之外，同时其还不满足第⑤条，使用扩展充要条件可以对图4-2（c）和图4-2（d）所示的情况进一步分类和讨论。为了方便后续叙述和讨论，后文将“扩展充要条件”简称为“充要条件”，而“原有充要条件”这一表述不变。

基于主矢量理论研究椭圆轨道脉冲交会燃料最优问题，其关键是进行脉冲序列最优性的判定和非最优脉冲序列的改进，这都涉及 $\boldsymbol{\lambda}$ 和 $\dot{\boldsymbol{\lambda}}$ 的计算与上述充要条件的判断和分析，因此，首先需要针对椭圆轨道交会最优脉冲序列求解问题，推导 $\boldsymbol{\lambda}$ 和 $\dot{\boldsymbol{\lambda}}$ 的解析表达式。

对式（4-23）求导数可得

$$\ddot{\boldsymbol{\lambda}} = -\dot{\boldsymbol{\gamma}} - \dot{\boldsymbol{A}}_{22}^{\mathrm{T}}\boldsymbol{\lambda} - \boldsymbol{A}_{22}^{\mathrm{T}}\dot{\boldsymbol{\lambda}} \tag{4-27}$$

将式（4-22）代入式（4-27），可得

$$\ddot{\boldsymbol{\lambda}} = \boldsymbol{A}_{21}\boldsymbol{\lambda} + \boldsymbol{A}_{22}\dot{\boldsymbol{\lambda}} \tag{4-28}$$

求解式（4-28），可以得到 $\boldsymbol{\lambda}$ 和 $\dot{\boldsymbol{\lambda}}$ 的解析表达式为

$$\begin{cases} \boldsymbol{\lambda} = \boldsymbol{\Phi}_{\lambda}(t)\cdot\boldsymbol{c} \\ \dot{\boldsymbol{\lambda}} = \boldsymbol{\Phi}_{\dot{\lambda}}(t)\cdot\boldsymbol{c} \end{cases} \tag{4-29}$$

式中：$[\boldsymbol{\Phi}_{\lambda}(t);\boldsymbol{\Phi}_{\dot{\lambda}}(t)]=\boldsymbol{\Phi}(t)$，$\boldsymbol{\Phi}_{\lambda}(t)\in\mathbb{R}^{3\times6}$，$\boldsymbol{\Phi}_{\dot{\lambda}}(t)\in\mathbb{R}^{3\times6}$；$\boldsymbol{c}$ 为微分式（4-28）的积分常数向量。

根据式（4-29），$\boldsymbol{\lambda}$ 和 $\dot{\boldsymbol{\lambda}}$ 的计算问题转化为积分常数 $\boldsymbol{c}$ 的计算问题。对于 N 脉冲序列，其对应的主矢量及其 1 阶导数的函数可以看作连续函数或者分段函数，相应地，可以给出两种主矢量曲线的计算方法。

如果将主矢量及其 1 阶导数的函数看作连续函数，对于 N 脉冲序列，任意选择两个脉冲 $\Delta\boldsymbol{v}_i$ 和 $\Delta\boldsymbol{v}_j$（$i\neq j$）。根据充要条件第④条有 $\boldsymbol{\lambda}_i=\Delta\boldsymbol{v}_i/|\Delta\boldsymbol{v}_i|$、$\boldsymbol{\lambda}_j=\Delta\boldsymbol{v}_j/|\Delta\boldsymbol{v}_j|$，则由式（4-29）可得积分常数 $\boldsymbol{c}$ 的计算公式为

$$\boldsymbol{c}=\begin{bmatrix}\boldsymbol{\Phi}_{\lambda}(t_i)\\ \boldsymbol{\Phi}_{\lambda}(t_j)\end{bmatrix}\begin{bmatrix}\dfrac{\Delta\boldsymbol{v}_i}{|\Delta\boldsymbol{v}_i|}\\ \dfrac{\Delta\boldsymbol{v}_j}{|\Delta\boldsymbol{v}_j|}\end{bmatrix}\tag{4-30}$$

算法 4-1 给出了将主矢量函数看作连续函数时积分常数 $\boldsymbol{c}$ 的计算算法。

算法 4-1 计算主矢量曲线积分常数 $\boldsymbol{c}$（连续函数）

输入： N 脉冲序列 $\Delta\boldsymbol{v}_i$，t_i（$i=1,2,\cdots,N$）

输出： 积分常数 $\boldsymbol{c}$

1：任意选择两个脉冲 $\Delta\boldsymbol{v}_i$ 和 $\Delta\boldsymbol{v}_j$（$i\neq j$）

2：$\boldsymbol{c}\leftarrow\begin{bmatrix}\boldsymbol{\Phi}_{\lambda}(t_i)\\ \boldsymbol{\Phi}_{\lambda}(t_j)\end{bmatrix}\begin{bmatrix}\Delta\boldsymbol{v}_i/|\Delta\boldsymbol{v}_i|\\ \Delta\boldsymbol{v}_j/|\Delta\boldsymbol{v}_j|\end{bmatrix}$

3：返回 $\boldsymbol{c}$

如果将主矢量函数看作分段函数，N 脉冲序列可以分解为 $N-1$ 个双脉冲序列，定义第 l 个双脉冲序列为 S_l，S_l 包含两个脉冲 $\Delta\boldsymbol{v}_l$ 和 $\Delta\boldsymbol{v}_{l+1}$（$l=1,2,\cdots,N-1$），且每个双脉冲序列可以确定一个积分常数 $\boldsymbol{c}_l$，则由式（4-29）可得

$$\boldsymbol{c}_l=\begin{bmatrix}\boldsymbol{\Phi}_{\lambda}(t_l)\\ \boldsymbol{\Phi}_{\lambda}(t_{l+1})\end{bmatrix}\begin{bmatrix}\Delta\boldsymbol{v}_l/|\Delta\boldsymbol{v}_l|\\ \Delta\boldsymbol{v}_{l+1}/|\Delta\boldsymbol{v}_{l+1}|\end{bmatrix}\tag{4-31}$$

算法 4-2 给出了将主矢量函数看作分段函数时积分常数 $\boldsymbol{c}_l$ 的计算算法。

算法 4-2 计算主矢量曲线积分常数 $\boldsymbol{c}$（分段函数）

输入： N 脉冲序列 $\Delta\boldsymbol{v}_i$，t_i（$i=1,2,\cdots,N$）

输出： 积分常数 $\boldsymbol{c}_1,\boldsymbol{c}_2,\cdots,\boldsymbol{c}_{N-1}$

1：当 $l=1\sim N-1$ 时，计算

2：$\boldsymbol{c}_l\leftarrow\begin{bmatrix}\boldsymbol{\Phi}_{\lambda}(t_l)\\ \boldsymbol{\Phi}_{\lambda}(t_{l+1})\end{bmatrix}\begin{bmatrix}\Delta\boldsymbol{v}_l/|\Delta\boldsymbol{v}_l|\\ \Delta\boldsymbol{v}_{l+1}/|\Delta\boldsymbol{v}_{l+1}|\end{bmatrix}$

3：结束

4：返回 $\boldsymbol{c}_1,\boldsymbol{c}_2,\cdots,\boldsymbol{c}_{N-1}$

算法 4-1 和算法 4-2 都可以计算脉冲序列对应的主矢量及其 1 阶导数。算法 4-1 将主矢量及其 1 阶导数的函数视为连续函数，利用主矢量在脉冲施加时刻的模等于 1 且与脉冲矢量方向相同的特性，任意选择两个脉冲计算积分常数；算法 4-2 将主矢量及其 1 阶导数的函数视为分段函数，将 N 脉冲序列分解为 $N-1$ 个双脉冲序列，针对每个双脉冲序列分别计算主矢量曲线，共计算 $N-1$ 个积分常数。当脉冲序列为燃料最优解时，因为主矢量及其 1 阶导数必然满足所有充要条件，因此算法 4-1 和算法 4-2 计算得到的曲线是相同的。当脉冲序列不是燃料最优解时，算法 4-1 计算得到的曲线是连续的，即充要条件①和②自动满足，但是否满足充要条件③～⑤需要进一步判断；算法 4-2 计算得到的曲线是分段的，其中 $\boldsymbol{\lambda}$ 为分段连续函数，在脉冲施加时刻不可导，$\dot{\boldsymbol{\lambda}}$ 在脉冲施加时刻不连续，在这种情况下，充要条件①和④自动满足，是否满足充要条件②③和⑤需要进一步判断。

为了确保主矢量在所有脉冲施加时刻与脉冲矢量方向相同且模为 1，便于后面推导非最优脉冲序列的改进策略，本章采用算法 4-2 计算主矢量。如果脉冲序列对应的主矢量及其 1 阶导数满足充要条件，则该脉冲序列为燃料最优解；对于不满足充要条件的脉冲序列需要重新设计和优化，即对非最优脉冲序列进行优化和重构，使其满足上述充要条件，从而完成最优脉冲序列的求解。

4.4 非最优脉冲序列优化和重构

根据椭圆轨道脉冲交会燃料优化模型式（4-11）至式（4-19）可知，影响燃料消耗最优性的变量为脉冲数目 N、脉冲施加时刻 t_i 和脉冲施加位置矢量 $\boldsymbol{r}_j$，所以通过改变这 3 个变量可以优化燃料消耗。因此，提出以下 3 种非最优脉冲序列改进策略。

（1）移动中间脉冲的施加时刻和位置矢量，即 $\{\boldsymbol{r}_j,t_j\}\to\{\boldsymbol{r}_j+\mathrm{d}\boldsymbol{r}_j,t_j+\mathrm{d}t_j\}$ $(j=2,3,\cdots,N-1)$，简称移动中间脉冲。

（2）移动初始或末端脉冲的施加时刻，即 $t_1\to t_1+\mathrm{d}t_1$ 或 $t_N\to t_N+\mathrm{d}t_N$，简称移动初始或末端脉冲。

（3）增加额外脉冲，$N\to N+1$，即进行脉冲数目修正。

Lion 和 Handelsman 在二次反比引力场下提出了一些非最优脉冲序列的改进策略[6]，包括移动脉冲施加时刻、施加位置和增加脉冲数目，但其在增加脉冲数目这一策略中没有对所有可能的情形进行分析。本节针对椭圆轨道脉冲交会，基于 TH 方程和上述非最优脉冲的 3 种改进策略，更全面地讨论增加额外脉冲的情况。

4.4.1 移动中间脉冲

对于中间脉冲 $\Delta\boldsymbol{v}_p$，定义 $\varGamma_p$（$p=2,3,\cdots,N-1$）为参考 3 脉冲序列，3 个脉冲分别为 $\Delta\boldsymbol{v}_{p-1}$、$\Delta\boldsymbol{v}_p$、$\Delta\boldsymbol{v}_{p+1}$，这样 $\varGamma_p$ 包含两个双脉冲交会问题 $\{\boldsymbol{r}_{p-1},t_{p-1}\}\to$

$\{\boldsymbol{r}_p,t_p\}\to\{\boldsymbol{r}_{p+1},t_{p+1}\}$；$\Gamma'_p$ 为扰动 3 脉冲序列，在中间脉冲 $\Delta\boldsymbol{v}_p$ 的施加位置矢量 $\boldsymbol{r}_p$ 与施加时刻 t_p 上增加一个小扰动 $\delta\boldsymbol{r}_p$ 和 δt_p，两个双脉冲交会问题变为 $\{\boldsymbol{r}_{p-1},t_{p-1}\}\to\{\boldsymbol{r}_p+\mathrm{d}\boldsymbol{r}_p,t_p+\mathrm{d}t_p\}\to\{\boldsymbol{r}_{p+1},t_{p+1}\}$。

符号 $\mathrm{d}(\cdot)$ 表示非等时变分，有

$$\begin{cases}\mathrm{d}\boldsymbol{r}^+=\boldsymbol{r}'^+(t+\mathrm{d}t)-\boldsymbol{r}^+\\ \mathrm{d}\boldsymbol{r}^-=\boldsymbol{r}'^-(t+\mathrm{d}t)-\boldsymbol{r}^-\end{cases} \tag{4-32}$$

$$\begin{cases}\mathrm{d}\boldsymbol{v}^+=\boldsymbol{v}'^+(t+\mathrm{d}t)-\boldsymbol{v}^+\\ \mathrm{d}\boldsymbol{v}^-=\boldsymbol{v}'^-(t+\mathrm{d}t)-\boldsymbol{v}^-\end{cases} \tag{4-33}$$

式中：$\mathrm{d}\boldsymbol{r}^+=\mathrm{d}\boldsymbol{r}^-=\mathrm{d}\boldsymbol{r}$。保留 1 阶项，$\mathrm{d}(\cdot)$ 和 $\delta(\cdot)$ 的随时间的变化关系如图 4-3 和图 4-4 所示，式（4-32）和式（4-33）可以简化为

$$\begin{cases}\mathrm{d}\boldsymbol{r}^+=\delta\boldsymbol{r}^++\boldsymbol{v}^+\mathrm{d}t\\ \mathrm{d}\boldsymbol{r}^-=\delta\boldsymbol{r}^-+\boldsymbol{v}^-\mathrm{d}t\end{cases} \tag{4-34}$$

$$\begin{cases}\mathrm{d}\boldsymbol{v}^+=\delta\boldsymbol{v}^++\dot{\boldsymbol{v}}^+\mathrm{d}t\\ \mathrm{d}\boldsymbol{v}^-=\delta\boldsymbol{v}^-+\dot{\boldsymbol{v}}^-\mathrm{d}t\end{cases} \tag{4-35}$$

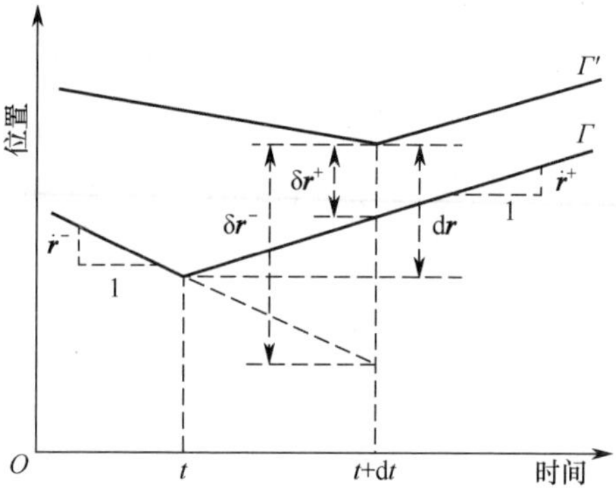

图 4-3　$\mathrm{d}\boldsymbol{r}$ 和 $\delta\boldsymbol{r}$ 的关系

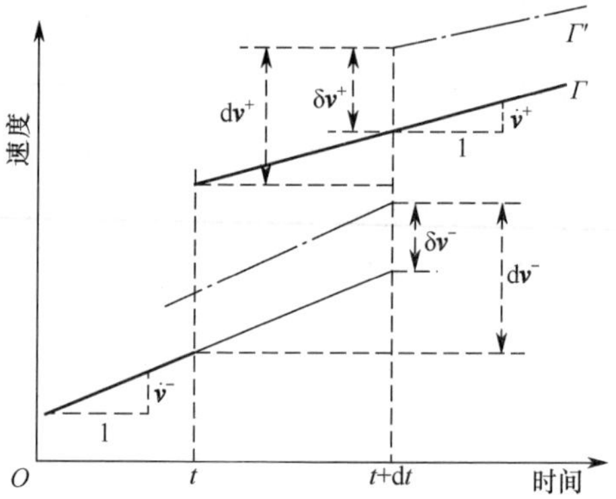

图 4-4　$\mathrm{d}\boldsymbol{v}$ 和 $\delta\boldsymbol{v}$ 的关系

定义 Γ_p 和 Γ'_p 之间的燃料消耗增量为

$$\delta J_p=J'_p-J_p \tag{4-36}$$

其中

$$J_p=|\Delta\boldsymbol{v}_{p-1}|+|\Delta\boldsymbol{v}_p|+|\Delta\boldsymbol{v}_{p+1}|$$
$$J'_p=|\Delta\boldsymbol{v}_{p-1}+\delta\boldsymbol{v}^+_{p-1}|+|\Delta\boldsymbol{v}_p+\mathrm{d}\boldsymbol{v}^+_p-\mathrm{d}\boldsymbol{v}^-_p|+|\Delta\boldsymbol{v}_{p+1}-\delta\boldsymbol{v}^-_{p+1}|$$

因此，由移动中间脉冲 $\Delta\boldsymbol{v}_p$ 导致的燃料消耗增量为

$$\delta J_p=\left\{|\Delta\boldsymbol{v}_{p-1}+\delta\boldsymbol{v}_{p-1}^{+}|-|\Delta\boldsymbol{v}_{p-1}|\right\}+\left\{|\Delta\boldsymbol{v}_p+\mathrm{d}\boldsymbol{v}_p^{+}-\mathrm{d}\boldsymbol{v}_p^{-}|-|\Delta\boldsymbol{v}_p|\right\}+\left\{|\Delta\boldsymbol{v}_{p+1}-\delta\boldsymbol{v}_{p+1}^{-}|-|\Delta\boldsymbol{v}_{p+1}|\right\} \tag{4-37}$$

对于式（4-37）的第一项可做以下简化，即

$$\begin{aligned}
&|\Delta\boldsymbol{v}_{p-1}+\delta\boldsymbol{v}_{p-1}^{+}|-|\Delta\boldsymbol{v}_{p-1}|\\
&=[(\Delta\boldsymbol{v}_{p-1}+\delta\boldsymbol{v}_{p-1}^{+})^{\mathrm{T}}(\Delta\boldsymbol{v}_{p-1}+\delta\boldsymbol{v}_{p-1}^{+})]^{1/2}-[\Delta\boldsymbol{v}_{p-1}{}^{\mathrm{T}}\Delta\boldsymbol{v}_{p-1}]^{1/2}\\
&=[\Delta\boldsymbol{v}_{p-1}{}^{\mathrm{T}}\Delta\boldsymbol{v}_{p-1}]^{1/2}\left\{\left[\frac{(\Delta\boldsymbol{v}_{p-1}+\delta\boldsymbol{v}_{p-1}^{+})^{\mathrm{T}}(\Delta\boldsymbol{v}_{p-1}+\delta\boldsymbol{v}_{p-1}^{+})}{\Delta\boldsymbol{v}_{p-1}{}^{\mathrm{T}}\Delta\boldsymbol{v}_{p-1}}\right]^{1/2}-1\right\}\\
&=[\Delta\boldsymbol{v}_{p-1}{}^{\mathrm{T}}\Delta\boldsymbol{v}_{p-1}]^{1/2}\left\{\left[\left(\frac{\Delta\boldsymbol{v}_{p-1}}{|\Delta\boldsymbol{v}_{p-1}|}+\frac{\delta\boldsymbol{v}_{p-1}^{+}}{|\Delta\boldsymbol{v}_{p-1}|}\right)^{\mathrm{T}}\left(\frac{\Delta\boldsymbol{v}_{p-1}}{|\Delta\boldsymbol{v}_{p-1}|}+\frac{\delta\boldsymbol{v}_{p-1}^{+}}{|\Delta\boldsymbol{v}_{p-1}|}\right)\right]^{1/2}-1\right\}\\
&=|\Delta\boldsymbol{v}_{p-1}|\left\{\left[1+2\delta\boldsymbol{v}_{p-1}^{+}{}^{\mathrm{T}}\frac{\Delta\boldsymbol{v}_{p-1}}{|\Delta\boldsymbol{v}_{p-1}|^2}+\frac{\delta\boldsymbol{v}_{p-1}^{+}{}^{\mathrm{T}}\delta\boldsymbol{v}_{p-1}^{+}}{|\Delta\boldsymbol{v}_{p-1}|^2}\right]^{1/2}-1\right\}
\end{aligned} \tag{4-38}$$

如果 $\delta\boldsymbol{r}_p$ 和 δt_p 充分小，则 $\delta\boldsymbol{v}_{p-1}^{+}$ 充分小，式（4-38）可改写为

$$\begin{aligned}
&|\Delta\boldsymbol{v}_{p-1}+\delta\boldsymbol{v}_{p-1}^{+}|-|\Delta\boldsymbol{v}_{p-1}|\\
&=|\Delta\boldsymbol{v}_{p-1}|\left\{\left[1+\delta\boldsymbol{v}_{p-1}^{+}{}^{\mathrm{T}}\frac{\Delta\boldsymbol{v}_{p-1}}{|\Delta\boldsymbol{v}_{p-1}|^2}\right]-1\right\}\\
&=\delta\boldsymbol{v}_{p-1}^{+}{}^{\mathrm{T}}\frac{\Delta\boldsymbol{v}_{p-1}}{|\Delta\boldsymbol{v}_{p-1}|}
\end{aligned} \tag{4-39}$$

对于（4-37）的第二项和第三项，也可以做同样的简化。这样，式（4-37）可以简化为

$$\delta J_p=(\Delta\boldsymbol{v}_{p-1}^{\mathrm{T}}/|\Delta\boldsymbol{v}_{p-1}|)\delta\boldsymbol{v}_{p-1}^{+}+(\Delta\boldsymbol{v}_p^{\mathrm{T}}/|\Delta\boldsymbol{v}_p|)(\mathrm{d}\boldsymbol{v}_p^{+}-\mathrm{d}\boldsymbol{v}_p^{-})-(\Delta\boldsymbol{v}_{p+1}^{\mathrm{T}}/|\Delta\boldsymbol{v}_{p+1}|)\delta\boldsymbol{v}_{p+1}^{-} \tag{4-40}$$

根据主矢量的定义可得

$$\frac{\Delta\boldsymbol{v}_{p-1}}{|\Delta\boldsymbol{v}_{p-1}|}=\boldsymbol{\lambda}_{p-1} \tag{4-41}$$

$$\frac{\Delta\boldsymbol{v}_p}{|\Delta\boldsymbol{v}_p|}=\boldsymbol{\lambda}_p \tag{4-42}$$

$$\frac{\Delta \boldsymbol{v}_{p+1}}{|\Delta \boldsymbol{v}_{p+1}|} = \boldsymbol{\lambda}_{p+1} \tag{4-43}$$

将式（4-35）、式（4-41）、式（4-42）和式（4-43）代入式（4-40），可得

$$\delta J_p = (\boldsymbol{\lambda}_{p-1}^{\mathrm{T}} \delta \boldsymbol{v}_{p-1}^{+} - \boldsymbol{\lambda}_p^{\mathrm{T}} \delta \boldsymbol{v}_p^{-}) - (\boldsymbol{\lambda}_{p+1}^{\mathrm{T}} \delta \boldsymbol{v}_{p+1}^{-} - \boldsymbol{\lambda}_p^{\mathrm{T}} \delta \boldsymbol{v}_p^{+}) + \boldsymbol{\lambda}_p^{\mathrm{T}} (\dot{\boldsymbol{v}}_p^{+} - \dot{\boldsymbol{v}}_p^{-}) \mathrm{d} t_p \tag{4-44}$$

根据伴随系统的定义[5]，以下方程在时间区间 (t_l, t_{l+1}) $(l=1,2,\cdots,N-1)$ 上成立，即

$$\boldsymbol{\lambda}^{\mathrm{T}} \cdot \delta \boldsymbol{v} - \dot{\boldsymbol{\lambda}}^{\mathrm{T}} \cdot \delta \boldsymbol{r} = \mathrm{constant} \tag{4-45}$$

式中：$\delta(\cdot)$ 代表等时变分算子。

根据式（4-45），在时间区间 (t_{p-1}, t_p) 上有

$$\boldsymbol{\lambda}_{p-1}^{+\mathrm{T}} \delta \boldsymbol{v}_{p-1}^{+} - \dot{\boldsymbol{\lambda}}_{p-1}^{+\mathrm{T}} \delta \boldsymbol{r}_{p-1} = \boldsymbol{\lambda}_p^{-\mathrm{T}} \delta \boldsymbol{v}_p^{-} - \dot{\boldsymbol{\lambda}}_p^{-\mathrm{T}} \delta \boldsymbol{r}_p^{-} \tag{4-46}$$

在时间区间 (t_p, t_{p+1}) 上有

$$\boldsymbol{\lambda}_p^{+\mathrm{T}} \delta \boldsymbol{v}_p^{+} - \dot{\boldsymbol{\lambda}}_p^{+\mathrm{T}} \delta \boldsymbol{r}_p^{+} = \boldsymbol{\lambda}_{p+1}^{-\mathrm{T}} \delta \boldsymbol{v}_{p+1}^{-} - \dot{\boldsymbol{\lambda}}_{p+1}^{-\mathrm{T}} \delta \boldsymbol{r}_{p+1} \tag{4-47}$$

考虑到速度脉冲 $\Delta \boldsymbol{v}_p$ 和 $\Delta \boldsymbol{v}_{p-1}$ 的施加时刻及位置矢量均没有发生变化，因此 $\delta \boldsymbol{r}_{p-1} = 0$ 、 $\delta \boldsymbol{r}_{p+1} = 0$ ；由于主矢量在时间区间 (t_0, t_{f}) 上连续，因此有

$$\boldsymbol{\lambda}_{p-1} = \boldsymbol{\lambda}_{p-1}^{-} = \boldsymbol{\lambda}_{p-1}^{+} \tag{4-48}$$

$$\boldsymbol{\lambda}_p = \boldsymbol{\lambda}_p^{-} = \boldsymbol{\lambda}_p^{+} \tag{4-49}$$

$$\boldsymbol{\lambda}_{p+1} = \boldsymbol{\lambda}_{p+1}^{-} = \boldsymbol{\lambda}_{p+1}^{+} \tag{4-50}$$

将式（4-48）～式（4-50）代入式（4-46）和式（4-47），可得

$$\boldsymbol{\lambda}_{p-1}^{\mathrm{T}} \delta \boldsymbol{v}_{p-1}^{+} - \boldsymbol{\lambda}_p^{\mathrm{T}} \delta \boldsymbol{v}_p^{-} = -\dot{\boldsymbol{\lambda}}_p^{-\mathrm{T}} \delta \boldsymbol{r}_p^{-} \tag{4-51}$$

$$\boldsymbol{\lambda}_{p+1}^{\mathrm{T}} \delta \boldsymbol{v}_{p+1}^{-} - \boldsymbol{\lambda}_p^{\mathrm{T}} \delta \boldsymbol{v}_p^{+} = -\dot{\boldsymbol{\lambda}}_p^{+\mathrm{T}} \delta \boldsymbol{r}_p^{+} \tag{4-52}$$

将式（4-51）和式（4-52）代入式（4-44），可得

$$\delta J_p = -\dot{\boldsymbol{\lambda}}_p^{-\mathrm{T}} \delta \boldsymbol{r}_p^{-} + \dot{\boldsymbol{\lambda}}_p^{+\mathrm{T}} \delta \boldsymbol{r}_p^{+} + \boldsymbol{\lambda}_p^{\mathrm{T}} (\dot{\boldsymbol{v}}_p^{+} - \dot{\boldsymbol{v}}_p^{-}) \mathrm{d} t_p \tag{4-53}$$

根据式（4-34）可得

$$\delta \boldsymbol{r}_p^{-} = \mathrm{d} \boldsymbol{r}_p - \boldsymbol{v}_p^{-} \mathrm{d} t_p \tag{4-54}$$

$$\delta \boldsymbol{r}_p^{+} = \mathrm{d} \boldsymbol{r}_p - \boldsymbol{v}_p^{+} \mathrm{d} t_p \tag{4-55}$$

将式（4-54）和式（4-55）代入式（4-53），可得

$$\delta J_p = (\dot{\boldsymbol{\lambda}}_p^{+\mathrm{T}} - \dot{\boldsymbol{\lambda}}_p^{-\mathrm{T}}) \mathrm{d} \boldsymbol{r}_p - (\dot{\boldsymbol{\lambda}}_p^{+\mathrm{T}} \boldsymbol{v}_p^{+} - \dot{\boldsymbol{\lambda}}_p^{-\mathrm{T}} \boldsymbol{v}_p^{-}) \mathrm{d} t_p + \boldsymbol{\lambda}_p^{\mathrm{T}} (\dot{\boldsymbol{v}}_p^{+} - \dot{\boldsymbol{v}}_p^{-}) \mathrm{d} t_p \tag{4-56}$$

根据式（4-1）可知，$\dot{\boldsymbol{v}}$ 和 $\boldsymbol{v}$ 有关，由于在 t_p 时刻施加了脉冲 $\Delta \boldsymbol{v}_p$ ， $\dot{\boldsymbol{v}}_p$ 在时间 t_p 处不连续，即 $\dot{\boldsymbol{v}}_p^{+} \neq \dot{\boldsymbol{v}}_p^{-}$ 。由式（4-1）可得

$$\dot{\boldsymbol{v}}_p^{+} = \boldsymbol{A}_{21} \boldsymbol{r}_p + \boldsymbol{A}_{22} \boldsymbol{v}_p^{+} \tag{4-57}$$

$$\dot{\boldsymbol{v}}_p^{-} = \boldsymbol{A}_{21} \boldsymbol{r}_p + \boldsymbol{A}_{22} \boldsymbol{v}_p^{-} \tag{4-58}$$

则式（4-56）右侧第三项可改写为

$$\boldsymbol{\lambda}_p^{\mathrm{T}}(\dot{\boldsymbol{v}}_p^{+}-\dot{\boldsymbol{v}}_p^{-})=\boldsymbol{\lambda}_p^{\mathrm{T}}\boldsymbol{A}_{22}\Delta\boldsymbol{v}_p=\boldsymbol{\lambda}_p^{\mathrm{T}}\boldsymbol{A}_{22}\boldsymbol{\lambda}_p\,|\,\Delta\boldsymbol{v}_p\,|=0 \tag{4-59}$$

式中：$\boldsymbol{A}_{22}$ 为反对称矩阵。因此，式（4-56）可以改写为

$$\delta J_p=(\dot{\boldsymbol{\lambda}}_p^{+\mathrm{T}}-\dot{\boldsymbol{\lambda}}_p^{-\mathrm{T}})\mathrm{d}\boldsymbol{r}_p-(\dot{\boldsymbol{\lambda}}_p^{+\mathrm{T}}\boldsymbol{v}_p^{+}-\dot{\boldsymbol{\lambda}}_p^{-\mathrm{T}}\boldsymbol{v}_p^{-})\mathrm{d}t_p \tag{4-60}$$

由式（4-60）可知，当$(\dot{\boldsymbol{\lambda}}_p^{+\mathrm{T}}-\dot{\boldsymbol{\lambda}}_p^{-\mathrm{T}})\neq\boldsymbol{0}$且$(\dot{\boldsymbol{\lambda}}_p^{+\mathrm{T}}\boldsymbol{v}_p^{+}-\dot{\boldsymbol{\lambda}}_p^{-\mathrm{T}}\boldsymbol{v}_p^{-})\neq 0$，选择合适的$\mathrm{d}\boldsymbol{r}_p$和$\mathrm{d}t_p$，可以使$\delta J_p<0$，即移动中间脉冲施加时刻和施加位置矢量可以减小燃料消耗。

图 4-5 给出了几种典型的$\varGamma_p$对应的主矢量的模。当脉冲序列为最优脉冲序列时，如图 4-5（a）所示，满足所有充要条件，主矢量导数处处连续且脉冲施加时刻主矢量模的导数等于零，即

$$\dot{\boldsymbol{\lambda}}_p=\dot{\boldsymbol{\lambda}}_p^{+}=\dot{\boldsymbol{\lambda}}_p^{-} \tag{4-61}$$

$$\dot{\boldsymbol{\lambda}}_p^{\mathrm{T}}\boldsymbol{\lambda}_p=0 \tag{4-62}$$

由此可得

$$(\dot{\boldsymbol{\lambda}}_p^{+\mathrm{T}}-\dot{\boldsymbol{\lambda}}_p^{-\mathrm{T}})=\boldsymbol{0} \tag{4-63}$$

$$(\dot{\boldsymbol{\lambda}}_p^{+\mathrm{T}}\boldsymbol{v}_p^{+}-\dot{\boldsymbol{\lambda}}_p^{-\mathrm{T}}\boldsymbol{v}_p^{-})=\dot{\boldsymbol{\lambda}}_p^{\mathrm{T}}(\boldsymbol{v}_p^{+}-\boldsymbol{v}_p^{-})=\dot{\boldsymbol{\lambda}}_p^{\mathrm{T}}\Delta\boldsymbol{v}_p=\dot{\boldsymbol{\lambda}}_p^{\mathrm{T}}\boldsymbol{\lambda}_p\left|\Delta\boldsymbol{v}_p\right|=0 \tag{4-64}$$

因此，当脉冲序列为最优脉冲序列时，$\delta J_p=0$，即无法通过移动中间脉冲来进一步减少燃料消耗。

如果脉冲序列$\varGamma_p$为非最优脉冲序列，即主矢量模的导数不为零（图 4-5（b））或主矢量导数不连续（图 4-5（c）），则可以选择合适的$\mathrm{d}\boldsymbol{r}_p$和$\mathrm{d}t_p$，使$\delta J_p<0$。也就是说，存在燃料消耗更少的扰动脉冲序列$\varGamma_p'$，选择

$$\begin{cases}\mathrm{d}\boldsymbol{r}_p=-\zeta_p(\dot{\boldsymbol{\lambda}}_p^{+\mathrm{T}}-\dot{\boldsymbol{\lambda}}_p^{-\mathrm{T}})\\ \mathrm{d}t_p=\zeta_p(\dot{\boldsymbol{\lambda}}_p^{+\mathrm{T}}\boldsymbol{v}_p^{+}-\dot{\boldsymbol{\lambda}}_p^{-\mathrm{T}}\boldsymbol{v}_p^{-})\end{cases}$$

式中：$\zeta_p>0$。如果ζ_p充分小，则在时间$t_p+\mathrm{d}t_p$经过点$\boldsymbol{r}_p+\mathrm{d}\boldsymbol{r}_p$的扰动脉冲序列$\varGamma_p'$比$\varGamma_p$具有更少的燃料消耗。

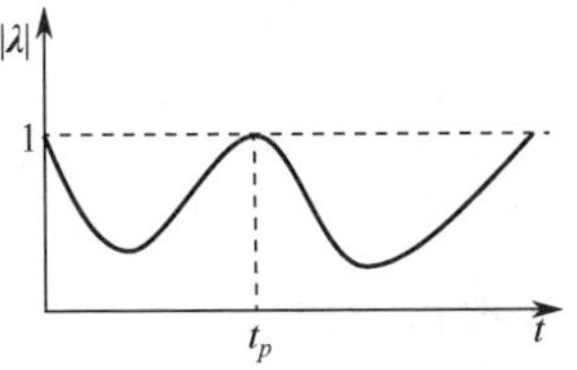

(a)

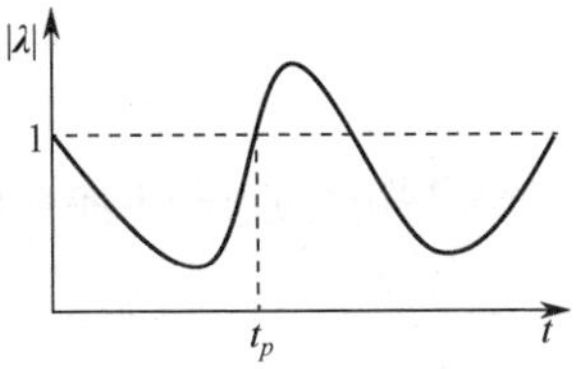

(b)

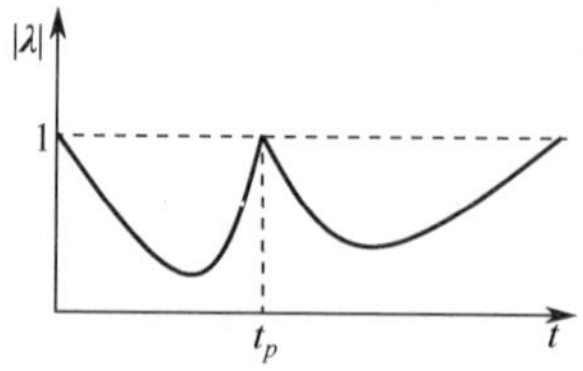

(c)

图 4-5 Γ_p 对应的典型主矢量的模

(a) 满足充要条件；(b) 主矢量模的导数不为零；(c) 主矢量导数不连续。

定义代价函数 J_p 关于 $\boldsymbol{r}_p$ 和 t_p 的梯度为

$$\nabla J_p = \begin{bmatrix} \dot{\boldsymbol{\lambda}}_p^{+\mathrm{T}} - \dot{\boldsymbol{\lambda}}_p^{-\mathrm{T}} \\ -(\dot{\boldsymbol{\lambda}}_p^{+\mathrm{T}}\boldsymbol{v}_p^{+} - \dot{\boldsymbol{\lambda}}_p^{-\mathrm{T}}\boldsymbol{v}_p^{-}) \end{bmatrix} \tag{4-65}$$

选择 $\boldsymbol{r}_p$ 和 t_p 为优化变量，根据上述分析可以通过移动中间脉冲 $\Delta\boldsymbol{v}_p$ 进一步优化燃料消耗。算法 4-3 给出了中间脉冲 $\Delta\boldsymbol{v}_p$ 的求解算法。

算法 4-3 求解中间脉冲 $\Delta\boldsymbol{v}_p$

输入： $\boldsymbol{r}_p$， t_p， $\boldsymbol{r}_{p-1}$， t_{p-1}， $\boldsymbol{r}_{p+1}$， t_{p+1}， $\boldsymbol{v}_{p-1}^{-}$， $\boldsymbol{v}_{p+1}^{+}$

输出： $\boldsymbol{r}_p$， t_p

给定 ϵ

重复执行

$\boldsymbol{v}_{p-1}^{+} \leftarrow \boldsymbol{\Phi}_{12}^{-1}(t_p,t_{p-1})[\boldsymbol{r}_p - \boldsymbol{\Phi}_{11}(t_p,t_{p-1})\cdot\boldsymbol{r}_{p-1}]$, $\boldsymbol{v}_p^{-} \leftarrow \boldsymbol{\Phi}_{21}(t_p,t_{p-1})\cdot\boldsymbol{r}_{p-1} + \boldsymbol{\Phi}_{21}(t_p,t_{p-1})\cdot\boldsymbol{v}_{p-1}^{+}$

$\boldsymbol{v}_p^{+} \leftarrow \boldsymbol{\Phi}_{12}^{-1}(t_{p+1},t_p)[\boldsymbol{r}_{p+1} - \boldsymbol{\Phi}_{11}(t_{p+1},t_p)\cdot\boldsymbol{r}_p]$, $\boldsymbol{v}_{p+1}^{-} \leftarrow \boldsymbol{\Phi}_{21}(t_{p+1},t_p)\cdot\boldsymbol{r}_p + \boldsymbol{\Phi}_{21}(t_{p+1},t_p)\cdot\boldsymbol{v}_p^{+}$

$\Delta\boldsymbol{v}_{p-1} \leftarrow \boldsymbol{v}_{p-1}^{+} - \boldsymbol{v}_{p-1}^{-}$， $\Delta\boldsymbol{v}_p \leftarrow \boldsymbol{v}_p^{+} - \boldsymbol{v}_p^{-}$， $\Delta\boldsymbol{v}_{p+1} \leftarrow \boldsymbol{v}_{p+1}^{+} - \boldsymbol{v}_{p+1}^{-}$

$\boldsymbol{c}_{p-1} \leftarrow \begin{bmatrix} \boldsymbol{\Phi}_\lambda(t_{p-1}) \\ \boldsymbol{\Phi}_\lambda(t_p) \end{bmatrix} \begin{bmatrix} \Delta\boldsymbol{v}_{p-1}/|\Delta\boldsymbol{v}_{p-1}| \\ \Delta\boldsymbol{v}_p/|\Delta\boldsymbol{v}_p| \end{bmatrix}$， $\boldsymbol{c}_p \leftarrow \begin{bmatrix} \boldsymbol{\Phi}_\lambda(t_p) \\ \boldsymbol{\Phi}_\lambda(t_{p+1}) \end{bmatrix} \begin{bmatrix} \Delta\boldsymbol{v}_p/|\Delta\boldsymbol{v}_p| \\ \Delta\boldsymbol{v}_{p+1}/|\Delta\boldsymbol{v}_{p+1}| \end{bmatrix}$

$\dot{\boldsymbol{\lambda}}_p^{-} \leftarrow \dot{\boldsymbol{\Phi}}_\lambda(t_p)\cdot\boldsymbol{c}_{p-1}$， $\dot{\boldsymbol{\lambda}}_p^{+} \leftarrow \dot{\boldsymbol{\Phi}}_\lambda(t_p)\cdot\boldsymbol{c}_p$

$\boldsymbol{gd}_1 \leftarrow -(\dot{\boldsymbol{\lambda}}_p^{+\mathrm{T}} - \dot{\boldsymbol{\lambda}}_p^{-\mathrm{T}})$, $gd_2 \leftarrow \dot{\boldsymbol{\lambda}}_p^{+\mathrm{T}}\boldsymbol{v}_p^{+} - \dot{\boldsymbol{\lambda}}_p^{-\mathrm{T}}\boldsymbol{v}_p^{-}$

$\boldsymbol{r}_p \leftarrow \boldsymbol{r}_p + \zeta_p\cdot\boldsymbol{gd}_1$

$t_p \leftarrow t_p + \zeta_p\cdot gd_2$

直到 $|\boldsymbol{gd}_1| < \epsilon$ 且 $|gd_2| < \epsilon$

返回 $\boldsymbol{r}_p$、 t_p

4.4.2 移动初始或末端脉冲

移动初始或末端脉冲的施加时刻也可以减少燃料消耗。

对于移动初始脉冲的情况，定义 Γ_1 为包含初始速度脉冲的参考双脉冲序列，两个速度脉冲分别为 $\Delta\boldsymbol{v}_1$ 和 $\Delta\boldsymbol{v}_2$，对应的脉冲施加时刻为 t_1 和 t_2； Γ_1' 为扰动脉冲序列，脉冲施加时刻分别为 $t_1+\mathrm{d}t_1$ 和 t_2。定义 Γ_1 和 Γ_1' 对应的燃料消耗增量为

$$\delta J_1 = J_1' - J_1 \tag{4-66}$$

其中

$$J_1 = |\Delta\boldsymbol{v}_1| + |\Delta\boldsymbol{v}_2|$$

$$J_1' = |\Delta\boldsymbol{v}_1 + (\mathrm{d}\boldsymbol{v}_1^+ - \mathrm{d}\boldsymbol{v}_1^-)| + |\Delta\boldsymbol{v}_2 - \delta\boldsymbol{v}_2^-|$$

参考式（4-44）的推导过程，可得

$$\delta J_1 = \boldsymbol{\lambda}_1^{\mathrm{T}}(\mathrm{d}\boldsymbol{v}_1^+ - \mathrm{d}\boldsymbol{v}_1^-) - \boldsymbol{\lambda}_2^{\mathrm{T}}\delta\boldsymbol{v}_2^- \tag{4-67}$$

根据式（4-35）、式（4-45）和 $\delta\boldsymbol{v}_1^-=0$，参考式（4-53）的推导过程，可得

$$\delta J_1 = \dot{\boldsymbol{\lambda}}_1^{\mathrm{T}}\cdot\delta\boldsymbol{r}_1 \tag{4-68}$$

将 $\delta\boldsymbol{r}_1 = \mathrm{d}\boldsymbol{r}_1 - \boldsymbol{v}_1^+\mathrm{d}t_1$ 和 $\mathrm{d}\boldsymbol{r}_1 = \boldsymbol{v}_1^-\mathrm{d}t_1$ 代入式（4-68），可得

$$\delta J_1 = -\dot{\boldsymbol{\lambda}}_1^{\mathrm{T}}\Delta\boldsymbol{v}_1\mathrm{d}t_1 \tag{4-69}$$

图 4-6 给出了几种典型的最优 Γ_1 对应的主矢量的模，图 4-7 给出了几种典型的非最优 Γ_1 对应的主矢量的模。当初始脉冲施加时刻为最优时，可分为两种情况进行讨论：$t_1>t_0$（图 4-6（b）和图 4-6（c））和 $t_1=t_0$（图 4-6（a））。当 $t_1>t_0$ 时，由式（4-69）和充要条件第⑤条可知：

$$\dot{\boldsymbol{\lambda}}_1^{\mathrm{T}}\Delta\boldsymbol{v}_1 = \dot{\boldsymbol{\lambda}}_1^{\mathrm{T}}\boldsymbol{\lambda}_1|\Delta\boldsymbol{v}_1| = 0 \tag{4-70}$$

因此，$\delta J=0$，也就是说，无法通过移动初始脉冲 $\Delta\boldsymbol{v}_1$ 的施加时刻 t_1 以减少燃料消耗。当 $t_1=t_0$ 时，如图 4-6（a）所示，由约束条件可知，$t_1\geqslant t_0$，即 $\mathrm{d}t_1\geqslant 0$。由充要条件第⑤条可知：

$$\dot{\boldsymbol{\lambda}}_1^{\mathrm{T}}\Delta\boldsymbol{v}_1 = \dot{\boldsymbol{\lambda}}_1^{\mathrm{T}}\boldsymbol{\lambda}_1|\Delta\boldsymbol{v}_1| \leqslant 0 \tag{4-71}$$

即 $\delta J\geqslant 0$，移动初始脉冲 $\Delta\boldsymbol{v}_1$ 不能减少燃料消耗。

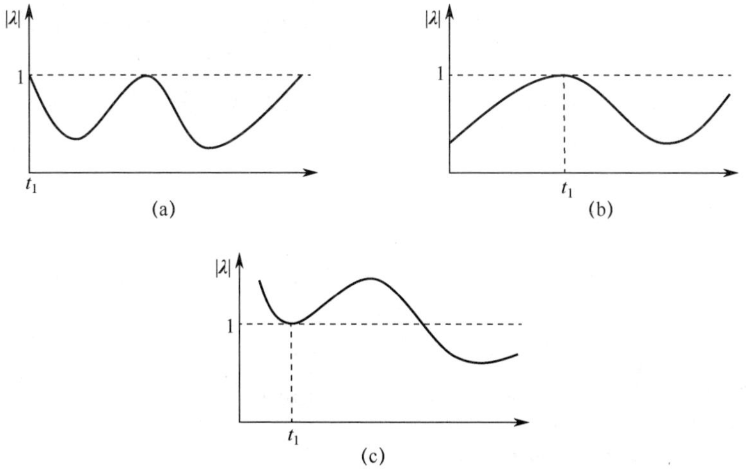

图 4-6　最优 Γ_1 对应的典型主矢量的模

（a）$t_1=t_0$ 满足充要条件；（b）$t_1>t_0$ 满足充要条件；（c）$t_1>t_0$ 满足充要条件。

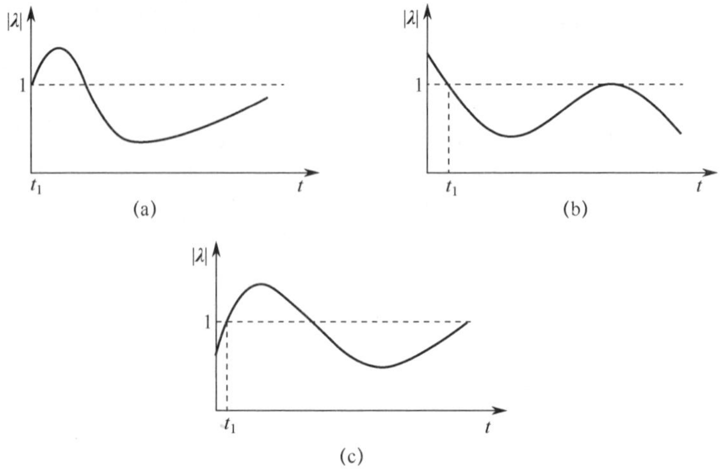

图 4-7　非最优 Γ_1 对应的典型主矢量的模

（a）$t_1=t_0$ 且 $\dot{\boldsymbol{\lambda}}_1^{\mathrm{T}}\boldsymbol{\lambda}_1>0$；（b）$t_1>t_0$ 且 $\dot{\boldsymbol{\lambda}}_1^{\mathrm{T}}\boldsymbol{\lambda}_1<0$；（c）$t_1>t_0$ 且 $\dot{\boldsymbol{\lambda}}_1^{\mathrm{T}}\boldsymbol{\lambda}_1>0$。

当初始脉冲施加时刻为非最优时，即 $\dot{\boldsymbol{\lambda}}_1^{\mathrm{T}}\boldsymbol{\lambda}_1<0(t_1>t_0)$（图 4-7（b））或 $\dot{\boldsymbol{\lambda}}_1^{\mathrm{T}}\boldsymbol{\lambda}_1>0(t_1>t_0)$（图 4-7（c））或 $\dot{\boldsymbol{\lambda}}_1^{\mathrm{T}}\boldsymbol{\lambda}_1>0(t_1=t_0)$（图 4-7（a）），则存在燃料消耗更小的扰动脉冲序列 Γ_1'，则

$$\mathrm{d}t_1=\zeta_{t_1}\dot{\boldsymbol{\lambda}}_1^{\mathrm{T}}\Delta\boldsymbol{v}_1 \tag{4-72}$$

式中：$\zeta_{t_1}>0$。这表明，如果 $\dot{\boldsymbol{\lambda}}_1\Delta\boldsymbol{v}_1>0$，初始滑行或推后施加速度脉冲可以减少燃料消耗；如果 $\dot{\boldsymbol{\lambda}}_1\Delta\boldsymbol{v}_1<0$ 且 $t_1>t_0$，提前施加速度脉冲可以减少燃料消耗。

定义代价函数 J_1 关于 t_1 的梯度为

$$\nabla J_1=-\dot{\boldsymbol{\lambda}}_1^{\mathrm{T}}\Delta\boldsymbol{v}_1 \tag{4-73}$$

这样，选择 t_1 为优化变量，可以通过移动 $\Delta\boldsymbol{v}_1$ 来进一步减少燃料消耗。算法 4-4 给出了移动初始脉冲 $\Delta\boldsymbol{v}_1$ 的求解算法。

算法 4-4　求解移动初始脉冲 $\Delta\boldsymbol{v}_1$

输入： t_1，$\boldsymbol{r}_0$，$\boldsymbol{v}_0$，t_0，$\boldsymbol{r}_2$，$\boldsymbol{v}_2^+$，t_2

输出： t_1

1：给定 ϵ

2：**重复执行**

3：　$[\boldsymbol{r}_1;\boldsymbol{v}_1^-]=\boldsymbol{\Phi}(t_1,t_0)[\boldsymbol{r}_0;\boldsymbol{v}_0]$

4：　$\boldsymbol{v}_1^+\leftarrow\boldsymbol{\Phi}_{12}^{-1}(t_2,t_1)[\boldsymbol{r}_2-\boldsymbol{\Phi}_{11}(t_2,t_1)\cdot\boldsymbol{r}_1]$

5：　$\boldsymbol{v}_2^-\leftarrow\boldsymbol{\Phi}_{21}(t_2,t_1)\cdot\boldsymbol{r}_1+\boldsymbol{\Phi}_{21}(t_2,t_1)\cdot\boldsymbol{v}_1^+$

6：　$\Delta\boldsymbol{v}_1\leftarrow\boldsymbol{v}_1^+-\boldsymbol{v}_1^-$，$\Delta\boldsymbol{v}_2\leftarrow\boldsymbol{v}_2^+-\boldsymbol{v}_2^-$

$$c_1 \leftarrow \begin{bmatrix} \boldsymbol{\Phi}_\lambda(t_1) \\ \boldsymbol{\Phi}_\lambda(t_2) \end{bmatrix} \begin{bmatrix} \Delta \boldsymbol{v}_1 / |\Delta \boldsymbol{v}_1| \\ \Delta \boldsymbol{v}_2 / |\Delta \boldsymbol{v}_2| \end{bmatrix}$$

$\dot{\boldsymbol{\lambda}}_1 \leftarrow \boldsymbol{\Phi}_\lambda(t_1) \cdot \boldsymbol{c}_1$

$gd \leftarrow -\dot{\boldsymbol{\lambda}}_1^{\mathrm{T}} \Delta \boldsymbol{v}_1$

$t_1 \leftarrow t_1 + \zeta_1 \cdot gd$

直到 $|gd| < \epsilon$

返回 t_1

相似地，对于移动末端脉冲的情况，定义 $\varGamma_N$ 为包含末端速度脉冲的参考双脉冲序列，两个脉冲分别为 $\Delta \boldsymbol{v}_{N-1}$ 和 $\Delta \boldsymbol{v}_N$，对应的脉冲施加时刻分别为 t_{N-1} 和 t_N；$\varGamma_N'$ 为扰动脉冲序列，脉冲施加时刻为 t_{N-1} 和 $t_N + \mathrm{d}t_N$。参考式（4-69）的推导，有

$$\delta J_N = -\dot{\boldsymbol{\lambda}}_N^{\mathrm{T}} \Delta \boldsymbol{v}_N \mathrm{d}t_N \tag{4-74}$$

图 4-8 给出了几种典型的最优 $\varGamma_N$ 对应的主矢量的模，图 4-9 给出了几种典型的非最优 $\varGamma_N$ 对应的主矢量的模。当末端脉冲施加时刻为最优时，也可以分为两种情况进行讨论：$t_N < t_{\mathrm{f}}$（图 4-8（a）、图 4-8（b））和 $t_N = t_{\mathrm{f}}$（图 4-8（c））。当 $t_N < t_{\mathrm{f}}$ 时，由式（4-74）和充要条件第⑤条可知

$$\dot{\boldsymbol{\lambda}}_N^{\mathrm{T}} \Delta \boldsymbol{v}_N = \dot{\boldsymbol{\lambda}}_N^{\mathrm{T}} \boldsymbol{\lambda}_N |\Delta \boldsymbol{v}_N| = 0 \tag{4-75}$$

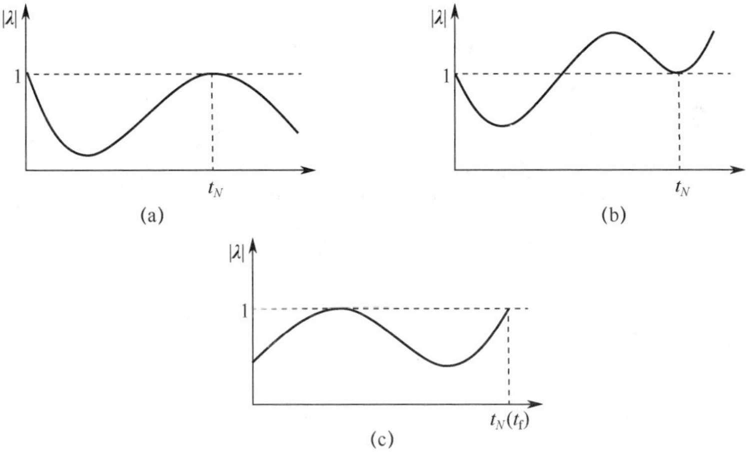

图 4-8　最优 $\varGamma_N$ 对应的典型主矢量的模

（a）$t_N<t_{\mathrm{f}}$ 满足充要条件；（b）$t_N<t_{\mathrm{f}}$ 满足充要条件；（c）$t_N=t_{\mathrm{f}}$ 满足充要条件。

此时有 $\delta J_N = 0$，移动 t_N 无法减少燃料消耗。当 $t_N = t_{\mathrm{f}}$ 时，由约束条件可知，$t_{\mathrm{f}} \geqslant t_N$，即 $\mathrm{d}t_N \leqslant 0$。由充要条件第⑤条可知

$$\dot{\boldsymbol{\lambda}}_N^{\mathrm{T}} \Delta \boldsymbol{v}_N = \dot{\boldsymbol{\lambda}}_N^{\mathrm{T}} \boldsymbol{\lambda}_N |\Delta \boldsymbol{v}_N| \geqslant 0 \tag{4-76}$$

即 $\delta J_N \geqslant 0$，移动 t_N 无法减少燃料消耗。

当脉冲序列 $\varGamma_N$ 不满足充要条件时，为非最优脉冲序列时，即 $\dot{\boldsymbol{\lambda}}_N^{\mathrm{T}}\boldsymbol{\lambda}_N > 0(t_N < t_{\mathrm{f}})$（图 4-9（a））或 $\dot{\boldsymbol{\lambda}}_N^{\mathrm{T}}\boldsymbol{\lambda}_N > 0(t_N < t_{\mathrm{f}})$（图 4-9（b））或 $\dot{\boldsymbol{\lambda}}_1^{\mathrm{T}}\boldsymbol{\lambda}_1 < 0(t_N = t_{\mathrm{f}})$（图 4-9（c）），则存在燃料消耗更小的扰动脉冲序列 $\varGamma_N'$，有

$$\mathrm{d}t_N = \zeta_{t_N}\dot{\boldsymbol{\lambda}}_N^{\mathrm{T}}\Delta\boldsymbol{v}_N \tag{4-77}$$

式中：$\zeta_{t_N} > 0$。

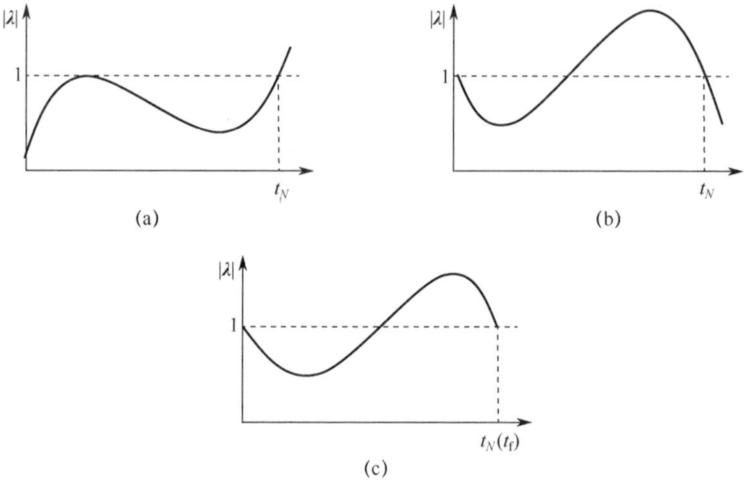

图 4-9　非最优 $\varGamma_N$ 对应的典型主矢量的模

（a）$t_N < t_{\mathrm{f}}$ 且 $\dot{\boldsymbol{\lambda}}_N^{\mathrm{T}}\boldsymbol{\lambda}_N > 0$；（b）$t_N < t_{\mathrm{f}}$ 且 $\dot{\boldsymbol{\lambda}}_N^{\mathrm{T}}\boldsymbol{\lambda}_N < 0$；（c）$t_N = t_{\mathrm{f}}$ 且 $\dot{\boldsymbol{\lambda}}_N^{\mathrm{T}}\boldsymbol{\lambda}_N < 0$。

如果 $\dot{\boldsymbol{\lambda}}_N\Delta\boldsymbol{v}_N > 0$ 且 $t_N < t_{\mathrm{f}}$，延期到达能够减少燃料消耗；如果 $\dot{\boldsymbol{\lambda}}_N\Delta\boldsymbol{v}_N < 0$，末端滑行或推后施加末端速度脉冲能够减少燃料消耗。定义代价函数 J_N 关于 t_N 的梯度为

$$\nabla J_N = -\dot{\boldsymbol{\lambda}}_N^{\mathrm{T}}\Delta\boldsymbol{v}_N \tag{4-78}$$

这样，选择 t_N 为优化变量，可以通过移动 $\Delta\boldsymbol{v}_N$ 来进一步减少燃料消耗。

算法 4-5 给出了移动末端脉冲 $\Delta\boldsymbol{v}_p$ 的求解算法。

算法 4-5　求解移动末端脉冲 $\Delta\boldsymbol{v}_p$

输入： t_N，$\boldsymbol{r}_{N-1}$，$\boldsymbol{v}_{N-1}^-$，t_{N-1}，$\boldsymbol{r}_{\mathrm{f}}$，$\boldsymbol{v}_{\mathrm{f}}$，$t_{\mathrm{f}}$

输出： t_N

1：给定 ϵ

2：**重复执行**

3：　$[\boldsymbol{r}_N;\boldsymbol{v}_N^+] = \boldsymbol{\Phi}(t_N,t_{\mathrm{f}})[\boldsymbol{r}_{\mathrm{f}};\boldsymbol{v}_{\mathrm{f}}]$

　　$\boldsymbol{v}_{N-1}^+ \leftarrow \boldsymbol{\Phi}_{12}^{-1}(t_N,t_{N-1})[\boldsymbol{r}_N - \boldsymbol{\Phi}_{11}(t_N,t_{N-1})\cdot\boldsymbol{r}_{N-1}]$

4：　$\boldsymbol{v}_N^- \leftarrow \boldsymbol{\Phi}_{21}(t_N,t_{N-1})\cdot\boldsymbol{r}_{N-1} + \boldsymbol{\Phi}_{21}(t_N,t_{N-1})\cdot\boldsymbol{v}_{N-1}^+$

5：　$\Delta\boldsymbol{v}_{N-1} \leftarrow \boldsymbol{v}_{N-1}^+ - \boldsymbol{v}_{N-1}^-$，　$\Delta\boldsymbol{v}_N \leftarrow \boldsymbol{v}_N^+ - \boldsymbol{v}_N^-$

$$c_{N-1} \leftarrow \begin{bmatrix} \boldsymbol{\Phi}_\lambda(t_{N-1}) \\ \boldsymbol{\Phi}_\lambda(t_N) \end{bmatrix} \begin{bmatrix} \Delta\boldsymbol{v}_{N-1}/|\Delta\boldsymbol{v}_{N-1}| \\ \Delta\boldsymbol{v}_N/|\Delta\boldsymbol{v}_N| \end{bmatrix}$$

$\dot{\boldsymbol{\lambda}}_N \leftarrow \boldsymbol{\Phi}_\lambda(t_N)\cdot \boldsymbol{c}_{N-1}$

$gd \leftarrow \dot{\boldsymbol{\lambda}}_N^{\mathrm{T}}\Delta\boldsymbol{v}_N$

$t_N \leftarrow t_N + \zeta_N \cdot gd$

直到 $|gd| < \epsilon$

返回 t_N

4.4.3 脉冲数目修正

在时刻 t_a 处增加额外脉冲 $\Delta\boldsymbol{v}_a$ 会影响燃料消耗，即改变脉冲数目可以降低燃料消耗，得到重构的最优脉冲序列。根据 t_a 的大小，可以分为 3 种情况：

（1）增加初始脉冲，$t_0 \leqslant t_{a_1} < t_1$；

（2）增加末端脉冲，$t_N < t_{a_2} \leqslant t_{\mathrm{f}}$；

（3）增加中间脉冲，$t_l < t_{a_3} < t_{l+1}\ (l = 1, 2, \cdots, N-1)$。

下面对这 3 种情况分别进行讨论。

1. 增加初始脉冲

首先，定义参考脉冲序列 $\varGamma_{\mathrm{ini}}$，该脉冲序列为包含原初始脉冲的两个速度脉冲 $\Delta\boldsymbol{v}_1$ 和 $\Delta\boldsymbol{v}_2$，满足边界条件 $\boldsymbol{X}(t_0)$ 和 $\boldsymbol{X}(t_2)$，对应的燃料消耗为 J_{ini}。定义扰动脉冲序列 $\varGamma'_{\mathrm{ini}}$ 满足同样的边界条件，对应的燃料消耗为 J'_{ini}。$\varGamma'_{\mathrm{ini}}$ 包含 3 个速度脉冲，额外速度脉冲 $\Delta\boldsymbol{v}_{a_1}$ 的施加时刻为 t_{a_1}（$t_0 \leqslant t_{a_1} < t_1$），施加位置矢量为 $\boldsymbol{r}_{t_{a_1}}$。该速度脉冲施加在原脉冲序列的初始速度脉冲之前，成为新的初始速度脉冲。该初始速度脉冲的引入导致速度脉冲 $\Delta\boldsymbol{v}_1$ 施加位置矢量的变化，变化量为 $\delta\boldsymbol{r}_1$。

$\varGamma_{\mathrm{ini}}$ 和 $\varGamma'_{\mathrm{ini}}$ 对应的燃料消耗可以分别表示为

$$J_{\mathrm{ini}} = |\Delta\boldsymbol{v}_1| + |\Delta\boldsymbol{v}_2| \tag{4-79}$$

$$J'_{\mathrm{ini}} = |\delta\boldsymbol{v}_{a_1}^+| + |\Delta\boldsymbol{v}_1 + \delta\boldsymbol{v}_1^+ - \delta\boldsymbol{v}_1^-| + |\Delta\boldsymbol{v}_2 - \delta\boldsymbol{v}_2^-| \tag{4-80}$$

式中：$\delta\boldsymbol{v}_{a_1}^+ = \Delta\boldsymbol{v}_{a_1}$。定义增加初始脉冲导致的燃料消耗变化量为 $\delta J_{\mathrm{ini}} = J'_{\mathrm{ini}} - J_{\mathrm{ini}}$ 参考式（4-38）的推导过程，保留 1 阶项为

$$\delta J_{\mathrm{ini}} = |\delta\boldsymbol{v}_{a_1}| + \left(\frac{\Delta\boldsymbol{v}_1}{|\Delta\boldsymbol{v}_1|}\right)^{\mathrm{T}}(\delta\boldsymbol{v}_1^+ - \delta\boldsymbol{v}_1^-) - \left(\frac{\Delta\boldsymbol{v}_2}{|\Delta\boldsymbol{v}_2|}\right)^{\mathrm{T}}\delta\boldsymbol{v}_2^- \tag{4-81}$$

考虑到 $\boldsymbol{\lambda}_1 = \Delta\boldsymbol{v}_1/|\Delta\boldsymbol{v}_1|$，$\boldsymbol{\lambda}_2 = \Delta\boldsymbol{v}_2/|\Delta\boldsymbol{v}_2|$，式（4-81）可改写为

$$\delta J_{\mathrm{ini}} = |\delta\boldsymbol{v}_{a_1}| + \boldsymbol{\lambda}_1^{\mathrm{T}}(\delta\boldsymbol{v}_1^+ - \delta\boldsymbol{v}_1^-) - \boldsymbol{\lambda}_2^{\mathrm{T}}\delta\boldsymbol{v}_2^- \tag{4-82}$$

根据式（4-45），参考式（4-53）的推导过程，式（4-82）可以改写为

$$\delta J_{\text{ini}} = |\delta \boldsymbol{v}_{a_1}| - \boldsymbol{\lambda}_{a_1}^{\text{T}} \delta \boldsymbol{v}_{a_1} \tag{4-83}$$

定义初始脉冲 $\Delta \boldsymbol{v}_{a_1}$ 的大小为 m_{a_1}、方向为 $\boldsymbol{\eta}_{a_1}$（其中 $\boldsymbol{\eta}_{a_1}$ 为单位向量）。则式（4-83）可改写为

$$\delta J_{\text{ini}} = m_{a_1}(1 - \boldsymbol{\lambda}_{a_1}^{\text{T}} \cdot \boldsymbol{\eta}_{a_1}) \tag{4-84}$$

当且仅当 $|\boldsymbol{\lambda}_{a_1}| > 1$ 时，δJ_{ini} 可能小于零，也就是说 Γ'_{ini} 相对于 Γ_{ini} 具有更小的燃料消耗。对于满足充要条件的最优脉冲序列，$|\boldsymbol{\lambda}_{a_1}| \leqslant 1$ 必然成立，增加额外初始速度脉冲只能增加燃料消耗。

图 4-10 给出了几种典型的增加初始脉冲的主矢量模的变化曲线，在时间区间 $[t_0, t_1)$ 内存在主矢量的模大于 1 的情况，增加额外初始脉冲可以减少燃料消耗。根据式（4-84）可知，当初始脉冲施加在主矢量的模达到最大值的时刻，且方向与此时主矢量方向同向时，燃料消耗变化量最大。

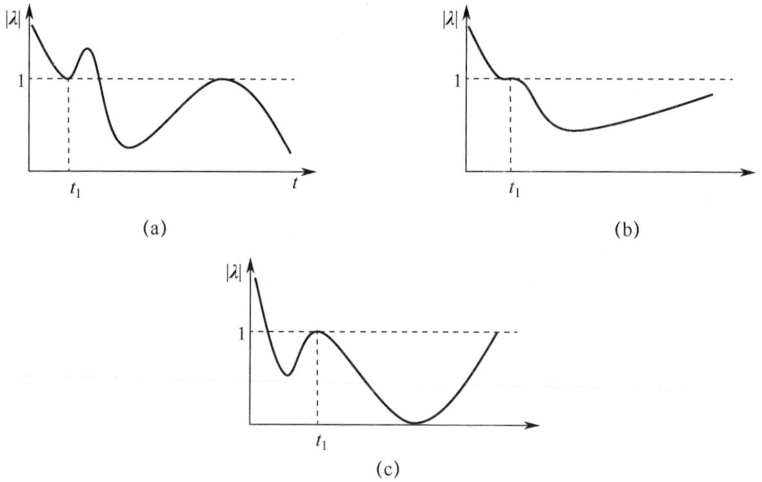

图 4-10 增加初始脉冲典型主矢量的模

（a）$\lambda_{a1} > 1$, $t_{a1} < t_1$；（b）$\lambda_{a1} > 1$, $t_{a1} < t_1$；（c）$\lambda_{a1} > 1$, $t_{a1} < t_1$。

初始脉冲的引入导致脉冲 $\Delta \boldsymbol{v}_1$ 施加位置矢量的变化 $\delta \boldsymbol{r}_1$，根据式（4-4）可得

$$\begin{bmatrix} \delta \boldsymbol{r}_1 \\ \delta \boldsymbol{v}_1^- \end{bmatrix} = \begin{bmatrix} \boldsymbol{\Phi}_{11}(t_1, t_{a_1}) & \boldsymbol{\Phi}_{12}(t_1, t_{a_1}) \\ \boldsymbol{\Phi}_{21}(t_1, t_{a_1}) & \boldsymbol{\Phi}_{22}(t_1, t_{a_1}) \end{bmatrix} \begin{bmatrix} \delta \boldsymbol{r}_{a_1} \\ \delta \boldsymbol{v}_{a_1}^+ \end{bmatrix} \tag{4-85}$$

根据边界条件可知 $\delta \boldsymbol{r}_{a_1} = 0$，有

$$\delta \boldsymbol{r}_1 = \boldsymbol{\Phi}_{12}(t_1, t_{a_1}) \delta \boldsymbol{v}_{a_1}^+ \tag{4-86}$$

根据式（4-84）可知初始脉冲方向与 $\boldsymbol{\lambda}_{a_1}$ 方向相同，有

$$\delta \boldsymbol{r}_1 = m_{a_1} \cdot \boldsymbol{\Phi}_{12}(t_1, t_{a_1}) \cdot \frac{\boldsymbol{\lambda}_{a_1}}{|\boldsymbol{\lambda}_{a_1}|} \tag{4-87}$$

为了保证 1 阶扰动理论成立，m_{a_1} 需要充分小，才能保证 Γ'_{ini} 的燃料消耗更小。

重新定义燃料消耗改变量为

$$\delta J_{\text{ini}} = m_{a_1} + |\Delta\boldsymbol{v}_1 + \delta\boldsymbol{v}_1^+ - \delta\boldsymbol{v}_1^+| - |\Delta\boldsymbol{v}_1| + |\Delta\boldsymbol{v}_2 - \delta\boldsymbol{v}_2^+| - |\Delta\boldsymbol{v}_2| \tag{4-88}$$

保留到 2 阶项，式（4-88）可改写为

$$\begin{aligned}\delta J_{\text{ini}} = m_{a_1} + &\frac{1}{2|\Delta\boldsymbol{v}_1|}\left[\delta\boldsymbol{v}_1^{\mathrm{T}}\delta\boldsymbol{v}_1 + 2\delta\boldsymbol{v}_1^{\mathrm{T}}\Delta\boldsymbol{v}_1 - \left(\frac{\delta\boldsymbol{v}_1^{\mathrm{T}}\Delta\boldsymbol{v}_1}{|\Delta\boldsymbol{v}_1|}\right)^2\right] + \\ &\frac{1}{2|\Delta\boldsymbol{v}_2|}\left[\delta\boldsymbol{v}_2^{\mathrm{T}}\delta\boldsymbol{v}_2 - 2\delta\boldsymbol{v}_2^{\mathrm{T}}\Delta\boldsymbol{v}_2 - \left(\frac{\delta\boldsymbol{v}_2^{\mathrm{T}}\Delta\boldsymbol{v}_2}{|\Delta\boldsymbol{v}_2|}\right)^2\right]\end{aligned} \tag{4-89}$$

式中：$\delta\boldsymbol{v}_1 = \delta\boldsymbol{v}_1^+ - \delta\boldsymbol{v}_1^-$；$\delta\boldsymbol{v}_2 = \delta\boldsymbol{v}_2^-$。根据式（4-4）可得

$$\begin{bmatrix}\delta\boldsymbol{r}_1 \\ \delta\boldsymbol{v}_1^+\end{bmatrix} = \begin{bmatrix}\boldsymbol{\Phi}_{11}(t_1,t_2) & \boldsymbol{\Phi}_{12}(t_1,t_2) \\ \boldsymbol{\Phi}_{21}(t_1,t_2) & \boldsymbol{\Phi}_{22}(t_1,t_2)\end{bmatrix}\begin{bmatrix}\delta\boldsymbol{r}_2 \\ \delta\boldsymbol{v}_2^-\end{bmatrix} \tag{4-90}$$

根据式（4-85）、式（4-87）和式（4-90），可得

$$\begin{cases}\delta\boldsymbol{v}_1 = \boldsymbol{\alpha} m_{a_1} \\ \delta\boldsymbol{v}_2 = \boldsymbol{\beta} m_{a_1}\end{cases} \tag{4-91}$$

式中：$\boldsymbol{\alpha} = [\boldsymbol{\Phi}_{22}(t_1,t_2)\boldsymbol{\Phi}_{12}^{-1}(t_1,t_2)\boldsymbol{\Phi}_{12}(t_1,t_{a_1}) - \boldsymbol{\Phi}_{22}(t_1,t_{a_1})]\dfrac{\boldsymbol{\lambda}_{a_1}}{|\boldsymbol{\lambda}_{a_1}|}$；$\boldsymbol{\beta} = \boldsymbol{\Phi}_{12}^{-1}(t_1,t_2)\boldsymbol{\Phi}_{12}^{-1}(t_1,t_{a_1})$
$\dfrac{\boldsymbol{\lambda}_{a_1}}{|\boldsymbol{\lambda}_{a_1}|}$。

将式（4-91）代入式（4-89），可以得到关于 m_{a_1} 的二次多项式，对 m_{a_1} 求导并使其等于零，即 $\partial(\delta J_{\text{ini}})/\partial m_{a_1} = 0$，可得

$$m_{a_1} = -\frac{\dfrac{\boldsymbol{\alpha}^{\mathrm{T}}\Delta\boldsymbol{v}_1}{|\Delta\boldsymbol{v}_1|} - \dfrac{\boldsymbol{\beta}^{\mathrm{T}}\Delta\boldsymbol{v}_2}{|\Delta\boldsymbol{v}_2|+1}}{\dfrac{[\boldsymbol{\alpha}^{\mathrm{T}}\boldsymbol{\alpha} - (\boldsymbol{\alpha}^{\mathrm{T}}\Delta\boldsymbol{v}_1/|\Delta\boldsymbol{v}_1|)^2]}{2|\Delta\boldsymbol{v}_1|} + \dfrac{[\boldsymbol{\beta}^{\mathrm{T}}\boldsymbol{\beta} - (\boldsymbol{\beta}^{\mathrm{T}}\Delta\boldsymbol{v}_2/|\Delta\boldsymbol{v}_2|)^2]}{2|\Delta\boldsymbol{v}_2|}} \tag{4-92}$$

2. 增加末端脉冲

定义参考脉冲序列 Γ_{fin}，该脉冲序列为包含原末端脉冲的两个速度脉冲 $\Delta\boldsymbol{v}_{N-1}$ 和 $\Delta\boldsymbol{v}_N$，满足边界条件 $\boldsymbol{X}(t_{N-1})$ 和 $\boldsymbol{X}(t_{\text{f}})$，对应的燃料消耗为 J_{fin}。定义扰动脉冲序列 Γ'_{fin} 满足同样的边界条件，对应的燃料消耗为 J'_{fin}。Γ'_{fin} 包含 3 个速度脉冲，额外末端脉冲 $\Delta\boldsymbol{v}_{a_2}$ 的施加时刻为 t_{a_2}（$t_N < t_{a_2} \leqslant t_{\text{f}}$），施加位置矢量为 $\boldsymbol{r}_{t_{a_2}}$。该脉冲施加在原脉冲序列的末端脉冲之后，成为新的末端脉冲。该末端脉冲的引入导致脉冲 $\Delta\boldsymbol{v}_N$ 施加位置矢量 $\boldsymbol{r}_N$ 的变化，变化量为 $\delta\boldsymbol{r}_N$。

Γ_{fin} 和 Γ'_{fin} 对应的燃料消耗分别为

$$J_{\text{fin}}=|\Delta\boldsymbol{v}_{N-1}|+|\Delta\boldsymbol{v}_N| \tag{4-93}$$

$$J'_{\text{fin}}=|\Delta\boldsymbol{v}_{N-1}+\delta\boldsymbol{v}_N^+|+|\Delta\boldsymbol{v}_N+\delta\boldsymbol{v}_N^+-\delta\boldsymbol{v}_N^-|+|-\delta\boldsymbol{v}_{a_2}^-| \tag{4-94}$$

式中：$-\delta\boldsymbol{v}_{a_2}^-=\Delta\boldsymbol{v}_{a_2}$。与增加初始脉冲的推导相似，对于增加末端脉冲的情况可以得到以下判断条件，即

$$\delta J_{\text{fin}}=m_{a_2}(1-\boldsymbol{\lambda}_{a_2}^{\text{T}}\cdot\boldsymbol{\eta}_{a_2}) \tag{4-95}$$

式中：$\boldsymbol{\eta}_{a_2}$ 为单位矢量，代表额外增加的末端脉冲的方向；m_{a_2} 为末端脉冲的大小。

图 4-11 给出了几种典型的增加末端脉冲主矢量模的变化曲线，在时间区间 $(t_N,t_{\text{f}}]$ 内存在主矢量的模大于 1 的情况，增加额外末端脉冲可以减少燃料消耗。当且仅当 $|\boldsymbol{\lambda}_{a_2}|>1$，$\delta J_{\text{fin}}$ 可能取负值，存在额外增加末端脉冲使燃料消耗减少。参考初始脉冲变化量推导过程，扰动量 $\delta\boldsymbol{r}_N$ 可由以下公式计算，即

$$\delta\boldsymbol{r}_N=-m_{a_2}\cdot\boldsymbol{\Phi}_{12}(t_N,t_m)\cdot\frac{\boldsymbol{\lambda}_{a_2}}{|\boldsymbol{\lambda}_{a_2}|} \tag{4-96}$$

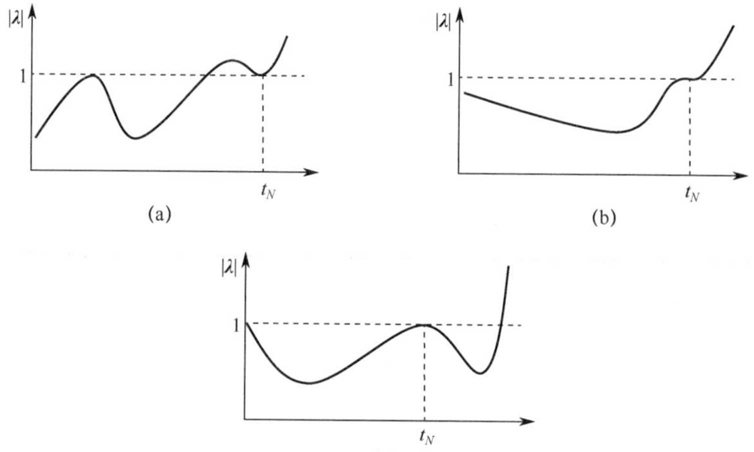

图 4-11　增加末端脉冲典型主矢量的模

(a) $|\boldsymbol{\lambda}_{a2}|>1,\ t_{a2}>t_N$；(b) $|\boldsymbol{\lambda}_{a2}|>1,\ t_{a2}>t_N$；(c) $|\boldsymbol{\lambda}_{a2}|>1,\ t_{a2}>t_N$。

其中

$$m_{a_2}=-\frac{\dfrac{\boldsymbol{\alpha}^{\text{T}}\Delta\boldsymbol{v}_{N-1}}{|\Delta\boldsymbol{v}_{N-1}|}+\dfrac{\boldsymbol{\beta}^{\text{T}}\Delta\boldsymbol{v}_N}{|\Delta\boldsymbol{v}_N|+1}}{\dfrac{\left[\boldsymbol{\alpha}^{\text{T}}\boldsymbol{\alpha}-\left(\dfrac{\boldsymbol{\alpha}^{\text{T}}\Delta\boldsymbol{v}_{N-1}}{|\Delta\boldsymbol{v}_{N-1}|}\right)^2\right]}{2|\Delta\boldsymbol{v}_{N-1}|}+\dfrac{\left[\boldsymbol{\beta}^{\text{T}}\boldsymbol{\beta}-\left(\dfrac{\boldsymbol{\beta}^{\text{T}}\Delta\boldsymbol{v}_N}{|\Delta\boldsymbol{v}_N|}\right)\right]^2}{2|\Delta\boldsymbol{v}_N|}}$$

$$\boldsymbol{\alpha} = -\boldsymbol{\Phi}_{12}^{-1}(t_N,t_{N-1})\boldsymbol{\Phi}_{12}(t_N,t_{a_2})\frac{\boldsymbol{\lambda}_{a_2}}{|\boldsymbol{\lambda}_{a_2}|}$$

$$\boldsymbol{\beta} = [\boldsymbol{\Phi}_{22}(t_N,t_{N-1})\boldsymbol{\Phi}_{12}^{-1}(t_N,t_{N-1})\boldsymbol{\Phi}_{12}(t_N,t_{a_2}) - \boldsymbol{\Phi}_{22}(t_N,t_{a_2})]\frac{\boldsymbol{\lambda}_{a_2}}{|\boldsymbol{\lambda}_{a_2}|}$$

3. 增加中间脉冲

定义参考脉冲序列 Γ_{int}，该脉冲序列为包含原中间脉冲的两个脉冲 $\Delta\boldsymbol{v}_{l+1}$ 和 $\Delta\boldsymbol{v}_l$，满足边界条件 $\boldsymbol{X}(t_{l+1})$ 和 $\boldsymbol{X}(t_l)$，对应的燃料消耗为 J_{int}。定义扰动脉冲序列 Γ'_{int} 满足同样的边界条件，对应的燃料消耗为 J'_{int}。Γ'_{int} 包含 3 个速度脉冲，额外增加的中间脉冲 $\Delta\boldsymbol{v}_{a_3}$ 的施加时刻为 t_{a_3}（$t_l < t_{a_3} < t_{l+1}$），施加位置矢量为 $\boldsymbol{r}_{a_3} + \delta\boldsymbol{r}_{a_3}$。额外增加的中间脉冲的引入导致脉冲 $\Delta\boldsymbol{v}_{a_3}$ 施加位置矢量 $\boldsymbol{r}_{a_3}$ 的变化，变化量为 $\delta\boldsymbol{r}_{a_3}$。

Γ_{int} 和 Γ'_{int} 对应的燃料消耗分别为

$$J_{\text{int}} = |\Delta\boldsymbol{v}_{l-1}| + |\Delta\boldsymbol{v}_l| \tag{4-97}$$

$$J'_{\text{int}} = |\Delta\boldsymbol{v}_{l-1} + \delta\boldsymbol{v}_{l-1}^{+}| + |\Delta\boldsymbol{v}_{a_3} + \delta\boldsymbol{v}_{a_3}^{+} - \delta\boldsymbol{v}_{a_3}^{-}| + |\Delta\boldsymbol{v}_l + \delta\boldsymbol{v}_l^{-}| \tag{4-98}$$

定义增加中间脉冲后的燃料消耗为

$$\delta J_{\text{int}} = J'_{\text{int}} - J_{\text{int}} \tag{4-99}$$

与增加初始脉冲的推导相似，增加中间脉冲的判断条件为[4]

$$\delta J_{\text{int}} = m_{a_3}(1 - \boldsymbol{\lambda}_{a_3}^{\text{T}} \cdot \boldsymbol{\eta}_{a_3}) \tag{4-100}$$

式中：m_{a_3} 为中间脉冲大小；$\boldsymbol{\eta}_{a_3}$ 为单位向量，代表中间脉冲的方向。

图 4-12 给出了几种典型的增加中间脉冲的主矢量模的变化曲线，在时间区间 (t_1,t_N) 内存在主矢量的模大于 1 的情况，增加额外中间脉冲可以减少燃料消耗。当且仅当 $|\boldsymbol{\lambda}_{a_3}|>1$，$\delta J_{\text{int}}$ 可能取负值，存在额外增加中间脉冲使燃料消耗减少。

m_{a_3} 可由如下公式计算

$$m_{a_3} = -\frac{\dfrac{\boldsymbol{\alpha}^{\text{T}}\Delta\boldsymbol{v}_{l-1}}{|\Delta\boldsymbol{v}_{l-1}|} - \dfrac{\boldsymbol{\beta}^{\text{T}}\Delta\boldsymbol{v}_l}{|\Delta\boldsymbol{v}_l|}}{\dfrac{[\boldsymbol{\alpha}^{\text{T}}\boldsymbol{\alpha} - (\boldsymbol{\alpha}^{\text{T}}\Delta\boldsymbol{v}_{l-1}/|\Delta\boldsymbol{v}_{l-1}|)^2]}{2|\Delta\boldsymbol{v}_{l-1}|} + \dfrac{[\boldsymbol{\beta}^{\text{T}}\boldsymbol{\beta} - (\boldsymbol{\beta}^{\text{T}}\Delta\boldsymbol{v}_1/|\Delta\boldsymbol{v}_1|)^2]}{2|\Delta\boldsymbol{v}_l|}}$$

$$\begin{cases} \boldsymbol{\alpha} = \dfrac{\boldsymbol{\Phi}_{12}^{-1}(t_m,t_1)\boldsymbol{M}^{-1}\boldsymbol{\lambda}_m}{|\boldsymbol{\lambda}_m|} \\ \boldsymbol{\beta} = \dfrac{\boldsymbol{\Phi}_{12}^{-1}(t_2,t_m)\boldsymbol{M}^{-1}\boldsymbol{\lambda}_m}{|\boldsymbol{\lambda}_m|} \end{cases}$$

$$\boldsymbol{M} = \boldsymbol{\Phi}_{22}(t_m,t_2)\boldsymbol{\Phi}_{12}^{-1}(t_m,t_2) - \boldsymbol{\Phi}_{22}(t_m,t_1)\boldsymbol{\Phi}_{12}^{-1}(t_m,t_1)$$

扰动量 $\delta\boldsymbol{r}_{a_3}$ 可由以下公式计算，即

$$\delta \boldsymbol{r}_{a_3} = \frac{m_{a_3} \boldsymbol{M}^{-1} \boldsymbol{\lambda}_{a_3}}{|\boldsymbol{\lambda}_{a_3}|} \tag{4-101}$$

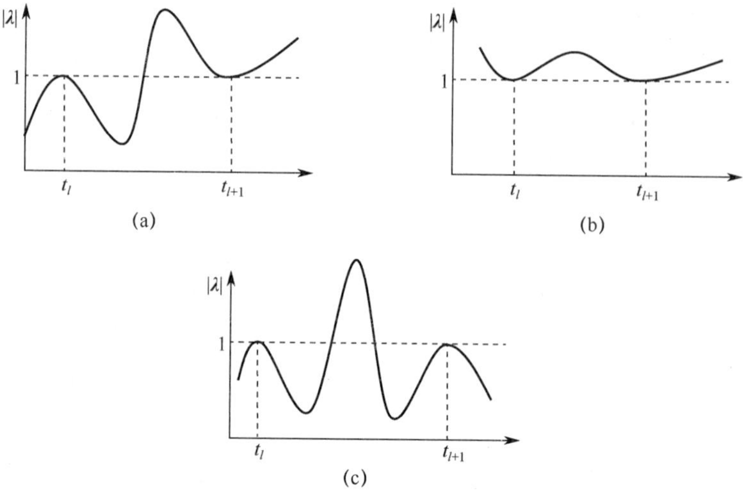

图 4-12 增加中间脉冲典型主矢量的模

（a）$|\boldsymbol{\lambda}|>1,\ t_l<t<t_{l+1}$；（b）$|\boldsymbol{\lambda}|>1,\ t_l<t<t_{l+1}$；（c）$|\boldsymbol{\lambda}|>1,\ t_l<t<t_{l+1}$。

根据式（4-84）、式（4-95）和式（4-100），如果$|\boldsymbol{\lambda}|_{\max}>1$，则需要额外增加脉冲以减少燃料消耗。基于上述分析，可设计求解额外增加脉冲的计算算法，如算法 4-6 所示。

算法 4-6 增加额外脉冲

输入： $\boldsymbol{\lambda}$

输出： $\boldsymbol{r}_a$， t_a

```
    λ_a ← 0， t_a ← 0
    当 i = t_0 至 t_f 执行：
    |   若 |λ_a| < |λ_i| 则：
    |   |   λ_a ← λ_i
    |   |   t_a ← i
    |   结束
    结束
    若 t_a < t_1 则
    计算 r_a                    //使用式（4-87）
    结束
    若 t_a > t_N 则
    计算 r_a                    //使用式（4-96）
```

结束
若 $t_1 < t_a < t_N$ 则
计算 $\boldsymbol{r}_a$ //使用式（4-101）
结束
返回 $\boldsymbol{r}_a$ 、 t_a

4.4.4 充要条件与改进策略

本章采用算法 4-2，根据脉冲序列计算主矢量曲线，在这种情况下条件①和④自动满足，条件②③和⑤是否满足需要判断，如果满足则该脉冲序列为燃料最优解；如果不满足则需要通过移动中间脉冲、移动初始或末端脉冲、增加脉冲数目 3 种改进策略对脉冲序列进行优化和重构。

由式（4-60）可知，主矢量导数是否连续、主矢量模的导数是否为零（是否满足充要条件第②条、第⑤条）是判断中间脉冲施加时刻及施加位置是否最优的条件。由式（4-69）可知，初始脉冲施加时刻是否最优的判断条件是：矢量模的导数是否不大于零（即是否满足充要条件第⑤条）。由式（4-74）可知，末端脉冲施加时刻是否最优的判断条件是：矢量模的导数是否不小于零（是否满足充要条件第⑤条）。由式（4-84）、式（4-95）和式（4-100）可知，脉冲数目是否最优的判断条件是：主矢量模的最大值是否小于 1（是否满足充要条件第③条）。

根据上述分析，可以将充要条件与脉冲序列的最优性判断分为 3 组：第②和⑤条用来判断中间脉冲施加时刻和施加位置的最优性；第⑤条用来判断初始脉冲和末端脉冲施加时刻的最优性；第③条用来判断脉冲数目的最优性。

对于非最优脉冲序列：首先应该尝试对速度脉冲的施加时刻和施加位置进行改进，即判断是否满足充要条件第②和第⑤条，如果不满足，则对其进行改进直到满足为止；然后再判断是否需要通过增加脉冲数目来减少燃料消耗。这样，非最优脉冲序列优化和重构的主要工作是首先判断其不满足充要条件中的哪一条或哪几条，然后选择相应的改进策略和算法对其进行改进。根据上面的分析和前面给出的非最优脉冲序列优化和重构算法，脉冲序列优化和重构的改进策略及其算法如下。

（1）对于中间脉冲，如果不满足第②或第⑤条，通过算法 4-3 移动中间脉冲的施加时刻和施加位置进行改进。

（2）对于初始脉冲或末端脉冲，如果不满足第⑤条，通过算法 4-4 或算法 4-5 移动脉冲的施加时刻进行改进。

（3）当条件②和⑤满足后，如果条件③不满足，首先通过算法 4-6 增加脉冲数目，然后再次判断充要条件第②和第⑤条是否满足。

从以上分析可以发现，可以通过条件⑤简单、直接地判断脉冲序列的初始脉冲或末端脉冲的最优性。而由于原有充要条件第⑤条不包含 $t_1 = t_0$ 和 $t_N = t_{\mathrm{f}}$ 两种情况，无法简单、有效地判断应该采用哪种改进策略。例如，图 4-2（c）所示的情况，根据扩展充要条件可知，其不满足第③和第⑤条，因此首先需要移动初始脉冲的施加时刻直到条件⑤满足，然后根据是否满足条件③判断是否需要增加脉冲数目。如果使用原有充要条件进行判断，其仅不满足第③条，无法直接判断是否需要移动初始脉冲。因此，4.3 节推导和建立的扩展充要条件更加便于脉冲序列最优性的情况判定，并方便非最优脉冲序列的优化和重构。

4.5 椭圆轨道交会最优脉冲序列求解

典型的燃料最优交会脉冲序列求解问题包括脉冲数目自由/交会时间固定的交会问题和脉冲数目固定/交会时间自由的交会问题。本节分别针对这两类典型交会问题设计燃料最优的脉冲序列求解算法。

4.5.1 最优交会脉冲序列的求解

假设燃料最优交会问题的初始状态与末端状态约束分别为 $\boldsymbol{X}_0$ 和 $\boldsymbol{X}_\mathrm{f}$，交会时间为 $\Delta t = t_\mathrm{f} - t_0$，求解最优脉冲序列的迭代算法流程如图 4-13 所示。首先，假设最优脉冲数目 $N=2$，两个脉冲分别施加在初始时刻 t_0 和末端时刻 t_f，求解初始参考双脉冲轨迹。然后，根据算法 4-2 计算参考脉冲序列对应的主矢量曲线，根据充要条件判断参考脉冲序列的最优性。如果充要条件全部满足，则参考脉冲为最优交会脉冲序列。如果不满足，则对参考脉冲序列进行优化和重构，通过以下两个步骤迭代优化和重构脉冲数目、脉冲施加时刻和施加位置，得到新的最优交会脉冲序列。

步骤 1：根据算法 4-3、算法 4-4 和算法 4-5 优化决策变量 t_1、t_N、t_j 和 $\boldsymbol{r}_j$（$j=2,3,\cdots,N-1$），直到充要条件②和⑤全部满足。

步骤 2：计算主矢量曲线，如果 $|\boldsymbol{\lambda}|_{\max} \leqslant 1$，算法结束；如果 $|\boldsymbol{\lambda}|_{\max} > 1$，则需要额外增加脉冲以减少燃料消耗。根据算法 4-6 计算需要额外增加的脉冲数目，得到 $N+1$ 脉冲序列燃料最优问题，返回步骤 1。

根据图 4-13 所示的燃料最优交会脉冲序列求解流程，下面分别针对固定交会时间和固定脉冲数目交会问题，给出最优脉冲序列的详细求解过程和步骤。

1. 固定交会时间的燃料最优交会问题

这种情况下，终端状态 $\boldsymbol{X}_0$、$\boldsymbol{X}_\mathrm{f}$ 和交会时间 $\Delta t = t_\mathrm{f} - t_0$ 固定，求解最优脉冲序列的过程和步骤如下。

1）计算双脉冲参考序列

（1）假设 $N=2$，初始脉冲和末端脉冲施加时刻为 t_0 和 t_f。根据 4.2 节中定义的 LVLH 坐标系中的双脉冲交会问题计算速度脉冲矢量 $\Delta\boldsymbol{v}_1$ 和 $\Delta\boldsymbol{v}_2$。

（2）根据式（4-29）计算 $\boldsymbol{\lambda}$ 和 $\dot{\boldsymbol{\lambda}}$，判断是否满足所有充要条件。

（3）如果满足，算法结束；否则继续执行下一步。

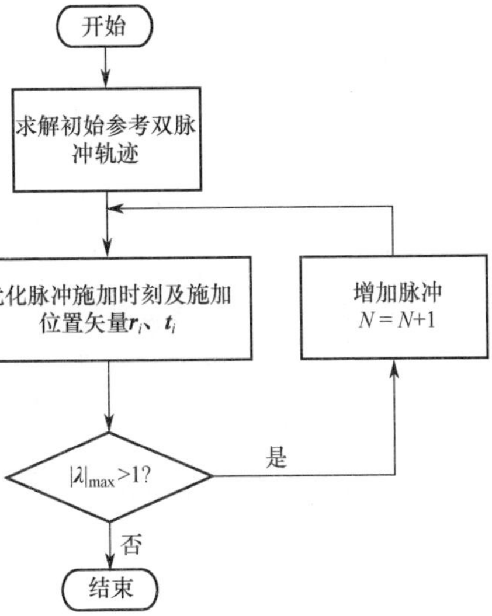

图 4-13　最优脉冲序列求解流程框图

2）优化 N 脉冲序列

（1）使用算法 4-3、算法 4-4 和算法 4-5 依次移动脉冲 $\Delta\boldsymbol{v}_i$，优化决策变量 t_1、t_N、t_j 和 $\boldsymbol{r}_j$（$j=2,3,\cdots,N-1$）。

（2）根据式（4-29）计算 $\boldsymbol{\lambda}$ 和 $\dot{\boldsymbol{\lambda}}$，判断是否满足充要条件②③和⑤。

（3）如果满足，继续执行下一步；否则返回步骤 2）继续优化。

3）计算额外增加脉冲

（1）计算主矢量的模的最大值 $|\boldsymbol{\lambda}|_{\max}$ 及其对应时间 t_a。

（2）如果 $|\boldsymbol{\lambda}|_{\max}\leqslant 1$，算法结束；否则继续执行。

（3）使用算法 4-6 计算需要额外增加的速度脉冲，返回步骤 2）继续优化。

2. 固定脉冲数目的燃料最优交会问题

这种情况下，末端时间 t_f 自由变化，根据任务要求其满足一定的范围约束 $t_{f_1}\leqslant t_f\leqslant t_{f_2}$，期望脉冲数目为 $N_f(2\leqslant N_f\leqslant N_{t_f})$，其中 N_{t_f} 为固定交会时间为 t_f 的燃料最优脉冲序列的脉冲数目。此外，固定脉冲数目的燃料最优脉冲序列可能不满足扩展充要条件③。固定脉冲数目交会问题的求解思路与脉冲数目自由的交会问题类似，也是首先假设初始脉冲数目为 2，然后逐渐增加脉冲，直到脉冲数目为期望值。固定脉冲数目的燃料最优脉冲序列求解过程和步骤如下。

1）计算双脉冲参考序列

（1）初始化t_f，在区间$[t_{f_1},t_{f_2}]$内选择交会时间初值。

（2）假设$N=2$，初始脉冲和末端脉冲施加时刻为t_0和t_f。根据 4.2 节中定义的 LVLH 坐标系中的双脉冲交会问题计算速度脉冲矢量$\Delta \boldsymbol{v}_1$和$\Delta \boldsymbol{v}_2$。

（3）根据式（4-29）计算$\boldsymbol{\lambda}$和$\dot{\boldsymbol{\lambda}}$，判断是否满足所有充要条件。

（4）如果满足，算法结束；否则继续执行下一步。

2）优化N脉冲序列

（1）使用算法 4-3、算法 4-4 和算法 4-5 依次移动脉冲$\Delta \boldsymbol{v}_i$，优化决策变量t_1、t_N、t_j和$\boldsymbol{r}_j$（$j=2,3,\cdots,N-1$）。

（2）根据式（4-29）计算$\boldsymbol{\lambda}$和$\dot{\boldsymbol{\lambda}}$，判断是否满足所有充要条件。

（3）如果满足，继续执行下一步；否则返回步骤 2）。

（4）如果$N=N_f$，算法结束；否则继续执行下一步。

3）计算额外增加脉冲

（1）计算主矢量的模的最大值$|\boldsymbol{\lambda}|_{\max}$及其对应时间$t_a$。

（2）如果$|\boldsymbol{\lambda}|_{\max}\leqslant 1$，算法结束；否则继续。

（3）使用算法 4-6 计算额外增加脉冲，返回步骤 2）。

4.5.2 线性化误差修正

由于 TH 方程是通过对航天器相对运动方程的线性化得到的，因此与实际情况相比，4.5.1 小节中求解的脉冲序列存在终端控制误差，通过对该脉冲序列进行修正，可以消除由于相对运动方程线性化带来的误差。

线性化误差修正示意图如图 4-14 所示，图中共有 3 条相对运动轨迹，最下面一条运动轨迹代表期望的理想运动轨迹；最上面一条代表实际运动轨迹，由于线性化误差的存在，导致存在终端交会误差；为了提高交会精度，可采用迭代方法对脉冲序列进行修正，中间一条运动轨迹代表修正后的运动轨迹。

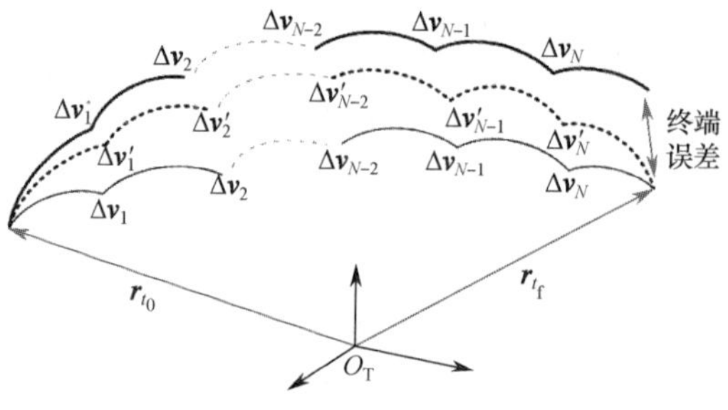

图 4-14 线性化误差修正示意图

在目标轨道 LVLH 坐标系中，非线性相对运动方程为

$$\dot{\boldsymbol{X}} = \boldsymbol{f}(\boldsymbol{X}) + \boldsymbol{B\Gamma} \tag{4-102}$$

其中

$$\boldsymbol{f}(\boldsymbol{X}) = \boldsymbol{\Lambda X} + \boldsymbol{f}'$$

其中

$$\boldsymbol{\Lambda} = \begin{bmatrix} \boldsymbol{\Lambda}_{11} & \boldsymbol{\Lambda}_{12} \\ \boldsymbol{\Lambda}_{21} & \boldsymbol{\Lambda}_{22} \end{bmatrix}$$

$$\boldsymbol{\Lambda}_{21} = \begin{bmatrix} -\dfrac{\mu}{(R+r)^3} + \dot{f}^2 & \ddot{f} & 0 \\ -\ddot{f} & -\dfrac{\mu}{(R+r)^3} + \dot{f}^2 & 0 \\ 0 & 0 & -\dfrac{\mu}{(R+r)^3} \end{bmatrix}$$

$$\boldsymbol{f}' = \left[0;0;0;\mu\left(\frac{(R+r)^3 - R^3}{R^2(R+r)^3}\right);0;0 \right]$$

线性化误差迭代修正的步骤如下。

（1）定义 $\Delta\boldsymbol{v}' = [\Delta\boldsymbol{v}_1', \cdots, \Delta\boldsymbol{v}_N'] = [\Delta\boldsymbol{v}_1, \cdots, \Delta\boldsymbol{v}_N]$，给定允许误差 ε。

（2）通过以下公式计算修正前真实状态 $\boldsymbol{X}(t_\mathrm{f}, \Delta\boldsymbol{v}')$，即

$$\boldsymbol{X}(t_\mathrm{f}, \Delta\boldsymbol{v}') = \int_{t_0}^{t_\mathrm{f}} (\boldsymbol{f}(\boldsymbol{X}) + \boldsymbol{B\Gamma})\mathrm{d}t, \quad \boldsymbol{X}(t_0, \Delta\boldsymbol{v}') = \boldsymbol{X}_{t_0}$$

（3）计算终端误差 $\Delta\boldsymbol{X}(t_\mathrm{f}) = \boldsymbol{X}(t_\mathrm{f}) - \boldsymbol{X}(t_\mathrm{f}, \Delta\boldsymbol{v}')$，如果 $|\Delta\boldsymbol{X}(t_\mathrm{f})| \leqslant \varepsilon$，修正结束；否则继续执行。

（4）修正脉冲序列并返回第（2）步，即

$$\Delta\boldsymbol{v}' = \Delta\boldsymbol{v}' + [\boldsymbol{\Phi}(t_\mathrm{f}, t_1)\boldsymbol{B}, \cdots, \boldsymbol{\Phi}(t_\mathrm{f}, t_1)\boldsymbol{B}]^{-1}\Delta\boldsymbol{X}(t_\mathrm{f})$$

4.6 仿真验证

为了验证本章所提出的最优交会脉冲序列求解方法和算法的有效性，本节针对固定时间或固定脉冲数目的椭圆轨道脉冲交会燃料最优问题，设计了共面椭圆轨道交会和非共面椭圆轨道交会典型情况的仿真算例，进行仿真验证和结果分析。

4.6.1 共面椭圆轨道交会

航天器轨道采用轨道根数 $E = (a, e, i, \Omega, \omega, f)$ 描述，其中 a 为轨道半长轴，e 为轨道偏心率，i 为轨道倾角，Ω 为升交点赤经，ω 为近地点幅角，f 为真近点角。

目标航天器轨道根数 $E_\mathrm{t} = (10000\ \mathrm{km}, 0.3, 0^\circ, 0^\circ, 0^\circ, 0^\circ)$

追踪航天器轨道根数 $E_\mathrm{c} = (9900\ \mathrm{km}, 0.3, 0^\circ, 0^\circ, 0^\circ, 0^\circ)$

期望相对运动状态为 $\boldsymbol{X}_{t_\mathrm{f}}=(0\mathrm{m},0\mathrm{m},0\mathrm{m/s},0\mathrm{m/s})^\mathrm{T}$

图 4-15 所示为固定时间共面椭圆轨道交会的主矢量与主矢量模的变化曲线。交会时间为 0.8 个目标轨道周期，$\Delta t=7962\mathrm{s}$（$t_\mathrm{f}=7962\mathrm{s}, t_0=0\mathrm{s}$）。定义“最好”代表脉冲序列满足除了第③条之外的其他充要条件，该脉冲序列所有脉冲的施加时刻和施加位置矢量为最优的；定义“最优”代表脉冲序列满足所有的充要条件。图 4-15（a）所示为参考双脉冲序列的主矢量及其模，虚线圆的半径为 1，“×”表示脉冲施加位置。显而易见，参考双脉冲模的最大值大于 1 且 $\dot{\boldsymbol{\lambda}}_1^\mathrm{T}\Delta\boldsymbol{v}_1>0$、$\dot{\boldsymbol{\lambda}}_N^\mathrm{T}\Delta\boldsymbol{v}_N<0$，不满足充要条件③和⑤。首先对脉冲施加时刻进行优化，得到“最好”双脉冲，其对应的主矢量及其模的曲线如图 4-15（b）所示，燃料消耗由 70.6m/s 减少到 50.7m/s。此时，脉冲序列满足除了第③条之外的其他充要条件。根据算法 4-6 可知，需要增加额外脉冲以进一步减少燃料消耗（根据图 4-15（b），显然主矢量模的最大值对应的时间大于末端脉冲施加时刻，因此需要增加额外末端脉冲）。增加末端脉冲并优化 3 个脉冲的施加时刻和施加位置矢量后，得到最优的三脉冲解，如图 4-15（c）所示。优化和重构后的最优三脉冲序列满足所有充要条件，为全局最优解，燃料消耗为 43.7m/s。3 组脉冲序列的详细信息如表 4-1 所列，目标轨道 LVLH 坐标系下的交会轨迹如图 4-16 所示。

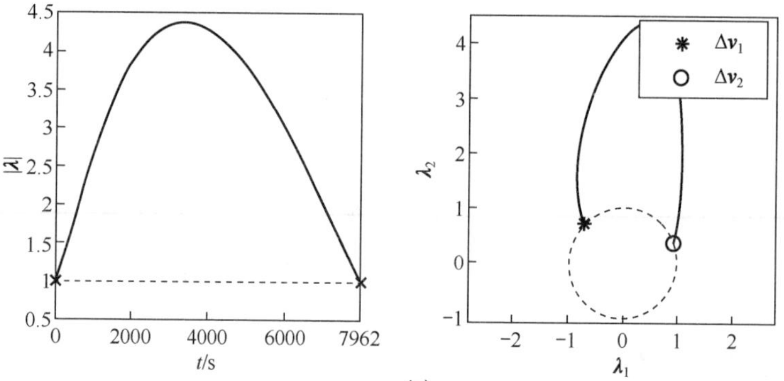

(a)

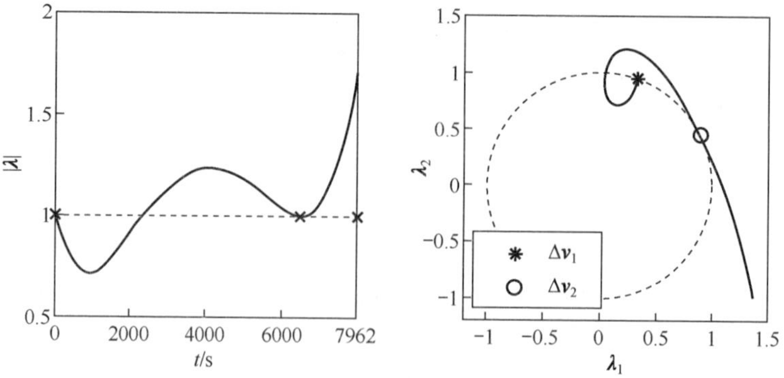

(b)

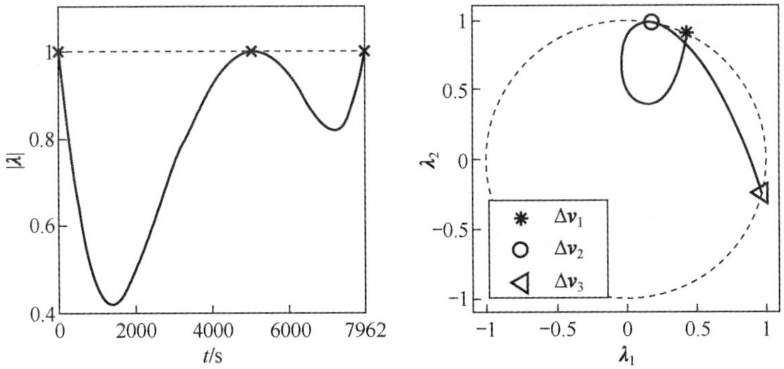

(c)

图 4-15　固定时间共面椭圆轨道交会算例的主矢量及主矢量模变化曲线（ $\Delta t = 7962\text{s}$ ）

（a）参考双脉冲；（b）最好双脉冲；（c）最优三脉冲。

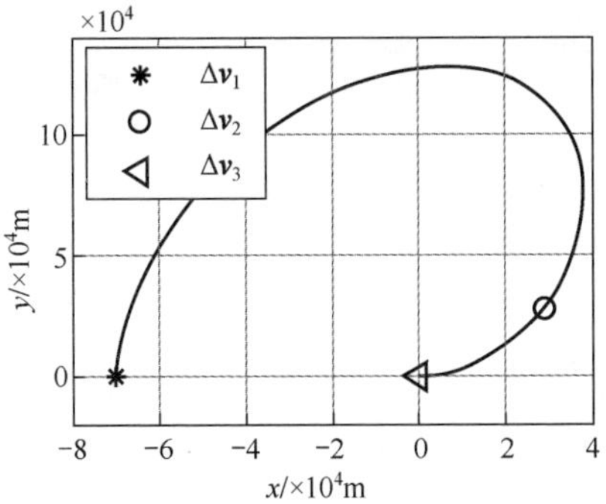

图 4-16　共面椭圆轨道交会的最优相对运动轨迹（ $\Delta t = 7962\text{s}$ ）

表 4-1　固定时间共面椭圆轨道交会最优脉冲序列（ $\Delta t = 7962\text{s}$ ）

脉冲序列	脉冲(t_i/s; Δv_i/(m/s))			总燃料消耗
	i=1	i=2	i=3	Δv/(m/s)
参考双脉冲	（0, 28.7）	（7962, 41.9）		70.6
最好双脉冲	（0, 19.3）	（6487, 31.4）		50.7
最优三脉冲	（0, 20.1）	（5035, 15.0）	（7962, 8.6）	43.7

不同交会时间对应的燃料如图 4-17 所示。可以看出，随着交会时间的增加，最优脉冲序列对应的燃料消耗逐渐降低。当交会时间小于 6000s 时，最优脉冲数目为 2；当交会时间大于 6000s 时，最优脉冲数目为 3。显而易见，优化和重构后的最优脉冲序列更加节省燃料。

对于脉冲数目自由的固定时间交会问题，最优脉冲序列求解过程中产生的“最好”解并不唯一。比如，当交会时间取 $\Delta t = 13933\text{s}$ 时，可以得到两组不同的“最好”双脉冲序列，两组“最好”双脉冲序列主矢量及其模的变化曲线如图 4-18 所示。两组不同的解具有不同的燃料消耗。为了得到最优脉冲序列，对于第一组解，如图 4-18（a）所示，需要通过增加额外中间脉冲进行最优脉冲序列的重构；而对于图 4-18（b）所示的第二组解，需要增加额外末端脉冲进行最优脉冲序列的重构。

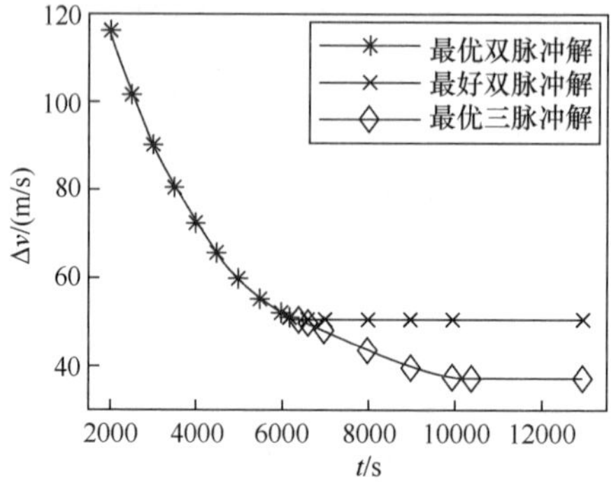

图 4-17　不同交会时间的燃料消耗对比

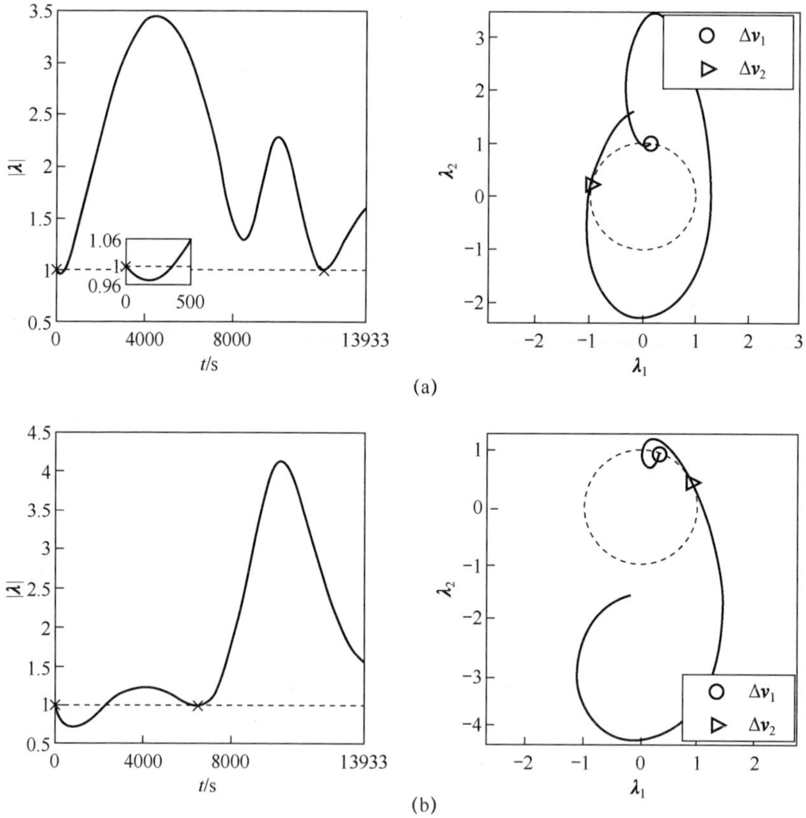

图 4-18　固定时间交会问题的“最好”双脉冲序列主矢量及其模的变化曲线（Δt=13933s）

（a）最好双脉冲序列 1（总燃料消耗 $\Delta v = 78.79\text{m/s}$）；（b）最好双脉冲序列 2（总燃料消耗 $\Delta v = 50.64\text{m/s}$）。

图 4-19 所示为固定脉冲数目交会问题的主矢量及其模的变化曲线。在仿真中，交会时间初值选择 $\Delta t = 100\mathrm{s}$，对交会时间范围未做限制。对于双脉冲燃料最优交会问题，最优交会时间为 6487s，如图 4-19（a）所示，该脉冲序列为“最好”脉冲序列。对于三脉冲交会问题，最优交会时间为 10365s，如图 4-19（b）所示，该脉冲序列为最优脉冲序列。固定脉冲数目交会问题的脉冲序列和燃料消耗如表 4-2 所列。

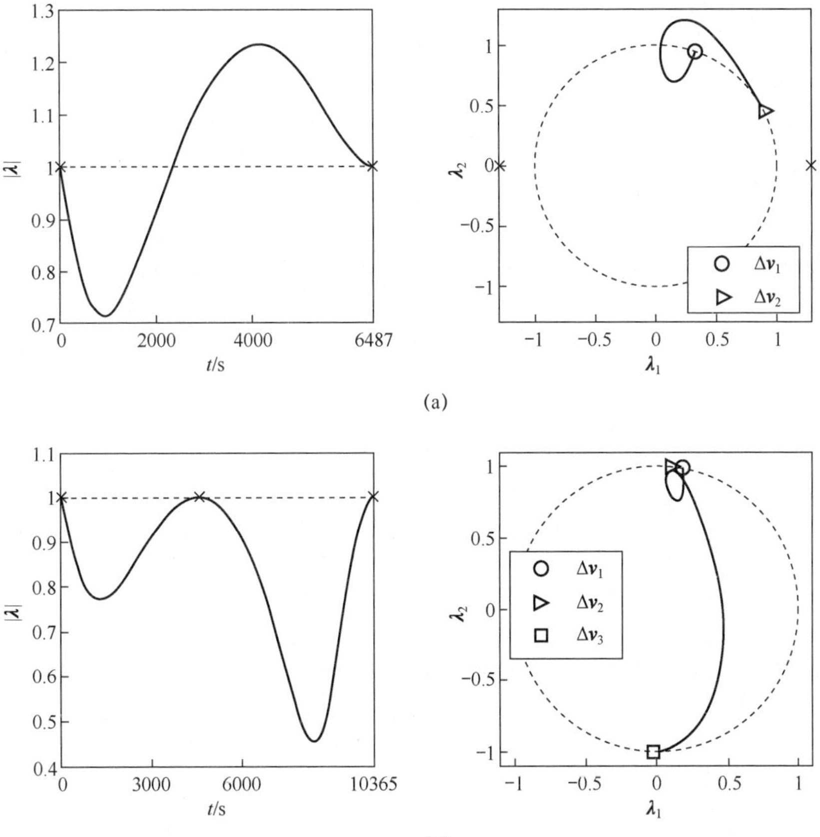

图 4-19 脉冲数目固定的燃料最优交会主矢量及其模的变化曲线

（a） 双脉冲燃料最优交会；（b）三脉冲燃料最优交会。

表 4-2 共面固定脉冲数目交会的脉冲序列

脉冲序列	Δt/s	脉冲(t_i/s; Δv_i/(m/s))			总燃料消耗
		i=1	i=2	i=3	Δv/(m/s)
双脉冲	6487	（0, 19.3）	（6487, 31.4）	—	50.7
三脉冲	10365	（0, 18.2）	（4625, 15.4）	（10365, 3.5）	37.1

对于固定脉冲数目的燃料最优交会问题，最优交会时间及脉冲序列可能存在多组解。比如，对于双脉冲燃料最优交会问题，图 4-20 所示为一组与图 4-19（a）完全不同的解。因此，对于固定脉冲数目交会问题，需要在给定范围内选择多组交会时间初值，在结果中选择燃料消耗最小的一组脉冲序列对应的交会时间作为最优交会时间。

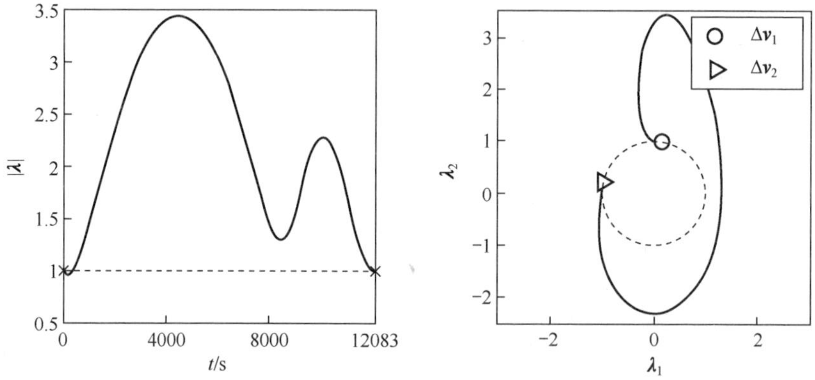

图 4-20　双脉冲燃料最优交会问题的脉冲序列主矢量及其模的变化曲线（Δt=12083s；Δv=78.80m/s）

4.6.2　非共面椭圆轨道交会

本小节采用不同偏心率的椭圆轨道非共面交会仿真案例，检验本章所提出的最优交会脉冲序列求解方法和算法的有效性。

（1）首先采用偏心率为 0.1 的目标轨道，验证本章所提出的方法和算法在非共面椭圆轨道交会中的有效性。

（2）然后采用“闪电”轨道（也称为莫尼亚轨道，是人造卫星绕行地球的一种大椭圆轨道，偏心率为 0.74）为目标轨道，检验本章所提出的方法和算法在实际工程应用中的有效性。

1. 仿真案例 1——e=0.1

在这个案例中，目标航天器和追踪航天器的初始轨道根数分别为

$$\begin{cases} E_{\mathrm{t}} = (8000\ \mathrm{km}, 0.1, 0°, 0°, 90°, 0.6°) \\ E_{\mathrm{c}} = (7950\ \mathrm{km}, 0.1, 0°, 0°, 90.1°, 0°) \end{cases}$$

期望终端相对状态为

$$\boldsymbol{X}_{t_{\mathrm{f}}} = (0\mathrm{m}, 0\mathrm{m}, 0\mathrm{m}, 0\mathrm{m/s}, 0\mathrm{m/s}, 0\mathrm{m/s})^{\mathrm{T}}$$

交会时间与目标轨道周期相同，$\Delta t = 7121\mathrm{s}$（$t_{\mathrm{f}} = 7121\mathrm{s}, t_0 = 0\mathrm{s}$）。图 4-21 所示为固定交会时间最优脉冲序列的主矢量模的变化曲线。图 4-21（a）所示为参考双脉冲的主矢量模的变化曲线，模的最大值大于 1，且 $\dot{\boldsymbol{\lambda}}_1^{\mathrm{T}}\Delta\boldsymbol{v}_1 \geqslant 0$、$\dot{\boldsymbol{\lambda}}_N^{\mathrm{T}}\Delta\boldsymbol{v}_N \leqslant 0$，不满足扩展充要条件第③条和第⑤条；首先对脉冲施加时刻进行优化，得到“最好”双

脉冲序列，其主矢量模变化曲线如图 4-21（b）所示，此时主矢量满足第⑤条，但仍然不满足第③条；根据算法 4-6 增加额外脉冲（由图 4-21（b）可知，$t_a > t_f$，需要增加额外末端脉冲），并优化脉冲施加时刻和中间脉冲的施加位置矢量可以得到“最好”三脉冲序列，其主矢量模变化曲线如图 4-21（c）所示；由图 4-21（c）可知，增加中间脉冲可以进一步减少燃料消耗，优化四脉冲序列的脉冲施加时刻与位置矢量，得到最优四脉冲序列，其主矢量模的变化曲线如图 4-21（d）所示。最终，最优脉冲数目为 4。4 组不同脉冲序列的具体信息如表 4-3 所列，最终优化和重构后的最优脉冲序列对应的相对运动轨迹如图 4-22 所示。

表 4-3　共面固定时间交会的脉冲序列（e=0.1，Δt=7121s）

脉冲序列	脉冲(t_i/s; Δv_i/(m/s))				总燃料消耗
	i=1	i=2	i=3	i=4	Δv/(m/s)
参考双脉冲	（0,5.5×10^5）	（7121, 5.5×10^5）	—	—	11.0×10^5
最好双脉冲	（0, 23.6）	（2233, 20.2）	—	—	43.8
最好三脉冲	（0, 20.2）	（2306, 21.4）	（7121, 0.9）	—	42.5
最优四脉冲	（0, 11.8）	（2084, 10.9）	（4791, 9.3）	（7121, 2.8）	34.8

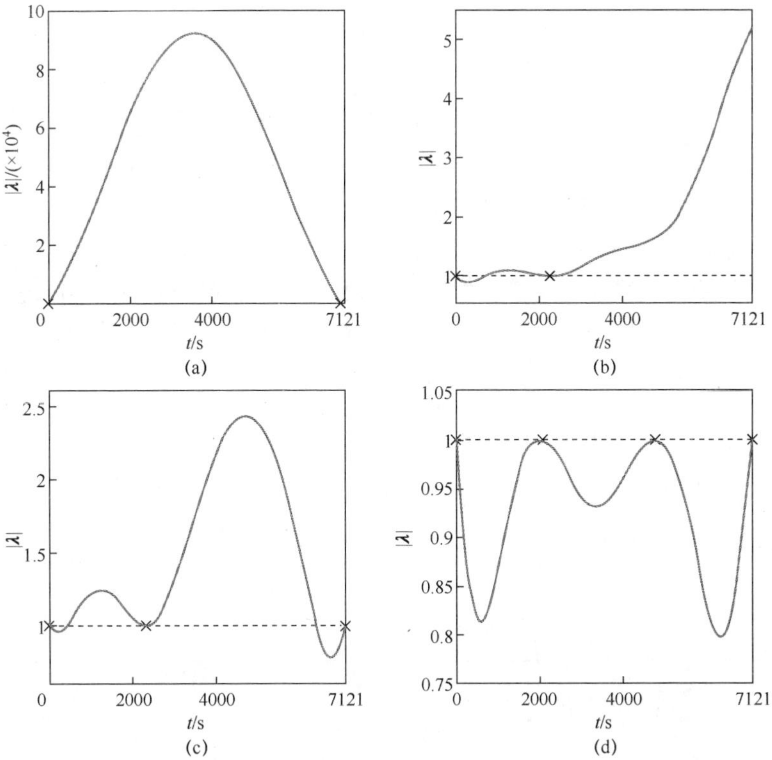

图 4-21　非共面固定时间交会的主矢量模变化曲线（e=0.1，Δt=7121s）

（a）参考双脉冲；（b）最好双脉冲；（c）最好三脉冲；（d）最优四脉冲。

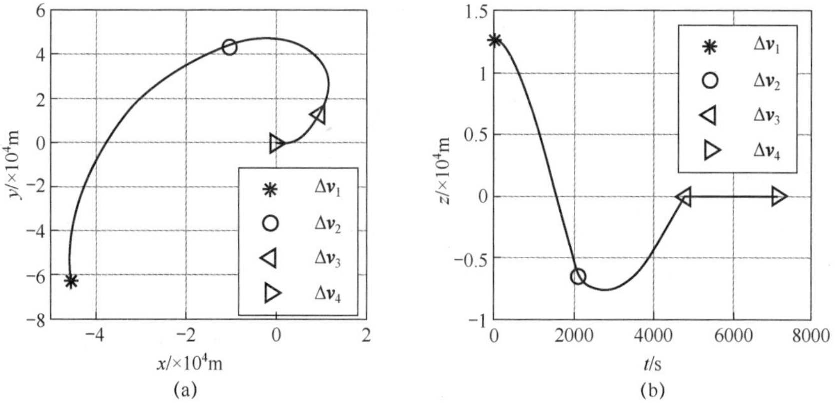

图 4-22 最优四脉冲交会的相对运动轨迹（e=0.1，Δt=7121s）

2. 仿真案例 2——e=0.74

本案例中，目标航天器的初始轨道根数为 $E_{\mathrm{t}}=(26600\,\mathrm{km},0.74,62.8°,0°,280°,0.23°)$，该轨道为闪电轨道的轨道根数。

追踪航天器的初始轨道根数为

$$E_{\mathrm{c}}=(26620\,\mathrm{km},0.7398,62.7°,0°,279.9°,0°)$$

期望终端相对状态为

$$\boldsymbol{X}_{t_{\mathrm{f}}}=(0\,\mathrm{m},0\,\mathrm{m},0\,\mathrm{m},0\,\mathrm{m/s},0\,\mathrm{m/s},0\,\mathrm{m/s})^{\mathrm{T}}$$

当交会时间为 $\Delta t=3000\mathrm{s}$，参考双脉冲满足所有扩展充要条件，即参考双脉冲序列就是最优双脉冲序列，主矢量模变化曲线如图 4-23 所示。最优双脉冲序列的燃料消耗为 $\Delta v=44.54\mathrm{m/s}$，末端位置误差为 820.0m，速度误差为 0.4m/s。使用迭代修正算法对末端误差进行修正，修正后的燃料消耗为 $\Delta v=44.67\mathrm{m/s}$，位置误差为 0.01m，速度误差为 0，最优脉冲序列和修正脉冲序列的详细信息如表 4-4 所列。当交会时间为 $\Delta t=6000\mathrm{s}$，最优脉冲数目为 3，主矢量模变化曲线如图 4-25 所示。最优三脉冲序列的燃料消耗为 $\Delta v=30.49\mathrm{m/s}$，末端位置误差为 2580.3m，速度误差为 0.5m/s。使用迭代修正算法对末端误差进行修正，修正后的燃料消耗为 $\Delta v=30.67\mathrm{m/s}$，位置误差为 0.03m，速度误差为 0，最优脉冲序列和修正脉冲序列的详细信息如表 4-5 所列。两组最优脉冲序列的相对运动轨迹分别如图 4-24 和图 4-26 所示。

表 4-4 非共面固定时间交会（e=0.74，Δt=3000s）

脉冲序列	脉冲(t_i/s; Δv_i/(m/s))		总燃料消耗	终端误差	
	i=1	i=2	Δv/(m/s)	位置/m	速度/(m/s)
最优（参考）双脉冲	（0, 28.27）	（3000, 16.28）	44.54	820.0	0.4
修正双脉冲	（0, 28.37）	（3000, 16.30）	44.67	0.01	0

表 4-5 非共面固定时间交会（e=0.74，Δt=6000s）

脉冲序列	脉冲(t_i/s; Δv_i/(m/s))			总燃料消耗	终端误差	
	i=1	i=2	i=3	Δv/(m/s)	位置/m	速度/(m/s)
参考双脉冲	（0, 28.44）	（6000, 9.31）	—	37.75	—	—
最好双脉冲	（469, 23.60）	（6000, 9.11）	—	32.71	—	—
最优三脉冲	（0, 9.22）	（1097, 12.39）	（6000, 8.88）	30.49	2580.3	0.5
修正双脉冲	（0, 29.33）	（1097, 12.42）	（6000, 8.92）	30.67	0.03	0

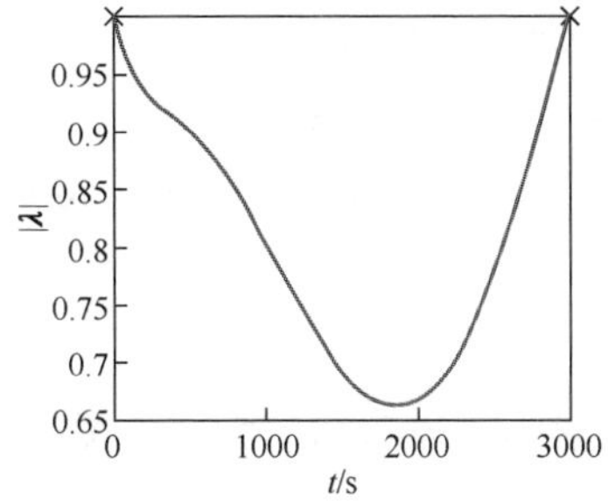

图 4-23 非共面椭圆轨道交会的主矢量模变化曲线（e=0.74，Δt=3000s）

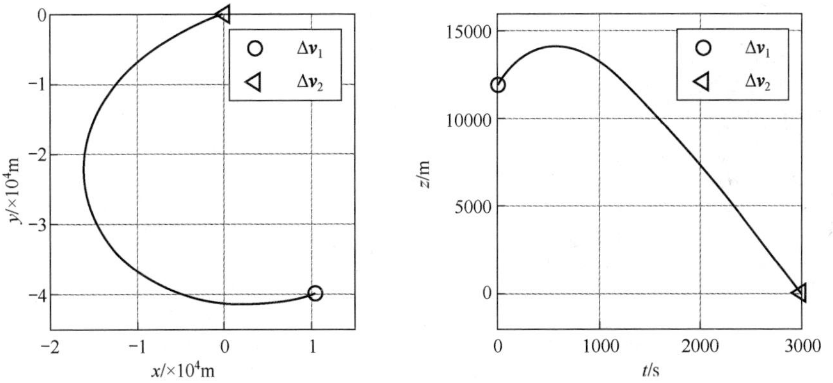

(a) (b)

图 4-24 非共面椭圆轨道交会的相对运动轨迹（e=0.74，Δt=3000s）

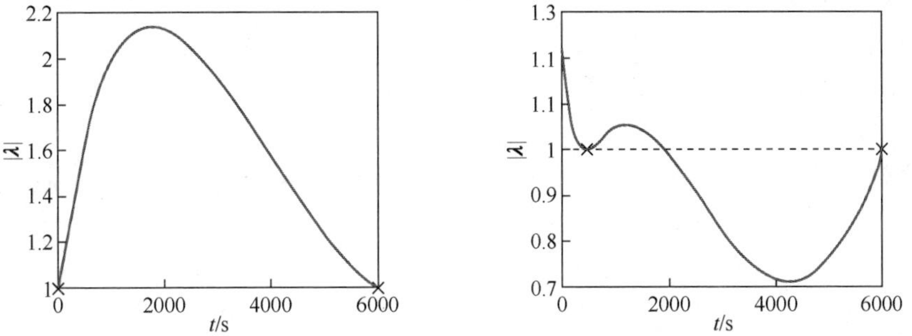

(a) (b)

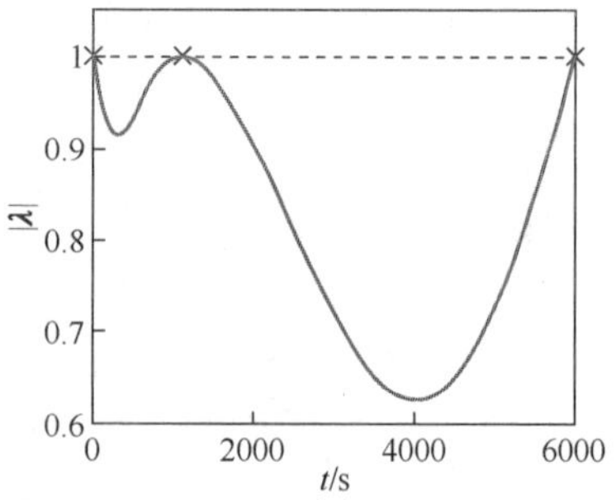

(c)

图 4-25　非共面椭圆轨道交会的主矢量模变化曲线（e=0.74，Δt=6000s）

（a）参考双脉冲；（b）最好双脉冲；（c）最优三脉冲。

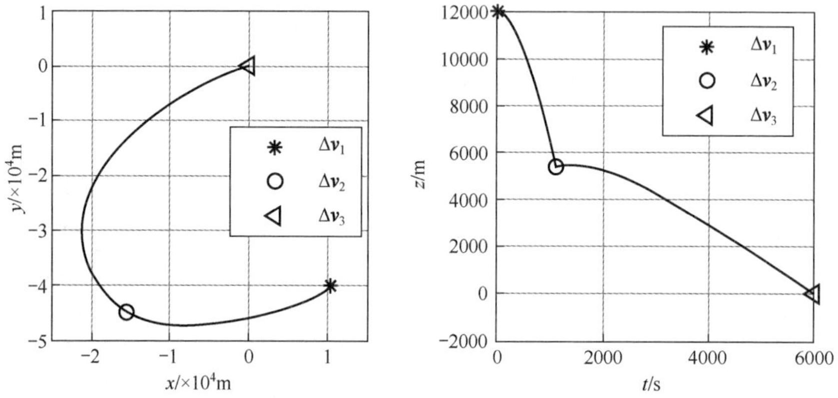

(a)　　(b)

图 4-26　非共面椭圆轨道交会的相对运动轨迹（e=0.74，Δt=6000s）

小　　结

考虑到运载火箭末级或上面级，以及未正常入轨的航天器等空间非合作目标大多运行在椭圆轨道，面向未来空间碎片主动清除任务和在轨航天器服务需求，本章基于主矢量理论，研究了椭圆轨道交会的最优脉冲序列求解问题。首先，推导了主矢量及其 1 阶时间导数的解析表达式，给出了最优脉冲序列需要满足的充要条件，并针对椭圆轨道交会的最优脉冲序列求解问题，对最优脉冲序列的充要条件进行了完善和扩展。然后，针对不满足充要条件的非最优脉冲序列，提出了非最优脉冲序列的 3 种改进策略，即增加额外脉冲（包括增加额外初始脉冲、增加额外中间脉冲、增加额外末端脉冲）、移动中间脉冲时刻和位置矢量、移动初/末脉冲施加时刻。最后，分别针对脉冲数目自由/交会时间固定的交会问题和脉冲数目固定/交会时间自由的交会问题，结合梯度下降法设计了燃料最优脉冲序列求解算法。

为了验证所提出的最优交会脉冲序列求解方法和算法的有效性，针对固定时间或固定脉冲数目的椭圆轨道脉冲交会燃料最优问题，设计了共面椭圆轨道交会和非共面椭圆轨道交会典型情况的仿真算例，进行了仿真验证。

理论分析和仿真研究表明，基于主矢量和扩展后的充要条件，可以非常直观且容易地判断脉冲序列的最优性，且可以判断单个脉冲的最优性；对于非最优脉冲，可以直观地分析和确定判断其改进策略；所提出的最优脉冲序列求解方法可以有效地求解椭圆轨道交会燃料最优脉冲序列。

参 考 文 献

[1] CARTER T, HUMI M. Fuel-optimal rendezvous near a point in general keplerian orbit [J]. Journal of Guidance, Control, and Dynamics, 1987, 10(6): 567-573.

[2] DANG Z H. New state transition matrix for relative motion on an arbitrary keplerian orbit [J]. Journal of Guidance, Control, and Dynamics, 2017, 40(11): 2917-2927.

[3] KLUEVER C A. Optimal low-thrust interplanetary trajectory by direct method techniques [J]. Journal of the Astronautical Sciences, 1997, 45(3): 247-262.

[4] MANTIA M, CASALINO L. Indirect optimization of low-thrust capture trajectories [J]. Journal of Guidance, Control, and Dynamics, 2006, 29(4): 1011-1014.

[5] LAWDEN D F. Optimal trajectories for space navigation [M]. London: Butterworths, 1963.

[6] LION P M, HANDELSMAN M. Primer vector on fixed-time impulsive trajectories [J]. AIAA Journal, 1968, 6(1): 127-132.

[7] PRUSSING J E, CHIU J H. Optimal multiple-impulse time-fixed rendezvous between circular orbits [J]. Journal of Guidance, Control, and Dynamics, 1986, 9(1): 17-22.

[8] PRUSSING J, Optimal impulsive linear systems: sufficient conditions and maximum number of impulses[J]. Journal of the Astronautical Sciences, 1995, 43(2): 195-206.

[9] LUO Y Z, ZHANG J, LI H Y, et al. Interactive optimization approach for optimal impulsive rendezvous using primer vector and evolutionary algorithms [J]. Acta Astronautica, 2010, 67: 396-405.

[10] YAMANAKA K, ANKERSEN F. New state transition matrix for relative motion on an arbitrary elliptical orbit [J]. Journal of Guidance, Control, and Dynamics, 2002, 25(1): 60-66.

[11] DANG Z H. Solutions of tschauner-hempel equations [J]. Journal of Guidance, Control, and Dynamics, 2017, 40(11): 2956-2960.

05 第 5 章 空间非合作目标多约束鲁棒交会轨迹规划

5.1 引言

空间非合作目标具有信息层面不沟通、机动行为不配合、潜在对抗威胁高等特征。服务航天器在与空间非合作目标交会的过程中存在多种不确定性和摄动影响，这些因素将严重影响实际交会任务的可行性和交会精度。第 3 章和第 4 章研究了理想条件下的标称交会轨迹设计方法，由于没有考虑不确定性因素和摄动影响，使规划轨迹设计环境与实际飞行环境不一致，存在沿规划轨迹飞行消耗过多燃料的可能，因此不满足存在多种不确定性因素的任务需求。作为理想条件下交会轨迹设计的延伸和拓展，本章考虑与空间非合作目标交会过程中的多种约束和不确定性因素，研究摄动椭圆轨道非合作目标鲁棒交会的轨迹规划方法。

鲁棒交会轨迹规划的目的是，对于不确定性可能出现的所有情况，求得满足约束条件和最坏情况下目标函数值最优的轨迹。目前，针对考虑不确定性因素的多约束交会问题的研究，主要集中在在线轨迹规划和不确定性因素分析两个方面。其中，现有的在线轨迹规划方法大多只适用无约束近圆轨道交会，而不确定性因素分析方法仅仅针对开环的导航、制导与控制（GNC）系统，并且未将不确定性分析有效地引入轨迹规划环节中。本章针对以上不足，研究了考虑多种约束的空间非合作目标交会快速轨迹规划问题，并在此标称轨迹的基础上，考虑了交会过程中存在的不确定性及其不可精确计算的特点，研究了不确定性影响随时间的传播，并在轨迹规划中通过概率思维量化不确定性的影响，采用闭环优化提高规划轨迹的可行性、鲁棒性和交会精度，形成考虑多种不确定性因素的闭环鲁棒交会轨迹规划算法。由于在轨迹规划过程中考虑了交会过程中存在的多种约束和不确定性因素的影响，与第 3 章、第 4 章的标称交会轨迹规划相比，得到的规划轨迹具有更重要的实际应用价值。

本章首先针对多约束交会快速轨迹规划问题，对多种常见的典型约束进行了数学建模，并对其特性进行了分析；然后基于 2 阶锥规划建立了摄动椭圆轨道多约束交会的轨迹规划模型和方法，形成了供后续分析的基准交会轨道；其次针对考虑不确定性的鲁棒轨迹规划问题，对交会过程中存在的多种不确定性进行建模，基于状态转移张量方法建立了不确定性推演模型，为鲁棒轨迹规划进行必要的理论准备；最后建立了摄动椭圆轨道交会的闭环鲁棒轨迹规划方法，针对多种不确定性因素，采用状态传递张量理论和遗传算法完成了闭环鲁棒交会轨迹规划问题的求解；同时选取了多个数值仿真案例，验证了摄动椭圆轨迹交会的多约束轨迹规划方法和闭环鲁棒交会轨迹规划方法的有效性[1-3]。

5.2 空间非合作目标多约束交会的快速轨迹规划

飞行器轨迹规划问题的实质是一个非线性、带有过程约束、终端约束与控制约束的最优控制问题，可通过合理建模、成熟的优化方法及算法加以解决。不同优化方法和算法的差别主要体现在对各种约束与目标函数的处理技巧上。在各种已有的优化方法和算法中，凸优化可以视为一种特殊的直接法[4-5]。若将一个优化问题描述为凸问题，则可以在有限时间内解决这一优化问题，同时，得到的优化解具有全局最优性。凸优化被认为是一类最具潜力发展成为在线轨迹优化的方法。2 阶锥规划是一种典型的凸优化方法[6]，当可行解存在时，2 阶锥规划可以保证在一定步数的迭代中找到满足精度要求的解，且不需要初始猜测值，因此特别适用于多约束交会的快速轨迹规划问题[7-9]。但该方法要求目标函数为线性函数，且约束为线性约束或 2 阶锥约束，所以为了采用 2 阶锥规划进行轨迹规划，需要对空间非合作目标交会的约束和目标函数进行相应的线性化或其他转化处理。

本节基于 2 阶锥规划方法求解摄动椭圆轨道多约束交会的快速轨迹规划问题。下面首先对交会过程中可能存在的多种约束进行数学建模，然后对非凸约束进行转化（凸化）处理，并采用 2 阶锥规划方法进行问题求解。

5.2.1 空间交会约束建模

与空间非合作目标交会的过程中存在和需要考虑多种实际约束，这些约束主要有状态方程约束、初始与末端状态约束、任务时间约束、禁飞区约束、交会与接近走廊约束、控制约束。

1. 状态方程约束

状态方程即描述空间非合作目标交会过程的动力学模型，也是优化问题的对象。交会运动方程多采用相对轨道运动方程（见第 2 章），可以考虑采用 CW 方程[10]、TH 方程[11]、视线坐标系下相对运动方程等。CW 方程形式简单，但仅适用于近圆轨道，用其求解椭圆轨道交会问题时误差较大。TH 方程可适用于椭圆轨道，但该模型未考虑摄动的影响，仅能用于描述理想的中心引力场下的相对轨道运动。考虑到各种实际工况的需求，基于摄动椭圆轨道的相对运动模型具有更强的普适性，本节建立了摄动椭圆轨道的相对运动模型，并将其作为空间交会运动规划的状态方程约束。

服务航天器（或追踪航天器）和目标航天器的轨道动力学方程可分别表示为

$$\dot{\boldsymbol{x}}_{\rm c}^{\rm I}=\boldsymbol{f}_{\rm c}(\boldsymbol{x}_{\rm c}^{\rm I},\boldsymbol{u}^{\rm I}) \tag{5-1}$$

$$\dot{\boldsymbol{x}}_{\rm t}^{\rm I}=\boldsymbol{f}_{\rm t}(\boldsymbol{x}_{\rm t}^{\rm I}) \tag{5-2}$$

式中：上标 I 表示惯性坐标系；下标 c 表示服务航天器或追踪航天器（chaser）；下标 t 表示目标航天器（target）；$\boldsymbol{u}^{\rm I}=\boldsymbol{F}_{\rm c}/m_{\rm c}$ 为控制加速度；$\boldsymbol{F}$ 与 m 分别为控制力与航天器质量；$\boldsymbol{f}$ 为由引力及各种摄动共同作用形成的系统动力学。

将式（5-1）与式（5-2）联立，可以得到惯性系下的相对运动方程，即

$$\dot{\boldsymbol{x}}_{\rm c}^{\rm I}-\dot{\boldsymbol{x}}_{\rm t}^{\rm I}=\boldsymbol{f}_{\rm c}(\boldsymbol{x}_{\rm c}^{\rm I},\boldsymbol{u}^{\rm I})-\boldsymbol{f}_{\rm t}(\boldsymbol{x}_{\rm t}^{\rm I}) \tag{5-3}$$

定义相对运动状态变量，即

$$\boldsymbol{x}^{\rm I}=\boldsymbol{x}_{\rm c}^{\rm I}-\boldsymbol{x}_{\rm t}^{\rm I} \tag{5-4}$$

式中：$\boldsymbol{x}=[x,y,z,\dot{x},\dot{y},\dot{z}]^{\rm T}$ 为相对位置、相对速度向量，则

$$\dot{\boldsymbol{x}}^{\rm I}=\boldsymbol{f}_{\rm c}(\boldsymbol{x}_{\rm c}^{\rm I},\boldsymbol{u}^{\rm I})-\boldsymbol{f}_{\rm t}(\boldsymbol{x}_{\rm t}^{\rm I}) \tag{5-5}$$

当服务航天器与目标航天器相对位置满足近程交会条件时，可认为两航天器状态较为接近，此时可将上述相对运动方程在目标航天器惯性坐标系下的参考轨迹 $\bar{\boldsymbol{x}}_{\rm t}^{\rm I}$ 附近进行线性化，其中参考轨迹 $\bar{\boldsymbol{x}}_{\rm t}^{\rm I}$ 通过数值积分获得[12]，从而得到线性化相对运动方程，即

$$\dot{\boldsymbol{x}}^{\rm I}=\boldsymbol{F}_{\rm t}\boldsymbol{x}^{\rm I}+\boldsymbol{B}_{\rm t}\boldsymbol{u}^{\rm I} \tag{5-6}$$

式中：$\boldsymbol{F}_{\rm t}=\dfrac{\partial \boldsymbol{f}_{\rm t}}{\partial \boldsymbol{x}_{\rm t}^{\rm I}}\Big|_{\bar{\boldsymbol{x}}_{\rm t}^{\rm I}}$ 为时变矩阵；$\boldsymbol{B}_{\rm t}=[\boldsymbol{0}_{3\times3}\ \ \boldsymbol{I}_{3\times3}]^{\rm T}$ 为常值输入矩阵。

推导线性化相对运动方程时可以发现，由于阻力摄动项的引入，航天器状态不仅由位置、速度参数决定，还受到面质比参数影响。而不同的目标航天器（如卫星、飞船、空间站、空间碎片等），往往与服务航天器的面质比不同，在后续不确定性因素分析研究时，可将面质比的不确定性作为状态量进行分析，因此本章在相对运动方程线性化时将面质比参数作为状态量进行考虑。这样，定义包含相对位置、速度及面质比差的增广状态为

$$\boldsymbol{X}^{\rm I}=\begin{bmatrix}\boldsymbol{x}^{\rm I}\\ \delta\left(\dfrac{A}{m}\right)\end{bmatrix} \tag{5-7}$$

式中：A 为参考面积，$\dfrac{A}{m}$ 为面质比，$\delta\left(\dfrac{A}{m}\right)$ 为面质比差，$\delta\left(\dfrac{A}{m}\right)=\left(\dfrac{A}{m}\right)_{\rm c}-\left(\dfrac{A}{m}\right)_{\rm t}$，于是增广状态的线性化相对运动方程可以表示为

$$\dot{\boldsymbol{X}}^{\rm I}=\boldsymbol{F}_a\boldsymbol{X}^{\rm I}+\boldsymbol{B}_a\boldsymbol{u}^{\rm I} \tag{5-8}$$

式中：$\boldsymbol{F}_a=\dfrac{\partial \boldsymbol{f}_{\rm t}}{\partial \boldsymbol{X}_{\rm t}^{\rm I}}\Big|_{\bar{\boldsymbol{X}}_{\rm t}^{\rm I}}$，$\boldsymbol{B}_a=[\boldsymbol{0}_{3\times3}\ \ \boldsymbol{I}_{4\times3}]^{\rm T}$，$\boldsymbol{u}^{\rm I}$ 为惯性坐标系下的控制指令。对该扩展

相对运动状态方程求解，可得

$$\boldsymbol{X}^{\mathrm{I}}(t)=\boldsymbol{\Phi}^{\mathrm{I}}(t,t_0)\boldsymbol{X}^{\mathrm{I}}(t_0)+\int_{t_0}^{t}\boldsymbol{\Phi}^{\mathrm{I}}(t,\tau)\boldsymbol{B}_a\boldsymbol{u}^{\mathrm{I}}(\tau)\mathrm{d}\tau \tag{5-9}$$

其中

$$\dot{\boldsymbol{\Phi}}^{\mathrm{I}}(t,t_0)=\boldsymbol{F}_a(t)\boldsymbol{\Phi}^{\mathrm{I}}(t,t_0) \tag{5-10}$$

$$\boldsymbol{\Phi}^{\mathrm{I}}(t_0,t_0)=\boldsymbol{I} \tag{5-11}$$

本章在轨迹规划时，是在目标航天器轨道坐标系下进行求解的，且假设每次脉冲机动时为常值。于是，将惯性系下的控制指令转换到目标航天器轨道坐标系，并对式（5-9）进行离散化，可以得到

$$\boldsymbol{X}_{i+1}^{\mathrm{I}}=\boldsymbol{\Phi}^{\mathrm{I}}(t_{i+1},t_i)\boldsymbol{X}_i^{\mathrm{I}}+\int_{t_i}^{t_{i+1}}\boldsymbol{\Phi}^{\mathrm{I}}(t_{i+1},\tau)\boldsymbol{B}_{\mathrm{T}}(\tau)\mathrm{d}\tau\boldsymbol{u}_i \tag{5-12}$$

$$\boldsymbol{B}_{\mathrm{T}}(t)=\boldsymbol{B}_a\boldsymbol{T}_{\mathcal{F}_{o_t}}^{\mathcal{F}_i}(t) \tag{5-13}$$

式中：下标 i 表示离散时刻的标号；$\boldsymbol{u}_i$ 为轨道坐标系的控制指令；$\boldsymbol{T}_{\mathcal{F}_{o_t}}^{\mathcal{F}_i}$ 为由目标航天器轨道坐标系 $\mathcal{F}_{o_t}$ 到惯性坐标系 $\mathcal{F}_i$ 的转换矩阵。

令

$$\boldsymbol{B}_{\mathrm{d}}(t_{i+1},t_i)=\int_{t_i}^{t_{i+1}}\boldsymbol{\Phi}^{\mathrm{I}}(t_{i+1},\tau)\boldsymbol{B}_{\mathrm{T}}(\tau)\mathrm{d}\tau \tag{5-14}$$

于是式（5-12）可以表示为

$$\boldsymbol{X}_{i+1}^{\mathrm{I}}=\boldsymbol{\Phi}^{I}(t_{i+1},t_i)\boldsymbol{X}_i^{\mathrm{I}}+\boldsymbol{B}_{\mathrm{d}}(t_{i+1},t_i)\boldsymbol{u}_i \tag{5-15}$$

其中，状态转移矩阵与输入矩阵可由下式积分得到，即

$$\dot{\boldsymbol{B}}_{\mathrm{d}}(t,t_i)=\boldsymbol{F}_a(t)\boldsymbol{B}_{\mathrm{d}}(t,t_i)+\boldsymbol{B}_a\boldsymbol{T}_{\mathcal{F}_{o_t}}^{\mathcal{F}_i}(t) \tag{5-16}$$

$$\boldsymbol{B}_{\mathrm{d}}(t_i,t_i)=\boldsymbol{0} \tag{5-17}$$

$$\dot{\boldsymbol{\Phi}}^{\mathrm{I}}(t,t_i)=\boldsymbol{F}_a(t)\boldsymbol{\Phi}^{\mathrm{I}}(t,t_i) \tag{5-18}$$

$$\boldsymbol{\Phi}^{\mathrm{I}}(t_i,t_i)=\boldsymbol{I} \tag{5-19}$$

将式（5-15）从惯性系转换到目标航天器轨道坐标系下，可以得到

$$\boldsymbol{X}_{i+1}=\boldsymbol{\Phi}(t_{i+1},t_i)\boldsymbol{X}_i+\boldsymbol{B}\boldsymbol{u}_i \tag{5-20}$$

式中：$\boldsymbol{\Phi}(t_{i+1},t_i)=\boldsymbol{\Lambda}(t_{i+1})\boldsymbol{\Phi}^{\mathrm{I}}(t_{i+1},t_i)\boldsymbol{\Lambda}^{-1}(t_i)$ 为包含摄动与偏心率信息的目标航天器轨道坐标系下的状态转移矩阵；$\boldsymbol{B}=\boldsymbol{\Lambda}(t_{i+1})\boldsymbol{B}_{\mathrm{d}}(t_{i+1},t_i)$ 为包含摄动与偏心率信息的目标航天器轨道坐标系下的输入矩阵，可得

$$\boldsymbol{\Lambda}(t_i)=\begin{bmatrix}\boldsymbol{T}_{\mathcal{F}_i}^{\mathcal{F}_{o_t}}(t_i) & \boldsymbol{0}_{3\times3} & \boldsymbol{0}_{3\times1}\\ -\boldsymbol{T}_{\mathcal{F}_i}^{\mathcal{F}_{o_t}}(t_i)\boldsymbol{\Omega}_{\otimes}(t_i) & \boldsymbol{T}_{\mathcal{F}_i}^{\mathcal{F}_{o_t}}(t_i) & \boldsymbol{0}_{3\times1}\\ \boldsymbol{0}_{1\times3} & \boldsymbol{0}_{1\times3} & \boldsymbol{I}_{1\times1}\end{bmatrix}$$

$$\boldsymbol{\Omega}_{\otimes}=\begin{bmatrix}0 & -\omega_z & \omega_y\\ \omega_z & 0 & -\omega_x\\ -\omega_y & \omega_x & 0\end{bmatrix}$$

式中：ω_x、ω_y、ω_z 为轨道坐标系相对于惯性系的旋转角速度在轨道坐标系下的坐标分量。

式（5-20）即为所建立的描述摄动椭圆轨道交会的相对运动方程。此模型以线性方程的形式描述了摄动椭圆轨道交会问题，为 5.2.2 节采用 2 阶锥规划进行求解提供了状态方程约束。

2. 初始与末端状态约束和任务时间约束

空间交会轨迹规划的目的是将服务航天器与目标航天器从初始时刻的相对状态，经历整个交会任务时间后，导引至期望末端相对状态。相对运动方程与初始和末端期望约束，构成了交会问题的基本约束条件。初始与期望末端相对状态以及任务时间约束的模型分别为

$$\boldsymbol{X}_0=\begin{bmatrix}\boldsymbol{r}_0\\ \boldsymbol{v}_0\\ \delta\left(\dfrac{A}{m}\right)\end{bmatrix}=\text{specified} \tag{5-21}$$

$$\boldsymbol{X}_{t_\text{f}}=\begin{bmatrix}\boldsymbol{r}_{t_\text{f}}\\ \boldsymbol{v}_{t_\text{f}}\\ \delta\left(\dfrac{A}{m}\right)\end{bmatrix}=\text{specified} \tag{5-22}$$

$$t_\text{f}=\text{specified} \tag{5-23}$$

3. 禁飞区约束

实际交会任务中，空间环境复杂，交会过程中往往需要躲避空间碎片、非目标航天器以及目标上的凸出部分。因此，在交会过程中需要考虑避障或禁飞区约束，禁飞区的数学表达式很多，包括球形禁飞区、矩形禁飞区以及其他外形禁飞区等。

本章采用球形禁飞区假设，空间交会中的禁飞区约束示意图如图 5-1 所示，其数学表达式为

$$\left\|\boldsymbol{r}-\boldsymbol{r}_\text{o}\right\|\geqslant r_{\min} \tag{5-24}$$

式中：$\boldsymbol{r}_\text{o}$ 为禁飞区的中心位置矢径；$r_{\min}$ 为球形禁飞区半径。实际上禁飞区约束使最优化问题的解集为一个非凸解集，无法采用凸优化方法直接进行求解，需要进行凸化处理，具体处理过程将在 5.2.2 小节中介绍。

4. 交会与接近走廊约束

通常在服务航天器距离目标航天器 50～300m 范围内时，交会任务需要服务航天器沿目标航天器的对接轴接近，或者保证目标航天器始终位于服务航天器测量、通信范围内，这时需要考虑交会与接近走廊约束。

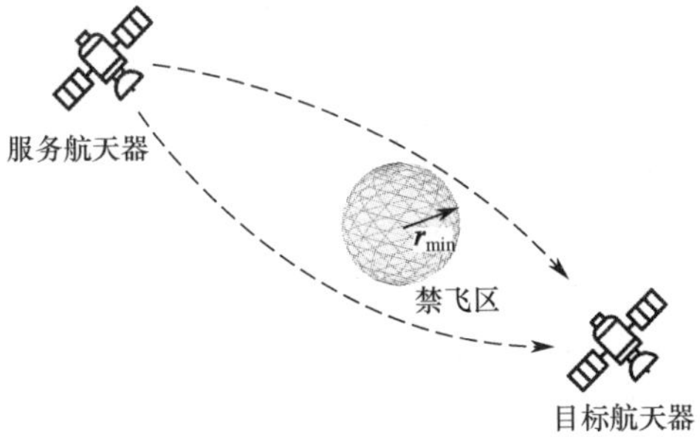

图 5-1 禁飞区约束示意图

交会与接近走廊约束示意图如图 5-2 所示。

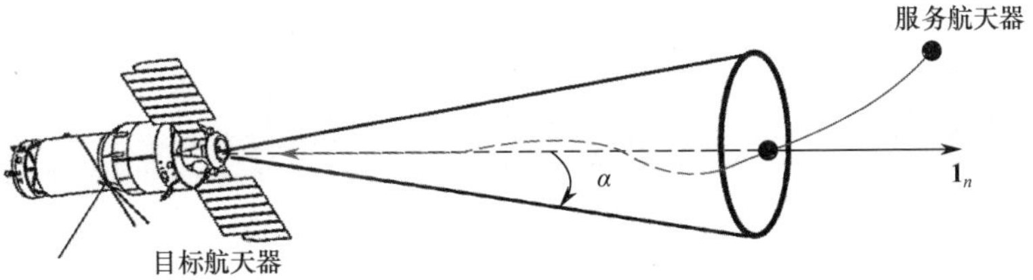

图 5-2 交会与接近走廊约束示意图

将交会与接近走廊约束建模为锥约束，该锥约束以定义在 LVLH 下的中心单位矢量 $\mathbf{1}_n$ 与航天器相对位置矢量 $\boldsymbol{r}_t$ 内积来描述。交会与接近走廊约束可以表示为

$$\|\boldsymbol{r}_t\|\cos\alpha \leqslant \mathbf{1}_n^{\mathrm{T}}(t)\boldsymbol{r}_t \tag{5-25}$$

式中：α 为半锥角。由于该约束为凸的不等式约束，且满足锥的形式，故可以直接应用于 2 阶锥规划模型中。

5. 控制约束

空间交会任务中由于航天器结构与推进系统限制，一般需要考虑控制约束，约束条件多表示为不等式，表示推力不能超过发动机最大输出力的幅值。

控制约束可以表示为

$$\|\boldsymbol{u}_T\|_2 \leqslant u_{\max} \tag{5-26}$$

式中：$u_{\max}$ 为控制输入幅值。

5.2.2 基于 2 阶锥规划的交会轨迹求解

2 阶锥规划是凸优化的一个典型方法[6-9]，本节采用该方法来完成多约束交会的轨迹规划。首先建立基于标准 2 阶锥规划算法的规划模型，然后对目标函数和非凸约束进行凸化处理，从而给出完整的多约束交会 2 阶锥规划模型和算法。

1. 标准 2 阶锥规划与多约束交会问题的模型

2 阶锥规划特别适用于快速规划问题，但该方法要求目标函数为线性函数，约束为线性约束或 2 阶锥约束[8-9]。

2 阶锥规划问题的标准形式为

$$\min \quad \boldsymbol{f}^{\mathrm{T}}\boldsymbol{x} \tag{5-27}$$

$$\text{s.t.} \quad \boldsymbol{F}\boldsymbol{x}=\boldsymbol{g} \tag{5-28}$$

$$\left\|\boldsymbol{A}_i\boldsymbol{x}+\boldsymbol{b}_i\right\|_2 \leqslant \boldsymbol{c}^{\mathrm{T}}\boldsymbol{x}+\boldsymbol{d}_i \quad (i=1,2,\cdots,m) \tag{5-29}$$

式中：$\boldsymbol{x}\in\mathbb{R}^n$，为优化变量；$\boldsymbol{g}\in\mathbb{R}^p$；$\boldsymbol{A}_i\in\mathbb{R}^{n_i\times n}$；$\boldsymbol{F}\in\mathbb{R}^{p\times n}$。

结合 5.2.1 小节空间交会的多种约束建模，控制消耗最优的多约束交会轨迹规划问题可以描述为

$$P_1: \quad \min \quad \sum_{i=1}^{N}\left\|\boldsymbol{u}_i\right\|_2 \tag{5-30}$$

$$\text{s.t.} \quad 0\leqslant\left\|\boldsymbol{u}_i\right\|_2\leqslant u_{\max} \tag{5-31}$$

$$\boldsymbol{X}_{i+1}=\boldsymbol{\Phi}(t_{i+1},t_i)\boldsymbol{X}_i+\boldsymbol{B}\boldsymbol{u}_i \tag{5-32}$$

$$\left\|\boldsymbol{r}\right\|\cos\alpha\leqslant\boldsymbol{1}_n^{\mathrm{T}}(t)\boldsymbol{r} \tag{5-33}$$

$$\left\|\boldsymbol{r}-\boldsymbol{r}_{\mathrm{o}}\right\|\geqslant r_{\min} \tag{5-34}$$

$$\boldsymbol{X}_0=\begin{bmatrix}\boldsymbol{r}_0\\ \boldsymbol{v}_0\\ \delta\left(\dfrac{A}{m}\right)\end{bmatrix}=\text{specified} \tag{5-35}$$

$$\boldsymbol{X}_{t_{\mathrm{f}}}=\begin{bmatrix}\boldsymbol{r}_{t_{\mathrm{f}}}\\ \boldsymbol{v}_{t_{\mathrm{f}}}\\ \delta\left(\dfrac{A}{m}\right)\end{bmatrix}=\text{specified} \tag{5-36}$$

$$t_{\mathrm{f}}=\text{specified} \tag{5-37}$$

通过对式（5-30）～式（5-37）描述的 P_1 问题求解，可以得到多约束交会的最优轨迹与相应的控制。但上述多约束最优交会问题的表示形式不满足标准 2 阶锥规划中式（5-27）和式（5-29）对优化问题的描述要求，因此需要对上述优化问题的模型进行必要的凸化处理。

2. 目标函数与约束的凸化处理

分析多约束交会轨迹规划 P_1 问题中的目标函数与约束条件，观察其是否满足 2 阶锥规划的标准形式。

（1）观察 P_1 问题中的目标函数。目标函数为脉冲控制的 2 范数求和形式，属于

非线性函数，不满足 2 阶锥规划目标函数为线性函数的要求，需要采用凸化方式对其进行转化。目前将非凸约束和动力学进行凸化处理的方法主要有 3 种，即等价变换、无损（松弛）凸化及序列凸化。本节采用松弛凸化对最优交会问题的目标函数进行凸化处理。定义松弛变量，即 $\eta_i,(i=1,2,\cdots,N)$，使其满足：

$$\|u_i\|_2 \leqslant \eta_i \tag{5-38}$$

此时，非线性目标函数可以转化为线性目标函数以及一个锥约束与两个不等式约束的形式，即

$$\min \quad \sum_{i=1}^{N}\eta_i \tag{5-39}$$

$$\text{s. t.} \quad \|u_i\| \leqslant \eta_i \tag{5-40}$$

$$0 \leqslant \eta_i \tag{5-41}$$

$$\eta_i \leqslant u_{\max} \tag{5-42}$$

（2）观察交会与接近走廊约束。式（5-25）所示的交会与接近走廊约束虽然条件复杂，但由于交会与接近走廊锥角 α 为定值，$\cos\alpha$ 也为定值，且针对非翻滚目标，$\mathbf{1}_n(t)$ 在 $\mathcal{F}_{o_t}$ 坐标系内为定值。此时，交会与接近走廊约束构成了一个锥的形式，满足标准 2 阶锥规划形式，无须做进一步的凸化处理。

（3）观察禁飞区约束。禁飞区约束如式（5-24）所示，很明显，禁飞区将交会轨迹解空间由凸空间限制为非凸空间，约束形式不满足线性形式，即 2 阶锥约束形式，故无法直接采用 2 阶锥规划进行求解。如若希望能够在具有球形禁飞区约束的情况下，求解最优交会轨迹，必须对禁飞区约束进行凸化处理。对此，设计了基于静态连接面的方法进行禁飞区约束的凸化处理。

静态连接面可以认为是半锥角为 $\pi/2$ 的锥约束，其凸化原理如图 5-3 所示。图中实线圆圈表示禁飞区，虚线表示静态连接面，带箭头的实线表示所设计轨迹。其具体思路为首先求解不考虑禁飞区的最优交会轨迹，并得到违反禁飞区约束的轨迹点。然后，将违反禁飞区约束的轨迹点 $\boldsymbol{r}_j$ 与禁飞区中心 $\boldsymbol{r}_{\mathrm{o}}$ 连接交于禁飞区边界，选取与轨迹点较近的交点建立切平面（静态连接面约束）替代禁飞区约束，将非凸约束转化为凸约束，从而满足 2 阶锥规划的要求。例如，图 5-3 中以其中的 a、b 两个点为例，将禁飞区中心与轨迹违反点作连线交于禁飞区表面一点，在此点处做切平面，作为替代球形禁飞区的静态连接面约束。此时，禁飞区约束可以转化为

$$(\boldsymbol{r}_j-\boldsymbol{r}_{\mathrm{o}})\cdot\boldsymbol{i}_j \geqslant r_{\min} \quad \left(\boldsymbol{i}_j=\frac{\boldsymbol{r}_j}{\|\boldsymbol{r}_j\|}\right) \tag{5-43}$$

式中：$\boldsymbol{i}_j$ 为每一个违反禁飞区约束点的单位矢量。

综上所述，可以给出摄动椭圆轨道空间非合作目标多约束交会快速轨迹规划框图如图 5-4 所示。由图 5-4 和上述分析可以看出，摄动椭圆轨道空间非合作目标多

约束交会快速轨迹规划有 3 个重要环节：

（1）建立考虑 J_2 项、大气阻力摄动以及目标航天器轨道偏心率影响的相对运动模型；

（2）构建包含禁飞区、交会与接近走廊、状态约束以及燃耗最优性能指标的优化问题；

（3）通过松弛凸化方法、静态连接面方法，将交会轨迹优化问题转化为标准 2 阶锥规划形式并进行求解。

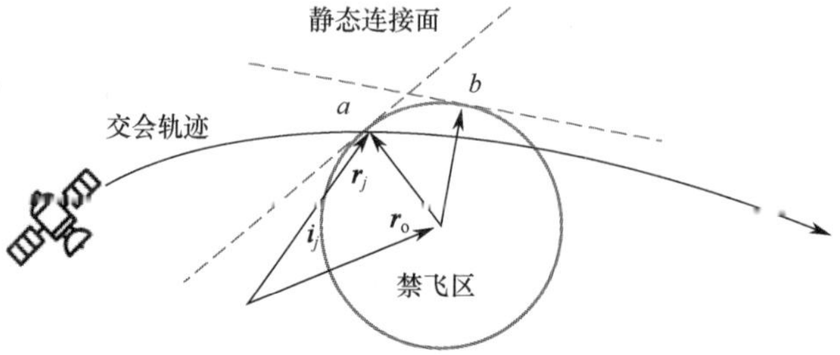

图 5-3 静态连接面凸化原理

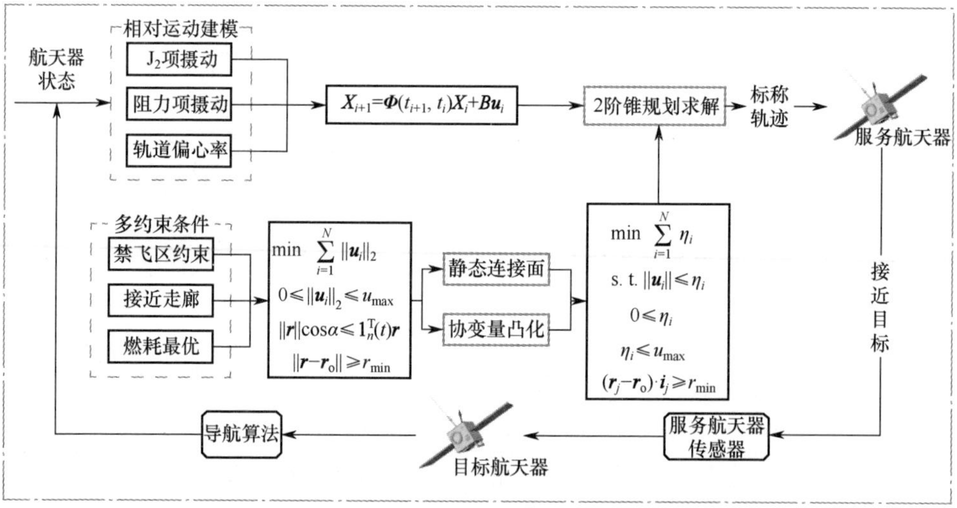

图 5-4 空间非合作目标多约束交会快速轨迹规划框图

5.2.3 仿真验证

为了验证本节所提出的摄动椭圆轨道空间非合作目标多约束交会快速轨迹规划方法的有效性，本节和文献[1]与文献[2]设计了考虑摄动影响、目标轨道偏心率、禁飞区约束以及目标航天器机动等不同情况的仿真案例进行了仿真，并与传统的不考虑 J_2 项与阻力项摄动的圆轨道交会轨迹规划方法进行了对比分析，验证了其有效性。下面给出两个案例的仿真结果与分析。

1. 案例 1——椭圆轨道交会轨迹规划

本节所提出的方法在交会过程中考虑了目标航天器轨道偏心率信息，因此可以实现椭圆轨道的高精度交会任务。案例 1 仿真的目的即为验证其有效性。该仿真中共有 3 个算例，分别针对偏心率为 0.01、0.1 与 0.3 的椭圆轨道交会任务。目标航天器初始状态如表 5-1 所列，初始相对状态如表 5-2 所列，期望末端相对状态与约束条件如表 5-3 所列，其中面质比参数定义为常值。

表 5-1　目标航天器初始状态

变量	算例 1	算例 2	算例 3	单位
e	0.01	0.1	0.3	—
x_t	0	0	0	km
y_t	6600	6600	6600	km
z_t	0	0	0	km
$\dot{x}_t$	−6.764	−8.243	−9.277	km/s
$\dot{y}_t$	0	0	0	km/s
$\dot{z}_t$	3.905	4.759	5.356	km/s

表 5-2　初始相对状态

变量	算例 1	算例 2	算例 3	单位
x	0	−2	−2	km
y	−1	−10	−50	km
z	0	0	0	km
$\dot{x}$	0.035	0.106	0.212	km/s
$\dot{y}$	0.122	0.366	0.732	km/s
$\dot{z}$	0	0	0	km/s
t_f	1000	3000	5000	s

表 5-3　期望末端相对状态与约束条件

变量	数值	单位
$x(t_f)$	0	km
$y(t_f)$	−0.2	km
$z(t_f)$	0	km
$\dot{x}(t_f)$	0	km
$\dot{y}(t_f)$	0	km
$\dot{z}(t_f)$	0	km
u_{max}	0.1	m/s^2
$(A/m)_t$	0.04	m^2/kg
$(A/m)_c$	0.01	m^2/kg
C_d	2	—

以算例 3 为例，图 5-5 与图 5-6 给出了两种方法求解得到的仿真结果。其中，图 5-5 所示为相对位置和相对速度随时间变化的曲线，图 5-6 所示为三维空间的相对运动轨迹与控制加速度曲线。由图 5-5 可以看出，本节所提出方法求解得到的相对位置与速度曲线精度高且变化平缓，而传统方法求解得到的曲线精度低且变化剧烈。从控制加速度曲线中可以看出，采用本节提出方法只需两次脉冲即可完成交会任务，且所需速度增量较小。而传统方法共进行了 5 次机动，每次机动脉冲都较大，所需速度增量远远高于本节提出的方法。这是由于基于近圆假设的方法，未考虑偏心率影响，在每一闭环轨迹规划周期中服务航天器无法按照设计的相对运动轨迹飞行，致使在下一制导周期中需要较大机动以修正偏差。

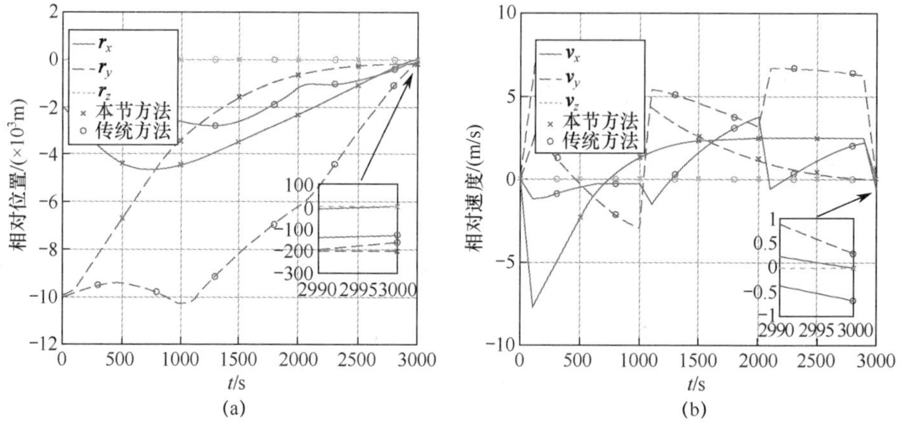

图 5-5　椭圆轨道交会最优轨迹

（a）相对位置；（b）相对速度。

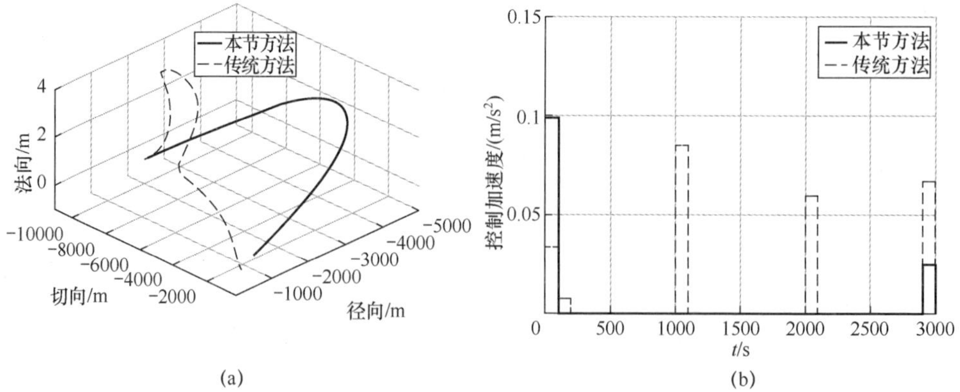

图 5-6　椭圆轨道交会的空间三维最优轨迹与控制加速度

（a）三维轨迹；（b）控制加速度。

3 个算例的误差对比结果如表 5-4 所列。其中，e_r 表示相对位置交会误差，e_v 表示相对速度交会误差，u 表示速度增量需求。可以看出，本节所提出的方法能够很好地处理椭圆轨道交会问题，交会精度高，且当偏心率增加时，精度保持不变。而伴随着偏心率的增加，传统方法精度下降较快，且所需速度增量急剧增加，远远多于本节所提出的方法。

表 5-4 椭圆轨道交会的误差对比

变量	算例 1		算例 2		算例 3		单位
	本节方法	传统方法	本节方法	传统方法	本节方法	传统方法	
e_r	0.2	12.9	0.2	114.8	0.4	138.1	m
e_v	0.5	4.0	0.2	627.8	0.7	726.8	mm/s
u	0.5	5.6	0.6	19.1	13.4	25.24	m/s

2. 案例 2——考虑禁飞区约束的交会轨迹规划

为了验证本节所提出方法对于考虑禁飞区约束的交会轨迹设计问题的有效性，开展了案例 2 仿真。目标航天器惯性系下初始状态如表 5-5 所列，轨道坐标系下初始相对状态如表 5-2 中算例 2 所列，期望末端相对状态与约束如表 5-3 所列，禁飞区约束为中心位置为（−150, −400, 0）、半径为 40m 的球形禁飞区。

表 5-5 目标航天器初始状态

变量	数值	单位	变量	数值	单位
x_t	0	km	$\dot{x}_t$	−6.730	km/s
y_t	6600	km	$\dot{y}_t$	0	km/s
z_t	0	km	$\dot{z}_t$	3.886	km/s

图 5-7 和图 5-8 给出了在考虑禁飞区约束求解得到的最优轨迹。其中，图 5-7 所示为相对位置与相对速度变化曲线，图 5-8 所示为三维空间的相对运动轨迹与控制加速度变化曲线。由图 5-7 与图 5-8 中三维相对运动轨迹可以看出，本节所提出方法能够有效处理包含禁飞区约束的交会轨迹规划。由图 5-8 中控制加速度曲线可以看出，在考虑禁飞区约束时，为了躲避禁飞区，服务航天器在 700s 时进行了一次机动，从而满足了考虑禁飞区的交会任务要求。

通过本节和文献[1-2]考虑摄动影响、目标轨道偏心率、禁飞区约束以及目标航天器机动等不同情况的空间交会轨迹规划的仿真验证和结果分析，可以得出以下结论。

（1）本节建立的摄动椭圆轨道相对运动模型包含了 J_2 项摄动、大气阻力摄动及目标轨道偏心率等信息，可由积分得到的状态转移矩阵描述的线性化形式，形成适用于 2 阶锥规划方法的状态方程约束。

（2）提出并采用的静态连接面与协变量凸化方法有效地实现了非凸条件的凸化。

（3）提出的基于 2 阶锥规划的交会轨迹规划方法，能够有效地处理摄动椭圆轨道多约束交会的快速轨迹规划问题，具有在线实现的潜在优势。

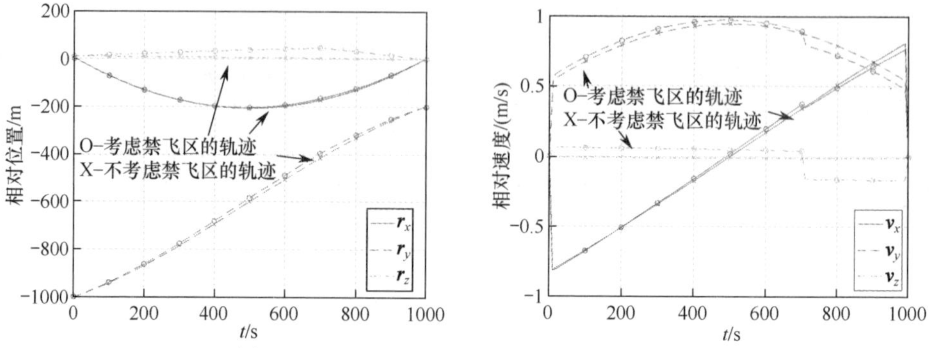

(a) (b)

图 5-7　考虑禁飞区约束的最优交会轨迹（彩图见书末）

（a）相对位置；（b）相对速度。

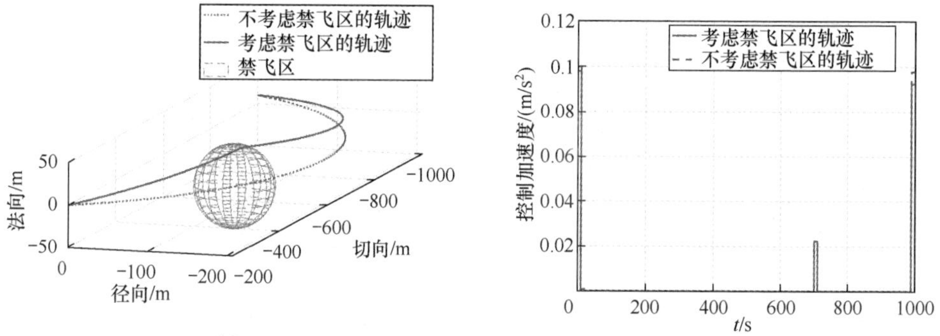

(a) (b)

图 5-8　考虑禁飞区约束的空间三维交会轨迹与控制加速度（彩图见书末）

（a）三维轨迹；（b）控制加速度。

另外，本节的摄动椭圆轨道多约束轨迹规划研究为后续考虑不确定性的鲁棒轨迹规划研究提供了交会动力学模型与标称轨迹。

5.3 空间非合作目标交会的不确定性分析

传统的交会轨迹规划将相对运动视为确定性系统，忽略或不考虑其中的不确定性因素，通过优化方法得到标称轨迹。而在实际的交会过程中，存在着多种不确定性因素，尤其是空间非合作目标交会过程中不确定性因素更为复杂，这些不确定性因素使交会过程中的真实轨迹偏离于标称轨迹，导致交会精度无法保证甚至交会失败。因此，对不确定性因素及其影响进行分析，了解各种不确定性因素如何影响真实交会轨迹与交会精度，具有重要意义和应用价值。

本节研究空间非合作目标交会中的不确定性因素对交会精度的影响。首先介绍基于状态转移张量的不确定性分析方法；然后考虑非合作目标特性，建立包含环境误差、传感器测量误差、执行机构误差以及初始状态偏差等不确定性因素的模型；接着采用基于状态转移张量的不确定性方法进行闭环GNC系统不确定性分析，求解不确定性因素影响下的状态协方差轨迹；最后，仿真分析不确定性因素对交会轨迹的影响，通过蒙特卡罗打靶仿真验证方法的正确性。

5.3.1 基于状态转移张量的不确定性分析方法

不确定性的量化、传播与演化规律分析，是不确定性分析及其应用中的核心问题，在空间碎片的演化分析、航天器的轨道预报和误差分析中具有重要应用[13-17]。本小节将基于状态转移张量的理论和方法，对不确定性传播与预测问题进行分析[15-17]。

1. 状态转移张量

状态的高阶偏微分方程称为状态转移张量（state transition tensor，STT）。考虑动力学系统方程，在张量坐标下可以表示为

$$\dot{\boldsymbol{x}}_i(t)=\boldsymbol{f}_i[t,\boldsymbol{x}(t)] \tag{5-44}$$

式中：$\boldsymbol{x}=\{\boldsymbol{x}_i|\ i=1,2,\cdots,n\}$，初始条件为$\boldsymbol{x}_i(t^0)=\boldsymbol{x}_i^0$。对于一个给定的初始条件，其解可以表示为

$$\boldsymbol{x}(t)=\boldsymbol{\phi}(t;\boldsymbol{x}^0,t^0) \tag{5-45}$$

此方程给出了初始时刻状态到任意时刻状态的映射关系。

其中：

$$\frac{\mathrm{d}\boldsymbol{\phi}}{\mathrm{d}t}=\boldsymbol{f}[t,\boldsymbol{\phi}(t;\boldsymbol{x}^0,t^0)] \tag{5-46}$$

$$\boldsymbol{\phi}(t^0;\boldsymbol{x}^0,t^0)=\boldsymbol{x}(t^0) \tag{5-47}$$

采用相同的方法，任意时刻状态到初始时刻状态的映射关系可以表示为

$$\boldsymbol{x}^0=\boldsymbol{\psi}(t^0;\boldsymbol{x},t) \tag{5-48}$$

将式（5-45）代入式（5-48）中，可以得到

$$\boldsymbol{x}^0=\boldsymbol{\psi}(t^0;\boldsymbol{\phi}(t;\boldsymbol{x}^0,t^0),t) \tag{5-49}$$

于是，当前状态与标称轨迹的偏差可以表示为

$$\delta\boldsymbol{x}(t)=\boldsymbol{\phi}(t;\boldsymbol{x}^0+\delta\boldsymbol{x}^0,t^0)-\boldsymbol{\phi}(t;\boldsymbol{x}^0,t^0) \tag{5-50}$$

并且满足

$$\delta\dot{\boldsymbol{x}}=\boldsymbol{f}[t,\boldsymbol{\phi}(t;\boldsymbol{x}^0+\delta\boldsymbol{x}^0,t^0)]-\boldsymbol{f}[t,\boldsymbol{\phi}(t;\boldsymbol{x}^0,t^0)] \tag{5-51}$$

针对初始偏差$\delta\boldsymbol{x}^0$，将上述两个方程在标称轨迹处进行泰勒展开，可以得到m阶表达式，即

$$\delta \boldsymbol{x}_i(t)=\sum_{p=1}^{m}\frac{1}{p!}\boldsymbol{\Phi}_{i,k_1\cdots k_p}\delta \boldsymbol{x}_{k_1}^0\cdots\delta \boldsymbol{x}_{k_p}^0 \tag{5-52}$$

$$\delta \dot{\boldsymbol{x}}_i(t)=\sum_{p=1}^{m}\frac{1}{p!}\boldsymbol{f}_{i,k_1\cdots k_p}^{*}\delta \boldsymbol{x}_{k_1}\cdots\delta \boldsymbol{x}_{k_p} \tag{5-53}$$

式中：$k_j \in 1,2,\cdots,n$，下标 j 表示状态向量中的第 j 个状态；$\boldsymbol{\Phi}_{i,k_1\cdots k_p}$ 与 $\boldsymbol{f}_{i,k_1\cdots k_p}^{*}$ 分别为

$$\boldsymbol{\Phi}_{i,k_1\ldots k_p}=\frac{\partial^p \boldsymbol{x}_i}{\partial \boldsymbol{x}_{k_1}^0\ldots \boldsymbol{x}_{k_p}^0} \tag{5-54}$$

$$\boldsymbol{f}_{i,k_1\ldots k_p}^{*}=\frac{\partial^p \boldsymbol{f}_i}{\partial \boldsymbol{x}_{k_1}\cdots \boldsymbol{x}_{k_p}}\bigg|_{\boldsymbol{x}=\boldsymbol{x}^*} \tag{5-55}$$

式中：上标 * 代表标称轨迹。

该方程建立了初始状态偏差与任意时刻状态偏差之间的关系。式（5-53）给出了状态偏差的导数形式，$\delta \dot{\boldsymbol{x}}_i$ 同样可以通过对式（5-52）求导得到，即

$$\delta \dot{\boldsymbol{x}}_i(t)=\sum_{p=1}^{m}\frac{1}{p!}\dot{\boldsymbol{\Phi}}_{i,k_1\cdots k_p}(t)\delta \boldsymbol{x}_{k_1}^0\cdots\delta \boldsymbol{x}_{k_p}^0 \tag{5-56}$$

当 m=1 时，上述问题退化为一个线性问题。

为了分析偏差 $\delta\boldsymbol{x}$，构建针对初始偏差 $\delta\boldsymbol{x}^0$ 的解析函数，需要对 SST 进行求解。为了得到 SST 的微分方程，将式（5-52）代入式（5-53），于是可以得出以 SST 与初始条件表示的 $\delta \dot{\boldsymbol{x}}_i$ 函数，然后将其与式（5-56）作差，可以得到 SST 的微分方程，即

$$\dot{\boldsymbol{\Phi}}_{i,a}=\boldsymbol{f}_{i,a}^{*}\boldsymbol{\Phi}_{\alpha,a} \tag{5-57}$$

$$\dot{\boldsymbol{\Phi}}_{i,ab}=\boldsymbol{f}_{i,\alpha}^{*}\boldsymbol{\Phi}_{\alpha,ab}+\boldsymbol{f}_{i,\alpha\beta}^{*}\boldsymbol{\Phi}_{\alpha,a}\boldsymbol{\Phi}_{\beta,b} \tag{5-58}$$

$$\dot{\boldsymbol{\Phi}}_{i,abc}=\boldsymbol{f}_{i,\alpha}^{*}\boldsymbol{\Phi}_{\alpha,abc}+\boldsymbol{f}_{i,\alpha\beta}^{*}(\boldsymbol{\Phi}_{\alpha,a}\boldsymbol{\Phi}_{\beta,bc}+\boldsymbol{\Phi}_{\alpha,ab}\boldsymbol{\Phi}_{\beta,c}+\boldsymbol{\Phi}_{\alpha,ac}\boldsymbol{\Phi}_{\beta,b})+\boldsymbol{f}_{i,\alpha\beta\gamma}^{*}\boldsymbol{\Phi}_{\alpha,a}\boldsymbol{\Phi}_{\beta,b}\boldsymbol{\Phi}_{\gamma,c} \tag{5-59}$$

$$\begin{aligned}\dot{\boldsymbol{\Phi}}_{i,abcd}=&\boldsymbol{f}_{i,\alpha}^{*}\boldsymbol{\Phi}_{\alpha,abcd}+\boldsymbol{f}_{i,\alpha\beta}^{*}(\boldsymbol{\Phi}_{\alpha,abc}\boldsymbol{\Phi}_{\beta,d}+\boldsymbol{\Phi}_{\alpha,abd}\boldsymbol{\Phi}_{\beta,c}+\boldsymbol{\Phi}_{\alpha,acd}\boldsymbol{\Phi}_{\beta,b}+\boldsymbol{\Phi}_{\alpha,ab}\boldsymbol{\Phi}_{\beta,cd}+\\&\boldsymbol{\Phi}_{\alpha,ac}\boldsymbol{\Phi}_{\beta,bd}+\boldsymbol{\Phi}_{\alpha,ad}\boldsymbol{\Phi}_{\beta,bc}+\boldsymbol{\Phi}_{\alpha,a}\boldsymbol{\Phi}_{\beta,bcd})+\boldsymbol{f}_{i,\alpha\beta\gamma}^{*}(\boldsymbol{\Phi}_{\alpha,ab}\boldsymbol{\Phi}_{\beta,c}\boldsymbol{\Phi}_{\gamma,d}+\\&\boldsymbol{\Phi}_{\alpha,a}\boldsymbol{\Phi}_{\beta,bc}\boldsymbol{\Phi}_{\gamma,d}+\boldsymbol{\Phi}_{\alpha,a}\boldsymbol{\Phi}_{\beta,bd}\boldsymbol{\Phi}_{\gamma,c}+\boldsymbol{\Phi}_{\alpha,a}\boldsymbol{\Phi}_{\beta,b}\boldsymbol{\Phi}_{\gamma,cd})+\\&\boldsymbol{f}_{i,\alpha\beta\gamma\delta}^{*}\boldsymbol{\Phi}_{\alpha,a}\boldsymbol{\Phi}_{\beta,b}\boldsymbol{\Phi}_{\gamma,c}\boldsymbol{\Phi}_{\delta,d}\end{aligned} \tag{5-60}$$

其中，SST 的初始条件为

$$\boldsymbol{\Phi}_{i,a}^{0}=\begin{cases}\boldsymbol{I}, & (\text{若 } i=a)\\ 0, & (\text{若} i\neq a)\end{cases} \tag{5-61}$$

通过计算求解得到 STT 后，方程的精确解可以通过将偏差与参考解相加，得到

$$\boldsymbol{x}_i(t)=\boldsymbol{x}_i^{*}(t)+\delta \boldsymbol{x}_i(t) \tag{5-62}$$

2．不确定性因素分布

在进行不确定性分析之前，需要对不确定性因素的分布进行了解。考虑动力学模型中的状态向量满足高斯分布或以高斯分布驱动 $\boldsymbol{x} \sim \boldsymbol{N}(\boldsymbol{m}, \boldsymbol{P})$ ，其中 $\boldsymbol{m}$ 为均值，$\boldsymbol{P}$ 为协方差矩阵。状态向量 $\boldsymbol{x}$ 的概率密度函数定义为

$$p(\boldsymbol{x}) = \frac{1}{\sqrt{(2\pi)^n \det \boldsymbol{P}}} \exp\left[-\frac{1}{2}(\boldsymbol{x}-\boldsymbol{m})^{\mathrm{T}} \boldsymbol{P}^{-1}(\boldsymbol{x}-\boldsymbol{m})\right] \tag{5-63}$$

高斯随机向量（Gaussian random vector, GRV）的统计学特性可以采用 1 阶矩与 2 阶矩（均值与协方差）通过联合特征函数（joint characteristic function, JCF）表示。对于一个非零均值高斯随机向量，其前 4 阶矩可以表示为

$$E[\boldsymbol{x}_i] = \boldsymbol{m}_i \tag{5-64}$$

$$E[\boldsymbol{x}_i \boldsymbol{x}_j] = \boldsymbol{m}_i \boldsymbol{m}_j + \boldsymbol{P}_{ij} \tag{5-65}$$

$$E[\boldsymbol{x}_i \boldsymbol{x}_j \boldsymbol{x}_k] = \boldsymbol{m}_i \boldsymbol{m}_j \boldsymbol{m}_k + (\boldsymbol{m}_i \boldsymbol{P}_{jk} + \boldsymbol{m}_j \boldsymbol{P}_{ik} + \boldsymbol{m}_k \boldsymbol{P}_{ij}) \tag{5-66}$$

$$\begin{aligned} E[\boldsymbol{x}_i \boldsymbol{x}_j \boldsymbol{x}_k \boldsymbol{x}_l] = {} & \boldsymbol{m}_i \boldsymbol{m}_j \boldsymbol{m}_k \boldsymbol{m}_l + (\boldsymbol{m}_i \boldsymbol{m}_j \boldsymbol{P}_{kl} + \boldsymbol{m}_i \boldsymbol{m}_k \boldsymbol{P}_{jl} + \boldsymbol{m}_j \boldsymbol{m}_k \boldsymbol{P}_{il} + \\ & \boldsymbol{m}_i \boldsymbol{m}_l \boldsymbol{P}_{jk} + \boldsymbol{m}_j \boldsymbol{m}_l \boldsymbol{P}_{ik} + \boldsymbol{m}_k \boldsymbol{m}_l \boldsymbol{P}_{ij}) + \boldsymbol{P}_{ij} \boldsymbol{P}_{kl} + \boldsymbol{P}_{ik} \boldsymbol{P}_{jl} + \boldsymbol{P}_{il} \boldsymbol{P}_{jk} \end{aligned} \tag{5-67}$$

由于其简单且线性运算保持不变，高斯分布在动力学中得到了广泛应用。当考虑在非线性动力学下的 GRV 映射时，可以发现高斯分布不再保守，这是因为 $\boldsymbol{x}(t)$ 是 $\boldsymbol{x}^0$ 的非线性函数。尽管如此，依然可以通过低阶矩对高斯分布进行逼近。

3．Fokker–Planck 方程

包含不确定性因素的动力学模型可以用 Ito 随机微分方程表示，即

$$\mathrm{d}\boldsymbol{x}(t) = \boldsymbol{f}[\boldsymbol{x}(t), t]\mathrm{d}t + \boldsymbol{G}[\boldsymbol{x}(t), t]\mathrm{d}\boldsymbol{\beta}(t) \tag{5-68}$$

式中：$\boldsymbol{G} \in \mathbb{R}^{n\times m}$ ；矢量 $\boldsymbol{\beta}$ 在动力学系统中是随机扰动加速度或者过程噪声，则有

$$E[\mathrm{d}\boldsymbol{\beta}(t)\boldsymbol{\beta}^{\mathrm{T}}(t)] = \boldsymbol{Q}(t)\mathrm{d}t \tag{5-69}$$

$$E[\mathrm{d}\boldsymbol{\beta}(t)\boldsymbol{\beta}^{\mathrm{T}}(t)][\boldsymbol{\beta}(t_2) - \boldsymbol{\beta}(t_1)]^{\mathrm{T}} = \int_{t_1}^{t_2} \boldsymbol{Q}(t)\mathrm{d}t \tag{5-70}$$

随机微分方程的解可以表示为

$$\boldsymbol{x}(t) = \boldsymbol{x}^0 + \int_t^{t^0} \boldsymbol{f}[\boldsymbol{x}(\tau), \tau]\mathrm{d}\tau + \int_t^{t^0} \boldsymbol{G}[\boldsymbol{x}(\tau), \tau]\mathrm{d}\tau \tag{5-71}$$

定义随机过程状态向量 $\boldsymbol{x}(t)$ 的概率密度函数为 $p(\boldsymbol{x},t)$ 。当系统满足 Ito 随机微分方程时，则概率密度函数满足 Fokker-Planck 方程，即

$$\begin{aligned} \frac{\partial p(\boldsymbol{x},t)}{\partial t} = {} & -\sum_{i=1}^{n} \frac{\partial}{\partial \boldsymbol{x}_i}[p(\boldsymbol{x},t)\boldsymbol{f}(\boldsymbol{x},t)] + \\ & \frac{1}{2}\sum_{i=1}^{n}\sum_{j=1}^{n} \frac{\partial^2}{\partial \boldsymbol{x}_i \partial \boldsymbol{x}_j} p(\boldsymbol{x},t)[\boldsymbol{G}(\boldsymbol{x},t)\boldsymbol{Q}(t)\boldsymbol{G}^{\mathrm{T}}(\boldsymbol{x},t)]_{ij} \end{aligned} \tag{5-72}$$

式中：下标 i 表示向量中的第 i 个元素；下标 j 表示向量中的第 j 个元素；下标 ij 表

示矩阵中的第 i 行、第 j 列的元素。

4．概率积分不变

考虑一个动力学系统 $\boldsymbol{f}(\boldsymbol{x},t)$，定义 $\boldsymbol{I}$ 为向量 $\boldsymbol{M}(\boldsymbol{x},t)$ 在空间 $\mathcal{V}$ 的积分为

$$\boldsymbol{I}=\int_{\mathcal{V}}\boldsymbol{M}(\boldsymbol{x},t)\mathrm{d}\boldsymbol{x} \tag{5-73}$$

当积分 $\boldsymbol{I}$ 的时间导数为常值时，称其为积分不变，其充分条件为

$$\frac{\partial \boldsymbol{M}(\boldsymbol{x},t)}{\partial t}=-\sum_{i=q}^{n}\frac{\partial}{\partial \boldsymbol{x}_i}[\boldsymbol{M}(x,t)\boldsymbol{f}_i(\boldsymbol{x},t)] \tag{5-74}$$

该方程等价于没有不确定项的 Fokker–Planck 方程。在空间 $\mathcal{B}$ 上的状态概率可以表示为

$$\Pr(\boldsymbol{x}\in\mathcal{B})=\int_{\mathcal{B}}p(\boldsymbol{x},t)\mathrm{d}\boldsymbol{x} \tag{5-75}$$

式中，$p(x,t)$ 满足不包含不确定项的 Fokker–Planck 方程，且该方程等价于概率积分不变的充分条件。因此，不包含不确定项的动力学系统的概率是积分不变的。

5．确定性哈密顿系统 Fokker–Planck 方程解

考虑一个哈密顿系统 $\boldsymbol{H}(\boldsymbol{q},\boldsymbol{p},t)$，其中 $\boldsymbol{q}$ 为广义坐标，$\boldsymbol{p}$ 为广义动量，那么动力学方程可以表示为

$$\dot{\boldsymbol{x}}(t)=\boldsymbol{J}\boldsymbol{H}_x^{\mathrm{T}} \tag{5-76}$$

其中

$$\boldsymbol{x}=[\boldsymbol{q}^{\mathrm{T}}\ \ \boldsymbol{p}^{\mathrm{T}}]^{\mathrm{T}} \tag{5-77}$$

式（5-76）中：$\boldsymbol{H}_x$ 为 $\boldsymbol{H}$ 对 $\boldsymbol{x}$ 的雅可比矩阵；$\boldsymbol{J}$ 为辛矩阵，满足

$$\boldsymbol{J}=\begin{bmatrix}\boldsymbol{0} & \boldsymbol{I}\\ -\boldsymbol{I} & \boldsymbol{0}\end{bmatrix} \tag{5-78}$$

假设动力学中不包含扰动，概率密度函数的 Fokker–Planck 方程式（5-72）可以简化为

$$\frac{\partial p(\boldsymbol{x},t)}{\partial t}=-\left[\frac{p(\boldsymbol{x},t)}{\partial \boldsymbol{x}}\dot{\boldsymbol{x}}+p(\boldsymbol{x},t)\cdot\mathrm{tr}(\boldsymbol{J}\boldsymbol{H}_{xx}^{\mathrm{T}})\right] \tag{5-79}$$

式中：$\mathrm{tr}(\cdot)$ 表示矩阵的迹，等号右侧第二项可表示为

$$\mathrm{tr}(\boldsymbol{J}\boldsymbol{H}_{xx}^{\mathrm{T}})=\mathrm{tr}\begin{bmatrix}\boldsymbol{H}_{pq} & \boldsymbol{H}_{pp}\\ -\boldsymbol{H}_{qq} & -\boldsymbol{H}_{qp}\end{bmatrix}=0 \tag{5-80}$$

于是，Fokker–Planck 方程简化为

$$\frac{\mathrm{d}p(\boldsymbol{x},t)}{\mathrm{d}t}=0 \tag{5-81}$$

对于这个时不变方程，联合刘维尔定理，同样可以证明式（5-75）中的概率保持不变。

假设有一解方程 $\boldsymbol{x}(t)=\boldsymbol{\Phi}(t;\boldsymbol{x}^0,t^0)$，通过微分与积分不变定理，可以得到

$$\begin{aligned}\Pr(\boldsymbol{x}\in\mathcal{B})&=\int_{\mathcal{B}}p(\boldsymbol{x},t)\mathrm{d}\boldsymbol{x}\\&=\int_{\mathcal{B}_t}p[\phi(t;\boldsymbol{x}^0,t^0),t]\mathrm{d}\left|\frac{\partial\boldsymbol{x}}{\partial\boldsymbol{x}_0}\right|=\int_{\mathcal{B}_0}p(\boldsymbol{x}^0,t^0)\mathrm{d}\boldsymbol{x}^0\end{aligned}\tag{5-82}$$

式中：$|\cdot|$为行列式算子。式（5-82）对所有动力学系统都成立，对于哈密顿系统，可以进行简化。由 $\boldsymbol{x}_0$ 到 $\boldsymbol{x}$ 的映射是正则变换，因此依据刘维尔定理，可得 $\left|\partial\boldsymbol{x}/\partial\boldsymbol{x}^0\right|=1$。于是，概率密度函数满足

$$p[\boldsymbol{\phi}(t;\boldsymbol{x}^0,t^0),t]=p(\boldsymbol{x}^0,t^0)\tag{5-83}$$

或者满足

$$p(\boldsymbol{x},t)=p[\boldsymbol{\psi}(t,\boldsymbol{x};t^0),t^0]\tag{5-84}$$

由式（5-83）和式（5-84）可以看出，当前状态的概率密度函数由初始概率密度函数确定。也就是说，当方程的解可以表示初始条件的函数，且其中一个时刻的概率密度函数已知时，可以得到所有时刻的概率密度函数。

6. 高斯边值条件下哈密顿系统 Fokker-Planck 方程解

考虑一个由哈密顿动力学与由高斯随机向量初始条件构成的系统，其中初始状态均值为 $\boldsymbol{m}^0=\boldsymbol{m}(t^0)$，协方差为 $\boldsymbol{C}^0=\boldsymbol{C}(t^0)$，两者均为常值，于是有

$$p(\boldsymbol{x}^0,t^0)=\frac{1}{\sqrt{(2\pi)^{2n}\det\boldsymbol{P}^0}}\exp\left[-\frac{1}{2}(\boldsymbol{x}^0-\boldsymbol{m}^0)^{\mathrm{T}}\boldsymbol{\Lambda}^0(\boldsymbol{x}^0-\boldsymbol{m}^0)\right]\tag{5-85}$$

式中：$\boldsymbol{\Lambda}^0=\boldsymbol{C}(t^0)^{-1}$。通过式（5-84）可以得到当前状态的概率密度函数为

$$p(\boldsymbol{x},t)=\frac{1}{\sqrt{(2\pi)^{2n}\det\boldsymbol{P}^0}}\exp\left[-\frac{1}{2}(\psi(t,\boldsymbol{x};t^0)-\boldsymbol{m}^0)^{\mathrm{T}}\boldsymbol{\Lambda}^0(\psi(t,\boldsymbol{x};t^0)-\boldsymbol{m}^0)\right]\tag{5-86}$$

由式（5-86）可以看出，其在定义空间的积分为

$$\begin{aligned}\int_{\infty}p(\boldsymbol{x},t)\mathrm{d}\boldsymbol{x}&=\int_{\infty}p[\boldsymbol{\psi}(t,\boldsymbol{x};t^0),t^0]\mathrm{d}\boldsymbol{x}\\&=\int_{\infty}p(\boldsymbol{x}^0,t^0)\left|\frac{\partial\boldsymbol{x}}{\partial\boldsymbol{x}^0}\right|\mathrm{d}\boldsymbol{x}^0=0\end{aligned}\tag{5-87}$$

式（5-87）的推导应用了概率密度函数积分不变的性质与哈密顿系统的辛性质。

7. 高斯分布的非线性映射

首先计算均值。利用式（5-83）和式（5-84），可以得到4种计算均值的方法，分别为

$$E[\boldsymbol{x}(t)]=\int_{\infty}\boldsymbol{x}(t)p(\boldsymbol{x},t)\mathrm{d}\boldsymbol{x}\tag{5-88}$$

$$E[\boldsymbol{x}(t)]=\int_{\infty}\phi(t;\boldsymbol{x}^0,t^0)p(\boldsymbol{x}^0,t^0)\mathrm{d}\boldsymbol{x}^0\tag{5-89}$$

$$E[\boldsymbol{x}(t)]=\int_{\infty}\phi(t;\boldsymbol{x}^0,t^0)p(\phi(t;\boldsymbol{x}^0,t^0),t)\mathrm{d}\boldsymbol{x}^0 \tag{5-90}$$

$$E[\boldsymbol{x}(t)]=\int_{\infty}\boldsymbol{x}(t)p(\psi(t,\boldsymbol{x};t^0),t^0)\mathrm{d}\boldsymbol{x}^0 \tag{5-91}$$

通过观察可以看出，采用式（5-89）计算状态不确定性最为适合，这是因为该式可以用泰勒展开进行逼近，且高阶矩可以通过初始高斯分布的联合特征函数进行计算。

假设一个初始状态非零均值为 $\boldsymbol{m}^0$，状态偏差为 $\delta\boldsymbol{x}^0$，于是有

$$\boldsymbol{x}^0=\delta\boldsymbol{x}^0+\boldsymbol{m}^0-\delta\boldsymbol{m}^0 \tag{5-92}$$

式中：$\boldsymbol{m}^0$ 为初始偏差均值。通过式（5-85）可以得到状态 $\delta\boldsymbol{x}^0$ 的概率密度函数为

$$p(\delta\boldsymbol{x}^0,t^0)=\frac{1}{\sqrt{(2\pi)^{2n}\det(\boldsymbol{C}^0)}}\exp\left[-\frac{1}{2}(\delta\boldsymbol{x}^0-\delta\boldsymbol{m}^0)^{\mathrm{T}}\boldsymbol{\Lambda}^0(\delta\boldsymbol{x}^0-\delta\boldsymbol{m}^0)\right] \tag{5-93}$$

因为标称轨迹期望保持不变，当前时刻的均值与协方差矩阵利用 STT 可以表示为

$$\boldsymbol{m}_i(t)=\sum_{p=1}^{m}\frac{1}{p!}\boldsymbol{\Phi}^a_{i,k_1\cdots k_p}(t)E[\delta\boldsymbol{X}_{k_1}(t_j^{+c})\cdots\delta\boldsymbol{X}_{k_p}(t_j^{+c})] \tag{5-94}$$

$$\begin{aligned}\boldsymbol{C}_{ij}(t)=&\sum_{p=1}^{m}\sum_{q=1}^{m}\frac{1}{p!q!}\boldsymbol{\Phi}^a_{i,k_1\cdots k_p}(t)\boldsymbol{\Phi}^a_{j,s_1\cdots s_q}(t)\times\\&E[\delta\boldsymbol{X}_{k_1}(t_j^{+c})\cdots\delta\boldsymbol{X}_{k_p}(t_j^{+c})\delta\boldsymbol{X}_{s_1}(t_j^{+c})\cdots\delta\boldsymbol{X}_{s_q}(t_j^{+c})]-\boldsymbol{m}_i(t)\boldsymbol{m}_j(t)\end{aligned} \tag{5-95}$$

式中：k_p、$S_p\in 1,2,\cdots,n$。

当 $m=1$ 时可以给出 1 阶协方差传播方程，即

$$\boldsymbol{P}(t)=\boldsymbol{\Phi}\boldsymbol{P}^0\boldsymbol{\Phi}^{\mathrm{T}}-\delta\boldsymbol{m}\delta\boldsymbol{m}^{\mathrm{T}} \tag{5-96}$$

式中：$\boldsymbol{\Phi}$ 为状态转移矩阵，可以将状态变量由 t^0 时刻映射至 t 时刻。

8. 性能评估

GNC 系统的闭环性能可以通过真实状态协方差矩阵来评估[13,17]，该矩阵则可以通过增广状态协方差矩阵获取，即

$$\boldsymbol{D}_{\text{true}}=E[\delta\boldsymbol{x}(t)\delta\boldsymbol{x}^{\mathrm{T}}(t)]=[\boldsymbol{I}_{n\times n}\ \boldsymbol{0}_{n\times\hat{n}}]\boldsymbol{C}[\boldsymbol{I}_{n\times n}\ \boldsymbol{0}_{n\times\hat{n}}]^{\mathrm{T}} \tag{5-97}$$

该真实状态协方差考虑了导航误差、控制系统误差以及外部扰动。

导航状态协方差矩阵可以表示为

$$\boldsymbol{D}_{\text{nav}}=E[\delta\hat{\boldsymbol{x}}(t)\delta\hat{\boldsymbol{x}}^{\mathrm{T}}(t)]=[\boldsymbol{0}_{\hat{n}\times n}\ \boldsymbol{I}_{\hat{n}\times\hat{n}}]\boldsymbol{C}[\boldsymbol{0}_{\hat{n}\times n}\ \boldsymbol{I}_{\hat{n}\times\hat{n}}]^{\mathrm{T}} \tag{5-98}$$

真实导航误差协方差 $\boldsymbol{P}_{\text{true}}$ 可以表示为

$$\begin{aligned}\boldsymbol{P}_{\text{true}}&=E[\{\delta\hat{\boldsymbol{x}}(t)-\boldsymbol{M}_x\delta\boldsymbol{x}(t)\}\{\delta\hat{\boldsymbol{x}}(t)-\boldsymbol{M}_x\delta\boldsymbol{x}(t)\}^{\mathrm{T}}]\\&=[-\boldsymbol{M}_x\ \boldsymbol{I}_{\hat{n}\times\hat{n}}]\boldsymbol{C}[-\boldsymbol{M}_x\ \boldsymbol{I}_{\hat{n}\times\hat{n}}]^{\mathrm{T}}\end{aligned} \tag{5-99}$$

式中：$\boldsymbol{M}_x$ 为式（5-94）中的映射函数 $\boldsymbol{m}(x)$ 的偏导。

5.3.2 GNC 系统不确定性因素及其模型

考虑到实际交会过程中需要利用测量信息与导航模型通过导航算法实现系统的真实状态的估计，导航、制导、控制和动力学环节是相互耦合的，因此本节针对空间交会的 GNC 系统，给出了考虑不确定性因素的动力学模型、测量模型、GNC 算法模型，为后续的空间交会系统的闭环不确定性影响分析奠定基础。

1. 考虑不确定性因素的动力学模型

传统的动力学模型不考虑不确定性因素的影响，是一种理想的动力学模型。而在实际环境中，不确定性因素是真实存在的，且影响着研究对象的运动。因此，需要对包含不确定性因素的真实动力学特性进行建模与研究。

考虑包含不确定性因素的真实系统动力学模型可以表示为

$$\dot{\boldsymbol{x}} = \boldsymbol{f}(\boldsymbol{x},\hat{\boldsymbol{u}},t) + \boldsymbol{w} \tag{5-100}$$

式中：$\boldsymbol{x} \in \mathbb{R}^n$ 为真实系统状态；$\hat{\boldsymbol{u}} \in \mathbb{R}^{n_{\hat{u}}}$ 为控制向量；$\boldsymbol{w} \in \mathbb{R}^{n_w}$ 为未建模动态或外部扰动，满足

$$E[\boldsymbol{w}(t)\boldsymbol{w}^{\mathrm{T}}(t')] = \boldsymbol{S}_w\delta(t-t') \tag{5-101}$$

式中：$E[\cdot]$ 为期望算子；$\boldsymbol{S}_w$ 为未建模动态或外部扰动 $\boldsymbol{w}$ 的协方差，$\delta(t-t')$ 为狄拉克函数：

$$\delta(t-t') = \begin{cases} 1, & t = t' \\ 0, & t \neq t' \end{cases} \tag{5-102}$$

值得注意的是，在一些模型中，不确定性因素以状态变量的形式引入到模型中。$\boldsymbol{w}$ 、$\hat{\boldsymbol{u}}$ 的存在都会导致 $\boldsymbol{x}$ 的真实运动轨迹和理想运动产生偏差。结合与空间非合作目标的交会过程，其实际过程中系统的真实状态需要利用测量信息与导航模型通过导航算法来估计，采用闭环 GNC 体制时，控制系统与导航系统相耦合，控制指令基于导航状态进行计算，并作用于真实系统。由此导致不确定性因素在 GNC 与动力学各环节之间的“串联”，因此也需要结合动力学，对导航传感器测量、导航算法、控制指令等进行建模。

2. 传感器测量模型

系统在运行过程中，服务航天器是通过状态估计来获取自身状态信息的，也就是由测量系统与导航算法共同完成导航。具体来说，就是传感器对可测状态进行测量，然后测量信息经过导航算法解算，得到导航状态。而传感器的测量信息同样包含不确定性因素，也需要进行不确定性因素建模。常用的传感器可以分为两类：惯性传感器用来测量连续性参数，实现导航状态传播；非惯性传感器用来测量离散信息，实现导航状态更新。

惯性传感器（加速度计和陀螺仪）的测量方程（测量加速度/角速度或者对应增量）为包含状态量与控制量的非线性形式，即

$$\tilde{\boldsymbol{y}} = \boldsymbol{c}(\boldsymbol{x}, \hat{\boldsymbol{u}}) + \boldsymbol{\eta} \tag{5-103}$$

式中：$\tilde{\boldsymbol{y}} \in \mathbb{R}^{n_{\tilde{y}}}$ 为连续测量值；$\boldsymbol{\eta} \in \mathbb{R}^{n_{\tilde{y}}}$ 为测量噪声，满足

$$E[\boldsymbol{\eta}(t)\boldsymbol{\eta}^{\mathrm{T}}(t')] = \boldsymbol{S}_{\eta}\delta(t-t') \tag{5-104}$$

式中：$\boldsymbol{S}_{\eta}$ 为测量噪声协方差。

非惯性传感器（如光学相机、激光雷达和微波雷达）的测量模型可以表示为

$$\tilde{\boldsymbol{z}}_k = \boldsymbol{h}(\boldsymbol{x}_k) + \boldsymbol{v}_k \tag{5-105}$$

式中：$\tilde{\boldsymbol{z}}_k \in \mathbb{R}^{n_z}$ 为在时刻 t_k 的离散测量值；$\boldsymbol{v}_k \in \mathbb{R}^{n_z}$ 为测量噪声，满足

$$E[\boldsymbol{v}_k \boldsymbol{v}_{k'}^{\mathrm{T}}] = \boldsymbol{R}_{v}\delta_{kk'} \tag{5-106}$$

式中：$\boldsymbol{R}_{v}$ 为测量噪声协方差。

3. 导航算法

对于惯性传感器，用于状态估计的导航模型可以表示为

$$\dot{\hat{\boldsymbol{x}}} = \hat{\boldsymbol{f}}\left(\hat{\boldsymbol{x}}, \tilde{\boldsymbol{y}}, \hat{\boldsymbol{u}}\right) \tag{5-107}$$

式中：$\hat{\boldsymbol{x}} \in \mathbb{R}^{\hat{n}}$ 为导航状态；$\tilde{\boldsymbol{y}}$ 为连续测量，即

$$\tilde{\boldsymbol{y}} = \boldsymbol{c}(\boldsymbol{x}, \hat{\boldsymbol{u}}) + \hat{\boldsymbol{\eta}} \tag{5-108}$$

式中：$\hat{\boldsymbol{\eta}}$ 为测量噪声，满足

$$E[\hat{\boldsymbol{\eta}}(t)\hat{\boldsymbol{\eta}}^{\mathrm{T}}(t')] = \hat{\boldsymbol{S}}_{\eta}\delta(t-t') \tag{5-109}$$

式（5-107）可通过连续测量值实现导航状态的传播。

对于非惯性传感器的测量模型可以表示为离散形式，即

$$\tilde{\boldsymbol{z}}_k = \boldsymbol{h}(\boldsymbol{x}_k) + \hat{\boldsymbol{v}}_k \tag{5-110}$$

式中：$\hat{\boldsymbol{v}}_k \in \mathbb{R}^{n_z}$ 为测量噪声，满足：

$$E[\hat{\boldsymbol{v}}_k \hat{\boldsymbol{v}}_k^{\mathrm{T}}] = \hat{\boldsymbol{R}}_{v}\delta_{kk'} \tag{5-111}$$

式中：$\hat{\boldsymbol{R}}_{v}$ 为测量噪声协方差估计值。当非惯性传感器获取到新的测量值时，导航状态将得到更新，其更新方程为

$$\hat{\boldsymbol{x}}_k^{+} = \hat{\boldsymbol{x}}_k^{-} + \hat{\boldsymbol{K}}_k[\tilde{\boldsymbol{z}}_k - \hat{\tilde{\boldsymbol{z}}}_k] \tag{5-112}$$

式中：上标−和+分别表示更新前后的导航状态；$\hat{\tilde{\boldsymbol{z}}}_k \in \mathbb{R}^{n_z}$ 为测量状态的估计值，即

$$\hat{\tilde{\boldsymbol{z}}}_k = \hat{\boldsymbol{h}}(\hat{\boldsymbol{x}}_k) \tag{5-113}$$

式（5-112）中：$\hat{\boldsymbol{K}}_k$ 为卡尔曼滤波增益，满足

$$\hat{\boldsymbol{K}}_k = \hat{\boldsymbol{P}}_k^{-}\hat{\boldsymbol{H}}_k^{\mathrm{T}}(\hat{\boldsymbol{H}}_k\hat{\boldsymbol{P}}_k^{-}\hat{\boldsymbol{H}}_k^{\mathrm{T}} + \hat{\boldsymbol{R}}_{v})^{-1} \tag{5-114}$$

式中：$\hat{\boldsymbol{H}}_k$ 为测量矩阵；$\hat{\boldsymbol{R}}_{v}$ 为测量噪声协方差估计值；$\hat{\boldsymbol{P}}_k$ 为导航状态误差协方差

估计值。

$\hat{\boldsymbol{P}}$ 的传播方程与更新方程为

$$\dot{\hat{\boldsymbol{P}}} = \hat{\boldsymbol{F}}_{\hat{x}}\hat{\boldsymbol{P}} + \hat{\boldsymbol{P}}\hat{\boldsymbol{F}}_{\hat{x}}^{\mathrm{T}} + \hat{\boldsymbol{F}}_{\tilde{y}}\hat{\boldsymbol{S}}_{\eta}\hat{\boldsymbol{F}}_{\tilde{y}}^{\mathrm{T}} + \hat{\boldsymbol{S}}_{w} \tag{5-115}$$

$$\hat{\boldsymbol{P}}_k^{+} = (\boldsymbol{I} - \hat{\boldsymbol{K}}_k\hat{\boldsymbol{H}}_k)\hat{\boldsymbol{P}}_k^{-}(\boldsymbol{I} - \hat{\boldsymbol{K}}_k\hat{\boldsymbol{H}}_k)^{\mathrm{T}} + \hat{\boldsymbol{K}}_k\hat{\boldsymbol{R}}_{\nu}\hat{\boldsymbol{K}}_k^{\mathrm{T}} \tag{5-116}$$

式中：$\hat{\boldsymbol{F}}_{\hat{x}}$ 和 $\hat{\boldsymbol{F}}_{\tilde{y}}$ 为式（5-107）分别对 $\hat{\boldsymbol{x}}$ 与 $\tilde{\boldsymbol{y}}$ 的雅可比矩阵；$\hat{\boldsymbol{S}}_{\eta}$ 为惯性测量噪声协方差估计值；$\hat{\boldsymbol{S}}_{w}$ 为建模扰动协方差估计值。

导航状态真实值 $\boldsymbol{x}_n$（$\hat{\boldsymbol{x}}$ 为导航状态的估计值）可以通过真实状态映射得到，即

$$\boldsymbol{x}_n = \boldsymbol{m}(\boldsymbol{x}) \tag{5-117}$$

式中：$\boldsymbol{x}_n \in \mathbb{R}^{\hat{n}}$，此变量用于真实导航偏差的计算。

4. 控制指令

控制指令 $\hat{\boldsymbol{u}} \in \mathbb{R}^{n_{\hat{u}}}$，利用导航状态进行控制指令的计算，即

$$\hat{\boldsymbol{u}} = \hat{\boldsymbol{g}}(\hat{\boldsymbol{x}}, t) \tag{5-118}$$

式中：$\hat{\boldsymbol{g}}(\cdot)$ 代表控制算法。

5.3.3 空间交会闭环 GNC 系统模型和不确定性影响估计

假设描述空间交会过程的真实状态是一个 n 维向量，定义为

$$\boldsymbol{x} = (\boldsymbol{x}_{\mathrm{c}}, \boldsymbol{x}_{\mathrm{t}}, \boldsymbol{p})^{\mathrm{T}} \tag{5-119}$$

这些状态中包含 6 个服务航天器状态、6 个目标航天器状态以及其他参数状态 $\boldsymbol{p}$，其下标 c 表示服务航天器参数，下标 t 表示目标航天器参数。

服务航天器与目标航天器的状态包括各自的位置与速度信息，即

$$\boldsymbol{x}_{\mathrm{c}} = (\boldsymbol{r}_{\mathrm{c}}, \boldsymbol{v}_{\mathrm{c}})^{\mathrm{T}} \tag{5-120}$$

$$\boldsymbol{x}_{\mathrm{t}} = (\boldsymbol{r}_{\mathrm{t}}, \boldsymbol{v}_{\mathrm{t}})^{\mathrm{T}} \tag{5-121}$$

参数状态 $\boldsymbol{p}$ 包括环境参数状态、传感器参数状态和执行机构参数状态，即

$$\boldsymbol{p} = (\boldsymbol{p}_{\mathrm{e}}, \boldsymbol{p}_{\mathrm{s}}, \boldsymbol{p}_{\mathrm{m}})^{\mathrm{T}} \tag{5-122}$$

因此，空间非合作目标闭环交会的真实运动模型包括动力学模型、环境模型、传感器测量模型、执行机构模型以及导航、制导和控制算法。

1. 动力学模型

惯性坐标系下的服务航天器与目标航天器的运动状态动力学可以分别表示为

$$\dot{\boldsymbol{r}}_{\mathrm{c}}^{\mathrm{i}} = \boldsymbol{v}_{\mathrm{c}}^{\mathrm{i}} \tag{5-123}$$

$$\ddot{\boldsymbol{r}}_{\mathrm{c}}^{\mathrm{i}} = -\frac{\mu}{\left\|\boldsymbol{r}_{\mathrm{c}}^{\mathrm{i}}\right\|^3}\boldsymbol{r}_{\mathrm{c}}^{\mathrm{i}} + \boldsymbol{f}_{\mathrm{c}}(\boldsymbol{r}_{\mathrm{c}}^{\mathrm{i}}, \boldsymbol{v}_{\mathrm{c}}^{\mathrm{i}}, \boldsymbol{p}_{\mathrm{g}}, \boldsymbol{p}_{\mathrm{aero}}, \boldsymbol{p}_{\mathrm{atm}}) + \boldsymbol{u}^{\mathrm{i}}(\boldsymbol{p}_{\mathrm{m}}) \tag{5-124}$$

$$\dot{\boldsymbol{r}}_{\mathrm{t}}^{\mathrm{i}}=\boldsymbol{v}_{\mathrm{t}}^{\mathrm{i}} \tag{5-125}$$

$$\ddot{\boldsymbol{r}}_{\mathrm{t}}^{\mathrm{i}}=-\frac{\mu}{\left\|\boldsymbol{r}_{\mathrm{t}}^{i}\right\|^{3}}\boldsymbol{r}_{\mathrm{t}}^{\mathrm{i}}+\boldsymbol{f}_{\mathrm{t}}(\boldsymbol{r}_{\mathrm{t}}^{\mathrm{i}},\boldsymbol{v}_{\mathrm{t}}^{\mathrm{i}},\boldsymbol{p}_{\mathrm{g}},\boldsymbol{p}_{\mathrm{aero}},\boldsymbol{p}_{\mathrm{atm}}) \tag{5-126}$$

$$\dot{p}_{l}=-\frac{p_{l}}{\tau_{l}}+\omega_{p_{l}}\quad(l=1,2,\cdots,n_{p}) \tag{5-127}$$

式中：上标 i 表示参数为惯性坐标系下；μ 为引力常数；$\boldsymbol{f}$ 为由 J_2 摄动、气动阻力及太阳光压等造成的加速度；$\boldsymbol{p}_g$、$\boldsymbol{p}_{\mathrm{aero}}$、$\boldsymbol{p}_{\mathrm{atm}}$ 为不确定参数；$\boldsymbol{u}$ 为服务航天器加速度；p_l 为 1 阶马尔可夫过程；w_{p_l} 为对应的马尔可夫驱动噪声。

$E[w_{(p_l)}(t)w_{(p_l)}(t')]$ 可以表示为

$$E[w_{(p_l)}(t)w_{(p_l)}(t')]=\sigma_{(p_l)}^{2}\delta(t-t') \tag{5-128}$$

式中：$\sigma_{(pt)}$ 为驱动噪声对应的均方差值。

2. 环境模型

在交会过程中，主要考虑了 J_2 项摄动、大气阻力方面的不确定性。用 $\boldsymbol{p}_{\mathrm{g}}$、$\boldsymbol{p}_{\mathrm{aero}}$ 和 $\boldsymbol{p}_{\mathrm{atm}}$ 分别表示 J_2 项摄动加速度不确定性、大气密度不确定性、参考面积和气动参数不确定性等的参数。J_2 项摄动加速度不确定性 $\boldsymbol{p}_{\mathrm{g}}$ 的模型为

$$\boldsymbol{p}_{\mathrm{g}}=(\boldsymbol{b}_{\mathrm{g}},\boldsymbol{f}_{\mathrm{g}})^{\mathrm{T}} \tag{5-129}$$

则由 J_2 项摄动带来的加速度，可以表示为

$$\boldsymbol{f}_{J_2}=[\boldsymbol{I}_{3\times3}+\mathrm{diag}(\boldsymbol{f}_{\mathrm{g}})]\overline{\boldsymbol{f}}_{J_2}+\boldsymbol{b}_{\mathrm{g}} \tag{5-130}$$

式中：$\overline{\boldsymbol{f}}_{J_2}$ 为 J_2 项摄动加速度理论值。

低地球轨道卫星会受到气动阻力摄动影响，尽管通过阻力摄动项建模可以对其进行考虑，但是由于稀薄大气密度模型不精确，参考面质比偏差以及气动参数比例因子偏差，使气动阻力存在不确定性影响交会精度。$\boldsymbol{p}_{\mathrm{atm}}$ 描述了大气密度参数的不确定性，即

$$\boldsymbol{p}_{\mathrm{atm}}=(b_{\rho_0}\ b_{\beta})^{\mathrm{T}} \tag{5-131}$$

于是考虑不确定性的大气密度可以表示为

$$\rho=(\rho_0+b_{\rho_0})\mathrm{e}^{-(\beta+b_\beta)(r-R_{\mathrm{e}})} \tag{5-132}$$

参考面积偏差和气动参数不确定性为

$$\boldsymbol{p}_{\mathrm{aero}}=(b_{\mathrm{A}},b_{\mathrm{aero}},f_{\mathrm{aero}})^{\mathrm{T}} \tag{5-133}$$

$$C_{\mathrm{D}}=(1+f_{\mathrm{aero}})\overline{C}_{\mathrm{D}}+b_{\mathrm{aero}} \tag{5-134}$$

$$S_{\mathrm{ref}}=\overline{S}_{\mathrm{ref}}+b_{\mathrm{A}} \tag{5-135}$$

式中：$\overline{C}_{\mathrm{D}}$ 和 $\overline{S}_{\mathrm{ref}}$ 分别为阻力系数理论值与参考面积理论值。

3. 执行机构模型

在交会任务中，假设所有机动为脉冲机动，执行机构模型参数为

$$\boldsymbol{p}_{\mathrm{m}}=(\boldsymbol{f}_{\mathrm{m}},\varepsilon_{\mathrm{m}},\boldsymbol{b}_{\mathrm{m}}) \tag{5-136}$$

于是，执行机构模型表示为

$$\Delta\boldsymbol{v}_j=\delta T(\varepsilon_{\mathrm{m}})\{[\boldsymbol{I}_{3\times3}+\mathrm{Diag}(\boldsymbol{f}_{\mathrm{m}})]\Delta\hat{\boldsymbol{v}}_j+\boldsymbol{b}_{\mathrm{m}}+\boldsymbol{\omega}_j\} \tag{5-137}$$

式中：执行机构参数包括比例因子 $\boldsymbol{f}_{\mathrm{m}}$、安装偏差 ε_{m} 以及测量偏差 $\boldsymbol{b}_{\mathrm{m}}$，$\Delta\hat{\boldsymbol{v}}_j\in\mathbb{R}^{n_{\Delta\hat{v}}}$ 为飞控系统计算所得脉冲指令，下标 j 表示第 j 次脉冲机动。$\boldsymbol{w}_j$ 为均值为零、方差为 $\boldsymbol{Q}_{w_j}$ 的高斯白噪声，其协方差为

$$E[\boldsymbol{w}_{j_1}\boldsymbol{w}_{j_2}^{\mathrm{T}}]=\boldsymbol{Q}_{w_j}\delta_{j_1j_2} \tag{5-138}$$

4. 传感器测量模型

传感器包括位置传感器与速度传感器。位置传感器不确定性参数为

$$\boldsymbol{p}_{\mathrm{r}}=(\boldsymbol{f}_{\mathrm{r}},\varepsilon_{\mathrm{r}},\boldsymbol{b}_{\mathrm{r}})^{\mathrm{T}} \tag{5-139}$$

式中的测量参数分别为比例因子 $\boldsymbol{f}_{\mathrm{r}}$、安装偏差 ε_{r} 以及测量偏差 $\boldsymbol{b}_{\mathrm{r}}$。于是相对位置测量可以表示为

$$\tilde{\boldsymbol{r}}_k=\delta T(\varepsilon_{\mathrm{r}})[(\boldsymbol{I}_{3\times3}+\boldsymbol{f}_{\mathrm{r}})\boldsymbol{r}_k+\boldsymbol{b}_{\mathrm{r}}+\boldsymbol{\nu}_{\mathrm{r}}] \tag{5-140}$$

式中：$\tilde{\boldsymbol{r}}_k\in\mathbb{R}^{n_z}$，为 t_k 时刻的相对位置测量量；$\boldsymbol{\nu}_{\mathrm{r}}\in\mathbb{R}^{n_z}$，为方差是 $\boldsymbol{R}_{\nu_{\mathrm{r}}}$ 零均值噪声，有

$$E[\boldsymbol{\nu}_{\mathrm{r}}(k)\boldsymbol{\nu}_{\mathrm{r}}(k')^{\mathrm{T}}]=\boldsymbol{R}_{\nu_{\mathrm{r}}}\delta_{kk'} \tag{5-141}$$

速度传感器不确定性参数为

$$\boldsymbol{p}_{v}=(\boldsymbol{f}_{v},\epsilon_{v},\boldsymbol{b}_{v})^{\mathrm{T}} \tag{5-142}$$

式中的测量参数分别为比例因子 $\boldsymbol{f}_v$、安装偏差 ϵ_v 以及测量偏差 $\boldsymbol{b}_v$。于是相对速度测量可以表示为

$$\tilde{\boldsymbol{v}}_k=\delta T(\epsilon_v)[(\boldsymbol{I}_{3\times3}+\boldsymbol{f}_v)\boldsymbol{x}_k+\boldsymbol{b}_v+\boldsymbol{\nu}_v] \tag{5-143}$$

式中：$\boldsymbol{\nu}_v$ 为速度测量噪声，是方差为 $\boldsymbol{R}_{\nu_v}$ 的零均值噪声，即

$$E[\boldsymbol{\nu}_v(k)\boldsymbol{\nu}_v(k')^{\mathrm{T}}]=\boldsymbol{R}_{\nu_v}\delta_{kk'} \tag{5-144}$$

5. 导航算法

导航算法基于导航系统设计模型，导航系统设计模型包含 $\hat{n}$ 导航状态变量，其中 $\hat{n}\leqslant n$，有

$$\hat{\boldsymbol{x}}=(\hat{\boldsymbol{x}}_{\mathrm{c}},\hat{\boldsymbol{x}}_{\mathrm{t}},\hat{\boldsymbol{p}})^{\mathrm{T}} \tag{5-145}$$

导航状态变量包含 6 个服务航天器状态、6 个目标航天器状态以及 $\hat{n}_p$ 个参数 $\hat{\boldsymbol{p}}$。$\hat{n}_p$ 维参数状态包含传感器参数状态与执行机构参数状态，即

$$\hat{\boldsymbol{p}}=(\hat{\boldsymbol{p}}_{\mathrm{s}},\hat{\boldsymbol{p}}_{\mathrm{m}}) \tag{5-146}$$

导航状态方程可以表示为

$$\dot{\hat{\boldsymbol{r}}}_{\mathrm{c}}^{\mathrm{i}}=\hat{\boldsymbol{v}}_{\mathrm{c}}^{\mathrm{i}} \tag{5-147}$$

$$\ddot{\hat{r}}_{\mathrm{c}}^{\mathrm{i}} = -\frac{\mu}{\left\|\hat{r}_{\mathrm{c}}^{\mathrm{i}}\right\|^{3}}\hat{r}_{\mathrm{c}}^{\mathrm{i}} + f_{\mathrm{c}}(\hat{r}_{\mathrm{c}}^{\mathrm{i}},\hat{v}_{\mathrm{c}}^{\mathrm{i}}) + u^{\mathrm{i}}(p_{\mathrm{m}}) \tag{5-148}$$

$$\dot{\hat{r}}_{\mathrm{t}}^{\mathrm{i}} = \hat{v}_{\mathrm{t}}^{\mathrm{i}} \tag{5-149}$$

$$\ddot{\hat{r}}_{\mathrm{t}}^{\mathrm{i}} = -\frac{\mu}{\left\|\hat{r}_{\mathrm{t}}^{\mathrm{i}}\right\|^{3}}r_{\mathrm{t}}^{\mathrm{i}} + f_{\mathrm{t}}(\hat{r}_{\mathrm{t}}^{\mathrm{i}},\hat{v}_{\mathrm{t}}^{\mathrm{i}}) \tag{5-150}$$

$$\dot{\hat{p}}_{l} = -\frac{\hat{p}_{l}}{\tau_{l}} \quad (l = 1,2,\cdots,n_{p}) \tag{5-151}$$

为了简化推导分析过程，导航状态方程可以表示为一般化的空间状态方程形式，即

$$\dot{\hat{x}} = \hat{f}\left(\hat{x},u,t\right) \tag{5-152}$$

导航状态协方差传播方程表示为

$$\dot{\hat{P}} = \hat{F}_{\hat{x}}\hat{P} + \hat{P}^{\mathrm{T}}\hat{F}_{\hat{x}}^{\mathrm{T}} + \hat{S}_{w} \tag{5-153}$$

当通过传感器测量数据后，可以对导航状态和导航状态协方差进行更新。更新方程为

$$\hat{x}_{k}^{+} = \hat{x}_{k}^{-} + \hat{K}_{k}[\tilde{z}_{k} - \hat{\tilde{z}}_{k}] \tag{5-154}$$

$$\hat{P}_{k}^{+} = (I_{\hat{n}\times\hat{n}} - \hat{K}_{k}\hat{H}_{k})\hat{P}_{k}^{-}(I_{\hat{n}\times\hat{n}} - \hat{K}_{k}\hat{H}_{k})^{\mathrm{T}} + \hat{K}_{k}\hat{R}_{v}\hat{K}_{k}^{\mathrm{T}} \tag{5-155}$$

式中：上标−和+分别表示更新前后的状态；$\hat{\tilde{z}}_{k} \in \mathbb{R}^{n_z}$ 为测量估计值；$\hat{K}_{k}$ 为卡尔曼滤波增益，由下式给出，即

$$\hat{K}_{k} = \hat{P}_{k}^{-}\hat{H}_{k}^{\mathrm{T}}(\hat{H}_{k}\hat{P}_{k}^{-}\hat{H}_{k}^{\mathrm{T}} + \hat{R}_{v})^{-1} \tag{5-156}$$

式中：$\hat{H}_{k}$ 为测量矩阵；$\hat{R}_{v}$ 为测量噪声协方差。

当服务航天器机动时，真实状态与导航状态都得到修正。导航状态修正方程可表示为

$$\hat{x}_{j}^{+\mathrm{c}} = \hat{x}_{j}^{-\mathrm{c}} + \hat{d}(\hat{x}_{j}^{-\mathrm{c}},\Delta\hat{v}_{j}) \tag{5-157}$$

其中：

$$\hat{d}(\hat{x}_{j}^{-\mathrm{c}},\Delta\hat{v}_{j}) = \delta\hat{T}(\varepsilon_{\mathrm{m}})[I_{3\times3} + \mathrm{Diag}(\hat{f}_{\mathrm{m}})]\Delta\hat{v}_{j} + \hat{b}_{\mathrm{m}} \tag{5-158}$$

导航状态协方差修正方程为

$$\hat{P}_{j}^{+\mathrm{c}} = [I + \hat{D}_{\hat{x}}]\hat{P}_{j}^{-\mathrm{c}}[I + \hat{D}_{\hat{x}}]^{\mathrm{T}} + \hat{S}_{w_j} \tag{5-159}$$

式中：$\hat{D}_{\hat{x}}$ 为 $\hat{d}(\hat{x}_{j}^{-\mathrm{c}},\Delta\hat{v}_{j})$ 对 $\hat{x}$ 的雅可比方程。

6. 制导与控制算法

制导律基于 5.2 节中推导得到的离散时间相对运动模型得到，即

$$\boldsymbol{r}(t_i)=\boldsymbol{\Phi}_{\mathrm{rr}}(t_i,t_j)\boldsymbol{r}(t_j)+\boldsymbol{\Phi}_{\mathrm{rv}}(t_i,t_j)[\boldsymbol{v}(t_j)+\Delta\boldsymbol{v}_{\mathrm{com}}(t_j)] \tag{5-160}$$

$$\boldsymbol{v}(t_i)=\boldsymbol{\Phi}_{\mathrm{vr}}(t_i,t_j)\boldsymbol{r}(t_j)+\boldsymbol{\Phi}_{\mathrm{vv}}(t_i,t_j))[\boldsymbol{v}(t_j)+\Delta\boldsymbol{v}_{\mathrm{com}}(t_j)] \tag{5-161}$$

其中所有变量均在 LVLH 坐标系下定义，$\Delta\boldsymbol{v}_{\mathrm{com}}$ 为所需控制指令，状态转移矩阵由式（5-20）给出，且满足

$$\boldsymbol{\Phi}=\begin{bmatrix}\boldsymbol{\Phi}_{\mathrm{rr}} & \boldsymbol{\Phi}_{\mathrm{rv}}\\ \boldsymbol{\Phi}_{\mathrm{vr}} & \boldsymbol{\Phi}_{\mathrm{vv}}\end{bmatrix} \tag{5-162}$$

考虑在 t_i 时刻（$t_j<t_i<t_n$），目标位置为 $\boldsymbol{R}(t_i)$，则服务航天器在 t_i 时刻到达目标位置所需要的脉冲机动，可以通过式（5-163）求解得到，即

$$\Delta\boldsymbol{v}_{\mathrm{com}}(t_i)=\boldsymbol{\Phi}_{\mathrm{rv}}^{-1}(t_j,t_i)[\boldsymbol{R}(t_j)-\boldsymbol{\Phi}_{\mathrm{rr}}(t_j,t_i)\boldsymbol{r}(t_i)]-\boldsymbol{v}(t_i) \tag{5-163}$$

该制导律用于交会过程中除最后一次速度修正外的所有脉冲机动计算。最后一次脉冲 $\Delta\boldsymbol{v}_{\mathrm{com}}(t_n)$ 用于实现速度的修正，使相对速度达到期望值，即

$$\Delta\boldsymbol{v}_{\mathrm{com}}(t_n)=\boldsymbol{v}_{\mathrm{d}}-\boldsymbol{v}(t_n) \tag{5-164}$$

式中：$\boldsymbol{v}_{\mathrm{d}}$ 为 LVLH 坐标系下的末端期望相对速度；t_n 为交会任务时间。

7. 不确定性影响估计

利用状态转移张量分析方法可以得到以下非合作目标交会状态协方差传播、递推及更新方程，即

$$\begin{aligned}\boldsymbol{C}_{A_{ij}}(t)=&\sum_{p=1}^{m}\sum_{q=1}^{m}\frac{1}{p!q!}\boldsymbol{\Phi}^{a}_{i,k_1\cdots k_p}(t)\boldsymbol{\Phi}^{a}_{j,s_1\cdots s_q}(t)\cdot\\ &E[\delta\boldsymbol{X}_{k_1}(t_j^{+c})\cdots\delta\boldsymbol{X}_{k_p}(t_j^{+c})\delta\boldsymbol{X}_{s_1}(t_j^{+c})\cdots\delta\boldsymbol{X}_{s_q}(t_j^{+c})]-\boldsymbol{m}_i(t)\boldsymbol{m}_j(t)\end{aligned} \tag{5-165}$$

$$\boldsymbol{C}_A(t_k^{+})=\boldsymbol{\mathcal{A}}_k(t_k^{-})\boldsymbol{C}_A(t_k^{-})\boldsymbol{\mathcal{A}}_k^{\mathrm{T}}(t_k^{-})+\boldsymbol{\mathcal{B}}_k(t_k^{-})\boldsymbol{R}_{\upsilon}(t_k^{-})\boldsymbol{\mathcal{B}}_k^{\mathrm{T}}(t_k^{-}) \tag{5-166}$$

$$\boldsymbol{C}_A(t_j^{+c})=\boldsymbol{\mathcal{D}}_j(t_k^{+})\boldsymbol{C}_A(t_j^{-c})\boldsymbol{\mathcal{D}}_j^{\mathrm{T}}(t_k^{+})+\boldsymbol{\mathcal{N}}_j(t_k^{+})\boldsymbol{Q}_w(t_k^{+})\boldsymbol{\mathcal{N}}_j^{\mathrm{T}}(t_k^{+}) \tag{5-167}$$

其中

$$\boldsymbol{\mathcal{A}}_k=\begin{bmatrix}\boldsymbol{I}_{n\times n} & \boldsymbol{0}_{n\times\hat{n}}\\ \boldsymbol{K}_k\boldsymbol{H}, & \boldsymbol{I}_{\hat{n}\times\hat{n}}-\boldsymbol{K}_k\boldsymbol{H}\end{bmatrix},\qquad \boldsymbol{\mathcal{B}}_k=\begin{bmatrix}\boldsymbol{0}_{n\times\hat{n}}\\ \boldsymbol{K}_k\end{bmatrix} \tag{5-168}$$

$$\boldsymbol{\mathcal{D}}_j=\begin{bmatrix}\boldsymbol{I}_{n\times\hat{n}} & -\boldsymbol{\Phi}_{\mathrm{rv}}^{-1}(t_j,t_i)\boldsymbol{\Phi}_{\mathrm{rr}}(t_j,t_i) & -\boldsymbol{I}_{3\times3}\\ \boldsymbol{0}_{\hat{n}\times n} & \boldsymbol{I}_{\hat{n}\times3}-\boldsymbol{\Phi}_{\mathrm{rv}}^{-1}(t_j,t_i)\boldsymbol{\Phi}_{\mathrm{rr}}(t_j,t_i) & \boldsymbol{I}_{\hat{n}\times3}-\boldsymbol{I}_{3\times3}\end{bmatrix},\ \boldsymbol{\mathcal{N}}_j=\begin{bmatrix}\boldsymbol{I}_{n\times\hat{n}_u}\\ \boldsymbol{0}_{\hat{n}\times\hat{n}_u}\end{bmatrix} \tag{5-169}$$

上述 3 个方程描述了任意时刻的状态协方差矩阵，即误差分布情况，GNC 系统整体性能通过真实状态以及导航状态协方差矩阵进行评估，有

$$\boldsymbol{D}_{\mathrm{true}}=E[\delta\boldsymbol{X}(t)\delta\boldsymbol{X}^{\mathrm{T}}(t)]=(\boldsymbol{I}_{n\times n}\quad \boldsymbol{0}_{n\times\hat{n}})\boldsymbol{C}_A(\boldsymbol{I}_{n\times n}\quad \boldsymbol{0}_{n\times\hat{n}})^{\mathrm{T}} \tag{5-170}$$

$$\boldsymbol{D}_{\mathrm{nav}}=E[\delta\hat{\boldsymbol{X}}(t)\delta\hat{\boldsymbol{X}}^{\mathrm{T}}(t)]=(\boldsymbol{0}_{\hat{n}\times n}\ \boldsymbol{I}_{\hat{n}\times\hat{n}})\boldsymbol{C}_A(\boldsymbol{0}_{\hat{n}\times n}\ \boldsymbol{I}_{\hat{n}\times\hat{n}})^{\mathrm{T}} \tag{5-171}$$

至此，完成了空间非合作目标交会的闭环 GNC 系统不确定分析方法设计。

空间非合作目标交会的闭环不确定性分析框架如图 5-9 所示。由图 5-9 可以看出，闭环交会的不确定性影响分析有 3 个重要环节。

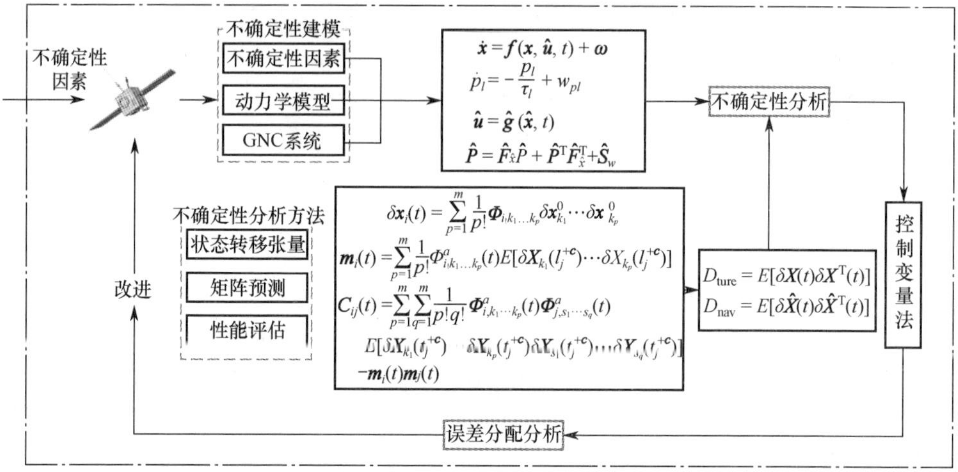

图 5-9 空间非合作目标交会的不确定性分析框图

（1）考虑非合作目标特性，建立包含环境误差、传感器测量误差、执行机构误差以及初始状态偏差等不确定性因素的动力学模型。

（2）采用基于状态转移张量的不确定性分析方法推导和建立闭环 GNC 系统不确定性传播、更新及修正方程。

（3）利用所建立的不确定性预测方程，求解不确定性因素影响下的状态协方差轨迹。

5.3.4 仿真验证

为验证上述空间非合作目标交会的闭环不确定性分析方法的有效性，本节针对不同交会任务时间、是否考虑不确定性的 V-bar 交会转移轨迹进行了仿真。首先针对不同算例采用 5.1 节所提出方法设计了不考虑不确定性的标称交会轨迹；然后引入不确定性因素，采用本节提出的不确定性分析方法对不确定性因素影响进行分析；最后利用蒙特卡罗打靶仿真对方法的正确性和有效性进行验证。

1. V-bar 交会转移的最优标称轨迹

目标航天器轨道参数为：轨道高度 h=400km，轨道倾角 i=0.52rad，偏心率 e=0.01，升交点赤经 Ω=1.57rad，近地点幅角 ω=3.14rad，真近点角 ν=3.14rad。目标航天器面质比为 $A/m=0.02\mathrm{m}^2/\mathrm{kg}$，大气密度与阻力系数分别为 $\rho=1.23\mathrm{e}^{1.38\times10^{-4}\mathrm{h}}$，$C_\mathrm{D}=1$。

初始相对状态（径向，沿轨迹方向，垂直轨道面方向）为 $\boldsymbol{x}_0$=（0km, −10km, 0.2km, 0m/s, 0m/s, 0m/s），末端期望相对状态为 $\boldsymbol{x}_{\mathrm{d}}$=（0km, −0.2km, 0km, 0m/s, 0m/s, 0m/s）。交会任务时间分别为 $t_{\mathrm{f}}=2000\mathrm{s}$、$6000\mathrm{s}$ 。

表 5-6 给出了不考虑不确定性的标称交会任务的最优解。当任务时间为 $t_{\mathrm{f}}=2000\mathrm{s}$ 时，最优脉冲次数为 2，分别在初始时刻与终端时刻。当任务时间为 $t_{\mathrm{f}}=6000\mathrm{s}$ 时，最优脉冲次数为 4，分别在初始时刻、$t=1351\mathrm{s}$ 、$t=4632\mathrm{s}$ 、终端时刻。当任务时间增加时，所需控制消耗降低。

表 5-6　基于 SOCP 的标称交会任务最优解

t_{f}/s	Δv/(m/s)	机动时间/s	Δv_j/(m/s)	航路点[x,y,z]/km
2000	9.707	$\begin{bmatrix}0\\2000\end{bmatrix}$	$\begin{bmatrix}4.980\\4.727\end{bmatrix}$	[0,−10,0.2] [0,−0.2,0]
6000	1.253	$\begin{bmatrix}0\\1351\\4632\\6000\end{bmatrix}$	$\begin{bmatrix}0.485\\0.163\\0.079\\0.526\end{bmatrix}$	[0,−10,0.2] [−0.885,−9.827,−0.037] [−0.973,−0.687,0.060] [0,−0.2,0]

图 5-10 和图 5-11 分别给出了不同任务时间交会求解得到的两条标称交会轨迹。其中○表示初始相对位置，△表示终端相对位置，实线表示标称轨迹。从图中可以看出，设计得到的确定性系统标称交会轨迹能够满足交会任务。然而，在考虑不确定性因素后，真实交会轨迹将偏离标称轨迹，在不确定性仿真部分将会定量地给出考虑不确定性因素对交会精度的影响（表 5-8）。

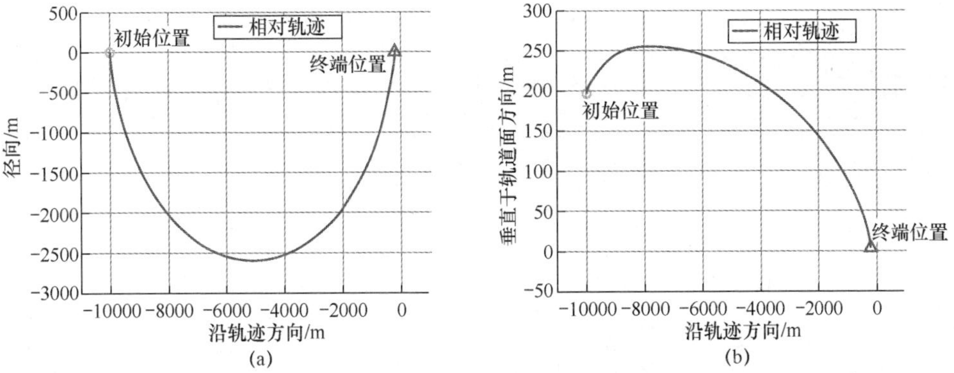

图 5-10　标称交会轨迹（t_{f}=2000s）

（a）轨道面内；（b）轨道面外。

2. 不确定性仿真分析

在上述设计的标称交会轨迹基础上，考虑高、中、低 3 种不同精度等级空间交会 GNC 系统的不确定性因素影响，如表 5-7 所列，对不同情况的真实交会轨迹的不确定性进行分析。

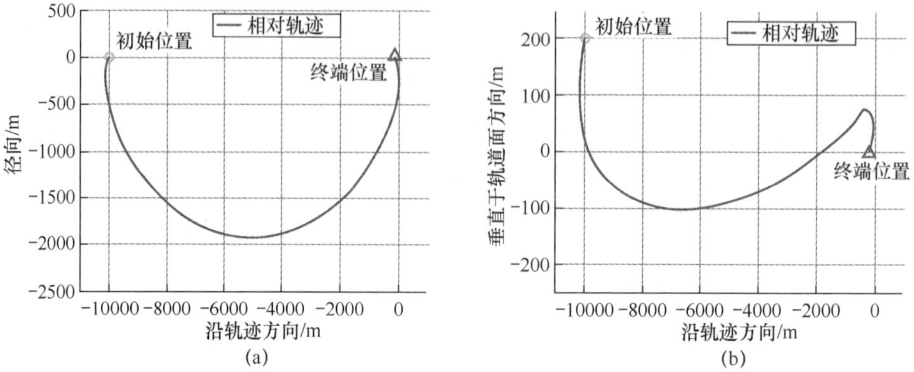

图 5-11　标称交会轨迹（t_f=6000s）

（a）轨道面内；（b）轨道面外。

表 5-7　不同等级 GNC 系统的不确定性因素

不确定性因素	系统精度（3σ）			单位
	高精度	中等精度	低精度	
初始状态偏差				
相对位置	10	100	1000	m
相对速度	0.01	0.1	1	m/s
测量误差				
噪声	0.1	1	10	m
安装偏差	0.1	1	10	mrad
比例因子	100	500	1000	ppm
偏差	0.01	0.03	0.05	m
执行机构误差				
噪声	0.001	0.01	0.1	m/s
安装偏差	0.1	1	5	mrad
比例因子	100	500	1000	ppm
偏差	0.1	1	5	mm/s

表 5-8 给出了不同等级空间交会 GNC 系统的不确定性造成的交会轨迹的位置和速度偏差。可以看出，在考虑不确定性因素后，真实交会轨迹将偏离标称交会轨迹，不能满足交会任务的要求，这也说明有必要在轨迹规划中就考虑不确定性因素的影响，规划出考虑不确定性的鲁棒轨迹。

同时，本节为了对不确定性分析方法的正确性进行验证，也进行了蒙特卡罗[18-19]打靶仿真和结果对比。

表 5-8　考虑不确定性的交会轨迹位置与速度偏差

t_f/s	系统精度	Δv_{total}/(m/s)	Δv/(m/s)	$3\sigma_{\Delta v}$/(m/s)	$3\sigma_r$/m
2000	高精度	9.838	9.707	0.131	120.895
	中等精度	11.009		1.302	1208.950
	低精度	22.710		13.003	12089.501
6000	高精度	1.327	1.253	0.074	2.504
	中等精度	1.917		0.664	25.043
	低精度	7.846		6.5823	250.432
12000	高精度	0.809	0.697	0.112	16.954
	中等精度	1.769		1.071	169.541
	低精度	11.358		10.661	1695.410

图 5-12～图 5-14 给出了不同情况下考虑不确定性的交会轨迹计算结果，其中虚线为采用本节提出的分析方法得到的结果，实线表示 1000 次独立的蒙特卡罗打靶仿真计算结果。

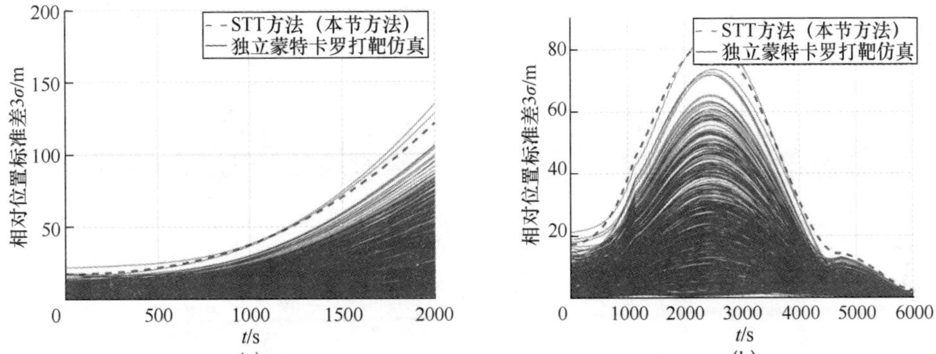

(a)　　(b)

图 5-12　高精度交会系统的不确定性分析结果

（a）$t_f=2000$s；（b）$t_f=6000$s。

由仿真结果可以看出以下几点。

（1）本节提出的基于状态转移张量的闭环 GNC 系统不确定性分析结果与蒙特卡罗分析结果相同，能够有效地分析不确定性因素的影响，表明所提方法是正确的。

（2）当任务时间为 2000s 时，由于仅在初始时刻与末端时刻有脉冲机动，不确定性逐渐增加；当任务时间为 6000s 时，由于共有 4 次脉冲机动，不确定性在有机动脉冲时得到了修正，故偏差小于 2000s 任务。

（3）对于任务时间相同的交会轨迹，当 GNC 系统不确定性增加时，真实轨迹偏差也会增加。

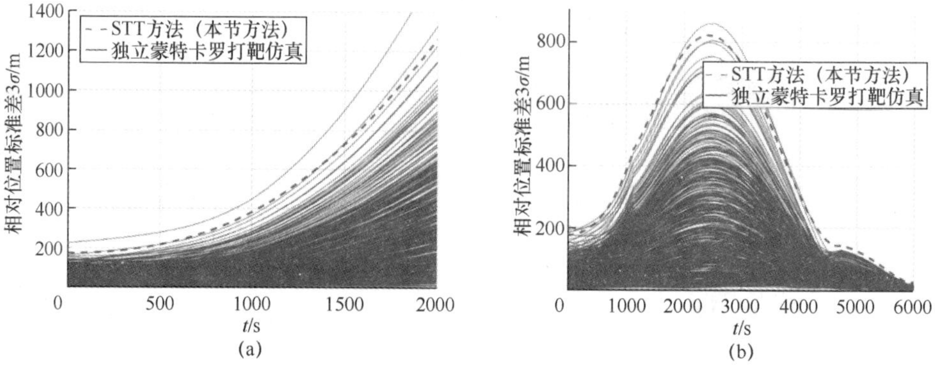

图 5-13　中等精度交会系统的不确定性分析结果

（a）$t_f = 2000s$；（b）$t_f = 6000s$。

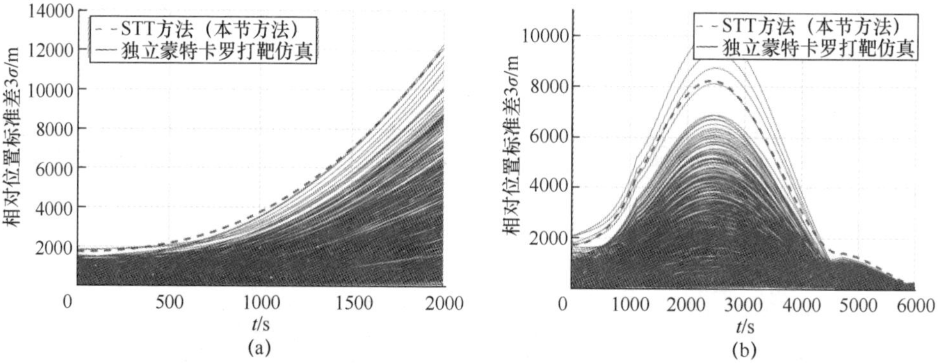

图 5-14　低精度交会系统的不确定性分析结果

（a）$t_f = 2000s$；（b）$t_f = 6000s$。

（4）在计算效率方面，本节提出方法耗时十秒量级，而蒙特卡罗方法耗时千秒量级（计算机硬件：处理器为 2.8GHzIntelCore i7；系统为 MacOS10.13.1；内存为 16GB2133MHzLPDDR3；计算软件为 MatlabR2018a），这表明本节所提的不确定性分析方法计算效率高，可以在短时间内提供类蒙特卡罗的结果，因此具有在线分析的潜在优势，可实现在线轨迹不确定性分析与预测。

本节研究的不确定性分析与预测方法，为 5.3 节的鲁棒交会轨迹规划研究奠定了基础。

5.4 空间非合作目标交会的闭环鲁棒轨迹规划

在实际的空间交会过程中，尤其是未来服务航天器与空间非合作目标的交会，存在的多种不确定性因素会导致交会过程中的真实轨迹偏离标称轨迹，严重影响交会精度与可靠性。传统确定性轨迹规划过程中未考虑各种不确定性，虽然通过轨迹重规划与轨迹闭环控制能消除误差，但是轨迹设计时的最优性无法保证。因此，在轨迹规划阶段就考虑不确定性因素的影响，通过闭环不确定性分析，设计出一条能够考虑不确定性因素的影响、保证交会精度与最优性的鲁棒轨迹，具有重要意义。

本节研究了考虑不确定性因素的摄动椭圆轨道闭环鲁棒交会轨迹规划的方法。首先，利用本章 5.1 节所建立的摄动椭圆轨道相对运动模型与 5.2 节提出的不确定性因素分析方法，构建了考虑环境不确定性、导航误差、执行机构误差、初始相对状态偏差以及任务精度要求的轨迹规划问题；其次，设计了统计特性目标函数，即最小化期望脉冲消耗 Δv 与不确定性脉冲消耗 $3\sigma_{\Delta v}$；然后，采用遗传算法对鲁棒轨迹优化问题进行求解；最后，对不同情况的交会任务进行了案例仿真，并通过蒙特卡罗打靶仿真验证方法的正确性和有效性[2-3]。

5.4.1 考虑不确定性的闭环交会运动模型

考虑不确定性后的服务航天器与非合作目标闭环交会的运动模型将是融合动力学、制导律（控制律）、执行机构、导航和导航传感器模型在内的综合模型。

1. 动力学模型

本章 5.1 节建立了摄动椭圆轨道交会的相对运动模型，其离散形式的空间状态方程为

$$\boldsymbol{x}_{i+1} = \boldsymbol{\Phi}(t_{i+1}, t_i)\boldsymbol{x}_i \tag{5-172}$$

式中：$\boldsymbol{\Phi}(t_{i+1}, t_i)$ 为包含摄动与偏心率信息、目标航天器 LVLH 坐标系下的状态转移矩阵。

当服务航天器在 LVLH 系下进行脉冲机动，$\boldsymbol{u}(t) = \Delta\boldsymbol{v}(t_j)\delta(t-t_j)(j=1,2,\cdots,n)$，其中 n 为脉冲次数，则动力学方程可以表示为

$$\boldsymbol{x}^{+c}(t_j) = \boldsymbol{x}^{-c}(t_j) + \boldsymbol{B}\Delta\boldsymbol{v}(t_j) \tag{5-173}$$

式中：上标 +c 和 −c 表示脉冲机动前后的状态；输入矩阵 $\boldsymbol{B} = [\boldsymbol{0}_{3\times3},\quad \boldsymbol{I}_{3\times3}]^{\mathrm{T}}$。

2. 制导律和执行机构模型

根据 5.2.3 小节的制导与控制模型，当考虑导航系统获取的导航状态 $\hat{\boldsymbol{x}}^{\mathrm{T}} = [\hat{\boldsymbol{r}}^{\mathrm{T}}, \hat{\boldsymbol{v}}^{\mathrm{T}}]$ 时，制导律可以表示为

$$\Delta\boldsymbol{v}_{\mathrm{com}}(t_j) = \boldsymbol{M}_{ji}\hat{\boldsymbol{x}}^{\mathrm{T}}(t_j) + \boldsymbol{N}_{ji} \tag{5-174}$$

其中在任务中段进行脉冲机动时，有

$$\boldsymbol{M}_{ji} = [-\boldsymbol{\Phi}_{\mathrm{rv}}^{-1}(t_i,t_j)\boldsymbol{\Phi}_{\mathrm{rr}}(t_i,t_j),\quad -\boldsymbol{I}_{3\times3}] \tag{5-175}$$

$$\boldsymbol{N}_{ji} = \boldsymbol{\Phi}_{\mathrm{rv}}^{-1}(t_i,t_j)\boldsymbol{R}(t_i) \tag{5-176}$$

在任务末端进行速度修正时，有

$$\boldsymbol{M}_{ji}=[\boldsymbol{0}_{3\times3},\quad -\boldsymbol{I}_{3\times3}] \tag{5-177}$$

$$\boldsymbol{N}_{ji}=\boldsymbol{v}_{\mathrm{d}} \tag{5-178}$$

当执行脉冲机动 $\Delta\boldsymbol{v}_{\mathrm{com}}(t_j)$ 时，建立以下的执行机构模型，即

$$\Delta\boldsymbol{v}(t_j)=\Delta\boldsymbol{v}_{\mathrm{com}}(t_j)+\boldsymbol{w}(t_j) \tag{5-179}$$

式中：$\boldsymbol{w}_j$ 为均值为零、方差为 $\boldsymbol{Q}_{w_j}$ 的高斯白噪声，代表脉冲机动执行误差，其误差协方差为

$$E[\boldsymbol{w}(t_{j_1})\boldsymbol{w}^{\mathrm{T}}(t_{j_2})]=\boldsymbol{Q}_{w_j}\delta_{j_1j_2} \tag{5-180}$$

式中：$\delta_{j_1j_2}$ 为标准克罗尼克函数。

制导律最后一次脉冲是实现速度的修正，使相对速度达到期望值，有

$$\Delta\boldsymbol{v}_{\mathrm{com}}(t_n)=\boldsymbol{v}_{\mathrm{d}}-\boldsymbol{v}(t_{\mathrm{f}}) \tag{5-181}$$

式中：$\boldsymbol{v}_{\mathrm{d}}$ 为 LVLH 坐标系下的末端期望相对速度。

3. 相对导航模型

服务航天器和目标航天器导航系统的状态模型可以表示为

$$\dot{\hat{\boldsymbol{r}}}_{\mathrm{c}}=\hat{\boldsymbol{v}}_{\mathrm{c}} \tag{5-182}$$

$$\ddot{\hat{\boldsymbol{r}}}_{\mathrm{c}}=-\frac{\mu}{\|\hat{\boldsymbol{r}}_{\mathrm{c}}\|^3}\hat{\boldsymbol{r}}_{\mathrm{c}}+\hat{\boldsymbol{f}}_{\mathrm{c}}+\frac{\boldsymbol{F}_{\mathrm{c}}}{m_{\mathrm{c}}} \tag{5-183}$$

$$\dot{\hat{\boldsymbol{r}}}_{\mathrm{t}}=\hat{\boldsymbol{v}}_{\mathrm{t}} \tag{5-184}$$

$$\ddot{\hat{\boldsymbol{r}}}_{\mathrm{t}}=-\frac{\mu}{\|\hat{\boldsymbol{r}}_{\mathrm{t}}\|^3}\hat{\boldsymbol{r}}_{\mathrm{t}}+\hat{\boldsymbol{f}}_{\mathrm{t}} \tag{5-185}$$

其中，上标^表示估计状态。相对导航状态及其协方差传播模型为

$$\hat{\boldsymbol{x}}(t_{l+1})=\hat{\boldsymbol{\Phi}}(t_{l+1},t_l)\hat{\boldsymbol{x}}(t_l) \tag{5-186}$$

$$\hat{\boldsymbol{P}}(t_{l+1})=\hat{\boldsymbol{\Phi}}(t_{l+1},t_l)\hat{\boldsymbol{P}}(t_l)\hat{\boldsymbol{\Phi}}^{\mathrm{T}}(t_{l+1},t_l) \tag{5-187}$$

式中：$\hat{\boldsymbol{x}}^{\mathrm{T}}=[\hat{\boldsymbol{r}}^{\mathrm{T}},\hat{\boldsymbol{v}}^{\mathrm{T}}]$；$\hat{\boldsymbol{P}}$ 为导航状态协方差矩阵；$\hat{\boldsymbol{\Phi}}(t_{l+1},t_l)$ 为 6×6 的导航状态转移矩阵，即

$$\hat{\boldsymbol{\Phi}}(t_{l+1},t_l)=\begin{bmatrix}\hat{\boldsymbol{\Phi}}_{\mathrm{rr}}(t_{l+1},t_l) & \hat{\boldsymbol{\Phi}}_{\mathrm{rv}}(t_{l+1},t_l)\\ \hat{\boldsymbol{\Phi}}_{\mathrm{vr}}(t_{l+1},t_l) & \hat{\boldsymbol{\Phi}}_{\mathrm{vv}}(t_{l+1},t_l)\end{bmatrix} \tag{5-188}$$

假设测量装置测量得到的相对位置信息为真实信息的线性函数，有

$$\tilde{z}_k=\boldsymbol{r}(t_k)+\boldsymbol{\nu}(t_k) \tag{5-189}$$

式中：$\boldsymbol{\nu}_k$ 为均值为零、方差为 $\boldsymbol{R}_\nu$ 的高斯白噪声，其协方差为

$$E[\boldsymbol{\nu}_{k_1}\boldsymbol{\nu}_{k_2}^{\mathrm{T}}]=\boldsymbol{R}_\nu\delta_{k_1k_2} \tag{5-190}$$

当在 t_k 时刻获得测量信息后，导航状态与导航状态协方差更新方程为

$$\hat{\boldsymbol{x}}^{+}(t_k)=\hat{\boldsymbol{x}}^{-}(t_k)+\boldsymbol{K}_k[\tilde{\boldsymbol{z}}_k-\boldsymbol{H}\hat{\boldsymbol{x}}^{-}(t_k)] \tag{5-191}$$

$$\boldsymbol{P}_k^{+}=(\boldsymbol{I}-\boldsymbol{K}_k\boldsymbol{H})\boldsymbol{P}_k^{-}(\boldsymbol{I}-\boldsymbol{K}_k\boldsymbol{H})^{\mathrm{T}}+\boldsymbol{K}_k\boldsymbol{R}_v\boldsymbol{K}_k^{\mathrm{T}} \tag{5-192}$$

式中：上标−与+表示在利用测量信息进行导航状态与导航状态协方差更新前后的数据；$\boldsymbol{H}=[\boldsymbol{I}_{3\times3},\ \ \boldsymbol{0}_{3\times3}]$ 为测量矩阵；卡尔曼滤波增益 $\boldsymbol{K}_k$ 为

$$\boldsymbol{K}_k=\boldsymbol{P}_k\boldsymbol{H}^{\mathrm{T}}(\boldsymbol{H}\boldsymbol{P}_k^{-}\boldsymbol{H}^{\mathrm{T}}+\boldsymbol{R}_v)^{-1} \tag{5-193}$$

当在 t_j 时刻进行机动时，导航状态 $\hat{\boldsymbol{x}}(t_j)$ 和状态协方差 $\boldsymbol{P}_j$ 的修正方程为

$$\hat{\boldsymbol{x}}^{+\mathrm{c}}(t_i)=\hat{\boldsymbol{x}}^{-\mathrm{c}}(t_i)+\boldsymbol{B}\Delta\boldsymbol{v}(t_i) \tag{5-194}$$

$$\boldsymbol{P}_i^{+\mathrm{c}}=\boldsymbol{P}_i^{-\mathrm{c}}+\boldsymbol{B}\boldsymbol{Q}_w\boldsymbol{B}^{\mathrm{T}} \tag{5-195}$$

式中：$\boldsymbol{B}=[\boldsymbol{0}_{3\times3},\ \ \boldsymbol{I}_{3\times3}]^{\mathrm{T}}$；上标 +c 和 −c 表示机动前、后的导航状态与导航状态协方差；$\boldsymbol{Q}_w$ 为脉冲机动误差时间的协方差。

5.4.2 不确定性影响的传播模型

本节推导状态协方差传播、更新及修正方程，用以分析不确定性因素对交会轨迹的影响，并将其用于闭环鲁棒交会轨迹规划。

1. 协方差方程

真实状态 $\boldsymbol{x}$ 与导航状态 $\hat{\boldsymbol{x}}$ 的传播方程为

$$\boldsymbol{x}(t_{i+1})=\boldsymbol{\Phi}(t_{i+1},t_i)\boldsymbol{x}(t_i) \tag{5-196}$$

$$\hat{\boldsymbol{x}}(t_{i+1})=\hat{\boldsymbol{\Phi}}(t_{i+1},t_i)\hat{\boldsymbol{x}}(t_i) \tag{5-197}$$

在获得新的测量信息后，真实状态更新方程采用式（5-198）所示，导航状态更新方程如式（5-199）所示，即

$$\boldsymbol{x}^{+}(t_k)=\boldsymbol{x}^{-}(t_k) \tag{5-198}$$

$$\hat{\boldsymbol{x}}^{+}(t_k)=[\boldsymbol{I}_{6\times6}-\boldsymbol{K}_k\boldsymbol{H}]\hat{\boldsymbol{x}}^{-}(t_k)+\boldsymbol{K}_k\boldsymbol{H}\boldsymbol{x}(t_k)+\boldsymbol{K}_k\boldsymbol{v}(t_k) \tag{5-199}$$

当服务航天器进行机动时，真实状态与导航状态修正方程可以从式（5-173）、式（5-179）、式（5-174）和式（5-194）中得到

$$\boldsymbol{x}^{+\mathrm{c}}(t_j)=\boldsymbol{x}^{-\mathrm{c}}(t_j)+\boldsymbol{B}\boldsymbol{M}_{ji}\hat{\boldsymbol{x}}^{\mathrm{T}}(t_j)+\boldsymbol{B}\boldsymbol{N}_{ji}+\boldsymbol{B}\boldsymbol{w}(t_j) \tag{5-200}$$

$$\hat{\boldsymbol{x}}^{+\mathrm{c}}(t_j)=[\boldsymbol{I}_{6\times6}+\boldsymbol{B}\boldsymbol{M}_{ji}]\hat{\boldsymbol{x}}^{-\mathrm{c}}(t_j)+\boldsymbol{B}\boldsymbol{N}_{ji} \tag{5-201}$$

以上方程给出了真实状态与导航状态的传播、更新及修正方程。为了计算其中的卡尔曼滤波增益 $\boldsymbol{K}_k$，导航状态协方差的传播、更新及修正方程可通过下式求解，即

$$\boldsymbol{K}_k=\boldsymbol{P}_k\boldsymbol{H}^{\mathrm{T}}(\boldsymbol{H}\boldsymbol{P}_k^{-}\boldsymbol{H}^{\mathrm{T}}+\boldsymbol{R}_v)^{-1} \tag{5-202}$$

$$\boldsymbol{P}(t_{l+1})=\hat{\boldsymbol{\Phi}}(t_{i+1},t_l)\boldsymbol{P}(t_i)\hat{\boldsymbol{\Phi}}(t_{i+1},t_i)^{\mathrm{T}} \tag{5-203}$$

$$\boldsymbol{P}_k^{+}=(\boldsymbol{I}_{6\times6}-\boldsymbol{K}_k\boldsymbol{H})\boldsymbol{P}_k^{-}(\boldsymbol{I}_{6\times6}-\boldsymbol{K}_k\boldsymbol{H})+\boldsymbol{K}_k\boldsymbol{R}_v\boldsymbol{K}_k^{\mathrm{T}} \tag{5-204}$$

$$\boldsymbol{P}_j^{+\mathrm{c}} = \boldsymbol{P}_j^{-\mathrm{c}} + \boldsymbol{B}\boldsymbol{Q}_w\boldsymbol{B}^{\mathrm{T}} \tag{5-205}$$

在针对空间交会的闭环 GNC 系统进行不确定性分析时，真实状态与导航状态耦合，故定义扩展状态，包括真实状态与导航状态，即

$$\delta\boldsymbol{X} = \begin{bmatrix} \boldsymbol{x} - \bar{\boldsymbol{x}} \\ \hat{\boldsymbol{x}} - \bar{\hat{\boldsymbol{x}}} \end{bmatrix} \tag{5-206}$$

$$\boldsymbol{X} = \begin{bmatrix} \boldsymbol{x} \\ \hat{\boldsymbol{x}} \end{bmatrix} \tag{5-207}$$

式中：$\bar{\boldsymbol{x}} = E[\boldsymbol{x}]$，$\bar{\hat{\boldsymbol{x}}} = E[\hat{\boldsymbol{x}}]$。于是式（5-202）至式（5-207）可以写成以下简化形式，即

$$\delta\boldsymbol{X}_{i+1} = \mathcal{F}_i\delta\boldsymbol{X}_i \tag{5-208}$$

$$\delta\boldsymbol{X}_k^{+} = \mathcal{A}_k\delta\boldsymbol{X}_k + \mathcal{B}_k\boldsymbol{v}_k \tag{5-209}$$

$$\delta\boldsymbol{X}_j^{+\mathrm{c}} = \mathcal{D}_j\delta\boldsymbol{X}_j^{-\mathrm{c}} + \mathcal{N}_j\boldsymbol{w}_j \tag{5-210}$$

其中

$$\mathcal{F}_i = \begin{bmatrix} \boldsymbol{\Phi}(t_{i+1},t_i) & \boldsymbol{0}_{6\times6} \\ \boldsymbol{0}_{6\times6} & \hat{\boldsymbol{\Phi}}(t_{i+1},t_i) \end{bmatrix} \tag{5-211}$$

$$\mathcal{A}_k = \begin{bmatrix} \boldsymbol{I}_{6\times6} & \boldsymbol{0}_{6\times6} \\ \boldsymbol{K}_k\boldsymbol{H}, & \boldsymbol{I}_{6\times6} - \boldsymbol{K}_k\boldsymbol{H} \end{bmatrix}, \quad \mathcal{B}_k = \begin{bmatrix} \boldsymbol{0}_{6\times6} \\ \boldsymbol{K}_k \end{bmatrix} \tag{5-212}$$

$$\mathcal{D}_j = \begin{bmatrix} \boldsymbol{I}_{6\times6}, & \boldsymbol{B}\boldsymbol{M}_{ji} \\ \boldsymbol{0}_{6\times6}, & \boldsymbol{I}_{6\times6} + \boldsymbol{B}\boldsymbol{M}_{ji} \end{bmatrix}, \quad \mathcal{N}_j = \begin{bmatrix} \boldsymbol{B} \\ \boldsymbol{0}_{6\times3} \end{bmatrix} \tag{5-213}$$

定义扩展状态协方差为 $\boldsymbol{C}_A = E[\delta\boldsymbol{X}(t)\delta\boldsymbol{X}^{\mathrm{T}}(t)]$，由于 $E[\delta\boldsymbol{X}(t)] = 0$，则扩展状态协方差传播、更新及修正方程可以表示为

$$\boldsymbol{C}_A(t_{i+1}) = \mathcal{F}_i\boldsymbol{C}_A(t_i)\mathcal{F}_i^{\mathrm{T}} \tag{5-214}$$

$$\boldsymbol{C}_A(t_k^{+}) = \mathcal{A}_k\boldsymbol{C}_A(t_k^{-})\mathcal{A}_k^{\mathrm{T}} + \mathcal{B}_k\boldsymbol{R}_\upsilon\mathcal{B}_k^{\mathrm{T}} \tag{5-215}$$

$$\boldsymbol{C}_A(t_j^{+\mathrm{c}}) = \mathcal{D}_j\boldsymbol{C}_A(t_j^{-\mathrm{c}})\mathcal{D}_j^{\mathrm{T}} + \mathcal{N}_j\boldsymbol{Q}_{w_j}\mathcal{N}_j^{\mathrm{T}} \tag{5-216}$$

2. 性能评估

闭环交会 GNC 系统的整体性能，通过真实状态协方差矩阵进行衡量。该矩阵可以通过扩展状态协方差矩阵获得，定义真实状态协方差矩阵为 $\boldsymbol{D}_{\mathrm{true}}$，可以通过下式获得，即

$$\boldsymbol{D}_{\mathrm{true}} = E[\delta\boldsymbol{X}(t)\delta\boldsymbol{X}^{\mathrm{T}}(t)] = [\boldsymbol{I}_{n\times n} \quad \boldsymbol{0}_{n\times\hat{n}}]\boldsymbol{C}_A[\boldsymbol{I}_{n\times n} \quad \boldsymbol{0}_{n\times\hat{n}}]^{\mathrm{T}} \tag{5-217}$$

定义导航状态协方差矩阵为 $\boldsymbol{D}_{\mathrm{nav}}$，可以通过下式获得，即

$$\boldsymbol{D}_{\mathrm{nav}} = E[\delta\hat{\boldsymbol{X}}(t)\delta\hat{\boldsymbol{X}}^{\mathrm{T}}(t)] = [\boldsymbol{0}_{\hat{n}\times n} \quad \boldsymbol{I}_{\hat{n}\times\hat{n}}]\boldsymbol{C}_A[\boldsymbol{0}_{\hat{n}\times n} \quad \boldsymbol{I}_{\hat{n}\times\hat{n}}]^{\mathrm{T}} \tag{5-218}$$

当服务航天器执行交会任务时，其控制系统会基于导航系统信息生成控制指令，跟踪标称轨迹。当系统中不存在不确定性因素时，所需控制消耗为期望控制消

耗；当存在不确定性因素影响时，则需要更多的控制消耗来修正不确定性因素带来的偏差，这一部分控制消耗定义为控制协方差矩阵 $\boldsymbol{D}_{\text{com}}$ ，可以通过下式获得，即

$$\boldsymbol{D}_{\text{com}_j} = E[\delta\boldsymbol{u}(t)\delta\boldsymbol{u}^{\mathrm{T}}(t)] = \hat{\boldsymbol{G}}_j\boldsymbol{D}_{\text{nav}}\hat{\boldsymbol{G}}_j^{\mathrm{T}} + \boldsymbol{Q}_w \tag{5-219}$$

式（5-217）～式（5-219）描述了系统真实状态、导航状态及控制消耗协方差，可以用来评估闭环 GNC 系统与标称轨迹的性能。其中式（5-217）～式（5-219）中的性能矩阵在后续研究中用于建立和求解闭环鲁棒交会轨迹规划问题。

5.4.3 多约束闭环鲁棒轨迹规划问题描述

为了能够设计得到满足任务需求的鲁棒轨迹，本节提出了一种闭环鲁棒轨迹规划方法。该方法的核心思想是考虑不确定性因素设计得到一条轨迹与相应的机动策略，满足所需期望燃耗与 3σ 燃耗最小，并且轨迹在不确定性因素扰动的情况下满足最终任务精度要求（3σ 状态约束）。针对这个复杂的轨迹优化问题，采用遗传算法进行求解，最后通过非线性蒙特卡罗验证其有效性。

多约束闭环鲁棒交会轨迹规划问题可以表示为

$$\min \quad \sum_{j=1}^{n}\left(\left|\Delta\boldsymbol{v}(t_j)\right| + 3\sigma_{\Delta v(t_j)}\right) \tag{5-220}$$

$$\text{s.t.} \quad \boldsymbol{x}(t_{i+1}) = \boldsymbol{\Phi}(t_{i+1}, t_i)\boldsymbol{x}(t_i) \tag{5-221}$$

$$\boldsymbol{x}^{+\mathrm{c}}(t_j) = \boldsymbol{x}^{-\mathrm{c}}(t_j) + \boldsymbol{B}\Delta\boldsymbol{v}(t_j) \tag{5-222}$$

$$\boldsymbol{x}(t_0) = \boldsymbol{x}_0 \tag{5-223}$$

$$\boldsymbol{x}(t_{\mathrm{f}}) = \boldsymbol{x}_{\mathrm{d}} \tag{5-224}$$

$$0 \leqslant \left|\Delta\boldsymbol{v}(t_j)\right| \leqslant u_{\max} \tag{5-225}$$

$$\|\boldsymbol{x}\|\cos\alpha \leqslant \boldsymbol{1}_n^{\mathrm{T}}(t)\boldsymbol{x} \tag{5-226}$$

$$\|\boldsymbol{x} - \boldsymbol{x}_{\mathrm{o}}\| \geqslant r_{\min} \tag{5-227}$$

$$\boldsymbol{C}_A(t_{i+1}) = \boldsymbol{\mathcal{F}}_i\boldsymbol{C}_A(t_i)\boldsymbol{\mathcal{F}}_i^{\mathrm{T}} \tag{5-228}$$

$$\boldsymbol{C}_A(t_k^+) = \boldsymbol{\mathcal{A}}_k\boldsymbol{C}_A(t_k^-)\boldsymbol{\mathcal{A}}_k^{\mathrm{T}} + \boldsymbol{\mathcal{B}}_k\boldsymbol{R}_\upsilon\boldsymbol{\mathcal{B}}_k^{\mathrm{T}} \tag{5-229}$$

$$\boldsymbol{C}_A(t_j^{+\mathrm{c}}) = \boldsymbol{\mathcal{D}}_j\boldsymbol{C}_A(t_j^{-\mathrm{c}})\boldsymbol{\mathcal{D}}_j^{\mathrm{T}} + \boldsymbol{\mathcal{N}}_j\boldsymbol{Q}_w\boldsymbol{\mathcal{N}}_j^{\mathrm{T}} \tag{5-230}$$

$$\boldsymbol{D}_{\text{true}}(t_i) = [\boldsymbol{I}_{n\times n} \quad \boldsymbol{0}_{n\times\hat{n}}]\boldsymbol{C}_A(t_i)[\boldsymbol{I}_{n\times n} \quad \boldsymbol{0}_{n\times\hat{n}}]^{\mathrm{T}} \tag{5-231}$$

$$\boldsymbol{D}_{\text{nav}} = [\boldsymbol{0}_{\hat{n}\times n} \quad \boldsymbol{I}_{\hat{n}\times\hat{n}}]\boldsymbol{C}_A[\boldsymbol{0}_{\hat{n}\times n} \quad \boldsymbol{I}_{\hat{n}\times\hat{n}}]^{\mathrm{T}} \tag{5-232}$$

$$\boldsymbol{D}_{\text{com}_j} = \hat{\boldsymbol{M}}_{ji}\boldsymbol{D}_{\text{nav}}\hat{\boldsymbol{M}}_{ji}^{\mathrm{T}} + \boldsymbol{Q}_{w_j} \tag{5-233}$$

$$\sigma_{\mathrm{r}}(t_{\mathrm{f}}) = \sqrt{\operatorname{trace}\left(\boldsymbol{M}_{\mathrm{r}}\boldsymbol{D}_{\text{true}}(t_{\mathrm{f}})\boldsymbol{M}_{\mathrm{r}}\right)} \leqslant \sigma_{\mathrm{r}}^{\text{req}} \tag{5-234}$$

$$\sigma_{\Delta v(t_j)} = \sqrt{\operatorname{trace}(\boldsymbol{D}_{\text{com}_j})} \tag{5-235}$$

以上式中：$\Delta\boldsymbol{v}(t_j)$为第$j$次机动的期望燃耗；$\sigma_{\Delta v(t_j)}$为第$j$次机动的燃耗标准差；$\sigma_{\mathrm{r}}(t_{\mathrm{f}})$为终端时刻位置状态的标准差；$\boldsymbol{M}_{\mathrm{r}}$为由真实状态到位置偏差的映射矩阵；$\sigma_{\mathrm{r}}^{\mathrm{req}}$为交会任务精度需求；其他变量定义如前文所述。

式（5-220）～式（5-235）共同构成了考虑不确定性因素影响的多约束闭环鲁棒交会轨迹规划问题。其中，式（5-226）为优化问题目标函数，包含期望脉冲消耗Δv与不确定性脉冲消耗$3\sigma_{\Delta v}$；式（5-221）～式（5-235）为约束条件。在这些约束条件中，式（5-221）和式（5-222）为动力学约束，式（5-225）为控制饱和约束，式（5-226）和式（5-227）为路径约束，式（5-228）～式（5-235）为不确定性预测方程与交会精度约束。式（5-221）～式（5-224）用来求解$\Delta\boldsymbol{v}(t_j)$，式（5-228）至式（5-235）用来求解$\sigma_{\Delta v(t_j)}$。

5.4.4　基于遗传算法的闭环鲁棒轨迹规划问题求解

假设服务航天器采用脉冲机动与航路点跟踪制导的方式，因此5.3.3小节建立的鲁棒交会轨迹问题的优化变量实际上是脉冲次数、机动时间及航路点。本章5.1节采用的2阶锥规划方法能够求解多约束快速轨迹规划的问题，但是对于考虑执行机构不确定性的优化问题无法有效求解。利用遗传算法求解轨道确定和空间最优交会问题[20-23]的主要特点是：对求解对象不存在求导和函数连续性的限定[22]；具有更好的全局寻优能力；采用概率化的寻优方法，不需要确定的规则就能自动获取和指导优化的搜索空间，自适应地调整搜索方向[23]。这些特点使遗传算法十分适合不确定性问题的求解。因此，本节采用遗传算法求解闭环鲁棒轨迹规划问题。

（1）设计遗传算法参数：最大迭代次数为$100\times(4n-2)$，种群数量为1000，交叉概率为0.8，变异概率为0.2。当遗传算法参数设定完毕后，生成包含机动次数n、机动时刻和机动时间t_j（$j=1,2,\cdots,n$）和航路点$\boldsymbol{R}_j$（$j=1,2,\cdots,n-1$）（$\boldsymbol{R}_n=\boldsymbol{r}_{\mathrm{d}}$）等优化标量的种群。因此，共有$4n-2$个待优化变量（1个脉冲次数、$n$个脉冲时间以及对$n-1$个脉冲机动点、$3n-3$个位置信息）。

（2）利用式（5-221）～式（5-224）求解种群中每一个体的轨迹与脉冲。利用协方差方程式（5-228）～式（5-230）计算$\boldsymbol{C}_A(t_{\mathrm{f}})$，其中卡尔曼滤波增益$\hat{\boldsymbol{K}}_k$（$k=1,2,\cdots,N$）由式（5-202）～式（5-205）计算所得。

（3）利用式（5-234）和式（5-235）计算求解得到$\sigma_{\mathrm{r}}(t_{\mathrm{f}})$和$\sum_j^n\sigma_{\Delta v_j}$。

（4）利用式（5-220）求解种群中每一个个体的适应度函数。当最优的状态偏差不能满足任务需求时，则将该个体的适应度函数加入惩罚值，从而避免该结果。

基于适应度函数，遗传算法经过遗传变异，生成新的种群，然后重复上述过程。当最大迭代次数到达上限，或最优个体的适应度函数变化小于10^{-6}时，认为迭代收敛，则遗传算法求解结束。

综上所述，采用遗传算法求解上述闭环优化问题的步骤如表 5-9 所列。

表 5-9 遗传算法求解闭环轨迹规划的步骤

步骤 1	设置初始相对状态 $\boldsymbol{x}_0=[\boldsymbol{r}_0,\boldsymbol{v}_0]$ 与末端期望相对状态 $\boldsymbol{x}_{\mathrm{d}}=[\boldsymbol{r}_{\mathrm{d}},\boldsymbol{v}_{\mathrm{d}}]$
步骤 2	依据任务时间，设置离散点数 N
步骤 3	设置遗传算法参数（最大迭代次数、种群数量、遗传和变异比例）
步骤 4	初始化种群参数（机动次数 n、机动时间 t_j、机动位置 $\boldsymbol{R}_j$）
步骤 5	针对种群中每一个体:
	利用式（5-221）～式（5-224）求解速度脉冲 u_j
	利用式（5-208）～式（5-211）计算卡尔曼滤波增益 $\hat{\boldsymbol{K}}_k$
	利用式（5-228）～式（5-230）计算协方差 $\boldsymbol{C}_A(t_{\mathrm{f}})$
	利用式（5-234）和式（5-235）求解 $\sigma_{\mathrm{r}}(t_{\mathrm{f}})$ 和 $\sum_{j}^{n}\sigma_{\Delta v_j}$
	利用式（5-220）评估适应度函数
步骤 6	利用遗传变异生成新的种群
步骤 7	返回步骤 4，直到满足收敛条件为止

至此，完成了空间非合作目标交会的闭环鲁棒轨迹规划方法设计。综合上述描述，可以给出空间非合作目标交会的闭环鲁棒轨迹规划框图如图 5-15 所示。可以看出，闭环鲁棒轨迹规划有 3 个重要环节。

（1）利用 5.1 节所建立的摄动椭圆轨道相对运动模型与 5.2 节提出的不确定性因素分析方法，构建了考虑环境不确定性、导航误差、执行机构误差、初始相对状态偏差以及任务精度要求的闭环轨迹规划问题。

（2）设计了统计特性目标函数，即最小化期望脉冲消耗 Δv 与不确定性脉冲消耗 $3\sigma_{\Delta v}$。

（3）设计遗传算法对闭环鲁棒轨迹优化问题进行求解。

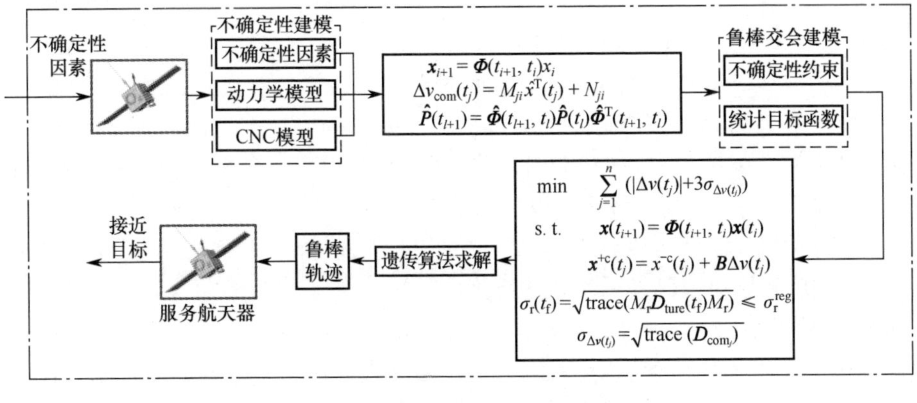

图 5-15 空间非合作目标交会鲁棒轨迹规划框图

5.4.5 仿真验证

为了验证考虑不确定性影响的闭环鲁棒交会轨迹规划方法的有效性，文献[2-3]以及本节对不同情况的交会轨迹规划进行了案例仿真。

本节的交会仿真任务与 5.3 节相同，空间交会任务中不同精度等级 GNC 系统的不确定性与表 5-7 相同，除交会任务时间分别为 $t_{\mathrm{f}}=2000\mathrm{s}$ 和 12000s 外，还增加了终端时刻自由的交会仿真算例。在用遗传算法求解闭环鲁棒交会轨迹的仿真计算中，为了突出不确定性对轨迹规划效果的影响，轨迹规划中没有考虑禁飞区约束和交会与接近走廊约束。

1. V-bar 交会转移的鲁棒交会轨迹

表 5-10 给出了在 $t_{\mathrm{f}}=2000\mathrm{s}$ 交会任务中，目标函数与机动次数和 GNC 系统精度的关系。仿真结果表明，针对确定性系统设计的最优轨迹只需要两次脉冲，而考虑不确定性因素的鲁棒交会轨迹所需脉冲数有所变化。针对高精度 GNC 系统，最优脉冲数为 3，而中等或一般精度与低精度 GNC 系统的最优脉冲数为 4 次。仿真结果表明，更多次数的机动脉冲，不能进一步提高适应度函数，这是由于额外的机动脉冲次数将会引入更多脉冲机动误差，使系统最后需要更多的 Δv 来满足最终的位置误差约束与末端交会速度。

表 5-10　目标函数与机动次数和系统精度关系（t_{f}=2000s）

目标函数 $(\Delta v+3\sigma_{\Delta v})$				
机动次数	2	3	4	5
确定性系统	√	×	×	×
高精度	15.082	9.788	9.8033	9.893
中等精度	27.777	10.870	10.4684	11.013
低精度	246.784	20.210	18.2215	19.153

表 5-11 给出了 $t_{\mathrm{f}}=2000\mathrm{s}$ 时的鲁棒交会轨迹规划的结果。由表 5-11 可以看出，当 GNC 系统精度提高时，所需总燃耗相对应地减少。这是由于高精度的 GNC 系统在获取相对状态信息时更为精确，以此为基础设计得到的交会轨迹，能够更好地将服务航天器导引至交会位置，交会过程中需要较少的修正，且由于高精度 GNC 系统执行机构准确性高，每次机动引入的误差较小，也意味着需要较少的速度修正。因此，高精度系统所需燃耗低于低精度系统。

观察最优机动时间可以看出，高精度系统需要额外一次脉冲修正，时间在 576s 处；中等精度系统需要额外两次脉冲修正，时间分别为 423s 与 1504s；高精度系统同样需要额外的两次脉冲修正，时间分别为 1406s 和 1880s。在不考虑不确定性因素的情况下，最优轨迹需要两次脉冲。当采用高精度系统时，引入的误差相对较小，进行一次脉冲修正即可满足交会精度要求。当采用中等精度与低精度系统时，引入误差相对较大，需要进行两次脉冲修正。对比中等精度系统与低精度系统可以看出，低精度系统的两次脉冲机动时间相对靠后，这是由于低精度系统执行机构误差较大，较早的机动时间，会使执行机构误差被过早地引入系统从而随着时间的累积，最终使交会精度难以满足任务需求，从而导致需要更多的脉冲次数（或燃耗）进行修正。当然，较晚的脉冲机动时间与较少的脉冲机动次数和较早的机动时间与较多的脉冲机动次数都能有效地解决上述任务，具体采用哪种方式，需由优化结果给出。

表 5-11　鲁棒交会轨迹规划结果（t_f=2000s）

参数	高精度	中等精度	低精度
目标函数	9.788	10.168	18.222
Δv/(m/s)	9.713	9.726	10.577
$3\sigma_{\Delta v}$/(m/s)	0.075	0.742	7.644
$3\sigma_r$/(m/s)	2.999	14.968	29.246
最优机动次数	3	4	4
机动时间/s	$\begin{bmatrix}0\\576\\2000\end{bmatrix}$	$\begin{bmatrix}0\\423\\1504\\2000\end{bmatrix}$	$\begin{bmatrix}80\\1406\\1888\\2000\end{bmatrix}$

图 5-16 给出了 $t_f=2000$s 的最优交会轨迹与鲁棒交会轨迹。其中实线为不考虑不确定性因素、采用确定系统模型、利用 2 阶锥规划求解得到的燃料最优交会轨迹。虚线为考虑不确定性因素，采用高精度系统（不确定性较小），利用本节提出的闭环鲁棒轨迹规划方法得到的交会轨迹。点线为考虑不确定性因素，采用中等精度系统（不确定性中等），利用本节提出的闭环鲁棒轨迹规划方法得到的交会轨迹。点画线为考虑不确定性因素，采用低精度系统（不确定性较大），利用本节提出的闭环鲁棒轨迹规划方法得到的交会轨迹。其中标注 $M_i\,(i=1,2,\cdots,n)$ 表示第 n 次脉冲机动位置。可以看出，由于任务时间较短，GNC 系统精度较高的交会系统设计得到的鲁棒交会轨迹与传统最优交会轨迹区别较小，此时可以将鲁棒交会轨迹理解为量化地给出交会任务中最优脉冲修正时间与位置，而精度较低系统的鲁棒交会轨迹与传统最优交会轨迹区别较大。

表 5-12 给出了 $t_f=12000$s 的交会任务中，最优目标函数与机动次数和 GNC 系统精度的关系。针对确定性系统设计的最优轨迹需要 4 次脉冲，而考虑不确定性因素的鲁棒交会轨迹所需脉冲数有所变化。针对高精度与标准精度 GNC 系统，最优脉冲数为 4，而低精度 GNC 系统的最优脉冲数为 5 次。

表 5-13 给出了 $t_f=12000$s 时闭环鲁棒交会轨迹规划结果，从中可以看出，当系统精度提高时，所需燃耗相对应地减少。这是由于高精度的系统在获取相对状态信息时更为精确，以此为基础设计得到的交会轨迹，能够更好地将服务航天器导引至交会位置，交会过程中需要较少的修正。且由于高精度系统执行机构准确性高，每

次机动引入的误差较小，也意味着需要较少的速度修正。因此，高精度系统所需燃耗低于低精度系统。观察脉冲机动时间可以发现，所有算例中的第一次脉冲机动都没有在 t_0 时刻施加，这是由于此时导航误差较大，服务航天器更倾向于等待导航数据更加精确后再进行脉冲机动。

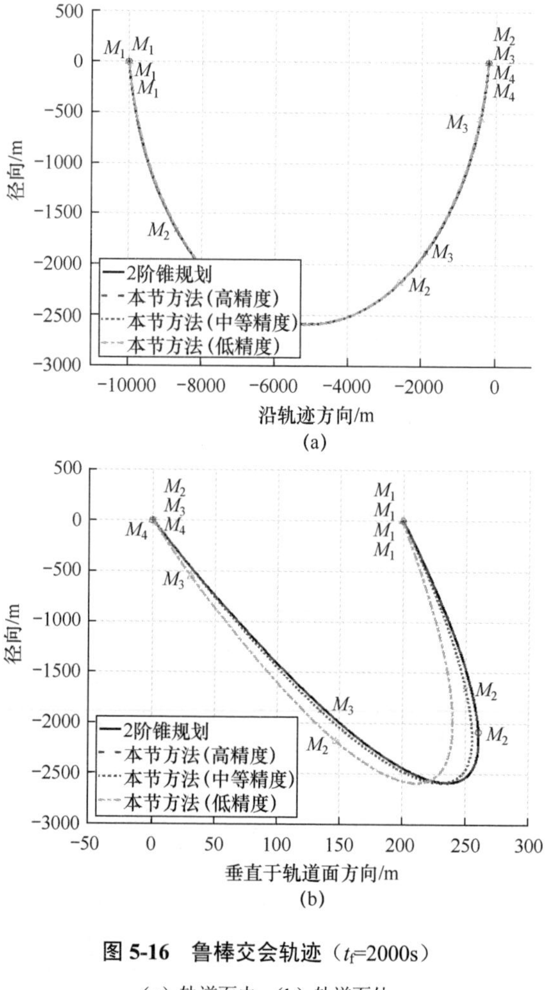

图 5-16　鲁棒交会轨迹（t_f=2000s）

（a）轨道面内；（b）轨道面外。

表 5-12　目标函数与机动次数和系统精度的关系（t_f=12000s）

目标函数 ($\Delta v+3\sigma_{\Delta v}$)					
机动次数	2	3	4	5	6
确定性系统	×	×	×	×	×
高精度	15.844	0.995	0.989	0.994	—
中等精度	46.505	2.311	1.751	1.944	—
低精度	1080.434	27.042	12.298	10.515	11.376

表 5-13 鲁棒交会轨迹规划结果（ $t_f=12000s$ ）

参数	高精度	中等精度	低精度
目标函数	0.989	1.751	10.515
$\Delta v/(m/s)$	0.872	0.820	0.743
$3\sigma_{\Delta v}/(m/s)$	0.118	0.931	9.772
$3\sigma_r/(m/s)$	2.994	14.986	29.959
最优机动次数	4	4	5
机动时间/s	$\begin{bmatrix}858\\7343\\10572\\12000\end{bmatrix}$	$\begin{bmatrix}171\\7021\\11162\\12000\end{bmatrix}$	$\begin{bmatrix}161\\4222\\10527\\11828\\12000\end{bmatrix}$

图 5-17 给出了 $t_f=12000s$ 时的最优交会轨迹与鲁棒交会轨迹。可以看出，相对于 $t_f=2000s$，随着交会任务时间增加，所设计得到的鲁棒交会轨迹与传统最优交会轨迹区别明显，此时可以将鲁棒交会轨迹理解为一条完全区别于传统最优交会轨迹的全新轨迹，而不仅仅是通过中段脉冲修正来满足不确定性和鲁棒性。

表 5-14 给出了 t_f= free 的交会任务仿真中，最优目标函数与机动次数和系统精度的关系。针对高精度与中等精度 GNC 系统，最优脉冲数为 4，而低精度 GNC 系统的最优脉冲数为 5 次。另外，值得注意的是，最优交会时间短于 12000s。理论上由 V-bar 到 V-bar 转移的燃料消耗，随着任务时间的增加，终端接近的燃料消耗将会逐渐减少。但是，由于不确定性因素的引入，长时间的转移将会导致更大的轨迹误差，这是任务需求所不能接受的，另外较大的误差会需要更多的速度脉冲控制修正，整体燃耗将较大。事实上，考虑不确定性后，尽管优化指标仍然为燃料消耗最优，也同时限制了交会时间。

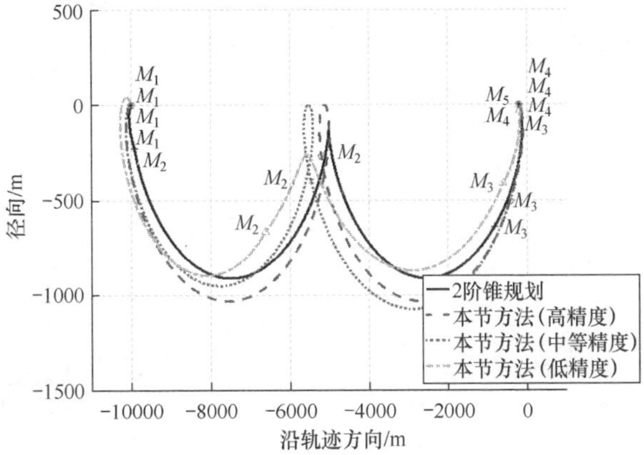

(a)

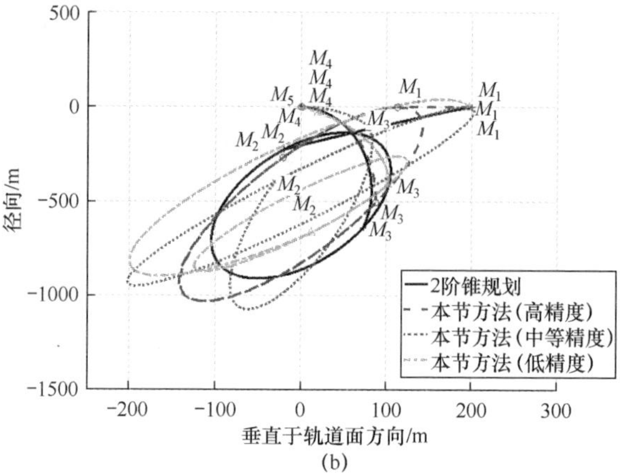

图 5-17　鲁棒交会轨迹（t_f=12000s）

（a）轨道面内；（b）轨道面外。

表 5-14　鲁棒交会轨迹规划结果（t_f= free）

参数	高精度	中等精度	低精度
交会时间/s	17043	16964	10086
目标函数	0.958	1.601	9.688
Δv/(m/s)	0.869	0.689	1.215
$3\sigma_{\Delta v}$/(m/s)	0.090	0.912	8.473
$3\sigma_r$/(m/s)	2.994	14.867	29.987
最优机动次数	4	4	5
机动时间/s	$\begin{bmatrix}590\\11009\\15615\\17043\end{bmatrix}$	$\begin{bmatrix}179\\12629\\16132\\16964\end{bmatrix}$	$\begin{bmatrix}110\\4214\\8752\\9914\\10086\end{bmatrix}$

图 5-18 给出了 t_f=free 的鲁棒交会轨迹。可以看出相对于 t_f=2000s 的情况，得到的鲁棒交会轨迹与传统最优交会轨迹区别明显增加，此时鲁棒轨迹是一条完全区别于传统最优交会的轨迹。

2. 蒙特卡罗验证

为了验证闭环鲁棒交会轨迹规划方法的正确性和有效性，本小节采用非线性蒙特卡罗仿真对鲁棒轨迹规划算法进行验证。仿真验证中的初始条件、不确定性、最优机动时间与上一小节相同。动力学模型采用未做简化的精确模型，制导算法、卡尔曼滤波导航算法如前文所述，滤波动力学模型为前文设计的线性离散模型。

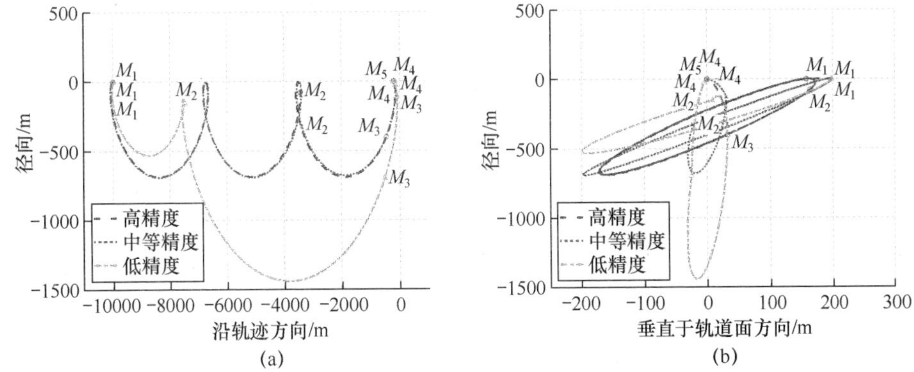

图 5-18　鲁棒交会轨迹（t_f=free）

（a）轨道面内；（b）轨道面外。

图 5-19 所示为低精度系统（$t_f = 2000$s）与高精度系统（$t_f = 12000$s）的蒙特卡罗仿真结果。实线为 1000 次独立蒙特卡罗仿真结果，虚线为采用不确定性分析得到的标称轨迹偏差曲线，点线为末端位置精度任务需求。由图 5-19 可以看出，两个算例中，非线性蒙特卡罗仿真结果都与不确定性分析结果相吻合，且能够满足任务需求，这说明闭环鲁棒交会轨迹规划方法是正确、有效的。

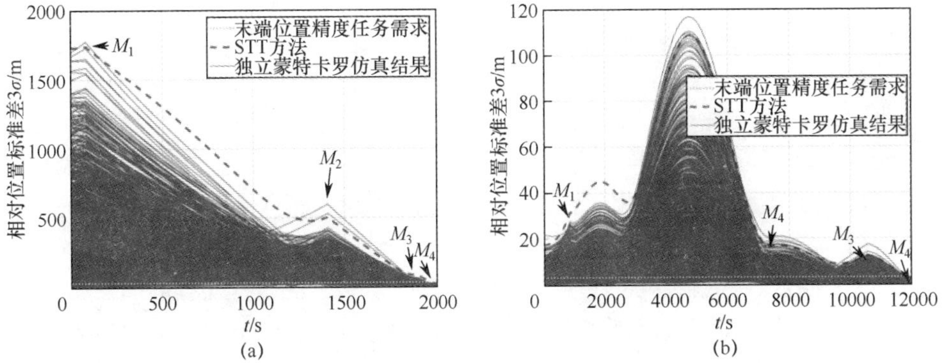

图 5-19　蒙特卡罗仿真验证

（a）低精度系统（$t_f = 2000$s）；（b）高精度系统（$t_f = 12000$s）。

综合分析本节以及文献[2-3]对不同情况的交会任务的仿真结果，可以得出以下结论。

（1）本节提出的鲁棒交会轨迹规划方法，能够有效抑制不确定性因素的影响，从而满足交会任务精度需求，该方法同样适用于其他考虑不确定性因素系统的鲁棒轨迹规划问题。

（2）该方法设计的基于不确定性预测模型的目标函数能够从统计学上保证轨迹

的最优性。

（3）对于高精度 GNC 系统，采用所提出方法设计的交会轨迹与传统方法得到的交会轨迹区别较小，但是脉冲机动次数增加，此时可视为提出方法给出了最优的中段修正脉冲。当 GNC 系统精度降低、不确定性因素增大时，该方法设计的交会轨迹与传统方法得到的轨迹明显不同，且脉冲机动策略也区别较大，得到了完全不同的鲁棒优化交会轨迹。

小　结

本章研究了考虑多种约束的空间非合作目标交会快速轨迹规划问题和考虑不确定性因素的鲁棒轨迹规划问题。

针对空间非合作目标在机动行为上不配合以及多种约束共存的特点，提出了一种基于 2 阶锥规划的多约束摄动椭圆轨道交会快速轨迹规划方法。该方法考虑了 J_2 项、大气阻力项摄动以及目标航天器轨道偏心率的影响，构建了包含禁飞区、交会与接近走廊、终端状态约束以及燃耗最优目标函数的优化问题，并通过静态连接面与协变量松弛技术将其转化为标准 2 阶锥规划问题以便快速求解。

针对空间非合作目标交会过程中不确定性因素影响程度的评估问题，研究了一种基于状态转移张量的闭环 GNC 系统不确定性分析方法，对不确定性因素影响进行预测与量化分析。首先考虑非合作目标特性，建立了包含环境误差、传感器测量误差、执行机构误差以及初始状态偏差的不确定性因素模型，然后基于状态转移张量理论推导并建立了闭环 GNC 系统不确定性传播、更新及修正方程，得到了考虑不确定性的运动轨迹，实现了对空间非合作目标交会的不确定性量化分析。

针对空间非合作目标交会中存在不确定性因素影响交会精度与最优性的问题，提出了一种闭环鲁棒交会轨迹规划方法。该方法利用相对运动模型与不确定性预测模型，构建了包含期望脉冲消耗 Δv 与不确定性脉冲消耗 $3\sigma_{\Delta v}$ 的性能指标以及包含 $3\sigma_{r,v}$ 状态不确定性约束条件的鲁棒轨迹规划问题，并设计了遗传算法进行求解。闭环鲁棒轨迹规划算法能够有效抑制不确定性因素的影响，并从统计学上保证了轨迹最优性。

参考文献

[1] 靳锴，罗建军，郑茂章，等. 考虑导航误差和摄动影响的椭圆轨道最优交会制导 [J]. 控制理论与应用, 2018, 35(10): 97-106.

[2] 靳锴. 空间非合作目标交会的多约束鲁棒轨迹规划研究 [D]. 西安: 西北工业大学, 2019.

[3] JIN K, GELLER D K, LUO J J. Robust trajectory design for rendezvous and proximity operations with uncertainties [J]. Journal of Guidance, Control, and Dynamics, 2020, 43(4): 741-753.

[4] BOYD S, VANDENBERGHE L. Convex optimization [M]. London: Cambridge University Press, 2004.

[5] BIXBY R. Solving real-world linear programs: a decade and more of progress [J]. Operations Research, 2002, 50(1): 3-15.

[6] ALIZADEH F, GOLDFARB D. Second-order cone programming [J]. Mathematical Programming, 2003, 95(1): 3–51.

[7] TANG C, TOH C, PHOON K. Axisymmetric lower-bound limit analysis using finite elements and second-order cone programming [J]. Journal of Engineering Mechanics, 2013, 140(2): 268–278.

[8] LU P, LIU X. Autonomous trajectory planning for rendezvous and proximity operations by conic optimization [J]. Journal of Guidance, Control, and Dynamics, 2013, 36(2): 375–389.

[9] LIU X, LU P. Solving nonconvex optimal control problems by convex optimization [J]. Journal of Guidance, Control, and Dynamics, 2014, 37(3): 750–765.

[10] CLOHESSY W. Terminal guidance system for satellite rendezvous [J]. Journal of the Aerospace Sciences, 1960, 27(9):653–658.

[11] VAN J, MUGELLER R. Analytical models for relative motion under constant thrust [J]. Journal of Guidance, Control, and Dynamics, 1990, 13(1): 636-644.

[12] PARK R, SCHEERES D. Nonlinear mapping of gaussian statistics: theory and applications to spacecraft trajectory design [J]. Journal of Guidance, Control, and Dynamics, 2006, 29(6): 1367-1375.

[13] GELLER D. Linear covariance techniques for orbital rendezvous analysis and autonomous onboard mission planning [J]. Journal of Guidance, Control, and Dynamics, 2006, 29(6): 1404–1414.

[14] JONES B, PARRISH N, DOOSTAN A. Post maneuver collision probability estimation using sparse polynomial chaos expansions [J]. Journal of Guidance, Control, and Dynamics, 2015, 38(8): 1425–1437.

[15] PARK R, SCHEERES D. Nonlinear mapping of gaussian statistics: theory and applications to Spacecraft Trajectory Design [J]. Journal of Guidance, Control, and Dynamics, 2006, 29(6): 1367-1375.

[16] FUJIMOTO K, SCHEERES D J, ALFRIEND K. Analytical nonlinear propagation of uncertainty in the two-body problem [J]. Journal of Guidance, Control, and Dynamics, 2012, 35(2): 497-509.

[17] GELLER D, CHRISTENSEN D. Linear covariance analysis for powered lunar descent and landing [J]. Journal of Spacecraft and Rockets, 2012, 46(6): 1231-1248.

[18] SABOL C, HILL K, ALFRIEND K, et al. Nonlinear effects in the correlation of tracks and covariance propagation [J]. Acta Astronautica, 2013, 84(3): 69-80.

[19] JESUS A, SOUZA M, PRADO A. Statistical analysis of nonimpulsive orbital transfers under thrust errors [J]. Nonlinear Dynamics and Systems Theory, 2002, 2(2): 157- 172.

[20] KIM Y, SPENCER D. Optimal spacecraft rendezvous using genetic algorithms [J]. Journal of Spacecraft and Rockets, 2002, 39(6): 859-865.

[21] WALL B, CONWAY B. Near-optimal low-thrust Earth-Mars trajectories via a genetic algorithm [J]. Journal of Guidance, Control, and Dynamics, 2005, 28(5): 1027-1031.

[22] ABDELKHALIK O, GAD A. Dynamic-size multiple populations genetic algorithm for multigravity-assist trajectory optimization [J]. Journal of Guidance, Control, and Dynamics, 2015, 35(2): 520-529.

[23] ABDELKHALIK O, MORTARI D. Orbit design for ground surveillance using genetic algorithms [J]. Journal of Guidance, Control, and Dynamics, 2015, 29(5): 1231-1235.

06 第 6 章 空间交会的反馈运动规划

6.1 引言

为完成在轨服务和空间操控的多种复杂任务，服务航天器在接近目标航天器和执行操控任务的过程中需要能够在复杂动态条件下及时地规划出运动轨迹，并根据实际情况对运动轨迹进行实时反馈调节。第 5 章研究了多约束闭环交会鲁棒轨迹规划方法，该方法虽然考虑了不确定性因素的影响，但计算量大且未充分考虑轨迹规划与控制的安全性，难以实现复杂动态环境下的安全实时运动规划与控制。本章研究复杂动态约束下的非线性反馈运动规划方法，并将其应用于空间非合作目标近程交会和避障飞行的运动规划与控制。

反馈运动规划是一类在规划时考虑反馈问题，将预测信息和测量信息反馈给规划器，从而使运动体在复杂约束下安全抵达目标的运动规划方法[1]，在无人车、无人机、机器人等无人系统具有广泛应用。目前，具有反馈运动规划特征的典型运动规划方法有人工势函数（artificial potential function，APF）法、快速扩展随机树（rapidly-exploring random trees，RRT）法及其变种、线性二次型调节器–树结构（linear quadratic regulator-trees，LQR-Trees）法。其中，APF 法适用于简单约束下的线性系统或弱非线性系统，但针对复杂约束下的非线性系统，APF 法存在难以构造表示大范围吸引域的引力函数、容易陷入局部极小等缺点。为解决复杂约束下非线性系统的安全实时运动规划与控制问题，学者们对基于 RRT 及其变种和基于 LQR-Trees 的反馈运动规划方法与应用进行了大量研究。

本章将反馈运动规划问题分解为局部系统的可达集计算问题与可达集序列（以下用英文“funnel”表示可达集序列）组合问题，深入研究可达集计算方法以及基于 funnel 组合的反馈运动规划方法[2,6]。首先，给出了反馈运动规划问题的描述和典型求解方法；其次，采用刘维尔方程描述了可达集问题，证明了可达集计算过程中的测度不变性，建立了可达集计算的通用模型，介绍了相应的求解方法；然后，给出了基于 funnel 组合的反馈运动规划方法，采用结构树组合正向 funnel 和反向 funnel，实现复杂约束下全局高效的运动规划与控制；最后，将基于 funnel 组合的反馈运动规划方法应用于空间近程交会与避障问题，仿真结果表明，该方法可以实现安全、实时的运动规划与控制。

6.2 反馈运动规划问题描述及求解方法

6.2.1 反馈运动规划问题描述

一般的连续时间非线性系统表示为

$$\dot{\boldsymbol{x}}=\boldsymbol{f}(t,\boldsymbol{x},\boldsymbol{u}),\ \ \forall t\in[0,T] \tag{6-1}$$

式中：状态变量$\boldsymbol{x}\in\mathbb{R}^n$；控制输入$\boldsymbol{u}\in\mathbb{R}^m$；终端时刻$T\in\mathbb{R}^+$；$n$、$m\in\mathbb{N}^+$为系统状态维度和输入维度。状态空间记为$X$，即$\boldsymbol{x}\in X$，可行控制空间记为$U$，即$\boldsymbol{u}\in U$。针对有限时域连续系统式（6-1），定义空间$\Omega:=[0,T]\times X$，空间$X$在$t$时刻的截面记为$X_t=\{\boldsymbol{x}|(t,\boldsymbol{x})\in\Omega\}$。向量场$\boldsymbol{f}$下的流记为$\Phi_t^f(\boldsymbol{x})$，是关于$t$和$\boldsymbol{x}$的函数。给定任意初始状态$\boldsymbol{x}_0\in X_0$，从该状态开始的流称为流线。标称轨迹记为$(t,\bar{\boldsymbol{x}},\bar{\boldsymbol{u}})\in[0,T]\times X\times U$（带横线上标的变量为“标称量”）。

对连续系统式（6-1）进行离散化处理，记h为离散时间间隔，离散时间非线性系统可表示为

$$\boldsymbol{x}^+=\boldsymbol{f}_h(\boldsymbol{x},\boldsymbol{u}) \tag{6-2}$$

式中：$\boldsymbol{x}^+$、$\boldsymbol{x}\in X$和$\boldsymbol{u}\in U$分别为离散的状态与控制。

状态空间可表示为$X=X_{\text{free}}\cup X_{\text{obs}}$，$X_{\text{free}}$表示满足约束的自由状态空间，$X_{\text{obs}}$表示约束所占据的状态空间，给定目标集$X_{\text{G}}\subset X_{\text{free}}$，下面分别给出连续系统和离散系统的反馈运动规划问题描述。

1. 连续系统反馈运动规划问题

给定连续系统式（6-1），其状态空间X为连续流形。在时域$t\in[0,T]$，对于$\forall\boldsymbol{x}(t)\in X_{\text{free}}$，存在可行状态反馈控制$\boldsymbol{u}(t,\boldsymbol{x})\in U$，使得$\boldsymbol{x}(T)\in X_{\text{G}}$。

注 6-1 理想情况下，如果初始状态和终端状态给定，该问题即为传统的规划问题。初始状态未知情况下的运动规划对于一般系统来说非常困难，需求解映射$\pi:[0,T]\times X_{\text{free}}\to U$，$\forall\boldsymbol{x}(t)\in X_{\text{free}}$，使系统在满足约束的前提下到达目标状态$\boldsymbol{x}(T)\in X_{\text{G}}$。产生这一系列执行策略的函数$\pi$即为反馈运动规划的解，对于任意初始状态，$\pi$将给出将其导引到目标的反馈策略。连续系统反馈运动规划问题等价于求解满足约束（$\boldsymbol{x}(t)\in X_{\text{free}}$，$\boldsymbol{u}(t,\boldsymbol{x})\in U$，$t\in[0,T]$）的控制吸引域。

2. 离散系统反馈运动规划问题

给定离散系统式（6-2）以及有限非空状态空间X。在离散时刻$k=0,1,\cdots,N$，对于$\forall\boldsymbol{x}_k\in X_{\text{free}}$，存在可行状态反馈控制$\boldsymbol{u}_k(\boldsymbol{x}_k)\in U$，使$\boldsymbol{x}_N\in X_{\text{G}}$。

注 6-2 与连续系统问题类似，如果初始状态未知，则需要求解映射$\pi:X_{\text{free}}\to U$，$\forall\boldsymbol{x}_k\in X_{\text{free}}$，使系统在满足约束的前提下到达目标状态$\boldsymbol{x}_N\in X_{\text{G}}$。离

散系统反馈运动规划问题等价于求解满足约束（$\boldsymbol{x}_k \in X_{\text{free}}$，$\boldsymbol{u}_k(\boldsymbol{x}_k) \in U$，$k = 0,1,\cdots,N$）的控制吸引域。

6.2.2 反馈运动规划问题求解方法

针对 6.2.1 小节所描述的反馈运动规划问题，目前常用的求解方法有人工势函数（APF）法、快速扩展随机树（RRT）法及其变种、基于线性二次型调节器和结构树（LQR-Trees）的方法等，下面对其进行简要介绍。

APF 法在状态空间中构造由吸引势场和斥力势场组成的人工势函数 $\varPhi : X \to \mathbb{R}^+$，反馈运动规划问题的可行解 π 为势函数的梯度，即 $\pi(t,\boldsymbol{x}) = -\nabla \varPhi|_{t,x}$。设计合适的人工势函数可以为全局状态提供安全导引，像漏斗引流一样将所有状态导引至目标集 X_{G}。进一步，选取适当的势函数能够实现最优性，即 $\boldsymbol{u}^* = \arg\min\limits_{u \in U} \varPhi[\boldsymbol{x}, \boldsymbol{u}(t,\boldsymbol{x})]$。但是研究表明，针对非线性系统构造满足大范围控制吸引域的人工势函数非常困难，且梯度下降容易陷入局部极小，因此，APF 法通常用于简单约束下的局部反馈运动规划。

文献[7]指出，采用随机采样构造拓扑图的方式可以跳出局部极小，且是概率完备的。拓扑图能够在更大范围内搜索可行解甚至最优解，从而克服 APF 法的不足。目前通过采样构图解决反馈运动规划问题的典型方法为随机概率图（probabilistic roadmaps）法和 RRT 法。为求解反馈运动规划的最优解 π^*，可以采用 RRT 的变种——RRT*[8]。

RRT*算法通过随机采样生成树状图 $\mathcal{G}$，在 X_{free} 中进行足够稠密的采样可实现渐近最优的反馈运动规划[9-10]。树状图 $\mathcal{G}$ 可以描述空间中采样点之间的位置和连接关系，由节点（vertices）集合 $V_{\mathcal{G}}$ 和边（edges）集合 $E_{\mathcal{G}}$ 构成，记为 $\mathcal{G} = (V_{\mathcal{G}}, E_{\mathcal{G}})$。假设节点总数为 $N_{\mathcal{G}}$，从终端状态 $\boldsymbol{x}_{\text{G}}$ 开始搜索，RRT*算法的伪代码如算法 6-1 所示。

算法 6-1 RRT*算法

输入：$\boldsymbol{x}_{\text{G}}$
$\mathcal{G} \leftarrow \boldsymbol{x}_{\text{G}}$
for $k = 1,2,\cdots,N_{\mathcal{G}}$ **do**
  $\boldsymbol{x}_{\text{rand}} \leftarrow \text{RandomSample}$
  $\boldsymbol{x}_{\text{nearest}} \leftarrow \text{Nearest}(\boldsymbol{x}_{\text{rand}}, \mathcal{G})$
  $\boldsymbol{x}_{\text{new}} \leftarrow \text{Steer}(\boldsymbol{x}_{\text{nearest}}, \boldsymbol{x}_{\text{rand}})$
  if $\text{CollisionFree}(\boldsymbol{x}_{\text{new}}, \boldsymbol{x}_{\text{nearest}})$ **then**
    $X_{\text{near}} \leftarrow \text{Near}(\boldsymbol{x}_{\text{new}}, \mathcal{G})$
    $\mathcal{G} \leftarrow \text{Rewire}(\boldsymbol{X}_{\text{new}}, \boldsymbol{x}_{\text{new}}, \mathcal{G})$
  end if
end for
输出：$\mathcal{G}$

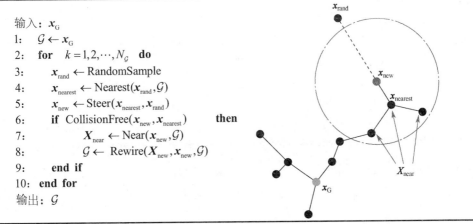

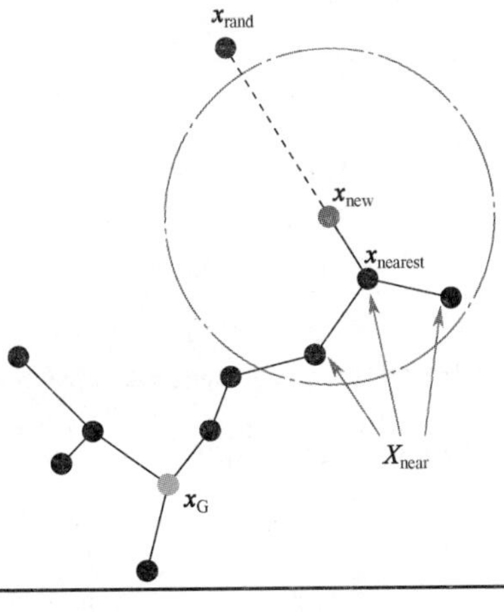

RRT*算法中各函数的功能如下。

① RandomSample 返回满足约束的状态空间的随机采样点 $\boldsymbol{x}_{\text{rand}}$。

② Nearest($\boldsymbol{x}_{\text{rand}},\mathcal{G}$) 返回当前树中距 $\boldsymbol{x}_{\text{rand}}$ 最近的节点 $\boldsymbol{x}_{\text{nearest}}\in\mathcal{G}$。

③ Steer($\boldsymbol{x}_{\text{nearest}},\boldsymbol{x}_{\text{rand}}$) 返回新节点 $\boldsymbol{x}_{\text{new}}\in\mathcal{G}$，从 $\boldsymbol{x}_{\text{new}}$ 出发的轨迹需可达 $\boldsymbol{x}_{\text{nearest}}$，并满足一定指标条件。

④ CollisionFree($\boldsymbol{x}_{\text{new}},\boldsymbol{x}_{\text{nearest}}$) 检测 $\boldsymbol{x}_{\text{new}}$ 到 $\boldsymbol{x}_{\text{nearest}}$ 的轨迹是否无碰撞。

⑤ Near($\boldsymbol{x}_{\text{new}},\mathcal{G}$) 返回节点集合 X_{near}，这些节点与 $\boldsymbol{x}_{\text{new}}$ 间轨迹的指标在预设范围（算法 6-1 右图中的点画线圆圈）内，且满足 $\boldsymbol{x}_{\text{new}}$ 可达、无碰。

⑥ Rewire($X_{\text{near}},\boldsymbol{x}_{\text{new}},\mathcal{G}$) 评估 $\boldsymbol{x}_{\text{new}}$ 到 X_{near} 中各节点的轨迹指标，连接 $\boldsymbol{x}_{\text{new}}$ 与 X_{near} 中对应最优指标的节点，更新 $\mathcal{G}$。

RRT 算法相比 RRT*算法缺少了优化重连函数 Rewire($X_{\text{near}},\boldsymbol{x}_{\text{new}},\mathcal{G}$)（和 Near($\boldsymbol{x}_{\text{new}},\mathcal{G}$)）。如果 $\mathcal{G}$ 中的所有状态节点均存在可行轨迹指向终端状态 $\boldsymbol{x}_{\text{G}}$，即可得反馈运动规划的解 π。实际应用中，RRT*算法的难点在于如何设计函数 Steer($\boldsymbol{x}_{\text{nearest}},\boldsymbol{x}_{\text{rand}}$)，使新的采样点 $\boldsymbol{x}_{\text{new}}$ 能够连接到当前 $\mathcal{G}$ 中的最近节点 $\boldsymbol{x}_{\text{nearest}}$ [11]；或者将当前状态 $\boldsymbol{x}_{\text{new}}$ 反馈给规划器时，如何保证一定存在 $\boldsymbol{x}_{\text{new}}$ 到 $\mathcal{G}$ 中最近节点 $\boldsymbol{x}_{\text{nearest}}$ 的可行轨迹。当不考虑动力学（如微分约束），只考虑环境约束时，基于采样的邻域图（sample-based neighborhood graph）[12]等采样规划方法可以通过集合形状表示相邻节点的连接关系。而考虑动力学时，通常采用可达集对可达性问题进行描述；否则势必要大量采点以稠密覆盖整个可控状态子空间，从而满足可达性的要求。

可达集是系统在某个时刻所有演化状态的集合，一段时间内开环标称轨迹邻域的可达集的并集称为可达集序列（funnel）。funnel（漏斗）这一概念最早由 Mason[13] 引入，除了可达集序列外，也对应着将初始集引导至终端集的反馈策略。LQR-Trees 算法提出的初衷即是在构图过程中利用 funnel 覆盖可控状态子空间，从而有效减少采样次数。

LQR-Trees 算法将 X_{free} 划分为多个光滑流形单元 Φ_i 组成的分段连续系统，每个流形单元 Φ_i 可以表示一个连续区间的大量可达的轨迹束，即 funnel。由于对应分段局部系统，每个 funnel 可以作为随机采样方法的局部规划器，结合树状图 $\mathcal{G}$，将局部系统的 funnel 进行组合以扩大至覆盖整个 X_{free}，实现大范围状态空间下的反馈运动规划。这种序列组合 funnel 的策略如同液体在顺次相连的漏斗内流向最底部，如图 6-1 所示。这样，利用 LQR-Trees 算法可以得到全局反馈运动规划问题的解 $\pi=\bigcup_{i=1}^{N_{\mathcal{G}}}(-\nabla\Phi_i)$。树状图 $\mathcal{G}$ 提供了开环标称轨迹的规划策略，为使局部系统能保持在开环标称轨迹附近，需在标称轨迹附近设计状态反馈控制律，因此一段 funnel 中对应的控制律 $\boldsymbol{u}$ 包括两部分，即 $\boldsymbol{u}=\bar{\boldsymbol{u}}+\tilde{\boldsymbol{u}}$，分别由开环标称控制输入 $\bar{\boldsymbol{u}}$ 和基于时变线性二次型调节器（time varying linear quadratic regulator，TVLQR）的局部状态反馈控制 $\tilde{\boldsymbol{u}}$ 提供。LQR-Trees 算法流程图如图 6-2 所示。

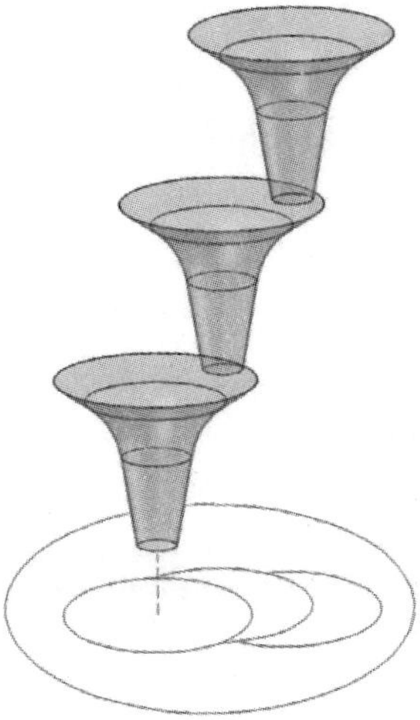

图 6-1 funnel 序列组合示意图

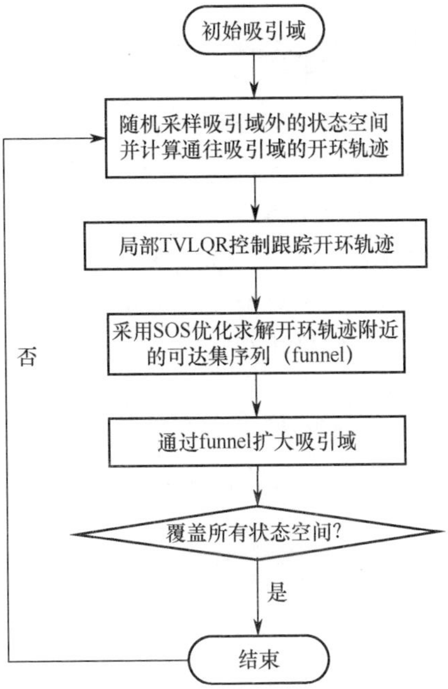

图 6-2 LQR-Trees 算法流程框图

以平方和（sum-of-squares，SOS）规划作为可达集的有效计算工具，除了 LQR-Trees 外，很多学者对基于 funnel 的反馈运动规划方法进行了研究，已经能够较好地解决考虑动力学和复杂约束的反馈运动规划问题，但是目前依然存在一些缺陷：①基于 SOS 规划的 funnel 求解受到 SOS 规划算法计算效率的限制，难以扩展到高维系统，也很难覆盖大范围状态空间；②LQR-Trees 算法采用随机生成树的方式，因此不是最优或渐近最优的规划算法；③采用 SOS 规划的 funnel 初值估计问题虽然由 Tobenkin[14]给出了一种求解方法，但是这种初值估计策略并不可靠，实际运算过程中还需不断尝试更好的初值；④当前鲁棒 funnel 的计算只针对有界噪声，尚未针对其他噪声类型下的不确定性系统进行研究[15]。

funnel 有正向 funnel 和反向 funnel 之分。给定终端集的反向 funnel 和给定初始集的正向 funnel 描述了状态集合的运动特性，其本质是动力学系统的反向和正向可达性。相比传统的面向状态的控制和规划方法，这种面向集合的方法高效地计算了大量状态的运动轨迹，将复杂的反馈运动规划问题分解为多个子空间的规划问题，并采用正向 funnel 或/和反向 funnel 的组合进行空间覆盖，为反馈运动规划研究指明了方向。基于 funnel 组合的反馈运动规划的核心问题是如何准确、高效地求解非线性系统的可达集。事实上，非线性系统的可达集求解问题不仅是解决反馈运动规划问题的关键，而且一直是控制领域的研究难点和热点。6.3 节主要介绍基于 SOS 规划的可达集求解方法。

6.3 基于平方和规划的可达集计算

可达集描述了系统在特定约束下某个时刻状态的演化集合，一般分为正向可达集和反向可达集。全局一致渐近稳定系统的稳定区间为整个状态空间，系统在平衡点有界邻域存在的可以满足局部稳定的区域称为吸引域。当存在不确定性因素时，稳定系统收敛到最小鲁棒正不变集。显然，最小鲁棒正不变集和吸引域分别为平衡点稳定邻域在无限时域上的正向和反向可达集。本节对可达集的定义、建模、求解等问题进行简要描述和分析。

6.3.1 可达集定义

定义 6-1 对于给定初始集 $\bar{X}_0$（带横线上标的集合为紧集），有限时域内所有来自该集合的流线所在的空间为

$$\mathcal{F} := \{\boldsymbol{x}(t) \in X \mid \exists\, \boldsymbol{u} \in U,\ \forall t \in [0,T],\ \forall \boldsymbol{x}(0) \in \bar{X}_0,\ \text{s.t.}\ \boldsymbol{x}(t) \in \Phi_t^f[\boldsymbol{x}(0)]\} \tag{6-3}$$

用 $\mathcal{F}_t$ 或 $\mathcal{F}(t)$ 表示 t 时刻的正向可达集。开环标称轨迹 $(t,\bar{\boldsymbol{x}},\bar{\boldsymbol{u}})$ 邻域的正向可达集的并集称为正向可达集序列或正向 funnel，记为 $\mathcal{F}$ 。

定义 6-2 对于给定终端集 $\bar{X}_T$，有限时域内所有到达该集合的流线所在的空间为

$$\mathcal{B} := \{\boldsymbol{x}(t) \in X \mid \exists\, \boldsymbol{u} \in U,\ \forall t \in [0,T],\ \text{a.e.}\ \boldsymbol{x}(T) \in \bar{X}_T,\ \text{s.t.}\ \boldsymbol{x}(t) \in \Phi_t^f[\boldsymbol{x}(0)]\} \tag{6-4}$$

式中：a.e. 表示“几乎所有”（almost everywhere）；用 $\mathcal{B}_t$ 或 $\mathcal{B}(t)$ 表示 t 时刻的反向可达集。开环标称轨迹 $(t,\bar{\boldsymbol{x}},\bar{\boldsymbol{u}})$ 邻域反向可达集的并集称为反向可达集序列或反向 funnel，记为 $\mathcal{B}$ 。

显然，funnel 为有限时域开环标称轨迹附近局部系统的可达集组成的序列。可达集描述了微分方程的演化规律，给定初始集，可以通过计算正向可达集得到任意时刻从初始集合出发演化所得的状态集合；给定终端集，可以通过计算反向可达集得到在规定时间内落入终端集的状态集合。

根据可达集的定义，当系统存在稳定的反馈控制时，正向可达集通常会趋向于闭环系统的标称轨迹（或平衡点）。为了更直观地讨论可达集本身的演化规律，假设标称轨迹为固定的平衡点 $\bar{\boldsymbol{x}}=0$ 。以连续系统为例，对于非线性系统式（6-1），当存在稳定的状态反馈控制 $\boldsymbol{u}(t,\boldsymbol{x})$ 时，根据李雅普诺夫稳定性的定义，在空间 Ω 中定义算子 $\mathcal{L}_f : \mathcal{C}^1(\Omega) \to \mathcal{C}(\Omega)$ ，对于连续函数 $V \in \mathcal{C}^1(\Omega)$ ，有

$$\mathcal{L}_f V(t,\boldsymbol{x}) = \frac{\partial V(t,\boldsymbol{x})}{\partial t} + \left(\frac{\partial V(t,\boldsymbol{x})}{\partial \boldsymbol{x}}\right)^{\mathrm{T}} \boldsymbol{f}[t,\boldsymbol{x},\boldsymbol{u}(t,\boldsymbol{x})] \tag{6-5}$$

按照使用习惯，一般记 $\dot{V}(t,\boldsymbol{x}) = \mathcal{L}_f V(t,\boldsymbol{x})$ ，且有以下定义。

定义 6-3 一个连续可微函数 $V(t,\boldsymbol{x})$ 如果满足以下条件：

① $V(t,\boldsymbol{x})>0,\ \forall t\in[0,T],\ \forall \boldsymbol{x}\in X\setminus\{0\}$；

② $\dot{V}(t,\boldsymbol{x})\leqslant 0,\ \forall t\in[0,T],\ \forall \boldsymbol{x}\in X$。

则称$V(t,\boldsymbol{x})$为空间Ω中的李雅普诺夫函数。

李雅普诺夫函数给出了系统稳定或渐近稳定的充分条件，是控制理论中常用的稳定性分析工具，用以辅助控制系统设计。非线性系统通常不具备全局稳定性，使用李雅普诺夫函数的水平集可以表示平衡点附近的某个邻域，若该邻域内的状态最终会收敛到平衡点，则这个邻域称为吸引域，且有以下定义。

定义 6-4 假设$\bar{\boldsymbol{x}}$为系统式（6-1）固定的渐近稳定平衡点，且系统是局部利普希茨（Lipschitz）的。若存在平衡点$\bar{\boldsymbol{x}}$的邻域满足定义 6-3 的条件，则一定存在一个包含$\bar{\boldsymbol{x}}$的区域，即

$$\mathcal{B}_{\infty}=\{\boldsymbol{x}\in X|V(t,\boldsymbol{x})\to V(t,\bar{\boldsymbol{x}}),\ 当t\to+\infty\} \tag{6-6}$$

称$\mathcal{B}_{\infty}$是系统（6-1）在平衡点$\bar{\boldsymbol{x}}$的吸引域，记为$\mathcal{B}_{\infty}(\bar{\boldsymbol{x}})$。

根据定义 6-4，吸引域表示平衡点的无限时域反向可达集[16]。吸引域中的所有状态随时间趋于无穷而趋于平衡点，该过程并不依赖于时间变量，反映了可达集的最终演化趋势。作为李雅普诺夫稳定的补充，当不考虑时间变量时有以下拉萨尔（LaSalle）不变集原理。

定义 6-5（拉萨尔不变集原理（Lasalle's invariance principle））[17] 对于自治系统$\dot{\boldsymbol{x}}=\boldsymbol{f}(\boldsymbol{x})$，满足条件$V(\boldsymbol{x})<\rho(\exists\rho>0),\ \dot{V}(\boldsymbol{x})\leqslant 0$的区域，称为不变集。

由于不含时间变量，相比李雅普诺夫条件（定义 6-3），拉萨尔不变集为无限时域稳定的自治系统提供了判定条件。不变集条件（定义 6-5）可以认为是李雅普诺夫条件在时间趋于无穷的极限形式，描述了可达集的极限演化规律。基于不变集理论，系统稳定不能保证收敛到平衡点，也可能是其他不变区域。因此，为保证最终状态能够收敛到平衡点，还需假设不变集中有且仅有一个平衡点$\bar{\boldsymbol{x}}$。

注 6-3 相比李雅普诺夫函数，拉萨尔不变集原理要求研究对象必须是自治系统。如果系统的解有界，那么其正极限集合是非空不变紧集，因此对于系统（6-1），当$T\to+\infty$，如果系统局部渐近稳定，则$\mathcal{F}_{\infty}$一定收敛到不变集。如果系统稳定且存在平衡点$\bar{\boldsymbol{x}}$，则其邻域$\mathcal{B}_{\infty}$中的所有状态一定沿时间正向收敛到平衡点$\bar{\boldsymbol{x}}$[18]。根据定义 6-4，吸引域和其任意子集均满足不变集性质，即吸引域为最大的正不变集（maximal positively invariant set）。对于自治系统，平衡点、吸引域均是不变集。

6.3.2 可达集建模

在可达集的计算中，初始状态并非确定的状态$\boldsymbol{x}_0$而是状态集$\bar{X}_0$，不同的初始状态对应不同的流线，这些流线形成了密集的曲线束。本节借助测度论[19]、刘维尔方程以及可达集计算过程中的测度不变性，对可达集问题进行统一描述与建模。

下面首先借助李雅普诺夫函数对特定状态的轨迹进行运动分析，然后推广到整

个状态集。

对于给定的初始状态 $\boldsymbol{x}(0)\in X_0$，对李雅普诺夫函数的导数式（6-5）在时间区间$[0,T]$上积分，即

$$V[T,\boldsymbol{x}(T)]=V[0,\boldsymbol{x}(0)]+\int_{[0,T]}\mathcal{L}_f V[t,\boldsymbol{x}(t)]\mathrm{d}t,\ \ \forall\ \boldsymbol{x}(0)\in X_0 \tag{6-7}$$

该方程表示状态 $\boldsymbol{x}(0)$ 的李雅普诺夫函数随时间的变化规律。

对于空间 $\Omega=[0,T]\times X$，首先定义其占位时测度（occupation measure）$\mu\in\mathcal{M}(\Omega)$。通过对李雅普诺夫函数的导数式（6-5）在整个 Ω 空间进行积分，得到状态集在空间 Ω 的运动规律为

$$\int_{X_T}V(T,\boldsymbol{x})\mathrm{d}\nu(\boldsymbol{x})=\int_{X_0}V(0,\boldsymbol{x})\mathrm{d}\nu(\boldsymbol{x})+\int_{\Omega}\mathcal{L}_f V(t,\boldsymbol{x})\mathrm{d}\mu(t,\boldsymbol{x}) \tag{6-8}$$

初始集 X_0 采用初始测度 $\mu_0\in\mathcal{M}(X_0)$ 进行度量，t 时刻的状态空间测度记为 $\mu_t\in\mathcal{M}(X_t)$，则式（6-8）可以更简明地表示为

$$\langle\mu_T,V(T,\cdot)\rangle=\langle\mu_0,V(0,\cdot)\rangle+\langle\mathcal{L}_f'\mu,V(t,\cdot)\rangle \tag{6-9}$$

式（6-9）是一个关于测度 μ_0、μ_T、μ 的线性方程。其中，$\langle,\rangle$ 表示内积，$\mathcal{L}_f':\mathcal{C}(\Omega)'\to\mathcal{C}^1(\Omega)'$ 表示 $\mathcal{L}_f$ 的伴随算子，满足

$$\mathcal{L}_f'\mu=-\frac{\partial\mu}{\partial t}-\mathrm{div}(\boldsymbol{f}\mu) \tag{6-10}$$

式中：$\mathrm{div}(\boldsymbol{f}\mu)$ 为向量场的散度。令 δ_t 表示 t 时刻的狄拉克测度，$\otimes$ 表示测度乘法，则有 $\langle\mu_0,V(0,\cdot)\rangle=\langle\delta_0\otimes\mu_0,V\rangle$，$\langle\mu_T,V(T,\cdot)\rangle=\langle\delta_T\otimes\mu_T,V\rangle$。李雅普诺夫函数 $V\in\mathcal{C}^1(\Omega)$ 的形式不是唯一的，因此式（6-9）可以表示为以下的刘维尔方程[20]，即

$$\delta_T\otimes\mu_T=\delta_0\otimes\mu_0+\mathcal{L}_f'\mu \tag{6-11}$$

根据测度论，每个时刻对应的测度 μ_t 可以形象化地想象为非标准化的概率分布。刘维尔方程（6-11）描述了状态集合中所有流线的演化过程（状态流），将状态流的计算问题转化为求解对应时刻的测度 μ_t。根据可达集的概念和刘维尔方程的物理意义，图 6-3 展示了测度随时间变化的规律，所有出发于初始集 X_0 的流线汇集到终端集。

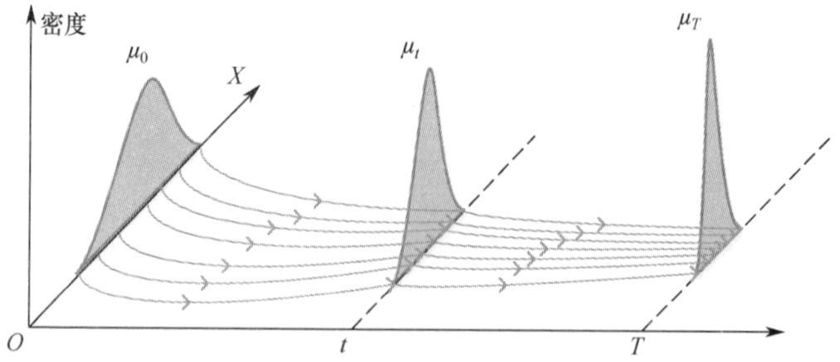

图 6-3　测度随时间变化示意图

相似地，对于离散系统（6-2），刘维尔方程具有以下的离散形式[21]，即

$$\mu_T + \nu = F_* \nu + \mu_0 \tag{6-12}$$

式中：F_* 为测度映射（image map）。令相邻时刻 t、t' 对应的状态空间 X_t、$X_{t'}$ 满足 $\boldsymbol{x} \in X_t$、$\boldsymbol{x}^+ \in X_{t'}$，令映射 $F = \boldsymbol{f}_h$，则存在测度映射 F_*，即

$$F_* : \mathcal{M}(X_t) \to \mathcal{M}(X_{t'}) \tag{6-13}$$

使得

$$F_* \mu_t := \mu_t(\{\boldsymbol{x} \in X_t | \boldsymbol{f}_h(\boldsymbol{x}) \in X_{t'}\}) \tag{6-14}$$

$F_* \mu_t \in \mathcal{M}(X_{t'})$ 也称为前推测度（pushforward measure 或 image measure）[22]。

根据定义 6-1 和定义 6-2，在可达集的计算过程中有以下定理和性质。

定理 6-1 在可达集的计算过程中，刘维尔方程式（6-11）满足 $\mathcal{L}_f' \mu = 0$。

证明：在时域[0,*T*]内，占位时测度 μ 被初始测度 μ_0 所限制。根据文献[19]中的定理 6-4，占位时测度 μ 可以分解为

$$\mathrm{d}\mu(t, \boldsymbol{x}) = \mathrm{d}\mu_t(\boldsymbol{x})\mathrm{d}t \tag{6-15}$$

式中：$\mathrm{d}\mu_t(\boldsymbol{x})$ 为 X 上的测度 t 时刻的概率密度；$\mathrm{d}t$ 为时间区间[0,*T*]典型的龙贝格测度；μ_t 可以看作 t 时刻的概率分布。测度分解式（6-15）意味着 μ_t 在时间间隔 $[t, t+\mathrm{d}t]$ 内唯一存在。

由于集合 X 分段连续，则对于所有可测函数 $w(\boldsymbol{x})$，存在表面测度 σ 满足以下 Stokes 公式，即

$$\int_{\partial X} w(\boldsymbol{x})\eta(\boldsymbol{x})\mathrm{d}\sigma(\boldsymbol{x}) = -\int_X \frac{\partial^{\mathrm{T}} w(\boldsymbol{x})}{\partial \boldsymbol{x}} \mathrm{d}\boldsymbol{x} \tag{6-16}$$

式中：$\eta(\boldsymbol{x})$ 为曲面 ∂X 从外向内的表面法向量；$w(\boldsymbol{x}) \in \mathcal{W}^{k,\infty}(\mathrm{int}(X))$，$\mathcal{W}^{k,p}$ 表示 Sobolev 空间，即 $\mathcal{L}^p$ 范数的矢量函数空间，满足

$$\mathcal{W}^{k,p}(X) = \left\{ w \in \mathcal{L}^p(X) | \frac{\partial^{|\alpha|} w}{\partial \boldsymbol{x}_1^{\alpha_1} \cdots \boldsymbol{x}_n^{\alpha_n}} \in \mathcal{L}^p(X),\ \forall |\alpha| \leqslant k \right\} \tag{6-17}$$

占位时测度 μ 描述了系统（6-1）的解，同时 $\mu_\partial \in \mathcal{M}(\partial X)$（或者 $\mu_{\partial,t} \in \mathcal{M}(\partial X_t)$）描述了这些解的边界。因此，在 t 时刻存在一个连续函数，即

$$t \mapsto \int_{\partial X} w(\boldsymbol{x})\eta(\boldsymbol{x})\mathrm{d}\mu_{\partial,t} = -\int_X \frac{\partial^{\mathrm{T}} w(\boldsymbol{x})}{\partial \boldsymbol{x}} \mathrm{d}\boldsymbol{x}\mathrm{d}\mu_t \tag{6-18}$$

式（6-18）可以看作所有 t 时刻穿过 ∂X_t 表面的流会进入 $X_t \times \mathrm{d}t$ 空间的内部。流必须满足系统（6-1）的微分方程约束，即 $\mathrm{d}\boldsymbol{x}/\mathrm{d}t = \boldsymbol{f}$，因此

$$\int_X \frac{\partial^{\mathrm{T}} w(\boldsymbol{x})}{\partial \boldsymbol{x}} \mathrm{d}\boldsymbol{x}\mathrm{d}\mu_t = \int_X \nabla w \boldsymbol{f} \mathrm{d}\mu \tag{6-19}$$

t 的前一时刻和后一时刻分别记为 t^- 和 t^+。根据 $\mathcal{F}$ 和 $\mathcal{B}$ 的定义，从 X_{t^-} 出发的流均穿过表面 ∂X_t，且从 ∂X_t 发出的流均穿过 X_{t^+}，因此有

$$\int_X w(\boldsymbol{x})\mathrm{d}\mu_{t^+} \geqslant \int_X w(\boldsymbol{x})\mathrm{d}\mu_{t^-} - \int_X \nabla w \boldsymbol{f} \mathrm{d}\mu \tag{6-20}$$

根据 Fubini's 定理[19]，有

$$\delta_t \otimes \mu_t(X) = \int_X \delta(X)\mu_t(\mathrm{d}\boldsymbol{x}) \tag{6-21}$$

不失一般性，假设 $\mathbb{I}_X(\boldsymbol{x}): X \to \{0,1\}$ 表示 X 上的指示函数，即

$$\mathbb{I}_X(\boldsymbol{x}) := \begin{cases} 1, & \boldsymbol{x} \in X \\ 0, & \text{其他} \end{cases}$$

结合式（6-20），有

$$\frac{\partial \mu}{\partial t} = \int_X \mathbb{I}_X \mathrm{d}\mu_{t^+} - \int_X \mathbb{I}_X \mathrm{d}\mu_{t^-} \geqslant -\int_X \mathrm{div}(\boldsymbol{f}\mathrm{d}\mu) \tag{6-22}$$

对于任意时刻 t，存在以下一般的表达式，即

$$\mathcal{L}'_f \mu = -\frac{\partial \mu}{\partial t} - \mathrm{div}(\boldsymbol{f}\mu) \leqslant 0 \tag{6-23}$$

根据 $\mathcal{F}$ 和 $\mathcal{B}$ 的定义，如果 $\bar{X}_0$ 为唯一的流源头或者 $\bar{X}_T$ 为唯一的目标集，则式（6-23）必须取等号，即有

$$\mathcal{L}'_f \mu = 0 \tag{6-24}$$

注 6-4 $\mathcal{L}'_f \mu = 0$ 意味着占位时测度 μ 关于系统 $\boldsymbol{f}$ 不变，这表示 μ 所在的度量空间 Ω 根据系统方程(6-1)将自己映射在自己本身，即时不变性。刘维尔方程式(6-11)通常用于描述可压缩流体，μ_0 可以看作初始集 $\bar{X}_0$ 的概率分布，统计了 $\bar{X}_0$ 的所有状态，记 $\mu_0 = 1$。随着流体的流动，为统计 t 时刻所有来自初始集 $\bar{X}_0$ 的流线，则 t 时刻的概率分布也必须满足 $\mu_t = 1$ 才能保证统计到所有状态，这就是测度不变性的物理内涵。虽然概率分布不变保证了统计过程不遗漏任何来自于 $\bar{X}_0$ 的状态，但在流动中流体的密度可以改变，从而流经的空间大小也随之改变。流体在 t 时刻所占据的空间反映了 t 时刻的可达集。因此，t 时刻测度 μ_t 的支撑集 $\mathrm{spt}(\mu_t)$ 表示该时刻的可达集。

连续系统可以通过离散化转化为离散系统，即在时域$[0,T]$内，通过 $N+1$ 个有限的时刻 $t_k \in [0,T](k = 0,1,\cdots,N)$ 进行离散化。根据测度可加性，有 $\mu = \lim\limits_{N\to\infty} \delta_{[0,T]} \otimes \sum\limits_{k=0}^{N}(\mu_{t_k})$，则 $\nu := \lim\limits_{N\to\infty} \sum\limits_{k=0}^{N} \mu_{t_k}$ 为 μ 在状态空间下的投影，即 $\nu \in \mathcal{M}(X)$。

离散系统（6-2）满足点对点的映射 $\boldsymbol{f}_h : \boldsymbol{x} \to \boldsymbol{x}^+$。为方便区分，假设相邻时刻 t_k、t_{k+1} 对应的状态集满足映射关系 $F : X_{t_k} \to X_{t_{k+1}}$，则离散系统存在和连续系统相似的测度不变性质。

推论 6-1 设测度 $F_*\mu_{t_k} \in \mathcal{M}(X_{t_{k+1}})$，在可达集中，离散形式的刘维尔方程式（6-12）满足 $F_*\nu - \nu = 0$。

注 6-5 若 F 为保测度映射，即 ν 基于 $\boldsymbol{f}$ 遍历，则定理 6-1 和推论 6-1 均可被满

足。通过保测度映射的遍历性质[19]可得

$$\nu(F^{-1}(K))=\nu(K),\ \ \forall K\in X \tag{6-25}$$

因此 $\mu_{t_{k+1}}=F_*\mu_{t_k}=\mu_{t_k}(F^{-1}(X_{t_k}))=\mu_{t_k}$，则 $F_*\nu-\nu=F_*\sum\limits_{k=0}^{N-1}\mu_{t_k}-\sum\limits_{k=0}^{N-1}\mu_{t_k}=0$。该推论等价于将测度不变性质通过时间采样的方式映射投影到测度 ν 上，即 Ω 在状态空间中的投影。因此，$\nu\in\mathcal{M}(X)$ 表示所有来自初始集 X_0 的流线。

推论 6-2 $\mathcal{L}_f'\mu\leqslant 0$ 或 $F_*\nu-\nu\leqslant 0$ 为测度不变的充分条件。

注 6-6 根据定理 6-1 的证明过程，当 $\bar{X}_T$ 为 T 时刻可达集时，$\bar{X}_0$ 未必是唯一的初始集（如 $\bar{X}_T$ 中的状态可能由 $X_0\setminus\bar{X}_0$ 中的初始状态演化得到），此时 $\mathcal{L}_f'\mu\leqslant 0$ 表示可达集的充分条件，该充分条件可以描述为 $\boldsymbol{x}\in\bar{X}_0\Rightarrow\boldsymbol{x}\in\bar{X}_T$，并且此时 F 不是保测度映射，满足 $F_*\mu_{t_k}\leqslant\mu_{t_{k+1}}$，有 $F_*\nu-\nu\leqslant 0$。

实际中，系统模型和真实情况必然存在偏差，基于模型所得的测度信息并不准确，考虑系统的不确定性，计算鲁棒可达集更具实际意义。假设系统（6-1）存在有界不确定性的干扰，即

$$\dot{\boldsymbol{x}}=\boldsymbol{f}(t,\boldsymbol{x},\boldsymbol{w}),\ \ \forall t\in[0,T],\ \ \forall\boldsymbol{w}:[0,T]\to W \tag{6-26}$$

式中：$W\subset\mathbb{R}^{n_w}$ 为不确定性所在空间。定义混合占位时测度（mixture occupation measure）$\hat{\mu}\in\mathcal{M}([0,T]\times X\times W)$，$\hat{\nu}\in\mathcal{M}(X\times W)$。令 $\hat{\mu}_t\in\mathcal{M}(X_t\times W)$，$\hat{\mu}_x\in\mathcal{M}([0,T]\times W)$，$\hat{\nu}_x\in\mathcal{M}(W)$。假设不确定性 $\boldsymbol{w}$ 满足 $\boldsymbol{w}\in\bar{W}$，且 $\bar{W}$ 中 $\boldsymbol{w}$ 的概率分布不变。

鲁棒正向可达集可通过以下充分条件表示，即

$$\boldsymbol{x}(0)\in\bar{X}_0\Rightarrow\boldsymbol{x}(t)\in\mathcal{F},\ \ \forall t\in[0,T],\ \ \forall\boldsymbol{w}:[0,T]\to\bar{W} \tag{6-27}$$

鲁棒反向可达集可通过以下充分条件表示，即

$$\boldsymbol{x}(T)\in\bar{X}_T\Rightarrow\boldsymbol{x}(t)\in\mathcal{B},\ \ \forall t\in[0,T],\ \ \forall\boldsymbol{w}:[0,T]\to\bar{W} \tag{6-28}$$

将 $\boldsymbol{w}$ 参数化为系统方程的一部分，带有未知参数的系统（6-26）可以传递不确定性信息。鲁棒正向 funnel 描述了 $\boldsymbol{w}$ 存在的情况下所有可能的状态空间，具有类似定理 6-1 的测度不变性。鲁棒反向 funnel 是保守区域，不满足测度不变性，描述了存在 $\boldsymbol{w}$ 的情况下一定可以到达给定状态的空间。

6.3.3 可达集求解

若系统满足定义 6-5 中的不变集条件，那么从初始集出发的所有状态必定收敛到不变集。本节考虑满足不变集条件的无限时域可达集 $\mathcal{B}_\infty$ 和 $\mathcal{F}_\infty$ 的求解问题。满足不变集条件的无限时域可达集 $\mathcal{B}_\infty$ 为吸引域。满足不变集条件的无限时域正向可达集在理想情况下将收敛到吸引域中唯一的平衡点，当存在有界噪声时，则收敛到最小鲁棒正不变集 $\mathcal{F}_\infty$ [23]。本节以 SOS 规划为工具，不失一般性，假设平衡点为原点，即令 $\bar{\boldsymbol{x}}=0$，仅讨论基于龙贝格测度 λ（假设 $\mu\ll\lambda$）的可达集求解方法。

SOS 规划问题的底层涉及大量广义矩问题（generalized moment problem，GMP）和半正定规划（semidefinite program，SDP）的求解运算。本章采用 YALMIP 工具箱[24]建模 SOS 规划问题，采用商业化工具箱 MOSEK[25]求解 SDP 问题，采用 GloptiPoly 工具箱[26]求解 GMP 问题。下面给出基于 SOS 规划的吸引域估计方法和最小鲁棒正不变集估计方法。

1. 基于 SOS 规划的吸引域估计方法

1）有限时域可达集估计方法

根据吸引域的定义式（6-6），位于吸引域的所有状态最终均收敛至平衡点。因此，通过求解平衡点附近极小邻域 $\bar{X}_T$ 的有限时域反向可达集可近似求解吸引域，即

$$\begin{cases}\sup\limits_{\mu_0} & \mu_0(X) \\ \text{s.t.} & \delta_T \otimes \mu_T = \delta_0 \otimes \mu_0 + \mathcal{L}_f' \mu \\ & \mu_0 + \bar{\mu}_0 = \lambda \\ & \mu_0 \in \mathcal{M}_+(X),\ \bar{\mu}_0 \in \mathcal{M}_+(X),\ \mu_T \in \mathcal{M}_+(\bar{X}_T),\ \mu \in \mathcal{M}_+(\Omega)\end{cases} \tag{6-29}$$

式中：sup 表示上确界；$\bar{\mu}_0$ 为 μ_0 和 λ 之间的松弛测度，且 $\lambda \geqslant \mu_0 \geqslant 0$，即满足 $\lambda(\bar{X}_0) \geqslant \lambda(\text{spt}(\mu_0))$。该问题的求解可以转化为求解以下对偶问题（6-30），并采用 SOS 规划方法求解[20]，即

$$\begin{cases}\inf & \int_{\bar{X}} p(\boldsymbol{x})\mathrm{d}\lambda \\ \text{s.t.} & -\mathcal{L}_f V(t,\boldsymbol{x}) - L_1(t,\boldsymbol{x}) g^{\bar{X}}(\boldsymbol{x}) - L_2(t,\boldsymbol{x}) t(T-t) \in \Sigma[t,\boldsymbol{x}] \\ & p(\boldsymbol{x}) - V(0,\boldsymbol{x}) - 1 - L_3(\boldsymbol{x}) g^{\bar{X}}(\boldsymbol{x}) \in \Sigma[\boldsymbol{x}] \\ & V(T,\boldsymbol{x}) - L_4(\boldsymbol{x}) g^{\bar{X}_T}(\boldsymbol{x}) \in \Sigma[\boldsymbol{x}] \\ & p(\boldsymbol{x}) - L_5(\boldsymbol{x}) g^{\bar{X}}(\boldsymbol{x}) \in \Sigma[\boldsymbol{x}] \\ & L_1、L_2 \in \Sigma[t,\boldsymbol{x}],\ L_3、L_4、L_5 \in \Sigma[\boldsymbol{x}]\end{cases} \tag{6-30}$$

式中：inf 表示上确界；$\bar{X} \subset X$ 为预设的状态空间闭区间；$\bar{X}_T \subset X$ 为预设的终端集闭区间；$\Sigma[\cdot]$ 表示平方和约束。有限时域可达集估计吸引域示意图如图 6-4 所示，原问题（6-29）的对偶问题（6-30）可以想象为用多项式 $p(x)$ 所描述的超平面作为蒙版，盖住刘维尔方程满足李雅普诺夫稳定性时的区间，并使覆盖的间隙最小（灰色区域）。原问题（6-29）计算的是可到达终端集 $\bar{X}_T$ 的初始状态集，其对偶问题（6-30）将原问题转化为求解灰色范围最小时的初始状态集。该方法不需要吸引域的初始估值，但为保证计算精度，需采用高阶多项式进行计算，因此在计算过程中需要求解大量 SDP，这是该方法的主要缺陷。此外，求解问题（6-30）得到的是吸引域的外估计，还可进行吸引域的内估计[27]。

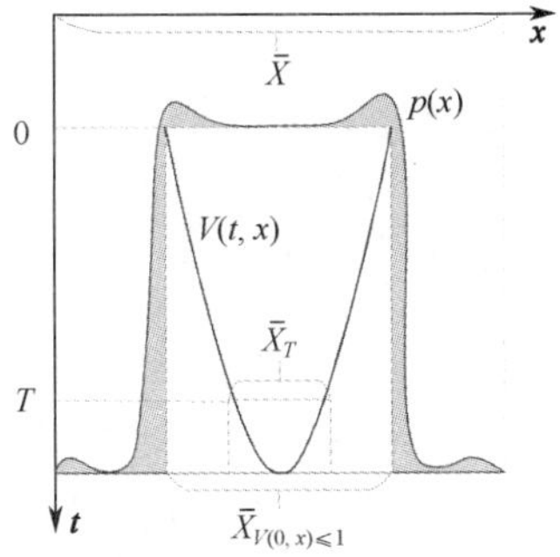

图 6-4　有限时域可达集估计吸引域示意图

2）无限时域可达集估计方法

根据不变集定义 6-5，满足不变集条件的任意初始状态 $\bar{X}_0 = \mathcal{B}_\infty$ 最终会收敛到平衡点 $\bar{\boldsymbol{x}}$。假设吸引域有界，根据测度不变定理 6-1，估计 $\mathcal{B}_\infty$ 可转化为以下优化问题，即

$$\begin{cases} \sup\limits_{\mu_0} & \mu_0(X) \\ \text{s.t.} & \delta_\infty \otimes \mu_\infty = \delta_0 \otimes \mu_0 + \mathcal{L}_f' \mu \\ & \mathcal{L}_f' \mu = 0, \dfrac{\partial \mu}{\partial t} = 0 \\ & \mu \in \mathcal{M}_+(\Omega),\ \bar{X}_T = \{\bar{x}\} \end{cases} \tag{6-31}$$

因为 $\mathcal{L}_f' \mu = 0$、$\partial\mu/\partial t = 0$，所以无限时域问题可省略时间变量 t，该问题的隐含条件为 $\text{spt}(\nu) \subseteq \text{spt}(\mu_0)$。这样基于吸引域定义 6-4 和不变集定义 6-5，有以下引理。

引理 6-1　对于函数 $V(\boldsymbol{x}): \mathbb{R}^n \to \mathbb{R}$ 且 $V(\boldsymbol{x}) \in \mathcal{P}^1(X)$，当且仅当 $V(\bar{\boldsymbol{x}}) = 0$，其 ρ- 水平集 $\bar{X}_{V\leqslant\rho} = \{\boldsymbol{x} \in \mathbb{R}^n | V(\boldsymbol{x}) \leqslant \rho\}$ 有界，且 $\bar{X}_{V\leqslant\rho} \setminus \{\bar{\boldsymbol{x}}\} \subset X_{\mathcal{L}_f V(\boldsymbol{x})<0} = \{\boldsymbol{x} \in \mathbb{R}^n | \mathcal{L}_f V(\boldsymbol{x}) < 0\}$。

事实上，引理 6-1 说明了原问题式（6-31）可转化为其对偶问题 $\bar{X}_{V\leqslant\rho} \subseteq \bar{X}_{\dot{V}\leqslant 0}$ 来求解，如图 6-5 所示，通过最小化灰色区域得到最大化的吸引域估计。常用的无限时域反向可达集（最大正不变集）求解方法是水平集估计方法和双线性搜索方法。

根据引理 6-1，不妨设 $\text{spt}(\mu_0) \approx \bar{X}_{V\leqslant\rho}$，即采用 V 的水平集估计初始测度 μ_0 的支撑，其中 spt 表示支撑集。水平集方法示意图如图 6-5 所示。根据定义 6-3 和定义 6-5，若 $V(\boldsymbol{x}) \leqslant \rho \Rightarrow \mathcal{L}_f V(\boldsymbol{x}) = 0$，则有以下 SOS 规划问题[28]，即

$$\begin{cases} \sup\limits_{\rho\in\mathbb{R}^+} & \rho \\ \text{s.t.} & L(\boldsymbol{x})\mathcal{L}_f V(\boldsymbol{x}) - \|\boldsymbol{x}\|(\rho - V(\boldsymbol{x})) \in \Sigma[\boldsymbol{x}] \\ & L(\boldsymbol{x}) \in \mathbb{R}[\boldsymbol{x}] \end{cases} \tag{6-32}$$

显然，该优化问题给出了满足 $\mathcal{L}_f'\mu=0$ 和 $\partial\mu/\partial t=0$ 条件下的最大可行空间作为吸引域的估值，但是李雅普诺夫函数 $V(\boldsymbol{x})$ 的选取并没有确定原则，用任意给定的 $V(\boldsymbol{x})$ 计算其最大水平集有很大的保守性。为降低 $V(\boldsymbol{x})$ 选取的保守性，一般采用以下的双线性搜索方法计算。

若 $V(\boldsymbol{x})\in\mathcal{P}^1[\boldsymbol{x}]$ 待定，不妨设 $\mathrm{spt}(\mu_0)\approx\bar{X}_{V\leqslant1}$，spt 表示支撑集，估计 $\mathcal{B}_\infty$ 的优化问题等价于以下充分条件，即

$$V(\boldsymbol{x})\leqslant1\Rightarrow\mathcal{L}_fV(\boldsymbol{x})\leqslant0 \tag{6-33}$$

则求解区域 $\bar{X}_{V\leqslant1}$ 转化为求解以下的 SOS 规划问题[29]，即

$$\begin{cases}\sup\limits_{V,\beta} & \beta\\ \text{s.t.} & V(\boldsymbol{x})-l_1\in\Sigma[\boldsymbol{x}]\\ & -l_2-\mathcal{L}_fV(\boldsymbol{x})-L_1(\boldsymbol{x})(1-V(\boldsymbol{x}))\in\Sigma[\boldsymbol{x}]\\ & 1-V(\boldsymbol{x})-L_2(\boldsymbol{x})[\beta-p(\boldsymbol{x})]\in\Sigma[\boldsymbol{x}]\\ & L_1(\boldsymbol{x})、L_2(\boldsymbol{x})\in\Sigma[\boldsymbol{x}],\ l_1、l_2\geqslant0\end{cases} \tag{6-34}$$

式中：$p(\boldsymbol{x})\in\mathbb{R}[\boldsymbol{x}]$ 为预设代数式，满足集合关系 $\bar{X}_{p(\boldsymbol{x})\leqslant\beta}\subseteq\bar{X}_{V\leqslant1}\subseteq\bar{X}_{\mathcal{L}_fV(\boldsymbol{x})\leqslant0}$，$l_1$、$l_2\geqslant0$ 为小常数（或系数很小的非负多项式 l_1、$l_2\in\Sigma[\boldsymbol{x}]$）。问题式（6-34）表示最大化吸引域估计区域 $\bar{X}_{V\leqslant1}$ 可通过最大化其子集 $\bar{X}_{p(\boldsymbol{x})\leqslant\beta}$ 来间接实现。双线性搜索方法示意图如图 6-6 所示，可以看出，该方法也是将原问题转化为其对偶问题求解，即通过最小化两个灰色区域来一次扩大吸引域的估计。第一个约束中的 L_1 和 V 都包含决策变量，这一特征称为“双线性”。计算过程中采用交互迭代策略，即先固定 V 优化 L_1，再固定 L_1 优化 V，利用 BMI（bilinear matrix inequalities）方法[30]求解。

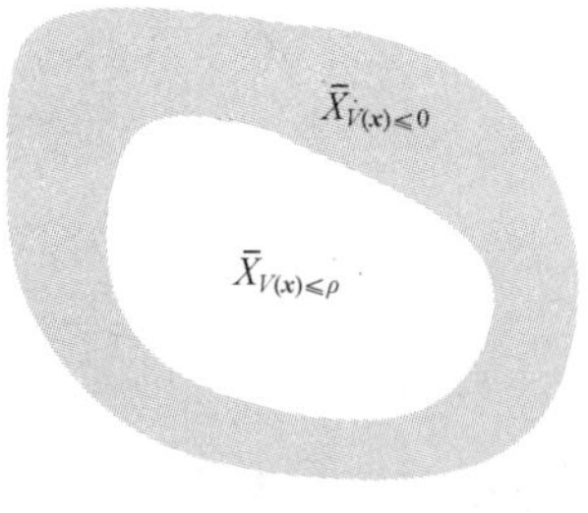

图 6-5 水平集方法示意图

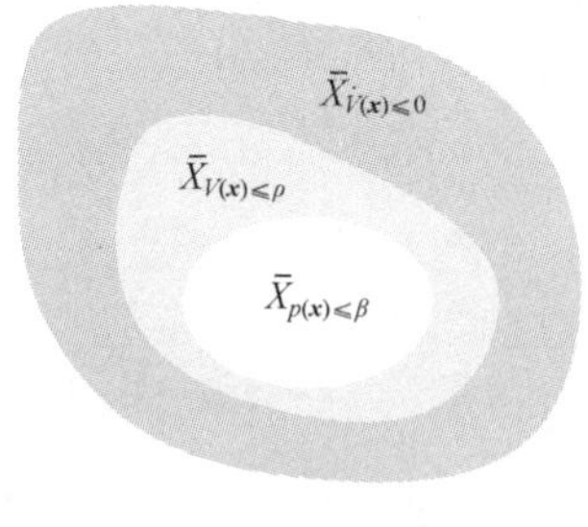

图 6-6 双线性搜索方法示意图

双线性搜索优化策略不要求 $V(\boldsymbol{x})$ 的具体形式，因此相比水平集估计方法的保守性更低，但是该方法还存在两个问题：①由于多项式 $p(\boldsymbol{x})$ 的形式固定，最大化水平集 $\bar{X}_{p(\boldsymbol{x})\leqslant\beta}$ 只能适当放大 $\bar{X}_{V\leqslant1}$，无法保证 $\bar{X}_{V\leqslant1}$ 的最大化；②双线性搜索必须给定 $\bar{X}_{V\leqslant1}$ 迭代初值。

事实上，以上 3 种吸引域估计方法（即有限时域可达集方法、水平集方法、双

线性搜索方法）均需要系统精确已知，无法有效地处理存在未知参数的系统，为此，文献[3]研究了吸引域的参数化估计方法。

2. 基于 SOS 规划的最小鲁棒正不变集估计方法

接下来介绍满足不变集条件的无限时域鲁棒正向可达集的估计方法。理想情况下，稳定系统吸引域中的状态会收敛到平衡点，当存在不确定性因素时，平衡点往往不可达，但是系统会收敛至平衡点附近的确定邻域，即最小鲁棒正不变集。此处以离散系统（6-2）为例，给出鲁棒正不变集和最小鲁棒正不变集的定义。

定义 6-6 鲁棒正不变集（robust positively invariant set）：若对于 $\forall \boldsymbol{x} \in \mathcal{R} \subset X$ 和 $\forall \boldsymbol{w} \in \bar{W}$，有下一时刻的状态 $\boldsymbol{x}^+ \in \mathcal{R} \subset X$，则 $\mathcal{R}$ 是一个鲁棒正不变集。最小鲁棒正不变集（minimal robust positively invariant set）是所有鲁棒正不变集 $\mathcal{R}$ 中最小的集合，记为 $\mathcal{R}_\infty$，有 $\mathcal{R}_\infty \subseteq \mathcal{R}$。

一般地，假设初始状态就在平衡点 $\bar{\boldsymbol{x}}$，如果不存在干扰，则 $\boldsymbol{x} = \bar{\boldsymbol{x}}$ 将永远保持下去。当存在干扰时，真实状态 $\boldsymbol{x}$ 会偏离平衡点，但因为系统是稳定的，偏离平衡点的状态又会逐渐靠近平衡点，最终稳定在一个集合 $\mathcal{R}_\infty$ 中。鲁棒正不变集示意图如图 6-7 所示，其中 $\mathcal{E}$ 表示鲁棒正不变集，$\boldsymbol{x}_l \in \partial\mathcal{E}$ 为方向矢量 $\boldsymbol{l}$ 上的状态。在鲁棒吸引域中，$\dot{V}(\boldsymbol{x}) = \nabla V \cdot \boldsymbol{f} \leqslant 0$ 表示即使存在有界噪声 $\boldsymbol{w} \in \bar{W}$，矢量 $\boldsymbol{f}$ 和矢量 $-\nabla V$ 的夹角 θ 依然为锐角。而在平衡点的邻域 $\mathcal{R}_\infty$ 中，无法保证 θ 总为锐角。

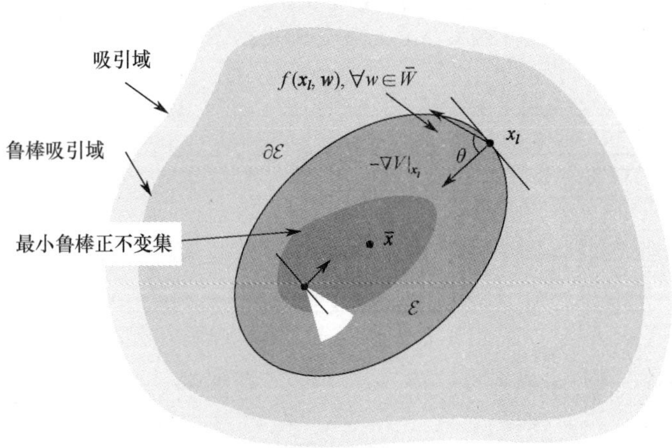

图 6-7 鲁棒正不变集示意图

求解稳定平衡点的邻域 $\mathcal{R}_\infty$ 可看作以下优化问题，即

$$\begin{cases} \inf & \mathrm{vol}(\mathcal{R}) \\ \text{s.t.} & \mathcal{F}(t) \in \mathcal{R}, \ \forall t \in [0,\infty), \ \forall \boldsymbol{w} \in \bar{W} \\ & \mathcal{F}(0) = \bar{\boldsymbol{x}} \end{cases} \tag{6-35}$$

假设集合 $\bar{X}_{V\leqslant 1}$ 为椭球集，椭球中心点 $\bar{\boldsymbol{x}}\in\mathbb{R}^n$，形状矩阵 $\boldsymbol{E}$ 为 n 阶对称方阵，则椭球集可表示为

$$\mathcal{E}(\bar{\boldsymbol{x}},\boldsymbol{E}):=\{\boldsymbol{x}\in\mathbb{R}^n|(\boldsymbol{x}-\bar{\boldsymbol{x}})^{\mathrm{T}}\boldsymbol{E}^{-1}(\boldsymbol{x}-\bar{\boldsymbol{x}})\leqslant 1\} \tag{6-36}$$

$\mathcal{E}$ 通过 Schur 补可以等价转化为 $V(\tilde{\boldsymbol{x}})\leqslant 1\Leftrightarrow M_1(v)\succeq 0,\ \exists v\in\mathcal{M}_+(\mathcal{E})$。

后文为简化表示，通常省略形状矩阵 $\boldsymbol{E}$，用 $\mathcal{E}(\bar{\boldsymbol{x}})$ 表示中心点 $\bar{\boldsymbol{x}}$ 邻域的椭球（当 $n=2$ 时表示椭圆）。设 $\bar{\boldsymbol{x}}=0$，下面针对连续系统介绍最小鲁棒正不变集的求解，离散系统的情况可参见文献[3]。

对于有界噪声不确定性系统（6-26），根据条件式（6-27）所述，当 $T\to\infty$，$\forall \boldsymbol{w}\in\bar{W}$，存在以下的定理。

定理 6-2 $\partial\mathcal{E}:=\{\boldsymbol{x}\in\mathbb{R}^n|\,V(\boldsymbol{x}):=\boldsymbol{x}^{\mathrm{T}}\boldsymbol{E}^{-1}\boldsymbol{x},\ V(\boldsymbol{x})=1\}$ 是 $\mathcal{R}_\infty\subseteq\mathcal{E}$ 的一个充分条件。

定理 6-2 可进一步表示为以下充分条件，即

$$V(\boldsymbol{x})=1\Rightarrow\mathcal{L}_f(\boldsymbol{x})\leqslant 0\ (\forall\boldsymbol{x}\in X,\ \ \forall\boldsymbol{w}\in\bar{W}) \tag{6-37}$$

根据充分条件式（6-37），求解最小椭球集 $\mathcal{E}(0,\boldsymbol{E})$ 可以转化为以下 SOS 规划问题，即

$$\begin{cases}\inf\limits_{\boldsymbol{E}} & \mathrm{vol}(\mathcal{E}(0,\boldsymbol{E}))\\ \text{s.t.} & -\mathcal{L}_f V(\boldsymbol{w},\boldsymbol{x})-L(\boldsymbol{w},\boldsymbol{x})[1-V(\boldsymbol{x})]-\boldsymbol{L}_w(\boldsymbol{w},\boldsymbol{x})g^{\bar{W}}(\boldsymbol{w})\in\Sigma[\boldsymbol{x},\boldsymbol{w}]\\ & \boldsymbol{L}_w(\boldsymbol{w},\boldsymbol{x})\in\Sigma[\boldsymbol{x},\boldsymbol{w}],\ L(\boldsymbol{w},\boldsymbol{x})\in\mathbb{R}[\boldsymbol{x},\boldsymbol{w}]\end{cases} \tag{6-38}$$

问题式（6-38）可通过算法 6-2（连续系统最小鲁棒正不变集椭球集估计算法）求解。算法 6-2 采用双线性搜索，将最小化 $\mathrm{vol}(\mathcal{E})$ 作为优化指标，减少了优化中的决策变量，注意目标函数 $\mathrm{vol}(\mathcal{E}(0,\boldsymbol{E}))$ 是非线性的，但可以通过线性化迭代进行求解[3]。

算法 6-2 连续系统最小鲁棒正不变集椭球集估计算法

输入：$V(\boldsymbol{x})\leftarrow$ 初始猜测

1: 当 $\dfrac{\mathrm{vol}(\mathcal{E})_{\mathrm{prev}}-\mathrm{vol}(\mathcal{E})}{\mathrm{vol}(\mathcal{E})_{\mathrm{prev}}}>\mathcal{E}$ 时，则

2: $L,\boldsymbol{L}_w,\gamma\leftarrow$ 固定 V 求解 SOS 优化问题：

$$\begin{cases}\inf\limits_{L,\boldsymbol{L}_w,\gamma} & \gamma\\ \text{s.t.} & -l-\mathcal{L}_f V(\boldsymbol{w},\boldsymbol{x})-L(\boldsymbol{w},\boldsymbol{x})[1-V(\boldsymbol{x})]-\boldsymbol{L}_w(\boldsymbol{w},\boldsymbol{x})g^{\bar{W}}(\boldsymbol{w})\in\Sigma[\boldsymbol{x},\boldsymbol{w}]\\ & L(\boldsymbol{w},\boldsymbol{x})\in\mathbb{R}[\boldsymbol{x},\boldsymbol{w}],\ \boldsymbol{L}_w(\boldsymbol{w},\boldsymbol{x})\in\Sigma[\boldsymbol{x},\boldsymbol{w}],\ \ l=\gamma\|\boldsymbol{x}\|_2,\ \ \gamma\geqslant 0\end{cases}$$

3: $V,\boldsymbol{L}_w\leftarrow$ 固定 L 求解 SOS 优化问题：

$$\begin{cases}\inf\limits_{\boldsymbol{L}_w,V} & \mathrm{vol}(\mathcal{E}(0,\boldsymbol{E}))\\ \text{s.t.} & -\mathcal{L}_f V(\boldsymbol{w},\boldsymbol{x})-L(\boldsymbol{w},\boldsymbol{x})[1-V(\boldsymbol{x})]-\boldsymbol{L}_w(\boldsymbol{w},\boldsymbol{x})g^{\bar{W}}(\boldsymbol{w})\in\Sigma[\boldsymbol{x},\boldsymbol{w}]\\ & \boldsymbol{L}_w(\boldsymbol{w},\boldsymbol{x})\in\Sigma[\boldsymbol{x},\boldsymbol{w}]\end{cases}$$

4: 结束循环

输出：$V(\boldsymbol{x})$

6.3.4 可达集序列求解

基于刘维尔方程式（6-11）和定理6-1，有限时域[0,T]的可达集序列（funnel）求解问题可以表示为

$$\begin{cases}\sup\limits_{\mu_0,\mu} & \int_0^T \mu \mathrm{d}t \\ \text{s.t.} & \delta_T \otimes \mu_T = \delta_0 \otimes \mu_0 + \mathcal{L}_f' \mu \\ & \mathcal{L}_f' \mu = 0 \\ & \mu \in \mathcal{M}_+(\Omega) \\ & \mu_0 \in \mathcal{M}_+(\bar{X}_0) \text{ or } \mu_T \in \mathcal{M}_+(\bar{X}_T)\end{cases} \tag{6-39}$$

求解 $\mathcal{F}$ 时，初始测度 μ_0 被初始集 $\bar{X}_0$ 所限制，即需满足约束 $\mu_0 \in \mathcal{M}_+(\bar{X}_0)$；求解 $\mathcal{B}$ 时，终端测度 μ_T 被终端集 $\bar{X}_T$ 所限制，即需满足约束 $\mu_T \in \mathcal{M}_+(\bar{X}_T)$。$\mathcal{B}$ 与 $\mathcal{F}$ 均满足测度不变性质。Tedrake[31]和 Majumdar[15]提出了通过 SOS 规划求解问题式（6-39）的对偶问题，从而计算 funnel 的方法。

类似 LQR-Trees 反馈运动规划，策略 $\boldsymbol{u}$ 分解为开环 $\bar{\boldsymbol{u}}$ 和局部闭环 $\tilde{\boldsymbol{u}}$ 两个部分，即 $\boldsymbol{u}=\bar{\boldsymbol{u}}+\tilde{\boldsymbol{u}}$。开环部分可采用最优控制的直接法求解运动规划 $(t,\bar{\boldsymbol{x}},\bar{\boldsymbol{u}})$，闭环部分可采用简单的线性反馈控制 $\tilde{\boldsymbol{u}}= K(\boldsymbol{x}-\bar{\boldsymbol{x}})$ 进行轨迹跟踪。通过在标称轨迹附近进行局部坐标变换，即

$$\tilde{\boldsymbol{x}}(t)=\boldsymbol{x}(t)-\bar{\boldsymbol{x}}(t), \tilde{\boldsymbol{u}}(t)=\boldsymbol{u}(t)-\bar{\boldsymbol{x}}(t) \tag{6-40}$$

可得到局部闭环系统，即

$$\dot{\tilde{\boldsymbol{x}}}(t)=f_{\mathrm{cl}}(t,\tilde{\boldsymbol{x}})=f(t,\tilde{\boldsymbol{x}}+\bar{\boldsymbol{x}},\tilde{\boldsymbol{u}}+\bar{\boldsymbol{u}})-\dot{\bar{\boldsymbol{x}}} \tag{6-41}$$

针对闭环系统（6-41）采用 SOS 规划计算 $\mathcal{F}$。局部闭环系统的李雅普诺夫函数 V 需满足以下充分条件，即

$$V(t,\tilde{\boldsymbol{x}})=\rho(t) \Rightarrow \dot{V}(t,\tilde{\boldsymbol{x}})=\frac{\partial V(t,\tilde{\boldsymbol{x}})}{\partial \tilde{\boldsymbol{x}}} f_{\mathrm{cl}}(t,\tilde{\boldsymbol{x}})+\frac{\partial V(t,\tilde{\boldsymbol{x}})}{\partial t} \leqslant \dot{\rho}(t) \quad (\forall t \in [0,T]) \tag{6-42}$$

可将 funnel 求解问题式（6-39）转化为其对偶问题，即通过求解以下 SOS 规划问题式（6-43）得到 $\mathcal{F}$，即

$$\begin{cases}\inf\limits_{V,\rho} & \int_{[0,T]} \beta(t)\mathrm{d}t \\ \text{s.t.} & V(t,\tilde{\boldsymbol{x}}) \in \Sigma[t,\tilde{\boldsymbol{x}}] \\ & \dot{\rho}(t)-\dot{V}(t,\tilde{\boldsymbol{x}})-L_1(t,\tilde{\boldsymbol{x}})[\rho(t)-V(t,\tilde{\boldsymbol{x}})]-L_{t,1}(t,\tilde{\boldsymbol{x}})t(T-t) \in \Sigma[t,\tilde{\boldsymbol{x}}] \\ & \beta(t)-V(t,\tilde{\boldsymbol{x}})-L_2(t,\tilde{\boldsymbol{x}})[\rho(t)-V(t,\tilde{\boldsymbol{x}})]-L_{t,2}(t,\tilde{\boldsymbol{x}})t(T-t) \in \Sigma[t,\tilde{\boldsymbol{x}}] \\ & L_1 \in \mathbb{R}[t,\tilde{\boldsymbol{x}}],\ L_2、L_{t,1}、L_{t,2} \in \Sigma[t,\tilde{\boldsymbol{x}}],\ \rho、\beta \in \mathbb{R}[t]\end{cases} \tag{6-43}$$

式中：$\beta(t)=\rho(t)/\alpha$，$\alpha \in (0,1)$，为松弛系数。

类似地，根据吸引域定义 6-4 和推论 6-2，求解$\mathcal{B}$也有以下充分条件，即

$$V(t,\tilde{\boldsymbol{x}}) \leqslant \rho(t) \Rightarrow \dot{V}(t,\tilde{\boldsymbol{x}}) \leqslant \dot{\rho}(t) \quad (\forall t \in [0,T]) \tag{6-44}$$

可将 funnel 求解问题式（6-39）转化为其对偶问题，即通过求解以下 SOS 规划问题式（6-45）得到$\mathcal{B}$，即

$$\begin{cases} \sup\limits_{V,\rho} & \int_{[0,T]} \beta(t)\mathrm{d}t \\ \text{s.t.} & V(t,\tilde{\boldsymbol{x}}) \in \Sigma[t,\tilde{\boldsymbol{x}}] \\ & \dot{\rho}(t) - \dot{V}(t,\tilde{\boldsymbol{x}}) - L_1(t,\tilde{\boldsymbol{x}})\,[\rho(t) - V(t,\tilde{\boldsymbol{x}})] - L_{t,1}(t,\tilde{\boldsymbol{x}})t(T-t) \in \Sigma[t,\tilde{\boldsymbol{x}}] \\ & \rho(t) - V(t,\tilde{\boldsymbol{x}}) - L_2(t,\tilde{\boldsymbol{x}})[\beta(t) - V(t,\tilde{\boldsymbol{x}})] - L_{t,2}(t,\tilde{\boldsymbol{x}})t(T-t) \in \Sigma[t,\tilde{\boldsymbol{x}}] \\ & L_1、L_2、L_{t,1}、L_{t,2} \in \Sigma[t,\tilde{\boldsymbol{x}}],\ \rho、\beta \in \mathbb{R}[t] \end{cases} \tag{6-45}$$

式中：$\beta(t) = \alpha\rho(t)$，$\alpha \in (0,1)$，为松弛系数。

实际应用中，往往需要很高的多项式阶次$\deg[\rho(t)]$才能反映局部系统李雅普诺夫函数$V(t,\tilde{\boldsymbol{x}})$的变化率，因此通常采用对时间采样的策略进行近似估计，从而降低对$\deg[\rho(t)]$的要求。SOS 规划问题是通过转化为 SDP 问题来进行求解的，当状态变量维度n或李雅普诺夫函数阶次$\deg(V)$很高时，求解速率将大幅降低。为此，文献[3]基于刘维尔方程和可达集计算过程中的测度不变性，提出了一种称为 funnel transport 的方法，能分别通过解析求解和数据驱动的方式高效地计算有限时域 funnel。

本节给出了基于平方和规划求解可达集与 funnel 的一般方法。6.4 节将针对不同应用场景设计基于 funnel 组合的反馈运动规划方法。

6.4 基于可达集序列组合的反馈运动规划

本节利用反向 funnel 和正向 funnel 设计反馈运动规划方法。针对一般复杂静态约束非线性系统，通过从终端集反向生长 funnel 树来覆盖可控状态子空间，所有被覆盖的状态均满足约束且终端可达。在此基础上，针对动态约束情况提出了 RRT* 的局部修正策略。针对初始状态已知的情况，提出了基于正向/反向 funnel 组合的反馈运动规划策略，利用鲁棒正向 funnel 将初始状态导引至反向 funnel 的覆盖空间。

6.4.1 基于反向可达集序列的全局反馈运动规划

针对一般复杂静态约束非线性系统，为实现全局反馈运动规划，构造由节点集合$V_{\mathcal{G}}$和边集$E_{\mathcal{G}}$组成的拓扑图$\mathcal{G} = (V_{\mathcal{G}}, E_{\mathcal{G}})$，边用局部系统的一段反向 funnel 表示，节点相当于 funnel 端点时刻的可达集，利用拓扑图和分段连续的 funnel 的组合覆盖X_{free}。有限时域局部标称轨迹$(t,\bar{\boldsymbol{x}}_k(t),\bar{\boldsymbol{u}}_k(t))$附近的反向 funnel 记为$\mathcal{B}_k([0,T_k]) \subset [0,T_k] \times X \times U$，则求解反馈运动规划问题的策略为

$$\bigcup_{k=1}^{N_{\mathcal{G}}} \mathcal{B}_k([0,T_k]) \to X_{\text{free}} \tag{6-46}$$

式中：$N_{\mathcal{G}}$ 为 funnel 的个数，对应边的个数（或采样次数）。

类似传统的 Kinodynamic 运动规划算法[32]，基于 funnel 的反馈运动规划方法通过采样规划生成的图 $\mathcal{G}$ 为分段连续的 funnel 提供切换关系，两者的主要区别在于后者采用局部反向 funnel 即 $\mathcal{B}_k([0,T_k])$ 代替局部标称轨迹 $(t \in [0,T_k], \overline{\boldsymbol{x}}_k(t), \overline{\boldsymbol{u}}_k(t))$，进行集合间的连接，其优势在于 funnel 对应的大量轨迹簇在标称轨迹邻域内都是稳定、可达的。

命题 6-1 若反向 funnel 覆盖了整个可行的状态空间，即 $\bigcup_{k=1}^{N_{\mathcal{G}}} \mathcal{B}_k([0,T_k]) = X_{\text{free}}$，且 $\mathcal{B}_1([0,T_1]) \subset X_{\text{G}}$，则对于任意的初始状态 $\boldsymbol{x}(0) \in X_{\text{free}}$，一定存在分段连续的控制序列 $\boldsymbol{u}_{N:1}$ 使得 $\boldsymbol{x}(t) \to X_{\text{G}}$，且满足微分约束 $\dot{\boldsymbol{x}} = \boldsymbol{f}(t,\boldsymbol{x},\boldsymbol{u}_{N:1})$，其中 $\boldsymbol{u}_k (k=1,2,\cdots,N)$ 为相应反向 funnel $\mathcal{B}_k([0,T_k])$ 中的控制输入，此时反馈运动规划的解为 $\pi = \boldsymbol{u}_{N:1}$。

相比 RRT 等方法采用一段轨迹作为图 $\mathcal{G}$ 的边，采用一段反向 funnel 作为图 $\mathcal{G}$ 的边可以有效减少采样次数 $N_{\mathcal{G}}$，极大提高反馈运动规划的执行效率，减小计算量。在此基础上，一些文献还研究了如何进一步减少构图采样次数 $N_{\mathcal{G}}$ 的方法，下面例举两种典型策略。

（1）$\text{vol}[\mathcal{B}_k([0,T_k])]$ 越大，覆盖 X_{free} 需要的采样次数 $N_{\mathcal{G}}$ 越少，因此，可利用以最大化 $\text{vol}[\mathcal{B}_k([0,T_k])]$ 为性能指标获得的反馈控制策略替换预设的控制策略（如本章采用的 TVLQR），以获得覆盖范围更大的反向 funnel[33]，从而减少采样次数 $N_{\mathcal{G}}$。

（2）任意两个相邻的反向 funnel $\mathcal{B}_k$ 和 $\mathcal{B}_{k'}$ 重合越小，即 $\mathcal{B}_k([0,T_k]) \cap \mathcal{B}_{k'}([0,T_{k'}])$ 越小，采样次数 $N_{\mathcal{G}}$ 越少[34]。

定义 6-7 反向 funnel 的一对序列组合 $(\mathcal{B}_{k+1}([T_{k+1},0]), \mathcal{B}_k([T_k,0]))$ 需满足：

$$\mathcal{B}_{k+1}(0) \subseteq \mathcal{B}_k(T_k) \tag{6-47}$$

图 6-8 和图 6-9 描绘了这两个 funnel 的关系，图 6-8 表示包含关系取等号时的情况，此时两者满足测度不变条件；图 6-9 反映了序列组合的充分条件，这是一个相对保守的条件。显然，满足测度不变条件时，可以更高效地覆盖 X_{free}。

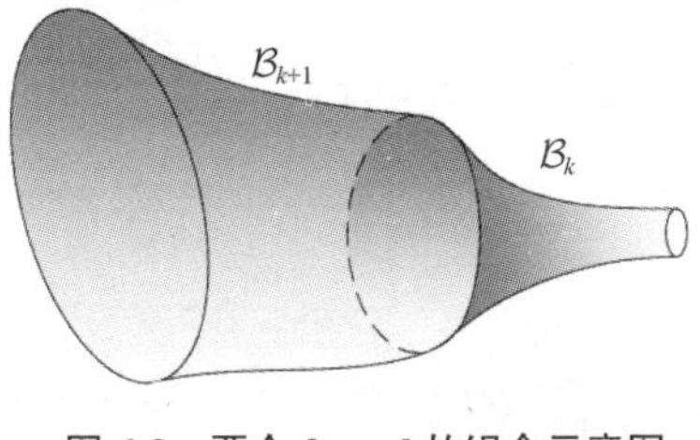

图 6-8 两个 funnel 的组合示意图

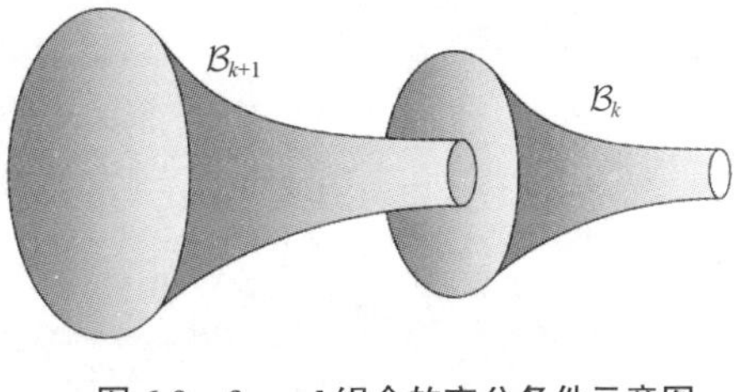

图 6-9 funnel 组合的充分条件示意图

相比经典 LQR-Trees 算法[31]的反向生成树状图的覆盖策略，在实际应用中，有时不仅要求取反馈运动规划的可行解 π，还需要求解反馈运动规划满足一定指标

的最优解 π^*。然而，采用随机采样建立图 $\mathcal{G}$ 的全局反馈运动规划只能得到可行解。RRT*算法（算法 6-1）通过引入修改局部父节点的环节，具备了渐近最优特性，因此如果采用 RRT*算法生成 $\mathcal{G}$，则可得到反馈运动规划的渐近最优解 $\pi \to \pi^*$。

6.4.2 基于局部修正 RRT*的动态反馈运动规划

6.4.1 小节介绍了通过组合反向 funnel 覆盖满足约束的可控状态空间，实现全局反馈运动规划的方法。但当约束变化时，对图 $\mathcal{G}$ 进行重规划也非常耗时。本小节针对时变约束和动态避障的情况，为提高规划效率，提出局部修正 RRT*的策略，以实现图 $\mathcal{G}$ 局部的断开和重连，即进行图 $\mathcal{G}$ 的局部重规划[23]。

开环控制也可采用局部反馈控制组成序列来实现，如 LQR-RRT*算法[36]，此时开环控制 $\bar{\boldsymbol{u}}=0$，$\boldsymbol{u}=\bar{\boldsymbol{u}}+\tilde{\boldsymbol{u}}-\tilde{\boldsymbol{u}}$。参数化控制吸引域可以将平衡点参数化，离线估计任意平衡点 $\bar{\boldsymbol{x}}_k$ 邻域的吸引域 $\mathcal{B}_\infty(\bar{\boldsymbol{x}}_k)$。稳定的反馈控制 $\tilde{\boldsymbol{u}}$ 在局部平衡点 $\bar{\boldsymbol{x}}$ 的邻域满足不变集条件，此时采用平衡点 $\bar{\boldsymbol{x}}_k$ 局部闭环系统的吸引域 $\mathcal{B}_\infty(\bar{\boldsymbol{x}}_k)$ 组成 funnel，并采用 RRT*反向构建图 $\mathcal{G}$ 提供控制切换。设局部平衡点 $\bar{\boldsymbol{x}}_k$ 为 $V_{\mathcal{G}}$ 中的节点，吸引域之间序列组合的充分条件为

$$\bar{\boldsymbol{x}}_{k+1} \subseteq \mathcal{B}_\infty(\bar{\boldsymbol{x}}_k) \tag{6-48}$$

当约束变化时，图 $\mathcal{G}$ 需要进行快速局部调整，使 $\mathcal{B}_\infty(\bar{\boldsymbol{x}}_k) \cap X_{\text{obs}} = \varnothing$。为简化计算，用椭球集 $\mathcal{E}(\bar{\boldsymbol{x}}_k, \boldsymbol{E}_k)$ 表示局部平衡点 $\bar{\boldsymbol{x}}_k$ 的吸引域（简记为 $\mathcal{E}_k$），当 $X_{\text{obs}} \cap \mathcal{E}_k \neq \varnothing$ 时，需要重规划，使新的满足约束要求的子节点连接到现有的图 $\mathcal{G}$ 中。局部重规划策略如图 6-10 所示。

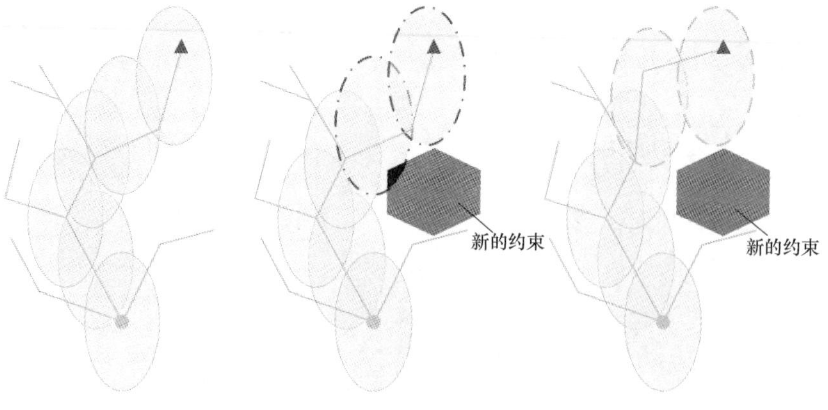

(a) (b) (c)

图 6-10 反向 RRT*局部重规划示意图

记 $V_{\mathcal{T}} = V_{\mathcal{G}}$、$E_{\mathcal{T}} = E_{\mathcal{G}}$、$\mathcal{E}_{\mathcal{T}} := \{\mathcal{E}_k, \forall \bar{\boldsymbol{x}}_k \in V_{\mathcal{T}}\}$，将元组 $\mathcal{T} = \{V_{\mathcal{T}}, E_{\mathcal{T}}, \mathcal{E}_{\mathcal{T}}\}$ 称为树（为了区别于算法 6-1 的图 $\mathcal{G}$），即树 $\mathcal{T}$ 除了原有 $\mathcal{G}$ 以外，还包含每个节点对应的椭球

不变集的吸引域估值。设 $\boldsymbol{v} \in V_{\mathcal{T}}$，表示节点。生成 $\mathcal{G}$ 的初始采样点为终端状态 $\bar{\boldsymbol{x}}_{\mathrm{G}}$（图 6-10 下方的圆圈），在 X_{free} 中采样反向生成树状图，其中三角形为当前状态 $\boldsymbol{x}(0)$。随着新的采样点不断增加，同步更新局部树结构。设 ΔX_{obs} 为检测到发生改变的 X_{obs} 空间，$O_{\mathcal{T}} \subset V_{\mathcal{T}}$ 表示即将移除树的孤立点集（无法连接到 $\mathcal{T}$），$\mathcal{S}_v$ 表示节点 $\boldsymbol{v}$ 的所有子节点。当传感器监测到 $\Delta X_{\text{obs}} \neq \varnothing$ 时，断开树中受影响的节点，进行局部修剪和调整，未受影响的节点保持不变，这样可得到具有局部修正功能的全局渐近最优动态快速随机搜索树算法，简称 safeRRT*算法[3,5]。safeRRT*算法的基本流程框图如图 6-11 所示，其主要功能函数的伪代码如算法 6-3 所示。

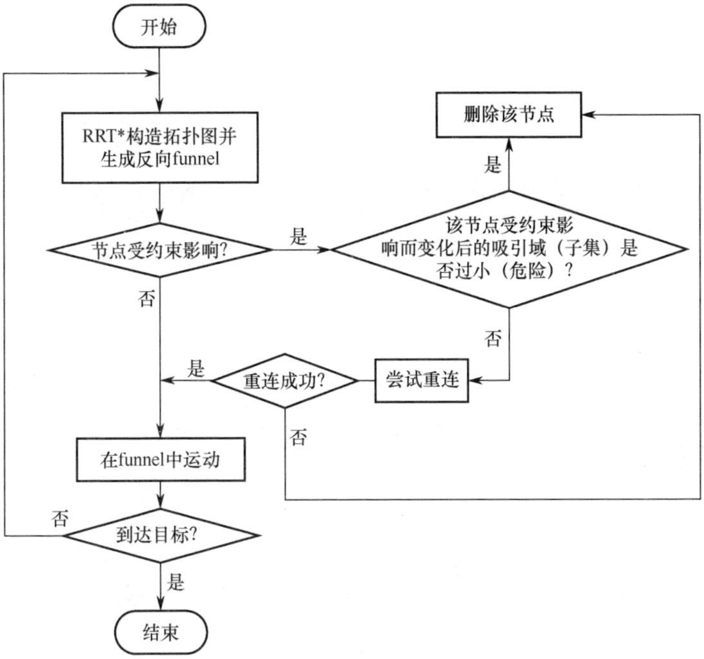

图 6-11　safeRRT*算法流程框图

算法 6-3　safeRRT*算法

1:	$\mathcal{T} \leftarrow \{\boldsymbol{x}_{\mathrm{G}}, \mathcal{E}(\boldsymbol{x}_{\mathrm{G}})\}$
2:	**while** $\boldsymbol{x}(0) \neq \boldsymbol{x}_{\mathrm{G}}$ **do**
3:	**while** 系统规划反应时间 **do**
4:	$\mathcal{T} \leftarrow \text{SampleSearch}(\bar{\boldsymbol{x}}_{\mathrm{G}}, \mathcal{T}, X_{\text{free}}, X_{\text{obs}})$
5:	**if** $\Delta \mathcal{O} \neq \varnothing$ **then**
6:	$\mathcal{T} \leftarrow \text{RepairCascade}(\mathcal{T}, \Delta X_{\text{obs}})$
7:	**end if**
8:	**end while**
9:	$\boldsymbol{x}(0) \in \mathcal{E}_N \leftarrow$ 沿规划序列 $\boldsymbol{u}_{N:1}$ 执行
10:	**end while**

$\mathcal{T}=\text{SampleSearch}(\bar{\boldsymbol{x}}_{\text{G}},\mathcal{T},X_{\text{free}},X_{\text{obs}})$	$\mathcal{T}=\text{RepairCascade}(\mathcal{T},\Delta X_{\text{obs}})$
	$(Q,O_{\mathcal{T}})\leftarrow\text{Changed}(\Delta X_{\text{obs}})$
$\boldsymbol{x}_{\text{rand}}\leftarrow\text{Randomsample}$	**while** $Q\neq\varnothing$ **do**
$\bar{\boldsymbol{x}}_{\text{nearest}}\leftarrow\text{Nearest}(\boldsymbol{x}_{\text{rand}},\mathcal{T})$	$Q\leftarrow\text{VerifyQueue}(Q)$
$\bar{\boldsymbol{x}}_{\text{new}}\leftarrow\text{Steer}(\bar{\boldsymbol{x}}_{\text{nearest}},\boldsymbol{x}_{\text{rand}})$	POP $\boldsymbol{v}\leftarrow Q$
if $\bar{\boldsymbol{x}}_{\text{new}}\notin X_{\text{obs}}$ **then**	**if** $\rho_v\geqslant\rho_{\min}$ **then**
$(\bar{\boldsymbol{x}}_{\text{new}},\mathcal{T})\leftarrow\text{CollisionShrink}(\bar{\boldsymbol{x}}_{\text{new}},\mathcal{T})$	$\mathcal{T}\leftarrow\text{RewireNeighbor}(\boldsymbol{v},\mathcal{T})$
$\mathcal{T}\leftarrow\text{ChooseParent}(\bar{\boldsymbol{x}}_{\text{new}},\mathcal{T})$	**else**
$\boldsymbol{X}_{\text{near}}\leftarrow\text{Near}(\bar{\boldsymbol{x}}_{\text{new}},\mathcal{T})$	$\mathcal{T}\leftarrow\mathcal{T}\setminus\boldsymbol{v}$
$\mathcal{T}\leftarrow\text{Rewire}(\boldsymbol{X}_{\text{near}},\bar{\boldsymbol{x}}_{\text{new}},\mathcal{T})$	$O_{\mathcal{T}}\leftarrow\text{PropagateDescendants}(O_{\mathcal{T}})$
end if	**end if**
	end while

$(Q,O_{\mathcal{T}})=\text{Changed}(\Delta X_{\text{obs}})$	$O_{\mathcal{T}}=\text{PropagateDescendants}(O_{\mathcal{T}})$
for all $\boldsymbol{v}\in\mathcal{T}$ **do**	**for all** $\boldsymbol{v}\in O_{\mathcal{T}}$ **do**
if $(\boldsymbol{v},\mathcal{T})\leftarrow\text{CollisionShrink}(\boldsymbol{v},\mathcal{T})$ **then**	$O_{\mathcal{T}}\leftarrow O_{\mathcal{T}}\cup\mathcal{S}_v$
$O_{\mathcal{T}}\leftarrow O_{\mathcal{T}}\cup\boldsymbol{v}$	**for all** $\boldsymbol{v}\in O_{\mathcal{T}}$ **do**
PUSH $\boldsymbol{v}\rightarrow Q$	$\text{cost}(\boldsymbol{v})=\infty$
end if	**end for**
end for	**end for**

$Q=\text{VerifyQueue}(Q)$	$\mathcal{T}=\text{RewireNeighbor}(\boldsymbol{v},\mathcal{T})$
	$\mathcal{T}\leftarrow\mathcal{T}\setminus\mathcal{S}_v\setminus O_{\mathcal{T}}$
	if $\mathcal{T}\leftarrow\text{ChooseParent}(\boldsymbol{v},\mathcal{T})$ **then**
for all $\boldsymbol{v}\in O_{\mathcal{T}}$ and $\boldsymbol{v}\notin Q$ **do**	$O_{\mathcal{T}}\leftarrow O_{\mathcal{T}}\setminus\boldsymbol{v}$
PUSH $\boldsymbol{v}\rightarrow Q$	$\boldsymbol{X}_{\text{near}}\leftarrow\text{Near}(\boldsymbol{v},\mathcal{T})$
end for	$\mathcal{T}\leftarrow\text{Rewire}(\boldsymbol{X}_{\text{near}},\boldsymbol{v},\mathcal{T})$
$Q\leftarrow\text{Sort}(Q)$	**else**
	$\mathcal{T}\leftarrow\mathcal{T}\setminus\boldsymbol{v}$
	$O_{\mathcal{T}}\leftarrow\text{PropagateDescendants}(O_{\mathcal{T}})$
	end if

safeRRT*算法中主要函数的功能如下。

（1）$\text{Nearest}(\boldsymbol{x}_{\text{rand}},\mathcal{T})$ 基于给定度量返回最近节点 $\bar{\boldsymbol{x}}_{\text{nearest}}\in V_{\mathcal{T}}$ 。例如，选取二次型性能指标作为 $\boldsymbol{x}_{\text{rand}}$ 和 $\boldsymbol{v}\in V_{\mathcal{T}}$ 之间的度量，$\boldsymbol{S}$ 为 LQR 控制中 Riccati 方程的解，则最近节点为

$$\bar{\boldsymbol{x}}_{\text{nearest}}=\arg\min_{v\in V_{\mathcal{T}}}(\boldsymbol{x}_{\text{rand}}-\boldsymbol{v})^{\mathrm{T}}\boldsymbol{S}(\boldsymbol{x}_{\text{rand}}-\boldsymbol{v}) \tag{6-49}$$

（2）$\text{Steer}(\bar{\boldsymbol{x}}_{\text{nearest}},\boldsymbol{x}_{\text{rand}})$ 返回新的状态满足 $\bar{\boldsymbol{x}}_{\text{new}}\in\mathcal{E}(\bar{\boldsymbol{x}}_{\text{nearest}})$ 。新状态由下式得到，即

$$\bar{\boldsymbol{x}}_{\text{new}} = \alpha \sup_{x \in \mathcal{E}(\bar{x}_{\text{nearest}})} \langle \boldsymbol{l}, \boldsymbol{x} \rangle \tag{6-50}$$

式中：$\alpha \in (0,1)$，为预设缩放参数，用来决定采样步长；$\boldsymbol{l}$ 为 $(\bar{\boldsymbol{x}}_{\text{nearest}}, \boldsymbol{x}_{\text{rand}})$ 之间的方向向量。

（3）CollisionShrink$(\bar{\boldsymbol{x}}_{\text{new}}, \mathcal{T})$ 选择范围合适的吸引域子集（正不变集）以避开约束。假设 X_{obs} 由多个凸集 $\mathcal{O}_i$ 组成，即

$$X_{\text{obs}} = \bigcup_{i=1}^{N_O} \mathcal{O}_i;\ \mathcal{O}_i = \{\boldsymbol{x} \in \mathbb{R}^n | A_i\, \boldsymbol{x} \leqslant b_i, A_i \in \mathbb{R}^{p \times n}, b_i \in \mathbb{R}^n\} \tag{6-51}$$

障碍影响的水平集可以通过求解以下 QP 问题得到

$$\begin{cases} \rho_k = & \min \quad (\boldsymbol{x} - \bar{\boldsymbol{x}}_k)^{\mathrm{T}} \boldsymbol{E}_k^{-1} (\boldsymbol{x} - \bar{\boldsymbol{x}}_k) \\ & \text{s.t.} \quad A_i \boldsymbol{x} \leqslant b_i \end{cases} \tag{6-52}$$

基于 QP 问题的碰撞检测示意图如图 6-12 所示，预设最小可允许水平集 $\rho_{\min}$，当 $\rho_k \geqslant 1$ 时，保持 $\mathcal{E}(\bar{\boldsymbol{x}}_{\text{new}})$ 不变；当 $\rho_{\min} \leqslant \rho_k < 1$ 时，则椭球集的子集 $\bar{X}_{V \leqslant \rho_k}$ 代替原有椭球集 $\mathcal{E}$；当 $\rho_k < \rho_{\min}$ 时，$\bar{\boldsymbol{x}}_{\text{new}}$ 为危险点，舍去。显然，不同 $\mathcal{E}$ 的子集代表了靠近障碍的程度，$\bar{X}_{V \leqslant \rho_{\min}}$ 反映距离障碍物的安全距离。吸引域为满足约束的最大正不变集。

（4）ChooseParent$(\bar{\boldsymbol{x}}_{\text{new}}, \mathcal{T})$ 通过为 $\bar{\boldsymbol{x}}_{\text{new}}$ 搜索父节点 $\boldsymbol{v}$ 并更新 $\mathcal{T}$。父节点 $\boldsymbol{v}$ 的选取需使 $\bar{\boldsymbol{x}}_{\text{new}} \in \mathcal{E}(\boldsymbol{v})$ 且以下耗费指标最小，即

$$\text{cost}(\bar{\boldsymbol{x}}_{\text{new}}) = \text{cost}(\boldsymbol{v}) + (\bar{\boldsymbol{x}}_{\text{new}} - \boldsymbol{v})^{\mathrm{T}}\ \boldsymbol{E}^{-1}(\bar{\boldsymbol{x}}_{\text{new}} - \boldsymbol{v}) \tag{6-53}$$

（5）Near$(\bar{\boldsymbol{x}}_{\text{new}}, \mathcal{T})$ 返回 $\mathcal{E}(\bar{\boldsymbol{x}}_{\text{new}})$ 中的所有已有节点。

（6）Rewire$(X_{\text{near}}, \bar{\boldsymbol{x}}_{\text{new}}, \mathcal{T})$ 尝试将 $\bar{\boldsymbol{x}}_{\text{new}}$ 作为节点 $\boldsymbol{v} \in X_{\text{near}}$ 的父节点，若此时节点 $\boldsymbol{v}$ 的耗费（式（6-53））比之前更小，则断开节点 $\boldsymbol{v}$ 与其原父节点的连接，将 $\bar{\boldsymbol{x}}_{\text{new}}$ 作为 $\boldsymbol{v}$ 的父节点，更新 $E_{\mathcal{T}}$。

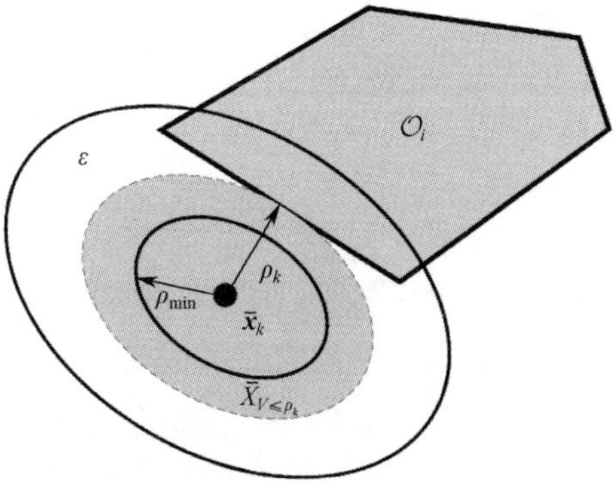

图 6-12　基于 QP 问题的碰撞检测示意图

（7）RepairCascade$(\mathcal{T}, \Delta\mathcal{O})$ 返回队列（queue，伪代码中通常用 Q 表示）中可

以到达已知树节点的节点。

（8）Changed($\Delta\mathcal{O}$) 基于函数 CollisionShrink 返回因约束变化而改变$\mathcal{E}$大小的节点。

（9） VerifyQueue(Q) 确保队列 Q 中所有潜在被移除点按耗费指标排序，使耗费小的节点有更高的出队优先级，以加快后续重连的速度，避免删除大量潜在有效节点。

（10）RewireNeighbor($\boldsymbol{v},\mathcal{T}$) 返回节点 $\boldsymbol{v}$ 的父节点，如无法为节点 $\boldsymbol{v}$ 找到一个父节点，则移除节点 $\boldsymbol{v}$。

（11） PropagateDescendants($O_{\mathcal{T}}$) 将 $O_{\mathcal{T}}$ 中所有点的耗费设置为无穷大。

因为考虑了采样点附近的吸引域，所以可用较少的采样点快速生成覆盖当前状态的存在可执行序列的树。在线运行过程中，沿当前的 funnel 运动时，规划器在其反应时间内同步进行树 $\mathcal{T}$ 的更新，到达目标状态后运行结束。尽管 safeRRT*算法针对动态约束规划设计，但也可用在静态约束场景中。在静态约束场景中，局部修正函数 RepairCascade 不再执行，退化为基于传统 RRT*的规划算法，如算法 6-1 所示。safeRRT*算法随着采样节点数量的增加，有 $\bigcup_{k=1}^{N_{\mathcal{G}}}\mathcal{B}(\bar{\boldsymbol{x}}_k)\to X_{\text{free}}$ ，具备 RRT*算法的渐近最优性质。

6.4.3 组合正向/反向可达集序列的反馈运动规划

6.4.1 小节和 6.4.2 小节给出了基于反向 funnel 构造树状图来覆盖可控状态子空间的反馈运动规划方法，并针对动态约束提出了局部修正反向 funnel 树的 safeRRT*算法。通常情况下，反向 funnel 的覆盖仅在终端集附近进行，以求扩大原有终端状态的吸引域。如果精确已知初始状态，将轨迹终端约束设定为吸引域，则可快速计算正向开环轨迹（如采用无限时域模型预测控制方法[35]），使其终端状态进入终端吸引域而达到稳定目的。事实上，大部分实际任务通常可获知当前状态的可能范围，即初始集。此时，通过基于正向 funnel 的局部规划，可以较少的计算量将初始集导引至吸引域中，即使

$$\mathcal{F}_i(T_i)\subset\bigcup_{k=1}^{N_{\mathcal{G}}}\mathcal{B}_k([0,T_k]) \tag{6-54}$$

然后组合使用反向 funnel，可实现初始集和终端集之间的反馈运动规划。这种正向和反向 funnel 组合的反馈运动规划示意图如图 6-13 所示，该方法能够减少大范围反向 funnel 覆盖过程带来的庞大计算量。但通常情况下，在实际应用中需要求解鲁棒正向 funnel 使所有潜在的初始状态均满足终端集可达，从而避免因噪声影响偏离预设轨迹导致的频繁重规划。

式（6-54）是反馈运动规划稳定的一个充分条件。针对小范围已知环境，通过

优化求解使 $\mathcal{F}$ 连接初始集和终端集即可满足反馈运动规划的要求；针对大范围未知环境，可采用类似 MPC 的策略，使 $\mathcal{F}_{i-1}(T_{i-1}) \subseteq \mathcal{F}_i(0)$ 进行滚动时域优化。

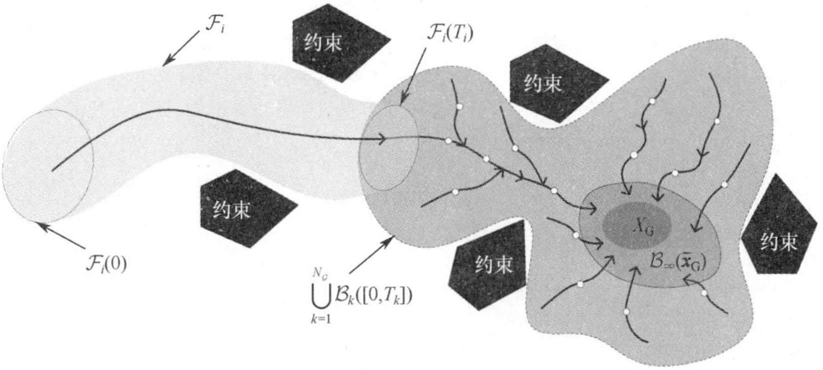

图 6-13　正向和反向 funnel 组合的反馈运动规划示意图

首先说明前一种情况，即寻找满足状态约束的鲁棒正向 funnel，使 $\mathcal{F}(0)$ 包含的初始状态的演化结果满足 $\mathcal{F}(T) \subset X_{\mathrm{G}}$。该问题可采用最优控制的直接法在约束 $\mathcal{F} \cap X_{\mathrm{obs}} = \varnothing$ 下求解轨迹。$\mathcal{F}$ 的计算可采用标称轨迹和闭环邻域分开计算的方式。更一般地，需满足开环指标 J 和局部闭环系统指标 $\tilde{J}$ 的复合指标 $J + \vartheta\tilde{J}$ 最优，其中 ϑ 为权重系数。这样，鲁棒轨迹优化问题可以表示为以下优化问题，即

$$\begin{cases} \inf\limits_{\boldsymbol{u}} & J + \vartheta\tilde{J} \\ \text{s.t.} & \dot{\boldsymbol{x}} = f(t, \boldsymbol{x}, \boldsymbol{u}, \boldsymbol{w}) \\ & \boldsymbol{x} \in X_{\text{free}},\ \boldsymbol{u} \in U,\ \boldsymbol{w} \in W,\ \forall \boldsymbol{x}_0 \in \bar{X}_0 \end{cases} \tag{6-55}$$

式中：控制 $\boldsymbol{u} = \bar{\boldsymbol{u}} + \tilde{\boldsymbol{u}}$，由开环 $\bar{\boldsymbol{u}}$ 和闭环 $\tilde{\boldsymbol{u}}$ 组成。一般情况下，如果 X_{free} 的状态约束不复杂，该问题可采用直接法求解。

文献[3]提供了计算 funnel 的 funnel transport 方法，本小节在此基础上采用一种更准确的求解方法。鲁棒轨迹规划问题式（6-55）可改写为以下优化问题，即

$$\begin{cases} \inf\limits_{\boldsymbol{u}} & J + \vartheta\tilde{J} \\ \text{s.t.} & \dot{\boldsymbol{x}} = f(t, \boldsymbol{x}, \boldsymbol{u}, \boldsymbol{w}) \\ & \mathcal{F} \in \bar{X}_{\text{free}}, \boldsymbol{u} \in \bar{U}, \boldsymbol{w} \in \bar{W}, \mathcal{F}(0) = \bar{X}_0 \end{cases} \tag{6-56}$$

其中，$\tilde{J}$ 通常采用最优二次型指标。若取 $\tilde{J} = \int_0^T \mathrm{vol}[\mathcal{F}(t)]$，则表示优化正向 funnel 范围更小的鲁棒轨迹，假设 $\mathcal{F}$ 采用椭球集表示，即 $\mathcal{F}(t) \in \mathcal{E}(\bar{\boldsymbol{x}}_t, \boldsymbol{E}_t)$，考虑到 $\mathrm{vol}(\mathcal{E}_t) \propto \sqrt{|\boldsymbol{E}_t|}$，即 $\mathrm{vol}(\mathcal{E}_t)$ 与 $\sqrt{|\boldsymbol{E}_t|}$ 成正比，因此指标 $\int_0^T \mathrm{vol}[\mathcal{F}(t)]$ 可以改写成时间采样累计的形式 $\sum_{k=1}^{N} \left|\boldsymbol{E}_{t_k}\right|$。当 $\vartheta = 0$ 时，问题式（6-56）退化为优化满足鲁棒正向

funnel 约束的开环轨迹。

问题式（6-56）需进行碰撞检测以判断状态是否满足约束 $\mathcal{F}\cap X_{\text{obs}}=\varnothing$，这是问题式（6-56）求解过程中计算量最大的步骤。碰撞检测可通过求解 QP 问题式（6-52）来完成，也可在椭球表面上的有限个点 $\boldsymbol{x}_l\in\partial\mathcal{E}$ 处进行，求解以下优化问题，即

$$\begin{cases}\inf\limits_{\boldsymbol{u}} & J+\vartheta\sum\limits_{k=1}^{N}\left|\boldsymbol{E}_{t_k}\right| \\ \text{s.t.} & \dot{\bar{\boldsymbol{x}}}=f(t,\bar{\boldsymbol{x}},\bar{\boldsymbol{u}}) \\ & \boldsymbol{x}_l(t_k)\in\bar{X}_{\text{free}},\ \boldsymbol{u}_l(t_k)\in\bar{U},\ \boldsymbol{w}\in\bar{W}\end{cases}\tag{6-57}$$

式中：$\boldsymbol{x}_l(t_k)=\bar{\boldsymbol{x}}(t_k)+\langle\boldsymbol{l},\boldsymbol{E}_{t_k}\boldsymbol{l}\rangle^{1/2}$，$\boldsymbol{x}_l$ 为 $\boldsymbol{l}$ 方向上 $\partial\mathcal{E}$ 上的状态量；$\boldsymbol{u}_l(t_k)=\bar{\boldsymbol{u}}(t_k)-\boldsymbol{R}^{-1}(\boldsymbol{N}_B\langle\boldsymbol{l},\boldsymbol{E}_{t_k}\boldsymbol{l}\rangle^{1/2}+r_s)\vartheta_3$，为针对状态 $\boldsymbol{x}_l(t_k)$ 的 TVLQR 控制。该问题可采用 GPOPS-II 工具箱求解，求解过程中给定的方向向量 $\boldsymbol{l}$ 越多，碰撞检测越准确，但是计算效率会随设定方向数量的增加而降低。

当状态约束信息已知且状态约束的拓扑结构不复杂时，上述基于直接法的鲁棒轨迹优化可以很好地给出已知当前状态的反馈运动规划的可行解。但实际情况中，约束信息往往是未知的。例如，在即时定位与地图构建（simultaneous localization and mapping，SLAM）任务中，由于全局环境信息未知，全局路径不可能提前规划好，需要随着当前状态的移动进行实时在线多次重规划来得到可行的轨迹。在局部可观测的状态空间中采用基于鲁棒正向 funnel 的滚动时域规划可确保当前规划的 funnel 满足约束。当全局信息缺失时，进行滚动时域的局部规划，不仅能适应未知环境，而且由于搜索空间减小，计算量比全局规划小很多。

滚动时域规划方法的基本原理如图 6-14 所示。假设可执行规划子区间为 $\Omega_i=[0,T_i]\times X_i(i=1,2,\cdots,N_\Omega)$，其中 N_Ω 为状态子空间的个数，Ω_i 中的 funnel 记为 $\mathcal{F}_i$。在滚动时域规划的每一步，依据当前窗口 Ω_i 内的信息确定局部子目标集 $X_{\text{G},i}$，计算 $\mathcal{F}_i([0,T_i])$ 使得 $\mathcal{F}_i(T_i)=X_{\text{G},i}$，且当前状态 $x(0)\in\mathcal{F}_i(0)$。当前状态沿局部窗口的 $\mathcal{F}_i$ 向局部目标 $X_{\text{G},i}$ 运动，到达局部目标后窗口移动，直到 $X_{\text{G},i}\to X_\text{G}$。

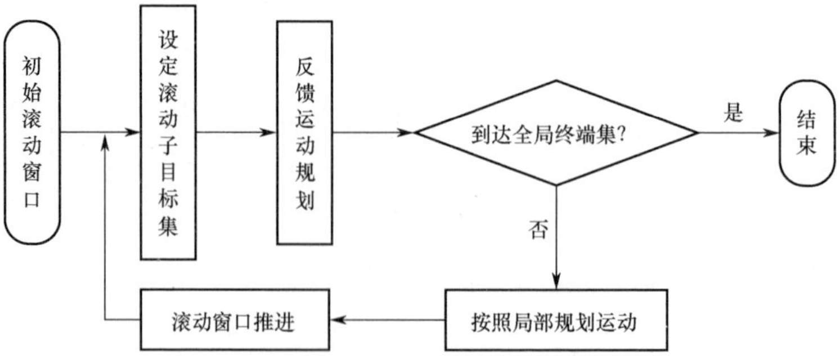

图 6-14　滚动时域规划原理框图

滚动时域规划中较为关键的一步是子目标集的选取，如果全局终端集 X_G 已知，可采用启发式搜索加快判定；如果 X_G 未知，可进行全局随机探索，直至搜索到 X_G 为止。显然，在滚动时域规划中，局部子目标集的选取相对比较自由，因此采用 $\mathcal{F}_i$ 代替 $\mathcal{B}_k$ 能够更快速地保证当前状态 $\boldsymbol{x}(0)\in\mathcal{F}_i$，而且因为 $\mathcal{F}_i$ 通常伴随着稳定控制，所以满足不动点条件，相比 $\mathcal{B}_k$ 的计算效率更高。滚动优化的鲁棒正向 funnel $\mathcal{F}_i$ 能够与反向 funnel 进行组合的充分条件为

$$\mathcal{F}_i(T_i)\subseteq\bigcup_{k=1}^{N_{\mathcal{G}}}\mathcal{B}_k([0,T_k]),\ \boldsymbol{x}(0)\in\mathcal{F}_i([0,T_i]),\quad \forall i=1,2,\cdots,N_\Omega \tag{6-58}$$

类似式（6-47）的可达集序列组合要求，不同 $\mathcal{F}_i$ 间的序列组合性有以下定义。

定义 6-8 正向 funnel 的一对序列组合 $(\mathcal{F}_i([0,T_i]),\mathcal{F}_{i+1}([0,T_{i+1}]))$ 需满足

$$\mathcal{F}_i(T_i)\subseteq\mathcal{F}_{i+1}(0) \tag{6-59}$$

$\mathcal{F}_i([0,T_i])$ 作为系统有限时域模型预测环节，为当前状态提供未来时域 $[0,T_i]$ 内的安全可靠通道。给定适当大小的 $\mathcal{F}_1(0)=\bar{X}_0$ 作为初始状态集，在执行时域 $[0,t_1](t_1\leqslant T_1)$ 内计算正向 funnel，然后在序列组合条件（6-59）下进一步计算后续 funnel。

本节针对不同应用场景设计了不同的反馈运动规划方法。针对一般复杂约束非线性系统的反馈运动规划问题，在 RRT 等结构树随机采样规划方法的基础上，给出了组合反向 funnel 覆盖可控状态子空间的反馈运动规划方法。针对动态约束的情况，提出了通过局部修正策略快速更新树的 safeRRT*反馈运动规划算法。针对初始状态集已知的情况，提出了使用鲁棒正向 funnel 将初始状态快速导引至反向 funnel 覆盖域的策略。下面两节将基于 funnel 组合的反馈运动规划方法分别应用于航天器近程交会的运动规划和避障控制问题。

6.5 空间近程交会的反馈运动规划

6.5.1 问题描述与求解策略

航天器近程交会运动控制的主要任务之一是设计航天器相对运动轨迹及其控制律，使追踪航天器（服务航天器）在满足禁飞区和交会对接走廊约束的情况下运动到目标航天器对接位置。本节采用 6.4.3 小节组合正向/反向 funnel 的反馈运动规划方法，设计近程交会控制律，实现满足安全性约束的空间近程交会运动控制[4]。

令 $\boldsymbol{\varrho}_\mathrm{C}$、$\boldsymbol{\varrho}_\mathrm{T}$ 分别为地心惯性坐标系（earth central inertial，ECI）下追踪航天器和目标航天器的位置矢量，ϱ_C、ϱ_T 分别为追踪航天器和目标航天器的轨道半径。追踪航天器和目标航天器的相对运动方程为

$$\ddot{\boldsymbol{\varrho}}_\mathrm{C}-\ddot{\boldsymbol{\varrho}}_\mathrm{T}=-\frac{G}{\varrho_\mathrm{T}^3}\left(\frac{\varrho_\mathrm{T}^3}{\varrho_\mathrm{C}^3}\boldsymbol{\varrho}_\mathrm{C}-\boldsymbol{\varrho}_\mathrm{T}\right)+\boldsymbol{u}_\mathrm{C}-\boldsymbol{u}_\mathrm{T} \tag{6-60}$$

式中：$\boldsymbol{u}_{\mathrm{C}}$、$\boldsymbol{u}_{\mathrm{T}}$分别为追踪航天器和目标航天器除地心引力以外的合加速度。选取目标轨道 LVLH 坐标系为参考动坐标系，其$\hat{\boldsymbol{k}}$轴指向地心，$\hat{\boldsymbol{i}}$轴方向沿轨道速度方向与$\hat{\boldsymbol{k}}$垂直，$\hat{\boldsymbol{j}}$轴方向由右手法则确定，坐标系原点位于目标航天器的质心。目标 LVLH 坐标系与 ECI 坐标系的关系如图 6-15 所示，且有$\hat{\boldsymbol{k}}=-\boldsymbol{\varrho}_{\mathrm{T}}/\|\boldsymbol{\varrho}\|$，$\hat{\boldsymbol{j}}=-\boldsymbol{\varrho}\times\dot{\boldsymbol{\varrho}}/\|\boldsymbol{\varrho}\times\dot{\boldsymbol{\varrho}}\|$，$\hat{\boldsymbol{i}}=\hat{\boldsymbol{j}}\times\hat{\boldsymbol{k}}$。

追踪航天器相对于目标航天器位置矢量在目标 LVLH 坐标系下的投影$\boldsymbol{r}=\boldsymbol{C}_{\mathrm{I}}^{\mathrm{O}}(\boldsymbol{\varrho}_{\mathrm{C}}-\boldsymbol{\varrho}_{\mathrm{T}})$，其中，$\boldsymbol{C}_{\mathrm{I}}^{\mathrm{O}}=[\hat{\boldsymbol{i}},\hat{\boldsymbol{j}},\hat{\boldsymbol{k}}]^{\mathrm{T}}$为 ECI 坐标系到目标 LVLH 坐标系下的旋转矩阵。根据 ECI 坐标系和目标 LVLH 坐标系的关系，有以下相对运动方程，即

$$\ddot{\boldsymbol{r}}=-2\boldsymbol{\omega}\times\dot{\boldsymbol{r}}-\boldsymbol{\omega}\times(\boldsymbol{\omega}\times\boldsymbol{r})-\dot{\boldsymbol{\omega}}\times\boldsymbol{r}-\boldsymbol{C}_{\mathrm{I}}^{\mathrm{O}}\left[\frac{\mu}{\varrho_{\mathrm{T}}^{3}}\left(\frac{\varrho_{\mathrm{T}}^{3}}{\varrho_{\mathrm{C}}^{3}}\boldsymbol{\varrho}_{\mathrm{C}}-\boldsymbol{\varrho}_{\mathrm{T}}\right)+\boldsymbol{u}_{\mathrm{C}}-\boldsymbol{u}_{\mathrm{T}}\right] \tag{6-61}$$

式中：$\boldsymbol{\omega}$和$\dot{\boldsymbol{\omega}}$分别为目标轨道角速度和角加速度。相对运动动力学方程式（6-61）没有进行任何线性化，为典型的非线性系统，令状态变量$\boldsymbol{x}=[\boldsymbol{r}^{\mathrm{T}},\dot{\boldsymbol{r}}^{\mathrm{T}}]^{\mathrm{T}}=[x,y,z,\dot{x},\dot{y},\dot{z}]^{\mathrm{T}}$，矢量$\hat{\boldsymbol{i}}$、$\hat{\boldsymbol{j}}$、$\hat{\boldsymbol{k}}$分别对应$x$、$y$、$z$轴方向，相对运动方程的状态空间形式可参见第 2 章和文献[6]。

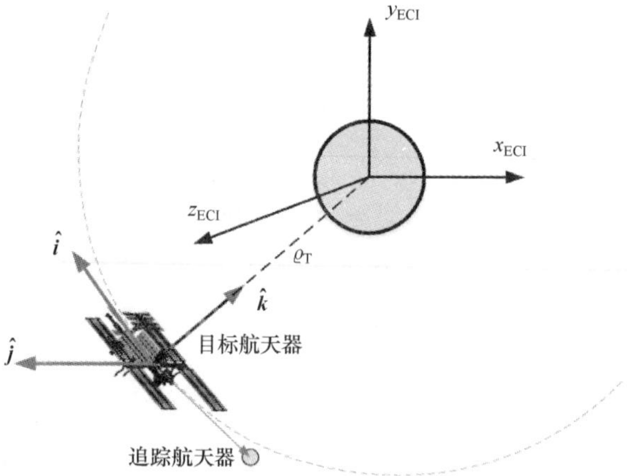

图 6-15　目标航天器轨道坐标系（LVLH）与地球惯性坐标系（ECI）示意图

近程交会对接的禁飞区约束和交会对接走廊约束如图 6-16 和图 6-17 所示，图中交会对接走廊为锥形，记为$\bar{X}_{\mathrm{cone}}$。航天器安全交会对接的核心问题是：求解反馈控制律使任意可控状态都能在满足交会对接走廊约束和禁飞区约束的情况下逼近对接的终端状态$\boldsymbol{x}_{\mathrm{G}}$（或终端状态集$\bar{X}_{\mathrm{G}}$）。通过组合反向 funnel 可以覆盖所有可控状态子空间，得到反馈运动规划的解。但通常情况下初始状态$\boldsymbol{x}(0)$不可能完全未知，可用初始状态集$\bar{X}_0$表示，即$\boldsymbol{x}(0)\in\bar{X}_0$。这样该问题可以转化为以下两个子问题。

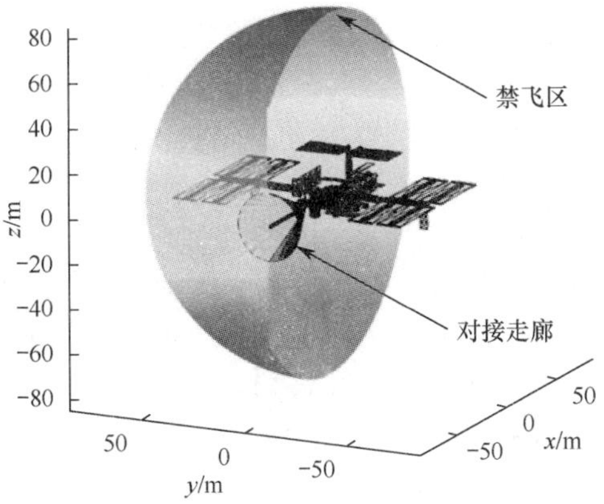

图 6-16 目标航天器禁飞区与交会对接走廊

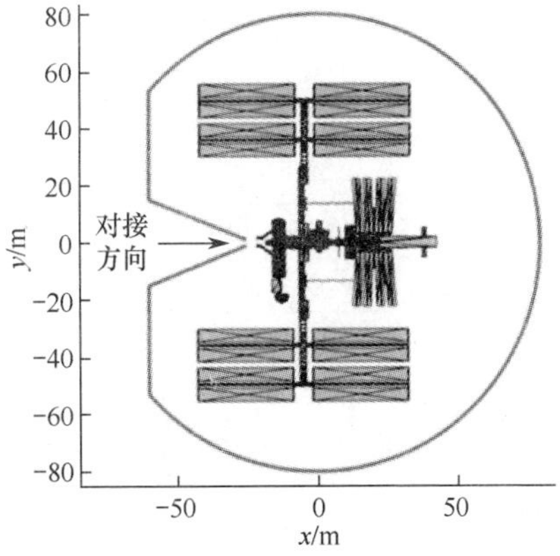

图 6-17 禁飞区 xy 平面投影

（1）所有交会对接走廊中的状态均始终满足交会对接走廊约束且终端集 $\bar{X}_{\mathrm{G}}$ 可达。

（2）初始状态集 $\bar{X}_0$ 可被导引至交会对接走廊内且满足禁飞区约束。

根据上述问题描述，采用反向和正向 funnel 组合的反馈运动规划方法求解该问题的过程如下。

（1）根据式（6-46）的策略，利用多个 $\mathcal{B}$ 覆盖交会对接走廊 $\bar{X}_{\mathrm{cone}}$，即 $\bigcup_{k=1}^{N_{\mathcal{G}}}\mathcal{B}(\bar{\boldsymbol{x}}_k)\to\bar{X}_{\mathrm{cone}}$。通过 $\mathcal{B}$ 的覆盖使进入交会对接走廊的状态均满足约束要求，并在交会对接走廊中运动到终端状态集 $\bar{X}_{\mathrm{G}}$ 完成最终逼近。

（2）针对位于交会对接走廊外的初始状态集 $\bar{X}_0$，求解 $\mathcal{F}$，使 $\mathcal{F}$ 的末状态集完全进入交会对接走廊 $\bar{X}_{\mathrm{cone}}$。

实现空间近程交会的反馈运动规划流程框图如图 6-18 所示。

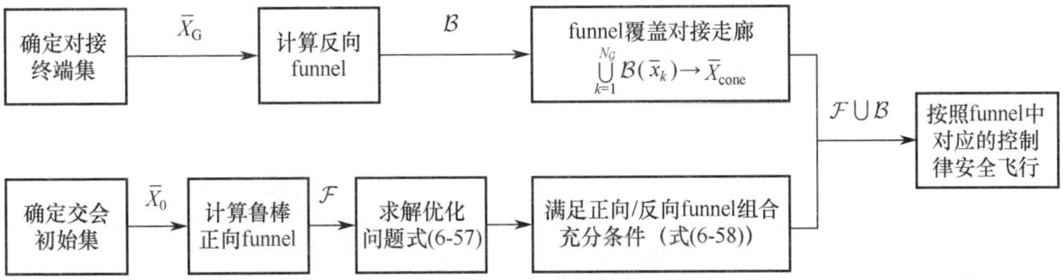

图 6-18 空间近程交会的反馈运动规划流程框图

6.5.2 数值仿真与分析

设交会对接走廊 $\bar{X}_{\mathrm{cone}}$ 为一个圆锥体，以目标体坐标系的原点为顶点，中轴沿目标体坐标系的 x 轴方向，长度 35m。假设目标体坐标系和轨道坐标系平行，且两者的 x 轴方向相反。交会对接走廊对追踪航天器质心的约束为中心轴线在轨道坐标

系下 x 轴位置分量从−25m 到−60m，圆锥角为 21.8°。目标航天器的初始状态轨道参数如表 6-1 所列。

表 6-1 目标轨道参数

轨道参数	偏心率	轨道倾角	升交点赤经	半长轴	近地点幅角	真近点角
数值	0.0002	51.6°	298.621°	6775km	82.5256°	0°

终端集采用 LQR 反馈调节。开环标称轨迹和控制律采用 GPOPS-II 工具箱求解。闭环控制律由局部 TVLQR 提供，TVLQR 的二次型指标函数的权重取为

$$\boldsymbol{Q}_T=\boldsymbol{Q}=\mathrm{diag}(1,1,1,10,10,10),\ \boldsymbol{R}=1\times10^4\times\mathrm{diag}(1,1,10)$$

其余权重均设为零，LQR 控制参数选择与 TVLQR 相同。设定终端集为

$$\bar{X}_T=\bar{X}_G=\{\tilde{\boldsymbol{x}}(T)=\boldsymbol{x}(T)-\bar{\boldsymbol{x}}(T)\in\mathbb{R}^6\mid \boldsymbol{x}^{\mathrm{T}}\boldsymbol{Q}_T\tilde{\boldsymbol{x}}\leqslant1\}$$

式中：$\bar{\boldsymbol{x}}(T)=[-25,0,0,0,0,0]^{\mathrm{T}}$（单位为 m 或 m/s，下同）。

仿真计算结果如图 6-19～图 6-24 所示。图 6-19 和图 6-20 表示单个 $\mathcal{B}$ 覆盖交会对接走廊；图 6-21 和图 6-22 表示采用 5 个 $\mathcal{B}$ 组成的拓扑图覆盖交会对接走廊；图 6-23 和图 6-24 分别为完整的交会对接仿真曲线和控制曲线。下面分别对上述不同情况的仿真结果进行分析。

（1）单个 $\mathcal{B}$。图 6-19 和图 6-20 分别为追踪航天器与目标航天器的相对位置和相对速度空间上 $\mathcal{B}$ 的切片。图 6-19 中浅灰色覆盖区域为稳定域在 x、y、z 方向上的切片；黑色细环状实线为 $\partial\mathcal{B}$ 在 yOz 平面上的切片；黑色粗实线为标称轨迹，标称轨迹初始状态 $\bar{\boldsymbol{x}}(0)=[-60,0,0,0,0,0]^{\mathrm{T}}$，终端状态为 $\bar{\boldsymbol{x}}(T)$，其中 $T=81.5464\mathrm{s}$；粗实线为 $\mathcal{B}(T)$ 内随机产生的 20 个状态进行打靶计算（在惯性系下）得到的真实轨迹，可以看出，这些轨迹都进入了终端集 $\bar{X}_G$。图 6-20 所示为 $\mathcal{B}$ 在 $\dot{x}\dot{y}\dot{z}$ 方向上的投影，可以看出，速度的目标状态被约束在 0.1m/s 的椭球集合内，初始速度可以处于一个相对较大的椭球，从而在状态空间中给出较大的初始集 $\mathcal{B}(T)$；而由于航天器接近过程加减速的影响，x 轴方向的速度处于[−2,2]m/s 之间。

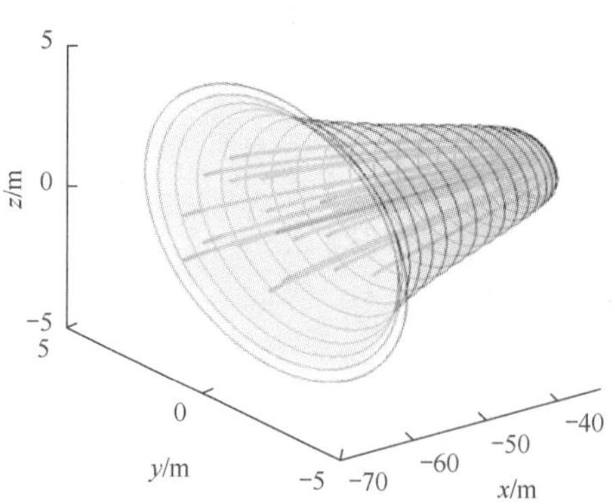

图 6-19 $\mathcal{B}$ 在 xyz 上的切片（彩图见书末）

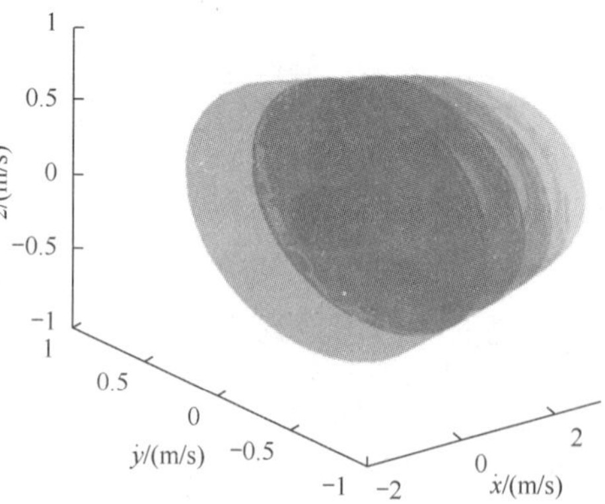

图 6-20 $\mathcal{B}$ 在 $\dot{x}\dot{y}\dot{z}$ 上的切片（彩图见书末）

（2）多个$\mathcal{B}$覆盖交会对接走廊。从图 6-19 可以看出，单个$\mathcal{B}$并不能完全覆盖交会对接走廊，无法确保进入交会对接走廊的所有状态都能采用单个$\mathcal{B}$对应的 TVLQR 控制律到达终端集。为确保交会对接走廊中的所有状态都可进入终端集，通过多个$\mathcal{B}$组合覆盖交会对接走廊。额外采样的 4 个初始标称状态为$[-60,\pm 8,0,0,0,0]^{\mathrm{T}}$和$[-60,0,\pm 8,0,0,0]^{\mathrm{T}}$，终端标称状态$\bar{\boldsymbol{x}}(T)$和终端集$\bar{X}_{\mathrm{G}}$保持不变，计算相应的$\mathcal{B}$。仿真结果如图 6-21 和图 6-22 所示，可以看出，5 个$\mathcal{B}$已经可以覆盖大部分交会对接走廊。根据$\mathcal{B}$的定义，所有进入浅灰色区域的状态均存在反馈运动规划的解π将状态导引到终端集$\bar{X}_{\mathrm{G}}$，且满足交会对接走廊的约束。理论上，通过不断增加$\mathcal{B}$可以覆盖交会对接走廊中的所有状态。

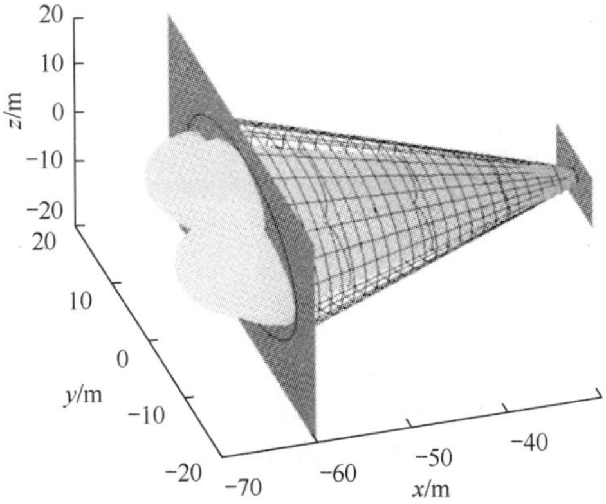

图 6-21　5 个$\mathcal{B}$覆盖交会对接走廊

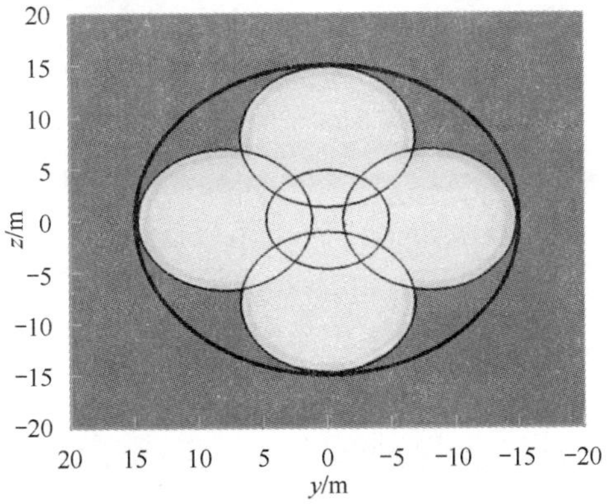

图 6-22　$x=-60$时yz平面切片

（3）鲁棒正向$\mathcal{F}$将初始状态集导引至交会对接走廊入口。假设追踪航天器在交会对接走廊之外不能保证反馈信息的准确性，导致系统存在不确定性，即$\dot{\boldsymbol{x}}=f[t,\boldsymbol{x},\boldsymbol{u}(t,\boldsymbol{x})]+\boldsymbol{w}$，干扰集$\bar{W}=\{\boldsymbol{w}\in\mathbb{R}^6|\,\boldsymbol{w}^{\mathrm{T}}\boldsymbol{D}^{-1}\boldsymbol{w}\leqslant 1\}$，形状矩阵$\boldsymbol{D}=0.001\times\mathrm{diag}(10,10,10,1,1,1)$，进入交会对接走廊以后设$\boldsymbol{w}=0$。针对追踪航天器质心的初始状态位于交会对接走廊以外的情况，计算鲁棒正向 funnel $\mathcal{F}$，保证航天器的质心状态在$\mathcal{F}$中运动，且$\mathcal{F}$的终端状态集进入交会对接走廊，同时满足禁飞区约束。设问题式（6-57）中的权重系数$\vartheta=0$，初始状态集$\bar{X}_0=\{\tilde{\boldsymbol{x}}^{\mathrm{T}}\boldsymbol{I}_{6\times 6}\tilde{\boldsymbol{x}}\leqslant 10\}$，初始标称状态$\bar{\boldsymbol{x}}(0)=[90,100,0,0,0,0]^{\mathrm{T}}$，指标函数中$\boldsymbol{R}=1\times 10^3\times\mathrm{diag}(1,1,1)$。仿真结果如图 6-23 所示，图 6-23 中的粗实线表示一条处于灰色$\mathcal{F}$中，并且初始状态为$\boldsymbol{x}(0)=[93,108,5,0.1,0.1,0.1]^{\mathrm{T}}\in\bar{X}_0$的真实相对运动轨迹；灰色区域为鲁棒$\mathcal{F}$在$xyz$平面上的切片，显然该轨迹全程处于$\mathcal{F}$中。

（4）基于 funnel 组合的空间交会反馈运动规划全段分析。整个交会对接过程分为两个阶段：航天器先在鲁棒$\mathcal{F}$中运动，即从交会对接走廊外部趋近于交会对接走廊入口；之后在交会对接走廊入口处切换控制律，选择终端状态对应的$\mathcal{B}$，在交会对接走廊中完成交会对接。仿真中假设单轴控制加速度的最大幅值为 0.06m/s^2，完整交会对接过程中追踪航天器的三轴控制加速度随时间变化曲线如图 6-24 所示。可以看出，在 275.8s 从鲁棒$\mathcal{F}$中的控制律切换到交会对接走廊中对应$\mathcal{B}$的控制律，并在 357.3s 进入终端集，且实际控制加速度未饱和。

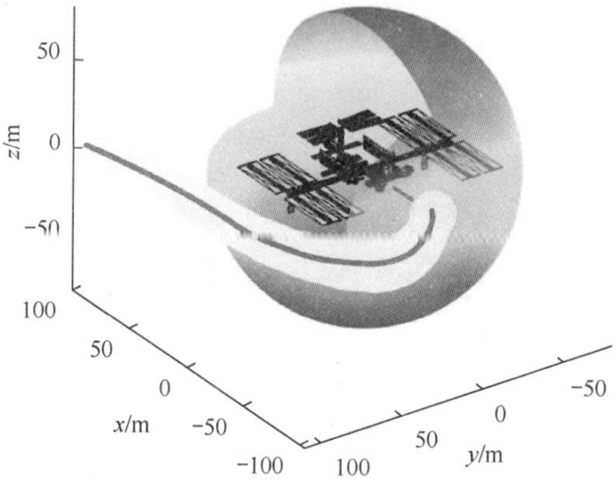

图 6-23 航天器交会对接三维运动（彩图见书末）

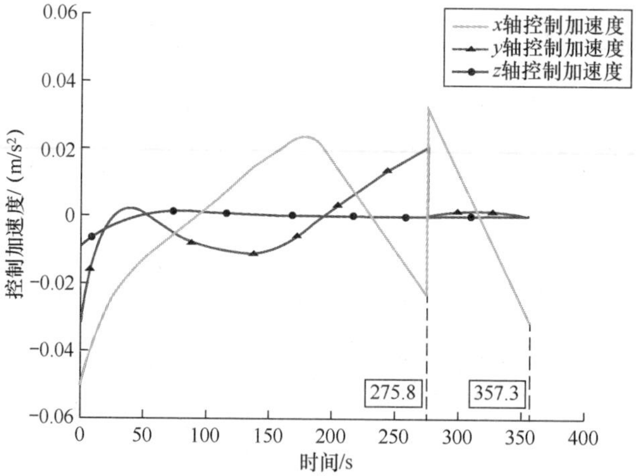

图 6-24 三轴控制加速度曲线

上述仿真结果表明，基于 funnel 组合的反馈运动规划方法可以利用最优控制策略完成交会对接任务。相比人工势场法，基于 funnel 组合的反馈运动规划方法得到的控制律能够保证航天器飞行在计算好的可达集区域内，实现安全自主的空间交会对接。

6.6 空间避障飞行的反馈运动规划

6.6.1 问题描述与避障策略

本节采用 6.4.2 小节提出的 safeRRT*算法，进行基于局部反馈系统吸引域的在线采样搜索，实现航天器的避障飞行[5]，目的是将航天器引导至终端位置，同时确保满足控制饱和约束与状态约束。通过计算满足饱和约束的不变集可以限制控制变量的上、下限，状态约束相对于参考坐标系可以是静止的或动态的。航天器相对位置信息由航天器搭载的传感器测量得到。通过算法的实时在线更新，进行满足约束的在线规划与实时控制。

考虑避障机动发生在航天器和障碍物相对距离较近的情况下，将相对运动动力学方程投影在参考轨道的 LVLH 坐标系中，如图 6-25 所示。类似式（6-61），将相对运动方程投影到参考轨道的 LVLH 坐标系，并进行线性化处理，基于 CW 方程可得到以下相对运动方程[6]，即

$$\dot{\tilde{\boldsymbol{x}}} = \boldsymbol{A}(\omega)\tilde{\boldsymbol{x}} + \boldsymbol{B}\boldsymbol{u} + \boldsymbol{w} \tag{6-62}$$

其中

$$\boldsymbol{A}(\omega) = \begin{bmatrix} 0 & 0 & 0 & 1 & 0 & 0 \\ 0 & 0 & 0 & 0 & 1 & 0 \\ 0 & 0 & 0 & 0 & 0 & 1 \\ 3\omega^2 & 0 & 0 & 0 & 2\omega & 0 \\ 0 & 0 & 0 & -2\omega & 0 & 0 \\ 0 & 0 & -\omega^2 & 0 & 0 & 0 \end{bmatrix}, \quad \boldsymbol{B} = [\boldsymbol{0}_{3\times3}, \boldsymbol{I}_{3\times3}]^{\mathrm{T}}$$

且 $\boldsymbol{\omega} = [0,0,\omega]^{\mathrm{T}}$ 为参考轨道的轨道角速度。$\tilde{\boldsymbol{x}} = \boldsymbol{x} - \bar{\boldsymbol{x}}_0$ 为相对状态在 LVLH 坐标系下的投影，$\bar{\boldsymbol{x}}_0$ 为标称轨迹。若相对运动参考轨道为固定的圆轨道，则 ω 为常值。当采用 safeRRT*算法随机生成的采样点 $\bar{\boldsymbol{x}}_k$ 作为参考点时，等价于计算航天器相对于该标称状态的运动，即用 $\hat{\boldsymbol{i}}_k$、$\hat{\boldsymbol{j}}_k$、$\hat{\boldsymbol{k}}_k$ 所在的 LVLH 坐标系的相对运动方程表示，此时的参考轨道角速度 ω 也发生了变化，如图 6-25 所示。

为实现随机采样规划方法的在线动态更新，必须将采样空间限制在较低维度的空间内，因此有以下两个假设。

（1）相对运动方程式（6-62）中的非循环坐标全为零，仅在循环坐标系下进行随机采样，$\bar{\boldsymbol{x}}_k = [x_k, y_k, z_k, 0,0,0]^{\mathrm{T}}$ 作为平衡点；

（2）开环控制仅由局部反馈系统提供，即 $\bar{\boldsymbol{u}}_k = 0$ 。

轨道角速度 ω 随着参考轨道变化而变化，因此式（6-62）为依赖参数 ω 的变参数状态方程。将 ω 参数化，求解 Riccati 方程并构建局部参考轨道的 LQR 控制律

$\boldsymbol{u}_k = -\boldsymbol{K}_{\mathrm{LQR}}(\omega)(\boldsymbol{x} - \bar{\boldsymbol{x}}_k) = -\boldsymbol{K}_{\mathrm{LQR}}(\omega)\tilde{\boldsymbol{x}}_k$，使局部闭环系统稳定在平衡点 $\bar{\boldsymbol{x}}_k$ 附近，得到的闭环系统为

$$\dot{\tilde{\boldsymbol{x}}} = \underbrace{[\boldsymbol{A}(\omega) - \boldsymbol{B}\boldsymbol{K}_{\mathrm{LQR}}(\omega)]}_{A_{\mathrm{cl}}(\omega)}\tilde{\boldsymbol{x}} + \boldsymbol{w} \tag{6-63}$$

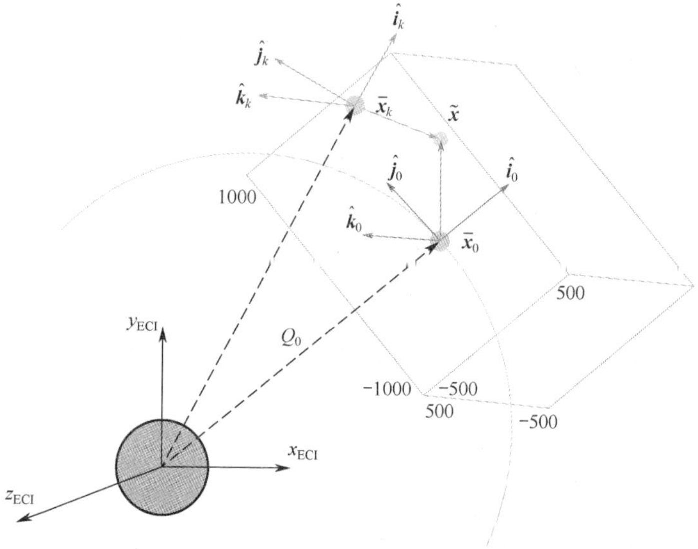

图 6-25　避障飞行中的 LVLH 坐标系与 ECI 坐标系示意图

根据 6.4.2 小节 safeRRT*算法的论述，在平衡点 $\bar{\boldsymbol{x}}_k$ 附近的闭环系统根据不变集的大小切换平衡点，从而可将状态导引到期望位置，同时保证真实的估计位于树状图构成的安全通道内，实现动态避障。

根据不变集的定义 6-5，航天器一旦位于树状图中对应节点为原点的闭环系统不变集内，若闭环系统不变，则航天器一定不会离开该不变集。safeRRT*算法利用 RRT*策略构造树状图，在不同节点间进行局部反馈控制的切换，使航天器位于不同节点构成的闭环系统不变集中，确保航天器（状态）在由不变集序列组成的安全通道中运动。当航天器可能碰撞障碍或约束变化影响到当前的安全通道时，safeRRT*算法能够快速修正树状图，在线形成新的安全通道以保证航天器飞行的安全。随着采样节点的增加，safeRRT*算法趋向于最优的安全轨迹。航天器避障飞行的反馈运动规划流程如图 6-26 所示。

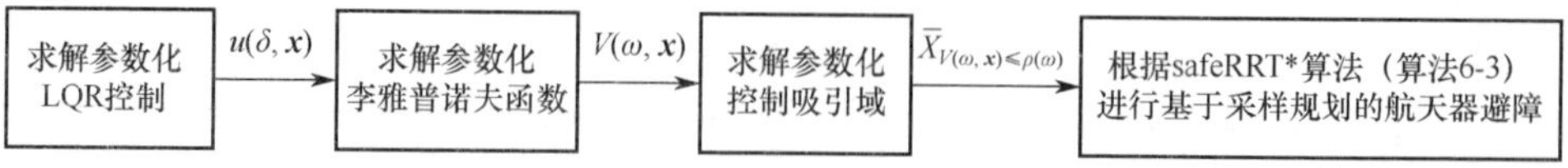

图 6-26　航天器避障飞行的反馈运动规划流程框图

6.6.2 数值仿真与分析

仿真中参考轨道坐标系（$\hat{i}_0\hat{j}_0\hat{k}_0$）的轨道参数如表 6-1 所列，在该参考坐标系下 safeRRT*的采样空间为$[-500,-1000,-500]^{\mathrm{T}}\times[500,1000,500]^{\mathrm{T}}$，初始状态和终端状态分别为$\boldsymbol{x}_0=[0,1000,0,0,0,0]^{\mathrm{T}}$和$\boldsymbol{x}_{\mathrm{G}}=[0,-1000,0,0,0,0]^{\mathrm{T}}$（单位为 m 或 m/s，下同）。假设最小可允许水平集为$\bar{X}_{V\leqslant 0.5}$。局部系统状态反馈控制律采用 LQR，其权重矩阵取为$\boldsymbol{Q}=\mathrm{diag}(100,100,100,10^7,10^7,10^7)$、$\boldsymbol{R}=\mathrm{diag}(2\times10^8,2\times10^{10},2\times10^{12})$。

假设航天器质量为 100kg，单轴最大推力为 2N。静态和动态障碍场景中航天器避障问题的仿真结果如图 6-27～图 6-31 所示。图 6-27 表示静态障碍场景中的避障过程；图 6-28 给出了 safeRRT*算法和原始 safeRRT 算法在静态障碍场景中的性能对比；图 6-29～图 6-31 给出了 safeRRT*算法在动态障碍场景中的反馈运动规划结果。下面分别对静态和动态避障的仿真结果进行分析。

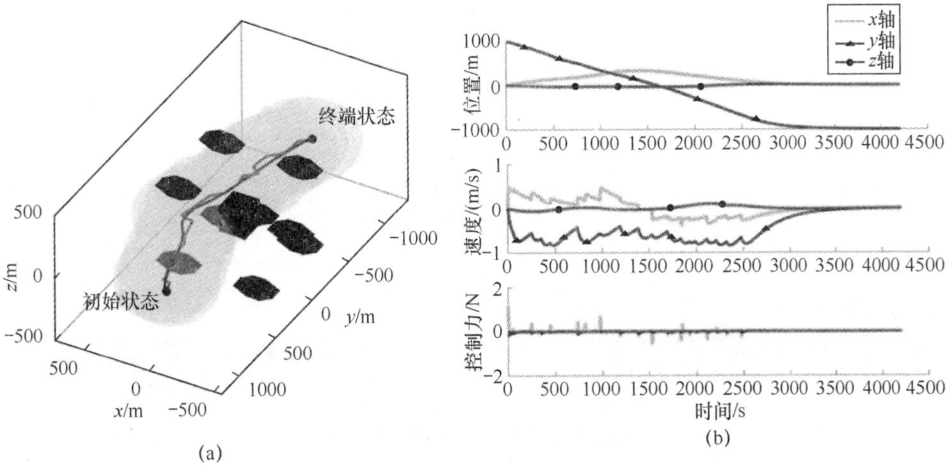

图 6-27 航天器规避静态障碍物的运动规划结果（彩图见书末）

静态障碍物指相对于参考坐标系（$\hat{i}_0\hat{j}_0\hat{k}_0$）位置不变的障碍物[37]。针对静态障碍物的规避问题，仿真中考虑航天器穿过一个由 10 个卫星组成的编队（障碍物），且相对于编队构型中心的位置不变，如图 6-27（a）所示。safeRRT*算法在位置空间采样 2000 个点，其中 25 个点成功连接当前状态和终端状态，形成标称轨迹，如折线所示，对应的闭环系统吸引域组成的 funnel 如浅青色区域所示，为更清晰地反映安全飞行通道，图中省略了由 2000 个采样点组成的树。追踪航天器在吸引域组成的 funnel 中运动的轨迹如深绿色曲线所示。图 6-27（b）给出了航天器避障飞行过程中相对位置、相对速度和主动控制的控制力曲线。

图 6-28 给出了不同采样节点数对应的 safeRRT*算法和 safeRRT 算法[38]的性能指标曲线。显然，safeRRT*算法由于具有渐近最优性，在采样点数相同的前提下表现出了更好的性能。根据吸引域的特性，真实轨迹一定保持在吸引域内且随着吸引域序列切换而运动。满足约束的吸引域序列组成了反向 funnel，提供了一条使航天器安全到达终端状态的通道。

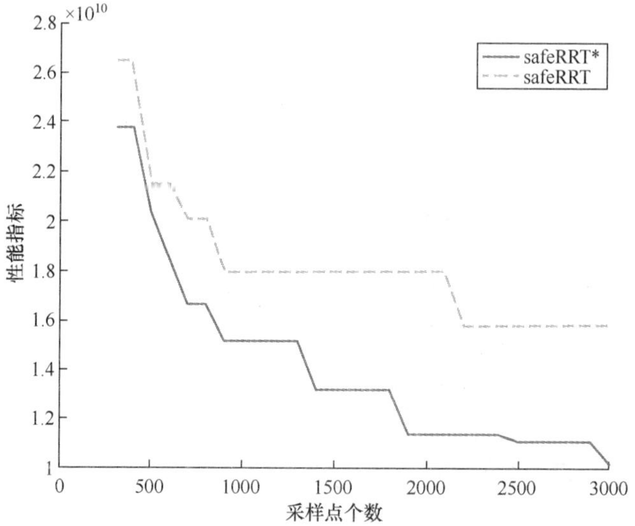

图 6-28　safeRRT 和 safeRRT*算法性能对比

动态障碍物为相对参考坐标系运动的障碍物[37]。图 6-29 给出了规避动态障碍飞行过程中 6 个不同时刻的反馈运动规划结果。黑色方框表示障碍物，蓝色曲线为标称节点构成的树状图，绿色实线为航天器真实飞行轨迹，红色折线为 funnel 中标称位置的序列，浅蓝色阴影为吸引域序列组成的反向 funnel 在位置空间的切片。动态障碍物沿未知的黑色圆轨道飞行，轨道周期 4000s，航天器仅通过传感器的测量获取障碍物当前的相对位置。采用 safeRRT*算法规避动态障碍物时，一旦障碍物进入当前安全通道，safeRRT*算法将执行局部修正，使每个瞬间的吸引域序列都是绝对安全的。由于吸引域的存在，采用较少的随机采样点就能形成包含当前状态和终端状态的可行通道，且随着采样点数的增加，能实现渐近最优。

图 6-30 给出了航天器动态避障飞行中相对位置、相对速度和控制力随时间变化的曲线。航天器与障碍物的相对距离如图 6-31 所示，可以看出航天器保持在正不变集组成的序列中，与障碍物保持了安全距离（最近距离 353m，对应时刻 2080s），飞行过程中的安全性得到了保障。

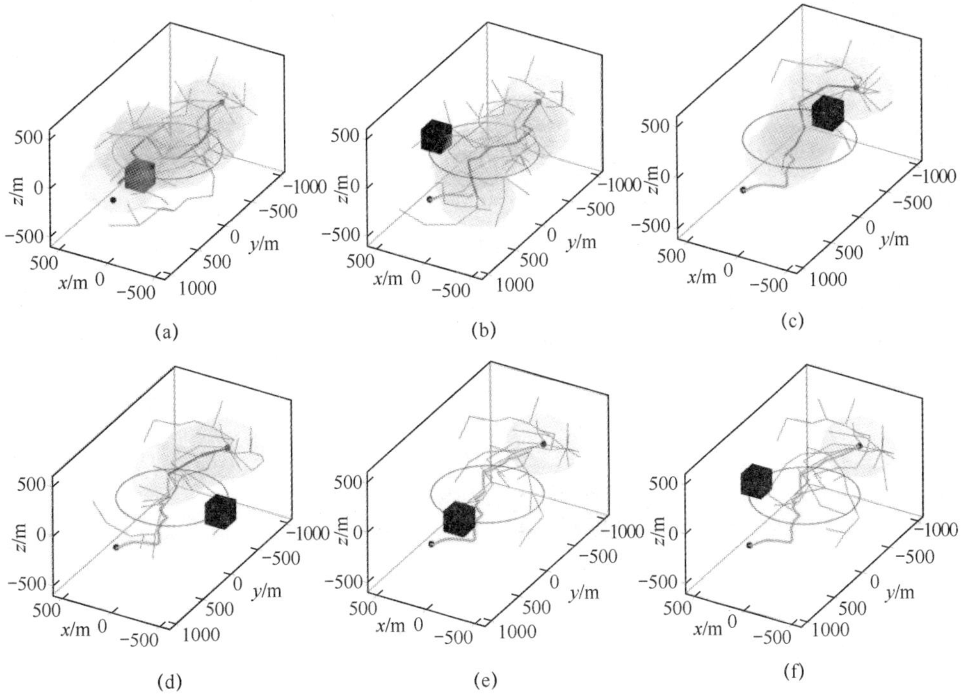

图 6-29 航天器动态避障飞行不同时刻的运动规划结果（彩图见书末）

（a）0s；（b）1000s；（c）2000s；（d）3000s；（e）4000s；（5）5000s。

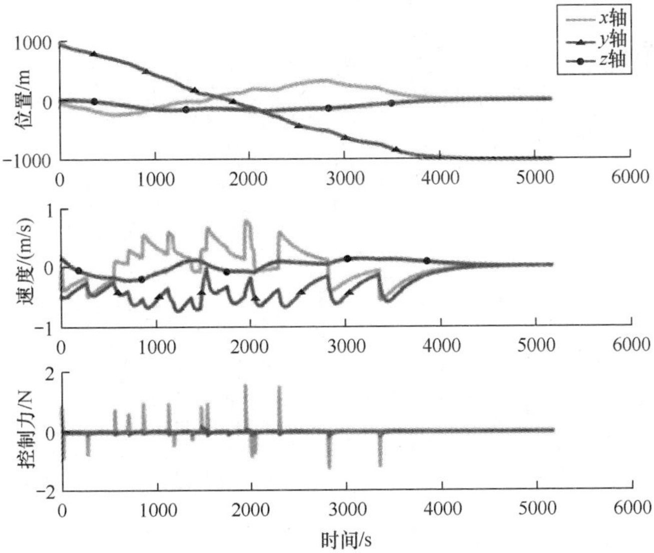

图 6-30 航天器状态量和控制力的变化曲线

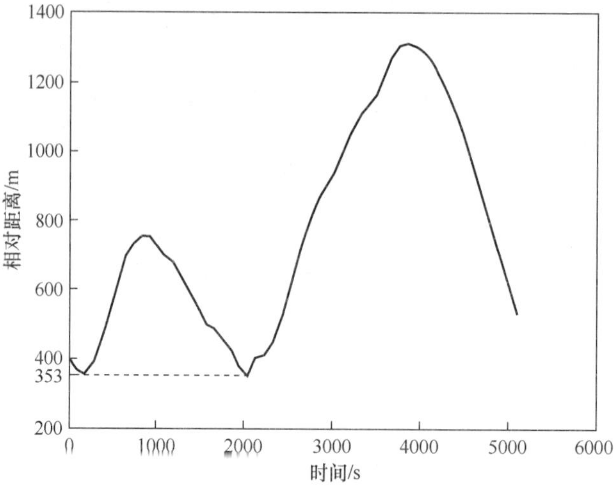

图 6-31 航天器与障碍物的相对距离

小 结

为解决复杂约束下一般非线性系统的反馈运动规划问题，本章将反馈运动规划问题分解为局部系统的可达集计算问题和可达集序列（funnel）组合问题，研究了基于 funnel 组合和采样的反馈运动规划方法，研究结果表明，基于 funnel 组合和采样的反馈运动规划方法可以有效地进行安全、大范围、实时的运动规划与控制。

本章首先基于刘维尔方程和可达集计算过程中的测度不变性，对可达集求解问题进行了建模，给出了可达集和 funnel 的求解方法，并将 funnel 应用于反馈运动规划问题，提出了基于 funnel 组合的反馈运动规划方法。然后，将基于 funnel 组合的反馈运动规划方法应用于空间近程交会与避障飞行的运动规划与控制任务。

针对航天器近程交会任务，通过组合反向 funnel 覆盖交会对接走廊，使所有能进入交会对接走廊入口的状态最终都能满足交会对接走廊约束，到达终端集；结合直接法求解的鲁棒正向 funnel，使交会对接走廊外部的状态可以进入交会对接走廊入口，完成航天器近程交会的安全自主运动规划与控制。

针对航天器执行任务过程中的避障飞行，采用了适用于静态和动态障碍场景的 safeRRT*反馈运动规划算法，该算法中局部修正 RRT*构图策略的引入使这种运动规划算法可以对未知障碍物做出快速反应；同时，随着采样点数量的增加，该算法是渐近最优的，能够实现大范围静态和动态约束条件下的安全自主运动规划与控制。

参 考 文 献

[1] LAVALLE S M. Planning algorithms [M].London: Cambridge University Press, 2006.

[2] GAO D W, LUO J J, MA W H, et al. Efficient and robust feedback motion planning under

uncertainty using the pontryagin difference [C]. Melbourne: The 56th IEEE Conference on Decision and Control, 2017: 939-946.

[3] 高登巍. 非线性系统可达集计算与反馈运动规划方法研究 [D]. 西安: 西北工业大学, 2020.

[4] 高登巍, 马卫华, 袁建平. 采用反馈路径规划的航天器近程安全交会对接 [J]. 控制理论与应用, 2018, 35(10): 1494-1502.

[5] GAO D W, LUO J J, MA W H, et al. Online feedback motion planning for spacecraft obstacle avoidance using positively invariant sets [J]. Advances in Space Research, 2020, 65(10): 2424-2434.

[6] 高登巍. 航天器近距离操作自主制导与控制研究 [D]. 西安:西北工业大学, 2011.

[7] KODITSCHEK D. Exact robot navigation by means of potential functions: some topological considerations [C]. IEEE International Conference on Robotics and Automation, 1987: 1-6.

[8] KARAMAN S, FRAZZOLI E. Sampling-based algorithms for optimal motion planning [J]. International Journal of Robotics Research, 2011, 30(7): 846-894.

[9] ATKESON C G, STEPHENS B J. Random sampling of states in dynamic programming [J]. IEEE Transactions on Systems, Man, and Cybernetics, Part B (Cybernetics), 2008, 38(4): 924-929.

[10] ATKESON C G. Randomly sampling actions in dynamic programming [C]. Nice: IEEE International Symposium on Approximate Dynamic Programming and Reinforcement Learning, 2007: 185-192.

[11] SHKOLNIK A, WALTER M, TEDRAKE R. Reachability-guided sampling for planning under differential constraints [C]. IEEE International Conference on Robotics and Automation, 2009: 2859-2865.

[12] YANG L B, LAVALLE S M. The sampling-based neighborhood graph: an approach to computing and executing feedback motion strategies [J]. IEEE Transactions on Robotics and Automation, 2004, 20(3): 419-432.

[13] MASON M. The mechanics of manipulation [C]. IEEE International Conference on Robotics and Automation, 1985: 544-548.

[14] TOBENKIN M M, MANCHESTER I R, TEDRAKE R. Invariant funnels around trajectories using sum-of-squares programming [C]. IFAC World Congress, 2011: 9218-9223.

[15] MAJUMDAR A, TEDRAKE R. Funnel libraries for real-time robust feedback motion planning [J]. International Journal of Robotics Research, 2017, 36(8): 947-982.

[16] MITCHELL I M, TOMLIN C J. Overapproximating reachable sets by Hamilton-Jacobi projections [J]. Journal of Scientific Computing, 2003, 19(1-3): 323–346.

[17] KHALIL H K. Nonlinear systems [M]. Upper Saddle River: Prentice Hall, 2002.

[18] BLANCHINI F. Set invariance in control [J]. Automatica, 1999, 35(11): 1747-1767.

[19] BOGACHEV V I. Measure theory [M]. Berlin: Springer, 2006.

[20] HENRION D, KORDA M. Convex computation of the region of attraction of polynomial control

systems [J]. IEEE Transactions on Automatic Control, 2014, 59(2): 297-312.

[21] MAGRON V, HENRION D, LASSERRE J B. Semidefinite approximations of projections and polynomial images of semialgebraic sets [J]. Siam Journal on Optimization, 2015, 25(4): 2143-2164.

[22] AMBROSIO L, PALLARA D, FUSCO N. Functions of bounded variation and free discontinuity problems [M]. The Clarendon Press, Oxford University Press, 2006.

[23] BERTSEKAS D. Infinite time reachability of state-space regions by using feedback control [J]. IEEE Transactions on Automatic Control, 1972, 17(5): 604-613.

[24] LÖFBERG J. YALMIP: a toolbox for modeling and optimization in Matlab [C]. IEEE International Conference on Robotics and Automation, 2004: 284-289.

[25] ANDERSEN E D, ANDERSEN K D. The mosek interior point optimizer for linear programming: An implementation of the homogeneous algorithm [A]. Frenk H, Roos K, Terlaky T, et al. High Performance Optimization [M]. Berlin: Springer, 2000.

[26] HENRION D, LASSERRE J-B, LÖFBERG J. Gloptipoly 3: moments, optimization and semidefinite programming [J]. Optimization Methods and Software, 2009, 24(4-5): 761-779.

[27] KORDA M, HENRION D, JONES C N. Inner approximations of the region of attraction for polynomial dynamical systems [C]. IFAC Symposium on Nonlinear Control Systems, 2013: 534-539.

[28] PARRILO P A. Structured semidefinite programs and semialgebraic geometry methods in robustness and optimization [D]. California: California Institute of Technology, 2000.

[29] TAN W H, PACKARD A. Stability region analysis using polynomial and composite polynomial Lyapunov functions and sum-of-squares programming [J]. IEEE Transactions on Automatic Control, 2008, 53(2): 565-571.

[30] TIBKEN B, FAN Y P. Computing the domain of attraction for polynomial systems via BMI optimization method [C]. IEEE American Control Conference, 2006: 117-122.

[31] TEDRAKE R, MANCHESTER I R, TOBENKIN M, et al. LQR-Trees: Feedback motion planning via sums-of-squares verification [J]. International Journal of Robotics Research, 2010, 29(8): 1038-1052.

[32] WEBB D J, BERG J V D. Kinodynamic RRT*: asymptotically optimal motion planning for robots with linear dynamics [C]. IEEE International Conference on Robotics and Automation, 2013: 5054-5061.

[33] MAJUMDAR A, AHMADI A A, TEDRAKE R. Control design along trajectories with sums-of-squares programming [C]. IEEE International Conference on Robotics and Automation, 2013: 4054-4061.

[34] AMES B, KONIDARIS G. Bounded-error LQR-Trees [C]. IEEE/RSJ International Conference on Intelligent Robots and Systems, 2019: 144-150.

[35] DURRANT-WHYTE H, ROY N, ABBEEL P. Infinite-horizon model predictive control for periodic tasks with contacts [C]. Robotics: Science and Systems, 2011, 73-80.

[36] PEREZ A, PLATT R, KONIDARIS G, et al. LQR-RRT*: optimal sampling-based motion planning with automatically derived extension heuristics [C]. IEEE International Conference on Robotics and Automation, 2012: 2537-2542.

[37] WEISS A, PETERSEN C, BALDWIN M, et al. Safe positively invariant sets for spacecraft obstacle avoidance [J]. Journal of Guidance Control and Dynamics, 2015, 38(4): 720-732.

[38] WEISS A, DANIELSON C, BERNTORP K, et al. Motion planning with invariant set trees [C]. IEEE Conference on Control Technology and Applications, 2017: 1625-1630.

07 第 7 章 空间非合作目标仅测角交会的导航与制导

7.1 引言

航天器可以采用多种运动规划和控制方法实施与空间目标的交会任务，但前提是目标运动状态和相关参数已知，而空间非合作目标并不主动提供这些信息，因此服务航天器需要自主地确定相对目标的位置、速度等运动参数，并完成与目标的接近、交会和对接。仅测角（angles-only）导航采用星载光学传感器获取目标相对于航天器的视线角度测量信息，进而通过相对导航算法获取目标相对于航天器的位置和速度，是空间目标跟踪、相对轨道确定和中远程自主交会常用的一种导航方式[1-2]。

正如 1.2 节指出，仅测角交会（angles-only rendezvous）是服务航天器与空间非合作目标交会的重要阶段。仅测角交会是一种基于仅测角导航的交会模式。但是，目前关于仅测角导航的研究多集中于目标跟踪和估计目标运动信息的导航环节，并未深入探讨仅测角在目标交会中导航与制导的耦合及一体化设计问题。本章针对空间非合作目标交会的特点和需求，研究基于仅测角的初始相对轨道确定和仅测角交会的导航与制导问题。

本章首先给出了航天器相对运动仅测角导航的模型，并从提高仅测角导航可观测性的角度介绍了常用的仅测角导航方法；然后面向空间非合作目标自主交会需求，介绍了基于仅测角的初始定轨和相对导航方法；最后从导航制导与控制一体化的角度出发，提出仅测角交会的导航与制导一体化策略，并通过案例仿真验证了仅测角交会导航与制导一体化策略和算法的有效性。

7.2 仅测角导航及其可观测性

仅测角导航是利用星载相机等传感器测量的相对于目标的视线方位角和俯仰角来确定目标的位置和速度等运动参数的导航方法。本节首先给出了仅测角导航的测量模型；然后从可观测角度分析仅测角导航方法的缺陷；最后介绍了 4 种提高可观测性的典型方法。

7.2.1 仅测角导航模型

以追踪航天器质心为原点，建立当地水平当地垂直 LVLH 坐标系，三轴坐标指向定义如下：以追踪航天器质心指向地心的方向为 z 轴正方向，在航天器地球质心惯性坐标系下的飞行速度与 z 轴构成的平面内，和 z 轴垂直并指向飞行速度的方向为 x 轴正方向，再按照右手规则确定 y 轴正方向。为方便起见，记 C 为追踪器并表示其质心，T 为非合作目标，追踪器 C 指向目标 T 的矢量为 CT。在追踪器 C 的 LVLH 坐标系当中，CT 与其在 xCy 平面投影 CT' 的夹角代表由追踪器看向目标的俯仰角 β、CT' 与 x 轴正方向的夹角代表由追踪器看向目标的方位角 α。T 的 z 轴分量为正时对应的 β 为正，x 轴绕 z 轴转向 CT' 时得到的 α 为正。基于追踪器 LVLH 坐标系的测量关系如图 7-1 所示。

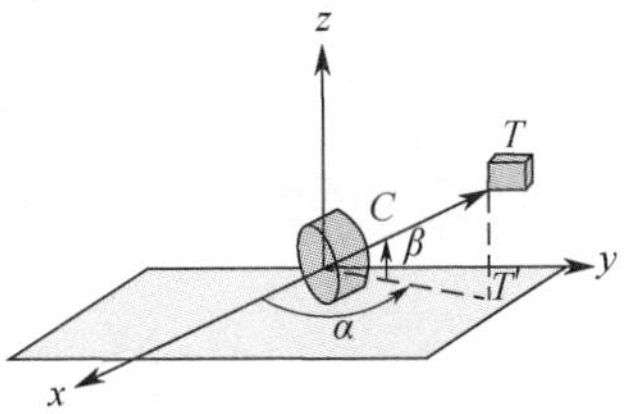

图 7-1 基于追踪器 LVLH 坐标系的仅测角测量关系

假设追踪器 C 与目标 T 绕地球飞行的轨道均为圆轨道或近圆轨道，目标 T 绕地球惯性飞行，追踪器 C 与目标 T 之间的距离远小于追踪器 C 与地心之间的距离，则追踪器 C 与目标 T 之间的相对运动关系可以用 CW 方程描述。在追踪器 C 的 LVLH 坐标系中，假设 t 时刻目标 T 相对于追踪器 C 的位置向量为 $\boldsymbol{r}(t)$、速度向量为 $\boldsymbol{v}(t)$，则根据 CW 方程有以下相对运动模型，即

$$\begin{bmatrix}\boldsymbol{r}(t)\\ \boldsymbol{v}(t)\end{bmatrix}=\begin{bmatrix}\boldsymbol{\phi}_{rr}(t) & \boldsymbol{\phi}_{rv}(t)\\ \boldsymbol{\phi}_{vr}(t) & \boldsymbol{\phi}_{vv}(t)\end{bmatrix}\begin{bmatrix}\boldsymbol{r}(0)\\ \boldsymbol{v}(0)\end{bmatrix} \tag{7-1}$$

式中：矩阵 $\boldsymbol{\phi}_{rr}$、$\boldsymbol{\phi}_{rv}$、$\boldsymbol{\phi}_{vr}$ 与 $\boldsymbol{\phi}_{vv}$ 满足以下公式，即

$$\boldsymbol{\phi}_{rr}(t)=\begin{bmatrix}1 & 0 & 6(\omega t-\sin(\omega t))\\ 0 & \cos(\omega t) & 0\\ 0 & 0 & 4-3\cos(\omega t)\end{bmatrix} \tag{7-2}$$

$$\boldsymbol{\phi}_{rv}(t)=\frac{1}{\omega}\begin{bmatrix}4\sin(\omega t)-3(\omega t) & 0 & 2-2\cos(\omega t)\\ 0 & \sin(\omega t) & 0\\ 2\cos(\omega t)-2 & 0 & \sin(\omega t)\end{bmatrix} \tag{7-3}$$

$$\boldsymbol{\phi}_{vr}=\begin{bmatrix}0 & 0 & 6\omega(1-\cos(\omega t))\\ 0 & -\omega\sin(\omega t) & 0\\ 0 & 0 & 3\omega\sin(\omega t)\end{bmatrix} \tag{7-4}$$

$$\phi_{vv} = \begin{bmatrix} 4\cos(\omega t) - 3 & 0 & 2\sin(\omega t) \\ 0 & \cos(\omega t) & 0 \\ -2\sin(\omega t) & 0 & \cos(\omega t) \end{bmatrix} \tag{7-5}$$

式中：ω 为追踪器 C 绕地球飞行的旋转角速度。在该模型中，由追踪器看向目标的俯仰角 β 以及方位角 α 可以表示为式（7-6）与式（7-7），即追踪器 C 的角度量测方程为

$$\alpha = \arctan\left(\frac{y}{x}\right) \tag{7-6}$$

$$\beta = \arctan\left(\frac{z}{\sqrt{x^2 + y^2}}\right) \tag{7-7}$$

式中：变量 x、y 与 z 代表了 $r(t)$ 在 LVLH 坐标系三轴方向的分量。需要注意的是，为简化问题，本章构建角度量测方程时均假设测量相机位于追踪器 C 质心上，即测量相机视线方向向量是由追踪器 C 质心指向目标 T 质心的方向向量。

7.2.2 可观测性分析

由于仅测角导航所使用的测量量仅有俯仰角 β 与方位角 α，没有任何距离测量量，因此仅测角导航在确定目标完整的飞行运动状态的过程中存在困难，其主要原因就是仅测角导航的可观测性不好[3-4]。

仅测角导航的可观测性问题示意图如图 7-2 所示。追踪器 C 在飞行过程中，分别在 3 个不同的位置对目标 T 进行了俯仰角和方位角的测量。然而，由于一个视线矢量可能对应多个目标位置，满足 3 次视线角测量结果约束的目标 T 飞行轨道除了真实飞行轨道（图中竖直方向的直线）外，还有其他轨道（图中的曲线轨道）也满足视线角约束。从图中还可以看到，仅凭借视线角信息难以得到唯一的目标 T 飞行轨道参数，这导致存在目标多解或者目标运动信息估计收敛速度慢的问题，此即为仅测角导航的可观测性问题。能够满足多次角度测量约束的潜在目标轨道数量越多，仅测角导航的可观测性就越差；反之，能够满足多次角度测量约束的目标轨道数量越少，那么可观测性就越强。

下面从数学模型和理论分析的角度对仅测角的可观性进行说明。

目标 T 在追踪器 C 的 LVLH 坐标系下的相对运动参数常用位置 $\boldsymbol{r}$、速度 $\boldsymbol{v}$ 描述，一般包含 6 个参数，而追踪器 C 在某一时刻对目标 T 进行测量只能得到俯仰角 β 和方位角 α 两个量测值，因此要实现对目标 T 运动参数的确定，追踪器 C 至少要进行 3 次角度测量。假设追踪器 C 分别在 t_1、t_2 及 t_3 时刻（测量时刻满足 $t_1 < t_2 < t_3$），对目标进行了 3 次角度测量，其中 t_n（$n = 1,2,3$）时刻目标 T 相对追踪器 C 的位置为 $\boldsymbol{r}_n$，对应的单位向量为 $\boldsymbol{u}_n$，则可得

$$\boldsymbol{r}_n = \|\boldsymbol{r}_n\|\boldsymbol{u}_n \tag{7-8}$$

式中：$\|\cdot\|$表示矢量的 2 范数，即矢量的长度。显然，$\boldsymbol{u}_n$ 就是由追踪器 C 指向目标 T 的视线单位矢量，该矢量可以由视线角度测量结果计算得到。为方便起见，记矢量 $\boldsymbol{r}_n$ 的长度为 k_n，那么式（7-8）可以改写成

$$\boldsymbol{r}_n = k_n\boldsymbol{u}_n \tag{7-9}$$

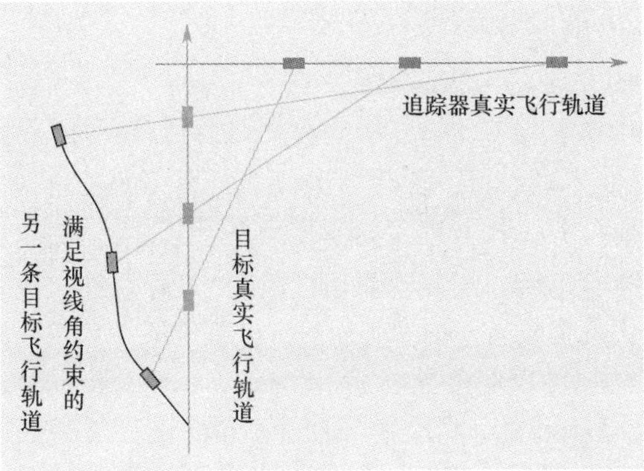

图 7-2　仅测角导航的可观测问题示意图

根据式（7-1）的相对运动模型，有

$$\boldsymbol{r}_2 = \boldsymbol{\phi}_{rr}(t_2 - t_1)\boldsymbol{r}_1 + \boldsymbol{\phi}_{rv}(t_2 - t_1)\boldsymbol{v}_1 \tag{7-10}$$

$$\boldsymbol{r}_3 = \boldsymbol{\phi}_{rr}(t_3 - t_1)\boldsymbol{r}_1 + \boldsymbol{\phi}_{rv}(t_3 - t_1)\boldsymbol{v}_1 \tag{7-11}$$

将式（7-9）代入式（7-10）至式（7-11），有

$$k_2\boldsymbol{u}_2 = \boldsymbol{\phi}_{rr}(t_2 - t_1)k_1\boldsymbol{u}_1 + \boldsymbol{\phi}_{rv}(t_2 - t_1)\boldsymbol{v}_1 \tag{7-12}$$

$$k_3\boldsymbol{u}_3 = \boldsymbol{\phi}_{rr}(t_3 - t_1)k_1\boldsymbol{u}_1 + \boldsymbol{\phi}_{rv}(t_3 - t_1)\boldsymbol{v}_1 \tag{7-13}$$

由式（7-12）可求得 $\boldsymbol{v}_1$ 为

$$\boldsymbol{v}_1 = k_2\boldsymbol{\phi}_{rv}^{-1}(t_2 - t_1)\boldsymbol{u}_2 - k_1\boldsymbol{\phi}_{rv}^{-1}(t_2 - t_1)\boldsymbol{\phi}_{rr}(t_2 - t_1)\boldsymbol{u}_1 \tag{7-14}$$

将式(7-14)代入式(7-13)，分别用 $\boldsymbol{\phi}_{rr}(3)$、$\boldsymbol{\phi}_{rr}(2)$、$\boldsymbol{\phi}_{rv}(3)$ 和 $\boldsymbol{\phi}_{rv}(2)$ 代替 $\boldsymbol{\phi}_{rr}(t_3 - t_1)$、$\boldsymbol{\phi}_{rr}(t_2 - t_1)$、$\boldsymbol{\phi}_{rv}(t_3 - t_1)$ 和 $\boldsymbol{\phi}_{rv}(t_3 - t_1)$，整理后可以得到以下的线性方程组，即

$$[-\boldsymbol{\phi}_{rr}(3)\boldsymbol{u}_1 + \boldsymbol{\phi}_{rv}(3)\boldsymbol{\phi}_{rv}^{-1}(2)\boldsymbol{\phi}_{rr}(2)\boldsymbol{u}_1 \quad -\boldsymbol{\phi}_{rv}(3)\boldsymbol{\phi}_{rv}^{-1}(2)\boldsymbol{u}_2 \quad \boldsymbol{u}_3]\begin{bmatrix} k_1 \\ k_2 \\ k_3 \end{bmatrix} = \boldsymbol{0}_{3\times1} \tag{7-15}$$

很明显，式（7-15）是一个齐次线性方程组，该方程组中未知量的个数与齐次线性方程组的行数相等。设该齐次线性方程组的系数矩阵为 $\boldsymbol{A}$，满足

$$\boldsymbol{A} = [-\boldsymbol{\phi}_{rr}(3)\boldsymbol{u}_1 + \boldsymbol{\phi}_{rv}(3)\boldsymbol{\phi}_{rv}^{-1}(2)\boldsymbol{\phi}_{rr}(2)\boldsymbol{u}_1 \quad -\boldsymbol{\phi}_{rv}(3)\boldsymbol{\phi}_{rv}^{-1}(2)\boldsymbol{u}_2 \quad \boldsymbol{u}_3] \tag{7-16}$$

根据线性代数的相关理论，若系数矩阵 $\boldsymbol{A}$ 的秩与未知量的个数相等，那么该齐次线性方程组仅有唯一的全零解；若系数矩阵 $\boldsymbol{A}$ 的秩小于未知量的个数，那么

该齐次线性方程组存在无数组解。很显然，当追踪器 C 与目标 T 重合时能够得到全零解，但对于一般的仅测角导航而言，全零解是一组无实际意义的奇异解，其本质相当于当追踪器 C 与目标 T 始终重合，这和实际工况是不吻合的。因此，仅测角导航方法无法唯一确定目标 T 的飞行轨道位置和速度参数，即仅测角导航方法存在可观测性问题。为此，在实际应用中需要采取措施提高仅测角导航的可观测性。

7.2.3 提高可观测性的典型方法

造成仅测角导航方法可观测性不高的核心问题在于式（7-15）呈现为齐次线性方程组导致多解存在，如果式（7-15）表现为非齐次线性方程组且系数矩阵 $\boldsymbol{A}$ 的秩等于未知量的个数时，或者式（7-15）表现为非线性方程组时，目标对应的相对位置和相对速度具有唯一解，由此即可解决仅测角的可观测性问题。事实上，如果使用较为复杂的相对运动模型、增加观测相机数量、进行合理的机动飞行观测和相机偏置，式（7-15）将可表现为一个非齐次线性方程组或者非线性方程组。文献[5-6]研究了基于复杂动力学的仅测角导航方法、文献[7-9]研究了基于多敏感器测量的仅测角导航方法、文献[10-11]研究了基于轨道机动的仅测角导航方法、文献[12-14]研究了基于测量相机偏置的仅测角导航方法。下面将分别简要介绍这 4 种提高可观测性的仅测角导航方法。

1. 复杂动力学法

采用某种非线性复杂动力学来描述目标 T 与追踪器 C 之间的相对运动，假设该非线性相对运动模型可以在相对运动模型式（7-1）上叠加非线性的高阶项 $\boldsymbol{f}_1(\cdot)$ 与 $\boldsymbol{f}_2(\cdot)$ 得到，即有

$$\begin{bmatrix}\boldsymbol{r}(t)\\ \boldsymbol{v}(t)\end{bmatrix}=\begin{bmatrix}\boldsymbol{\phi}_{rr}(t) & \boldsymbol{\phi}_{rv}(t)\\ \boldsymbol{\phi}_{vr}(t) & \boldsymbol{\phi}_{vv}(t)\end{bmatrix}\begin{bmatrix}\boldsymbol{r}(0)\\ \boldsymbol{v}(0)\end{bmatrix}+\begin{bmatrix}\boldsymbol{f}_1(\boldsymbol{r}(0),\boldsymbol{v}(0),t)\\ \boldsymbol{f}_2(\boldsymbol{r}(0),\boldsymbol{v}(0),t)\end{bmatrix} \tag{7-17}$$

根据式（7-17）可以得到 t_2 与 t_3 时刻目标 T 相对于追踪器 C 的相对位置，与 t_1 时刻目标 T 相对于追踪器 C 的相对位置 $\boldsymbol{r}_1$ 以及相对速度 $\boldsymbol{v}_1$ 之间的关系，有

$$\boldsymbol{r}_2=\boldsymbol{\phi}_{rr}(t_2-t_1)\boldsymbol{r}_1+\boldsymbol{\phi}_{rv}(t_2-t_1)\boldsymbol{v}_1+\boldsymbol{f}_1(\boldsymbol{r}_1,\boldsymbol{v}_1,t_2-t_1) \tag{7-18}$$

$$\boldsymbol{r}_3=\boldsymbol{\phi}_{rr}(t_3-t_1)\boldsymbol{r}_1+\boldsymbol{\phi}_{rv}(t_3-t_1)\boldsymbol{v}_1+\boldsymbol{f}_1(\boldsymbol{r}_1,\boldsymbol{v}_1,t_3-t_1) \tag{7-19}$$

再将 $\boldsymbol{r}_n=k_n\boldsymbol{u}_n$ 代入式（7-18）中，有

$$k_2\boldsymbol{u}_2=\boldsymbol{\phi}_{rr}(t_2-t_1)k_1\boldsymbol{u}_1+\boldsymbol{\phi}_{rv}(t_2-t_1)\boldsymbol{v}_1+\boldsymbol{f}_1(k_1\boldsymbol{u}_1,\boldsymbol{v}_1,t_2-t_1) \tag{7-20}$$

根据式（7-20）可以得到 $\boldsymbol{v}_1$ 与 k_1 和 k_2 之间的关系，由于 $\boldsymbol{f}_1(\cdot)$ 是高阶非线性项，因此这种关系无法显式地表达出来，记这种关系为 $\boldsymbol{g}(\cdot)$，满足

$$\boldsymbol{v}_1=\boldsymbol{g}(k_1,k_2) \tag{7-21}$$

再将 $\boldsymbol{r}_n=k_n\boldsymbol{u}_n$ 以及式（7-21）代入式（7-19）中，可以得到关于 k_1、k_2 与 k_3 的非线性方程组，即

$$\boldsymbol{\phi}_{rr}(t_3-t_1)k_1\boldsymbol{u}_1+\boldsymbol{\phi}_{rv}(t_3-t_1)\boldsymbol{g}(k_1,k_2)+\boldsymbol{f}_1(k_1\boldsymbol{u}_1,\boldsymbol{g}(k_1,k_2),t_3-t_1)-k_3\boldsymbol{u}_3=\boldsymbol{0}_{3\times1} \quad (7\text{-}22)$$

此后可以采用非线性方程组的数值解法对式（7-22）进行求解，得到 k_1、k_2 与 k_3 的近似取值，再利用 $\boldsymbol{r}_n=k_n\boldsymbol{u}_n$ 以及式（7-21），得到 t_1 时刻目标 T 相对于追踪器 C 的相对位置 $\boldsymbol{r}_1$ 以及相对速度 $\boldsymbol{v}_1$，进而根据相对运动模型（7-17）确定目标的相对飞行轨道。

实际上，对于单纯的仅测角导航，根据式（7-1）的相对运动模型，任意时刻的视线矢量 $\boldsymbol{u}_n$ 可以写为

$$\boldsymbol{u}_n=\frac{\boldsymbol{r}_n}{\|\boldsymbol{r}_n\|}=\frac{\boldsymbol{\phi}_{rr}(t_n-t_1)\boldsymbol{r}_1+\boldsymbol{\phi}_{rv}(t_n-t_1)\boldsymbol{v}_1}{\|\boldsymbol{\phi}_{rr}(t_n-t_1)\boldsymbol{r}_1+\boldsymbol{\phi}_{rv}(t_n-t_1)\boldsymbol{v}_1\|}=\frac{\boldsymbol{\phi}_{rr}(t_n-t_1)(k\boldsymbol{r}_1)+\boldsymbol{\phi}_{rv}(t_n-t_1)(k\boldsymbol{v}_1)}{\|\boldsymbol{\phi}_{rr}(t_n-t_1)(k\boldsymbol{r}_1)+\boldsymbol{\phi}_{rv}(t_n-t_1)(k\boldsymbol{v}_1)\|} \quad (7\text{-}23)$$

式中：系数 k 为任意实数。显然，此时仅依靠视线信息无法区分初始相对状态为 $\boldsymbol{r}_1$ 与 $\boldsymbol{v}_1$ 还是 $k\boldsymbol{r}_1$ 与 $k\boldsymbol{v}_1$。而对基于复杂动力学的仅测角导航方法而言，根据式（7-17）的相对运动模型，可以得到任意时刻视线矢量 $\boldsymbol{u}_n$ 的表达式为

$$\boldsymbol{u}_n=\frac{\boldsymbol{r}_n}{\|\boldsymbol{r}_n\|}=\frac{\boldsymbol{\phi}_{rr}(t_n-t_1)\boldsymbol{r}_1+\boldsymbol{\phi}_{rv}(t_n-t_1)\boldsymbol{v}_1+\boldsymbol{f}_1(\boldsymbol{r}_1,\boldsymbol{v}_1,t_n-t_1)}{\|\boldsymbol{\phi}_{rr}(t_n-t_1)\boldsymbol{r}_1+\boldsymbol{\phi}_{rv}(t_n-t_1)\boldsymbol{v}_1+\boldsymbol{f}_1(\boldsymbol{r}_1,\boldsymbol{v}_1,t_n-t_1)\|} \quad (7\text{-}24)$$

由于非线性高阶项 $\boldsymbol{f}_1(\cdot)$ 与 $\boldsymbol{f}_2(\cdot)$ 的存在，初始状态为 $k\boldsymbol{r}_1$ 与 $k\boldsymbol{v}_1$ 对应的视线信息与初始状态为 $\boldsymbol{r}_1$ 与 $\boldsymbol{v}_1$ 对应的视线信息是不同的，即

$$\frac{\boldsymbol{\phi}_{rr}\boldsymbol{r}_1+\boldsymbol{\phi}_{rv}\boldsymbol{v}_1+\boldsymbol{f}_1(\boldsymbol{r}_1,\boldsymbol{v}_1,t_n-t_1)}{\|\boldsymbol{\phi}_{rr}\boldsymbol{r}_1+\boldsymbol{\phi}_{rv}\boldsymbol{v}_1+\boldsymbol{f}_1(\boldsymbol{r}_1,\boldsymbol{v}_1,t_n-t_1)\|}\neq\frac{\boldsymbol{\phi}_{rr}\cdot(k\boldsymbol{r}_1)+\boldsymbol{\phi}_{rv}\cdot(k\boldsymbol{v}_1)+\boldsymbol{f}_1((k\boldsymbol{r}_1),(k\boldsymbol{v}_1),t_n-t_1)}{\|\boldsymbol{\phi}_{rr}\cdot(k\boldsymbol{r}_1)+\boldsymbol{\phi}_{rv}\cdot(k\boldsymbol{v}_1)+\boldsymbol{f}_1((k\boldsymbol{r}_1),(k\boldsymbol{v}_1),t_n-t_1)\|} \quad (7\text{-}25)$$

这样就能够通过非线性高阶项排除部分不符合视线角信息的相对轨道，提升仅测角导航的可观测性。此外，如果非线性高阶项 $\boldsymbol{f}_1(\cdot)$ 与 $\boldsymbol{f}_2(\cdot)$ 选择得比较好，视线矢量 $\boldsymbol{u}_n$ 甚至有可能与初始状态 $\boldsymbol{r}_1$、$\boldsymbol{v}_1$ 之间是一一对应的。因此，利用复杂动力学中的非线性高阶项，可以有效提高仅测角导航的可观测性。

基于复杂动力学的仅测角导航方法虽然可以提高仅测角导航方法的可观测性，但是这种方法的缺点也比较明显。首先，基于复杂动力学的仅测角导航方法提高仅测角导航可观测性的效果取决于高阶项 $\boldsymbol{f}_1(\cdot)$ 与 $\boldsymbol{f}_2(\cdot)$ 非线性的强弱，基于不同的动力学模型采用不同的高阶项可以得到不同的复杂动力学仅测角导航方法，但是不同方法的适用场合也不同；其次，如果高阶项的非线性较强，那么对可观测性的提高较为明显，但是非线性太强会导致计算量大大增加而不适用于星载快速计算，如果非线性太弱则无法对可观测性带来较大提升。此外，对于空间非合作目标交会而言，当追踪器 C 与目标 T 之间的相对距离较小时，非线性相对动力学模型往往会退化成线性 CW 相对运动动力学模型，非线性模型对可观测性带来的提升有限，所产生的效果容易湮没在测量误差之中，因此基于复杂动力学的仅测角导航方法往往不适用于近距离的交会。

2．多敏感器测量法

由于仅测角导航方法中所使用的测量量仅有俯仰角 β 与方位角 α，如果可以

引入某些相对距离信息，结合 CW 相对运动模型会有助于确定目标的轨道参数。

在实际的交会对接任务中，为了确保交会对接任务的顺利实施，有时会有一个或多个追踪航天器同时工作，该追踪航天器不仅可以作为主追踪航天器的任务备份，也可以为交会对接中的主追踪航天器提供监测和目标测量信息；对于卫星编队、组网和卫星星座，也可以利用多个航天器上的多个敏感器对追踪目标进行角度测量，实现目标轨道确定以及动力学参数确定。这就是基于多敏感器测量的仅测角导航方法。

基于多敏感器测量的仅测角导航方法，通过配置辅助追踪航天器，利用多个航天器上的多个敏感器测量多条视线向量，并通过主追踪航天器与辅助追踪航天器之间的信息交互引入各自在地球质心惯性坐标系下的位置以及对目标进行角度测量的结果，将追踪航天器之间的距离信息引入到仅测角导航方法中，有助于提高仅测角导航的可观测性，结合角度测量结果、CW 相对运动模型，就可以确定目标的位置和速度参数。

以一个主追踪航天器 C_1 以及一个辅助追踪航天器 C_2 对目标 T 进行多敏感器测量的仅测角导航为例，多敏感器仅测角测量原理示意图如图 7-3 所示。

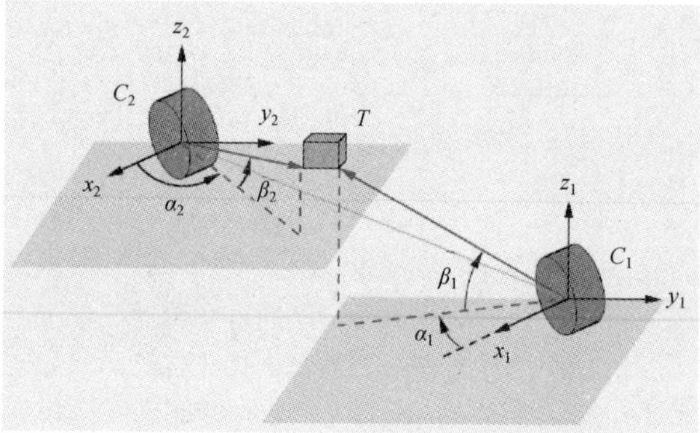

图 7-3 多敏感器仅测角测量原理示意图

在图 7-3 中，角度 α_1 与 β_1 分别是主追踪器 C_1 在其 LVLH 系下看向目标 T 的方位角与俯仰角；角度 α_2 与 β_2 分别是辅助追踪器 C_2 在其 LVLH 系下看向目标 T 的方位角与俯仰角。通过两个追踪器对目标的同时测量，可以得到同一时刻的角度 α_1、β_1、α_2 与 β_2 的量测值。根据角度测量值，可以得到分别由主追踪器 C_1、辅助追踪器 C_2 指向目标 T 的两个方向向量，再利用主追踪器 C_1 与辅助追踪器 C_2 之间的相对距离，就可按照三角形两边方向以及第三边方向与长度（“角边角”）的方式确定图 7-3 中主追踪器 C_1- 目标 T- 辅助追踪器 C_2 构成三角形的形状与位置，解决了仅测角导航的可观测性问题。

值得指出的是，追踪器在对目标进行测量时，由于追踪器与目标之间的不同方位会存在一些奇异的几何构型，在这些奇异构型下，追踪器无法确定目标的位置。

以两个追踪航天器 C_1 与 C_2 为例，对目标进行基于多敏感器测量的仅测角导航时存在 3 种奇异的几何构型，如图 7-4 所示。在这 3 种构型中，追踪器与目标均在同一条直线上，两追踪器所测得的视线俯仰角与视线方位角相同，两追踪器之间的距离不影响角度测量结果，基于多敏感器测量的仅测角导航退化为无距离信息的单纯仅测角导航。其失效的实质原因是“角边角”关系的破坏，无法形成唯一目标位置的角边角关系，导致目标位置存在多解性。因此，基于多敏感器测量的仅测角导航方法需要尽量避免这种奇异构型。

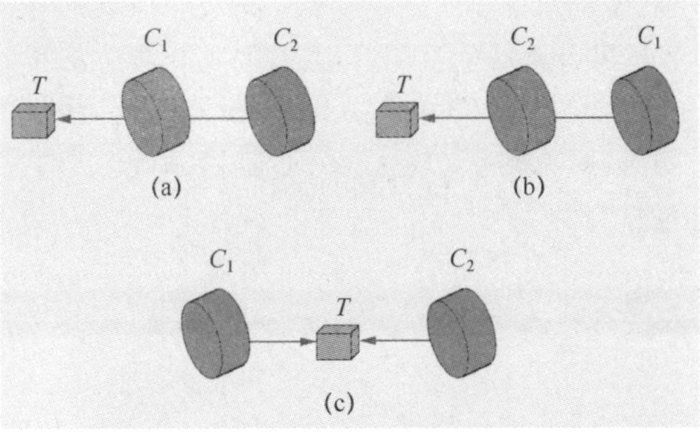

图 7-4　两个追踪器对目标进行仅测角测量的 3 种奇异构型

（a）奇异构型 1；（b）奇异构型 2；（c）奇异构型 3。

虽然基于多敏感器测量的仅测角导航方法提高了仅测角导航的可观测性，可以确定目标位置和速度参数，但是该方法的局限性也非常明显。首先，该方法需要多个追踪航天器的辅助配合，多航天器之间必须有信息交互；其次，基于多敏感器测量的仅测角导航方法要求多个追踪器同时对空间非合作目标进行测角操作，实际任务中，由于不同追踪器所安装敏感器的型号、尺寸、安装位置、开机时间等不同，不同追踪器上的计时设备也存在一定的误差，多个追踪器很难实现同时刻的测量，必须要进行目标测量信息的时序配准和时空同步。为避免无法同步测量带来的误差，已有学者提出将滤波算法与基于多敏感器测量的仅测角导航方法相结合的改进方法，提出考虑多个追踪器测量时差的解析改进方法。

3．轨道机动法

根据 7.2.2 小节分析，利用线性齐次方程组（7-15）无法确定出唯一的目标飞行轨道。如果考虑以下形式的非齐次线性方程组，即

$$\boldsymbol{AK}=\boldsymbol{b} \tag{7-26}$$

式中：矩阵 $\boldsymbol{A}$ 为线性方程组的系数矩阵；列向量 $\boldsymbol{K}$ 为该线性方程组中的待求参量。

根据线性代数相关理论，如果列向量 $\boldsymbol{b}$ 存在不为零的分量，那么该线性方程组就是一个非齐次线性方程组，如果该方程组有解且矩阵 $\boldsymbol{A}$ 非奇异，那么该方程组存在唯一的非全零解；否则该方程组就存在无数组非全零解。

回到仅测角导航问题上，如果能建立关于 k_1、k_2、k_3 的非齐次线性方程组（7-26），并且保证该非齐次线性方程组的系数矩阵非奇异，就能够唯一确定 k_1、k_2、k_3 的取值，进而确定各时刻目标 T 的位置与速度，最终确定唯一的目标飞行轨道，从而解决仅测角导航的可观测性问题。事实上，追踪航天器通过轨道机动可以建立方程组（7-26）。下面介绍这种基于轨道机动的仅测角导航方法的基本原理。

仍然以 3 次角度测量的情况为例，假设追踪器 C 在 t_2 时刻进行角度测量后，进行一次轨道机动，速度脉冲为 $\delta\boldsymbol{v}$（在追踪器 C 的 LVLH 系中，$\delta\boldsymbol{v}$ 2 范数不为零）。由于在 7.2.1 小节建立仅测角导航问题模型时，选取了追踪器 C 的 LVLH 坐标系进行导航计算，目标 T 不进行机动而追踪器 C 施加脉冲量为 $\delta\boldsymbol{v}$ 的机动，可近似等价于追踪器 C 不进行机动而目标 T 施加脉冲量为 $-\delta\boldsymbol{v}$ 的机动。因此，可以将 t_2 时刻追踪器 C 所产生脉冲量为 $\delta\boldsymbol{v}$ 的机动，转化为 t_2 时刻目标 T 产生脉冲量为 $-\delta\boldsymbol{v}$ 的机动。根据 CW 相对运动模型，有

$$\begin{bmatrix}\boldsymbol{r}_2\\\boldsymbol{v}_2\end{bmatrix}=\boldsymbol{\Phi}(t_2-t_1)\begin{bmatrix}\boldsymbol{r}_1\\\boldsymbol{v}_1\end{bmatrix}+\begin{bmatrix}\boldsymbol{0}_{3\times1}\\-\delta\boldsymbol{v}\end{bmatrix} \tag{7-27}$$

$$\begin{bmatrix}\boldsymbol{r}_3\\\boldsymbol{v}_3\end{bmatrix}=\boldsymbol{\Phi}(t_3-t_2)\begin{bmatrix}\boldsymbol{r}_2\\\boldsymbol{v}_2\end{bmatrix} \tag{7-28}$$

式中：矩阵 $\boldsymbol{\Phi}(t)$ 代表 CW 相对运动模型中的状态转移矩阵，满足：

$$\boldsymbol{\Phi}(t)=\begin{bmatrix}\boldsymbol{\phi}_{rr}(t) & \boldsymbol{\phi}_{rv}(t)\\\boldsymbol{\phi}_{vr}(t) & \boldsymbol{\phi}_{vv}(t)\end{bmatrix} \tag{7-29}$$

式（7-29）中各矩阵定义同式（7-2）～式（7-5）。

根据状态转移矩阵的性质，有

$$\boldsymbol{\Phi}(t_m)=\boldsymbol{\Phi}(t_m-t_n)\boldsymbol{\Phi}(t_n) \tag{7-30}$$

将式（7-27）代入式（7-28）中，有

$$\begin{bmatrix}\boldsymbol{r}_3\\\boldsymbol{v}_3\end{bmatrix}=\boldsymbol{\Phi}(t_3-t_2)\boldsymbol{\Phi}(t_2-t_1)\begin{bmatrix}\boldsymbol{r}_1\\\boldsymbol{v}_1\end{bmatrix}+\boldsymbol{\Phi}(t_3-t_2)\begin{bmatrix}\boldsymbol{0}_{3\times1}\\-\delta\boldsymbol{v}\end{bmatrix} \tag{7-31}$$

再根据式（7-30）状态转移矩阵的性质，有

$$\begin{bmatrix}\boldsymbol{r}_3\\\boldsymbol{v}_3\end{bmatrix}=\boldsymbol{\Phi}(t_3-t_1)\begin{bmatrix}\boldsymbol{r}_1\\\boldsymbol{v}_1\end{bmatrix}+\boldsymbol{\Phi}(t_3-t_2)\begin{bmatrix}\boldsymbol{0}_{3\times1}\\-\delta\boldsymbol{v}\end{bmatrix} \tag{7-32}$$

分别将式（7-32）与式（7-27）展开成分量形式，可以得到

$$\boldsymbol{r}_2=\boldsymbol{\phi}_{rr}(t_2-t_1)\boldsymbol{r}_1+\boldsymbol{\phi}_{rv}(t_2-t_1)\boldsymbol{v}_1 \tag{7-33}$$

$$\boldsymbol{r}_3=\boldsymbol{\phi}_{rr}(t_3-t_1)\boldsymbol{r}_1+\boldsymbol{\phi}_{rv}(t_3-t_1)\boldsymbol{v}_1-\boldsymbol{\phi}_{rv}(t_3-t_2)\delta\boldsymbol{v} \tag{7-34}$$

参照 7.2.2 小节的求解思路，同时为了表达形式简洁，分别用 $\boldsymbol{\phi}_{rr}(3)$、$\boldsymbol{\phi}_{rr}(2)$、$\boldsymbol{\phi}_{rv}(3)$ 和 $\boldsymbol{\phi}_{rv}(2)$ 代替 $\boldsymbol{\phi}_{rr}(t_3-t_1)$、$\boldsymbol{\phi}_{rr}(t_2-t_1)$、$\boldsymbol{\phi}_{rv}(t_3-t_1)$ 和 $\boldsymbol{\phi}_{rv}(t_2-t_1)$，可以得到

$$[-\phi_{rr}(3)u_1+\phi_{rv}(3)\phi_{rv}^{-1}(2)\phi_{rr}(2)u_1 \quad -\phi_{rv}(3)\phi_{rv}^{-1}(2)u_2 \quad u_3]\begin{bmatrix}k_1\\k_2\\k_3\end{bmatrix}=-\phi_{rv}(t_3-t_2)\delta v \tag{7-35}$$

令

$$A=[-\phi_{rr}(3)u_1+\phi_{rv}(3)\phi_{rv}^{-1}(2)\phi_{rr}(2)u_1 \quad -\phi_{rv}(3)\phi_{rv}^{-1}(2)u_2 \quad u_3] \tag{7-36}$$

$$B=-\phi_{rv}(t_3-t_2)\delta v \tag{7-37}$$

$$K=[k_1 \quad k_2 \quad k_3]^{\mathrm{T}} \tag{7-38}$$

式（7-35）可以表示为

$$AK=B \tag{7-39}$$

如果矩阵 A 是非奇异的，并且列向量 B 不是全零向量，那么通过式（7-39）就可以得到唯一的非全零列向量 K 的取值，即

$$K=A^{-1}B \tag{7-40}$$

结合列向量 K 的取值以及 $r_n=k_n u_n$，就能得到 t_1 时刻目标 T 相对于追踪器 C 的位置 r_1 与速度 v_1，根据 CW 相对模型就能够得到不同时刻目标 T 相对于追踪器 C 的飞行轨道。

式（7-35）与式（7-15）相比有两处不同，体现在公式等号右侧系数和方程左端系数矩阵不同。首先，方程右端系数不同。式（7-35）等号右侧由式（7-15）的全零向量 $0_{3\times1}$ 变为了 $-\phi_{rv}(t_3-t_2)\delta v$，使最终求解列向量 K 的线性方程组由线性齐次方程组变为了非齐次线性方程组。其次，方程左端系数矩阵不同。单纯的仅测角导航方法中，追踪器 3 次进行角度测量时都在同一条绕地球飞行的轨道上，而基于轨道机动的仅测角导航方法中，追踪器在第二次测量后进行了变轨，因此追踪器进行第三次测量时其位置与前两次测量时的位置不在同一条飞行轨道上，追踪器在第二次测量后进行变轨的示意图如图 7-5 所示。

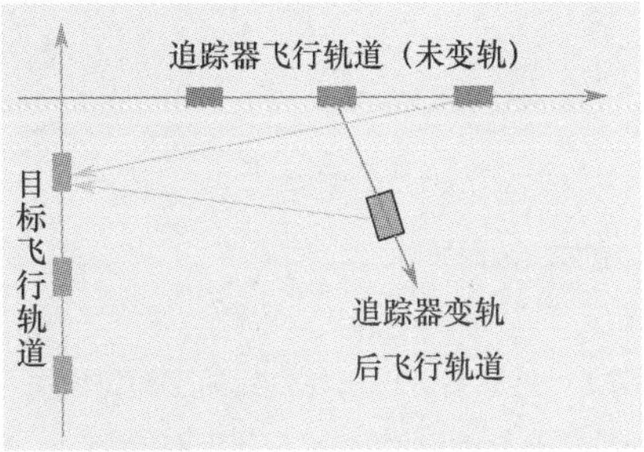

图 7-5　追踪器在第二次测量后进行变轨的示意图

所以，基于轨道机动的仅测角导航方法中前两次追踪器角度测量结果与单纯的仅测角导航方法中的测角结果相同，但第三次测角结果并不相同。因此，式（7-15）与式（7-39）的系数矩阵虽然表达式一致，但两式的系数矩阵中由于视线单位向量

$\boldsymbol{u}_3$不同，导致两式的系数矩阵奇异性也不相同。根据仿真情况以及理论分析发现，式（7-35）的系数矩阵在大多数情况下都是非奇异的。这样，基于轨道机动的仅测角导航方法能够唯一确定目标T相对于追踪器C的飞行轨道，解决了仅测角导航的可观测性问题。

基于轨道机动的仅测角导航方法，通过引入追踪器的轨道机动提高了仅测角导航的可观测性，并且可以通过选择合适的施加脉冲时刻、脉冲量大小与脉冲方向，使仅测角导航的可观测性更好。此外，对于追踪器有变轨任务的空间交会而言，可以将设定的交会机动脉冲用于提高仅测角导航的可观测性，这样就不需要再施加额外提升可观测性的机动。由于该方法需要追踪器施加一定的轨道机动，该方法的使用在部分任务中受到限制，例如追踪器携带的燃料有限、或追踪器携带的有效载荷对化学燃料敏感的任务。尽管如此，该方法仍然是目前空间非合作目标交会任务中最常用的仅测角导航与制导方法。

4．测量相机偏置法

在构建角度量测方程式（7-6）与式（7-7）时，认为角度测量相机安装在了追踪器C的质心上。而实际上，测量相机往往安装在偏离追踪器C质心的位置处，此时就可以利用测量相机偏离质心的距离为仅测角导航提供必要的距离信息，从而解决可观测性问题，这种提高仅测角导航可观测性的方法称为相机偏置法[14]。

将追踪器C上的测量相机记为S。假设追踪器C在飞行时姿态保持不变，那么测量相机S在追踪器C的LVLH坐标系中的位置坐标就不会随着飞行而发生变化，在该坐标系中由追踪器C质心指向测量相机S的向量为$\boldsymbol{d}=[x_d \quad y_d \quad z_d]^{\mathrm{T}}$，并且向量$\boldsymbol{d}$的长度远小于由追踪器$C$指向目标$T$的向量$\boldsymbol{r}(t)$的长度。追踪器$C$、测量相机$S$与目标$T$的位置关系如图7-6所示。

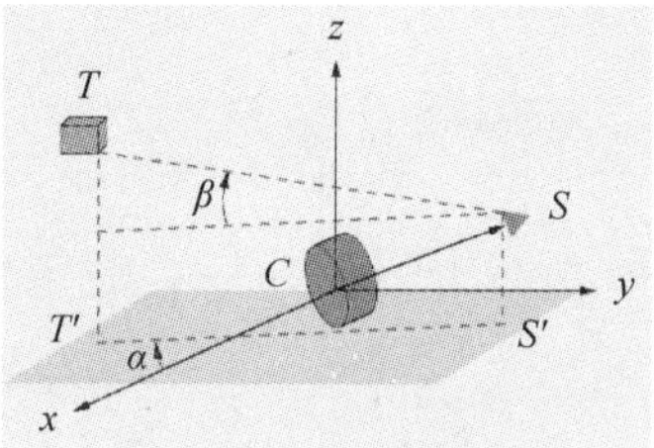

图7-6 追踪器、相机与目标的相对位置关系

记测量相机S在xy平面内的投影为点S'、目标T在xy平面内的投影为点T'。在追踪器C的LVLH坐标系中，测量相机S指向目标T的矢量与其在xy平面投影（即由点S'指向点T'的矢量）的夹角代表由追踪器看向目标的俯仰角β，测量相机S指向目标T的矢量在xy平面投影与x轴正方向的夹角代表由追踪器看向目标的方位角α。根据图7-6所示的位置关系，可以得到测量相机偏置情况下追踪器C的

角度量测方程为

$$\alpha = \arctan\left(\frac{y - y_d}{x - x_d}\right) \tag{7-41}$$

$$\beta = \arctan\left(\frac{z - z_d}{\sqrt{(x - x_d)^2 + (y - y_d)^2}}\right) \tag{7-42}$$

式中：变量 x、y 与 z 为目标 T 相对于追踪器 C 的位置向量 $\boldsymbol{r}$ 在 LVLH 坐标系三轴方向的分量。同样，由于某一时刻对目标 T 进行测量只能得到俯仰角 β 和方位角 α 两个量测值，因此追踪器 C 至少要进行 3 次角度测量才能确定目标 T 的相对位置和速度参数。相应导航算法如下。

追踪器 C、测量相机 S 与目标 T 的测量几何关系如图 7-7 所示。由追踪器 C 指向目标 T 的矢量 $\boldsymbol{r}$、由追踪器 C 指向测量相机 S 的矢量 $\boldsymbol{d}$ 以及由测量相机 S 指向目标 T 的矢量 $\boldsymbol{l}$ 构成了一个矢量三角形。

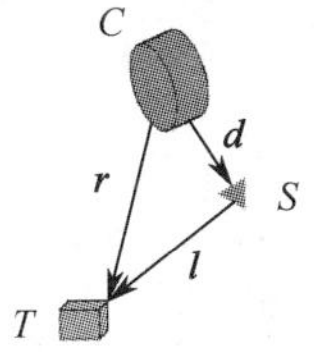

图 7-7　相机偏置下的测量几何示意图

假设与矢量 $\boldsymbol{l}$ 同方向的单位向量为 $\boldsymbol{u}$，则有

$$\boldsymbol{l} = \|\boldsymbol{l}\|\boldsymbol{u} \tag{7-43}$$

式中：$\|\cdot\|$ 表示矢量的 2 范数，即矢量的长度。记矢量 $\boldsymbol{l}$ 的长度为 k，矢量 $\boldsymbol{u}$ 可以由视线角度测量结果计算得到。那么式（7-43）可以改写为

$$\boldsymbol{l} = k\boldsymbol{u} \tag{7-44}$$

记 k_n 是第 n 次测量时矢量 $\boldsymbol{l}$ 的长度，根据式（7-44）以及图 7-7 中的矢量三角形关系，可以得到 3 次测量对应的关系模型，即

$$\boldsymbol{r}(t_1) = \boldsymbol{d} + k_1\boldsymbol{u}(t_1) \tag{7-45}$$

$$\boldsymbol{r}(t_2) = \boldsymbol{d} + k_2\boldsymbol{u}(t_2) \tag{7-46}$$

$$\boldsymbol{r}(t_3) = \boldsymbol{d} + k_3\boldsymbol{u}(t_3) \tag{7-47}$$

根据 CW 相对运动模型，即式（7-1）～式（7-5），可将式（7-46）与式（7-47）两式的等号左侧全部用 $\boldsymbol{r}(t_1)$ 与 $\boldsymbol{v}(t_1)$ 表示，即

$$\boldsymbol{\phi}_{rr}(t_2 - t_1)\boldsymbol{r}(t_1) + \boldsymbol{\phi}_{rv}(t_2 - t_1)\boldsymbol{v}(t_1) = \boldsymbol{d} + k_2\boldsymbol{u}(t_2) \tag{7-48}$$

$$\boldsymbol{\phi}_{rr}(t_3 - t_1)\boldsymbol{r}(t_1) + \boldsymbol{\phi}_{rv}(t_3 - t_1)\boldsymbol{v}(t_1) = \boldsymbol{d} + k_3\boldsymbol{u}(t_3) \tag{7-49}$$

将式（7-45）代入式（7-48），可求得 $\boldsymbol{v}(t_1)$ 为

$$\boldsymbol{v}(t_1) = \boldsymbol{\phi}_{rv}^{-1}(t_2 - t_1)\{\boldsymbol{d} + k_2\boldsymbol{u}(t_2) - \boldsymbol{\phi}_{rr}(t_2 - t_1)[\boldsymbol{d} + k_1\boldsymbol{u}(t_1)]\} \tag{7-50}$$

再将式（7-45）与式（7-50）代入式（7-49），整理后得到

$$\boldsymbol{A}\boldsymbol{K}=\boldsymbol{B} \tag{7-51}$$

式中：列向量$\boldsymbol{K}=[k_1 \quad k_2 \quad k_3]^{\mathrm{T}}$，矩阵$\boldsymbol{A}$与$\boldsymbol{B}$满足

$$\boldsymbol{A}=[\{\boldsymbol{\phi}_{rr}(3)-\boldsymbol{\phi}_{rv}(3)\boldsymbol{\phi}_{rv}^{-1}(2)\boldsymbol{\phi}_{rr}(2)\}\boldsymbol{u}(t_1) \quad \boldsymbol{\phi}_{rv}(3)\boldsymbol{\phi}_{rv}^{-1}(2)\boldsymbol{u}(t_2) \quad -\boldsymbol{u}(t_3)] \tag{7-52}$$

$$\boldsymbol{B}=\boldsymbol{d}-\boldsymbol{\phi}_{rr}(3)\boldsymbol{d}-\boldsymbol{\phi}_{rv}(3)\boldsymbol{\phi}_{rv}^{-1}(2)\boldsymbol{d}+\boldsymbol{\phi}_{rv}(3)\boldsymbol{\phi}_{rv}^{-1}(2)\boldsymbol{\phi}_{rr}(2)\boldsymbol{d} \tag{7-53}$$

如果矩阵$\boldsymbol{A}$是非奇异矩阵，可求出列向量$\boldsymbol{K}$，即

$$\boldsymbol{K}=\boldsymbol{A}^{-1}\boldsymbol{B} \tag{7-54}$$

进而就可以求出t_1时刻目标T相对于追踪器C的相对位置与相对速度，即

$$\begin{bmatrix}\boldsymbol{r}(t_1)\\ \boldsymbol{v}(t_1)\end{bmatrix}=\boldsymbol{C}\boldsymbol{K}+\boldsymbol{D}=\boldsymbol{C}\boldsymbol{A}^{-1}\boldsymbol{B}+\boldsymbol{D} \tag{7-55}$$

其中，矩阵$\boldsymbol{C}$与$\boldsymbol{D}$满足

$$\boldsymbol{C}=\begin{bmatrix}\boldsymbol{u}(t_1) & \boldsymbol{0}_{3\times1} & \boldsymbol{0}_{3\times1}\\ -\boldsymbol{\phi}_{rv}^{-1}(2)\boldsymbol{\phi}_{rr}(2)\boldsymbol{u}(t_1) & \boldsymbol{\phi}_{rv}^{-1}(2)\boldsymbol{u}(t_2) & \boldsymbol{0}_{3\times1}\end{bmatrix} \tag{7-56}$$

$$\boldsymbol{D}=\begin{bmatrix}\boldsymbol{d}\\ \boldsymbol{\phi}_{rv}^{-1}(2)\boldsymbol{d}-\boldsymbol{\phi}_{rv}^{-1}(2)\boldsymbol{\phi}_{rr}(2)\boldsymbol{d}\end{bmatrix} \tag{7-57}$$

借助t_1时刻目标T的相对位置与相对速度，根据CW相对运动模型就可求出任意时刻目标T相对于追踪器C的位置与速度；在追踪器C运动信息已知的前提下，还可以得到任意时刻目标T在地心惯性坐标系下的绝对位置与速度。

与7.2.3小节基于多敏感器的仅测角导航方法类似，基于测量相机偏置的仅测角导航方法也存在一些特殊的奇异构型。当追踪器C、测量相机S及目标T在同一直线上时，测量相机S相对于追踪器C的位置不会影响测量相机S指向目标T的视线角度测量结果，即这种奇异构型下，测量相机S的偏置量无法引入列向量$\boldsymbol{K}$的求解方程中，此时与不考虑偏置量的角度测量没有本质区别，因此必然无解，在实际应用中应避免或者不采用这种奇异构型下的测量结果。

测量相机偏置法仅测角导航通过引入测量相机相对于追踪器质心位置的偏置距离信息提高了仅测角导航的可观测性。这种方法计算较为简便，且存在解析计算方法，适合于星载快速计算。然而，由于航天器尺寸和相机安装约束，这种偏置量往往不会很大，当追踪航天器与目标之间相对距离较远时，相机偏置带来的可观测性提升有限。研究结果表明，相机偏置量在分米至米量级时，该方法适用于追踪器与目标相对距离小于10km的交会任务。因此，这种仅测角导航方法往往只适用于近距离交会任务中。

以上介绍了4种提高仅测角导航可观测的方法，表7-1对不同仅测角导航方法的特点进行了比较。从表7-1可以看出，不同的仅测角导航方法各有优、缺点，实际工程中应根据使用环境和工况选择适宜的仅测角导航方法。由于轨道机动的仅测角导航方法计算简便，对可观测性带来的提高效果明显，适用距离范围较大。此外，

也可将提高观测性的轨道机动与轨道交会机动联合设计，实现目标交会和提高可观测性的双重目的，因此基于轨道机动的仅测角导航方法相比其仅测角导航方法具有更广泛的应用。

表 7-1 仅测角导航方法的比较

量测信息	提升可观测性的导航方法	特点
仅有相对视线角信息	基于复杂动力学的仅测角导航	计算复杂 可观测性提升有限 适用于远距离导航
	基于多敏感器测量的仅测角导航	计算简便 可观测性提高显著 适合星载快速规划 需要多星配合 存在多敏感器测量时差问题 存在奇异构型
	基于轨道机动的仅测角导航	计算简便 可观测性提高显著 可能多消耗燃料
	基于测量相机偏置的仅测角导航	计算简便 可观测性提高显著 存在奇异偏置构型 无法适用于远距离导航

本章后续内容将重点研究基于轨道机动的仅测角导航方法在空间非合作目标交会中的应用，包括基于轨道机动的仅测角空间非合作目标初始定轨与导航、融合导航/制导环节的闭环最优交会制导。

7.3 仅测角交会的初始定轨与导航

7.3.1 问题描述

追踪器一般在地基或者天基系统辅助下，完成与空间非合作目标的远程交会，使追踪器上的敏感器可以捕获目标。但实施后续自主接近或近程交会的前提是交会机动前或者交会途中获得较为准确的目标运动信息，确定中途修正机动，保证交会落点精度。这就需要利用仅测角测量信息进行目标初始相对轨道确定和实时相对导航。

初始相对轨道确定也称为初始相对定轨，其主要任务是：在空间非合作目标进入追踪器的视场和观测范围后，利用有限次机动和仅测角测量信息，确定空间非合作目标与追踪器在初始时刻的相对位置和相对速度信息。

通过初始相对轨道确定方法获得目标初始相对运动信息后，可利用相对运动模型计算任意时刻的目标相对运动信息；相对滤波导航也可以估计出任意时刻目标相对运动信息。利用当前时刻的相对运动信息，结合追踪器的绝对位置和速度信息，可进一步计算目标在惯性坐标系下的绝对位置和速度信息。

7.3.2　初始相对定轨模型

以 3 次不同时刻的角度测量情况为例，假设追踪器 C 在 t_2 时刻第二次角度测量后，立即进行一次冲量为 $\delta\boldsymbol{v}$ 的轨道机动（假设 $\delta\boldsymbol{v}$ 在追踪器 C 的 LVLH 坐标系中，其二范数不为零）。结合 7.2.3 小节分析，重新列写关系模型为

$$\boldsymbol{A}\boldsymbol{K}=\boldsymbol{B} \tag{7-58}$$

定义

$$\boldsymbol{A}=[-\boldsymbol{\phi}_{rr}(3)\boldsymbol{I}_1+\boldsymbol{\phi}_{rv}(3)\boldsymbol{\phi}_{rv}^{-1}(2)\boldsymbol{\phi}_{rr}(2)\boldsymbol{I}_1 \quad -\boldsymbol{\phi}_{rv}(3)\boldsymbol{\phi}_{rv}^{-1}(2)\boldsymbol{I}_2 \quad \boldsymbol{I}_3] \tag{7-59}$$

$$\boldsymbol{B}=-\boldsymbol{\phi}_{rv}(t_3-t_2)\delta\boldsymbol{v} \tag{7-60}$$

$$\boldsymbol{K}=\begin{bmatrix}k_1 & k_2 & k_3\end{bmatrix}^{\mathrm{T}} \tag{7-61}$$

各符号含义同 7.2.3 小节。式（7-58）列向量 $\boldsymbol{K}$ 的取值为

$$\boldsymbol{K}=\boldsymbol{A}^{-1}\boldsymbol{B} \tag{7-62}$$

结合 7.2.3 小节内容，根据 $\boldsymbol{K}$ 就能得到 t_1 时刻目标 T 相对于追踪器 C 的位置 $\boldsymbol{r}_1$ 与速度 $\boldsymbol{v}_1$。可见只要追踪器施加的脉冲次数大于一次且追踪器进行的角度测量不少于 3 次，就能够对目标进行初始相对定轨。随着追踪器脉冲机动次数增多、角度测量次数增多，追踪器对目标进行初始定轨的精度也就越高。对于多次角度测量的情况，可以通过最小二乘的方法来求解列向量 $\boldsymbol{K}$ 的取值。

7.3.3　目标先验信息辅助的初始相对定轨方法

实际工况中，目标的初始运动先验信息经常由地基或者天基设备提供，但其精度随时间增长而下降，因此基于仅测角和必要的试探性机动，先确定精度更高的空间非合作目标初始轨道信息，然后基于此信息再进行精确的轨道机动实施与目标的交会，实用意义和工程价值更大。基于此，本节探讨了利用地基或者天基先验测量信息和轨道机动的仅测角初始定轨改进方法。

假设在任务开始时刻，追踪器 C 可获得目标 T 初始时刻在地心惯性系下含有误差的位置、速度状态信息。假设有一个虚拟目标（virtual target）并记为 V，该虚拟目标 V 初始时刻在地心惯性系下的位置、速度状态，与包含误差的目标状态一致，即假设有一个虚拟目标 V 在目标 T 附近运动。因此，虚拟目标 V 在惯性系下的状态是完全可知的，且未发生任何轨道机动。追踪器 C 通过一系列的机动避免不可观测问题，对目标 T 进行有限次的角度测量并确定目标 T 的相对状态。

1．虚拟目标与相对运动模型

假设虚拟目标 V 运行在圆轨道，以虚拟目标 V 为坐标原点，虚拟目标 V 的速度方向为 x 轴正方向，由虚拟目标 V 指向地心的方向为轴 z 正方向，建立右手坐标系 $O_V\text{-}xyz$ 。该坐标系就是虚拟目标的 LVLH 坐标系，如图 7-8 所示。

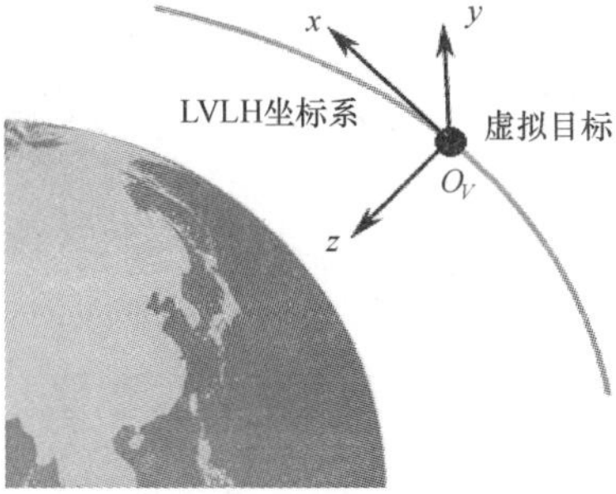

图 7-8 虚拟目标 LVLH 坐标系

在 $O_V\text{-}xyz$ 坐标系下，记追踪器 C 的相对位置为 $\boldsymbol{r}_C=(x_C \quad y_C \quad z_C)^{\mathrm{T}}$，相对速度为 $\boldsymbol{v}_C=(\dot{x}_C \quad \dot{y}_C \quad \dot{z}_C)^{\mathrm{T}}$；目标 T 的相对位置为 $\boldsymbol{r}_T=(x_T \quad y_T \quad z_T)^{\mathrm{T}}$，相对速度为 $\boldsymbol{v}_T=(\dot{x}_T \quad \dot{y}_T \quad \dot{z}_T)^{\mathrm{T}}$。

假设追踪器 C、目标 T 及虚拟目标 V 均位于地球附近的近圆轨道上，且三者之间彼此的相对距离远小于绕飞地球的半径。再假设在交会过程中，不考虑各种摄动的影响，那么追踪器 C 和目标 T 在 $O_V\text{-}xyz$ 坐标系下的相对运动可以由 CW 方程描述，即

$$\begin{bmatrix}\boldsymbol{r}_i(t)\\ \boldsymbol{v}_i(t)\end{bmatrix}=\begin{bmatrix}\boldsymbol{\phi}_{rr}(t) & \boldsymbol{\phi}_{rv}(t)\\ \boldsymbol{\phi}_{vr}(t) & \boldsymbol{\phi}_{vv}(t)\end{bmatrix}\begin{bmatrix}\boldsymbol{r}_i(0)\\ \boldsymbol{v}_i(0)\end{bmatrix} \quad (i=C,T) \tag{7-63}$$

式中：$\boldsymbol{\phi}_{rr}(t)$、$\boldsymbol{\phi}_{rv}(t)$、$\boldsymbol{\phi}_{vr}(t)$、$\boldsymbol{\phi}_{vv}(t)$ 为 CW 方程中的 4 个状态转移矩阵，其表达式与式（7-2）～式（7-5）一致，式中的轨道角速度信息由虚拟目标 V 确定，可近似认为是定值。

2．相对定轨算法

相对定轨算法需要追踪器 C 在交会过程中，通过相机对目标 T 进行有限次的相对视线角度测量，确定目标与追踪器的相对位置和相对速度。

首先来建立视线角度量测模型。假设某 t 时刻追踪器 C 对目标 T 进行了一次相对视线角测量。记此时由追踪器 C 指向目标 T 的视线方向单位矢量为 $\boldsymbol{i}$，视线矢量 $\boldsymbol{i}$ 与 $O_V\text{-}xyz$ 坐标系 xy 平面的夹角为视线俯仰角 α ，而视线矢量 $\boldsymbol{i}$ 在 $O_V\text{-}xyz$ 坐标系 xy 平面的投影与 x 轴的夹角为视线方位角 β 。此时，追踪器 C 、目标 T 和虚拟目标 V 之间的相对位置关系以及视线俯仰角 α 与视线方位角 β 的关系如图 7-9 所示。

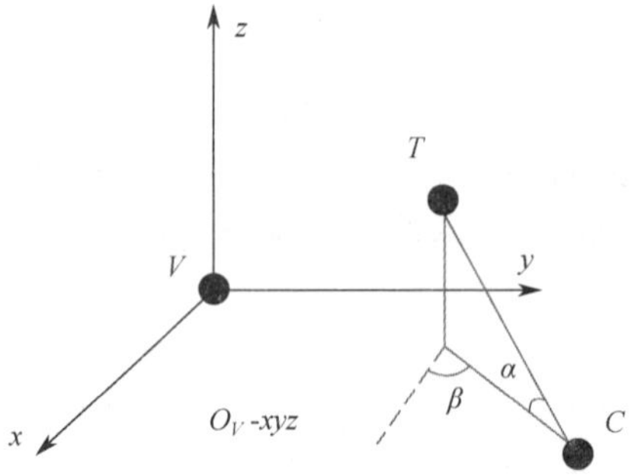

图 7-9 追踪器与目标及视线角的关系示意图

根据俯仰角 α 与方位角 β 的定义，可以得到视线角度与追踪器 C 、目标 T 的状态之间的关系为

$$\tan\alpha = \frac{z_T - z_C}{\sqrt{(x_C - x_T)^2 + (y_C - y_T)^2}} \tag{7-64}$$

$$\tan\beta = \frac{y_T - y_C}{x_T - x_C} \tag{7-65}$$

根据式（7-64）与式（7-65）可以得到 O_V-xyz 坐标系下，由追踪器 C 指向目标 T 的视线方向单位矢量为

$$\boldsymbol{i} = \begin{bmatrix} \cos\alpha\cos\beta \\ \cos\alpha\sin\beta \\ \sin\alpha \end{bmatrix} \tag{7-66}$$

根据视线方向单位矢量的定义为

$$\boldsymbol{i} = \frac{\boldsymbol{r}_T - \boldsymbol{r}_C}{\|\boldsymbol{r}_T - \boldsymbol{r}_C\|} \tag{7-67}$$

定义追踪器 C 与目标 T 之间的相对距离为 ρ ，则有

$$\rho\boldsymbol{i} = \boldsymbol{r}_T - \boldsymbol{r}_C \tag{7-68}$$

假设追踪器 C 在 $t=0$ （初始时刻）、 t_1 及 t_2 时刻分别对目标进行了 3 次测量，且追踪器在 t_1 时刻进行角度测量后，施加了一个脉冲 $\Delta\boldsymbol{v}$ 。根据 3 次测量时刻的量测方程，有

$$\rho_0\boldsymbol{i}_0 = \boldsymbol{r}_T(0) - \boldsymbol{r}_C(0) \tag{7-69}$$

$$\rho_1\boldsymbol{i}_1 = \boldsymbol{r}_T(t_1) - \boldsymbol{r}_C(t_1) \tag{7-70}$$

$$\rho_2\boldsymbol{i}_2 = \boldsymbol{r}_T(t_2) - \boldsymbol{r}_C(t_2) \tag{7-71}$$

根据 CW 方程有

$$\boldsymbol{r}_T(t_1) = \boldsymbol{\phi}_{rr}(t_1)\boldsymbol{r}_T(0) + \boldsymbol{\phi}_{rv}(t_1)\boldsymbol{v}_T(0) \tag{7-72}$$

$$\boldsymbol{r}_T(t_2) = \boldsymbol{\phi}_{rr}(t_2)\boldsymbol{r}_T(0) + \boldsymbol{\phi}_{rv}(t_2)\boldsymbol{v}_T(0) \tag{7-73}$$

$$\boldsymbol{r}_C(t_1) = \boldsymbol{\phi}_{rr}(t_1)\boldsymbol{r}_C(0) + \boldsymbol{\phi}_{rv}(t_1)\boldsymbol{v}_C(0) \tag{7-74}$$

$$\boldsymbol{r}_C(t_2)=\boldsymbol{\phi}_{rr}(t_2)\boldsymbol{r}_C(0)+\boldsymbol{\phi}_{rv}(t_2)\boldsymbol{v}_C(0)+\boldsymbol{\phi}_{rv}(t_2-t_1)\Delta\boldsymbol{v} \tag{7-75}$$

将式（7-72）、式（7-73）代入到（7-69）～式（7-71）中，可以得到

$$\rho_0\boldsymbol{i}_0=\boldsymbol{r}_T(0)-\boldsymbol{r}_C(0) \tag{7-76}$$

$$\rho_1\boldsymbol{i}_1=\boldsymbol{\phi}_{rr}(t_1)\boldsymbol{r}_T(0)+\boldsymbol{\phi}_{rv}(t_1)\boldsymbol{v}_T(0)-\boldsymbol{r}_C(t_1) \tag{7-77}$$

$$\rho_2\boldsymbol{i}_2=\boldsymbol{\phi}_{rr}(t_2)\boldsymbol{r}_T(0)+\boldsymbol{\phi}_{rv}(t_2)\boldsymbol{v}_T(0)-\boldsymbol{r}_C(t_2) \tag{7-78}$$

由式（7-76）可以得到

$$\boldsymbol{r}_T(0)=\rho_0\boldsymbol{i}_0+\boldsymbol{r}_C(0) \tag{7-79}$$

将式（7-79）代入式（7-77）与式（7-78）中，可以得到

$$\rho_1\boldsymbol{i}_1=\boldsymbol{\phi}_{rr}(t_1)\rho_0\boldsymbol{i}_0+\boldsymbol{\phi}_{rr}(t_1)\boldsymbol{r}_C(0)+\boldsymbol{\phi}_{rv}(t_1)\boldsymbol{v}_T(0)-\boldsymbol{r}_C(t_1) \tag{7-80}$$

$$\rho_2\boldsymbol{i}_2=\boldsymbol{\phi}_{rr}(t_2)\rho_0\boldsymbol{i}_0+\boldsymbol{\phi}_{rr}(t_2)\boldsymbol{r}_C(0)+\boldsymbol{\phi}_{rv}(t_2)\boldsymbol{v}_T(0)-\boldsymbol{r}_C(t_2) \tag{7-81}$$

由式（7-80）可以得到

$$\boldsymbol{v}_T(0)=\rho_1\boldsymbol{\phi}_{rv}^{-1}(t_1)\boldsymbol{i}_1+\boldsymbol{\phi}_{rv}^{-1}(t_1)\boldsymbol{r}_C(t_1)-\rho_0\boldsymbol{\phi}_{rv}^{-1}(t_1)\boldsymbol{\phi}_{rr}(t_1)\boldsymbol{i}_0-\boldsymbol{\phi}_{rv}^{-1}(t_1)\boldsymbol{\phi}_{rr}(t_1)\boldsymbol{r}_C(0) \tag{7-82}$$

再将式（7-82）代入式（7-81）中，有

$$\begin{aligned}\rho_2\boldsymbol{i}_2=&\boldsymbol{\phi}_{rr}(t_2)\rho_0\boldsymbol{i}_0+\boldsymbol{\phi}_{rr}(t_2)\boldsymbol{r}_C(0)+\boldsymbol{\phi}_{rv}(t_2)\rho_1\boldsymbol{\phi}_{rv}^{-1}(t_1)\boldsymbol{i}_1+\boldsymbol{\phi}_{rv}(t_2)\boldsymbol{\phi}_{rv}^{-1}(t_1)\boldsymbol{r}_C(t_1)\\&-\rho_0\boldsymbol{\phi}_{rv}(t_2)\boldsymbol{\phi}_{rv}^{-1}(t_1)\boldsymbol{\phi}_{rr}(t_1)\boldsymbol{i}_0-\boldsymbol{\phi}_{rv}(t_2)\boldsymbol{\phi}_{rv}^{-1}(t_1)\boldsymbol{\phi}_{rr}(t_1)\boldsymbol{r}_C(0)-\boldsymbol{r}_C(t_2)\end{aligned} \tag{7-83}$$

整理后可以得到以下的线性方程组，即

$$\boldsymbol{AP}=\boldsymbol{B} \tag{7-84}$$

式中：$\boldsymbol{P}=(\rho_0\quad\rho_1\quad\rho_2)^{\mathrm{T}}$。

上述线性方程组的系数矩阵 $\boldsymbol{A}$ 满足

$$\boldsymbol{A}=\left[(\boldsymbol{\phi}_{rv}(t_2)\boldsymbol{\phi}_{rv}^{-1}(t_1)\boldsymbol{\phi}_{rr}(t_1)-\boldsymbol{\phi}_{rr}(t_2))\boldsymbol{i}_0\quad-\boldsymbol{\phi}_{rv}(t_2)\boldsymbol{\phi}_{rv}^{-1}(t_1)\boldsymbol{i}_1\quad\boldsymbol{i}_2\right] \tag{7-85}$$

线性方程组右侧的列向量 $\boldsymbol{B}$ 满足

$$\boldsymbol{B}=(\boldsymbol{\phi}_{rr}(t_2)-\boldsymbol{\phi}_{rv}(t_2)\boldsymbol{\phi}_{rv}^{-1}(t_1)\boldsymbol{\phi}_{rr}(t_1))\boldsymbol{r}_C(0)+\boldsymbol{\phi}_{rv}(t_2)\boldsymbol{\phi}_{rv}^{-1}(t_1)\boldsymbol{r}_C(t_1)-\boldsymbol{r}_C(t_2) \tag{7-86}$$

将式（7-74）与式（7-75）代入式（7-86）中，有

$$\boldsymbol{B}=-\boldsymbol{\phi}_{rv}(t_2-t_1)\Delta\boldsymbol{v} \tag{7-87}$$

式（7-84）中，矩阵 $\boldsymbol{A}$ 是一个 3×3 的矩阵。如果 $\boldsymbol{A}$ 是非奇异矩阵，就能够求出 3 次测量时刻追踪器 C 与目标 T 之间相对距离构成的列向量 $\boldsymbol{P}$，即

$$\boldsymbol{P}=\boldsymbol{A}^{-1}\boldsymbol{B} \tag{7-88}$$

再将式(7-88)代入式(7-79)与式(7-82)中，就能得到初始时刻目标 T 在 O_V-xyz 坐标系下的相对状态，即

$$\begin{bmatrix}\boldsymbol{r}_T(0)\\\boldsymbol{v}_T(0)\end{bmatrix}=\begin{bmatrix}\boldsymbol{i}_0&\boldsymbol{0}_{3\times1}&\boldsymbol{0}_{3\times1}\\-\boldsymbol{\phi}_{rv}^{-1}(t_1)\boldsymbol{\phi}_{rr}(t_1)\boldsymbol{i}_0&\boldsymbol{\phi}_{rv}^{-1}(t_1)\boldsymbol{i}_1&\boldsymbol{0}_{3\times1}\end{bmatrix}\boldsymbol{P}+\begin{bmatrix}\boldsymbol{r}_C(0)\\\boldsymbol{\phi}_{rv}^{-1}(t_1)\boldsymbol{r}_C(t_1)-\boldsymbol{\phi}_{rv}^{-1}(t_1)\boldsymbol{\phi}_{rr}(t_1)\boldsymbol{r}_C(0)\end{bmatrix} \tag{7-89}$$

将目标相对位置叠加在虚拟目标 V 的绝对位置上，即可获得目标的绝对位置信息，由此实现对初始定轨精度的提升，同时也可以获取追踪器和目标之间的较为精

确的相对位置和速度信息。

3. 仿真验证

本小节在不考虑 J_2 项摄动的二体动力学环境下，对仅测角初始定轨方法进行打靶仿真试验，并通过设置不同仿真条件对不同情况的仿真结果进行分析，得出有参考价值的结论。

选取典型的振荡轨道（oscillating orbit）作为追踪器 C 变轨前相对于虚拟目标 V 的 O_V-xyz 坐标系的相对运动轨道进行仿真验证。如果追踪器 C 变轨前相对于虚拟目标 V 的 O_V-xyz 坐标系做振荡运动，那么追踪器 C 的初始状态需要满足以下条件[3]，即

$$\begin{cases} \boldsymbol{r}_C = (\rho_x \quad 0 \quad 0)^{\mathrm{T}} \\ \boldsymbol{v}_C = (0 \quad \rho_y\omega \quad 0)^{\mathrm{T}} \end{cases} \tag{7-90}$$

式中：ρ_x 为 O_V-xyz 坐标系下初始时刻追踪器 C 沿 x 轴方向的相对距离，或者说是追踪器与虚拟目标在 V-bar 方向的距离；ω 为虚拟目标 V 绕地球飞行的旋转角速率；ρ_y 为追踪器 C 做相对振荡运动侧向的最远距离。根据初始状态条件，可以得到追踪器 C 相对虚拟目标 V 的运动轨道如图 7-10 所示。

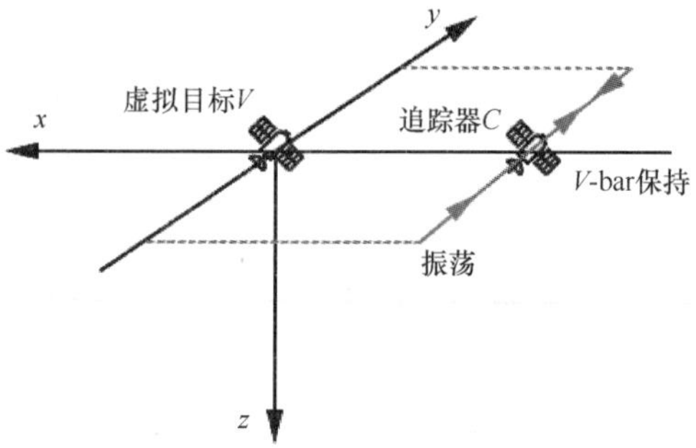

图 7-10　追踪器相对虚拟目标的相对轨道

选取轨道高度为 600km 的近地圆轨道进行数值仿真，虚拟目标的飞行周期与轨道角速率分别为 5801.22s 和 1.08308×10^{-3}rad。假设追踪器 C 在 V-bar 方向后方 20km 处做轨道保持，在侧向做最大位移 1km 的振荡运动。根据上述追踪器 C 初始轨道以及飞行高度与飞行周期等数据，设置追踪器 C 以及虚拟目标 V 在地心惯性坐标系下的初始位置和速度信息如表 7-2 所列。

表 7-2　追踪器与虚拟目标在惯性系下的初始状态信息

追踪器与目标	x/m	y/m	z/m	v_x/（m/s）	v_y/（m/s）	v_z/（m/s）
追踪器	6978137	−20000	0	21.661598	7557.879979	−1
虚拟目标	6978137	0	0	0	7557.879979	0

此外，为了避免每次打靶仿真试验的初始参数相同造成仿真结果可信度不足，在仿真中通过随机生成的方式得到目标 T 初始时刻的状态信息。假设空间非合作目标在 O_V-xyz 坐标系下的初始状态按照表 7-3 所列的方式生成。在表 7-3 中，空间非合作目标在 O_V-xyz 坐标系下的初始状态反映了初始时刻目标状态的误差。

表 7-3　空间非合作目标在 O_V-xyz 坐标系下的初始状态以及对应测量误差

目标的初始相对状态	测量误差参数
$x_T(0)$	$N(\mu,\sigma^2),\mu=1000\ \text{m},\sigma=100\ \text{m}$
$y_T(0)$	$N(\mu,\sigma^2),\mu=1000\ \text{m},\sigma=100\ \text{m}$
$z_T(0)$	$N(\mu,\sigma^2),\mu=1000\ \text{m},\sigma=100\ \text{m}$
$\dot{x}_T(0)$	$N(\mu,\sigma^2),\mu=0.1\ \text{m/s},\sigma=0.02\ \text{m/s}$
$\dot{y}_T(0)$	$N(\mu,\sigma^2),\mu=0.1\ \text{m/s},\sigma=0.02\ \text{m/s}$
$\dot{z}_T(0)$	$N(\mu,\sigma^2),\mu=0.1\ \text{m/s},\sigma=0.02\ \text{m/s}$

打靶仿真试验中考虑了相机视线测量的误差、追踪器通过 GNSS 系统获取自身状态信息在 O_V-xyz 坐标系中的位置误差，且均考虑为高斯白噪声，误差均方差分别为 10^{-5}rad（1σ）和 5m（1σ）。基于上述的追踪器 C、目标 T 与虚拟目标 V 的仿真参数，以及追踪器 C 施加机动脉冲的方向、脉冲机动的大小不同，设计了 4 组蒙特卡罗打靶仿真算例，仿真参数设置如表 7-4 所列，每个仿真算例的仿真时间为 3500s，每组仿真均进行 2000 次打靶仿真。仿真算例 1 与仿真算例 2 仅追踪器 C 施加的脉冲大小不同，算例 1 和算例 2 中追踪器 C 分别施加了 1m/s、2m/s 的脉冲，追踪器 C 施加的脉冲方向、脉冲时刻、相对视线角度测量时刻均一致。算例 1、算例 3 与算例 4 追踪器 C 施加的脉冲大小、脉冲时刻、相对视线角度测量时刻上均保持一致，仅追踪器 C 施加的脉冲方向不一致。

表 7-4　蒙特卡罗打靶仿真算例仿真参数设置

仿真算例	测量次数	测量时刻/s	脉冲时刻/s	O_V-xyz 坐标系下的脉冲量/（m/s）
算例 1	3 次	0、1500、3500	1500	$(-0.707\quad 0.707\quad 0)^{\mathrm{T}}$
算例 2	3 次	0、1500、3500		$(-1.414\quad 1.414\quad 0)^{\mathrm{T}}$
算例 3	3 次	0、1500、3500		$(-0.6680\quad 0.0108\quad 0.7440)^{\mathrm{T}}$
算例 4	3 次	0、1500、3500		$(0.0125\quad -0.9889\quad 0.1479)^{\mathrm{T}}$

将目标仅测角相对轨道确定的结果与目标真实的相对轨道做差得到定轨误差，并对每一组仿真算例进行定轨误差分布图的绘制，4 组仿真算例的相对定轨误差如图 7-11 所示。图 7-11 分别给出了每组仿真中追踪器 C 对目标进行仅测角相对定轨的定轨误差，不仅给出了目标在初始时刻沿 O_V-xyz 坐标系 x、y、z 三轴方向相对位置计算结果与真值的误差，还给出对应的误差均值（μ_e）以及 3 倍误差均方差（$3\sigma_e$）。表 7-5 对仿真算例 1、仿真算例 3 和仿真算例 4 的数值打靶仿真结果进行了统计。

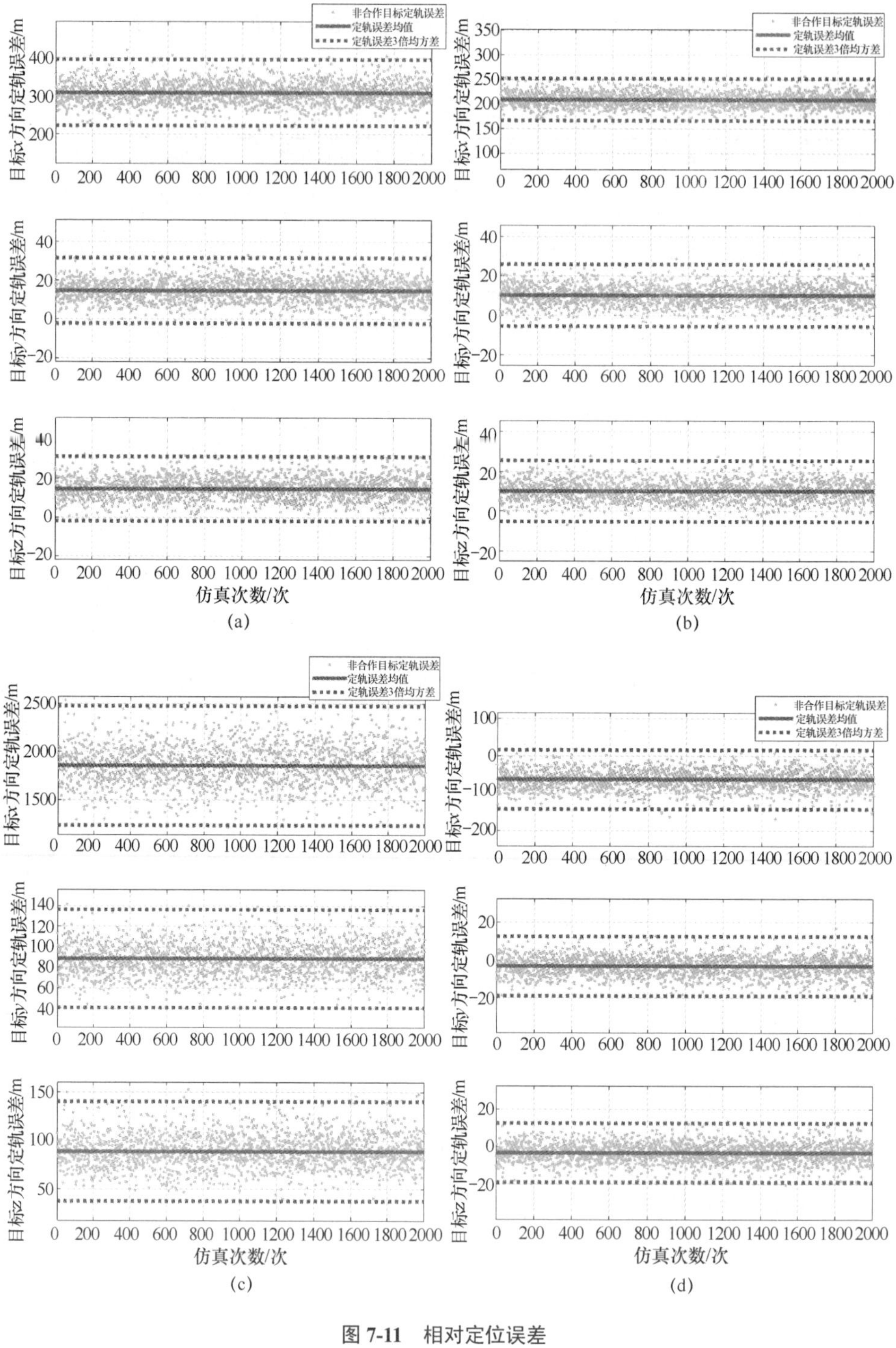

图 7-11　相对定位误差

（a）算例 1 仿真结果；（b）算例 2 仿真结果；（c）算例 3 仿真结果；（d）算例 4 仿真结果。

表 7-5 不同算例的数值打靶仿真结果统计表

仿真算例	定轨误差项	误差均值/m	误差均方差/m
算例 1	δx	308.9	87.3
	δy	14.74	16.94
	δz	14.67	16.51
算例 3	δx	1855	618
	δy	88.61	47.69
	δz	88.96	51.14
算例 4	δx	−63.71	79.22
	δy	−3.10	15.64
	δz	−3.07	15.83

从图 7-11（a）可以看出，在仿真算例 1 的场景下，通过 3 次角度测量，将 3 个坐标轴方向的目标位置误差均值从 1km 降低到约 300m（x 轴）、20m（y 轴）和 20m（z 轴），三维位置误差均值从 1.7km 降低到约 300m，误差均方差从 100m（1σ）降低到了约 30m（x 轴，1σ）、5m（y 轴，1σ）和 5m（z 轴，1σ），三维位置误差均方差从约 170m（1σ）降低到约 30m（1σ），对目标定轨的结果有了明显改进。因此，目标先验信息辅助的仅测角相对定轨方法是有效的。

对比图 7-11（a）与图 7-11（b）可以看出，算例 2 中 x 方向定轨误差均值为 200m，精度好于算例 1 定轨误差 300m；且算例 2 中 x 方向定轨误差的均方差接近 15m（1σ），而算例 1 对应的误差均方差接近 30m（1σ）。因此，提高追踪器施加脉冲的大小能够降低对目标定轨的误差。

分析图 7-11（a）、图 7-11（c）和图 7-11（d）以及表 7-5 中的 3 个算例的定轨误差均值和均方差统计，可以发现脉冲大小相同、方向不同会导致定轨精度发生较大变化。以 x 方向定轨误差均值为例，算例 1 均值达到了 300m，说明仅测角相对定轨方法是有效的；而算例 3 均值接近 2km，已经远大于初始时刻目标轨道误差，仅测角相对定轨方法失效，或者说算例 3 条件的仅测角相对定轨方法仍然具有不可观测的问题，没有实现对目标初始定轨进一步的改进；算例 4 定轨误差最小，x 方向定轨误差均值只有−63.71m。因此，在本节所确定的仿真条件中，算例 3 施加的脉冲方向是效果最差的脉冲方向，即该脉冲方向会使仅测角相对定轨方法失效；而算例 4 的脉冲方向是三者中的最优脉冲方向，能够较大程度地提升目标仅测角相对定轨问题的可观测程度，降低初始定轨误差。

7.3.4 仅测角交会相对导航

基于轨道机动的仅测角相对导航的流程框图如图 7-12 所示。图 7-12 提供了两种实现途径。

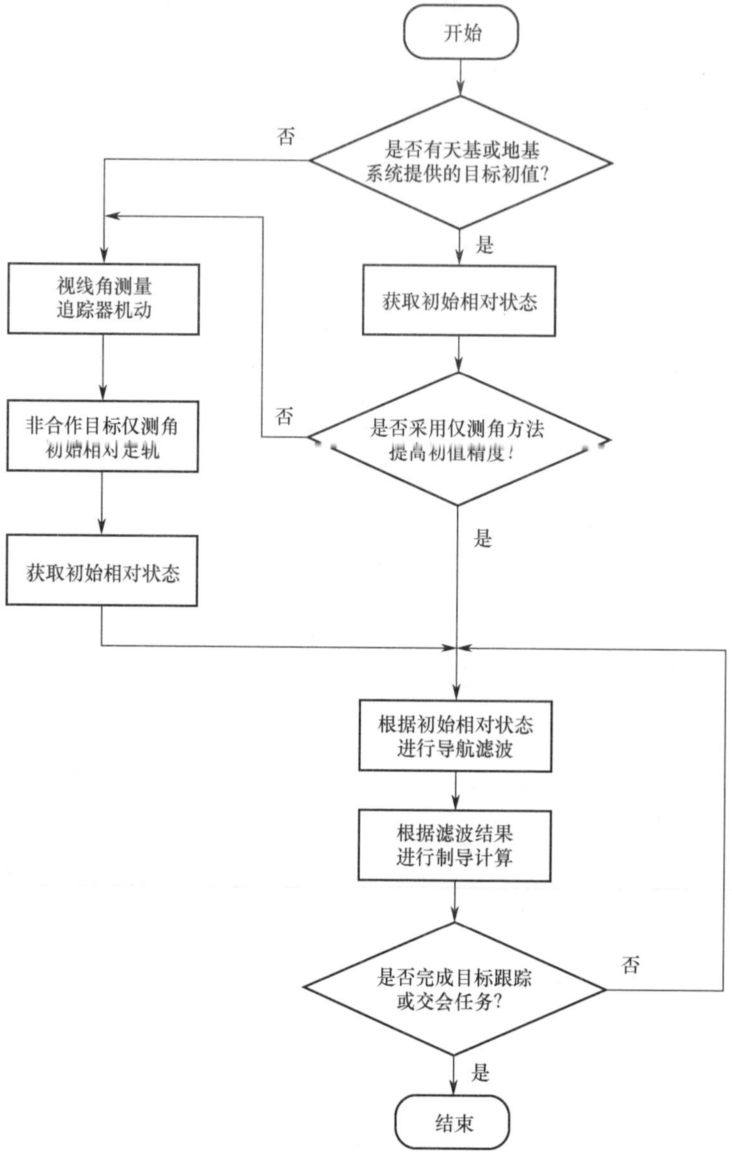

图 7-12　基于轨道机动的仅测角相对导航流程框图

（1）追踪器首先通过基于轨道机动的仅测角初始相对轨道确定，得到目标相对于追踪器的初始相对状态；再将该初始相对状态传递给导航滤波模块，作为导航滤波的初值；导航滤波模块基于该初值，不断进行视线角测量，确定任意时刻目标相对于追踪器的飞行轨道；最后，追踪器根据目标的相对飞行轨道，进行制导计算，使追踪器向目标抵近，完成目标跟踪或交会任务。

（2）直接以地基或者天基系统提供的目标初值作为导航初值，结合规划的变轨策略完成机动飞行，机动飞行意味着追踪器存在轨道机动，同样可以具有提高仅测角导航可观测性的效果；在轨道机动和惯性飞行期间，导航滤波模块不断进行视线角测量，确定目标相对于追踪器的飞行轨道，并输出给制导系统执行目标抵近引导，完成目标跟踪或者交会任务。

1. 相对导航卡尔曼滤波器

基于轨道机动的仅测角相对导航方法的核心是导航估计模型和滤波方法。本节采用 CW 相对运动模型描述追踪器和目标的相对运动关系，可以直接使用式（7-1）作为状态方程。

以追踪器 C 看向目标 T 的视线俯仰角与方位角作为测量量，可以得到以下的测量方程，即

$$\begin{bmatrix}\alpha\\ \beta\end{bmatrix}=\boldsymbol{h}(\boldsymbol{x})=\begin{bmatrix}\arctan\left(\dfrac{y}{x}\right)\\ \arctan\left(\dfrac{z}{\sqrt{x^2+y^2}}\right)\end{bmatrix} \tag{7-91}$$

根据测量方程，可以计算得到雅可比矩阵 $\boldsymbol{H}_k$ ，即

$$\boldsymbol{H}_k=\left.\frac{\partial \boldsymbol{h}(\boldsymbol{x})}{\partial \boldsymbol{x}}\right|_{\boldsymbol{x}=\boldsymbol{x}_{k,k-1}} \tag{7-92}$$

$$\boldsymbol{H}_k=\begin{bmatrix}-\dfrac{y}{\rho_1^2} & \dfrac{x}{\rho_1^2} & 0 & 0 & 0 & 0\\ -\dfrac{xz}{\rho_2^2\rho_1} & -\dfrac{yz}{\rho_2^2\rho_1} & \dfrac{\rho_1}{\rho_2^2} & 0 & 0 & 0\end{bmatrix} \tag{7-93}$$

其中， ρ_1 与 ρ_2 满足：

$$\rho_1=\sqrt{x^2+y^2} \tag{7-94}$$

$$\rho_2=\sqrt{x^2+y^2+z^2} \tag{7-95}$$

使用卡尔曼滤波器作为仅测角相对导航的估计滤波算法，离散卡尔曼滤波方程为

$$\hat{\boldsymbol{x}}_{k,k-1}=\boldsymbol{\Phi}_{k,k-1}\hat{\boldsymbol{x}}_{k-1}+\boldsymbol{B}\boldsymbol{u}_{k-1} \tag{7-96}$$

$$\boldsymbol{P}_{k,k-1}=\boldsymbol{\Phi}_{k,k-1}\boldsymbol{P}_{k-1}\boldsymbol{\Phi}_{k,k-1}^{\mathrm{T}}+\boldsymbol{Q}_{k-1} \tag{7-97}$$

$$\boldsymbol{K}_k=\boldsymbol{P}_{k,k-1}\boldsymbol{H}_k^{\mathrm{T}}(\boldsymbol{H}_k\boldsymbol{P}_{k,k-1}\boldsymbol{H}_k^{\mathrm{T}}+\boldsymbol{R}_k)^{-1} \tag{7-98}$$

$$\hat{\boldsymbol{x}}_k=\hat{\boldsymbol{x}}_{k,k-1}+\boldsymbol{K}_k(\boldsymbol{z}_k-\boldsymbol{h}(\hat{\boldsymbol{x}}_{k,k-1})) \tag{7-99}$$

$$\boldsymbol{P}_k=(\boldsymbol{I}-\boldsymbol{K}_k\boldsymbol{H}_k)\boldsymbol{P}_{k,k-1} \tag{7-100}$$

将各种噪声方差矩阵代入逐步计算就可以得到每一步对目标 T 相对状态的估计值。$\boldsymbol{\Phi}_{k,k-1}$ 就是 CW 方程的状态转移矩阵，满足

$$\boldsymbol{\Phi}_{k,k-1}=\begin{bmatrix}\boldsymbol{\phi}_{rr}(t_s) & \boldsymbol{\phi}_{rv}(t_s)\\ \boldsymbol{\phi}_{vr}(t_s) & \boldsymbol{\phi}_{vv}(t_s)\end{bmatrix} \tag{7-101}$$

式中：矩阵$\boldsymbol{\phi}_{rr}$、$\boldsymbol{\phi}_{rv}$、$\boldsymbol{\phi}_{vr}$与$\boldsymbol{\phi}_{vv}$可以按照式（7-2）～式（7-5）计算；t_s为离散化采样时间，即相邻两次滤波计算（或相邻两次测量）之间的时间间隔。

式（7-96）～式（7-100）中：$\hat{\boldsymbol{x}}_{k,k-1}$是状态的一步预测；$\boldsymbol{\Phi}_{k,k-1}$是状态的一步预测转移矩阵；$\boldsymbol{u}_{k-1}$是输入控制量（如控制脉冲）；$\boldsymbol{B}=[\boldsymbol{\phi}_{rv}^{\mathrm{T}} \quad \boldsymbol{\phi}_{vv}^{\mathrm{T}}]^{\mathrm{T}}$是状态输入矩阵；$\boldsymbol{P}_{k,k-1}$是$\hat{\boldsymbol{x}}_{k,k-1}$对应的协方差矩阵；$\hat{\boldsymbol{x}}_{k-1}$是上一时刻状态的最优估计；$\boldsymbol{P}_{k-1}$是$\hat{\boldsymbol{x}}_{k-1}$对应的协方差矩阵；$\boldsymbol{Q}_{k-1}$是过程噪声方差矩阵；$\boldsymbol{R}_k$是观测噪声方差矩阵；$\boldsymbol{h}(\boldsymbol{x})$是测量输出矩阵；$\boldsymbol{H}_k$是$\boldsymbol{h}(\boldsymbol{x}_k)$对$\boldsymbol{x}_k$求偏导构成的雅可比矩阵；$\boldsymbol{K}_k$为滤波增益；$\boldsymbol{z}_k$代表状态观测量；$\boldsymbol{E}$代表单位矩阵。$\boldsymbol{z}_k$由追踪器相机提供，$\boldsymbol{R}_k$由相机输出的两个方位角误差确定，$\boldsymbol{Q}_{k-1}$对应着CW模型因忽略摄动项等因素造成的建模误差。使用卡尔曼滤波的仅测角相对导航滤波流程框图如图7-13所示。

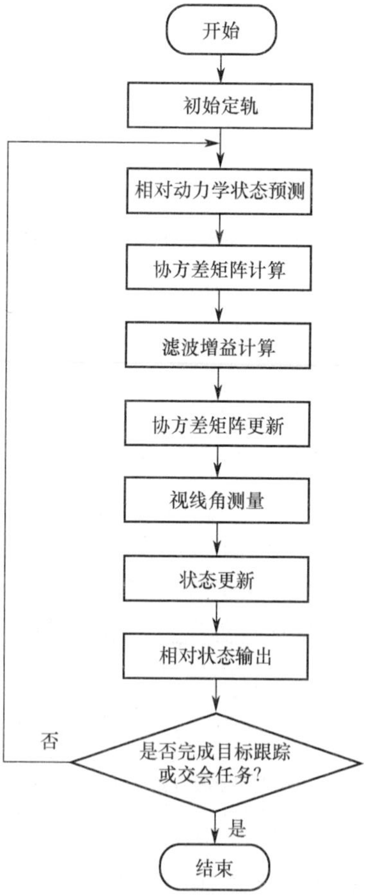

图 7-13　仅测角交会相对导航流程框图

2. 仿真验证

假设目标航天器 T 与追踪器 C 均在轨道高度为 600km 的太阳同步轨道上飞行，追踪器 C 初始时刻在目标后方约 50km、侧向约 25km 的位置，初始时刻目标 T 相对于追踪器 C 的初始相对状态 $\boldsymbol{r}_0$、$\boldsymbol{v}_0$ 分别为 $[50000 \quad 25000 \quad -179]^{\mathrm{T}}$（单位：m）和 $[3 \quad 0 \quad -5]^{\mathrm{T}}$（单位：m/s）；相机测角的精度为 3×10^{-4}rad（3σ）；仿真时长为 3200s；追踪器 C 在 0 时刻附近施加沿 z 轴方向大小为 2m/s 的速度脉冲，在 1500s 时刻附近施加沿 y 轴方向大小为 27m/s 的速度脉冲，使追踪飞行器和目标航天器近似在一个轨道面内，并在 2800s 时刻附近施加速度脉冲 $\Delta\boldsymbol{v}$，该 $\Delta\boldsymbol{v}$ 在 LVLH 坐标系下的数值为 $[-1 \quad 0 \quad -2]^{\mathrm{T}}$（单位：m/s）。目标初始误差参照表 7-3，追踪器各轴向的位置误差均方差、速度误差均方差约为 10m（3σ）、0.1m/s（3σ）。根据仿真结果，绘制追踪器 C 对目标 T 的相对位置估计的误差 $\Delta\boldsymbol{r}=(\Delta x \quad \Delta y \quad \Delta z)^{\mathrm{T}}$ 随时间变化的曲线，如图 7-14 所示，图中虚线代表误差的 3 倍均方差界限。

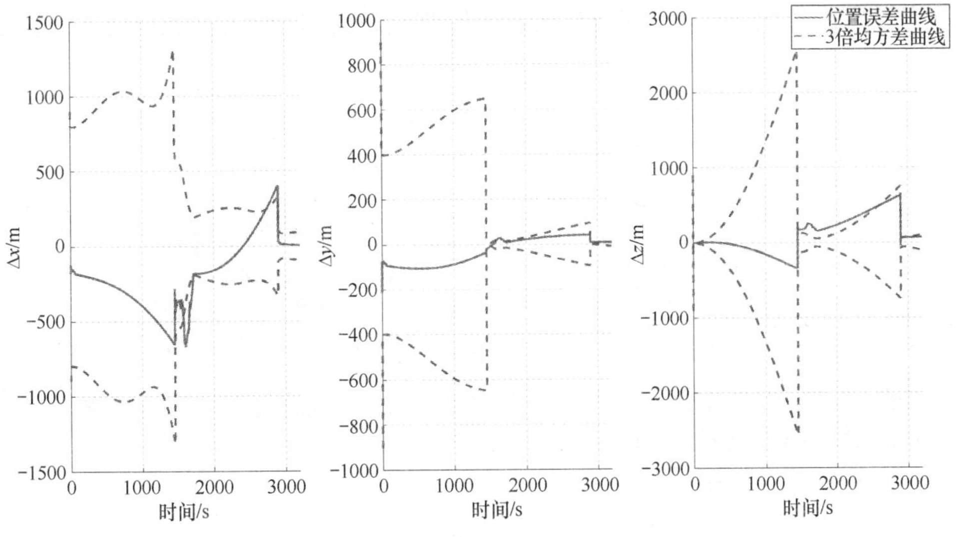

图 7-14　相对位置估计误差随时间变化的曲线

从仿真结果可以看出：

（1）追踪器的机动有利于仅测角导航滤波精度的提升，甚至可以大幅提高滤波精度。在刚开始惯性飞行的前 1500s 内，由于 0s 附近沿着 z 向施加了一次脉冲，因此三轴位置误差都有所降低，尤其以 z 向位置误差降低最为明显，而后三轴位置误差随时间都在增长，呈现发散趋势，x 向在 1500s 之内增长 600m，y 向增长 200m，z 向增长最大，达到了 2500m；第二次机动后，相对位置误差降低到 200m 以内，y 轴和 z 轴位置误差甚至降低到几十米以内，第三次机动位置误差进一步减小。

（2）第一、第二次脉冲机动之间和第二、第三次脉冲机动之间的仅测角导航估计误差仍旧处于缓慢增长状态，说明无机动期间仅测角导航的可观测性问题，无法维持滤波精度的长期稳定。

（3）脉冲机动之后的目标位置估计误差增长速度大大放缓。虽然两次脉冲之间的目标位置估计误差仍处于增长趋势，但从均方差曲线可以看出，目标位置估计误差的增长速度放缓，这有益于追踪器自主接近空间非合作目标。

（4）每做一次机动脉冲，相对位置估计误差就会发生一次明显的收敛，施加两次机动脉冲之后，追踪器已经得到了目标相对位置的较好估计值。

事实上，按照中近程阶段交班要求，基于仅测角连续测量的相对导航只要能够保证目标落在中近程交班的区域内，确保星载交会测量装置可以直接测量目标的距离及姿态信息即可。考虑到仅测角相对导航在机动脉冲之间目标位置误差增长的特性，需要合理设计脉冲机动，确保仅测角相对导航精度达到交班要求。

7.4 仅测角交会的闭环最优制导

7.4.1 问题描述

在追踪器与目标进行交会的过程中，追踪器需要通过制导规划出抵近脉冲，使追踪器向目标靠近。同时，采用基于轨道机动的仅测角导航方法可以利用该脉冲提高仅测角导航的可观测性，提高对目标运动参数估计的准确性，进一步提升制导的有效性。

能否利用基于轨道机动的仅测角导航方法，设计出最优的抵近脉冲序列，既能够达到可观测性的最优，又能够以较优的燃料消耗实现追踪器与目标的交会呢？这样空间交会制导问题实际上变成了一个多约束条件下以可观测性大小和燃料消耗为优化目标的多目标优化问题，得到一条既满足一定可观测性又确保燃料消耗相对较小的最优交会轨迹。

对此，本节以实现多约束下的仅测角交会最优导航与制导为目的，考虑交会过程的约束和性能指标要求，建立基于凸优化的导航与制导一体化框架，提出了一种仅测角交会的导航与制导一体化方法。

7.4.2 性能指标

下面将分别建立燃料消耗指标、可观测性性能指标以及状态误差协方差性能指标。

1. 燃料消耗性能指标

假设追踪器在仅测角交会阶段共需进行 N 次脉冲机动。代表燃料消耗的脉冲

控制量为 $\boldsymbol{u}_k$，用所有脉冲机动量的二范数之和来反映消耗燃料的大小，燃料性能指标可以写为

$$J=\sum_{k=1}^{N}\|\boldsymbol{u}_k\| \tag{7-102}$$

上述性能指标是一个分段线性函数，不能出现在离散凸优化规划的框架中。但是通过引入松弛变量，式(7-102)可以转化为线性函数。定义 $\boldsymbol{s}=[\boldsymbol{s}_1^{\mathrm{T}}\quad \boldsymbol{s}_2^{\mathrm{T}}\quad \cdots\quad \boldsymbol{s}_N^{\mathrm{T}}]^{\mathrm{T}}\geqslant 0$ 是一个松弛变量集合，令 $k\in[1,N]$，则 $\boldsymbol{s}_k$ 是一个列向量，和控制变量 $\boldsymbol{u}_k$ 同维数。设 $\boldsymbol{x}=[\boldsymbol{x}_1^{\mathrm{T}}\quad \boldsymbol{x}_2^{\mathrm{T}}\quad \cdots\quad \boldsymbol{x}_N^{\mathrm{T}}\quad \boldsymbol{x}_{N+1}^{\mathrm{T}}]^{\mathrm{T}}$，$\boldsymbol{u}=[\boldsymbol{u}_1^{\mathrm{T}}\quad \boldsymbol{u}_2^{\mathrm{T}}\quad \cdots\quad \boldsymbol{u}_N^{\mathrm{T}}]^{\mathrm{T}}$，$\boldsymbol{x}_k$、$\boldsymbol{u}_k$ 表示 k 时刻对应的状态变量和控制变量，引入决策变量 $\boldsymbol{Y}=[\boldsymbol{x}^{\mathrm{T}}\quad \boldsymbol{u}^{\mathrm{T}}\quad \boldsymbol{s}^{\mathrm{T}}]^{\mathrm{T}}$ 后，燃料性能指标是所有 $\boldsymbol{s}_i$ 的总和，可以将燃料消耗性能指标改写为

$$J=\boldsymbol{F}^{\mathrm{T}}\boldsymbol{Y} \tag{7-103}$$

式中：矩阵 $\boldsymbol{F}=[\boldsymbol{0}_{6(N+1)\times 1}^{\mathrm{T}}\quad \boldsymbol{0}_{3N\times 1}^{\mathrm{T}}\quad \boldsymbol{1}_{3N\times 1}^{\mathrm{T}}]^{\mathrm{T}}$，且每个松弛变量 $\boldsymbol{s}_k$ 必须满足 $\boldsymbol{s}_k$ 的所有分量均不小于 $\boldsymbol{u}_k$ 对应分量绝对值的约束，以实现发动机推力幅值约束，即

$$\boldsymbol{u}_k-\boldsymbol{s}_k\leqslant \boldsymbol{0}_{3\times 1} \tag{7-104}$$

$$-\boldsymbol{u}_k-\boldsymbol{s}_k\leqslant \boldsymbol{0}_{3\times 1} \tag{7-105}$$

2. 可观测性性能指标

基于轨道机动提升仅测角导航可观测性的效果取决于追踪器所施加轨道机动脉冲的脉冲量大小、脉冲方向和脉冲时刻等因素。文献[15-16]给出提升可观测性的最优机动的 3 个必要条件：①脉冲时刻需要位于首次测量时刻与最后一次测量时刻之间，脉冲时刻不能与首次测量时刻或最后一次测量时刻之间的间隔过短，且在脉冲时刻由追踪器 C 看向目标 T 的视线角变化越大，提升仅测角导航的可观测性的效果越好；②追踪器施加的脉冲量越大，提升仅测角导航的可观测性的效果越好，然而在大多数与空间非合作目标交会对接的任务当中，追踪器所能施加的机动脉冲往往都有所限制，尤其受到燃料的限制，只能施加一定量的机动脉冲来提升可观测性；③追踪器所施加脉冲的最优方向为与追踪器 C 看向目标 T 的视线垂直的方向，在该方向上施加脉冲，对仅测角导航可观测性的提升效果最好。

上述提升可观测性的 3 个必要条件，可以在式（7-106）和式（7-107）中的可观测性能指标中体现，即

$$J=\sum_{k=1}^{N}J_k \tag{7-106}$$

$$J_k=\boldsymbol{x}_k^{\mathrm{T}}\boldsymbol{\varphi}_k^{\mathrm{T}}\boldsymbol{\varphi}_k\boldsymbol{x}_k+\boldsymbol{x}_k^{\mathrm{T}}\boldsymbol{\varphi}_k^{\mathrm{T}}\boldsymbol{G}_k\boldsymbol{u}_k \tag{7-107}$$

式（7-106）、式（7-107）中：N 为追踪器施加的脉冲机动次数；$\boldsymbol{x}_k$ 为 t_k 时刻的相对状态；$\boldsymbol{u}_k$ 为施加的控制量，也就是追踪器于 t_k 时刻施加的主动脉冲量；$\boldsymbol{\varphi}_k$ 满足关系式（7-108），即

$$\boldsymbol{\varphi}_k = [\boldsymbol{\phi}_{rr}(t_k) \quad \boldsymbol{\phi}_{rv}(t_k)] \tag{7-108}$$

式中：$\boldsymbol{\phi}_{rr}$ 与 $\boldsymbol{\phi}_{rv}$ 根据式（7-2）与式（7-3）确定。矩阵 $\boldsymbol{G}_k$ 满足：

$$\boldsymbol{G}_k = \boldsymbol{\phi}_{rv}(t_k) \tag{7-109}$$

追踪器施加的 N 次脉冲控制量 $\boldsymbol{u}_1$、$\boldsymbol{u}_2$、…、$\boldsymbol{u}_N$ 使式（7-106）取得最小值时，这 N 次脉冲控制对仅测角导航带来的可观测性提升是最大的。为了叙述方便，考虑同样的决策变量 $\boldsymbol{Y} = [\boldsymbol{x}^{\mathrm{T}} \boldsymbol{u}^{\mathrm{T}} \boldsymbol{s}^{\mathrm{T}}]$ 后，可观测性性能指标就可以写成二次型的形式，即

$$J = \frac{1}{2}\boldsymbol{Y}^{\mathrm{T}}\boldsymbol{H}\boldsymbol{Y} \tag{7-110}$$

式中：$\boldsymbol{H}$ 为与 $\boldsymbol{\varphi}_k$ 相关的矩阵。为得到一个半正定矩阵以确保凸性，$\boldsymbol{H}$ 可以构建为以下形式，即

$$\boldsymbol{H} = \begin{bmatrix} 2\boldsymbol{H}_x & \boldsymbol{H}_u & \boldsymbol{0}_{6N\times 3N} \\ \boldsymbol{H}_u^{\mathrm{T}} & \boldsymbol{0}_{3N\times 3N} & \boldsymbol{0}_{3N\times 3N} \\ \boldsymbol{0}_{3N\times 6N} & \boldsymbol{0}_{3N\times 3N} & \boldsymbol{0}_{3N\times 3N} \end{bmatrix} \tag{7-111}$$

其中，

$$\boldsymbol{H}_x = \begin{bmatrix} \boldsymbol{\varphi}_1^{\mathrm{T}}\boldsymbol{\varphi}_1 & \boldsymbol{0}_{6\times 6} & \cdots & \boldsymbol{0}_{6\times 6} \\ \boldsymbol{0}_{6\times 6} & \boldsymbol{\varphi}_2^{\mathrm{T}}\boldsymbol{\varphi}_2 & \ddots & \vdots \\ \vdots & \ddots & \ddots & \boldsymbol{0}_{6\times 6} \\ \boldsymbol{0}_{6\times 6} & \cdots & \boldsymbol{0}_{6\times 6} & \boldsymbol{\varphi}_N^{\mathrm{T}}\boldsymbol{\varphi}_N \end{bmatrix} \quad \boldsymbol{H}_u = \begin{bmatrix} \boldsymbol{\varphi}_1^{\mathrm{T}}\boldsymbol{G}_1 & \boldsymbol{0}_{6\times 3} & \cdots & \boldsymbol{0}_{6\times 3} \\ \boldsymbol{0}_{6\times 3} & \boldsymbol{\varphi}_2^{\mathrm{T}}\boldsymbol{G}_2 & \ddots & \vdots \\ \vdots & \ddots & \ddots & \boldsymbol{0}_{6\times 3} \\ \boldsymbol{0}_{6\times 3} & \cdots & \boldsymbol{0}_{6\times 3} & \boldsymbol{\varphi}_N^{\mathrm{T}}\boldsymbol{G}_N \end{bmatrix} \tag{7-112}$$

当决策变量 $\boldsymbol{Y}$ 使二次型形式的性能指标 J 取得最小值时，轨道机动对仅测角导航的可观测性提升是最大的。

3. 误差协方差性能指标

建立可观测性性能指标和燃料性能指标是为了满足仅测角交会的基本要求。通过引入状态误差协方差来降低初始扰动对轨迹的影响。

根据 CW 方程得到相对动力学方程的离散形式为

$$\boldsymbol{x}_{k+1} = \boldsymbol{\Phi}_k\boldsymbol{x}_k + \boldsymbol{B}_k\boldsymbol{u}_k + \boldsymbol{\Gamma}_k\boldsymbol{w}_k \tag{7-113}$$

式中：$\boldsymbol{\Phi}_k$ 为 CW 方程的状态转移矩阵；$\boldsymbol{B}_k$ 为机动脉冲控制量的输入矩阵；$\boldsymbol{\Gamma}_k$ 为扰动误差量的输入矩阵；$\boldsymbol{w}_k$ 为扰动误差。

标称轨迹可以表示为

$$\hat{\boldsymbol{x}}_{k+1} = \boldsymbol{\Phi}_k\hat{\boldsymbol{x}}_k + \boldsymbol{B}_k\hat{\boldsymbol{u}}_k \tag{7-114}$$

式中：$\hat{\boldsymbol{x}}_k$ 为标称相对状态；$\hat{\boldsymbol{u}}_k$ 为标称脉冲量。

那么离散的闭环误差协方差可以表示为

$$\boldsymbol{P}_{k+1} = E[\delta\boldsymbol{x}_{k+1}(\delta\boldsymbol{x}_{k+1})^{\mathrm{T}}] = \boldsymbol{\Phi}_k\boldsymbol{P}_k\boldsymbol{\Phi}_k^{\mathrm{T}} + \boldsymbol{B}_k\Delta\boldsymbol{u}_k\Delta\boldsymbol{u}_k^{\mathrm{T}}\boldsymbol{B}_k^{\mathrm{T}} + \boldsymbol{\Gamma}_k\boldsymbol{w}_k\boldsymbol{w}_k^{\mathrm{T}}\boldsymbol{\Gamma}_k^{\mathrm{T}} \tag{7-115}$$

给定初始误差协方差，即

$$\boldsymbol{P}_0 = E[\delta\boldsymbol{x}_0(\delta\boldsymbol{x}_0)^{\mathrm{T}}] \tag{7-116}$$

最终可以将其转化为

$$J = \sum_{k=1}^{N}\|\boldsymbol{P}_k\| = \frac{1}{2}\boldsymbol{Y}^{\mathrm{T}}\boldsymbol{Q}\boldsymbol{Y} \tag{7-117}$$

4. 多目标优化问题的优化指标

记燃料消耗性能指标为 J_{f}，可观测性能指标为 J_{O}，误差协方差性能指标为 J_{P}，那么多目标优化的目标函数可以表示为

$$J = w_1 J_{\mathrm{f}} + w_2 J_{\mathrm{O}} + w_3 J_{\mathrm{P}} \tag{7-118}$$

其中，权重系数 w_1、w_2、w_3 满足

$$w_1 + w_2 + w_3 = 1 \tag{7-119}$$

而一般情况下，为了减少目标函数中性能指标的个数，往往将误差协方差指标作为优化约束条件，即

$$\|\mathrm{diag}(\boldsymbol{P}_k)\| \leqslant P_y \tag{7-120}$$

式中：P_y 为约束误差协方差大小的常数。这样，多目标优化的目标函数可改写为

$$J = wJ_{\mathrm{f}} + (1-w)J_{\mathrm{O}} \tag{7-121}$$

可以根据实际要求，选择合适的目标函数。比如若可观测性较差，可以适当降低权重系数 w；若燃料消耗太大，可以适当提高权重系数 w。

7.4.3 约束条件

在实际的空间交会过程中还要考虑各种约束的影响，因为约束会影响到制导轨迹和控制效果，尤其是对于优化问题来说，约束决定了优化问题的可行集。一般情况下，空间交会约束与具体的导航敏感器、目标及交会场景有关，主要约束有相对动力学约束、推力大小约束、禁飞区约束、相机视场约束等。

1. 相对动力学约束

根据离散的 CW 相对动力学方程式

$$\boldsymbol{x}_{k+1} - \boldsymbol{\Phi}_k\boldsymbol{x}_k - \boldsymbol{B}_k\boldsymbol{u}_k = \boldsymbol{0}_{6\times1} \tag{7-122}$$

引入决策变量 $\boldsymbol{Y} = [\boldsymbol{x}^{\mathrm{T}} \quad \boldsymbol{u}^{\mathrm{T}} \quad \boldsymbol{s}^{\mathrm{T}}]^{\mathrm{T}}$ 后，可以将动力学约束表示为

$$\boldsymbol{A}_{\mathrm{EOM}}\boldsymbol{Y} = \boldsymbol{b}_{\mathrm{EOM}} \tag{7-123}$$

其中，矩阵 $\boldsymbol{A}_{\mathrm{EOM}}$ 与列向量 $\boldsymbol{b}_{\mathrm{EOM}}$ 满足

$$\boldsymbol{A}_{\mathrm{EOM}}=\left[\begin{array}{ccccc|cccc|c} -\boldsymbol{\Phi}_1 & \boldsymbol{I} & \boldsymbol{0}_{6\times6} & \cdots & \boldsymbol{0}_{6\times6} & -\boldsymbol{B}_1 & \boldsymbol{0}_{6\times3} & \cdots & \boldsymbol{0}_{6\times3} & \\ \boldsymbol{0}_{6\times6} & -\boldsymbol{\Phi}_2 & \boldsymbol{I} & \ddots & \vdots & \boldsymbol{0}_{6\times3} & -\boldsymbol{B}_2 & \ddots & \vdots & \\ \vdots & \ddots & \ddots & \ddots & \boldsymbol{0}_{6\times6} & \vdots & \ddots & \ddots & \boldsymbol{0}_{6\times3} & \boldsymbol{0}_{6k\times3k} \\ \boldsymbol{0}_{6\times6} & \cdots & \boldsymbol{0}_{6\times6} & -\boldsymbol{\Phi}_k & \boldsymbol{I} & \boldsymbol{0}_{6\times3} & \cdots & \boldsymbol{0}_{6\times3} & -\boldsymbol{B}_k & \end{array}\right] \tag{7-124}$$

$$\boldsymbol{b}_{\mathrm{EOM}}=\boldsymbol{0}_{6k\times1} \tag{7-125}$$

式中：$\boldsymbol{I}$ 为单位矩阵。同时可以得到边界条件为

$$\boldsymbol{A}_{\mathrm{BCs}}\boldsymbol{Y}=\boldsymbol{b}_{\mathrm{BCs}} \tag{7-126}$$

其中，矩阵 $\boldsymbol{A}_{\mathrm{BCs}}$ 与列矢量 $\boldsymbol{b}_{\mathrm{BCs}}$ 满足

$$\boldsymbol{A}_{\mathrm{BCs}}=\left[\begin{array}{ccc|c|c} \boldsymbol{I} & \boldsymbol{0}_{6\times6(k-2)} & \boldsymbol{0}_{6\times6} & \boldsymbol{0}_{12\times3k} & \boldsymbol{0}_{12\times3k} \\ \boldsymbol{0}_{6\times6} & \boldsymbol{0}_{6\times6(k-2)} & \boldsymbol{I} & & \end{array}\right] \tag{7-127}$$

$$\boldsymbol{b}_{\mathrm{BCs}}=[\boldsymbol{x}_1^{\mathrm{T}}\quad \boldsymbol{x}_{\mathrm{f}}^{\mathrm{T}}]^{\mathrm{T}} \tag{7-128}$$

2. 推力大小约束

推力大小约束可以表述为

$$\boldsymbol{A}_u\boldsymbol{Y}\leqslant\boldsymbol{b}_u \tag{7-129}$$

其中，矩阵 $\boldsymbol{A}_u$ 与列向量 $\boldsymbol{b}_u$ 满足

$$\boldsymbol{A}_u=\begin{bmatrix} \boldsymbol{0}_{3\times6} & \boldsymbol{I} & \boldsymbol{0}_{3\times3} \\ \boldsymbol{0}_{3\times6} & -\boldsymbol{I} & \boldsymbol{0}_{3\times3} \end{bmatrix} \tag{7-130}$$

$$\boldsymbol{b}_u=[\boldsymbol{u}_{\max}^{\mathrm{T}}\quad \boldsymbol{u}_{\min}^{\mathrm{T}}]^{\mathrm{T}} \tag{7-131}$$

3. 禁飞区约束

在实际工程当中，追踪器的轨迹也存在一定的约束，例如禁飞区约束等。这时候就需要如下的约束来确保追踪器的轨迹满足要求

$$\boldsymbol{A}_x\boldsymbol{Y}\leqslant\boldsymbol{b}_x \tag{7-132}$$

其中矩阵 $\boldsymbol{A}_x$ 与列向量 $\boldsymbol{b}_x$ 满足

$$\boldsymbol{A}_x=\begin{bmatrix} \boldsymbol{I} & \boldsymbol{0}_{6\times3} & \boldsymbol{0}_{6\times3} \\ -\boldsymbol{I} & \boldsymbol{0}_{6\times3} & \boldsymbol{0}_{6\times3} \end{bmatrix} \tag{7-133}$$

$$\boldsymbol{b}_x=[\boldsymbol{x}_{\max}^{\mathrm{T}}\quad \boldsymbol{x}_{\min}^{\mathrm{T}}]^{\mathrm{T}} \tag{7-134}$$

4. 相机视场约束

相机视场约束是一个顶点位于追踪器上的圆锥区域，以便保证目标处在追踪器相机的视场范围内。视场约束可以写成以下形式，即

$$\|\boldsymbol{x}(t)\|\cos\beta \leqslant \boldsymbol{\varpi}^{\mathrm{T}}(t)\boldsymbol{x}(t) \tag{7-135}$$

式中：角度 β 为相机视场圆锥角的一半；$\boldsymbol{\varpi}(t)$ 为垂直于相机焦平面的单位列向量，与视线锥的轴线平行。进一步将式（7-135）改写为以下的二阶锥约束形式，即

$$\|\boldsymbol{A}_{\mathrm{s}}\boldsymbol{Y}\| \leqslant \boldsymbol{mY} \tag{7-136}$$

其中，矩阵 $\boldsymbol{A}_{\mathrm{x}}$ 与 $\boldsymbol{m}$ 满足

$$\boldsymbol{A}_{\mathrm{s}} = [\boldsymbol{I}_{3\times3}\ \boldsymbol{0}_{3\times[6(N+1)+3]}] \tag{7-137}$$

$$\boldsymbol{m} = \frac{\boldsymbol{\varpi}^{\mathrm{T}}(t)}{\cos\beta}\boldsymbol{A}_{\mathrm{s}} \tag{7-138}$$

7.4.4 优化问题求解

在建立了性能指标和约束条件，并确定了多目标优化问题的目标函数后，仅测角交会的多约束最优制导问题最终可以写成

$$J = w\boldsymbol{F}^{\mathrm{T}}\boldsymbol{Y} + \frac{(1-w)}{2}\boldsymbol{Y}^{\mathrm{T}}\boldsymbol{HY} \tag{7-139}$$

$$\begin{cases} \min\limits_{\boldsymbol{Y}} J \\ \text{s.t.} \begin{cases} \boldsymbol{A}_{\mathrm{EOM}}\boldsymbol{Y} = \boldsymbol{b}_{\mathrm{EOM}} \\ \boldsymbol{A}_{\mathrm{BCs}}\boldsymbol{Y} = \boldsymbol{b}_{\mathrm{BCs}} \\ \boldsymbol{A}_u\boldsymbol{Y} \leqslant \boldsymbol{b}_u \\ \boldsymbol{A}_x\boldsymbol{Y} \leqslant \boldsymbol{b}_x \\ \|\boldsymbol{A}_{\mathrm{s}}\boldsymbol{Y}\| \leqslant \boldsymbol{mY} \\ \|\mathrm{diag}(\boldsymbol{P}_k)\| \leqslant P_y \end{cases} \end{cases} \tag{7-140}$$

问题式（7-140）的解 $\boldsymbol{Y}_{\mathrm{opt}}$ 就是所需的最优解，其包含了从初始时刻到终端时刻的最优交会轨迹 $\boldsymbol{x}_{\mathrm{opt}}$、最优机动序列 $\boldsymbol{u}_{\mathrm{opt}}$ 以及松弛变量 $\boldsymbol{s}_{\mathrm{opt}}$ 的最优解。

由于凸优化方法可以满足仅测角导航多约束交会最优制导中的实时性要求，同时所优化的目标函数式（7-139）固有的凸性可以确保有限次迭代后优化问题有解，因此采用凸优化的方法来求解仅测角交会的最优制导问题式（7-140）。图 7-15 给出了仅测角交会凸优化最优制导流程框图。首先采用当前的导航估计值 $\hat{\boldsymbol{x}}_k$ 作为优化问题的输入；然后对当前时刻进行两次判断，当 $t_k > t_{\mathrm{f}}$ 时（t_{f} 代表终端时刻），终止程序；反之则继续进行判断。当 $t_k = t_{\mathrm{s}0}$ 时（$t_{\mathrm{s}0}$、$t_{\mathrm{s}1}$、$t_{\mathrm{s}2}$、…是给定的凸优化问题求解时刻），求解凸优化问题并执行当前机动；反之则执行上一求解时刻中对应的当前机动，如此循环往复直到终端时刻程序终止。值得注意的是，上述求解过程中并不是在每次导航输入采样时刻都进行凸优化问题求解，而是只在给定时刻进行

凸优化问题计算，这样的好处是降低了在线计算的计算量，同时也给凸优化问题求解留下了足够的求解时间。

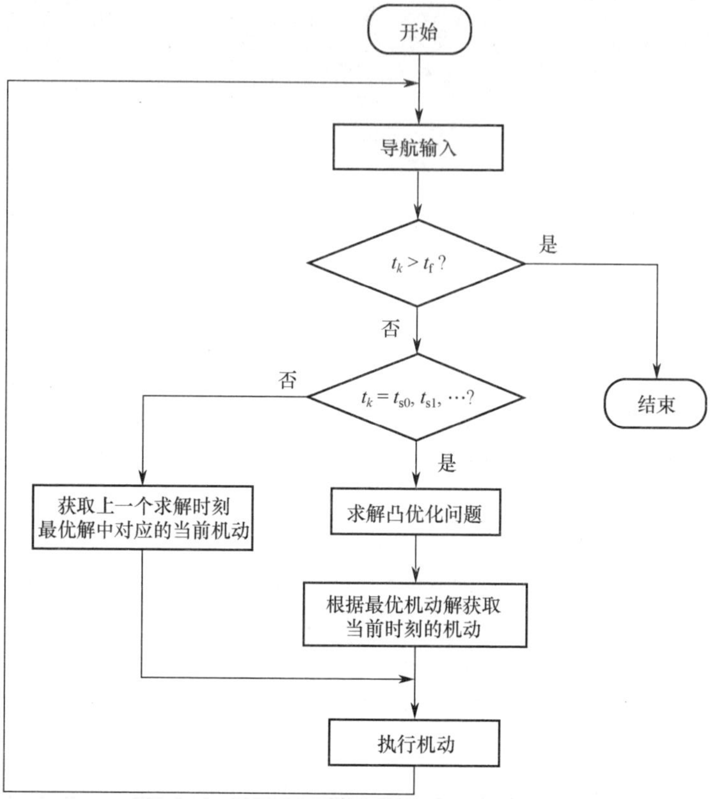

图 7-15 仅测角交会凸优化最优制导流程框图

在图 7-15 中，导航仅作为一个基本模块为制导提供信息。但实际上，导航与制导存在着高度的耦合，具体到基于轨道机动的仅测角导航与交会过程中。一方面导航信息是制导环节的输入，导航信息的误差影响制导的精度；另一方面，对基于轨道机动的仅测角导航而言，制导环节给出的追踪器机动的方式影响着仅测角导航的可观测性，也影响着导航的精度。仅测角交会导航与制导之间的耦合关系如图 7-16 所示。

从图 7-15 和图 7-16 中可以看出，仅测角交会是一种多约束闭环最优制导，其核心在于利用导航与制导的耦合性来在线规划最优制导脉冲，为此，设计了基于轨道机动的仅测角相对导航以及凸优化最优制导耦合的闭环导航制导一体化方案，图 7-17 给出了仅测角交会闭环优化制导的流程框图。可以看出，“耦合”主要存在于导航系统估计相对运动状态、传递给制导系统计算速度脉冲并通过动力学系统来提高可观测性。值得指出的是，由于多目标优化问题考虑了可观测性性能指标，最优解中的机动都是可观测的，并不需要做额外的可观测性判断，也就是说，最优解中的机动具有两个功能：①提高仅测角导航的可观测性；②实现交会任务中追踪器向目标接近，且尽可能节省燃料消耗。

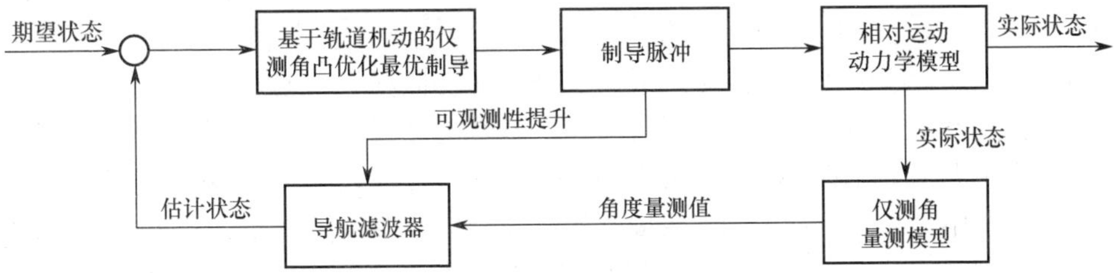

图 7-16　仅测角交会导航与制导之间的耦合关系

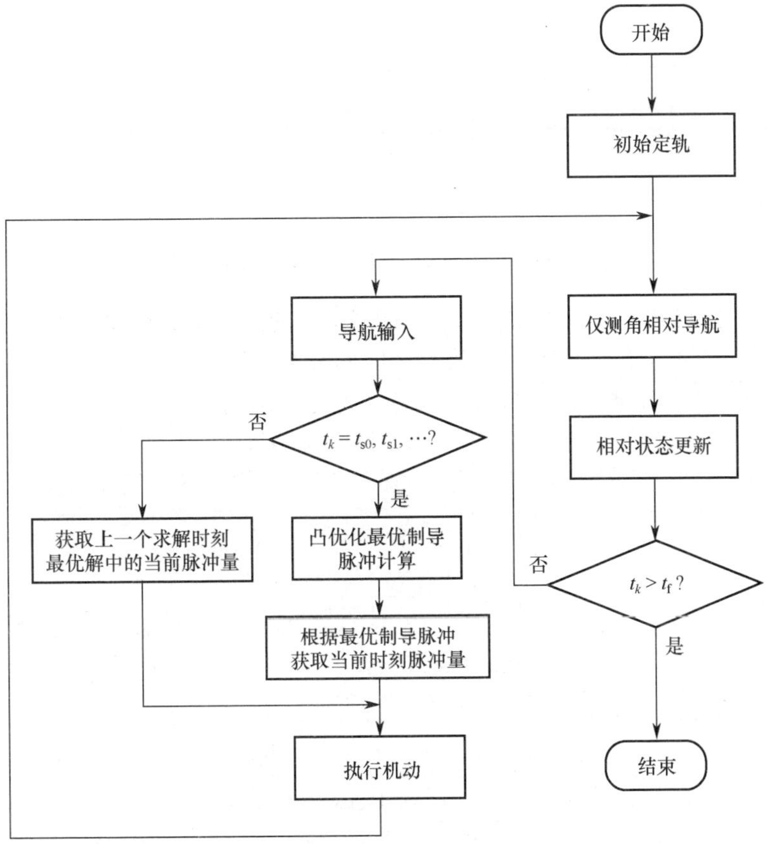

图 7-17　仅测角交会闭环优化制导流程框图

7.4.5　仿真验证

为了验证本节仅测角交会闭环优化制导方法和算法，文献[17]进行了典型工况仅测角交会的数值仿真。假设目标和追踪器都处于低地球轨道，采用 CW 模型来描述两者之间的相对运动。主要仿真参数设置如表 7-6 所列。

表 7-6 主要仿真参数

仿真参数	数值	单位
轨道周期	93.6	min
仿真步长	10	s
传感器噪声	1	mrad
初始位置	[100000, 5, 1]	m
初始速度	[0.01, 0, −0.02]	m/s
终端位置	[1000, 0, 0]	m
终端速度	[0, 0, 0]	m/s
机动间隔	50	s
规划更新速率	45	min
协方差约束上界	0.5	%
初始位置传递误差	[300, 100, 100]	m
初始速度传递误差	[0.3, 0.3, 0.3]	m/s

目标函数中存在一个待确定的权值 w，即可观测性的权重系数是不定的。为了表明可观测性权重对交会轨迹的影响，将 w 设定后进行优化问题的求解，设定的 5 种不同初始条件和仿真工况如表 7-7 所列。

表 7-7 w=0.9 时的不同初始条件

仿真工况	初始位置/m	初始速度/（m/s）
工况 1	[100000, 5, 1]	[0.01, 0, −0.02]
工况 2	[100000, 5, 1]×1.05	[0.01, 0, −0.02]×1.05
工况 3	[100000, 5, 1]×1.05	[0.01, 0, −0.02]
工况 4	[100000, 5, 1]×0.95	[0.01, 0, −0.02]×0.95
工况 5	[100000, 5, 1]×0.95	[0.01, 0, −0.02]

图 7-18～图 7-21 给出了多约束闭环优化制导含误差协方差约束和不含误差协方差约束、不同初始条件和仿真工况的交会轨迹仿真结果。图 7-18 和图 7-19 分别是含误差协方差约束时 R-V 平面和 H-R 平面的交会轨迹，从仿真结果可以看出，当初始扰动在一定范围内时，仅测角交会轨迹变化不大，基本上和未扰动情况下的交会轨迹重合，交会轨迹对于扰动具有一定的鲁棒性，这说明仅测角交会闭环最优制导方法的正确性和有效性。

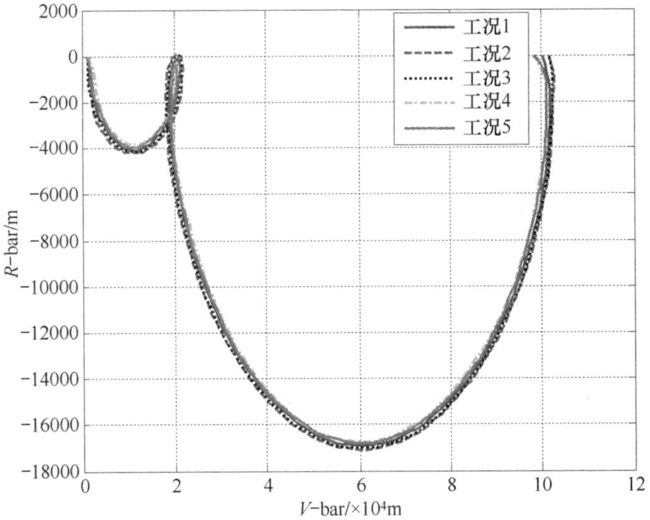

图 7-18　w=0.9 时不同初始扰动下的 R-V 平面轨迹（含误差协方差约束）

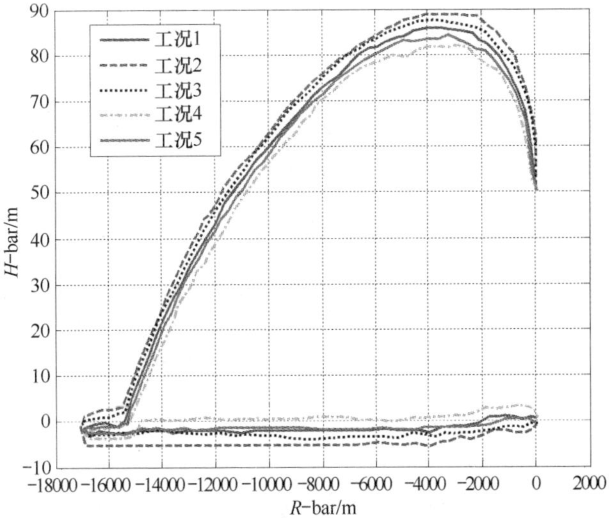

图 7-19　w =0.9 时不同初始扰动下的 H-R 平面轨迹（含误差协方差约束）

图 7-20 和图 7-21 分别是不含误差协方差约束时的 R-V 平面和 H-R 平面的交会轨迹，从仿真结果可以看出，不含误差协方差约束的轨迹之间的分散程度要远大于含有误差协方差约束的情况，这一点在图 7-21 中尤为明显，这说明引入误差协方差约束可以提高仅测角交会的精度。

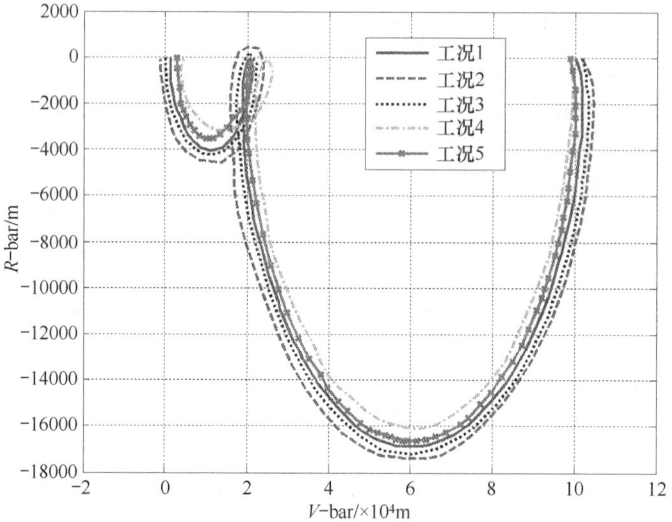

图 7-20　*w*=0.9 时不同初始扰动下的 *R-V* 平面轨迹（不含误差协方差约束）

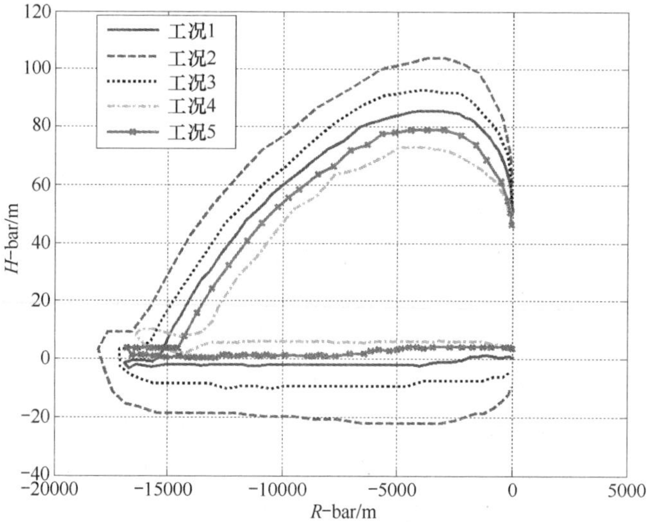

图 7-21　*w*=0.9 时不同初始扰动下的 *H-R* 平面轨迹（不含误差协方差约束）

小　　结

仅测角交会是服务航天器与空间非合作目标交会的典型方式和重要阶段。本章研究了空间非合作目标仅测角交会的导航与制导问题。

首先,分析了仅测角导航的可观测性问题，给出了利用复杂动力学、多敏感器测量、追踪器轨道机动以及测量相机偏置等 4 种提高可观测性的方法。然后，重点研究了基于轨道机动的仅测角导航和仅测角交会制导方法，包括初始相对轨道确定方法、实时估计相对运动参数的滤波相对导航方法，以及仅测角交会的导航与制导一体化方法。研究表明，追踪器可以利用仅测角实现对空间非合作目标位置确定的本质在于相对运动关系方程右侧必须存在非零项，一般需要进行不低于3次的视线测量；利用这些离散测量数据，可以直接计算追踪器与空间非合作目标的初始相对位置信息、空间非合作目标初始轨道误差信息；如果测量数据连续，可以进行连续测量模式下的滤波相对导航，针对这种方式的仅测角导航，追踪器每做一次有效的机动脉冲，相对位置估计精度就有明显的提升；而在此基础上融合可观测性的仅测角导航与制导一体化处理，可以有效地实现闭环模式下的空间非合作目标接近轨迹制导，兼顾仅测角导航的可观测性和交会机动的燃料最优性，体现了仅测角交会过程中导航与制导的一体化。

参考文献

[1] CHARI R J V. Autonomous Orbital Rendezvous Using Angles-only Navigation[D]. Utah: Utah State University, 2001.

[2] 龚柏春，李爽，郑莉莉，等. 空间非合作目标近程交会仅测角相对导航方法[J]. 中国惯性技术学报, 2018, 26(2):173-179.

[3] WOFFINDEN D C. Angles-only Navigation for Autonomous Orbital Rendezvous[D]. Utah State University: College of Engineering, 2008.

[4] WOFFIDEN D C, GELLER D K. Observability Criteria for Angles-Only Navigation[J]. IEEE Transactions on Aerospace and Electronic System, 2009, 45(3): 1194-1208.

[5] KAUFMAN E, LOVELL A, LEE Y. Nonlinear observability measure for relative orbit determination with angles-only measurements[C]. Hawaii: AAS/AIAA Space Flight Mechanics Meeting, 2013.

[6] GAIAS G, D'AMICO S, ARDAENS J. Angles-Only Navigation to a Noncooperative Satellite Using Relative Orbital Elements[J]. Journal of Guidance, Control, and Dynamics, 2014, 37(2): 439-451.

[7] 王楷，陈统，徐世杰. 基于双视线测量的相对导航方法[J]. 航空学报, 2011, 32(6): 1084-1091.

[8] CHEN T, XU S. Approach guidance with double-line-of-sight measuring navigation constraint for autonomous rendezvous[J]. Journal of Guidance, Control, and Dynamics, 2011, 34(3): 678-687.

[9] KEITH A L, KYLE J D, HENRY J. Pernicka. bearings-only initial relative orbit determination[J]. Journal of Guidance, Control, and Dynamics, 2015, 38(9): 1699-1713.

[10] SCHMIDT J, GELLER D, CHAVEZ F. Improving angles-only navigation performance by selecting sufficiently accurate accelerometers[C]. The 23rd Annual AIAA/USU Conference on Small Satellites, 2009.

[11] WOFFINDEN D C, GELLER D K. Relative angles-only navigation and pose estimation for autonomous orbital rendezvous[J]. Journal of Guidance, Control, and Dynamics, 2007, 30(5): 1455-1459.

[12] GELLER D K, KLEIN I. Angles-only navigation state observability during orbital proximity operations[J]. Journal of Guidance, Control, and Dynamics, 2014, 37(6): 1976-1983.

[13] 龚柏春. 航天器自主交会仅测角相对轨道确定方法研究[D]. 西安:西北工业大学, 2016.

[14] GONG B, GELLER D K. Initial relative orbit determination analytical covariance and performance analysis for proximity operations[J]. Journal of Spacecraft and Rockets, 2016, 53: 822-835.

[15] WOFFINDEN D C, GELLER D K. Optimal orbital rendezvous maneuvering for angles-only navigation[J]. Journal of Guidance, Control, and Dynamics, 2009, 32(4): 1382-1387.

[16] GRZYMISCH J, FICHTER W. Analytic optimal observability maneuvers for in-orbit bearings-only rendezvous[J]. Journal of Guidance, Control, and Dynamics, 2014, 37(5): 1658-1664.

[17] 罗建军, 吕东升, 龚柏春, 等. 仅测角导航多约束交会的闭环最优制导 [J]. 宇航学报, 2017, 38(9): 956-963.

08

第 8 章 空间非合作目标自主视线交会制导与控制

8.1 引言

空间自主交会是当空间目标进入追踪航天器或服务航天器的星载敏感器的可测量范围内时，追踪航天器利用自身相对于目标的测量信息，自主地接近目标并完成与目标的交会。由于空间非合作目标缺少合作标识，且在信息层面不沟通、运动层面不配合，因此追踪航天器在与空间非合作目标交会时，需要利用自身携带的测量系统主动地测量非合作目标的运动信息，并安全自主地完成与目标的非合作交会[1-3]。在远距离的情况下，追踪航天器可以使用光学相机或星敏感器获得目标的视线角测量信息，还可以使用导航相机与仅测角导航算法解算相对距离与相对速度信息；而在近距离的情况下，追踪航天器可以使用雷达和光电探测与测距装置（LiDAR）获得与目标的相对距离测量信息和目标的其他信息。在获得相对距离和视线角信息后，传统的建模思路是采用目标航天器轨道坐标系描述相对运动并将视线测量信息转化为相对位置矢量信息，然后设计制导和控制算法进行交会控制。然而，上述过程需要对视线测量信息进行转化且转化过程中存在复杂的误差传递。如果采用视线坐标系进行相对运动描述，则可直接利用视线测量信息与相对距离进行动力学建模和制导控制，具有明确的物理与工程意义[4-5]，且避免了信息转化误差，因此，采用视线坐标系和视线测量信息研究与空间非合作目标的交会具有重要实用价值与现实意义。

现有的与合作目标的空间交会策略可以分为两类。第一类是将交会问题拆分为轨迹规划问题和跟踪控制问题两个子问题，并分别设计满足任务要求的轨迹规划算法和跟踪控制算法。其中，轨迹规划算法一般是在不考虑外部干扰和不确定性的情况下，将交会问题描述为一个最优控制问题，并通过凸优化方法[6]、模型预测控制方法[7-8]等进行离线/在线计算，从而得到一条满足任务要求的交会参考轨迹。跟踪控制算法则针对规划的交会轨迹，设计跟踪控制器使追踪航天器在存在外部干扰和不确定性的情况下，实时地跟踪交会参考轨迹，完成交会控制任务。典型的跟踪控制方法和算法包括滑模控制方法[9-13]、自适应退步控制方法[14-16]、鲁棒 H_∞ 方法[17]、模型预测控制方法等。然而，上述交会策略在用于解决空间非合作目标交会问题时存在可行性的问题：一方面，由于交会目标是非合作的，存在测量不准确和未知的机动行为，离线得到的交会参考轨迹在线使用时往往无法满足任务的需求；另一方面，若采用在线轨迹规划方法，优化算法的求解将消耗大量的星上计算资源，可能无法实时得到规划轨迹。第二类交会策略是沿着目标的对接轴线，利用数学工具构造一条满足任务要求的交会走廊[18-19]，只要设计的制导与控制算法能保证追踪航天器始终处于交会走廊内，就能保证交会任务的实现。该控制策略在用于空间非合作目标交会时也存在两方面的问题：一方面是利用数学工具构建的交会走廊仅与空间位置有关，无法先验得到交会完成时间，而空间非合作目标交会任务往往要求在规定的时间内快速完成；另一方面是现有方法难以处理与空间翻滚非合作目标的交会问题。

近年来，有学者提出了一种能够预先设计控制系统收敛性能的控制方法，即预设性能控制方法[20-21]。预设性能控制方法的核心思想是根据任务对受控对象的性能要求，利用预先设定的性能包络函数的收敛特性来定量地描述和刻画受控系统的瞬态和稳态性能，从而人为地设定受控系统状态（误差）的性能包络，并据此设计预设性能控制器实现对受控系统状态的控制。其中，定量描述和刻画受控系统状态的动态性能包括趋近速率、上调量和下调量等，稳态性能一般为受控对象的控制精度或者稳态误差范围。由于预设性能控制方法具有能够先验地设计系统性能的巨大优势，因此能与实际工程问题紧密结合，实用性强。该方法已成功应用于航天器的姿态跟踪控制[22-25]，空间非合作目标的姿态接管控制[26-27]，多航天器协同控制[28]等航天任务中。因此，利用预设性能框架研究空间非合作目标交会任务的制导和控制问题具有较强的理论意义和工程价值[29]。

本章面向空间飞行器在轨服务与维护任务，考虑追踪航天器或服务航天器与空间非合作目标交会过程的信息测量特征以及交会的安全性、快速性和自主性要求，在预设性能控制框架下，研究基于视线坐标系的空间非合作目标自主交会制导与控制方法，主要内容安排如下：首先，在视线坐标系下对相对运动进行动力学描述，并基于可获得测量信息的变化过程进行空间非合作目标自主交会的阶段划分；然后，针对空间非合作目标交会的最终逼近段，提出了一种基于约定时间预设性能控制的相对位置制导与控制方法；随后，将该方法扩展到逼近交会过程的六自由度制导与控制问题中，给出了相应的姿态控制策略和方法；最后，考虑全程自主交会过程中可获得的测量信息不断变化的问题，提出了一种全程自主视线交会的约定时间预设性能制导与控制方法，并通过算例验证了方法的有效性和鲁棒性。

8.2 自主视线交会问题描述与阶段划分

本节首先给出视线坐标系下的相对运动描述，然后基于交会过程中可获得的测量信息的变化，将追踪航天器与空间非合作目标自主交会的过程划分为 3 个阶段，即远程指向接近阶段、近程接近阶段和最终逼近阶段，并给出每个阶段的交会要求。

8.2.1 基于视线坐标系的相对运动描述

本章采用视线坐标系来描述追踪航天器与空间非合作目标交会任务的相对运动，视线坐标系的定义如图 8-1 所示。首先要选择参考惯性坐标系 $O_{\mathrm{I}}\text{-}\boldsymbol{X}_{\mathrm{I}}\boldsymbol{Y}_{\mathrm{I}}\boldsymbol{Z}_{\mathrm{I}}$，对于空间任务而言，参考惯性坐标系通常选取为地心惯性坐标系。通过将坐标系原点 O_{I} 移动到追踪航天器的质心 O_{C} 上，可以定义视线坐标系 $O_{\mathrm{C}}\text{-}\boldsymbol{x}_{\mathrm{l}}\boldsymbol{y}_{\mathrm{l}}\boldsymbol{z}_{\mathrm{l}}$ 如下：$\boldsymbol{x}_{\mathrm{l}}$ 自 O_{C} 指向非合作目标的质心 O_{T}；$\boldsymbol{y}_{\mathrm{l}}$ 在平面 $\boldsymbol{X}_{\mathrm{I}}O_{\mathrm{C}}\boldsymbol{Y}_{\mathrm{I}}$ 内且与 $\boldsymbol{x}_{\mathrm{l}}$ 垂直；$\boldsymbol{z}_{\mathrm{l}}$ 通过右手旋转坐标系进行定义。在视线坐标系 $O_{\mathrm{C}}\text{-}\boldsymbol{x}_{\mathrm{l}}\boldsymbol{y}_{\mathrm{l}}\boldsymbol{z}_{\mathrm{l}}$ 中，通过三维状态量 ρ、β 和 θ 来描述相对运动，其中 ρ 表示追踪航天器质心到目标质心的标量距离；β 为视线倾角且定义为 $\boldsymbol{Y}_{\mathrm{I}}$ 和 $\boldsymbol{y}_{\mathrm{l}}$ 的夹角；θ 为视线偏角且定义为 $\tilde{\boldsymbol{x}}_{\mathrm{l}}$ 和 $\boldsymbol{x}_{\mathrm{l}}$ 的夹角，其中 $\tilde{\boldsymbol{x}}_{\mathrm{l}}$ 为 $\boldsymbol{x}_{\mathrm{l}}$ 在平面 $\boldsymbol{X}_{\mathrm{I}}O_{\mathrm{C}}\boldsymbol{Y}_{\mathrm{I}}$ 中的投影。视线倾角 β 和视线偏角 θ 的定义分别满足 $\beta\in(-\pi,\pi)$ 和 $\theta\in(-\pi/2,\pi/2)$。

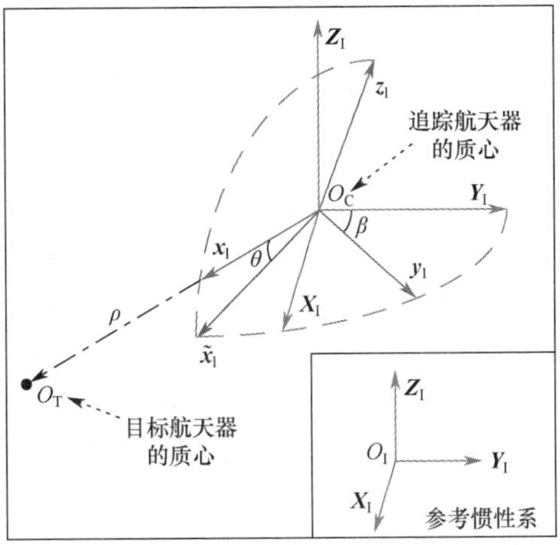

图 8-1　视线坐标系示意图

值得注意的是，本章中的视线角（视线倾角 β 和视线偏角 θ）的定义与观测相机测量的视线角并不相同。本章视线坐标系中的视线倾角 β 和视线偏角 θ 是指视线坐标系 $O_{\mathrm{C}}\text{-}\boldsymbol{x}_{\mathrm{l}}\boldsymbol{y}_{\mathrm{l}}\boldsymbol{z}_{\mathrm{l}}$ 与移动后的参考惯性坐标系 $O_{\mathrm{C}}\text{-}\boldsymbol{X}_{\mathrm{I}}\boldsymbol{Y}_{\mathrm{I}}\boldsymbol{Z}_{\mathrm{I}}$ 的两个夹角；观测相机测量的视线角通常是指目标在追踪航天器的观测相机中与观测主轴的两个夹角。在实际工程应用中，为求得视线倾角 β 和视线偏角 θ，可按照以下步骤进行：①追踪航天器通过星载姿态敏感器（如星敏感器、太阳敏感器、陀螺仪等）确定自身姿态旋转矩阵 $\boldsymbol{R}_{\mathrm{c}}$；②追踪航天器通过星载相机观测目标，获得与目标的视线角测量信息，并转化为追踪航天器本体系下的视线指向矢量坐标 $(\boldsymbol{x}_{\mathrm{l}})_{\mathrm{b}}$；③通过坐标转化获得惯性系下的视线指向矢量坐标 $\boldsymbol{x}_{\mathrm{l}}=\boldsymbol{R}_{\mathrm{c}}^{\mathrm{T}}(\boldsymbol{x}_{\mathrm{l}})_{\mathrm{b}}$；④基于视线坐标系 $O_{\mathrm{C}}\text{-}\boldsymbol{x}_{\mathrm{l}}\boldsymbol{y}_{\mathrm{l}}\boldsymbol{z}_{\mathrm{l}}$ 的定义

获得另外两轴指向坐标 $\boldsymbol{y}_1$ 和 $\boldsymbol{z}_1$；⑤通过求 $\boldsymbol{Y}_1$ 和 $\boldsymbol{y}_1$ 的夹角获得视线倾角 β，通过求 $\tilde{\boldsymbol{x}}_1$ 和 $\boldsymbol{x}_1$ 的夹角获得视线偏角 θ。从上述视线倾角 β 和视线偏角 θ 的定义和确定方式可以看出，其精度与相机的测角精度和追踪航天器的定姿精度有关。

视线坐标系下航天器交会的相对运动动力学模型为

$$\begin{cases}\ddot{\rho}-\rho(\dot{\theta}^2+\dot{\beta}^2\cos^2\theta)=u_{\mathrm{d}1}+u_{\mathrm{t}1}-u_1\\ \rho\ddot{\beta}\cos\theta+2\dot{\rho}\dot{\beta}\cos\theta-2\rho\dot{\beta}\dot{\theta}\sin\theta=u_{\mathrm{d}2}+u_{\mathrm{t}2}-u_2\\ \rho\ddot{\theta}+2\dot{\rho}\dot{\theta}+\rho\dot{\beta}^2\sin\theta\cos\theta=u_{\mathrm{d}3}+u_{\mathrm{t}3}-u_3\end{cases}\tag{8-1}$$

式中：$\boldsymbol{u}=[u_1,u_2,u_3]^{\mathrm{T}}\in\mathbb{R}^3$，为追踪航天器控制输入；$\boldsymbol{u}_{\mathrm{t}}=[u_{\mathrm{t}1},u_{\mathrm{t}2},u_{\mathrm{t}3}]^{\mathrm{T}}\in\mathbb{R}^3$，为目标控制输入，可以通过 $\boldsymbol{u}_{\mathrm{t}}=\boldsymbol{F}_{\mathrm{t}}/m_{\mathrm{t}}$ 来计算获得，其中 $\boldsymbol{F}_{\mathrm{t}}$ 和 m_{t} 分别为视线坐标系下目标的推力和质量；$\dot{\theta}$ 为视线偏角 θ 的导数；$\dot{\beta}$ 为视线倾角 β 的导数；组合外部干扰 $\boldsymbol{u}_{\mathrm{d}}=[u_{\mathrm{d}1},u_{\mathrm{d}2},u_{\mathrm{d}3}]^{\mathrm{T}}\in\mathbb{R}^3$ 定义为

$$\boldsymbol{u}_{\mathrm{d}}=\frac{\boldsymbol{d}}{m_{\mathrm{c}}}+\Delta\boldsymbol{g}\tag{8-2}$$

式中：$\boldsymbol{d}\in\mathbb{R}^3$ 为外部干扰；m_{c} 为追踪航天器的质量；$\Delta\boldsymbol{g}\in\mathbb{R}^3$，为视线坐标系中的引力差项。通过定义 $\boldsymbol{p}:=[\rho,\beta,\theta]^{\mathrm{T}}\in\mathbb{R}^3$，式（8-1）的相对运动动力学模型可以转化为以下欧拉-拉格朗日型非线性系统的形式，即

$$\boldsymbol{M}(\boldsymbol{p})\ddot{\boldsymbol{p}}+\boldsymbol{C}(\boldsymbol{p},\dot{\boldsymbol{p}})\dot{\boldsymbol{p}}=\boldsymbol{B}(\boldsymbol{p})(-\boldsymbol{u}+\boldsymbol{u}_{\mathrm{d}}+\boldsymbol{u}_{\mathrm{t}})\tag{8-3}$$

其中：

$$\boldsymbol{M}(\boldsymbol{p})=\begin{bmatrix}1&&\\&\rho^2\cos^2\theta&\\&&\rho^2\end{bmatrix}\qquad \boldsymbol{B}(\boldsymbol{p})=\begin{bmatrix}1&&\\&\rho\cos\theta&\\&&\rho\end{bmatrix}$$

$$\boldsymbol{C}(\boldsymbol{p},\dot{\boldsymbol{p}})=\begin{bmatrix}0&-\rho\dot{\beta}\cos^2\theta&-\rho\dot{\theta}\\ \rho\dot{\beta}\cos^2\theta&\rho\dot{\rho}\cos^2\theta-\rho^2\dot{\theta}\sin\theta\cos\theta&-\rho^2\dot{\beta}\sin\theta\cos\theta\\ \rho\dot{\theta}&\rho^2\dot{\beta}\sin\theta\cos\theta&\rho\dot{\rho}\end{bmatrix}$$

很容易得到，上述动力学模型中 $\boldsymbol{M}(\boldsymbol{p})$ 和 $\boldsymbol{C}(\boldsymbol{p},\dot{\boldsymbol{p}})$ 满足以下的性质 8-1 至性质 8-3。

性质 8-1 系统参数矩阵满足反对称性，即对于任意 $\boldsymbol{q}\in\mathbb{R}^3$，下述不等式成立：$\boldsymbol{q}^{\mathrm{T}}(\dot{\boldsymbol{M}}(\boldsymbol{p})-2\boldsymbol{C}(\boldsymbol{p},\dot{\boldsymbol{p}}))\boldsymbol{q}=0$。

性质 8-2 广义惯量矩阵 $\boldsymbol{M}(\boldsymbol{p})$ 为对称正定矩阵，关于状态量 $\boldsymbol{p}$ 连续，且当 $\boldsymbol{p}$ 有界时，$\boldsymbol{M}(\boldsymbol{p})$ 及其逆矩阵 $\boldsymbol{M}^{-1}(\boldsymbol{p})$ 也为有界矩阵。换言之，当 $\|\boldsymbol{p}\|\leqslant C_p$ 时，其中 $C_p>0$ 为有界常数，存在 C_{m1} 和 C_{m2} 使得 $C_{m1}\leqslant\|\boldsymbol{M}(\boldsymbol{p})\|\leqslant C_{m2}$。

性质 8-3 科氏力和离心力矩阵 $\boldsymbol{C}(\boldsymbol{p},\dot{\boldsymbol{p}})$ 关于状态量 $\boldsymbol{p}$ 及其导数 $\dot{\boldsymbol{p}}$ 连续，当 $\boldsymbol{p}$ 和 $\dot{\boldsymbol{p}}$ 有界时，$\boldsymbol{C}(\boldsymbol{p},\dot{\boldsymbol{p}})$ 也为有界矩阵。换言之，当 $\|\boldsymbol{p}\|\leqslant C_p$ 且 $\|\dot{\boldsymbol{p}}\|\leqslant C_{\dot{p}}$ 时，其中 $C_p>0$

和 $C_{\dot{p}}>0$ 均为有界常数，存在 $C_c>0$ 使得 $\|\boldsymbol{C}(\boldsymbol{p},\dot{\boldsymbol{p}})\|\leqslant C_c$。

此外，引力差项 $\Delta\boldsymbol{g}$ 满足以下引理。

引理 8-1[5] 存在未知常数 $C_g>0$ 满足 $\|\Delta\boldsymbol{g}\|\leqslant C_g\|\boldsymbol{p}\|$ 恒成立。

追踪航天器与空间非合作目标交会过程中考虑的约束如图 8-2 所示。考虑空间非合作目标是一个刚体而不是一个质点，因此应定义交会禁飞区来保证追踪航天器和目标不发生碰撞。追踪航天器应该沿着对接轴线来接近目标并完成交会，从而避免进入禁飞区，并方便最终的对接和操控服务。在实际工况中，由于外部干扰、空间非合作目标的机动行为和控制误差的存在，追踪航天器往往无法精确地沿着对接轴线接近空间非合作目标。一个可行的方法是沿着对接轴线定义一个交会走廊。只要追踪航天器始终处于交会走廊以内，就能避免进入空间非合作目标的禁飞区。

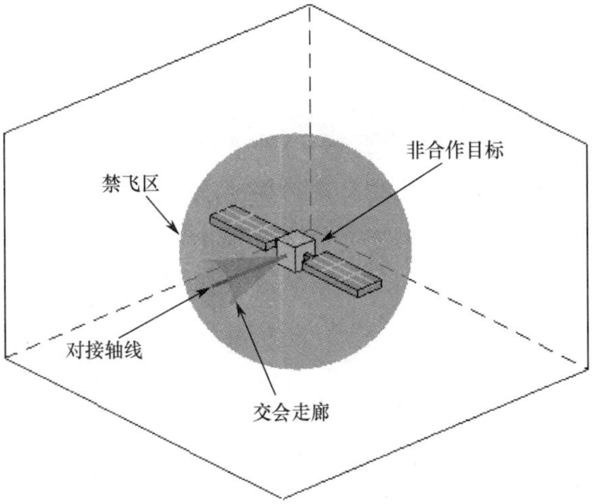

图 8-2 空间非合作目标交会的约束示意图

为了在式（8-3）中的运动模型中考虑上述约束，在视线坐标系中定义期望最终状态 $\boldsymbol{p}_{\mathrm{f}}:=[\rho_{\mathrm{f}},\beta_{\mathrm{f}},\theta_{\mathrm{f}}]^{\mathrm{T}}\in\mathbb{R}^3$。如果系统状态 $\boldsymbol{p}$ 能够在预设收敛时间 T 内以给定误差到达期望最终状态 $\boldsymbol{p}_{\mathrm{f}}$，且不违反交会约束，则可以认定交会任务为成功。期望状态中，ρ_{f} 为追踪航天器到空间非合作目标的最终距离，由任务的具体需求给出。此外，通过定义参考惯性坐标系中的对接轴线单位矢量为 $\boldsymbol{x}_{\mathrm{f}}=[x_{\mathrm{f}1},x_{\mathrm{f}2},x_{\mathrm{f}3}]^{\mathrm{T}}\in\mathbb{R}^3$，期望状态 β_{f} 和 θ_{f} 可由下式获得，即

$$\begin{bmatrix}1\\0\\0\end{bmatrix}=\boldsymbol{R}_{\mathrm{II}}\boldsymbol{x}_{\mathrm{f}}=\begin{bmatrix}\cos\theta_{\mathrm{f}}\cos\beta_{\mathrm{f}} & \cos\theta_{\mathrm{f}}\sin\beta_{\mathrm{f}} & \sin\theta_{\mathrm{f}}\\ -\sin\beta_{\mathrm{f}} & \cos\beta_{\mathrm{f}} & 0\\ -\sin\theta_{\mathrm{f}}\cos\beta_{\mathrm{f}} & -\sin\theta_{\mathrm{f}}\sin\beta_{\mathrm{f}} & \cos\theta_{\mathrm{f}}\end{bmatrix}\begin{bmatrix}x_{\mathrm{f}1}\\x_{\mathrm{f}2}\\x_{\mathrm{f}3}\end{bmatrix} \tag{8-4}$$

式中：$\boldsymbol{R}_{\mathrm{II}}\in\mathbb{R}^{3\times3}$，为参考惯性坐标系到视线坐标系的旋转矩阵，对其进行求解可以得到

$$\begin{cases}\sin\beta_{\mathrm{f}}=-x_{\mathrm{f}2}\\ \tan\theta_{\mathrm{f}}=\dfrac{-x_{\mathrm{f}3}}{x_{\mathrm{f}1}}\end{cases} \tag{8-5}$$

注 8-1　期望最终视线角 β_{f} 和 θ_{f} 可以为固定值，也可以为时变值。固定的 β_{f} 和 θ_{f} 表明在整个交会过程中，空间非合作目标的姿态在参考惯性坐标系中保持不变，是一种相对简单的工况。而时变的 β_{f} 和 θ_{f} 表明考虑的空间非合作目标是翻滚目标。本章主要研究翻滚非合作目标的安全鲁棒交会问题。

本章在研究自主视线交会的过程中，认为外部干扰、非合作输入和期望最终状态满足以下两个合理的假设。

假设 8-1　外部干扰 $\boldsymbol{d}$ 和目标的未知非合作输入 $\boldsymbol{u}_{\mathrm{t}}$ 始终保持有界。由式（8-2）和引理 8-1 可知，存在未知常数 $C_{\mathrm{dt}}>0$，使得 $\|\boldsymbol{u}_{\mathrm{d}}+\boldsymbol{u}_{\mathrm{t}}\|\leqslant C_{\mathrm{dt}}+C_{\mathrm{g}}\|\boldsymbol{p}\|$。

假设 8-2　期望最终状态 $\boldsymbol{p}_{\mathrm{f}}$ 及其 1 阶和 2 阶导数始终保持有界。具体地，存在未知正值常数 $C_{p_{\mathrm{f}}}$、$C_{\dot{p}_{\mathrm{f}}}$ 和 $C_{\ddot{p}_{\mathrm{f}}}$，使得 $\|\boldsymbol{p}_{\mathrm{f}}\|\leqslant C_{p_{\mathrm{f}}}$、$\|\dot{\boldsymbol{p}}_{\mathrm{f}}\|\leqslant C_{\dot{p}_{\mathrm{f}}}$ 和 $\|\ddot{\boldsymbol{p}}_{\mathrm{f}}\|\leqslant C_{\ddot{p}_{\mathrm{f}}}$ 恒成立。

注 8-2　由于在实际工程系统中外部干扰 $\boldsymbol{d}$ 和目标未知非合作输入 $\boldsymbol{u}_{\mathrm{t}}$ 均是有界的，因此假设 8-1 是合理的。此外，由于期望最终状态 $\boldsymbol{p}_{\mathrm{f}}$ 是由非合作目标的对接轴线决定的，而航天器的姿态动力学是 2 阶可导的，且 2 阶导数也是有界的，因此假设 8-2 也是合理的。

8.2.2　全程自主交会阶段划分

本章考虑的空间非合作目标自主交会过程以目标进入追踪航天器的光学相机视场范围内为起点，以追踪航天器观测轴指向非合作目标对接轴且沿目标对接轴线到达轴线上的期望位置和姿态为终点。在自主交会过程的前置阶段中，追踪航天器需要依据地面的测量和导引，接近空间非合作目标，使目标进入追踪航天器的相机视场范围内。

在追踪航天器与空间非合作目标进行自主交会的过程中，按照可获得测量信息的不同，本章将整个自主交会过程分为 3 个子阶段，即远程指向接近段、近程接近段和最终逼近段。

1. 远程指向接近段

在本阶段中，空间非合作目标进入追踪航天器测量相机的视场范围内，然而由于距离过远而无法通过星载测量设备获得两者的相对距离信息。此时，追踪航天器只能获得目标的视线指向信息，并不知道目标的具体位置，如图 8-3 所示。在本阶段中，追踪航天器需要依靠相对指向信息，在尽量节省燃料的前提下，缩短与空间非合作目标的相对距离，并使目标始终处于追踪航天器的测量相机视场内。

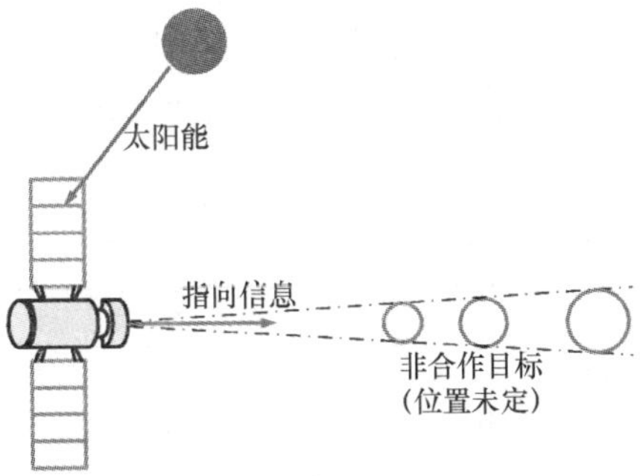

图 8-3 远程指向接近段示意图

2. 近程接近段

随着追踪航天器与空间非合作目标间的距离不断缩小，当目标进入追踪航天器测距设备的工作范围内后，追踪航天器可以进一步获得与目标的相对距离信息，此时进入近程接近段，如图 8-4 所示。本阶段中，追踪航天器可以获得与目标间的相对距离信息和视线角信息，仍然可以将目标视为一个质点。在本阶段中，追踪航天器需要凭借上述三维测量信息，在规定时间内快速接近非合作目标。

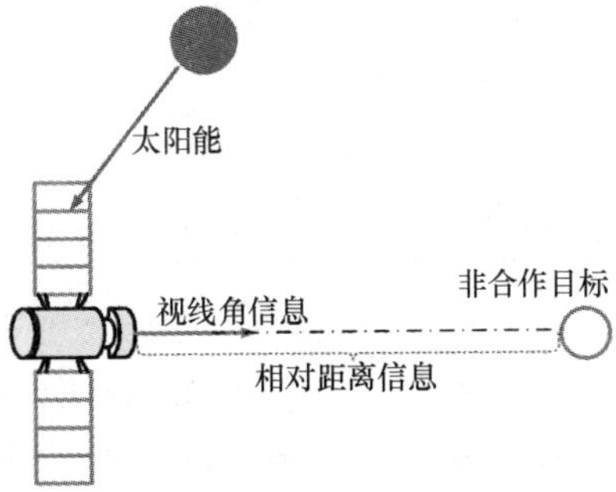

图 8-4 近程接近段示意图

3. 最终逼近段

当追踪航天器和空间非合作目标间的相对距离在一定范围内时，追踪航天器可以通过星载测量设备进一步获得非合作目标的姿态信息或其他感兴趣的信息，即追踪航天器可以完全获得两者间的六自由度相对测量信息，此时进入最终逼近段，如图 8-5 所示。在本阶段中，追踪航天器需要利用星载测量信息，在不进入非合作目标禁飞区的前提下，在规定时间内沿非合作目标的对接轴线到达轴线上的期望位置和姿态，完成交会任务。

上述整个自主交会任务的阶段划分和各个阶段可获得的测量信息如图 8-6 所示。定义 3 个阶段的完成时间分别为 T_1、T_2 和 T_3，并定义追踪航天器能够确保主动获得与空间非合作目标间相对距离测量信息的距离为 ρ_{distance}，追踪航天器能够确保主动获得与空间非合作目标间的相对姿态信息的距离为 ρ_{attitude}，视线交会任务最终的期望相对距离为 ρ_{f}。

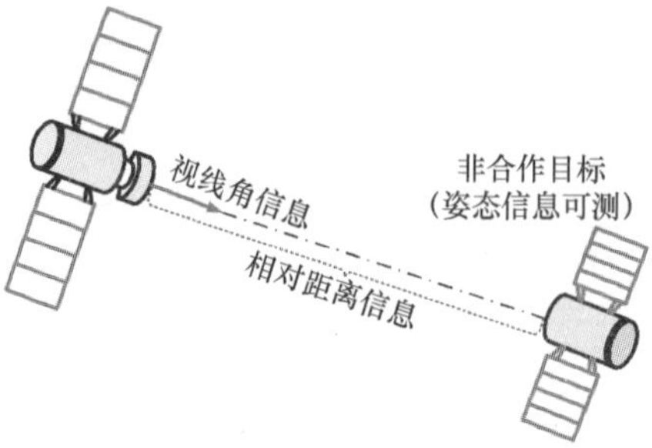

图 8-5 最终逼近段示意图

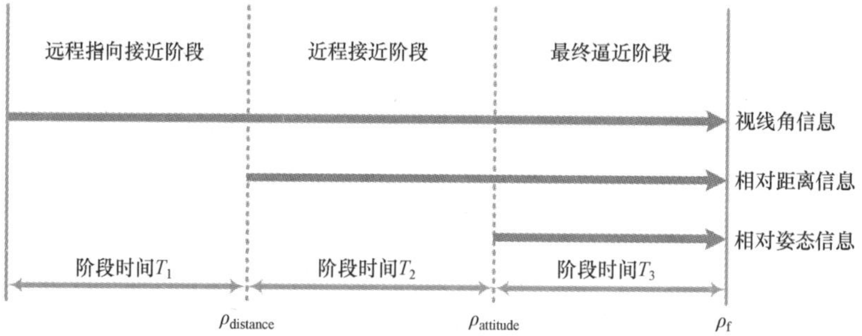

图 8-6 自主交会阶段划分和可获得的测量信息

从图 8-6 中可以看出，随着追踪航天器与目标相对距离 $\rho(t)$ 的不断缩小，可以获得的测量信息不断变化。当相对距离 $\rho(t) > \rho_{\text{distance}}$ 时，追踪航天器只能获得视线角信息，处于远程指向接近段，阶段时间为 T_1；当 $\rho_{\text{attitude}} < \rho(t) \leqslant \rho_{\text{distance}}$ 时，追踪航天器可以获得视线角信息和相对距离信息，处于近程接近段，阶段完成时间为 T_2；当 $\rho_{\text{f}} \leqslant \rho(t) \leqslant \rho_{\text{attitude}}$ 时，追踪航天器可以获得完整的视线角信息、相对距离信息及相对姿态信息，处于最终逼近段，阶段完成时间为 T_3。

8.3 最终逼近段交会走廊构建与运动控制

本节研究最终逼近阶段追踪航天器与空间非合作目标视线交会的制导与控制。在该阶段，追踪航天器与目标之间的相对位置能够保证星载传感器（如激光雷达等）或测距算法（如仅测角导航算法等）实时获得相对距离信息，且光照条件能够保证追踪航天器实时获得目标的视线角信息。交会任务考虑目标为非合作翻滚目标，且可能存在追踪航天器无法测量的未知轨道机动行为。最终逼近段的制导与控制问题需要综合考虑交会任务中的禁飞区约束、交会走廊约束以及任务的完成时间，是难度最大、最重要的阶段。

基于8.2节中的运动方程和约束描述，最终逼近段的制导与控制目标主要有：①相对运动状态 $\boldsymbol{p}$ 能够在用户预设的时间 T_3 内以任务要求的精度到达期望最终状态 $\boldsymbol{p}_{\mathrm{f}}$，约定时间 T_3 可以根据任务的实际需求进行先验设计；②在整个交会过程中，始终满足禁飞区和交会走廊约束；③当追踪航天器观测指向处于目标的对接轴线上时，追踪航天器沿对接轴线的跟踪精度可以被预设和保证。

8.3.1 交会策略与交会走廊构建

首先给出本小节后续内容需要的定义和引理。

定义 8-1 考虑以下形式的非线性系统，即

$$\dot{\tilde{\boldsymbol{x}}} = \tilde{\boldsymbol{f}}(\tilde{\boldsymbol{x}},t),\ \tilde{\boldsymbol{x}}(0) = \tilde{\boldsymbol{x}}_0 \in \Omega_{\tilde{x}} \subset \mathbb{R}^n \tag{8-6}$$

若系统对于初值集合 $\Omega_{\tilde{x}}$ 内的任何初值 $\tilde{\boldsymbol{x}}_0$ 均存在一个稳定时间函数 $T(\tilde{\boldsymbol{x}}_0):\Omega_{\tilde{x}}/\{0\} \to (0,+\infty)$，使得对于所有的 $t \geqslant T(\tilde{\boldsymbol{x}}_0)$ 均满足 $\tilde{\boldsymbol{x}}(t)=0$，则该系统是有限时间稳定的。

引理 8-2[30-31] 考虑非线性系统式（8-6），如果存在正定函数 $V(\tilde{\boldsymbol{x}}(t),t):\Omega_1 \times \mathbb{R}^+ \to \mathbb{R}^n$（其中 Ω_1 为 $\Omega_{\tilde{x}}$ 的子集）和常数 $\epsilon > 0, 0 < \varsigma < 1$，使得

$$\dot{V}(\tilde{\boldsymbol{x}}(t)) + \epsilon V^{\varsigma}(\tilde{\boldsymbol{x}}(t)) \leqslant 0\ (\forall \tilde{\boldsymbol{x}}_0 \in \Omega_1) \tag{8-7}$$

则非线性系统（8-6）是有限时间稳定的，且稳定时间函数 $T(\tilde{\boldsymbol{x}}_0)$ 满足

$$T(\tilde{\boldsymbol{x}}_0) \leqslant \frac{1}{\epsilon(1-\varsigma)} V^{1-\varsigma}(\tilde{\boldsymbol{x}}_0) \tag{8-8}$$

本章采用预设性能控制方法进行最终逼近段的交会走廊设计和运动控制。预设性能控制方法由 Bechlioulis 和 Rovithakis 于 2008 年首次提出[20]。对于跟踪控制问题，预设性能方法的核心原理是通过设计性能函数作为跟踪误差 $e(t)$ 的边界约束来保障 $e(t)$ 的收敛性能，性能函数与跟踪误差的示意图如图 8-7 所示。通过合理设计预设性能函数的收敛过程，可以约束系统状态的瞬态性能和稳态性能。其中瞬态性能包括收敛速度、超调量等，稳态性能主要指稳态误差。施加性能上下界的过程为系统引入了额外的非线性约束，增加了控制器设计的复杂度。为了解决这个问题，预设性能控制方法通过进行无约束化映射将约束状态量映射到无约束空间，通过使用一一映射函数将有界区间映射到无穷区间，约束下的状态量将被映射为无约束的状态量。这样，只要设计控制器保证映射后的状态量有界，即可保证原状态量满足预设的性能上下界。

传统的性能函数通常选取为指数收敛型性能函数[20-21]（如图 8-7 中的点画线）。为了实现工程任务中需求的约定时间可达性，文献[25]中给出了一种约定时间可达性能函数（appointed-time reachable performance function，ARPF），其设计方法为

$$\begin{cases}\tilde{\alpha}(0)=\tilde{\alpha}_0\\ \dot{\tilde{\alpha}}(t)=\begin{cases}-\tilde{\mu}(\tilde{\alpha}(t)-\tilde{\alpha}_T)^{\tilde{\gamma}} & (t\leqslant T)\\ 0 & (t>T)\end{cases}\end{cases} \tag{8-9}$$

式中：$\tilde{\alpha}_0>\tilde{\alpha}_T>0$，为性能函数的初值和终值；$\tilde{\mu}=(\tilde{\alpha}_0-\tilde{\alpha}_T)^{1-\tilde{\gamma}}/(1-\tilde{\gamma})/T$，$0<\tilde{\gamma}<1$；$T$ 为约定时间。

ARPF 的曲线示意图如图 8-7 中的虚线所示。上述性能函数的主要优势是能够保证性能函数在约定时间 T 以内到达终值 $\tilde{\alpha}_T$。然而，该函数在两方面仍然存在可以改进之处：①性能函数的初值和终值必须满足 $\tilde{\alpha}_0>\tilde{\alpha}_T>0$；②性能函数 $\tilde{\alpha}(t)$ 的 2 阶导数并不一定始终存在。

为了克服这两方面的缺陷，本节将 $\tilde{\alpha}(t)$ 改进为如式（8-10）所示的性能函数 $\alpha(t)$，即

$$\begin{cases}\alpha(0)=\alpha_0\\ \dot{\alpha}(t)=-\mu\left|\alpha(t)-\alpha_T\right|^{\gamma}\operatorname{sign}(\alpha(t)-\alpha_T)\end{cases} \tag{8-10}$$

式中：$1/2<\gamma<1$；$\mu=\left|\alpha_0-\alpha_T\right|^{1-\gamma}/(1-\gamma)/T$。

改进的 ARPF 即 $\alpha(t)$ 的性质由定理 8-1 给出。

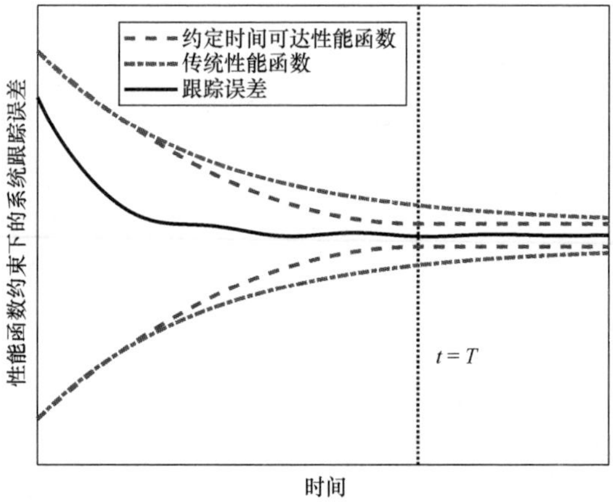

图 8-7　性能函数与跟踪误差示意图

定理 8-1　对于任意初值 $\alpha_0\in\mathbb{R}$ 和终值 $\alpha_T\in\mathbb{R}$，$\alpha(t)$ 均能在约定时间 T 以内到达终值 α_T，随后保持不变。此外，$\alpha(t)$ 的 2 阶导数始终存在，且由以下公式给出，即

$$\ddot{\alpha}(t)=\mu^2\gamma\left|\alpha(t)-\alpha_T\right|^{2\gamma-1}\operatorname{sign}(\alpha(t)-\alpha_T) \tag{8-11}$$

证明：构造关于状态量 $(\alpha(t)-\alpha_T)$ 的李雅普诺夫函数为 $V_1=(\alpha(t)-\alpha_T)^2/2$。对其进行求导，可以得到

$$\dot{V}_1 = -\mu\left|\alpha(t)-\alpha_T\right|^{\gamma+1} = -2^{\frac{\gamma+1}{2}}\mu V_1^{\frac{\gamma+1}{2}} \tag{8-12}$$

由于$(\gamma+1)/2\in(0,1)$，由引理 8-2 可得，函数的收敛时间满足

$$t_{\text{reach}} \leqslant \frac{\left|\alpha_0-\alpha_T\right|^{1-\gamma}}{\mu(1-\gamma)} = T \tag{8-13}$$

因此，可以得到改进的 ARPF 的$\alpha(t)$能在约定时间T以内到达终值α_T，随后保持不变。此外，$\alpha(t)$的 2 阶导数可以直接对式（8-10）进行求解得到。

随后，定义视线交会相对运动状态$\boldsymbol{e}(t)=[e_\rho(t),e_\beta(t),e_\theta(t)]^{\mathrm{T}}$为

$$\boldsymbol{e}(t)=\begin{bmatrix} e_\rho(t)\\ e_\beta(t)\\ e_\theta(t)\end{bmatrix}=\boldsymbol{p}(t)-\boldsymbol{p}_{\mathrm{f}}(t)=\begin{bmatrix}\rho(t)-\rho_{\mathrm{f}}(t)\\ \beta(t)-\beta_{\mathrm{f}}(t)\\ \theta(t)-\theta_{\mathrm{f}}(t)\end{bmatrix} \tag{8-14}$$

由上述定义可知，交会任务需要相对运动状态$\boldsymbol{e}(t)$在预设收敛时间T_3以内收敛到 0。根据预设性能框架，一个可行的方法是直接为$\boldsymbol{e}(t)$施加式（8-10）中的约定时间性能函数使其满足上下界约束$-\alpha(t)<e_i(t)<\alpha(t)\ (i=\rho,\beta,\theta)$。然而值得注意的是，在$\boldsymbol{e}(t)$的收敛过程中，图 8-2 中的约束是可能被违反的，无法保证交会任务安全自主地完成。

本节提出了一种能够考虑图8-2中安全交会约束的约定时间可达交会走廊设计方法。约定时间可达交会走廊的示意图如图 8-8 所示，该交会走廊在视线坐标系下的示意图如图 8-8（a）所示，其三维空间示意图如图 8-8（b）所示。为了考虑禁飞区约束，首先定义安全距离ρ_{safe}，使其满足$\rho_{\text{safe}}>\rho_{\mathrm{f}}>0$。$\rho_{\text{safe}}$的定义表示当$\rho>\rho_{\text{safe}}$时，航天器始终处于禁飞区以外。约定时间可达交会走廊的主要设计思路为：保证视线角β和θ完成收敛时，追踪航天器始终处于禁飞区以外。当视线角β和θ收敛完成后，即$e_\beta(t)$和$e_\theta(t)$收敛完成后，航天器已经到达非合作目标的对接轴线上，且位于禁飞区以外。此后，追踪航天器可以沿着对接轴线接近非合作目标，且一定不会进入目标的禁飞区，保证与目标交会的安全性。这种约定时间可达交会走廊的具体设计过程由以下 3 步完成。

第一步：设计相对距离$e_\rho(t)$的边界。

显然，$e_\rho(t)$的收敛时间是最终逼近段交会任务的时间T_3，基于式（8-10）中的性能函数，$e_\rho(t)$的上界$\overline{\alpha}_\rho(t)$和下界$\underline{\alpha}_\rho(t)$可以分别设计为

$$\begin{cases}\overline{\alpha}_\rho(0)=\overline{\alpha}_{\rho,0}=e_\rho(0)+\eta_{\rho,0}=\rho(0)-\rho_{\mathrm{f}}+\eta_{\rho,0}\\ \dot{\overline{\alpha}}_\rho(t)=-\overline{\mu}_\rho\left|\overline{\alpha}_\rho(t)-\overline{\alpha}_{\rho,T}\right|^\gamma \operatorname{sign}(\overline{\alpha}_\rho(t)-\overline{\alpha}_{\rho,T})\\ \overline{\mu}_\rho=\left|\overline{\alpha}_{\rho,0}-\overline{\alpha}_{\rho,T}\right|^{1-\gamma}/(1-\gamma)/T_3,\quad \overline{\alpha}_{\rho,T}=\eta_{\rho,T}\end{cases} \tag{8-15}$$

$$\begin{cases}\underline{\alpha}_\rho(0)=\underline{\alpha}_{\rho,0}=e_\rho(0)-\eta_{\rho,0}=\rho(0)-\rho_{\mathrm{f}}-\eta_{\rho,0}\\ \dot{\underline{\alpha}}_\rho(t)=-\underline{\mu}_\rho\left|\underline{\alpha}_\rho(t)-\underline{\alpha}_{\rho,T}\right|^\gamma \mathrm{sign}(\underline{\alpha}_\rho(t)-\underline{\alpha}_{\rho,T})\\ \underline{\mu}_\rho=\left|\underline{\alpha}_{\rho,0}-\underline{\alpha}_{\rho,T}\right|^{1-\gamma}/(1-\gamma)/T_3,\quad \underline{\alpha}_{\rho,T}=-\eta_{\rho,T}\end{cases} \tag{8-16}$$

式（8-15）、式（8-16）中：$\bar{\alpha}_{\rho,0}$ 和 $\underline{\alpha}_{\rho,0}$ 分别为 $\bar{\alpha}_\rho(t)$ 和 $\underline{\alpha}_\rho(t)$ 的初值；$\bar{\alpha}_{\rho,T}$ 和 $\underline{\alpha}_{\rho,T}$ 分别为其终值；$\eta_{\rho,0}$ 和 $\eta_{\rho,T}$ 为相对距离的初始允许误差和最终允许误差，可由具体交会任务的需求进行设计。

$$\underline{\alpha}_\rho(t)<e_\rho(t)<\bar{\alpha}_\rho(t) \tag{8-17}$$

若式（8-17）中的上下界约束始终成立，则相对距离 $e_\rho(t)$ 将会在预设收敛时间 T_3 以内进入稳定域 $(-\eta_{\rho,T},\eta_{\rho,T})$。

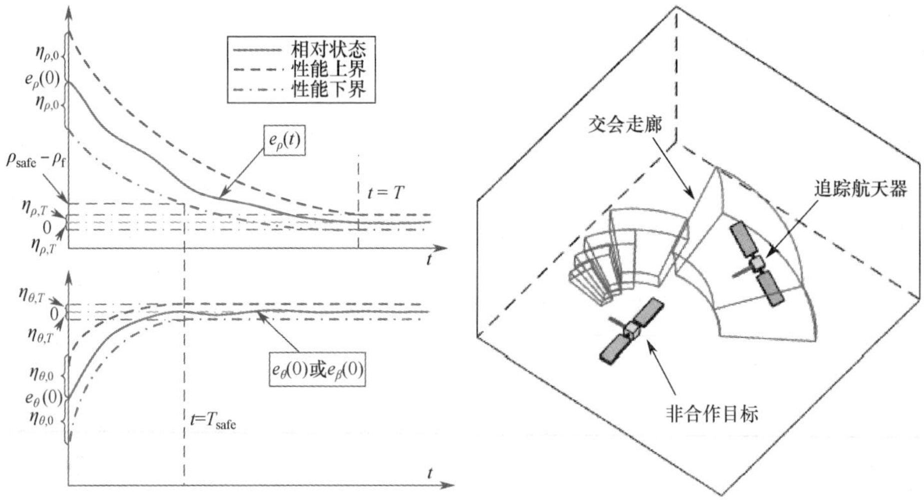

(a) (b)

图 8-8 约定时间可达交会走廊示意图

（a）视线坐标系下示意图；（b）三维空间示意图。

第二步： 确定视线角的收敛时间 T_{safe}。

视线角 $\beta(t)$ 和 $\theta(t)$ 期望能够在追踪航天器进入非合作目标的禁飞区以前以预设的误差范围完成对期望最终视线角 $\beta_{\mathrm{f}}(t)$ 和 $\theta_{\mathrm{f}}(t)$ 的跟踪。由于 $e_\rho(t)$ 的上下界在第一步中已由式（8-15）和式（8-16）给出，因此当性能下界 $\underline{\alpha}_\rho(t)$ 等于安全距离与最终距离的差值时，能够保证追踪航天器始终位于禁飞区以外。定义该时间点为视线角的收敛时间 T_{safe}，且可以由下式计算得到，即

$$T_{\mathrm{safe}}=\arg_t\{\underline{\alpha}_\rho(t)=\rho_{\mathrm{safe}}-\rho_{\mathrm{f}}\} \tag{8-18}$$

第三步： 设计视线角的性能边界。

与第一步类似，基于式（8-10）中的性能函数，相对视线倾角 $e_\beta(t)$ 的上界 $\bar{\alpha}_\beta(t)$

和下界 $\underline{\alpha}_\beta(t)$ 可以设计为

$$\begin{cases}\bar{\alpha}_\beta(0)=\bar{\alpha}_{\beta,0}=e_\beta(0)+\eta_{\beta,0}=\beta(0)-\beta_{\mathrm{f}}+\eta_{\beta,0}\\ \dot{\bar{\alpha}}_\beta(t)=-\bar{\mu}_\beta\left|\bar{\alpha}_\beta(t)-\bar{\alpha}_{\beta,T}\right|^\gamma\operatorname{sign}(\bar{\alpha}_\beta(t)-\bar{\alpha}_{\beta,T})\\ \bar{\mu}_\beta=\left|\bar{\alpha}_{\beta,0}-\bar{\alpha}_{\beta,T}\right|^{1-\gamma}/(1-\gamma)/T_{\mathrm{safe}},\quad \bar{\alpha}_{\beta,T}=\eta_{\beta,T}\end{cases} \tag{8-19}$$

$$\begin{cases}\underline{\alpha}_\beta(0)=\underline{\alpha}_{\beta,0}=e_\beta(0)-\eta_{\beta,0}=\beta(0)-\beta_{\mathrm{f}}-\eta_{\beta,0}\\ \dot{\underline{\alpha}}_\beta(t)=-\underline{\mu}_\beta\left|\underline{\alpha}_\beta(t)-\underline{\alpha}_{\beta,T}\right|^\gamma\operatorname{sign}(\underline{\alpha}_\beta(t)-\underline{\alpha}_{\beta,T})\\ \underline{\mu}_\beta=\left|\underline{\alpha}_{\beta,0}-\underline{\alpha}_{\beta,T}\right|^{1-\gamma}/(1-\gamma)/T_{\mathrm{safe}},\quad \underline{\alpha}_{\beta,T}=-\eta_{\beta,T}\end{cases} \tag{8-20}$$

式（8-19）、式（8-20）中：$\bar{\alpha}_{\beta,0}$ 和 $\underline{\alpha}_{\beta,0}$ 分别为性能函数 $\bar{\alpha}_\beta(t)$ 和 $\underline{\alpha}_\beta(t)$ 的初值；$\bar{\alpha}_{\beta,T}$ 和 $\underline{\alpha}_{\beta,T}$ 为其终值；$\eta_{\beta,0}$ 和 $\eta_{\beta,T}$ 为视线倾角的初始允许误差和最终允许误差，可由具体交会任务的需求进行设计。值得注意的是，性能函数 $\bar{\alpha}_\beta(t)$ 和 $\underline{\alpha}_\beta(t)$ 的收敛时间为 T_{safe}，已由第二步给出。

对于相对视线偏角 $e_\theta(t)$，其上下界性能函数 $\bar{\alpha}_\beta(t)$ 和 $\underline{\alpha}_\beta(t)$ 及其相应的参数 $\bar{\alpha}_{\theta,0}$、$\underline{\alpha}_{\theta,0}$、$\eta_{\theta,0}$ 和 $\eta_{\theta,T}$ 的定义与式（8-19）和式（8-20）基本相同，此处不再赘述。$\bar{\alpha}_\beta(t)$ 和 $\underline{\alpha}_\beta(t)$ 的收敛时间同样为 T_{safe}。

因此，若式（8-21）中的上下界约束始终成立，相对视线角 $e_\beta(t)$ 和 $e_\theta(t)$ 将会在预设收敛时间 T_{safe} 以内分别进入稳定域 $(-\eta_{\beta,T},\eta_{\beta,T})$ 和 $(-\eta_{\theta,T},\eta_{\theta,T})$ 中，即

$$\begin{cases}\underline{\alpha}_\beta(t)<e_\beta(t)<\bar{\alpha}_\beta(t)\\ \underline{\alpha}_\theta(t)<e_\theta(t)<\bar{\alpha}_\theta(t)\end{cases} \tag{8-21}$$

三维空间下约定时间可达交会走廊的示意图如图 8-8（b）所示。从图中可以看出，追踪航天器的质心被约束在交会走廊中。随着时间的推进，交会走廊的约束空间不断缩小和移动，进而驱使追踪航天器在不进入非合作目标禁飞区的情况下，安全自主地完成视线交会任务。

分析和总结本节给出的基于预设性能框架的约定时间交会走廊与传统交会策略的区别，主要有以下两点。

（1）与传统的基于轨迹规划的交会策略相比，基于预设性能框架的交会走廊设计给出了追踪航天器的时变可行空间，而不是一条具体轨迹。只要上述性能约束是满足的，追踪航天器就处于安全约束空间内的任意位置，大大提高了追踪航天器的灵活性和安全性。考虑到与非合作目标的交会任务往往十分复杂且不可预测，基于预设性能框架的交会走廊设计方法更加安全和灵活。

（2）与传统的交会走廊设计方法相比，基于预设性能框架的交会走廊是时变的，且能够处理与翻滚非合作目标的交会问题。此外，交会任务的完成时间可以进

行预设，这对于实际空间在轨交会任务具有极强的工程价值。

8.3.2 交会走廊保持控制

为实现式（8-17）和式（8-21）中的交会走廊上下界约束，根据预设性能控制要求，定义以下状态误差变量$\boldsymbol{\varepsilon}(t)=[\varepsilon_\rho(t),\varepsilon_\beta(t),\varepsilon_\theta(t)]^{\mathrm{T}}\in\mathbb{R}^3$，即

$$\boldsymbol{\varepsilon}(t)=\boldsymbol{e}(t)-\boldsymbol{\alpha}_\varepsilon(t) \tag{8-22}$$

式中：$\boldsymbol{\alpha}_\varepsilon(t)=[\alpha_\rho(t),\alpha_\beta(t),\alpha_\theta(t)]^{\mathrm{T}}\in\mathbb{R}^3$且$\alpha_i(t)=(\overline{\alpha}_i(t)+\underline{\alpha}_i(t))/2\ (i=\rho,\beta,\theta)$。

为实现相对距离和视线信息的预设性能控制，定义以下线性流形进行辅助设计，即

$$\boldsymbol{y}(t)=\boldsymbol{\lambda}\boldsymbol{\varepsilon}(t)+\dot{\boldsymbol{\varepsilon}}(t) \tag{8-23}$$

式中：$\boldsymbol{\lambda}=\mathrm{diag}(\lambda_\rho,\lambda_\beta,\lambda_\theta)$，为正定参数矩阵。

对线性流形$\boldsymbol{y}(t)$施加约定时间性能函数$\boldsymbol{\alpha}_y(t)=[\alpha_{y,\rho}(t),\alpha_{y,\beta}(t),\alpha_{y,\theta}(t)]^{\mathrm{T}}$为

$$-\alpha_{y,i}(t)\leqslant y_i(t)\leqslant\alpha_{y,i}(t) \tag{8-24}$$

其中：

$$\begin{cases}\alpha_{y,i}(0)=\alpha_{y,i,0}\\ \dot{\alpha}_{y,i}(t)=-\mu_{y,i}\left|\alpha_{y,i}(t)-\alpha_{y,i,T}\right|^{\gamma}\mathrm{sign}(\alpha_{y,i}(t)-\alpha_{y,i,T})(i=\rho,\beta,\theta)\\ \mu_{y,i}=\left|\alpha_{y,i,0}-\alpha_{y,i,T}\right|^{1-\gamma}/(1-\gamma)/T_i\end{cases} \tag{8-25}$$

$\alpha_{y,i,0}>|y_i(0)|$和$\alpha_{y,i,T}>0$分别为性能函数$\alpha_{y,i}(t)$的初值和终值，且

$$T_i=\begin{cases}T_3 & (i=\rho)\\ T_{\mathrm{safe}} & (i=\beta或\theta)\end{cases} \tag{8-26}$$

本节采用对称的正切型无约束化映射函数对约束状态量$\boldsymbol{\varepsilon}(t)$和$\boldsymbol{y}(t)$进行无约束化映射，映射函数分别定义为$\boldsymbol{\hbar}_\varepsilon=[\hbar_{\varepsilon,\rho},\hbar_{\varepsilon,\beta},\hbar_{\varepsilon,\theta}]^{\mathrm{T}}$和$\boldsymbol{\hbar}_y=[\hbar_{y,\rho},\hbar_{y,\beta},\hbar_{y,\theta}]^{\mathrm{T}}$，且映射后的状态量$\boldsymbol{s}_\varepsilon=[s_{\varepsilon,\rho},s_{\varepsilon,\beta},s_{\varepsilon,\theta}]^{\mathrm{T}}$和$\boldsymbol{s}_y=[s_{y,\rho},s_{y,\beta},s_{y,\theta}]^{\mathrm{T}}$定义为

$$s_{\varepsilon,i}(t)=\hbar_{\varepsilon,i}(\varepsilon_i(t))=\tan\left(\frac{\pi\varepsilon_i(t)}{\overline{\alpha}_i(t)-\underline{\alpha}_i(t)}\right)\quad(i=\rho,\beta,\theta) \tag{8-27}$$

$$s_{y,i}(t)=\hbar_{y,i}(y_i(t))=\tan\left(\frac{\pi y_i(t)}{2\alpha_{y,i}(t)}\right)\quad(i=\rho,\beta,\theta) \tag{8-28}$$

对$s_{\varepsilon,i}(t)$和$s_{y,i}(t)$进行求导，可以得到

$$
\begin{aligned}
\frac{\mathrm{d}s_{\varepsilon,i}(t)}{\mathrm{d}t} &= \frac{\partial \hbar_{\varepsilon,i}(\varepsilon_i)}{\partial\left[\dfrac{\varepsilon_i}{(\overline{\alpha}_i(t)-\underline{\alpha}_i(t))}\right]}\cdot\frac{\mathrm{d}\left[\dfrac{\varepsilon_i}{(\overline{\alpha}_i(t)-\underline{\alpha}_i(t))}\right]}{\mathrm{d}t} \\
&= \left(\frac{\partial \hbar_{\varepsilon,i}(\varepsilon_i)}{\partial\left[\dfrac{\varepsilon_i}{(\overline{\alpha}_i(t)-\underline{\alpha}_i(t))}\right]}\cdot\frac{1}{\overline{\alpha}_i(t)-\underline{\alpha}_i(t)}\right)\cdot\left[\dot{\varepsilon}_i(t)+\left(-\frac{\dot{\overline{\alpha}}_i(t)-\dot{\underline{\alpha}}_i(t)}{\overline{\alpha}_i(t)-\underline{\alpha}_i(t)}\right)\varepsilon_i(t)\right] \\
&= J_{\varepsilon,i}(\dot{\varepsilon}_i(t)+H_{\varepsilon,i}\varepsilon_i(t)) \quad (i=\rho,\beta,\theta)
\end{aligned} \tag{8-29}
$$

$$
\begin{aligned}
\frac{\mathrm{d}s_{y,i}(t)}{\mathrm{d}t} &= \frac{\partial \hbar_{y,i}(y_i)}{\partial\left(\dfrac{y_i(t)}{\alpha_{y,i}(t)}\right)}\cdot\frac{\mathrm{d}\left(\dfrac{y_i(t)}{\alpha_{y,i}(t)}\right)}{\mathrm{d}t} \\
&= \left(\frac{\partial \hbar_{y,i}(y_i)}{\partial\left(\dfrac{y_i(t)}{\alpha_{y,i}(t)}\right)}\cdot\frac{1}{\alpha_{y,i}(t)}\right)\cdot\left[\dot{y}_i(t)+\left(-\frac{\dot{\alpha}_{y,i}(t)}{\alpha_{y,i}(t)}\right)y_i(t)\right] \\
&= J_{y,i}(\dot{y}_i(t)+H_{y,i}y_i(t)) \quad (i=\rho,\beta,\theta)
\end{aligned} \tag{8-30}
$$

式中：$\boldsymbol{J}_\varepsilon=\mathrm{diag}(J_{\varepsilon,i})$、$\boldsymbol{H}_\varepsilon=\mathrm{diag}(H_{\varepsilon,i})$、$\boldsymbol{J}_y=\mathrm{diag}(J_{y,i})$、$\boldsymbol{H}_y=\mathrm{diag}(H_{y,i})$ 为状态相关的矩阵，且满足

$$
\begin{cases}
J_{\varepsilon,i}=\dfrac{\partial \hbar_{\varepsilon,i}(\varepsilon_i)}{\partial[\varepsilon_i/(\overline{\alpha}_i(t)-\underline{\alpha}_i(t))]}\cdot\dfrac{1}{\overline{\alpha}_i(t)-\underline{\alpha}_i(t)} \\
H_{\varepsilon,i}=-\dfrac{\dot{\overline{\alpha}}_i(t)-\dot{\underline{\alpha}}_i(t)}{\overline{\alpha}_i(t)-\underline{\alpha}_i(t)} \\
J_{y,i}=\dfrac{\partial \hbar_{y,i}(y_i)}{\partial(y_i(t)/\alpha_{y,i}(t))}\cdot\dfrac{1}{\alpha_{y,i}(t)} \\
H_{y,i}=-\dfrac{\dot{\alpha}_{y,i}(t)}{\alpha_{y,i}(t)}
\end{cases}
\quad (i=\rho,\beta,\theta) \tag{8-31}
$$

显然，$\boldsymbol{J}_\varepsilon$ 和 $\boldsymbol{J}_y$ 为正定矩阵。为进行控制器设计，给出关于映射函数的引理如下。

引理 8-3 当式（8-24）中的性能函数始终成立时，$y_i(t)$ 及其映射状态量 $s_{y,i}(t)$ 满足

$$\frac{s_{y,i}(t)}{y_i(t)} \geqslant \frac{\pi\alpha_{y,i,T}}{2} \tag{8-32}$$

证明：对于任意状态，构造辅助函数 $f(x)$ 为

$$f(x) = \frac{\pi\tan x}{2x} \tag{8-33}$$

显然有

$$\begin{cases} \dfrac{\mathrm{d}f(x)}{\mathrm{d}t} < 0 & (x \in (-\pi/2, 0)) \\ \dfrac{\mathrm{d}f(x)}{\mathrm{d}t} > 0 & (x \in (0, \pi/2)) \end{cases} \tag{8-34}$$

由于 $f(x)$ 在 $(-\pi/2, \pi/2)$ 上是连续的，因此 $x=0$ 是该函数的最小值点。基于L' Hospital 法则，可以得到

$$f(0) = \left.\frac{\pi\tan x}{2x}\right|_{x=0} = \left.\frac{\dfrac{\pi}{\cos^2 x}}{2}\right|_{x=0} = \frac{\pi}{2} \tag{8-35}$$

令 $x = \pi y_i(t)/(2\alpha_{y,i}(t)) \in (-\pi/2, \pi/2)$，可以得到

$$\frac{\tan\left(\dfrac{\pi y_i(t)}{2\alpha_{y,i}(t)}\right)}{\dfrac{y_i(t)}{\alpha_{y,i}(t)}} = \frac{\dfrac{s_{y,i}(t)}{y_i(t)}}{\alpha_{y,i}(t)} \geqslant \frac{\pi}{2} \tag{8-36}$$

考虑到 $\alpha_{y,i}(t) \geqslant \alpha_{y,i,T} > 0$，可以得到下述结论，即

$$\frac{s_{y,i}(t)}{y_i(t)} \geqslant \frac{\pi\alpha_{y,i}(t)}{2} \geqslant \frac{\pi\alpha_{y,i,T}}{2} \tag{8-37}$$

引理 8-3 得证。 ■

对于与空间非合作目标的自主视线交会问题，本节给出以下约定时间预设性能控制器，即

$$\boldsymbol{u} = \boldsymbol{B}^{-1}\boldsymbol{K}_\varepsilon \boldsymbol{s}_\varepsilon + \boldsymbol{B}^{-1}\boldsymbol{J}_\varepsilon \boldsymbol{K}_\varepsilon \boldsymbol{\varepsilon} + \boldsymbol{B}^{-1}\boldsymbol{J}_y \boldsymbol{K}_y \boldsymbol{s}_y \tag{8-38}$$

式中：$\boldsymbol{K}_\varepsilon = \mathrm{diag}(K_{\varepsilon,i})$、$\boldsymbol{K}_y = \mathrm{diag}(K_{y,i})$ $(i = \rho, \beta, \theta)$，为正定参数矩阵。

约定时间预设性能控制器（式（8-38））的性质由下述定理给出。

定理 8-2 考虑欧拉-拉格朗日型视线交会运动模型（式（8-3））和约定时间预设性能控制器（式（8-38））。当参数矩阵 $\boldsymbol{\lambda}$ 的选取满足 $\lambda_i > \max\limits_t \left|H_{\varepsilon,i}(t)\right|$ $(i = \rho, \beta, \theta)$ 时，式（8-17）、式（8-21）和式（8-24）中的性能约束始终成立。具体而言：①相对视线角 $e_\beta(t)$ 和 $e_\theta(t)$ 将会在预设收敛时间 T_{safe} 以内分别进入稳定域 $(-\eta_{\beta,T}, \eta_{\beta,T})$ 和 $(-\eta_{\theta,T}, \eta_{\theta,T})$；②相对距离 $e_\rho(t)$ 将会在预设收敛时间 T_3 以内进入稳定域 $(-\eta_{\rho,T}, \eta_{\rho,T})$

内。换言之，追踪航天器能够在不进入非合作目标禁飞区的前提下，在预设时间 T_3 以内安全自主地完成视线交会任务。

注 8-3 式（8-17）、式（8-21）和式（8-24）中交会走廊性能约束的设计过程看上去十分复杂。实际上，根据实际任务需求选择合理的允许误差后，上述性能约束均可以低复杂度地在线自动生成。通过定义初始允许误差和最终允许误差为 $\boldsymbol{\eta}_0=[\eta_{\rho,0},\eta_{\beta,0},\eta_{\theta,0}]^{\mathrm{T}}$、$\boldsymbol{\eta}_T=[\eta_{\rho,T},\eta_{\beta,T},\eta_{\theta,T}]^{\mathrm{T}}$、$\boldsymbol{\alpha}_{y,0}=[\alpha_{y,\rho,0},\alpha_{y,\beta,0},\alpha_{y,\theta,0}]^{\mathrm{T}}$ 和 $\boldsymbol{\alpha}_{y,T}=[\alpha_{y,\rho,T},\alpha_{y,\beta,T},\alpha_{y,\theta,T}]^{\mathrm{T}}$，性能约束的初始化算法可由算法 8-1 完成。由算法 8-1 可以看出，在根据交会任务的实际需求选择相应的参数后，其他步骤均可以在线自动完成，只涉及简单的计算，不涉及复杂的学习或迭代过程，计算复杂度很低。此外，式（8-38）中的约定时间预设性能控制器也是一种不包含任何复杂计算的低复杂度控制器。因此，本节给出的控制框架在实际工程问题中是可以在线使用的。

算法 8-1 性能约束的初始化算法

① 根据任务的实际需求选择 $\boldsymbol{\eta}_0$、$\boldsymbol{\eta}_T$、T_3、$\boldsymbol{\alpha}_{y,0}$ 和 $\boldsymbol{\alpha}_{y,T}$。

② 由式（8-15）和式（8-16）自动生成 $\overline{\alpha}_\rho(t)$ 和 $\underline{\alpha}_\rho(t)$。

③ 由式（8-18）自动获得 T_{safe}。

④ 由式（8-19）和式（8-20）自动生成 $\overline{\alpha}_i(t)$ 和 $\underline{\alpha}_i(t)$ $(i=\beta,\theta)$。

⑤ 由式（8-25）自动生成 $\alpha_{y,i}(t)$ $(i=\rho,\beta,\theta)$。

注 8-4 定理 8-2 需要满足的唯一条件为：参数矩阵 $\boldsymbol{\lambda}$ 的选取应满足 $\lambda_i>\max\limits_t\left|H_{\varepsilon,i}(t)\right|$ $(i=\rho,\beta,\theta)$。该条件是很容易满足的。由于 $H_{\varepsilon,i}(t)$ 的定义只与性能函数有关，因此当初始化算法 8-1 完成后，就能自动获得参数矩阵 $\boldsymbol{\lambda}$ 的可行值。

证明： 定理 8-2 的证明将由以下 3 步完成。

第一步： 问题转化。

首先，由于性能函数 $\overline{\boldsymbol{\alpha}}(t)=[\overline{\alpha}_\rho,\overline{\alpha}_\beta,\overline{\alpha}_\theta]^{\mathrm{T}}$、$\underline{\boldsymbol{\alpha}}(t)=[\underline{\alpha}_\rho,\underline{\alpha}_\beta,\underline{\alpha}_\theta]^{\mathrm{T}}$、$\boldsymbol{\alpha}_\varepsilon(t)$ 和 $\boldsymbol{\alpha}_y(t)$ 的初值和终值都是由用户给定的参数计算得到的，因此可以确信四者都是有界的。进而由定理 8-1 可知，4 者的 1 阶和 2 阶导数也都是有界的。

此外，当交会走廊约束满足时，即 $\underline{\alpha}_i(t)<e_i(t)<\overline{\alpha}_i(t)$ $(i=\rho,\beta,\theta)$，可以得到

$$\frac{\varepsilon_i}{\overline{\alpha}_i(t)-\underline{\alpha}_i(t)}\in\left(-\frac{1}{2},\frac{1}{2}\right) \tag{8-39}$$

由式（8-27）中 $\boldsymbol{s}_\varepsilon(t)$ 的定义可知，当性能约束式（8-17）和式（8-21）始终成立时，$\boldsymbol{s}_\varepsilon(t)$ 是有界的；反之亦然。同样地，当性能约束式（8-24）始终成立时，$\boldsymbol{s}_y(t)$ 是有界的；反之亦然。因此，只需要证明 $\boldsymbol{s}_\varepsilon(t)$ 和 $\boldsymbol{s}_y(t)$ 对于所有的时间 $t\geqslant 0$ 均保持有界，即能证明定理 8-2 成立。

上述转化后的问题将由反证法进行证明。假设存在时间 $t_v>0$ 使性能约束式（8-17）、式（8-21）和式（8-24）中在 $t=t_v$ 时首次有约束被违反。换言之，对

于 $\boldsymbol{s}(t):=[\boldsymbol{s}_{\varepsilon}^{\mathrm{T}}(t),\boldsymbol{s}_{y}^{\mathrm{T}}(t)]^{\mathrm{T}}$，在 $t=t_v$ 时有 $\|\boldsymbol{s}(t_v)\|_{\infty}=+\infty$。在接下来的两步中，将分别证明在 $t=t_v$ 时，$\|\boldsymbol{s}_{\varepsilon}(t)\|_{\infty}<+\infty$ 和 $\|\boldsymbol{s}_{y}(t)\|_{\infty}<+\infty$。

第二步：证明在 $t=t_v$ 时，$\|\boldsymbol{s}_{\varepsilon}(t)\|_{\infty}<+\infty$。

由于性能约束式（8-17）、式（8-21）和式（8-24）在 $t<t_v$ 时始终成立，因此在时间区间 $[0,t_v]$ 上，存在常数 $C_e>0$、$C_y>0$ 和 $C_{\varepsilon}>0$ 使得

$$\|\boldsymbol{e}(t)\|\leqslant\max\left\{\max_t\{\|\bar{\boldsymbol{\alpha}}(t)\|\},\max_t\{\|\underline{\boldsymbol{\alpha}}(t)\|\}\right\}=C_e \tag{8-40}$$

$$\|\boldsymbol{y}(t)\|\leqslant\max_t\left\{\|\boldsymbol{\alpha}_y(t)\|\right\}=C_y \tag{8-41}$$

$$\|\boldsymbol{\varepsilon}(t)\|\leqslant\max_t\left\{\|(\bar{\boldsymbol{\alpha}}(t)-\underline{\boldsymbol{\alpha}}(t))/2\|\right\}=C_{\varepsilon} \tag{8-42}$$

基于式（8-14）和式（8-23），可以得到

$$\boldsymbol{M}(\boldsymbol{p})\dot{\boldsymbol{y}}=\boldsymbol{M}(\boldsymbol{p})(\ddot{\boldsymbol{p}}-\ddot{\boldsymbol{p}}_{\mathrm{f}}-\ddot{\boldsymbol{\alpha}}_{\varepsilon}+\lambda\dot{\boldsymbol{\varepsilon}}) \tag{8-43}$$

将动力学方程式（8-3）代入式（8-43）可得

$$\begin{aligned}\boldsymbol{M}(\boldsymbol{p})\dot{\boldsymbol{y}}&=-\boldsymbol{C}(\boldsymbol{p},\dot{\boldsymbol{p}})\boldsymbol{y}-\boldsymbol{B}(\boldsymbol{p})\boldsymbol{u}+\boldsymbol{C}(\boldsymbol{p},\dot{\boldsymbol{p}})(\lambda\boldsymbol{\varepsilon}-\dot{\boldsymbol{p}}_{\mathrm{f}}-\dot{\boldsymbol{\alpha}}_{\varepsilon})+\\&\quad\boldsymbol{M}(\boldsymbol{p})(\lambda\dot{\boldsymbol{\varepsilon}}-\ddot{\boldsymbol{p}}_{\mathrm{f}}-\ddot{\boldsymbol{\alpha}}_{\varepsilon})+\boldsymbol{B}(\boldsymbol{p})(\boldsymbol{u}_{\mathrm{d}}+\boldsymbol{u}_{\mathrm{t}})\end{aligned} \tag{8-44}$$

在时间区间 $[0,t_v]$ 上，构造关于 $\boldsymbol{s}_{\varepsilon}(t)$ 和 $\boldsymbol{y}(t)$ 的李雅普诺夫函数 V_2 为

$$V_2=\frac{1}{2}\boldsymbol{y}^{\mathrm{T}}\boldsymbol{M}(\boldsymbol{p})\boldsymbol{y}+\boldsymbol{s}_{\varepsilon}^{\mathrm{T}}\boldsymbol{K}_{\varepsilon}\boldsymbol{\varepsilon} \tag{8-45}$$

由性质 8-2 可知，$\boldsymbol{M}(\boldsymbol{p})$ 为正定矩阵。此外，$\boldsymbol{s}_{\varepsilon}(t)$ 与 $\boldsymbol{\varepsilon}(t)$ 的符号明显相同，因此 V_2 能够表示 $\boldsymbol{s}_{\varepsilon}(t)$ 和 $\boldsymbol{y}(t)$ 的能量。对 V_2 进行求导可以得到

$$\dot{V}_2=\frac{1}{2}\boldsymbol{y}^{\mathrm{T}}\dot{\boldsymbol{M}}(\boldsymbol{p})\boldsymbol{y}+\boldsymbol{y}^{\mathrm{T}}\boldsymbol{M}(\boldsymbol{p})\dot{\boldsymbol{y}}+\boldsymbol{s}_{\varepsilon}^{\mathrm{T}}\boldsymbol{K}_{\varepsilon}\dot{\boldsymbol{\varepsilon}}+\boldsymbol{\varepsilon}^{\mathrm{T}}\boldsymbol{K}_{\varepsilon}\dot{\boldsymbol{s}}_{\varepsilon} \tag{8-46}$$

将式（8-44）代入式（8-46），可得

$$\begin{aligned}\dot{V}_2&=\frac{1}{2}\boldsymbol{y}^{\mathrm{T}}\dot{\boldsymbol{M}}(\boldsymbol{p})\boldsymbol{y}-\boldsymbol{y}^{\mathrm{T}}\boldsymbol{C}(\boldsymbol{p},\dot{\boldsymbol{p}})\boldsymbol{y}-\boldsymbol{y}^{\mathrm{T}}\boldsymbol{B}(\boldsymbol{p})\boldsymbol{u}+\boldsymbol{s}_{\varepsilon}^{\mathrm{T}}\boldsymbol{K}_{\varepsilon}\dot{\boldsymbol{\varepsilon}}+\boldsymbol{s}_{\varepsilon}^{\mathrm{T}}\boldsymbol{K}_{\varepsilon}\dot{\boldsymbol{s}}_{\varepsilon}+\boldsymbol{y}^{\mathrm{T}}\boldsymbol{\delta}_1(\boldsymbol{p},\dot{\boldsymbol{p}})\\&=\frac{1}{2}\boldsymbol{y}^{\mathrm{T}}(\dot{\boldsymbol{M}}(\boldsymbol{p})-2\boldsymbol{C}(\boldsymbol{p},\dot{\boldsymbol{p}}))\boldsymbol{y}-\boldsymbol{y}^{\mathrm{T}}\boldsymbol{B}(\boldsymbol{p})\boldsymbol{u}+\boldsymbol{s}_{\varepsilon}^{\mathrm{T}}\boldsymbol{K}_{\varepsilon}\dot{\boldsymbol{\varepsilon}}+\boldsymbol{s}_{\varepsilon}^{\mathrm{T}}\boldsymbol{K}_{\varepsilon}\dot{\boldsymbol{s}}_{\varepsilon}+\boldsymbol{y}^{\mathrm{T}}\boldsymbol{\delta}_1(\boldsymbol{p},\dot{\boldsymbol{p}})\end{aligned} \tag{8-47}$$

其中：

$$\boldsymbol{\delta}_1(\boldsymbol{p},\dot{\boldsymbol{p}})=\boldsymbol{C}(\boldsymbol{p},\dot{\boldsymbol{p}})(\lambda\boldsymbol{\varepsilon}-\dot{\boldsymbol{p}}_{\mathrm{f}}-\dot{\boldsymbol{\alpha}}_{\varepsilon})+\boldsymbol{M}(\boldsymbol{p})(\lambda\dot{\boldsymbol{\varepsilon}}-\ddot{\boldsymbol{p}}_{\mathrm{f}}-\ddot{\boldsymbol{\alpha}}_{\varepsilon})+\boldsymbol{B}(\boldsymbol{p})(\boldsymbol{u}_{\mathrm{d}}+\boldsymbol{u}_{\mathrm{t}})$$

由性质 8-1 可知，对于矢量 $\boldsymbol{y}\in\mathbb{R}^3$，有 $\boldsymbol{y}^{\mathrm{T}}(\dot{\boldsymbol{M}}(\boldsymbol{p})-2\boldsymbol{C}(\boldsymbol{p},\dot{\boldsymbol{p}}))\boldsymbol{y}=0$。将其与控制器（8-38）、式（8-23）和式（8-29）代入式（8-47），可得

$$\begin{aligned}\dot{V}_2&=-\boldsymbol{y}^{\mathrm{T}}\boldsymbol{K}_{\varepsilon}\boldsymbol{s}_{\varepsilon}-\boldsymbol{y}^{\mathrm{T}}\boldsymbol{J}_{\varepsilon}\boldsymbol{K}_{\varepsilon}\boldsymbol{\varepsilon}-\boldsymbol{y}^{\mathrm{T}}\boldsymbol{J}_{y}\boldsymbol{K}_{y}\boldsymbol{s}_{y}+\boldsymbol{s}_{\varepsilon}^{\mathrm{T}}\boldsymbol{K}_{\varepsilon}(\boldsymbol{y}-\lambda\boldsymbol{\varepsilon})+\boldsymbol{\varepsilon}^{\mathrm{T}}\boldsymbol{K}_{\varepsilon}\boldsymbol{J}_{\varepsilon}(\dot{\boldsymbol{\varepsilon}}+\boldsymbol{H}_{\varepsilon}\boldsymbol{\varepsilon})+\\&\quad\boldsymbol{y}^{\mathrm{T}}\boldsymbol{\delta}_1(\boldsymbol{p},\dot{\boldsymbol{p}})\\&=-\boldsymbol{y}^{\mathrm{T}}\boldsymbol{J}_{\varepsilon}\boldsymbol{K}_{\varepsilon}\boldsymbol{\varepsilon}-\boldsymbol{y}^{\mathrm{T}}\boldsymbol{J}_{y}\boldsymbol{K}_{y}\boldsymbol{s}_{y}-\boldsymbol{s}_{\varepsilon}^{\mathrm{T}}\boldsymbol{K}_{\varepsilon}\lambda\boldsymbol{\varepsilon}+\boldsymbol{\varepsilon}^{\mathrm{T}}\boldsymbol{K}_{\varepsilon}\boldsymbol{J}_{\varepsilon}((\boldsymbol{y}-\lambda\boldsymbol{\varepsilon})+\boldsymbol{H}_{\varepsilon}\boldsymbol{\varepsilon})+\boldsymbol{y}^{\mathrm{T}}\boldsymbol{\delta}_1(\boldsymbol{p},\dot{\boldsymbol{p}})\\&=-\boldsymbol{y}^{\mathrm{T}}\boldsymbol{J}_{y}\boldsymbol{K}_{y}\boldsymbol{s}_{y}-\boldsymbol{s}_{\varepsilon}^{\mathrm{T}}\boldsymbol{K}_{\varepsilon}\lambda\boldsymbol{\varepsilon}-\boldsymbol{\varepsilon}^{\mathrm{T}}\boldsymbol{K}_{\varepsilon}\boldsymbol{J}_{\varepsilon}(\lambda-\boldsymbol{H}_{\varepsilon})\boldsymbol{\varepsilon}+\boldsymbol{y}^{\mathrm{T}}\boldsymbol{\delta}_1(\boldsymbol{p},\dot{\boldsymbol{p}})\end{aligned} \tag{8-48}$$

由于参数矩阵$\boldsymbol{\lambda}$的选取满足$\lambda_i > \max_t |H_{\varepsilon,i}(t)|\ (i=\rho,\beta,\theta)$，且$\boldsymbol{K}_\varepsilon$和$\boldsymbol{J}_\varepsilon$均为正定矩阵，因此$-\boldsymbol{\varepsilon}^{\mathrm{T}}\boldsymbol{K}_\varepsilon\boldsymbol{J}_\varepsilon(\boldsymbol{\lambda}-\boldsymbol{H}_\varepsilon)\boldsymbol{\varepsilon} \leqslant 0$。将其代入式（8-48），可以得到

$$\dot{V}_2 \leqslant -\boldsymbol{y}^{\mathrm{T}}\boldsymbol{J}_y\boldsymbol{K}_y\boldsymbol{s}_y - \boldsymbol{s}_\varepsilon^{\mathrm{T}}\boldsymbol{K}_\varepsilon\boldsymbol{\lambda}\boldsymbol{\varepsilon} + \boldsymbol{y}^{\mathrm{T}}\boldsymbol{\delta}_1(\boldsymbol{p},\dot{\boldsymbol{p}}) \tag{8-49}$$

在时间区间$[0,t_v]$上，由假设 8-2 可知，存在常数$C_p>0$使得$\|\boldsymbol{p}\| \leqslant C_p \leqslant C_e + C_{p_{\mathrm{f}}}$。进而基于假设 8-1 和假设 8-2，性质 8-2 和性质 8-3 以及式（8-40）至式（8-42），有

$$\begin{aligned}\|\boldsymbol{\delta}_1(\boldsymbol{p},\dot{\boldsymbol{p}})\| \leqslant\ & C_c(C_{\lambda 2}C_\varepsilon + C_{\dot{p}_{\mathrm{f}}} + C_{\dot{\alpha}}) + C_{m2}[C_{\lambda 2}(C_y + C_{\lambda 2}C_\varepsilon) + C_{\ddot{p}_{\mathrm{f}}} + C_{\ddot{\alpha}}] + \\ & \sqrt{C_{m2}}(C_{dt} + C_g C_q) \\ :=\ & C_{\delta 1}\end{aligned} \tag{8-50}$$

式中：$C_{\lambda 2} := \max_i \lambda_i\ (i=\rho,\beta,\theta)$；$C_{\dot{\alpha}}$和$C_{\ddot{\alpha}}$分别为$\|\dot{\boldsymbol{\alpha}}_\varepsilon(t)\|$和$\|\ddot{\boldsymbol{\alpha}}_\varepsilon(t)\|$的上界。

将式（8-50）、引理 8-3 和性质 8-2 代入式（8-49），基于 Young 不等式可以得出

$$\begin{aligned}\dot{V}_2 &\leqslant -C_{K_y}C_{s_y}C_{J_y}\boldsymbol{y}^{\mathrm{T}}\boldsymbol{y} - C_{\lambda 1}\boldsymbol{s}_\varepsilon^{\mathrm{T}}\boldsymbol{K}_\varepsilon\boldsymbol{\varepsilon} + \frac{1}{2}C_{K_y}C_{s_y}C_{J_y}\boldsymbol{y}^{\mathrm{T}}\boldsymbol{y} + \frac{C_{\delta_1}^2}{2C_{K_y}C_{s_y}C_{J_y}} \\ &\leqslant -\frac{1}{2}C_{K_y}C_{s_y}C_{J_y}\frac{C_{m2}}{C_{m2}}\boldsymbol{y}^{\mathrm{T}}\boldsymbol{y} - C_{\lambda 1}\boldsymbol{s}_\varepsilon^{\mathrm{T}}\boldsymbol{K}_\varepsilon\boldsymbol{\varepsilon} + \frac{C_{\delta_1}^2}{2C_{K_y}C_{s_y}C_{J_y}} \\ &\leqslant -\frac{C_{K_y}C_{s_y}C_{J_y}}{2C_{m2}}\boldsymbol{y}^{\mathrm{T}}\boldsymbol{M}(\boldsymbol{p})\boldsymbol{y} - C_{\lambda 1}\boldsymbol{s}_\varepsilon^{\mathrm{T}}\boldsymbol{K}_\varepsilon\boldsymbol{\varepsilon} + \frac{C_{\delta_1}^2}{2C_{K_y}C_{s_y}C_{J_y}}\end{aligned} \tag{8-51}$$

式中：$C_{K_y} := \min_i K_{y,i}$；$C_{s_y} = \min_i \pi\alpha_{y,i,T}/2$；$C_{J_y} = \min_i J_{y,i}$；$C_{\lambda 1} = \min_i \lambda_i (i=\rho,\beta,\theta)$。定义$C_{2,1} := \min\{C_{K_y}C_{s_y}C_{J_y}/C_{m2}, C_{\lambda 1}\} > 0$和$C_{2,2} := C_{\delta_1}^2/(2C_{K_y}C_{s_y}C_{J_y}) > 0$，可以得到

$$\dot{V}_2 \leqslant -C_{2,1}V_2 + C_{2,2} \quad (t\in[0,t_v]) \tag{8-52}$$

由文献[32]的引理 1.1 可以得出，李雅普诺夫函数V_2在时间区间$[0,t_v]$上是始终有界的。换言之，当$t\in[0,t_v]$时，有$\|\boldsymbol{s}_\varepsilon(t)\|_\infty < +\infty$始终成立。

第三步：证明在$t=t_v$时，$\|\boldsymbol{s}_y(t)\|_\infty < +\infty$。

在时间区间$[0,t_v]$上，构造关于$\boldsymbol{s}_y(t)$的李雅普诺夫函数V_3为

$$V_3 = \frac{\boldsymbol{s}_y^{\mathrm{T}}\boldsymbol{K}_y\boldsymbol{s}_y}{2} \tag{8-53}$$

对其进行求导，并代入式（8-30）和式（8-44），可得

$$\begin{aligned}\dot{V}_3 &= \boldsymbol{s}_y^{\mathrm{T}}\boldsymbol{K}_y\dot{\boldsymbol{s}}_y = \boldsymbol{s}_y^{\mathrm{T}}\boldsymbol{K}_y\boldsymbol{J}_y(\dot{\boldsymbol{y}} + \boldsymbol{H}_y\boldsymbol{y}) \\ &= \boldsymbol{s}_y^{\mathrm{T}}\boldsymbol{K}_y\boldsymbol{J}_y\boldsymbol{M}^{-1}(-\boldsymbol{B}(\boldsymbol{p})\boldsymbol{u} - \boldsymbol{C}(\boldsymbol{p},\dot{\boldsymbol{p}})\boldsymbol{y} + \boldsymbol{M}\boldsymbol{H}_y\boldsymbol{y} + \boldsymbol{\delta}_1(\boldsymbol{p},\dot{\boldsymbol{p}}))\end{aligned} \tag{8-54}$$

将控制器（8-38）代入式（8-54），有

$$\dot{V}_3 = -\boldsymbol{s}_y^{\mathrm{T}}\boldsymbol{K}_y\boldsymbol{J}_y\boldsymbol{M}^{-1}\boldsymbol{J}_y\boldsymbol{K}_y\boldsymbol{s}_y + \boldsymbol{s}_y^{\mathrm{T}}\boldsymbol{K}_y\boldsymbol{J}_y\boldsymbol{M}^{-1}(\boldsymbol{\delta}_1(\boldsymbol{p},\dot{\boldsymbol{p}}) + \boldsymbol{\delta}_2(\boldsymbol{p},\dot{\boldsymbol{p}})) \tag{8-55}$$

式中：$\boldsymbol{\delta}_2(\boldsymbol{p},\dot{\boldsymbol{p}}) = -\boldsymbol{J}_\varepsilon\boldsymbol{K}_\varepsilon\boldsymbol{\varepsilon} - \boldsymbol{K}_\varepsilon\boldsymbol{s}_\varepsilon - \boldsymbol{C}(\boldsymbol{p},\dot{\boldsymbol{p}})\boldsymbol{y} + \boldsymbol{M}\boldsymbol{H}_y\boldsymbol{y}$。

由于$\boldsymbol{\delta}_2(\boldsymbol{p},\dot{\boldsymbol{p}})$中$\boldsymbol{s}_\varepsilon$和$\boldsymbol{J}_\varepsilon$的有界性已在第二步中进行了证明，$\boldsymbol{\delta}_2(\boldsymbol{p},\dot{\boldsymbol{p}})$中的其他项也为有界的，因此存在常数$C_{\delta_2} > 0$使得

$$\|\boldsymbol{\delta}_2(\boldsymbol{p},\dot{\boldsymbol{p}})\| \leqslant C_{\delta_2} \quad (t \in [0, t_v]) \tag{8-56}$$

由于矩阵$\boldsymbol{M}^{-1}(\boldsymbol{p})$为正定矩阵，由性质 8-2 可得

$$\dot{V}_3 \leqslant -\frac{1}{C_{m2}}\|\boldsymbol{J}_y\boldsymbol{K}_y\boldsymbol{s}_y\|^2 + \frac{(C_{\delta_1} + C_{\delta_2})}{C_{m1}}\|\boldsymbol{J}_y\boldsymbol{K}_y\boldsymbol{s}_y\| \tag{8-57}$$

基于 Young 不等式可得

$$\begin{aligned}\dot{V}_3 &\leqslant -\frac{1}{2C_{m2}}\|\boldsymbol{J}_y\boldsymbol{K}_y\boldsymbol{s}_y\|^2 + \frac{C_{m2}(C_{\delta_1} + C_{\delta_2})^2}{2C_{m1}^2} \\ &\leqslant -\frac{C_{J_y}^2 C_{K_y}}{2C_{m2}}\boldsymbol{s}_y^{\mathrm{T}}\boldsymbol{K}_y\boldsymbol{s}_y + \frac{C_{m2}(C_{\delta_1} + C_{\delta_2})^2}{2C_{m1}^2} \\ &= -C_{3,1}V_3 + C_{3,2}\end{aligned} \tag{8-58}$$

式中：$C_{3,1} := C_{J_y}^2 C_{K_y} / C_{m2} > 0$，$C_{3,2} := C_{m2}(C_{\delta_1} + C_{\delta_2})^2 / (2C_{m1}^2) > 0$。

同理，由文献[32]的引理 1.1 可以得出，李雅普诺夫函数V_3在时间区间$[0, t_v]$上是始终有界的。换言之，当$t \in [0, t_v]$时，有$\|\boldsymbol{s}_y(t)\|_\infty < +\infty$始终成立。

综合考虑第二步和第三步可以得出，映射状态$\boldsymbol{s}(t) := [\boldsymbol{s}_\varepsilon^{\mathrm{T}}(t), \boldsymbol{s}_y^{\mathrm{T}}(t)]^{\mathrm{T}}$在时间区间$[0, t_v]$上始终有界，与假设矛盾。因此，性能约束式（8-17）、式（8-21）和式（8-24）对于所有的时间$t \geqslant 0$始终成立。换言之，追踪航天器能够在不进入非合作目标禁飞区的前提下，能够在预设时间T_3以内安全自主地完成视线交会任务。

8.3.3 仿真算例与分析

为验证式（8-38）中的约定时间预设性能控制器的有效性和对强不确定性的鲁棒性，本小节设计了两组与空间非合作目标视线交会的仿真算例，即与慢旋小机动非合作目标交会和与快旋大机动非合作目标交会。

追踪航天器的初始轨道参数设计如表 8-1 所列，其中a_{orbit}、e_{orbit}、i_{orbit}、Ω_{orbit}、ω_{orbit}和θ_{orbit}分别表示半长轴、偏心率、轨道倾角、升交点赤经、近地点幅角和真近点角。上述绝对轨道要素转化为视线坐标系下的相对运动状态时，初始相对运动状态为

$$\begin{cases}\rho(0) = 844.27\ \text{m}, & \beta(0) = -163.97^\circ, \quad \theta(0) = 12.92^\circ \\ \dot{\rho}(0) = 0.09\ \text{m/s}, & \dot{\beta}(0) = 0.06(^\circ)/\text{s}, \quad \dot{\theta}(0) = -0.02(^\circ)/\text{s}\end{cases} \tag{8-59}$$

表 8-1 追踪航天器和空间非合作目标的初始轨道要素

要素	a_{orbit} /m	e_{orbit}	i_{orbit} /(°)	Ω_{orbit} /(°)	ω_{orbit} /(°)	θ_{orbit} /(°)
追踪航天器	7100195	0.1	9.999	30.006	10	59.987
空间非合作目标	7100000	0.1	10	30	10	60

1. 与慢旋小机动非合作目标交会

在本小节中，通过仿真与慢旋小机动空间非合作目标的视线交会任务来验证控制器（8-38）的有效性。这里的“慢旋”表示期望对接轴线在惯性坐标系下指向的变化速度较慢。由于对接轴线通常选择为非合作目标的当前旋转主轴，因此，这里的“慢旋”表明目标的旋转主轴指向的变化速度较小，而旋转速度仍可能比较大。

空间非合作目标的动力学参数设置如下。

$$\begin{cases} \text{质量:} & m_{\mathrm{t}} = 100\ \mathrm{kg} \\ \text{安全距离:} & \rho_{\mathrm{f}} = 50\ \mathrm{m} \\ \text{非合作机动:} & \boldsymbol{F}_{\mathrm{t}} = [60\sin(0.005t), 50\sin(0.005t), 40\sin(0.005t)]^{\mathrm{T}}\ \mathrm{N} \\ \text{期望最终状态:} & \boldsymbol{p}_{\mathrm{f}} = [\rho_{\mathrm{f}}, \beta_{\mathrm{f}}, \theta_{\mathrm{f}}]^{\mathrm{T}} = [20\mathrm{m}, (-60 + \pi t / 3000)^{\circ}, 0^{\circ}]^{\mathrm{T}} \end{cases} \tag{8-60}$$

外部干扰设计为

$$\boldsymbol{d}(t) = 0.1 \times \begin{bmatrix} 1+0.7\sin(0.01t) - 0.3\cos(0.01t) \\ 0.8 - 0.5\sin(0.01t) + 0.2\cos(0.01t) \\ -1 + 0.5\sin(0.01t) - 0.1\cos(0.01t) \end{bmatrix} \mathrm{N} \tag{8-61}$$

追踪航天器的质量设计为 $m_{\mathrm{c}} = 300\mathrm{kg}$，控制饱和设计为 $1.5\mathrm{N/kg}$。

性能函数的参数设计为：预设收敛时间 $T_3 = 300\mathrm{s}$，$\gamma = 0.6$，初始允许误差 $\boldsymbol{\eta}_0 = [300\mathrm{m}, 45^{\circ}, 20^{\circ}]^{\mathrm{T}}$，最终允许误差 $\boldsymbol{\eta}_T$=$[1\mathrm{m}, 0.5^{\circ}, 0.5^{\circ}]^{\mathrm{T}}$，$\boldsymbol{\alpha}_{y,0}$=$0.5\boldsymbol{\eta}_0$，$\boldsymbol{\alpha}_{y,T}$=$3\boldsymbol{\eta}_0$。由式（8-18）可得视线角的预设收敛时间为 $T_{\mathrm{safe}} = 203.28\mathrm{s}$。

控制器的参数矩阵设计为：$\boldsymbol{\lambda} = \mathrm{diag}(0.5, 0.15, 0.15)$，$\boldsymbol{K}_{\varepsilon} = \mathrm{diag}(1,1,1)$，$\boldsymbol{K}_y = \mathrm{diag}(2000, 2000, 2000)$。

该算例的仿真结果如图 8-9～图 8-12 所示。图 8-9 给出了相对距离 $\rho(t)$ 在性能约束下的变化曲线。从式（8-17）可以得到，$\rho(t)$ 应满足约束 $\underline{\alpha}_{\rho}(t) < e_{\rho}(t) = \rho(t) - \rho_{\mathrm{f}} < \bar{\alpha}_{\rho}(t)$。因此，图中 $\rho(t)$ 的上界表示 $(\bar{\alpha}_{\rho}(t) + \rho_{\mathrm{f}})$，下界表示 $(\underline{\alpha}_{\rho}(t) + \rho_{\mathrm{f}})$。图 8-10 和图 8-11 中 $\beta(t)$ 和 $\theta(t)$ 的上下界也是类似的含义。从图 8-9 中可以得到，$\rho(t)$ 始终处于预设的上下界约束内，且能够在预设收敛时间 T_3 内收敛到稳定域中。此外，T_{safe} 的值可以由图 8-9 自动获得。图 8-10 和图 8-11 分别给出了视线角 $\beta(t)$ 和 $\theta(t)$ 在约束下的变化曲线。$\beta(t)$ 和 $\theta(t)$ 同样始终处于预设的上下界约束内，且能够在预设收敛时间 T_{safe} 内收敛到稳定域中。这表明追踪航天器会在进入非合作目标的禁飞区以前到达对接轴线上。图 8-12 给出的控制输入连续而稳定，在工程中易于实现。

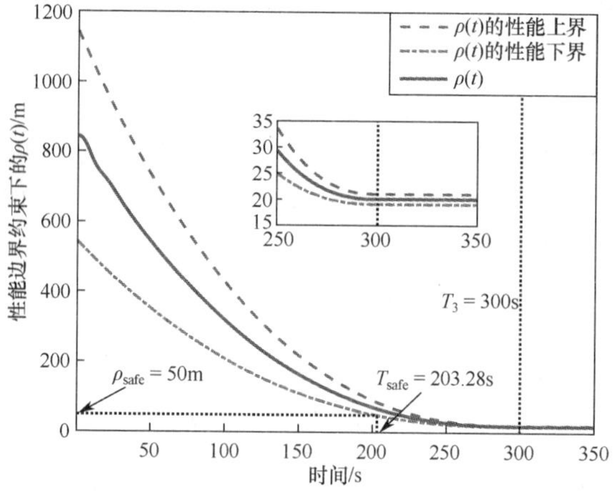

图 8-9 性能约束下相对距离$\rho(t)$的变化曲线（慢旋小机动目标交会）

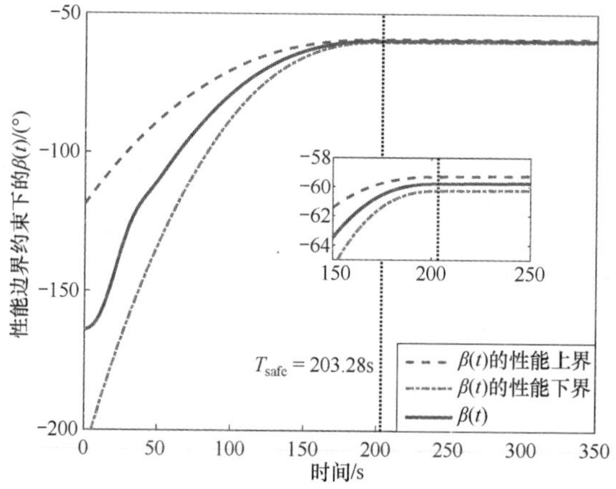

图 8-10 性能约束下视线倾角$\beta(t)$的变化曲线（慢旋小机动目标交会）

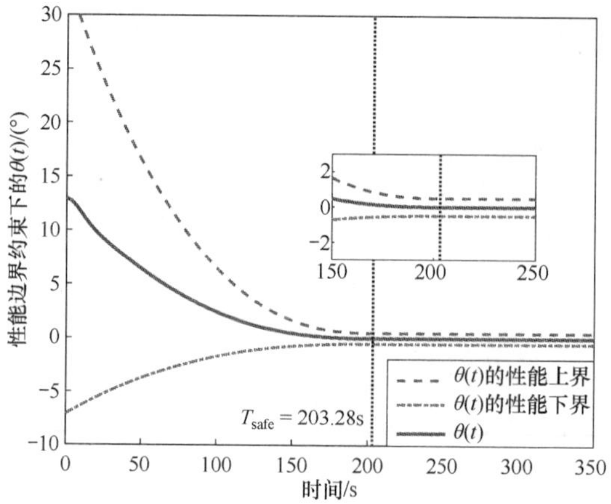

图 8-11 性能约束下视线偏角$\theta(t)$的变化曲线（慢旋小机动目标交会）

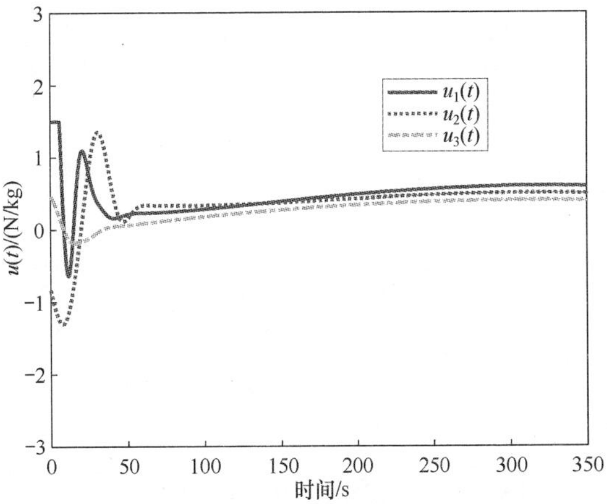

图 8-12 控制输入的变化曲线（慢旋小机动目标交会）

2．与快旋大机动非合作目标交会

在本小节中，通过仿真与快旋大机动空间非合作目标的视线交会任务来进一步验证控制器（8-38）的有效性和鲁棒性。与上一小节相似，这里的“快旋”表示期望对接轴线的指向变化速度（一般为目标旋转主轴的指向变化速度）较大。

空间非合作目标的动力学参数设置如下。

$$\begin{cases}\text{质量：} & m_{\mathrm{t}}=100\ \mathrm{kg}\\ \text{安全距离：} & \rho_{\mathrm{f}}=50\ \mathrm{m}\\ \text{非合作机动：} & \boldsymbol{F}_{\mathrm{t}}=[60\sin(0.5t),50\cos(1.0t),40\sin(0.3t)+30\sin(0.7t)]^{\mathrm{T}}\ \mathrm{N}\\ \text{期望最终状态：} & \boldsymbol{p}_{\mathrm{f}}=[\rho_f,\beta_f,\theta_f]^{\mathrm{T}}=[20\mathrm{m},(-60+\pi t/5)^\circ,0^\circ]^{\mathrm{T}}\end{cases} \tag{8-62}$$

与式（8-60）中的工况相比，非合作机动 $\boldsymbol{F}_{\mathrm{t}}$ 的频率大大提升，提升了约 100 倍，且幅值也相应变大（式（8-60）中 $\sin(0.005t)$ 在初始时幅值非常小）。此外，期望最终状态中，非合作目标期望对接轴线的指向变化速度从 $\pi/3000\ (^\circ)/\mathrm{s}$（约为 $0.001\ (^\circ)/\mathrm{s}$）提升至 $\pi/5\ (^\circ)/\mathrm{s}$（约为 $0.63\ (^\circ)/\mathrm{s}$），速度明显提升。上述变化极为考验控制器的有效性和鲁棒性。

此外，追踪航天器的真实质量也由 $m_{\mathrm{c}}=300\mathrm{kg}$ 提升为 $450\mathrm{kg}$。由于所设计的控制器中不需要用到追踪航天器的真实质量信息，为了考验控制器的鲁棒性，本节人为地增加了控制量的施加效率为

$$\boldsymbol{u}_{\mathrm{real}}(t)=\frac{\boldsymbol{F}(t)}{m_{\mathrm{c,real}}}=\frac{m_{\mathrm{c,guess}}}{m_{\mathrm{c,real}}}\cdot\frac{\boldsymbol{F}(t)}{m_{\mathrm{c,guess}}}=\frac{300\mathrm{kg}}{450\mathrm{kg}}\cdot\boldsymbol{u}_{\mathrm{design}}(t) \tag{8-63}$$

式中：$\boldsymbol{u}_{\mathrm{design}}(t)$ 为式（8-38）计算得到的设计控制量；$\boldsymbol{u}_{\mathrm{real}}(t)$ 为实际施加的控制量；$m_{\mathrm{c,guess}}=300\mathrm{kg}$ 和 $m_{\mathrm{c,real}}=450\mathrm{kg}$ 分别为追踪航天器的先验质量和真实质量。

性能函数参数、控制器参数、外部干扰和控制饱和约束均与上一个仿真算例相同。

与快旋大机动空间非合作目标自主视线交会的仿真结果如图 8-13～图 8-16 所示。图 8-13 给出了相对距离 $\rho(t)$ 在性能边界约束下的变化曲线。从图中可以看出，$\rho(t)$ 的收敛过程并未明显受到非合作机动和非合作目标旋转的影响，仍能以预设的性能在预设收敛时间 $T_3=300\mathrm{s}$ 内完成收敛。图 8-14 中的视线倾角 $\beta(t)$ 在非合作目标快速旋转的过程中仍能始终处于性能边界以内。图 8-15 中的视线偏角 $\theta(t)$ 也未受到仿真工况变化的影响，能够在 T_{safe} 内完成收敛。图 8-16 给出了控制输入的变化曲线，从中可以发现上述性能约束始终满足的原因。这些仿真结果表明，控制器（式（8-38））对于目标的非合作机动和交会工况的改变具有很强的鲁棒性，能够保证在严峻的工况下状态量变化始终满足性能约束。

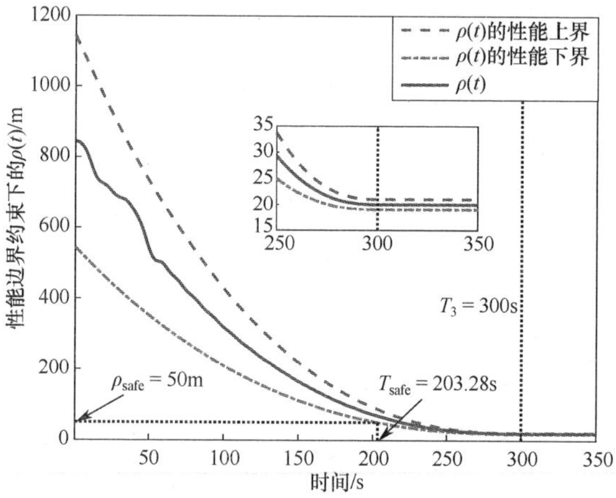

图 8-13 性能约束下相对距离 $\rho(t)$ 的变化曲线（快旋大机动目标交会）

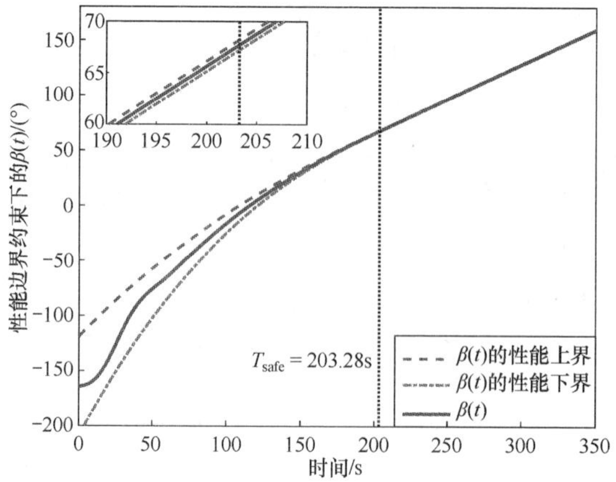

图 8-14 性能约束下视线倾角 $\beta(t)$ 的变化曲线（快旋大机动目标交会）

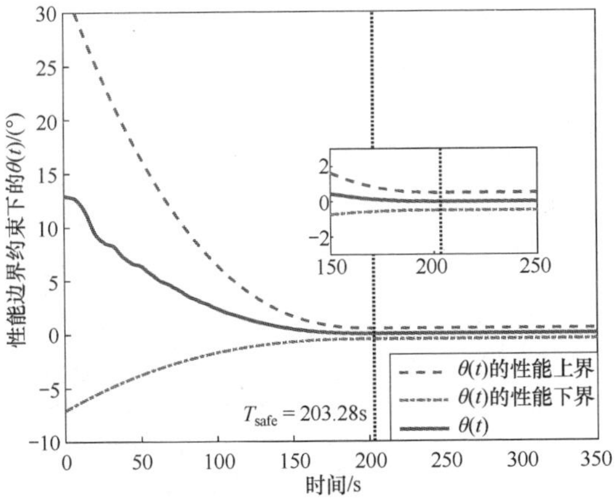

图 8-15　性能约束下视线偏角$\theta(t)$的变化曲线（快旋大机动目标交会）

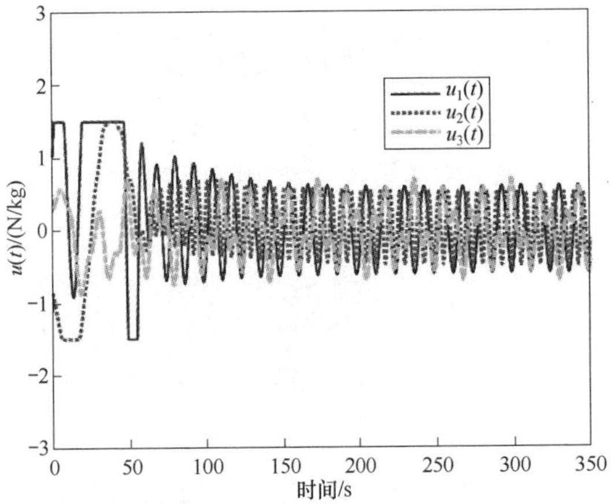

图 8-16　控制输入的变化曲线（快旋大机动目标交会）

8.4 最终逼近段交会姿态规划与六自由度控制

8.3 节给出了追踪航天器与空间非合作目标进行视线交会最终逼近段的相对位置运动制导与控制方法。该方法将最终逼近段划分成 3 个子阶段。

（1）当$0 \leqslant t \leqslant T_{safe}$时，视线倾角和视线偏角逐渐收敛到相应的期望视线角度上，并在$t = T_{safe}$时跟踪误差满足预设的稳定域。此时，追踪航天器将到达非合作目标的对接轴线上。在本阶段中，相对距离也在不断缩小。

（2）当$T_{safe} < t \leqslant T_3$时，视线角对期望视线角始终保持高精度跟踪，相对距离逐渐收敛到期望的交会位置上，并在$t = T_3$时相对距离对期望位置的跟踪误差满足预设的稳定域。

（3）当$t > T_3$时，三维相对运动矢量始终对期望矢量保持高精度跟踪。

而在进行相对姿态控制的过程中，在第（1）阶段，追踪航天器的姿态运动要尽快指向非合作目标，从而确保交会过程中目标位于追踪航天器观测设备的视场以内。在第（2）和第（3）阶段，追踪航天器的姿态需要沿对接轴线的反方向高精度地指向非合作目标，保证测量设备在交会过程中对目标及其上抓捕点的观测。本节对最终逼近段交会的姿态运动进行规划和控制，从而与 8.3 节的最终逼近阶段的相对轨道运动制导与控制一起，完成最终逼近阶段交会的六自由度控制。

8.4.1 姿态运动规划

本节将使用误差修正罗德里格斯参数（MRP）来进行姿态误差的表示。首先给出误差 MRP $\boldsymbol{\sigma}_{\mathrm{e}}=[\sigma_{\mathrm{e1}},\sigma_{\mathrm{e2}},\sigma_{\mathrm{e3}}]^{\mathrm{T}}\in\mathbb{R}^3$ 的定义为

$$\boldsymbol{\sigma}_{\mathrm{e}}=\boldsymbol{\sigma}\otimes\boldsymbol{\sigma}_{\mathrm{d}}^{-1}=\frac{\boldsymbol{\sigma}_{\mathrm{d}}(\boldsymbol{\sigma}^{\mathrm{T}}\boldsymbol{\sigma}-1)+\boldsymbol{\sigma}(1-\boldsymbol{\sigma}_{\mathrm{d}}^{\mathrm{T}}\boldsymbol{\sigma}_{\mathrm{d}})-2\boldsymbol{\sigma}_{\mathrm{d}}^{\times}\boldsymbol{\sigma}}{1+\boldsymbol{\sigma}_{\mathrm{d}}^{\mathrm{T}}\boldsymbol{\sigma}_{\mathrm{d}}\boldsymbol{\sigma}^{\mathrm{T}}\boldsymbol{\sigma}+2\boldsymbol{\sigma}_{\mathrm{d}}^{\mathrm{T}}\boldsymbol{\sigma}} \tag{8-64}$$

式中：$\boldsymbol{\sigma}_{\mathrm{d}}=[\sigma_{\mathrm{d1}},\sigma_{\mathrm{d2}},\sigma_{\mathrm{d3}}]^{\mathrm{T}}\in\mathbb{R}^3$，为参考惯性坐标系到期望姿态系的期望 MRP 矢量；运算符“$\otimes$”表示 MRP 乘法；上标“×”代表叉乘算子。

因此，$\boldsymbol{\sigma}_{\mathrm{e}}$ 代表了期望姿态系到本体系的 MRP 矢量。

误差 MRP 矢量 $\boldsymbol{\sigma}_{\mathrm{e}}$ 表示下的航天器姿态跟踪控制系统的运动方程[33]为

$$\begin{cases}\dot{\boldsymbol{\sigma}}_{\mathrm{e}}=\boldsymbol{G}_{\sigma}(\boldsymbol{\sigma}_{\mathrm{e}})\boldsymbol{\omega}_{\mathrm{e}}\\ \boldsymbol{J}\dot{\boldsymbol{\omega}}_{\mathrm{e}}=-\boldsymbol{\omega}^{\times}\boldsymbol{J}\boldsymbol{\omega}-\boldsymbol{J}\boldsymbol{T}(\boldsymbol{\sigma}_{\mathrm{e}})\dot{\boldsymbol{\omega}}_{\mathrm{d}}+\boldsymbol{J}\boldsymbol{\omega}_{\mathrm{e}}^{\times}\boldsymbol{T}(\boldsymbol{\sigma}_{\mathrm{e}})\boldsymbol{\omega}_{\mathrm{d}}+\boldsymbol{\tau}(t)+\boldsymbol{\tau}_{\mathrm{d}}(t)\end{cases} \tag{8-65}$$

式中：$\boldsymbol{G}_{\sigma}(\boldsymbol{\sigma}_{\mathrm{e}})=((1-\boldsymbol{\sigma}_{\mathrm{e}}^{\mathrm{T}}\boldsymbol{\sigma}_{\mathrm{e}})\boldsymbol{I}_3+2\boldsymbol{\sigma}_{\mathrm{e}}\boldsymbol{\sigma}_{\mathrm{e}}^{\mathrm{T}}+2\boldsymbol{\sigma}_{\mathrm{e}}^{\times})/4\in\mathbb{R}^{3\times3}$；$\boldsymbol{\omega}_{\mathrm{e}}=[\omega_{\mathrm{e1}},\omega_{\mathrm{e2}},\omega_{\mathrm{e3}}]^{\mathrm{T}}\in\mathbb{R}^3$，为角速度跟踪误差；$\boldsymbol{\omega}=[\omega_1,\omega_2,\omega_3]^{\mathrm{T}}\in\mathbb{R}^3$，为姿态角速度，且满足 $\boldsymbol{\omega}=\boldsymbol{\omega}_{\mathrm{e}}+\boldsymbol{T}(\boldsymbol{\sigma}_{\mathrm{e}})\boldsymbol{\omega}_{\mathrm{d}}$；$\boldsymbol{\omega}_{\mathrm{d}}=[\omega_{\mathrm{d1}},\omega_{\mathrm{d2}},\omega_{\mathrm{d3}}]^{\mathrm{T}}\in\mathbb{R}^3$，为期望姿态角速度；$\boldsymbol{J}\in\mathbb{R}^{3\times3}$，为航天器的正定对称惯量矩阵；$\boldsymbol{\tau}(t)=[\tau_1(t),\tau_2(t),\tau_3(t)]^{\mathrm{T}}\in\mathbb{R}^3$ 和 $\boldsymbol{\tau}_{\mathrm{d}}(t)=[\tau_{\mathrm{d1}}(t),\tau_{\mathrm{d2}}(t),\tau_{\mathrm{d3}}(t)]^{\mathrm{T}}\in\mathbb{R}^3$ 分别为航天器的姿态控制输入力矩和外部干扰力矩；$\boldsymbol{T}(\boldsymbol{\sigma}_{\mathrm{e}})\in\mathbb{R}^{3\times3}$，为参考坐标系到本体坐标系的旋转矩阵，且定义为

$$\boldsymbol{T}(\boldsymbol{\sigma}_{\mathrm{e}})=\boldsymbol{I}_3-\frac{4(1-\boldsymbol{\sigma}_{\mathrm{e}}^{\mathrm{T}}\boldsymbol{\sigma}_{\mathrm{e}})}{(1+\boldsymbol{\sigma}_{\mathrm{e}}^{\mathrm{T}}\boldsymbol{\sigma}_{\mathrm{e}})^2}\boldsymbol{\sigma}_{\mathrm{e}}^{\times}+\frac{8}{(1+\boldsymbol{\sigma}_{\mathrm{e}}^{\mathrm{T}}\boldsymbol{\sigma}_{\mathrm{e}})^2}\boldsymbol{\sigma}_{\mathrm{e}}^{\times\mathrm{T}}\boldsymbol{\sigma}_{\mathrm{e}}^{\times} \tag{8-66}$$

式（8-65）中，矩阵 $\boldsymbol{G}_{\sigma}(\boldsymbol{\sigma}_{\mathrm{e}})$ 和 $\boldsymbol{T}(\boldsymbol{\sigma}_{\mathrm{e}})$ 满足性质 8-4。

性质 8-4 矩阵 $\boldsymbol{G}_{\sigma}(\boldsymbol{\sigma}_{\mathrm{e}})$ 和 $\boldsymbol{T}(\boldsymbol{\sigma}_{\mathrm{e}})$ 满足

$$\begin{cases}\|\boldsymbol{T}(\boldsymbol{\sigma}_{\mathrm{e}})\|=1\\ \|\boldsymbol{G}_{\sigma}(\boldsymbol{\sigma}_{\mathrm{e}})\|=\dfrac{(1+\boldsymbol{\sigma}_{\mathrm{e}}^{\mathrm{T}}\boldsymbol{\sigma}_{\mathrm{e}})}{2}\\ \boldsymbol{G}_{\mathrm{e}}^{-1}(\boldsymbol{\sigma}_{\mathrm{e}})\boldsymbol{\sigma}_{\mathrm{e}}=\dfrac{4\boldsymbol{\sigma}_{\mathrm{e}}}{(1+\boldsymbol{\sigma}_{\mathrm{e}}^{\mathrm{T}}\boldsymbol{\sigma}_{\mathrm{e}})}\end{cases} \tag{8-67}$$

基于上述运动方程和约束描述，本节的控制目标为：①在整个任务阶段，误差

MRP $\boldsymbol{\sigma}_{\mathrm{e}}$ 和角速度误差 $\boldsymbol{\omega}_{\mathrm{e}}$ 始终处于用户预设的边界约束内，上述边界约束是由性能函数在线自主生成的；② $\boldsymbol{\sigma}_{\mathrm{e}}$ 和 $\boldsymbol{\omega}_{\mathrm{e}}$ 能够在约定时间 T_{safe} 之前到达用户预设的稳定域内，从而保证追踪航天器到达对接轴线后，姿态能够始终沿对接轴线的反方向高精度地指向非合作目标。

为实现上述目标，与 8.2 节类似，假定外部干扰力矩 $\boldsymbol{\tau}_{\mathrm{d}}$ 满足以下假设。

假设 8-3 外部干扰力矩 $\boldsymbol{\tau}_{\mathrm{d}}$ 未知且满足 $\|\boldsymbol{\tau}_{\mathrm{d}}\| \leqslant C_{\mathrm{d}}$，其中 $C_{\mathrm{d}} > 0$ 为未知常数。

为进行姿态跟踪，需要获得期望姿态角速度 $\boldsymbol{\omega}_{\mathrm{d}}$ 及其导数 $\dot{\boldsymbol{\omega}}_{\mathrm{d}}$。假设观测设备位于追踪航天器的本体系 x 轴上，定义追踪航天器质心指向非合作目标质心的相对位置矢量为 $\boldsymbol{r}$，则追踪航天器期望姿态系可以按以下方式定义：期望系 x 轴沿相对位置矢量 $\boldsymbol{r}$ 指向非合作目标，期望系 y 轴初始时近似指向非合作目标的本体 y 轴的负方向，期望系 z 轴由右手旋转坐标系进行确定。期望系三轴 $\boldsymbol{x}_{\mathrm{d}}$、$\boldsymbol{y}_{\mathrm{d}}$ 和 $\boldsymbol{z}_{\mathrm{d}}$ 及对应的旋转矩阵 $\boldsymbol{T}(\boldsymbol{\sigma}_{\mathrm{d}})$ 的初值具体可以按以下公式进行确定，即

$$
\begin{cases}
x_{\mathrm{d}} = \dfrac{\boldsymbol{r}}{\|\boldsymbol{r}\|} \\
y'_{\mathrm{d}} = \dfrac{-\boldsymbol{y}_{\mathrm{T}}}{\|\boldsymbol{y}_{\mathrm{T}}\|} \\
z_{\mathrm{d}} = \dfrac{\boldsymbol{x}_{\mathrm{d}} \times \boldsymbol{y}'_{\mathrm{d}}}{\|\boldsymbol{x}_{\mathrm{d}} \times \boldsymbol{y}'_{\mathrm{d}}\|} \\
y_{\mathrm{d}} = z_{\mathrm{d}} \times \boldsymbol{x}_{\mathrm{d}} \\
\boldsymbol{T}(\boldsymbol{\sigma}_{\mathrm{d}}) = [\boldsymbol{x}_{\mathrm{d}}, \boldsymbol{y}_{\mathrm{d}}, \boldsymbol{z}_{\mathrm{d}}]^{\mathrm{T}}
\end{cases}
\tag{8-68}
$$

式中：$\boldsymbol{y}'_{\mathrm{d}}$ 为辅助定义 $\boldsymbol{y}_{\mathrm{d}}$ 的单位向量；$\boldsymbol{y}_{\mathrm{T}} \in \mathbb{R}^3$，为非合作目标的本体 y 轴在惯性坐标系下的指向向量。

在确定了 $\boldsymbol{x}_{\mathrm{d}}$、$\boldsymbol{y}_{\mathrm{d}}$、$\boldsymbol{z}_{\mathrm{d}}$ 和 $\boldsymbol{T}(\boldsymbol{\sigma}_{\mathrm{d}})$ 的初值后，若一直使用上述形式进行期望坐标系确定，可能会出现 $\boldsymbol{y}_{\mathrm{d}}$ 和 $\boldsymbol{z}_{\mathrm{d}}$ 轴突变的工况。为解决这一问题，交会过程中可按以下公式进行期望姿态系确定，即

$$
\begin{cases}
\boldsymbol{x}_{\mathrm{d}} = \dfrac{\boldsymbol{r}}{\|\boldsymbol{r}\|} \\
\boldsymbol{y}'_{\mathrm{d}} = \boldsymbol{y}_{\mathrm{d,last}} \\
\boldsymbol{z}_{\mathrm{d}} = \dfrac{\boldsymbol{x}_{\mathrm{d}} \times \boldsymbol{y}'_{\mathrm{d}}}{\|\boldsymbol{x}_{\mathrm{d}} \times \boldsymbol{y}'_{\mathrm{d}}\|} \\
\boldsymbol{y}_{\mathrm{d}} = \boldsymbol{z}_{\mathrm{d}} \times \boldsymbol{x}_{\mathrm{d}} \\
\boldsymbol{T}(\boldsymbol{\sigma}_{\mathrm{d}}) = [\boldsymbol{x}_{\mathrm{d}}, \boldsymbol{y}_{\mathrm{d}}, \boldsymbol{z}_{\mathrm{d}}]^{\mathrm{T}}
\end{cases}
\tag{8-69}
$$

式中：$\boldsymbol{y}_{\mathrm{d,last}} \in \mathbb{R}^3$，为上一时刻期望姿态系的 y 轴指向。

期望姿态角速度 $\boldsymbol{\omega}_{\mathrm{d}}$ 及其导数 $\dot{\boldsymbol{\omega}}_{\mathrm{d}}$ 可由以下公式计算获得，即

$$\begin{cases}\boldsymbol{\omega}_{\mathrm{d}}^{\times}=-\dot{\boldsymbol{T}}(\boldsymbol{\sigma}_{\mathrm{d}})\boldsymbol{T}^{\mathrm{T}}(\boldsymbol{\sigma}_{\mathrm{d}})\\ \dot{\boldsymbol{\omega}}_{\mathrm{d}}=\dfrac{\mathrm{d}}{\mathrm{d}t}\boldsymbol{\omega}_{\mathrm{d}}\end{cases} \tag{8-70}$$

由于空间非合作目标的旋转运动是连续的，因此 $\boldsymbol{\omega}_{\mathrm{d}}$ 及其导数 $\dot{\boldsymbol{\omega}}_{\mathrm{d}}$ 始终保持有界，即存在未知常数 $C_{\omega_{\mathrm{d}}}$ 和 $C_{\dot{\omega}_{\mathrm{d}}}$ 使得 $\|\boldsymbol{\omega}_{\mathrm{d}}(t)\|\leqslant C_{\omega_{\mathrm{d}}}$ 和 $\|\dot{\boldsymbol{\omega}}_{\mathrm{d}}(t)\|\leqslant C_{\dot{\omega}_{\mathrm{d}}}$ 始终成立。

8.4.2 姿态跟踪控制

为辅助控制器设计，首先构造非线性流形 $\boldsymbol{x}(t)=[x_1(t),x_2(t),x_3(t)]^{\mathrm{T}}\in\mathbb{R}^3$ 为

$$\boldsymbol{x}(t)=\frac{4\eta}{1+\boldsymbol{\sigma}_{\mathrm{e}}^{\mathrm{T}}(t)\boldsymbol{\sigma}_{\mathrm{e}}(t)}\boldsymbol{\sigma}_{\mathrm{e}}(t)+\boldsymbol{\omega}_{\mathrm{e}}(t) \tag{8-71}$$

式中：$\eta>0$，为可调参数。

为误差 MRP 矢量 $\boldsymbol{\sigma}_{\mathrm{e}}(t)$ 的每一维状态 $\sigma_{\mathrm{e},i}(t)$ $(i=1,2,3)$ 施加以下性能函数约束，即

$$\begin{cases}-\delta\alpha_{\mathrm{e},i}(t)<\sigma_{\mathrm{e},i}(t)<\alpha_{\mathrm{e},i}(t), & 当\sigma_{\mathrm{e},i}(0)\geqslant 0时\\ -\alpha_{\mathrm{e},i}(t)<\sigma_{\mathrm{e},i}(t)<\delta\alpha_{\mathrm{e},i}(t), & 当\sigma_{\mathrm{e},i}(0)<0时\end{cases} \tag{8-72}$$

式中：$\delta\in(0,1)$ 为抑制超调量的常数，性能函数 $\alpha_{\mathrm{e},i}(t)$ 按式（8-10）定义为

$$\begin{cases}\alpha_{\mathrm{e},i}(0)=\alpha_{\mathrm{e},i,0}\\ \dot{\alpha}_{\mathrm{e},i}(t)=-\mu_{\mathrm{e},i}\left|\alpha_{\mathrm{e},i}(t)-\alpha_{\mathrm{e},i,T}\right|^{\gamma}\operatorname{sign}(\alpha_{\mathrm{e},i}(t)-\alpha_{\mathrm{e},i,T})\end{cases} \tag{8-73}$$

式中：$\mu_{\mathrm{e},i}=\left|\alpha_{\mathrm{e},i,0}-\alpha_{\mathrm{e},i,T}\right|^{1-\gamma}/(1-\gamma)/T_{\mathrm{safe}}$；常数 $\gamma\in(0,1)$；$\alpha_{\mathrm{e},i,0}$ 为性能函数 $\alpha_{\mathrm{e},i}(t)$ 的初值；$\alpha_{\mathrm{e},i,T}$ 为性能函数终值。值得一提的是，性能函数 $\alpha_{\mathrm{e},i}(t)$ 的收敛时间为 T_{safe}。

同时，也为流形 $\boldsymbol{x}(t)$ 的每一维状态 $x_i(t)(i=1,2,\cdots,n)$ 施加式（8-10）所示的约定时间稳定性能函数为

$$\begin{cases}-\delta\alpha_{x,i}(t)<x_i(t)<\alpha_{x,i}(t), & 当 x_i(0)\geqslant 0时\\ -\alpha_{x,i}(t)<x_i(t)<\delta\alpha_{x,i}(t), & 当 x_i(0)<0时\end{cases} \tag{8-74}$$

性能函数 $\alpha_{x,i}(t)$ 的定义为

$$\begin{cases}\alpha_{x,i}(0)=\alpha_{x,i,0}\\ \dot{\alpha}_{x,i}(t)=-\mu_{x,i}\left|\alpha_{x,i}(t)-\alpha_{x,i,\mathrm{T}}\right|^{\gamma}\operatorname{sign}(\alpha_{x,i}(t)-\alpha_{x,i,T})\end{cases} \tag{8-75}$$

式中：$\mu_{x,i}=\left|\alpha_{x,i,0}-\alpha_{x,i,T}\right|^{1-\gamma}/(1-\gamma)/T_{\mathrm{safe}}$；$\alpha_{x,i,0}$ 为性能函数 $\alpha_{x,i}(t)$ 的初值；$\alpha_{x,i,T}$ 为性能函数终值。

由定理 8-1 可知，性能函数 $\alpha_{\mathrm{e},i}(t)$ 和 $\alpha_{x,i}(t)$ 均能在预设时间 T_{safe} 以内完成收敛。

基于式（8-74）可以得到

$$\begin{cases}\|\boldsymbol{\omega}_{\mathrm{e}}(t)\| \leqslant \|\boldsymbol{x}(t)\| + \dfrac{4\eta}{1+\|\boldsymbol{\sigma}_{\mathrm{e}}(t)\|^2}\|\boldsymbol{\sigma}_{\mathrm{e}}(t)\| \\ \qquad\qquad \leqslant \|\boldsymbol{x}(t)\| + 4\eta\|\boldsymbol{\sigma}_{\mathrm{e}}(t)\|\end{cases} \tag{8-76}$$

因此，可以得到，$\boldsymbol{\omega}_{\mathrm{e}}(t)$ 的每一维状态 $\omega_{\mathrm{e},i}(t)$ 的性能可由以下约束进行间接预设，即

$$-\alpha_{x,i}(t) - 4\eta\alpha_{\mathrm{e},i}(t) \leqslant \omega_{\mathrm{e},i}(t) \leqslant \alpha_{x,i}(t) + 4\eta\alpha_{\mathrm{e},i}(t) \quad (i=1,2,3) \tag{8-77}$$

上述性能约束为系统引入了额外的非线性约束。本节采用 Kostarigka 和 Rovithakis[34]提出的新型对数型映射函数进行无约束化映射。对于状态

$$\begin{cases}\vartheta(t) \in (-\delta,1) \quad (\vartheta(0) \geqslant 0) \\ \vartheta(t) \in (-1,\delta) \quad (\vartheta(0) < 0)\end{cases} \tag{8-78}$$

定义相对状态映射函数 $\hbar(\cdot):(-1,1) \to (-\infty,+\infty)$ 为

$$\hbar(\vartheta) = \begin{cases}\ln\dfrac{\delta+\vartheta}{\delta(1-\vartheta)} \quad (\vartheta(0) \geqslant 0) \\ \ln\dfrac{\delta(1+\vartheta)}{\delta-\vartheta} \quad (\vartheta(0) < 0)\end{cases} \tag{8-79}$$

映射函数 $\hbar(\cdot)$ 满足以下性质。

性质 8-5 对于满足式（8-78）的状态 $\vartheta(t)$、$\hbar(\vartheta)$ 满足以下 3 条性质，即

$$\frac{\partial\hbar(\vartheta)}{\partial\vartheta} = \begin{cases}\dfrac{\delta+1}{(\delta+\vartheta)(1-\vartheta)} \quad (\vartheta(0) \geqslant 0) \\ \dfrac{\delta+1}{(1+\vartheta)(\delta-\vartheta)} \quad (\vartheta(0) < 0)\end{cases} \tag{8-80}$$

$$\frac{\partial\hbar(\vartheta)}{\partial\vartheta} \in \left[\frac{4}{1+\delta},+\infty\right) \tag{8-81}$$

$$\ell(\vartheta) := \frac{\hbar(\vartheta)}{\vartheta} \in \left[\frac{4}{1+\delta},+\infty\right) \tag{8-82}$$

注 8-5 $\ell(\vartheta)$ 在其定义域（$\vartheta(t)$ 满足式（8-78））内始终连续。在奇异点 $\vartheta=0$ 处的连续性可由 L'Hospital 法则进行简单证明得到。

对于状态量 $\sigma_{\mathrm{e},i}(t)$ 和流形 $x_i(t)$ 及其相应的性能函数 $\alpha_{\mathrm{e},i}(t)$ 和 $\alpha_{x,i}(t)$，定义相对状态量 $\vartheta_{\mathrm{e},i}(t)$ 和 $\vartheta_{x,i}(t)$ 分别为

$$\begin{cases}\vartheta_{\mathrm{e},i}(t) = \dfrac{\sigma_{\mathrm{e},i}(t)}{\alpha_{\mathrm{e},i}(t)} \\ \vartheta_{x,i}(t) = \dfrac{x_i(t)}{\alpha_{x,i}(t)}\end{cases} \tag{8-83}$$

则利用无约束化映射函数 $\hbar(\cdot)$ 对其分别进行映射，可以得到

$$\begin{cases} s_{\mathrm{e},i}(t) = \hbar(\vartheta_{\mathrm{e},i}(t)) \\ s_{x,i}(t) = \hbar(\vartheta_{x,i}(t)) \end{cases} \tag{8-84}$$

因此，只要设计控制器保证映射状态量 $s_{\mathrm{e},i}(t)$ 和 $s_{x,i}(t)$ 对于任意 $i=1,2,3$ 和时间 t 始终保持有界，就能保证双层性能约束式（8-72）和式（8-74）始终成立。对映射状态量 $s_{\mathrm{e},i}(t)$ 和 $s_{x,i}(t)$ 分别进行求导，可以得到

$$\begin{cases} \dot{s}_{\mathrm{e},i}(t) = R_{\mathrm{e},i}[\dot{\sigma}_{\mathrm{e},i}(t) + H_{\mathrm{e},i}\sigma_{\mathrm{e},i}(t)] \\ \dot{s}_{x,i}(t) = R_{x,i}[\dot{x}_i(t) + H_{x,i}x_i(t)] \end{cases} \tag{8-85}$$

其中

$$\begin{cases} R_{\mathrm{e},i} = \dfrac{\partial \hbar(\vartheta_{\mathrm{e},i})}{\partial \vartheta_{\mathrm{e},i}} \dfrac{1}{\alpha_{\mathrm{e},i}} \in \left[\dfrac{4}{(1+\delta)\alpha_{\mathrm{e},i,0}}, +\infty \right),\ H_{\mathrm{e},i} = -\dfrac{\dot{\alpha}_{\mathrm{e},i}}{\alpha_{\mathrm{e},i}} \geqslant 0 \\ R_{x,i} = \dfrac{\partial \hbar(\vartheta_{x,i})}{\partial \vartheta_{x,i}} \dfrac{1}{\alpha_{x,i}} \in \left[\dfrac{4}{(1+\delta)\alpha_{x,i,0}}, +\infty \right),\ H_{x,i} = -\dfrac{\dot{\alpha}_{x,i}}{\alpha_{x,i}} \geqslant 0 \end{cases} \tag{8-86}$$

基于上述推导过程，可以设计约定时间预设性能控制器为

$$\boldsymbol{\tau} = -\boldsymbol{G}_{\sigma}^{\mathrm{T}}(\boldsymbol{\sigma}_{\mathrm{e}})\boldsymbol{s}_{\mathrm{e}} - \boldsymbol{G}_{\sigma}^{\mathrm{T}}(\boldsymbol{\sigma}_{\mathrm{e}})\boldsymbol{R}_{\mathrm{e}}\boldsymbol{\sigma}_{\mathrm{e}} - k\boldsymbol{R}_x\boldsymbol{s}_x \tag{8-87}$$

式中：$k>0$，为可调控制增益；$\boldsymbol{s}_{\mathrm{e}} = [s_{\mathrm{e},1}, s_{\mathrm{e},2}, s_{\mathrm{e},3}]^{\mathrm{T}} \in \mathbb{R}^3$；$\boldsymbol{s}_x = [s_{x,1}, s_{x,2}, s_{x,3}]^{\mathrm{T}} \in \mathbb{R}^3$；$\boldsymbol{R}_{\mathrm{e}} = \mathrm{diag}(R_{\mathrm{e},1}, R_{\mathrm{e},2}, R_{\mathrm{e},3}) \in \mathbb{R}^{3\times 3}$；$\boldsymbol{R}_x = \mathrm{diag}(R_{x,1}, R_{x,2}, R_{x,3}) \in \mathbb{R}^{3\times 3}$。

姿态跟踪控制系统（式（8-65））在约定时间预设性能控制器（式（8-87））下的稳定性由下述定理给出。

定理 8-3 考虑姿态跟踪控制系统（式（8-65））和约定时间预设性能控制器（式（8-87））。当性能函数 $\alpha_{\mathrm{e},i}(t)$ 和 $\alpha_{x,i}(t)$ $(i=1,2,3)$ 的初值选取满足：$\alpha_{\mathrm{e},i,0} > |\sigma_{\mathrm{e},i}(0)|$ 和 $\alpha_{x,i,0} > |x_i(0)|$，且参数 η 的选取满足 $\eta > \max\limits_i \max\limits_t |H_{\mathrm{e},i}(t)|$，则式（8-72）、式（8-74）和式（8-77）中的约束对于 $\forall t \geqslant 0$ 始终成立。具体而言，$x_i(t)$, $\sigma_{\mathrm{e},i}(t)$ 和 $\omega_{\mathrm{e},i}(t)$ 均会在预设收敛时间 T_{safe} 内分别收敛至稳定域 $\Omega_{x,i}$、$\Omega_{\sigma,i}$ 和 $\Omega_{\omega,i}$ 中，其中：

$$\begin{cases} \Omega_{x,i} := \begin{cases} (-\delta\alpha_{x,i,T}, \alpha_{x,i,T}), & \text{当 } x_i(0) \geqslant 0 \text{时} \\ (-\alpha_{x,i,T}, \delta\alpha_{x,i,T}), & \text{当 } x_i(0) < 0 \text{时} \end{cases} \\ \Omega_{\sigma,i} := \begin{cases} (-\delta\alpha_{\mathrm{e},i,T}, \alpha_{\mathrm{e},i,T}), & \text{当 } \sigma_{\mathrm{e},i}(0) \geqslant 0 \text{时} \\ (-\alpha_{\mathrm{e},i,T}, \delta\alpha_{\mathrm{e},i,T}), & \text{当 } \sigma_{\mathrm{e},i}(0) < 0 \text{时} \end{cases} \\ \Omega_{\omega,i} := (-\alpha_{x,i,T} - 4\eta_i\alpha_{\mathrm{e},i,T}, \alpha_{x,i,T} + 4\eta_i\alpha_{\mathrm{e},i,T}) \end{cases} \tag{8-88}$$

为了证明定理 8-3，首先给出关于矩阵 $\boldsymbol{G}_{\sigma}(\boldsymbol{\sigma}_{\mathrm{e}})$ 的一个引理。

引理 8-4 对于矩阵 $\boldsymbol{G}_{\sigma}^{-1}(\boldsymbol{\sigma}_{\mathrm{e}})$，有

$$\left\|\dot{\boldsymbol{G}}_\sigma^{-1}(\boldsymbol{\sigma}_{\mathrm{e}})\right\| \leqslant \frac{2\left(1+3\|\boldsymbol{\sigma}_{\mathrm{e}}\|\right)\|\boldsymbol{\omega}_{\mathrm{e}}\|}{1+\|\boldsymbol{\sigma}_{\mathrm{e}}\|^2} \tag{8-89}$$

证明：由 $\boldsymbol{G}_\sigma(\boldsymbol{\sigma}_{\mathrm{e}})$ 的定义可以得到

$$\begin{cases} \left\|\dot{\boldsymbol{G}}_\sigma(\boldsymbol{\sigma}_e)\right\| = \dfrac{1}{4}\left\|-2\boldsymbol{\sigma}_{\mathrm{e}}^{\mathrm{T}}\dot{\boldsymbol{\sigma}}_{\mathrm{e}}\boldsymbol{I}_3 + 2\dot{\boldsymbol{\sigma}}_{\mathrm{e}}^{\times} + 2\dot{\boldsymbol{\sigma}}_{\mathrm{e}}\boldsymbol{\sigma}_{\mathrm{e}}^{\mathrm{T}} + 2\boldsymbol{\sigma}_{\mathrm{e}}\dot{\boldsymbol{\sigma}}_{\mathrm{e}}^{\mathrm{T}}\right\| \\ \leqslant \dfrac{1}{4}\left(2\|\boldsymbol{\sigma}_{\mathrm{e}}\|\|\dot{\boldsymbol{\sigma}}_{\mathrm{e}}\| + 2\|\dot{\boldsymbol{\sigma}}_{\mathrm{e}}\| + 4\|\dot{\boldsymbol{\sigma}}_{\mathrm{e}}\|\|\boldsymbol{\sigma}_{\mathrm{e}}\|\right) \\ \leqslant \left(\dfrac{1+3\|\boldsymbol{\sigma}_{\mathrm{e}}\|}{2}\right)\|\dot{\boldsymbol{\sigma}}_{\mathrm{e}}\| \end{cases} \tag{8-90}$$

将式（8-67）代入式（8-90）可得

$$\left\|\dot{\boldsymbol{G}}_\sigma(\boldsymbol{\sigma}_{\mathrm{e}})\right\| \leqslant \left(\frac{1+3\|\boldsymbol{\sigma}_{\mathrm{e}}\|}{2}\right)\frac{1+\|\boldsymbol{\sigma}_{\mathrm{e}}\|^2}{4}\|\boldsymbol{\omega}_{\mathrm{e}}\| \tag{8-91}$$

则 $\dot{\boldsymbol{G}}_\sigma^{-1}(\boldsymbol{\sigma}_{\mathrm{e}})$ 的上界可以估计为

$$\begin{aligned} \left\|\dot{\boldsymbol{G}}_\sigma^{-1}(\boldsymbol{\sigma}_{\mathrm{e}})\right\| &= \left\|-\boldsymbol{G}_\sigma^{-1}(\boldsymbol{\sigma}_{\mathrm{e}})\dot{\boldsymbol{G}}_\sigma(\boldsymbol{\sigma}_{\mathrm{e}})\boldsymbol{G}_\sigma^{-1}(\boldsymbol{\sigma}_{\mathrm{e}})\right\| \\ &\leqslant \frac{16}{\left(1+\|\boldsymbol{\sigma}_{\mathrm{e}}\|^2\right)^2}\left(\frac{1+3\|\boldsymbol{\sigma}_{\mathrm{e}}\|}{2}\right)\frac{1+\|\boldsymbol{\sigma}_{\mathrm{e}}\|^2}{4}\|\boldsymbol{\omega}_{\mathrm{e}}\| \\ &= \frac{2\left(1+3\|\boldsymbol{\sigma}_{\mathrm{e}}\|\right)\|\boldsymbol{\omega}_{\mathrm{e}}\|}{1+\|\boldsymbol{\sigma}_{\mathrm{e}}\|^2} \end{aligned} \tag{8-92}$$

定理 8-3 的证明将分为以下三步完成。

第一步：问题转化。

由映射状态量 $\boldsymbol{s}_{\mathrm{e}}(t)$ 和 $\boldsymbol{s}_x(t)$ 的定义可以得知，当 $\boldsymbol{s}_{\mathrm{e}}(t)$ 和 $\boldsymbol{s}_x(t)$ 均有界时，将 $\boldsymbol{s}_{\mathrm{e}}(t)$ 和 $\boldsymbol{s}_x(t)$ 逆映射回原约束空间，有约束式（8-72）和式（8-74）成立；反之亦然。因此，要证明约束式（8-72）和式（8-74）始终成立，只需要证明对于所有的 $t \geqslant 0$，$\boldsymbol{s}_{\mathrm{e}}(t)$ 和 $\boldsymbol{s}_x(t)$ 始终保持有界。以反证法对该命题进行证明。在 $t=0$ 时，由于性能函数 $\alpha_{\mathrm{e},i}(t)$ 和 $\alpha_{x,i}(t)$ $(i=1,2,3)$ 的初值选取满足：$\alpha_{\mathrm{e},i,0} > |\sigma_{\mathrm{e},i}(0)|$ 和 $\alpha_{x,i,0} > |x_i(0)|$，因此 $\boldsymbol{s}_{\mathrm{e}}(0)$ 和 $\boldsymbol{s}_x(0)$ 是有界的。假设存在时间 $t_v > 0$ 使得当 $t = t_v$ 时，约束式（8-72）和式（8-74）中首次有约束被违反。换言之，当 $t = t_v$ 时，映射状态 $\boldsymbol{s}(t) = [\boldsymbol{s}_{\mathrm{e}}^{\mathrm{T}}(t), \boldsymbol{s}_x^{\mathrm{T}}(t)]^{\mathrm{T}} \in \mathbb{R}^6$ 是无界的，即 $\|\boldsymbol{s}(t)\|_\infty = +\infty$。在后续两步中，将分别证明：当 $t = t_v$ 时，$\|\boldsymbol{s}_{\mathrm{e}}(t)\|_\infty < +\infty$ 且 $\|\boldsymbol{s}_x(t)\|_\infty < +\infty$。

第二步：证明当 $t = t_v$ 时，$\|\boldsymbol{s}_{\mathrm{e}}(t)\|_\infty < +\infty$。

对式（8-71）中的非线性流形 $\boldsymbol{x}(t)$ 进行求导可以得到

$$\dot{\boldsymbol{x}}(t)=\eta\boldsymbol{\omega}_{\mathrm{e}}(t)+\eta\dot{\boldsymbol{G}}_{\sigma}^{-1}(\boldsymbol{\sigma}_{\mathrm{e}})\boldsymbol{\sigma}_{\mathrm{e}}(t)+\dot{\boldsymbol{\omega}}_{\mathrm{e}}(t) \tag{8-93}$$

值得注意的是，式（8-65）中的姿态动力学方程可以转化为

$$\boldsymbol{J}\dot{\boldsymbol{\omega}}_{\mathrm{e}}=\boldsymbol{\varDelta}_1(\boldsymbol{\omega}_{\mathrm{e}},\boldsymbol{\omega}_{\mathrm{d}},\dot{\boldsymbol{\omega}}_{\mathrm{d}})+\boldsymbol{\tau} \tag{8-94}$$

式中：$\boldsymbol{\varDelta}_1(\boldsymbol{\omega}_{\mathrm{e}},\boldsymbol{\omega}_{\mathrm{d}},\dot{\boldsymbol{\omega}}_{\mathrm{d}}):=-\boldsymbol{\omega}^{\times}\boldsymbol{J}\boldsymbol{\omega}-\boldsymbol{J}\boldsymbol{T}(\boldsymbol{\sigma}_{\mathrm{e}})\dot{\boldsymbol{\omega}}_{\mathrm{d}}+\boldsymbol{J}\boldsymbol{\omega}_{\mathrm{e}}^{\times}\boldsymbol{T}(\boldsymbol{\sigma}_{\mathrm{e}})\boldsymbol{\omega}_{\mathrm{d}}+\boldsymbol{\tau}_{\mathrm{d}}$。

由性质 8-4 可知

$$\begin{cases}\left\|\boldsymbol{\varDelta}_1(\boldsymbol{\omega}_{\mathrm{e}},\boldsymbol{\omega}_{\mathrm{d}},\dot{\boldsymbol{\omega}}_{\mathrm{d}})\right\| &= \left\|-\boldsymbol{\omega}^{\times}\boldsymbol{J}\boldsymbol{\omega}-\boldsymbol{J}\boldsymbol{T}(\boldsymbol{\sigma}_{\mathrm{e}})\dot{\boldsymbol{\omega}}_{\mathrm{d}}+\boldsymbol{J}\boldsymbol{\omega}_{\mathrm{e}}^{\times}\boldsymbol{T}(\boldsymbol{\sigma}_{\mathrm{e}})\boldsymbol{\omega}_{\mathrm{d}}+\boldsymbol{\tau}_{\mathrm{d}}\right\| \\ &\leqslant \left\|\boldsymbol{\omega}^{\times}\boldsymbol{J}\boldsymbol{\omega}\right\|+\left\|\boldsymbol{J}\boldsymbol{T}(\boldsymbol{\sigma}_{\mathrm{e}})\dot{\boldsymbol{\omega}}_{\mathrm{d}}\right\|+\left\|\boldsymbol{J}\boldsymbol{\omega}_{\mathrm{e}}^{\times}\boldsymbol{T}(\boldsymbol{\sigma}_{\mathrm{e}})\boldsymbol{\omega}_{\mathrm{d}}\right\|+\left\|\boldsymbol{\tau}_{\mathrm{d}}\right\| \\ &\leqslant \left\|\boldsymbol{J}\right\|\left(\left\|\boldsymbol{\omega}\right\|^2+\left\|\dot{\boldsymbol{\omega}}_{\mathrm{d}}\right\|+\left\|\boldsymbol{\omega}_{\mathrm{e}}\right\|\left\|\boldsymbol{\omega}_{\mathrm{d}}\right\|\right)+\left\|\boldsymbol{\tau}_{\mathrm{d}}\right\|\end{cases} \tag{8-95}$$

注意：$\left\|\boldsymbol{\omega}_{\mathrm{d}}(t)\right\|\leqslant C_{\omega_{\mathrm{d}}}$，$\left\|\dot{\boldsymbol{\omega}}_{\mathrm{d}}(t)\right\|\leqslant C_{\dot{\omega}_{\mathrm{d}}}$ 和 $\left\|\boldsymbol{\tau}_{\mathrm{d}}\right\|\leqslant C_{\mathrm{d}}$，并定义惯量矩阵 $\boldsymbol{J}$ 的最大特征值为 C_{J_2}，因此有

$$\begin{aligned}\left\|\boldsymbol{\varDelta}_1(\boldsymbol{\omega}_{\mathrm{e}},\boldsymbol{\omega}_{\mathrm{d}},\dot{\boldsymbol{\omega}}_{\mathrm{d}})\right\| &\leqslant C_{J_2}\left(\left\|\boldsymbol{\omega}_{\mathrm{e}}\right\|^2+\left\|\boldsymbol{\omega}_{\mathrm{d}}\right\|^2+3\left\|\boldsymbol{\omega}_{\mathrm{e}}\right\|\left\|\boldsymbol{\omega}_{\mathrm{d}}\right\|+C_{\dot{\omega}_{\mathrm{d}}}\right)+C_{\mathrm{d}} \\ &\leqslant C_{J_2}\left(\left\|\boldsymbol{\omega}_{\mathrm{e}}\right\|^2+C_{\omega_{\mathrm{d}}}^2+3C_{\omega_{\mathrm{d}}}\left\|\boldsymbol{\omega}_{\mathrm{e}}\right\|+C_{\dot{\omega}_{\mathrm{d}}}\right)+C_{\mathrm{d}} \\ &= C_{\varDelta_1}\end{aligned} \tag{8-96}$$

其中：$C_{\varDelta_1}:=C_{J_2}\left(\left\|\boldsymbol{\omega}_{\mathrm{e}}\right\|^2+3C_{\omega_{\mathrm{d}}}\left\|\boldsymbol{\omega}_{\mathrm{e}}\right\|+C_{\omega_{\mathrm{d}}}^2+C_{\dot{\omega}_{\mathrm{d}}}\right)+C_{\mathrm{d}}>0$。

将式（8-94）和控制器（8-87）代入式（8-93）可得

$$\boldsymbol{J}\dot{\boldsymbol{x}}=\boldsymbol{\varDelta}_1(\boldsymbol{\omega}_{\mathrm{e}},\boldsymbol{\omega}_{\mathrm{d}},\dot{\boldsymbol{\omega}}_{\mathrm{d}})+\boldsymbol{\varDelta}_2(\boldsymbol{\sigma}_{\mathrm{e}},\boldsymbol{\omega}_{\mathrm{e}})-\boldsymbol{G}_{\sigma}^{\mathrm{T}}(\boldsymbol{\sigma}_{\mathrm{e}})\boldsymbol{s}_{\mathrm{e}}-\boldsymbol{G}_{\sigma}^{\mathrm{T}}(\boldsymbol{\sigma}_{\mathrm{e}})\boldsymbol{R}_{\mathrm{e}}\boldsymbol{\sigma}_{\mathrm{e}}-k\boldsymbol{R}_x\boldsymbol{s}_x \tag{8-97}$$

其中：$\boldsymbol{\varDelta}_2(\boldsymbol{\sigma}_{\mathrm{e}},\boldsymbol{\omega}_{\mathrm{e}}):=\eta\boldsymbol{J}\boldsymbol{\omega}_{\mathrm{e}}+\eta\boldsymbol{J}\dot{\boldsymbol{G}}_{\sigma}^{-1}(\boldsymbol{\sigma}_{\mathrm{e}})\boldsymbol{\sigma}_{\mathrm{e}}$。

由引理 8-4 可得

$$\left\|\boldsymbol{\varDelta}_2(\boldsymbol{\sigma}_{\mathrm{e}},\boldsymbol{\omega}_{\mathrm{e}})\right\|\leqslant C_{\varDelta_2} \tag{8-98}$$

其中

$$C_{\varDelta_2}:=\eta C_{J_2}\left\|\boldsymbol{\omega}_{\mathrm{e}}\right\|+\eta C_{J_2}\frac{2\left(1+3\left\|\boldsymbol{\sigma}_{\mathrm{e}}\right\|\right)\left\|\boldsymbol{\omega}_{\mathrm{e}}\right\|\left\|\boldsymbol{\sigma}_{\mathrm{e}}\right\|}{1+\left\|\boldsymbol{\sigma}_{\mathrm{e}}\right\|^2}>0 \tag{8-99}$$

在时间区间 $[0,t_v)$ 内，由于约束式（8-72）和式（8-74）始终成立，因此 $\boldsymbol{x}(t)$、$\boldsymbol{\sigma}_{\mathrm{e}}(t)$ 和 $\boldsymbol{\omega}_{\mathrm{e}}(t)$ 在该时间区间内始终有界。由此可知，$C_{\varDelta_1}$ 和 $C_{\varDelta_2}$ 在区间 $[0,t_v]$ 内是有界的。构造关于映射状态量 $\boldsymbol{s}_{\mathrm{e}}(t)$ 和流形 $\boldsymbol{x}(t)$ 的李雅普诺夫函数 V_4 为

$$V_4=\frac{1}{2}\boldsymbol{x}^{\mathrm{T}}\boldsymbol{J}\boldsymbol{x}+\boldsymbol{s}_{\mathrm{e}}^{\mathrm{T}}\boldsymbol{\sigma}_{\mathrm{e}} \tag{8-100}$$

对其进行求导并代入式（8-97）可得

$$\begin{aligned}\dot{V}_4 &= \boldsymbol{x}^{\mathrm{T}}\boldsymbol{J}\dot{\boldsymbol{x}}+\boldsymbol{s}_{\mathrm{e}}^{\mathrm{T}}\dot{\boldsymbol{\sigma}}_{\mathrm{e}}+\boldsymbol{\sigma}_{\mathrm{e}}^{\mathrm{T}}\dot{\boldsymbol{s}}_{\mathrm{e}} \\ &= \boldsymbol{x}^{\mathrm{T}}\left(\boldsymbol{\varDelta}_1+\boldsymbol{\varDelta}_2-\boldsymbol{G}_{\sigma}^{\mathrm{T}}(\boldsymbol{\sigma}_{\mathrm{e}})\boldsymbol{s}_{\mathrm{e}}-\boldsymbol{G}_{\sigma}^{\mathrm{T}}(\boldsymbol{\sigma}_{\mathrm{e}})\boldsymbol{R}_{\mathrm{e}}\boldsymbol{\sigma}_{\mathrm{e}}-k\boldsymbol{R}_x\boldsymbol{s}_x\right)+\boldsymbol{s}_{\mathrm{e}}^{\mathrm{T}}\dot{\boldsymbol{\sigma}}_{\mathrm{e}}+\boldsymbol{\sigma}_{\mathrm{e}}^{\mathrm{T}}\dot{\boldsymbol{s}}_{\mathrm{e}}\end{aligned} \tag{8-101}$$

结合性质 8-4 和式（8-65）、式（8-71）和式（8-86），可得

$$
\begin{aligned}
\dot{V}_4 &= \boldsymbol{x}^{\mathrm{T}}(\boldsymbol{\Delta}_1+\boldsymbol{\Delta}_2-\boldsymbol{G}_\sigma^{\mathrm{T}}(\boldsymbol{\sigma}_{\mathrm{e}})\boldsymbol{s}_{\mathrm{e}}-\boldsymbol{G}_\sigma^{\mathrm{T}}(\boldsymbol{\sigma}_{\mathrm{e}})\boldsymbol{R}_{\mathrm{e}}\boldsymbol{\sigma}_{\mathrm{e}}-k\boldsymbol{R}_x\boldsymbol{s}_x)+\\
&\quad \boldsymbol{s}_{\mathrm{e}}^{\mathrm{T}}\boldsymbol{G}_\sigma(\boldsymbol{\sigma}_{\mathrm{e}})(\boldsymbol{x}-\eta\boldsymbol{G}_{\mathrm{e}}^{-1}(\boldsymbol{\sigma}_{\mathrm{e}})\boldsymbol{\sigma}_{\mathrm{e}})+\boldsymbol{\sigma}_{\mathrm{e}}^{\mathrm{T}}\boldsymbol{R}_{\mathrm{e}}[\boldsymbol{G}_\sigma(\boldsymbol{\sigma}_{\mathrm{e}})(\boldsymbol{x}-\eta\boldsymbol{G}_{\mathrm{e}}^{-1}(\boldsymbol{\sigma}_{\mathrm{e}})\boldsymbol{\sigma}_{\mathrm{e}})+\boldsymbol{H}_{\mathrm{e}}\boldsymbol{\sigma}_{\mathrm{e}}] \\
&= \boldsymbol{x}^{\mathrm{T}}(\boldsymbol{\Delta}_1+\boldsymbol{\Delta}_2)-k\boldsymbol{x}^{\mathrm{T}}\boldsymbol{R}_x\boldsymbol{s}_x-\eta\boldsymbol{s}_{\mathrm{e}}^{\mathrm{T}}\boldsymbol{\sigma}_{\mathrm{e}}-\boldsymbol{\sigma}_{\mathrm{e}}^{\mathrm{T}}\boldsymbol{R}_{\mathrm{e}}(\eta\boldsymbol{I}_3-\boldsymbol{H}_{\mathrm{e}})\boldsymbol{\sigma}_{\mathrm{e}}
\end{aligned}
\tag{8-102}
$$

由于参数 η 的选取满足 $\eta>\max\limits_i\max\limits_t\left|H_{\mathrm{e},i}(t)\right|$，因此有

$$
\dot{V}_4 \leqslant \boldsymbol{x}^{\mathrm{T}}(\boldsymbol{\Delta}_1+\boldsymbol{\Delta}_2)-k\boldsymbol{x}^{\mathrm{T}}\boldsymbol{R}_x\boldsymbol{s}_x-\eta\boldsymbol{s}_{\mathrm{e}}^{\mathrm{T}}\boldsymbol{\sigma}_{\mathrm{e}} \tag{8-103}
$$

由性质 8-5 有

$$
\begin{aligned}
-k\boldsymbol{x}^{\mathrm{T}}\boldsymbol{R}_x\boldsymbol{s}_x &\leqslant -k\left\|\boldsymbol{R}_x\right\|\boldsymbol{x}^{\mathrm{T}}\boldsymbol{s}_x \\
&\leqslant -\frac{4k}{(1+\delta)C_{\alpha x}}\boldsymbol{x}^{\mathrm{T}}\ell(\boldsymbol{\vartheta}_x)\boldsymbol{x} \\
&\leqslant -\frac{4k}{(1+\delta)C_{\alpha x}}\cdot\frac{4}{1+\delta}\boldsymbol{x}^{\mathrm{T}}\boldsymbol{x} \\
&\leqslant -\frac{16k}{C_{\alpha x}(1+\delta)^2}\boldsymbol{x}^{\mathrm{T}}\boldsymbol{x}
\end{aligned}
\tag{8-104}
$$

式中：$C_{\alpha x}=\max\limits_i\max\limits_t\alpha_{x,i}(t)$；$\ell(\boldsymbol{\vartheta}_x)=\mathrm{diag}(\ell(\vartheta_{x1}),\ell(\vartheta_{x2}),\ell(\vartheta_{x3}))$，其中 $\ell(\vartheta_{x,i})=\hbar(\vartheta_{x,i})/\vartheta_{x,i}$ 且 $\vartheta_{x,i}=x_i/\alpha_{x,i}$。

结合式（8-96）和式（8-98），应用 Young 不等式，可得

$$
\begin{aligned}
\boldsymbol{x}^{\mathrm{T}}(\boldsymbol{\Delta}_1+\boldsymbol{\Delta}_2) &= \sqrt{\frac{16k}{C_{\alpha x}(1+\delta)^2}}\boldsymbol{x}^{\mathrm{T}}\cdot\sqrt{\frac{C_{\alpha x}(1+\delta)^2}{16k}}(\boldsymbol{\Delta}_1+\boldsymbol{\Delta}_2) \\
&\leqslant \frac{1}{2}\cdot\frac{16k}{C_{\alpha x}(1+\delta)^2}\boldsymbol{x}^{\mathrm{T}}\boldsymbol{x}+\frac{1}{2}\cdot\frac{C_{\alpha x}(1+\delta)^2}{16k}(C_{\Delta_1}+C_{\Delta_2})^2
\end{aligned}
\tag{8-105}
$$

将式（8-104）和式（8-105）代入式（8-102），有

$$
\dot{V}_4 \leqslant -\frac{16k}{C_{\alpha x}(1+\delta)^2}\cdot\frac{1}{2}\boldsymbol{x}^{\mathrm{T}}\boldsymbol{x}-\eta\boldsymbol{s}_{\mathrm{e}}^{\mathrm{T}}\boldsymbol{\sigma}_{\mathrm{e}}+\frac{C_{\alpha x}(1+\delta)^2(C_{\Delta_1}+C_{\Delta_2})^2}{32k} \tag{8-106}
$$

通过定义：

$$
C_{4,1}:=\min\left\{\frac{16k}{C_{\alpha x}(1+\delta)^2},\eta\right\},\ C_{4,2}:=\frac{C_{\alpha x}(1+\delta)^2(C_{\Delta_1}+C_{\Delta_2})^2}{32k} \tag{8-107}
$$

显然 $C_{4,1}$ 和 $C_{4,2}$ 在时间区间 $[0,t_v]$ 内是有界的。代入式（8-106）中，有

$$
\dot{V}_4 \leqslant -C_{4,1}V_4+C_{4,2},\quad t\in[0,t_v] \tag{8-108}
$$

对式（8-108）进行积分，可以得到

$$
\begin{aligned}
V_4(t) &\leqslant V_4(0)\exp(-C_{4,1}t)+\int_0^t C_{4,2}\exp(-C_{4,1}(t-\tau))\mathrm{d}\tau \\
&= V_4(0)\exp(-C_{4,1}t)+\frac{C_{4,2}}{C_{4,1}[1-\exp(-C_{4,1}t)]} \\
&\leqslant V_4(0)+C_{4,2}/C_{4,1},\quad t\in[0,t_v]
\end{aligned}
\tag{8-109}
$$

因此，李雅普诺夫函数V_4在时间区间$[0,t_v]$上始终有界。换言之，当$t\in[0,t_v]$时，$\|\boldsymbol{s}_\mathrm{e}(t)\|_\infty<+\infty$始终成立。

第三步： 证明当$t=t_v$时，$\|\boldsymbol{s}_x(t)\|_\infty<+\infty$。

在时间区间$[0,t_v]$内，构造关于$\boldsymbol{s}_x(t)$的李雅普诺夫函数V_5为

$$V_5=\frac{k\boldsymbol{s}_x^\mathrm{T}\boldsymbol{s}_x}{2} \tag{8-110}$$

对其进行求导，并代入式（8-86）和式（8-97），可以得到

$$\begin{aligned}\dot V_5&=k\boldsymbol{s}_x^\mathrm{T}\dot{\boldsymbol{s}}_x\\&=k\boldsymbol{s}_x^\mathrm{T}\boldsymbol{R}_x(\dot{\boldsymbol{x}}+\boldsymbol{H}_x\boldsymbol{x})\\&=k\boldsymbol{s}_x^\mathrm{T}\boldsymbol{R}_x\boldsymbol{J}^{-1}(-k\boldsymbol{R}_u\boldsymbol{s}_u+\boldsymbol{\Delta}_1+\boldsymbol{\Delta}_2-\boldsymbol{G}_\sigma^\mathrm{T}(\boldsymbol{\sigma}_\mathrm{e})\boldsymbol{s}_\mathrm{e}-\boldsymbol{G}_\sigma^\mathrm{T}(\boldsymbol{\sigma}_\mathrm{e})\boldsymbol{R}_\mathrm{e}\boldsymbol{\sigma}_\mathrm{e}+\boldsymbol{J}\boldsymbol{H}_x\boldsymbol{x})\end{aligned} \tag{8-111}$$

定义$\boldsymbol{\Delta}_3:=-\boldsymbol{G}_\sigma^\mathrm{T}(\boldsymbol{\sigma}_\mathrm{e})\boldsymbol{s}_\mathrm{e}-\boldsymbol{G}_\sigma^\mathrm{T}(\boldsymbol{\sigma}_\mathrm{e})\boldsymbol{R}_\mathrm{e}\boldsymbol{\sigma}_\mathrm{e}+\boldsymbol{J}\boldsymbol{H}_x\boldsymbol{x}$，由于$\boldsymbol{G}_\sigma(\boldsymbol{\sigma}_\mathrm{e})$、$\boldsymbol{\sigma}_\mathrm{e}$、$\boldsymbol{J}$、$\boldsymbol{H}_x$、$\boldsymbol{x}$在时间区间$[0,t_v]$内均是有界的，通过第二步的证明可知$\boldsymbol{s}_\mathrm{e}$和$\boldsymbol{R}_\mathrm{e}$在时间区间$[0,t_v]$内也是有界的，因此存在有界常数$C_{\Delta_3}$使得

$$\|\boldsymbol{\Delta}_3\|\leqslant C_{\Delta_3}\quad(t\in[0,t_v]) \tag{8-112}$$

将式（8-112）和性质8-5代入式（8-111），利用Young不等式，可得

$$\begin{aligned}\dot V_5&=-k^2\boldsymbol{s}_x^\mathrm{T}\boldsymbol{R}_x\boldsymbol{J}^{-1}\boldsymbol{R}_x\boldsymbol{s}_x+k\boldsymbol{s}_x^\mathrm{T}\boldsymbol{R}_x\boldsymbol{J}^{-1}(\boldsymbol{\Delta}_1+\boldsymbol{\Delta}_2+\boldsymbol{\Delta}_3)\\&\leqslant-\frac{\|k\boldsymbol{R}_x\boldsymbol{s}_x\|^2}{C_{J_2}}+\frac{(k\boldsymbol{s}_x^\mathrm{T}\boldsymbol{R}_x)}{\sqrt{C_{J_2}}}\sqrt{C_{J_2}}\boldsymbol{J}^{-1}(\boldsymbol{\Delta}_1+\boldsymbol{\Delta}_2+\boldsymbol{\Delta}_3)\\&\leqslant-\frac{1}{2C_{J_2}}\|k\boldsymbol{R}_x\boldsymbol{s}_x\|^2+\frac{C_{J_2}}{2}\|\boldsymbol{J}^{-1}\|^2\|\boldsymbol{\Delta}_1+\boldsymbol{\Delta}_2+\boldsymbol{\Delta}_3\|^2\\&\leqslant-\frac{16k}{(1+\delta)^2C_{J_2}C_{\alpha x}^2}\cdot\frac{k}{2}\boldsymbol{s}_x^\mathrm{T}\boldsymbol{s}_x+\frac{C_{J_2}}{2C_{J_1}^2}(C_{\Delta_1}+C_{\Delta_2}+C_{\Delta_3})^2\end{aligned} \tag{8-113}$$

定义

$$C_{5,1}:=\frac{16k}{(1+\delta)^2C_{J_2}C_{\alpha x}^2},\ C_{5,2}:=\frac{\mathrm{C}_{J2}}{2\mathrm{C}_{J_1}^2}(C_{\Delta_1}+C_{\Delta_2}+C_{\Delta_3})^2 \tag{8-114}$$

显然，$C_{5,1}$和$C_{5,2}$在时间区间$[0,t_v]$内是有界的。代入式（8-113）中，有

$$\dot V_5\leqslant-C_{5,1}V_5+C_{5,2}\quad(t\in[0,t_v]) \tag{8-115}$$

类似于第二步，李雅普诺夫函数V_5在时间区间$[0,t_v]$上始终有界。换言之，当$t\in[0,t_v]$时，$\|\boldsymbol{s}_x(t)\|_\infty<+\infty$始终成立。

综合第二步和第三步可知，映射状态$\boldsymbol{s}(t)=[\boldsymbol{s}_\mathrm{e}^\mathrm{T}(t),\boldsymbol{s}_x^\mathrm{T}(t)]^\mathrm{T}$在时间区间$[0,t_v]$内始终有界，与假设矛盾。因此，约束式（8-72）和式（8-74）在整个时间区间$[0,+\infty)$

内始终成立。由式（8-76）的推导可知，约束式（8-77）在整个时间区间$[0,+\infty)$内也始终成立。换言之，$x_i(t)$、$\sigma_{e,i}(t)$和$\omega_{e,i}(t)$均会在预设收敛时间T_{safe}内分别收敛至稳定域$\Omega_{x,i}$、$\Omega_{\sigma,i}$和$\Omega_{\omega,i}$内。

■

8.4.3 仿真算例与分析

本小节采用8.3.3小节中与慢旋小机动非合作目标和快旋大机动非合作目标交会的仿真算例，进行轨道控制和姿态跟踪任务的六自由度仿真，验证本节提出的约定时间姿态跟踪预设性能控制器（8-87）的有效性。

1．与慢旋小机动空间非合作目标交会

在本小节中，通过仿真与慢旋小机动空间非合作目标的视线交会任务来验证约定时间姿态跟踪预设性能控制器（8-87）的有效性。

轨道控制相关动力学参数、性能函数参数、控制参数的设置与8.3.3小节中相同。追踪航天器的先验惯量矩阵$\boldsymbol{J}_0$（并不一定要求准确）选择为$\boldsymbol{J}_0=\mathrm{diag}(40.0,42.5,50.2)\ \mathrm{kg}\cdot\mathrm{m}^2$，真实惯量矩阵$\boldsymbol{J}$定义为$\boldsymbol{J}=\boldsymbol{J}_0+\Delta\boldsymbol{J}$，其中$\Delta\boldsymbol{J}=20\%\boldsymbol{J}_0$为未知参数，具有不确定性。

姿态运动外部干扰$\boldsymbol{\tau}_d(t)$设计为

$$\boldsymbol{\tau}_d(t)\ =\ 2\times10^{-4}\times[\sin(0.8t),\cos(0.5t),\cos(0.3t)]^{\mathrm{T}}\ \mathrm{N}\cdot\mathrm{m} \tag{8-116}$$

初始误差MRP矢量和姿态角速度误差分别设计为$\boldsymbol{\sigma}_e(0)=[0.1,-0.08,0.05]^{\mathrm{T}}$和$\boldsymbol{\omega}(0)=[0,0,0]^{\mathrm{T}}\ \mathrm{rad/s}$。

姿态跟踪运动的约定时间性能函数$\alpha_{e,i}(t)$和$\alpha_{x,i}(t)$ $(i=1,2,3)$的参数设计为：$\gamma=0.6,\ \delta=0.8,\ \alpha_{e,i,0}=0.3,\ \alpha_{e,i,\mathrm{T}}=0.01,\ \alpha_{x,i,0}=0.3,\ \alpha_{x,i,\mathrm{T}}=0.01$。姿态约定时间预设性能控制器参数设计为$k=2$和$\eta=0.05$。

姿态跟踪控制的仿真结果如图8-17～图8-20所示。由图8-17～图8-19可以看出，所有的系统状态，包括姿态MRP误差、姿态角速度误差和非线性流形均始终保持在预设的性能边界（ARPF）以内。换言之，所有的系统状态均能在预设收敛时间$T_{safe}=203.28\mathrm{s}$内完成收敛。从图8-17中的子图可以得到，航天器追踪期望轨迹的姿态MRP精度约为3×10^{-6}，保持了很高的稳态跟踪精度，能够保证交会任务过程中始终指向目标，且以很高的精度完成对接轴线的跟踪。姿态角速度误差的稳态精度为$5\times10^{-7}\ \mathrm{rad/s}$（如图8-18的子图所示），同样保持很高的跟踪精度。图8-20给出了姿态跟踪约定时间预设性能控制器（式（8-87））的控制输入变化曲线。从图中可以看出，控制输入连续稳定，不存在抖振、突变等实际工程问题中难以实现的输入。

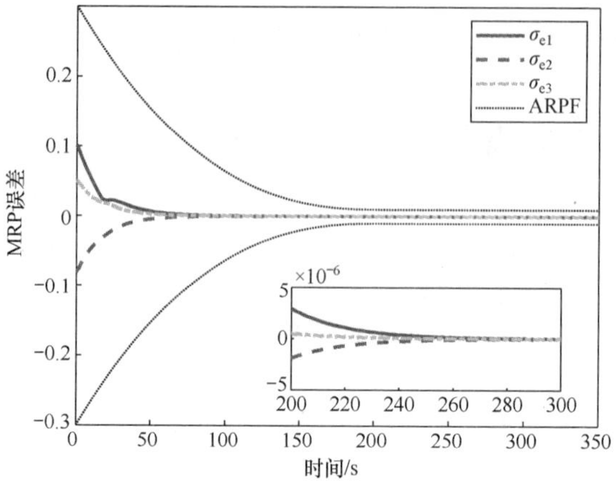

图 8-17 MRP 误差在性能函数下的变化曲线（慢旋小机动目标交会）

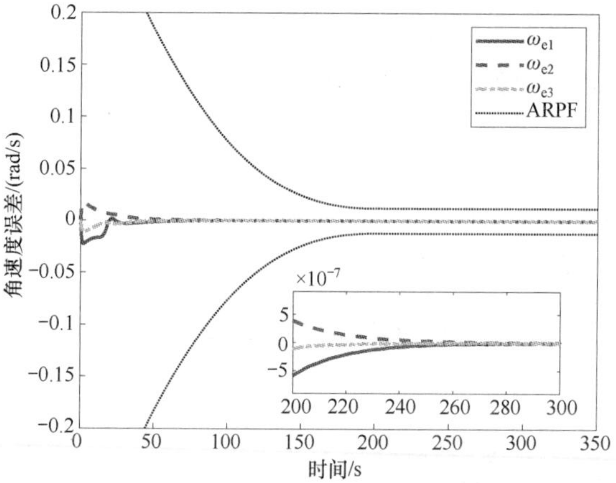

图 8-18 姿态角速度误差在性能函数下的变化曲线（慢旋小机动目标交会）

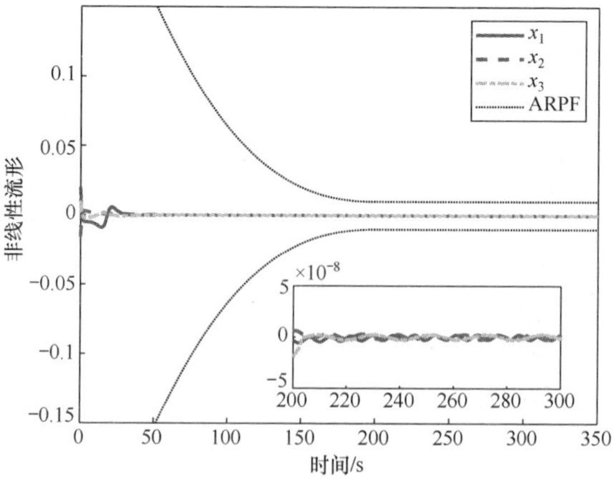

图 8-19 非线性流形在性能函数下的变化曲线（慢旋小机动目标交会）

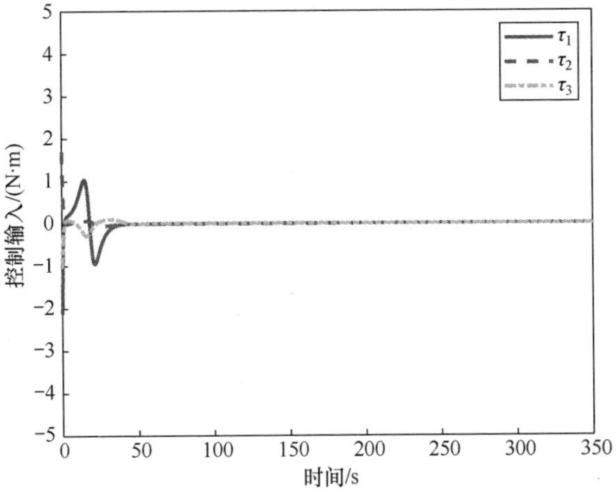

图 8-20　控制输入的变化曲线（慢旋小机动目标交会）

为了更加形象地展示整个最终逼近段六自由度交会控制的过程和性能约束，上述姿态跟踪运动的仿真结果和 8.3.3 小节的轨道运动的仿真结果在图 8-21 中以三维空间时间片段的形式给出。为方便观察，图中的坐标系原点固定在空间非合作目标的质心上（实际中，目标始终在运动且存在非合作输入），坐标系的三轴分别平行于参考惯性坐标系的三轴。为了更加清晰地展示六自由度交会控制的过程，图中航天器的尺寸都进行了相应放大，如图中“尺寸×40”表示两航天器的尺寸放大了 40 倍。从图中可以看出，在 $t=0$s 时追踪航天器的性能边界范围很大。随着时间的推移，性能边界范围不断缩小，基于预设性能框架设计的交会走廊驱动追踪航天器不断接近于空间非合作目标的对接轴线。当 $t=T_{safe}=203.28$s 时，追踪航天器精确地到达非合作目标的对接轴线上。值得一提的是，此时两航天器的相对距离是大于安全距离 $\rho_{safe}=50$m 的。随后追踪航天器沿着对接轴线继续接近非合作目标，并在 $t=T_3=300$s 时准确到达预定交会点，安全自主地完成了交会任务。在整个交会过程中，追踪航天器的观测轴线始终指向非合作目标，保证了交会过程中目标的可见性，并满足测量设备的观测要求，从而确保交会任务的顺利完成。

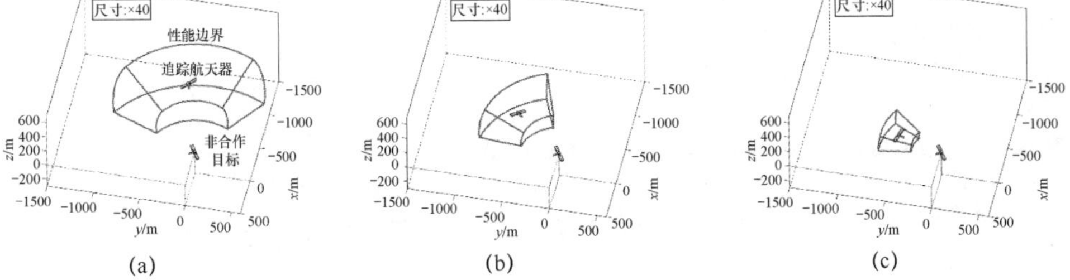

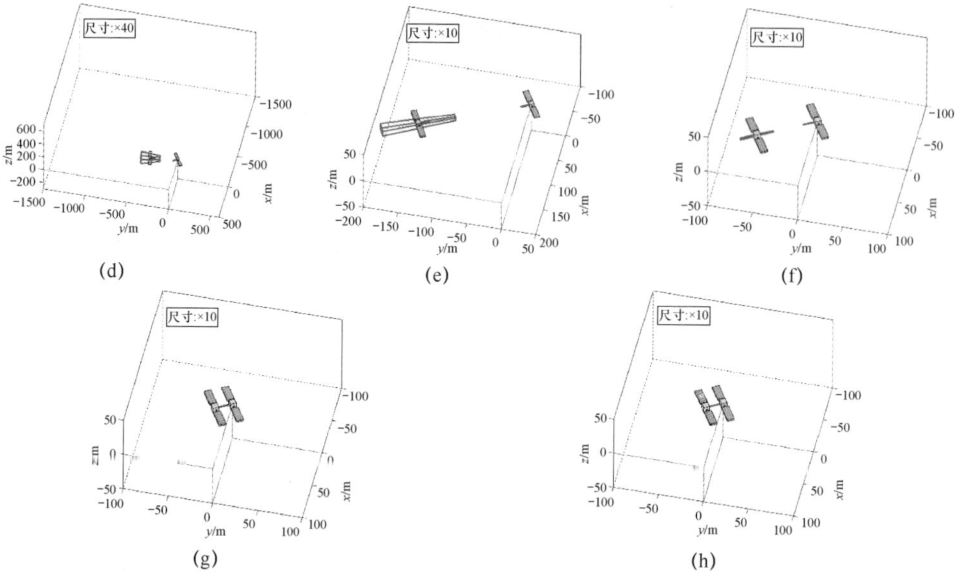

图 8-21　最终逼近过程的三维空间示意图（慢旋小机动目标交会）

（a）$t=0$s；（b）$t=30$s；（c）$t=60$s；（d）$t=100$s；（e）$t=150$s；（f）$t=203.28$s；（g）$t=300$s；（h）$t=350$s。

2. 与快旋大机动空间非合作目标交会

在本小节中，通过仿真与快旋大机动空间非合作目标的视线交会任务来进一步验证约定时间姿态跟踪预设性能控制器（式（8-87））的有效性和鲁棒性。

在本小节中，姿态控制系统的动力学参数、性能函数参数和控制器参数保持与8.2.3小节中相同，仿真结果如图8-22～图8-25所示。与慢旋小机动空间非合作目标交会中相同，所有的系统状态，包括姿态MRP误差、姿态角速度误差和非线性流形均始终保持在预设的性能边界（ARPF）内，所有的系统状态均能在预设收敛

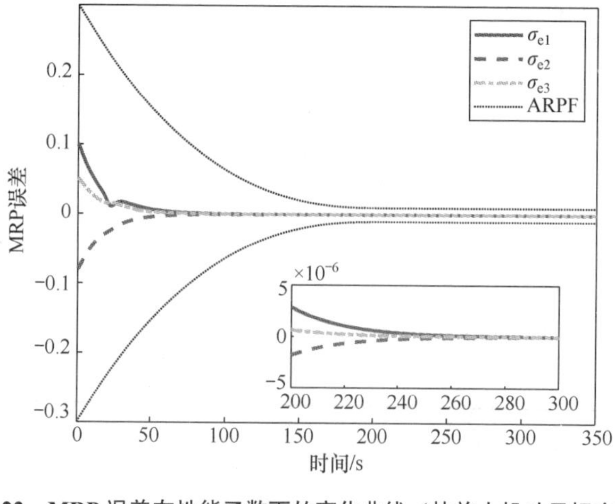

图 8-22　MRP 误差在性能函数下的变化曲线（快旋大机动目标交会）

时间 $T_{safe}=203.28s$ 内完成收敛。航天器追踪期望轨迹的姿态指向精度、角速度误差的稳态精度分别为 3×10^{-6} rad/s 和 5×10^{-7} rad/s，保证交会任务过程中始终指向目标，且以很高的精度完成对接轴线的跟踪。图 8-25 中的控制输入相比图 8-20 中略有增大，但仍然保持连续稳定。

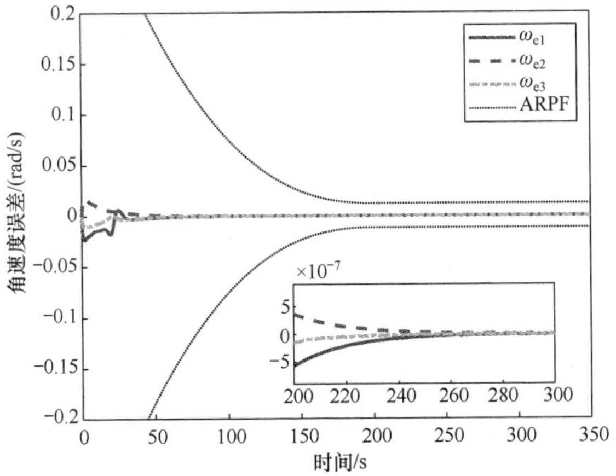

图 8-23　姿态角速度误差在性能函数下的变化曲线（快旋大机动目标交会）

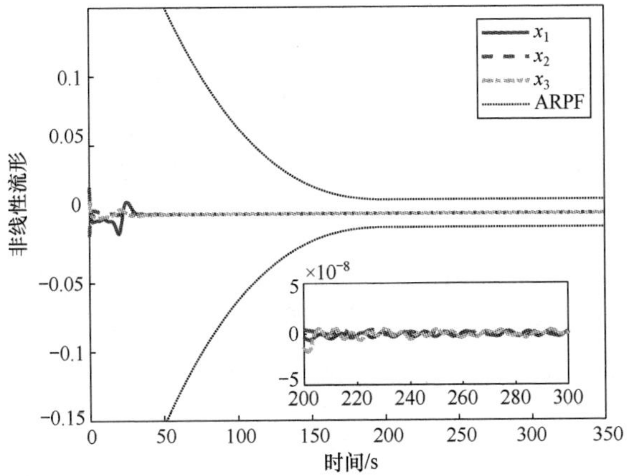

图 8-24　非线性流形在性能函数下的变化曲线（快旋大机动目标交会）

与慢旋小机动空间非合作目标交会相同，图 8-26 给出了三维空间下与非合作目标六自由度交会控制的仿真结果。从图中可以看出，在交会过程中，空间非合作目标始终在快速转动，但是追踪航天器在控制器的作用下仍然能够按时到达对接轴线上，并能在预设时间内完成交会任务。当追踪航天器到达交会点后，其能够自主调整自己的位置，保证相对位置的静止。因此，本章提出的最终逼近段视线交会约定时间预设性能制导与控制方法是有效的，且对非合作控制输入和工况的改变具有极强的鲁棒性。该方法能够解决存在强非合作输入的快旋非合作目标的交会问题。

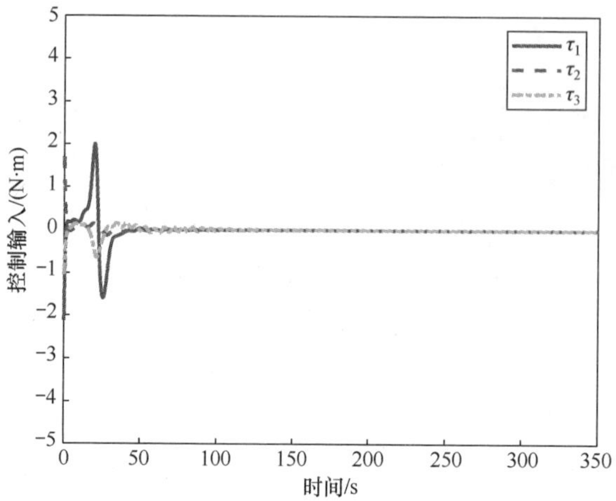

图 8-25 控制输入的变化曲线（快旋大机动目标交会）

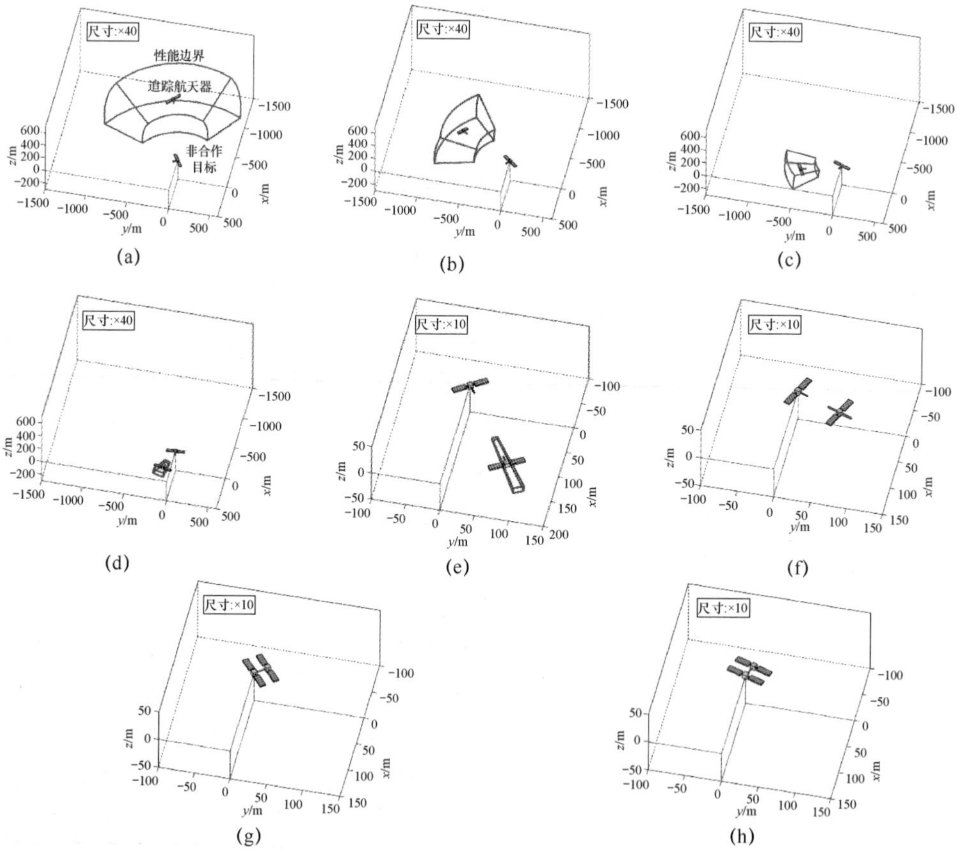

图 8-26 最终逼近过程的三维空间示意图（快旋大机动目标交会）

（a）t=0s；（b）t=30s；（c）t=60s；（d）t=100s；（e）t=150s；（f）t=203.28s；（g）t=300s；（h）t=350s。

8.5 全程自主交会制导与控制

本章 8.3 节和 8.4 节针对翻滚非合作目标视线交会的最终逼近段，研究了一种能够保证在约定时间内以预设精度完成交会任务的六自由度制导和控制方法，具有较强的理论意义和工程实现价值。由 8.2.2 小节可知，最终逼近段能够获得与非合作目标的相对视线信息和相对姿态信息，该阶段只是全程自主视线交会其中的一个子阶段，也是难度最大、最重要的阶段。本节将综合考虑全程自主交会中视线和测量信息不断变化的问题，形成全程自主交会的约定时间预设性能制导与控制方法。

8.5.1 全程自主交会策略与控制

针对 8.2.2 小节给出的全程自主交会的阶段划分、各阶段可获得的测量信息和阶段任务，本小节将重点给出全程自主交会中另外两个阶段，即远程指向接近段和近程接近段的相对视线信息和相对姿态的约束设计方法（交会走廊设计方法）和相应的约定时间预设性能控制器设计方法，从而实现与非合作目标交会的全程制导与控制。

1. 远程指向接近段的策略与控制

在远程指向接近阶段，追踪航天器仅能获得相对非合作目标的二维视线角信息和自身的绝对姿态信息（通过星敏感器、太阳敏感器等定姿算法）。下面将分别从相对位置控制和姿态控制两个方面设计该阶段的交会策略和控制器。

在相对位置控制方面，期望构造一维相对距离信息和二维视线角信息的上下界来形成交会走廊。然而值得注意的是，在远程指向接近段中，二维视线角信息是没有约束的。由于无法获取非合作目标的姿态，因此对接轴线是完全未知的。因此，只需要使追踪航天器和非合作目标的相对距离不断缩小，即可保证本阶段交会任务的顺利完成。

基于上述分析，本小节采用小推力推进方式保证追踪航天器与目标的不断接近。针对式（8-3）中的视线坐标系下的相对运动模型，直接设计以下常值小推力控制器，即

$$\boldsymbol{u}=[u_1,u_2,u_3]^{\mathrm{T}}=[u_{\mathrm{const}},0,0]^{\mathrm{T}}\ \mathrm{N/kg} \tag{8-117}$$

式中：$u_{\mathrm{const}}>0$，为常值小推力。

从视线坐标系下的相对运动模型（式（8-3））中可以得出，由于相对距离 $\rho(t)$ 是始终为正的，显然当常值小推力 u_{const} 的量级选取大于或大部分时刻大于外部干扰和非合作机动的量级，即能够保证相对距离 $\rho(t)$ 的不断缩小。

定义追踪航天器能够确保主动获得与非合作目标间相对距离为 ρ_{distance}，则本阶

段结束的标志为 $\rho(t) \leqslant \rho_{\text{distance}}$。

在姿态控制方面，对三维姿态误差是有明确要求的，即追踪航天器的观测设备轴线应尽量指向非合作目标，保证非合作目标始终处于追踪航天器的相机视场以内。为明确具体任务，与 8.4 节中相同，本小节仍假设观测设备位于追踪航天器的本体坐标系 x 轴上。定义追踪航天器质心指向非合作目标质心的相对位置矢量为 $\boldsymbol{r}$，则期望姿态坐标系的 x 轴在参考惯性坐标系下可以按以下方式定义，即

$$\boldsymbol{x}_{\text{d}} = \frac{\boldsymbol{r}}{\|\boldsymbol{r}\|} \tag{8-118}$$

此外，考虑到在远程接近阶段追踪航天器本体坐标系 y 轴和 z 轴没有特定要求的指向，因此可以兼顾任务中的其他需求。本节中假设追踪航天器的太阳能帆板与本体坐标系 y 轴方向垂直，太阳光线的入射方向的单位矢量为 $\boldsymbol{n}_{\text{sun}}$，则可使追踪航天器本体坐标系 y 轴方向尽可能指向 $\boldsymbol{n}_{\text{sun}}$，即保证太阳能帆板尽量多地获取太阳能。基于上述思路，指向接近阶段的期望坐标系三轴 $\boldsymbol{x}_{\text{d}}$、$\boldsymbol{y}_{\text{d}}$和$\boldsymbol{z}_{\text{d}}$及对应的旋转矩阵 $\boldsymbol{T}(\boldsymbol{\sigma}_{\text{d}})$ 的初值，可按以下公式进行确定，即

$$\begin{cases} \boldsymbol{x}_{\text{d}} = \dfrac{\boldsymbol{r}}{\|\boldsymbol{r}\|} \\ \boldsymbol{y}'_{\text{d}} = \boldsymbol{n}_{\text{sun}} \\ \boldsymbol{z}_{\text{d}} = \dfrac{\boldsymbol{x}_{\text{d}} \times \boldsymbol{y}'_{\text{d}}}{\|\boldsymbol{x}_{\text{d}} \times \boldsymbol{y}'_{\text{d}}\|} \\ \boldsymbol{y}_{\text{d}} = \boldsymbol{z}_{\text{d}} \times \boldsymbol{x}_{\text{d}} \\ \boldsymbol{T}(\boldsymbol{\sigma}_{\text{d}}) = [\boldsymbol{x}_{\text{d}}, \boldsymbol{y}_{\text{d}}, \boldsymbol{z}_{\text{d}}]^{\text{T}} \end{cases} \tag{8-119}$$

式中：$\boldsymbol{y}'_{\text{d}}$ 为辅助定义 $\boldsymbol{y}_{\text{d}}$ 的单位矢量。

考虑到追踪航天器的观测设备轴线应尽量指向非合作目标，保证非合作目标始终处于追踪航天器的相机视场以内，但是指向精度并不需要达到最终逼近段的交会精度要求，因此不妨为误差 MRP 矢量 $\boldsymbol{\sigma}_{\text{e}}(t)$ 的每一维状态 $\sigma_{\text{e},i}(t)$ $(i=1,2,3)$ 施加以下性能函数约束，即

$$-\alpha_{\text{e},i}(t) < \sigma_{\text{e},i}(t) < \alpha_{\text{e},i}(t) \tag{8-120}$$

式中：性能函数 $\alpha_{\text{e},i}(t)$ 为固定值，有

$$\alpha_{\text{e},i}(t) = \alpha_{\text{e},i,0} \tag{8-121}$$

式（8-121）中的 $\alpha_{\text{e},i,0}$ 与 8.4.2 小节的式（8-73）中的定义完全相同，其目的是确保非合作目标始终处于追踪航天器观测设备的视场范围内。与 8.4.2 小节中不同的是，本节的姿态性能函数 $\alpha_{\text{e},i}(t)$ 不需要持续缩小至很高的精度，只需要满足观测视场要求即可。

基于上述期望姿态指令的设计和性能函数的设计，可以使用式（8-87）给出的姿态跟踪约定时间预设性能控制器进行控制，保证性能约束式（8-120）始终成立，即可完成远程指向接近阶段的交会任务。

2．近程接近段的策略与控制

在近程接近阶段，追踪航天器除了获取到视线角测量信息外，还获取了与非合作目标间的相对距离信息，即 $\rho(t)$。因此，追踪航天器可以使用相对非合作目标的二维视线角信息、一维相对距离信息和自身的绝对姿态信息，进行交会的制导和控制。下面基于 8.3 节和 8.4 节的相对位置和姿态约定时间预设性能控制方法，进行本阶段轨道和姿态的控制策略和控制器设计。

在相对位置控制方面，与远程指向接近段相同，二维视线角信息也是没有约束的。然而，对于相对距离 $\rho(t)$ 而言，为保证近程接近段和最终逼近段的时间都是可控的，因此本节要求在近程接近段中，追踪航天器和非合作目标的相对距离在规定时间 T_2 内，以给定误差范围到达期望相对距离 ρ_{attitude}。这里期望相对距离 ρ_{attitude} 定义为：在 ρ_{attitude} 的误差界范围内，追踪航天器可以获得非合作目标的姿态信息。由于只需要对相对距离 $\rho(t)$ 进行控制，因此可以将视线坐标系下的相对运动模型式（8-1）简化为

$$\ddot{\rho}+(-\rho\dot{\theta}^2-\rho\dot{\beta}^2\cos^2\theta)-\Delta g_\rho=-u_1+u_{\text{d1}}+u_{\text{t1}} \tag{8-122}$$

由于 θ、β、$\dot{\theta}$、$\dot{\beta}$ 在本阶段中都是可测的，因此相对距离运动模型（式（8-122））也满足本章的性质 8-1 至性质 8-4。可以对相对距离 $\rho(t)$ 施加以下上下界约束，即

$$\underline{\alpha}_\rho(t)<e_\rho(t)<\overline{\alpha}_\rho(t) \tag{8-123}$$

其中：

$$e_\rho(t):=\rho(t)-\rho_{\text{attitude}} \tag{8-124}$$

令本阶段开始时相对距离 $\rho(t)$ 的允许误差为 $\xi_{\rho,0}$，本阶段结束时相对距离 $\rho(t)$ 的允许误差为 $\xi_{\rho,T}$。值得注意的是，本阶段最终允许误差 $\xi_{\rho,T}$ 等于式（8-15）中给出的下一阶段（最终逼近段）开始时的初值允许误差 $\eta_{\rho,0}$。基于 $\xi_{\rho,0}$ 和 $\xi_{\rho,T}$ 的定义，结合阶段间性能函数的连续性及其导数的连续性，要求性能函数 $\overline{\alpha}_\rho(t)$ 和 $\underline{\alpha}_\rho(t)$ 及两者导数的初值满足以下约束，即

$$\begin{cases}\overline{\alpha}_\rho(0)=e_\rho(0)+\xi_{\rho,0}\\ \dot{\overline{\alpha}}_\rho(0)=\dot{\rho}(0)\\ \underline{\alpha}_\rho(0)=e_\rho(0)-\xi_{\rho,0}\\ \dot{\underline{\alpha}}_\rho(0)=\dot{\rho}(0)\end{cases} \tag{8-125}$$

要求性能函数 $\overline{\alpha}_\rho(t)$ 和 $\underline{\alpha}_\rho(t)$ 及两者导数的终值满足以下约束，即

$$\begin{cases}\overline{\alpha}_{\rho}(T_2)=\rho_{\text{attitude}}+\xi_{\rho,T}\\ \dot{\overline{\alpha}}_{\rho}(T_2)=[\dot{\overline{\alpha}}_{\rho}(0)]_3\\ \underline{\alpha}_{\rho}(T_2)=\rho_{\text{attitude}}-\xi_{\rho,T}\\ \dot{\underline{\alpha}}_{\rho}(T_2)=[\dot{\underline{\alpha}}_{\rho}(0)]_3\end{cases}\tag{8-126}$$

式中：$[\dot{\overline{\alpha}}_{\rho}(0)]_3$ 和 $[\dot{\underline{\alpha}}_{\rho}(0)]_3$ 分别为最终逼近段性能函数导数的初值，即式（8-15）和式（8-16）中性能函数在 0 时刻的值，目的是保证性能函数导数的连续性。

为实现上述初值和终值要求，将性能函数 $\overline{\alpha}_{\rho}(t)$ 和 $\underline{\alpha}_{\rho}(t)$ 分别建模为 3 次函数的形式，即

$$\begin{cases}\overline{\alpha}_{\rho}(t)=\overline{c}_3t^3+\overline{c}_2t^2+\overline{c}_1t+\overline{c}_0\\ \underline{\alpha}_{\rho}(t)=\underline{c}_3t^3+\underline{c}_2t^2+\underline{c}_1t+\underline{c}_0\end{cases}\tag{8-127}$$

式中：$\overline{c}_i$ 和 $\underline{c}_i\ (i=0,1,2,3)$，为待定参数。

将式（8-125）和式（8-126）代入式（8-127），可得

$$\begin{bmatrix}0&0&0&1\\0&0&1&0\\T_2^3&T_2^2&T_2&1\\3T_2^2&2T_2&1&0\end{bmatrix}\begin{bmatrix}\overline{c}_3\\ \overline{c}_2\\ \overline{c}_1\\ \overline{c}_0\end{bmatrix}=\begin{bmatrix}e_{\rho}(0)+\xi_{\rho,0}\\ \dot{\rho}(0)\\ \rho_{\text{attitude}}+\xi_{\rho,T}\\ [\dot{\overline{\alpha}}_{\rho}(0)]_3\end{bmatrix}\tag{8-128}$$

$$\begin{bmatrix}0&0&0&1\\0&0&1&0\\T_2^3&T_2^2&T_2&1\\3T_2^2&2T_2&1&0\end{bmatrix}\begin{bmatrix}\underline{c}_3\\ \underline{c}_2\\ \underline{c}_1\\ \underline{c}_0\end{bmatrix}=\begin{bmatrix}e_{\rho}(0)-\xi_{\rho,0}\\ \dot{\rho}(0)\\ \rho_{\text{attitude}}-\xi_{\rho,T}\\ [\dot{\underline{\alpha}}_{\rho}(0)]_3\end{bmatrix}\tag{8-129}$$

由式（8-128）和式（8-129）可直接求得 $\overline{c}_i$ 和 $\underline{c}_i\ (i=0,1,2,3)$ 的值。

与 8.3 节中相同，构造状态误差变量为

$$\varepsilon_{\rho}(t)=e_{\rho}(t)-\alpha_{\rho}(t)\tag{8-130}$$

式中：$\alpha_{\rho}(t)=(\overline{\alpha}_{\rho}(t)+\underline{\alpha}_{\rho}(t))/2$。

定义以下线性流形，即

$$y_{\rho}(t)=\lambda_{\rho}\varepsilon_{\rho}(t)+\dot{\varepsilon}_{\rho}(t)\tag{8-131}$$

式中：$\lambda_{\rho}>0$，为正值参数。

对线性流形 $y_{\rho}(t)$ 施加约定时间性能函数 $\alpha_{y,\rho}(t)$ 为

$$-\alpha_{y,\rho}(t)\leqslant y_{\rho}(t)\leqslant\alpha_{y,\rho}(t)\tag{8-132}$$

其中：

$$\begin{cases} \alpha_{y,\rho}(0) = \alpha_{y,\rho,0} \\ \dot{\alpha}_{y,\rho}(t) = -\mu_{y,\rho}\left|\alpha_{y,\rho}(t) - \alpha_{y,\rho,T}\right|^{\gamma} \operatorname{sign}(\alpha_{y,\rho}(t) - \alpha_{y,\rho,T}) \\ \mu_{y,\rho} = \left|\alpha_{y,\rho,0} - \alpha_{y,\rho,T}\right|^{1-\gamma} / (1-\gamma) / T_2 \end{cases} \tag{8-133}$$

式中：$\alpha_{y,\rho,0} > \left|y_\rho(0)\right|$ 和 $\alpha_{y,\rho,T} > 0$ 分别为性能函数 $\alpha_{y,\rho}(t)$ 的初值和终值。

基于上述性能函数的设计，借鉴 8.3 节中的控制方法，可以设计以下的关于相对距离 $\rho(t)$ 的约定时间预设性能控制器，即

$$u_1 = K_{\varepsilon,\rho} s_{\varepsilon,\rho} + J_{\varepsilon,\rho} K_{\varepsilon,\rho} \varepsilon_\rho + J_{y,\rho} K_{y,\rho} s_{y,\rho} \tag{8-134}$$

式中：$K_{\varepsilon,\rho} > 0$ 和 $K_{y,\rho} > 0$ 为控制增益；$\delta_{\varepsilon,\rho}(t)$、$S_{y,\rho}(t)$和$J_{\varepsilon,\rho}$ 定义如下：

$$s_{\varepsilon,\rho}(t) = \hbar_{\varepsilon,\rho}(\varepsilon_\rho(t)) = \tan\left(\frac{\pi \varepsilon_\rho(t)}{\bar{\alpha}_\rho(t) - \underline{\alpha}_\rho(t)}\right) \tag{8-135}$$

$$s_{y,\rho}(t) = \hbar_{y,\rho}(y_\rho(t)) = \tan\left(\frac{\pi y_\rho(t)}{2\alpha_{y,\rho}(t)}\right) \tag{8-136}$$

$$J_{\varepsilon,\rho} = \frac{\partial \hbar_{\varepsilon,\rho}(\varepsilon_\rho)}{\partial\left[\dfrac{\varepsilon_\rho}{(\bar{\alpha}_\rho(t) - \underline{\alpha}_\rho(t))}\right]} \cdot \frac{1}{\bar{\alpha}_\rho(t) - \underline{\alpha}_\rho(t)} \tag{8-137}$$

$$J_{y,\rho} = \frac{\partial \hbar_{y,\rho}(y_\rho)}{\partial\left(\dfrac{y_\rho(t)}{\alpha_{y,\rho}(t)}\right)} \cdot \frac{1}{\alpha_{y,\rho}(t)} \tag{8-138}$$

由定理 8-2 及其证明过程可知，约定时间预设性能控制器（8-134）能够保证相对距离 $\rho(t)$ 在约定时间 T_2 内进入区间 $(\rho_{\text{attitude}} - \xi_{\rho,0}, \rho_{\text{attitude}} + \xi_{\rho,0})$ 内。本结论的证明过程与定理 8-2 及其证明过程相似，不再赘述。

在姿态控制方面，由于本阶段对于追踪航天器姿态的要求与远程指向接近段相同，即追踪航天器的观测设备轴线应尽量指向非合作目标，保证非合作目标始终处于追踪航天器的相机观测视场以内，且本体坐标系 y 轴应尽可能指向太阳光线方向，保证太阳能帆板尽量多地获取太阳能。因此，本阶段仍然采用式（8-119）给出的期望姿态制导策略和式（8-120）给出的性能函数设计方法，并使用式（8-87）给出的姿态跟踪约定时间预设性能控制器进行姿态控制。

8.5.2 仿真验证

本小节验证 8.5.1 小节中给出的全程自主交会的约定时间预设性能制导和控制方法。仿真中追踪航天器与空间非合作目标在视线坐标系下的初始相对运动状态为

$$\begin{aligned}&\rho(0)=5000\text{m},\quad \beta(0)=-150^\circ,\quad \theta(0)=15^\circ,\\&\dot{\rho}(0)=0\text{m/s},\quad \dot{\beta}(0)=0(^\circ)/\text{s},\quad \dot{\theta}(0)=0(^\circ)/\text{s}\end{aligned}\tag{8-139}$$

空间非合作目标的质量和交会动力学参数设置如下：

$$\begin{cases}\text{质量:} & m_\text{t}=100\text{kg}\\ \text{安全距离:} & \rho_\text{f}=50\text{m}\\ \text{期望最终状态:} & \boldsymbol{p}_\text{f}=[\rho_\text{f},\beta_\text{f},\theta_\text{f}]^\text{T}=[20\text{m},(-60+\pi t/3000)^\circ,\ 0^\circ]^\text{T}\end{cases}\tag{8-140}$$

在远程指向接近段和近程接近段，假定目标不存在非合作机动。在最终逼近段，考虑目标存在以下非合作机动，即

$$\boldsymbol{F}_\text{t}=[60\sin(0.005t),50\sin(0.005t),40\sin(0.005t)]^\text{T}\ \text{N}\tag{8-141}$$

轨道运动外部干扰设计为

$$\boldsymbol{d}(t)=0.1\times\begin{bmatrix}1+0.7\sin(0.01t)-0.3\cos(0.01t)\\0.8-0.5\sin(0.01t)+0.2\cos(0.01t)\\-1+0.5\sin(0.01t)-0.1\cos(0.01t)\end{bmatrix}\text{N}\tag{8-142}$$

姿态运动外部干扰 $\boldsymbol{\tau}_\text{d}(t)$ 设计为

$$\boldsymbol{\tau}_\text{d}(t)\ =\ 2\times10^{-4}\times[\sin(0.8t),\cos(0.5t),\cos(0.3t)]^\text{T}\ \text{N}\cdot\text{m}\tag{8-143}$$

真实惯量矩阵 $\boldsymbol{J}$ 定义为 $\boldsymbol{J}=\boldsymbol{J}_0+\Delta\boldsymbol{J}$，其中 $\Delta\boldsymbol{J}=20\%\cdot\boldsymbol{J}_0$ 为未知参数不确定性。

追踪航天器的质量设计为 $m_\text{c}=300\text{kg}$，先验惯量矩阵 $\boldsymbol{J}_0$（并不一定要求准确）选择为 $\boldsymbol{J}_0=\text{diag}(40.0,42.5,50.2)\text{kg}\cdot\text{m}^2$，轨道控制饱和设计为1.5N/kg。初始误差 MRP 矢量和姿态角速度误差分别设计为 $\boldsymbol{\sigma}_\text{e}(0)=[0.1,-0.08,0.05]^\text{T}$ 和 $\boldsymbol{\omega}(0)=[0,0,0]^\text{T}\ \text{rad/s}$。

1. 远程指向接近仿真

在本阶段相对位置运动中，令追踪航天器能够确保可以主动获得与非合作目标间相对距离为 $\rho_\text{distance}=3000\text{m}$，常值小推力 $u_\text{const}=0.01\text{N/kg}$。

本阶段姿态跟踪运动中，约定时间性能函数 $\alpha_{\text{e},i}(t)$ 和 $\alpha_{x,i}(t)$ $(i=1,2,3)$ 设计为 $\alpha_{\text{e},i}(t)=0.3$ 和 $\alpha_{x,i}(t)=0.3$。姿态约定时间预设性能控制器参数设计为 $k=0.2$ 和 $\eta=0.2$。

远程指向接近段的仿真结果如图 8-27～图 8-32 所示。图 8-27 给出了相对距离 $\rho(t)$ 随时间的变化曲线。从图中可以看出，$\rho(t)$ 随时间推移不断缩小，并于 $t=645.72\text{s}$ 最终到达 $\rho_\text{distance}=3000\text{m}$。这表明第一阶段的总时间为 $T_1=645.72\text{s}$。在远程指向接近过程中，视线倾角 $\beta(t)$（图 8-28）和视线偏角 $\theta(t)$（图 8-29）由于不受控，仅发生了微小的偏移。图 8-30 给出的轨道控制输入变化曲线表明，在远程指向接近段中，仅在相对距离方向施加了 0.01N 的常值小推力，非常容易实现。图 8-31 给出了常值性能函数约束下的姿态 MRP 误差的变化曲线。尽管性能函数始

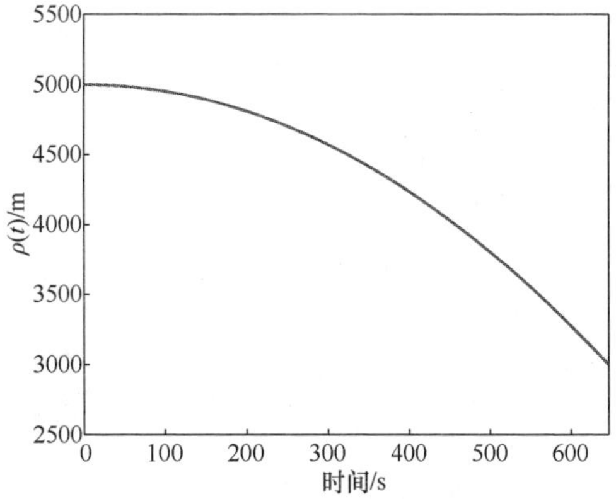

图 8-27　相对距离$\rho(t)$的变化曲线

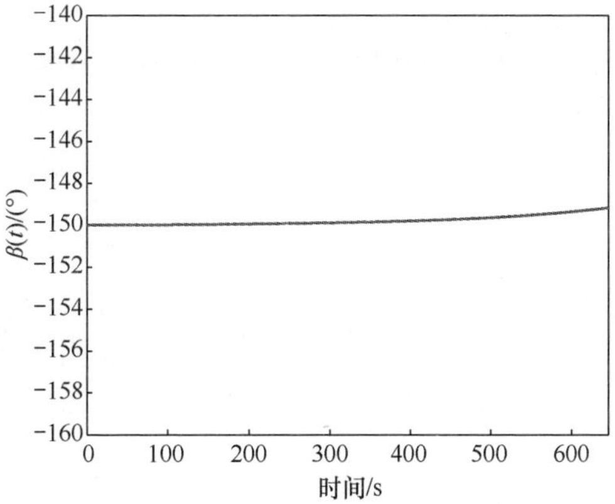

图 8-28　视线倾角$\beta(t)$的变化曲线

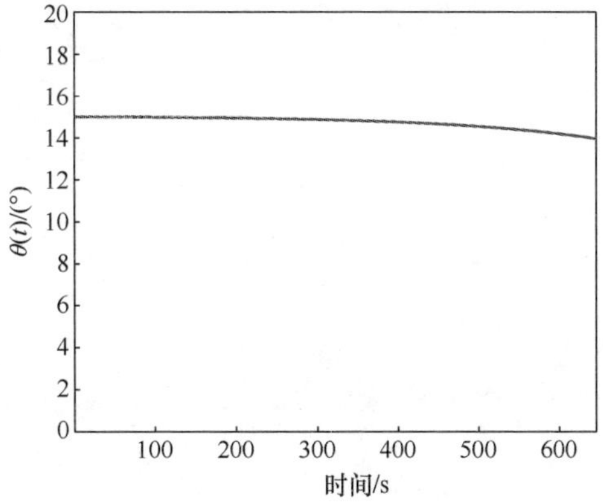

图 8-29　视线偏角$\theta(t)$的变化曲线

终保持常值，但是控制方法固有的高精度特性使姿态误差迅速缩小，并最终保持了很高的姿态指向精度，确保非合作目标在远程指向接近段始终位于追踪航天器的视场范围内。图 8-32 给出了姿态控制输入的变化曲线，输入连续稳定，易于工程实现。

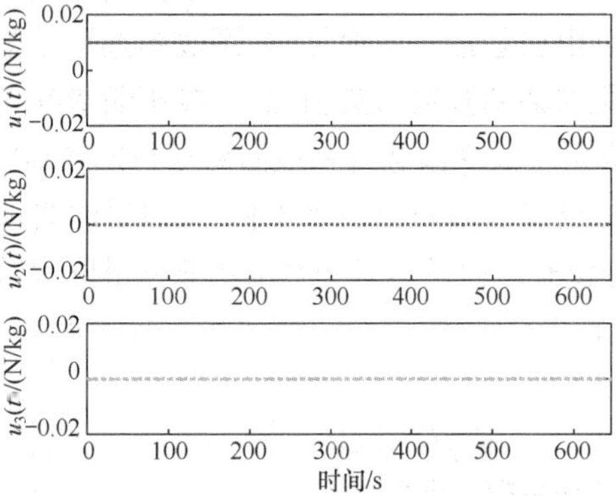

图 8-30　轨道控制输入 $\boldsymbol{u}(t)$的变化曲线

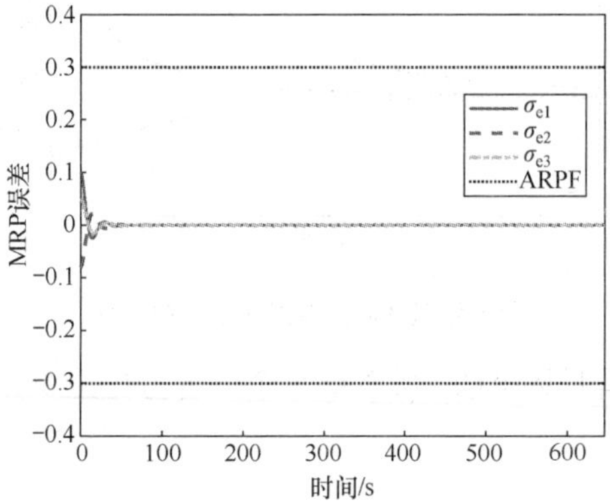

图 8-31　性能约束下姿态 MRP 误差的变化曲线

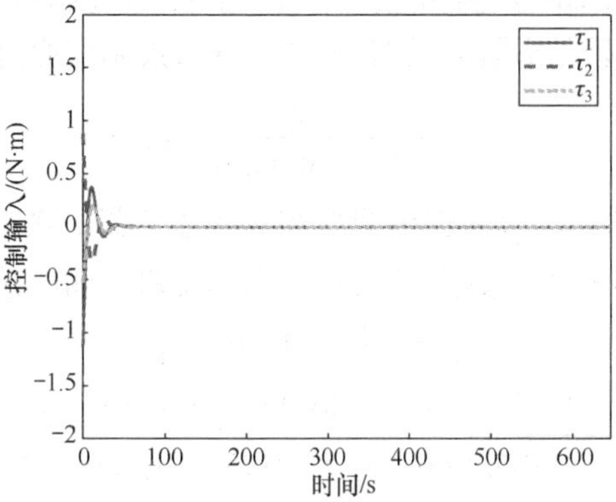

图 8-32　姿态控制输入$\tau(t)$变化曲线

2. 近程接近段仿真

在本阶段相对位置运动中，令本阶段预设完成时间 $T_2 = 300\text{s}$。追踪航天器能够确保可以主动获得非合作目标姿态（或期望交会指向）的距离为 $\rho_{\text{attitude}} = 1000\text{m}$。相对距离 $\rho(t)$ 的初始允许误差 $\xi_{\rho,0} = 500\text{m}$，最终允许误差为 $\xi_{\rho,T} = 300\text{m}$。约定时间性能函数 $\alpha_{y,\rho}(t)$ 的参数设计为 $\alpha_{y,\rho,0} = \xi_{\rho,0}$、$\alpha_{y,\rho,T} = \xi_{\rho,T}$ 和 $\gamma = 0.6$。相对距离约定时间预设性能控制器的参数设计为 $K_{\varepsilon,\rho} = 1$、$K_{y,\rho} = 2000$ 和 $\lambda_\rho = 0.5$。

本阶段姿态跟踪运动中，性能函数和控制器参数设置与 8.5.2 小节的远程指向接近段完全相同。具体为：约定时间性能函数 $\alpha_{\text{e},i}(t)$ 和 $\alpha_{x,i}(t)$ $(i=1,2,3)$ 设计为 $\alpha_{\text{e},i}(t) = 0.3$ 和 $\alpha_{x,i}(t) = 0.3$。姿态约定时间预设性能控制器参数设计为 $k = 0.2$ 和 $\eta = 0.2$。

近程接近段的仿真结果如图 8-33～图 8-38 所示。图 8-33 给出了相对距离 $\rho(t)$ 在性能上下界约束下随时间的变化曲线。从图中可以看出，利用 3 次函数自动生成的相对距离性能上下界变化平稳、曲线光滑，能够保证相对距离 $\rho(t)$ 以较快的速度减小。在本阶段的时间 $T_2 = 300\text{s}$ 内，$\rho(t)$ 成功收敛至 $\rho_{\text{attitude}} = 1000\text{m}$ 附近，顺利完成了本阶段的交会任务。在本阶段，视线倾角 $\beta(t)$（图 8-34）和视线偏角 $\theta(t)$（图 8-35）依然不受控，但在本阶段中仅发生了微小的漂移。图 8-36 给出的本阶段轨道控制输入比远程指向接近段的控制输入（图 8-30）有所增大，但是仍然易于实现。图 8-37 给出了常值性能函数约束下的姿态 MRP 误差变化曲线。本阶段中姿态 MRP 误差仍然保持了很高的指向精度，保证非合作目标始终处于追踪航天器的观测视场范围内。图 8-38 给出了姿态跟踪控制系统的控制输入。由于本阶段姿态控制任务相对比较简单，因此控制输入幅值很小。

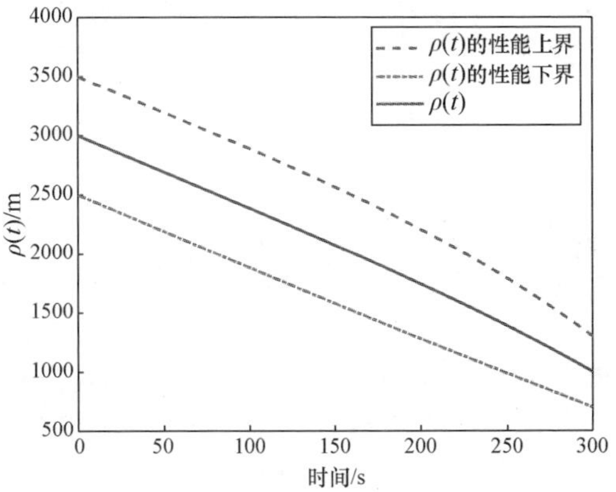

图 8-33 相对距离 $\rho(t)$ 的变化曲线

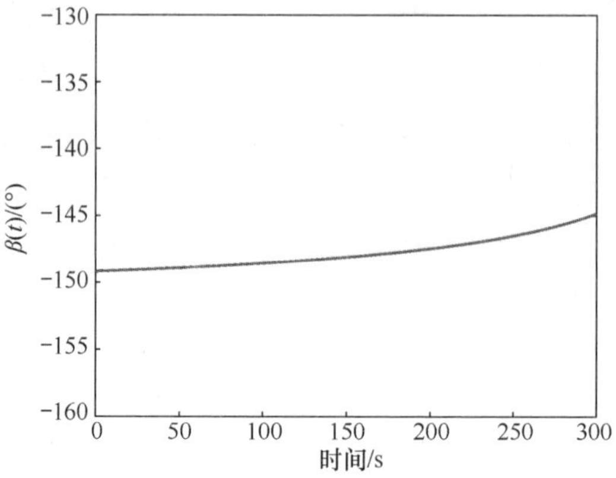

图 8-34 视线倾角$\beta(t)$的变化曲线

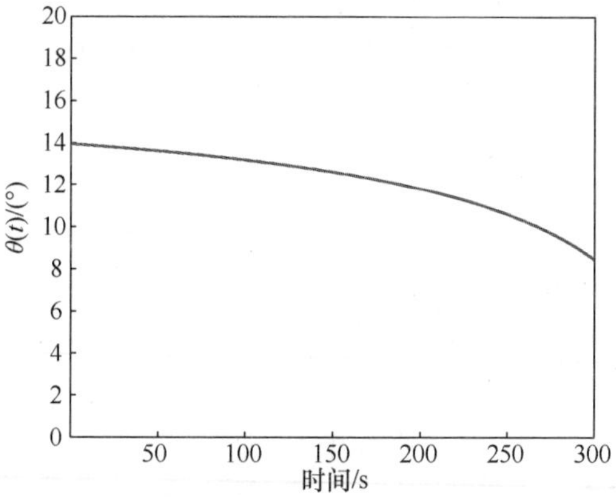

图 8-35 视线偏角$\theta(t)$的变化曲线

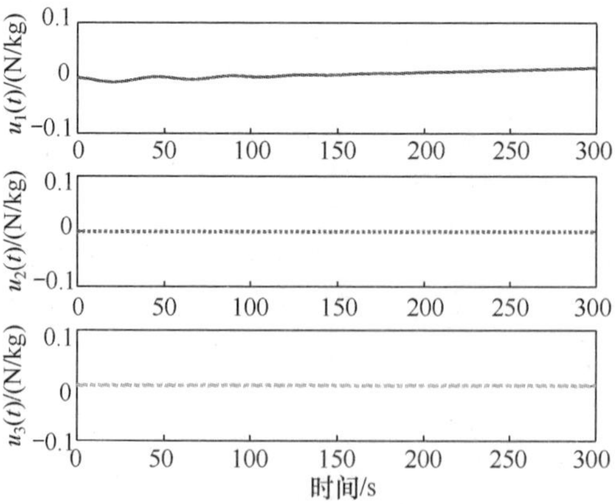

图 8-36 轨道控制输入 $\boldsymbol{u}(t)$的变化曲线

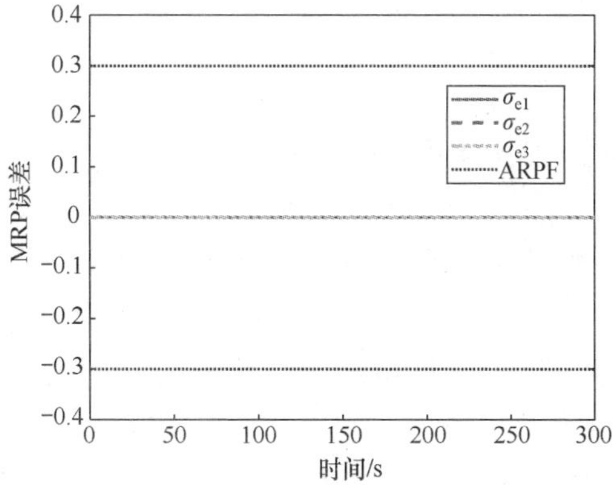

图 8-37　性能约束下姿态 MRP 误差的变化曲线

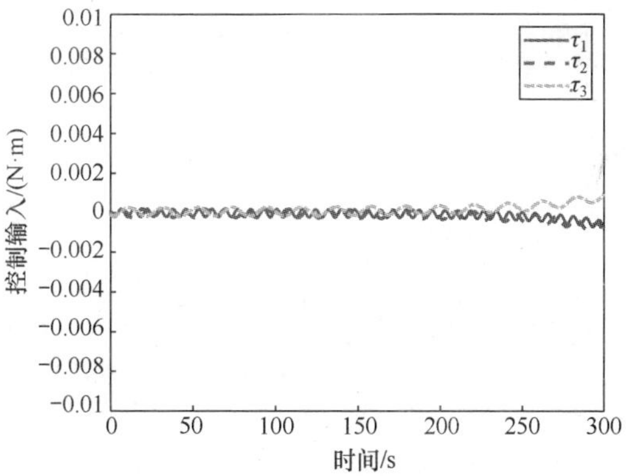

图 8-38　姿态控制输入 $\tau(t)$ 变化曲线

3. 最终逼近段仿真

在本阶段相对位置运动中，令本阶段预设完成时间 $T_3 = 300\text{s}$，$\gamma = 0.6$，初始允许误差 $\boldsymbol{\eta}_0 = [300\text{ m}, 45°, 20°]^{\mathrm{T}}$，最终允许误差 $\boldsymbol{\eta}_T = [1\text{ m}, 0.5°, 0.5°]^{\mathrm{T}}$，$\boldsymbol{\alpha}_{y,0} = 0.5\boldsymbol{\eta}_0$，$\boldsymbol{\alpha}_{y,T} = 3\boldsymbol{\eta}_0$。由式（8-18）可得视线角的预设收敛时间为 $T_{\text{safe}} = 212.84\text{s}$。相对位置约定时间预设性能控制器的参数矩阵设计为：$\boldsymbol{\lambda} = \text{diag}(0.5, 0.15, 0.15)$，$\boldsymbol{K}_{\varepsilon} = \text{diag}(1,1,1)$，$\boldsymbol{K}_y = \text{diag}(2000, 2000, 2000)$。

本阶段姿态跟踪运动中，约定时间性能函数 $\alpha_{\text{e},i}(t)$ 和 $\alpha_{x,i}(t)$ $(i = 1,2,3)$ 的参数设计为：$\gamma = 0.6,\ \delta = 1.0,\ \alpha_{\text{e},i,0} = 0.3,\ \alpha_{\text{e},i,T} = 0.01,\ \alpha_{x,i,0} = 0.3,\ \alpha_{x,i,T} = 0.01$。姿态约定时间预设性能控制器参数设计为 $k = 2$ 和 $\eta = 0.2$。

最终逼近阶段的仿真结果如图 8-39～图 8-44 所示。图 8-39 给出了相对距离 $\rho(t)$ 在性能约束下的变化曲线。从图中可以得出，$\rho(t)$ 始终处于预设的上下界约束以内，且能够在预设收敛时间 T_3 以内收敛到稳定域中。此外，从图 8-39 可获得视线角的期望收敛时间 T_{safe}=212.84s。图 8-40 和图 8-41 分别给出了视线角 $\beta(t)$ 和 $\theta(t)$ 在约束下的变化曲线。$\beta(t)$ 和 $\theta(t)$ 同样始终处于预设的上下界约束以内，且能够在预设收敛时间 T_{safe} 以内收敛到稳定域中。这表明航天器会在进入非合作目标的禁飞区以前到达对接轴线上。图 8-42 给出的控制输入连续而稳定，在工程中易于实现。图 8-43 给出了预定时间性能函数约束下的姿态 MRP 误差变化曲线。显然，姿态 MRP 误差能够在预设收敛时间 T_{safe}=212.84s 内完成收敛，且在完成交会任务时能够达到很高的精度（10^{-8} 量级）。图 8-44 中给出的姿态控制力矩曲线幅值很小，利用飞轮等执行机构很容易实现。

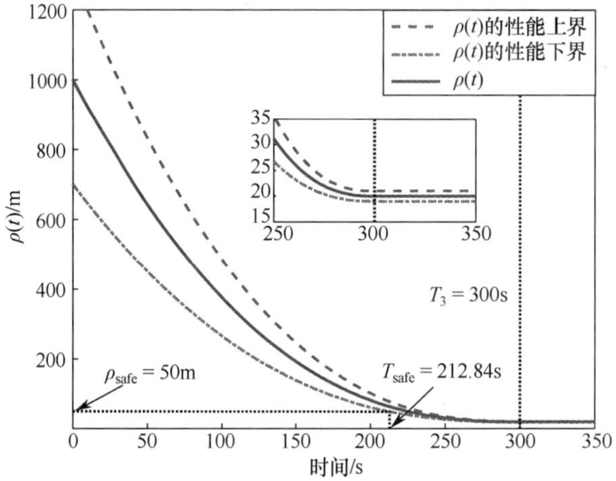

图 8-39 相对距离$\rho(t)$的变化曲线

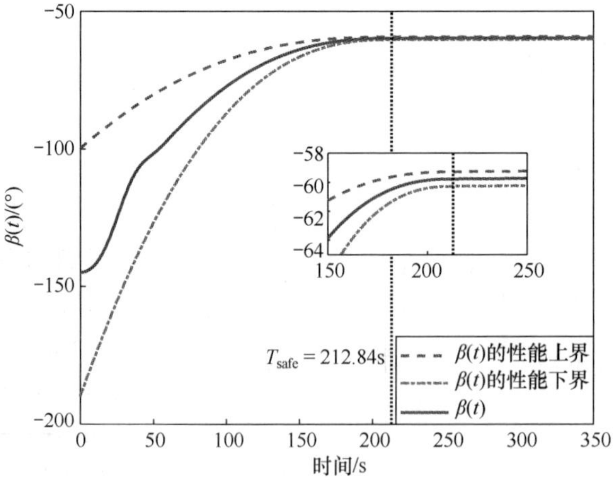

图 8-40 视线倾角$\beta(t)$的变化曲线

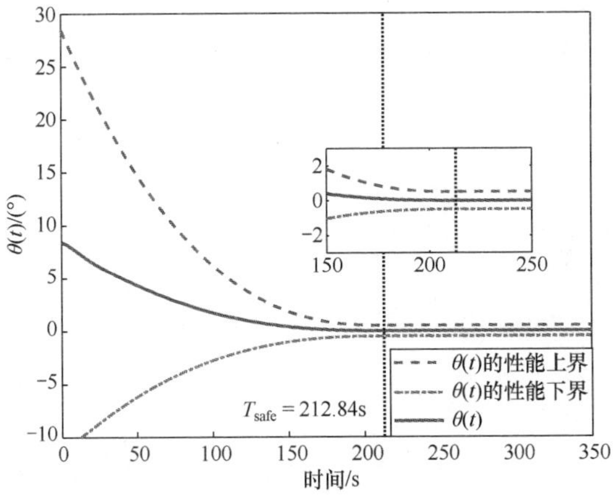

图 **8-41**　视线偏角$\theta(t)$的变化曲线

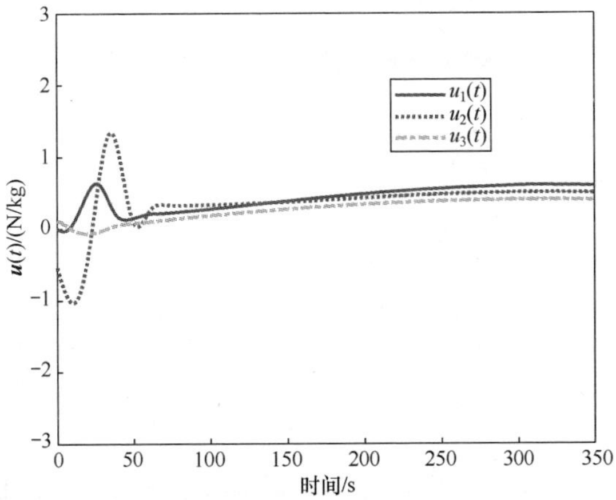

图 **8-42**　轨道控制输入 $\boldsymbol{u}(t)$的变化曲线

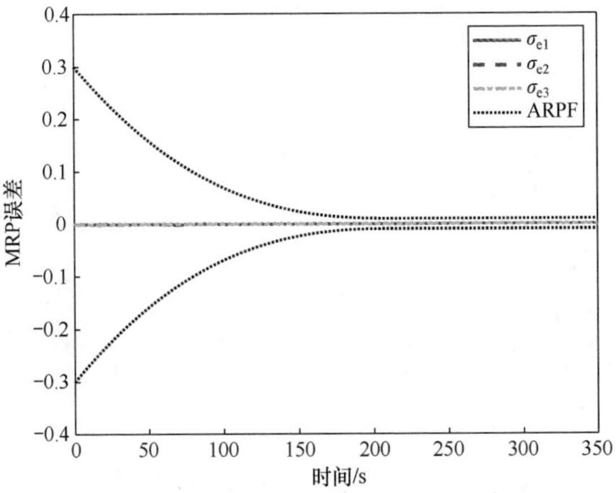

图 **8-43**　性能约束下姿态 **MRP** 误差的变化曲线

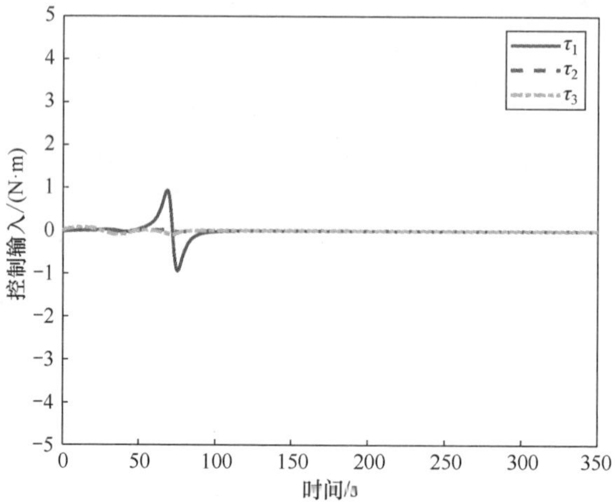

图 8-44 姿态控制输入$\tau(t)$变化曲线

4. 全程自主视线交会仿真结果展示

为了更加清晰地展示全程自主视线交会过程中状态量的变化，这里将远程指向接近、近程接近和最终逼近 3 个交会阶段的仿真结果进行统一绘制，结果如图 8-45～图 8-48 所示。图 8-45 给出了全程自主视线交会过程中相对距离$\rho(t)$随时间的变化曲线。在远程指向接近段，由于$\rho(t)$的具体值无法获取，因此通过常值小推力的作用使$\rho(t)$加速减小。在近程接近段和最终逼近段，分别通过 3 次函数和约定时间性能函数在线生成了$\rho(t)$的上下边界，约束$\rho(t)$以预设的速度和时间到达最终交会位置。图 8-46 和图 8-47 分别给出了全程自主视线交会过程中视线角$\beta(t)$和

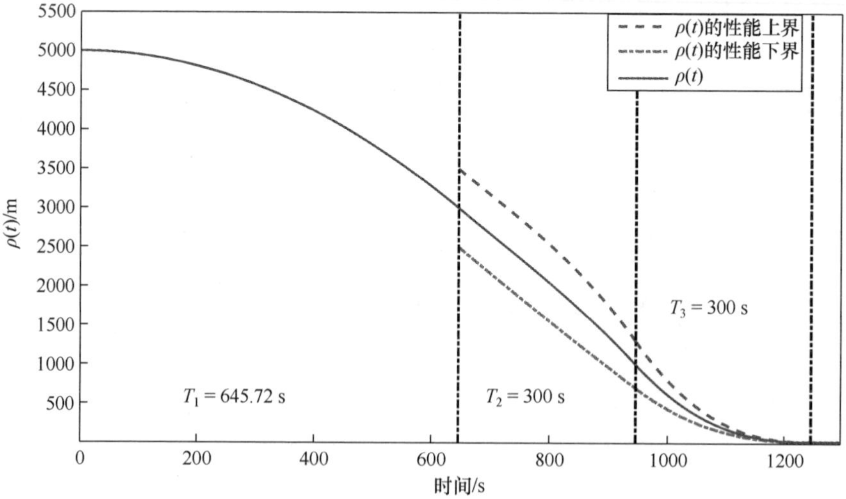

图 8-45 全程自主交会相对距离$\rho(t)$在性能约束下的变化曲线

$\theta(t)$ 随时间的变化曲线。在远程指向接近段和近程接近段，由于追踪航天器无法获取非合作目标的姿态信息，进而无法获取目标的对接轴线信息，因此在这两个阶段中，视线角 $\beta(t)$ 和 $\theta(t)$ 是不需要进行控制的。仿真结果显示 $\beta(t)$ 和 $\theta(t)$ 在这两个阶段中有一定的漂移。在最终逼近段，追踪航天器获取了期望的对接轴线，因此在线自主生成了视线角的交会走廊，进而会约束 $\beta(t)$ 和 $\theta(t)$ 在规定时间内到达期望位置。图 8-48 给出了全程自主视线交会过程中姿态 MRP 误差随时间的变化曲线。相

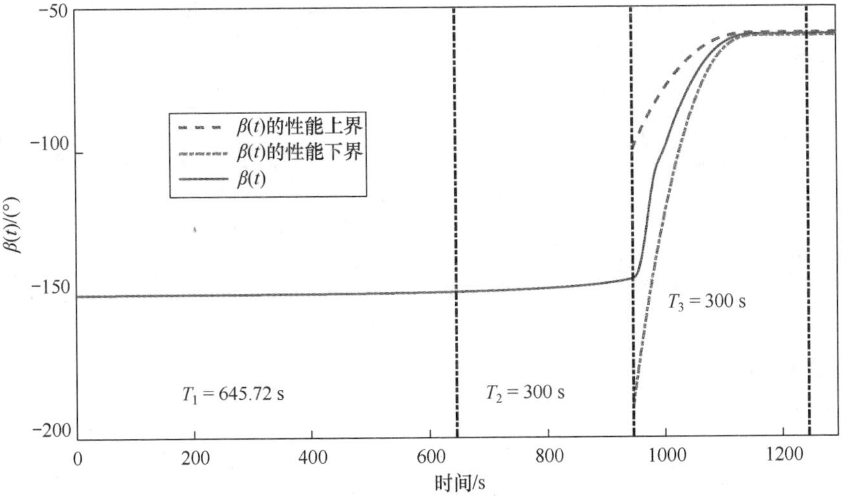

图 8-46 全程自主交会视线倾角 $\beta(t)$ 在性能约束下的变化曲线

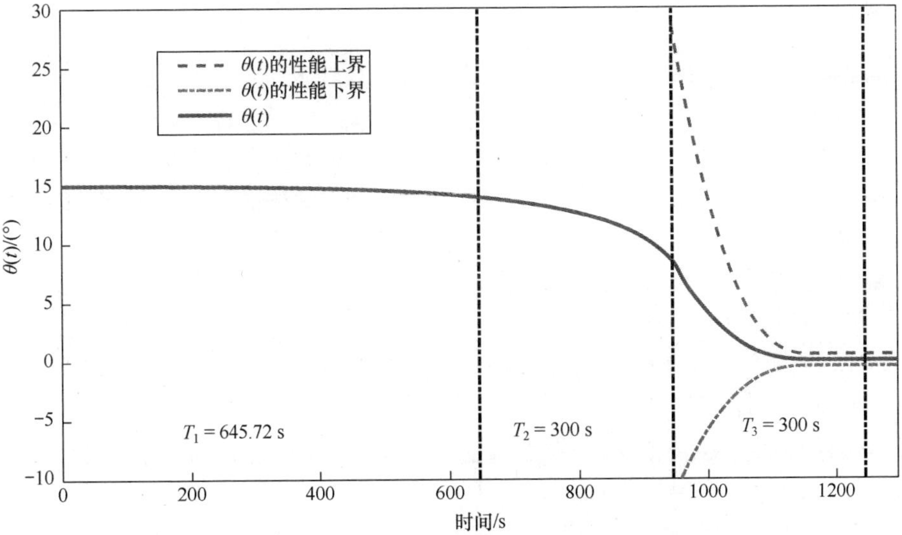

图 8-47 全程自主交会视线偏角 $\theta(t)$ 在性能约束下的变化曲线

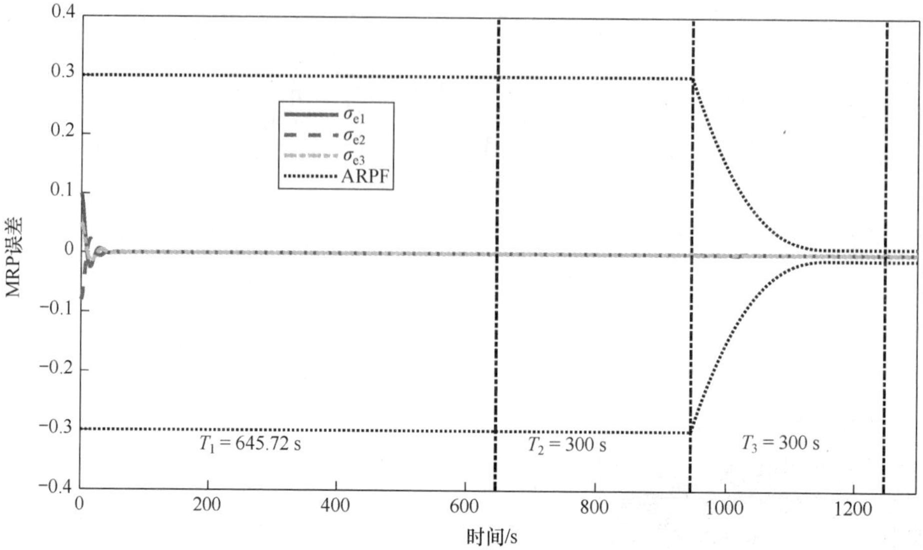

图 8-48　全程自主交会姿态 MRP 误差在性能约束下的变化曲线

对于轨道控制任务，姿态跟踪控制任务的难度相对较小。在远程指向接近段和近程接近段，仅需要保证非合作目标始终处于追踪航天器的观测视场范围即可，因此采用常值性能函数进行约束。在最终逼近段，通过约定时间性能函数约束姿态 MRP 误差在规定时间内收敛到任务需求的精度指标以内。从图 8-48 中可以看出，凭借约定时间控制方法的高精度特性，姿态 MRP 误差即使在前两个阶段也能够保持很高的精度。

小　　结

本章面向空间飞行器在轨服务与维护需求，针对空间非合作目标的全程自主交会问题，提出了一种与星载测量和非合作目标运动特征相匹配的、基于服务星视线坐标系的目标跟踪与交会的制导与控制一体化方法。

首先给出了视线坐标系下追踪航天器或服务航天器与空间非合作目标间的相对运动模型。然后，考虑空间非合作目标存在翻滚运动、具有外形造成的动态禁飞区和交会走廊等交会约束，并根据可获得相对测量信息的不同，将全程自主交会过程分为远程指向接近阶段（仅能获得视线角测量信息）、近程接近阶段（可以获得视线角信息和相对距离信息）、最终逼近阶段（可以获得视线角信息、相对距离信息和目标的姿态信息）等 3 个阶段，并提出了 3 个阶段的交会制导策略和控制目标。

针对空间交会的最终逼近段，基于约定时间性能函数构造了一种能够保证不违反动态禁飞区和交会走廊约束，且能够在任务给定的时间范围内完成交会的动态交会走廊。随后基于约定时间预设性能控制方法分别构造了相对位置和姿态控制器，保证追踪航天器始终在动态交会走廊内运动，按时完成与目标的交会任务。仿真结果表明，本章提出的最终逼近段约定时间预设性能制导与控制方法，能够在非合作目标存在快速翻滚和强非合作机动的情况下，仍然能够保证追踪航天器在任务规定的时间范围内到达指定交会位置，安全自主地完成视线交会任务，具有较强的鲁棒性。

针对全程自主交会问题，根据距离目标不同阶段追踪航天器可获得的相对测量信息，提出了不同交会阶段的目标和性能函数构造方法，并基于预设性能控制方法形成了全程自主交会的约定时间预设性能制导与控制方法。仿真结果表明，本章提出的约定时间预设性能制导与控制方法能够保证各阶段交会目标的实现，且追踪航天器能够在任务规定的时间范围内完成与空间非合作目标的自主交会，具有较强的鲁棒性。

值得指出的是，本章研究的基于预设性能控制的自主视线交会制导与控制方法，目前还不能处理输入约束和控制最优的问题，后续还应研究考虑输入约束的最优预设性能交会制导和控制方法。

参考文献

[1] 梁斌, 杜晓东, 李成, 等. 空间机器人非合作航天器在轨服务研究进展 [J]. 机器人, 2012(02): 116-130.

[2] 高登巍, 罗建军, 马卫华, 等. 接近和跟踪非合作机动目标的非线性最优控制 [J]. 宇航学报, 2013, 34(6): 773-781.

[3] 殷泽阳, 罗建军, 魏才盛, 等. 非合作目标接近与跟踪的低复杂度预设性能控制 [J]. 宇航学报, 2017, 38(8): 855-864.

[4] LI P, ZHU Z H. Line-of-sight nonlinear model predictive control for autonomous rendezvous in elliptical orbit [J]. Aerospace Science and Technology, 2017, 69: 236-243.

[5] ZHANG K, DUAN G, MA M. Adaptive sliding-mode control for spacecraft relative position tracking with maneuvering target [J]. International Journal of Robust and Nonlinear Control, 2018, 28(18): 5786-5810.

[6] 罗建军, 吕东升, 龚柏春, 等. 仅测角导航多约束交会的闭环最优制导 [J]. 宇航学报, 2017, 38(9): 956-963.

[7] DI CAIRANO S, PARK H, KOLMANOVSKY I. Model predictive control approach for guidance of spacecraft rendezvous and proximity maneuvering [J]. International Journal of Robust and Nonlinear Control, 2012, 22(12): 1398-1427.

[8] WEISS A, BALDWIN M, ERWIN R S, et al. Model predictive control for spacecraft rendezvous and docking: strategies for handling constraints and case studies [J]. IEEE Transactions on Control

Systems Technology, 2015, 23(4): 1638-1647.

[9] CHEN B, GENG Y. Super twisting controller for on-orbit servicing to non-cooperative target [J]. Chinese Journal of Aeronautics, 2015, 28(1): 285-293.

[10] HU Q, SHAO X, CHEN W H. Robust fault-tolerant tracking control for spacecraft proximity operations using time-varying sliding mode [J]. IEEE Transactions on Aerospace and Electronic Systems, 2017, 54(1): 2-17.

[11] CAPELLO E, PUNTA E, DABBENE F, et al. Sliding-mode control strategies for rendezvous and docking maneuvers [J]. Journal of Guidance, Control, and Dynamics, 2017, 40(6): 1481-1487.

[12] LEE D, VUKOVICH G. Robust adaptive terminal sliding mode control on SE (3) for autonomous spacecraft rendezvous and docking [J]. Nonlinear Dynamics, 2016, 83(4): 2263-2279.

[13] CAO L, QIAO D, XU J. Suboptimal artificial potential function sliding mode control for spacecraft rendezvous with obstacle avoidance [J]. Acta Astronautica, 2018, 143: 133-146.

[14] HUANG Y, JIA Y. Integrated robust adaptive tracking control of non-cooperative fly-around mission subject to input saturation and full state constraints [J]. Aerospace Science and Technology, 2018, 79: 233-245.

[15] SUN L, HUO W, JIAO Z. Adaptive backstepping control of spacecraft rendezvous and proximity operations with input saturation and full-state constraint [J]. IEEE Transactions on Industrial Electronics, 2016, 64(1): 480-492.

[16] XIA K, HUO W. Robust adaptive backstepping neural networks control for spacecraft rendezvous and docking with uncertainties [J]. Nonlinear Dynamics, 2016, 84(3): 1683-1695.

[17] ZHANG K, DUAN G R. Robust H_∞ dynamic output feedback control for spacecraft rendezvous with poles and input constraint [J]. International Journal of Systems Science, 2017, 48(5): 1022-1034.

[18] DONG H, HU Q, AKELLA M R. Safety control for spacecraft autonomous rendezvous and docking under motion constraints [J]. Journal of Guidance, Control, and Dynamics, 2017, 40(7): 1680-1692.

[19] LI X, ZHU Z, SONG S. Non-cooperative autonomous rendezvous and docking using artificial potentials and sliding mode control [J]. Proceedings of the Institution of Mechanical Engineers, Part G: Journal of Aerospace Engineering, 2019, 233(4): 1171-1184.

[20] BECHLIOULIS C P, ROVITHAKIS G A. Robust adaptive control of feedback linearizable MIMO nonlinear systems with prescribed performance [J]. IEEE Transactions on Automatic Control, 2008, 53(9): 2090-2099.

[21] KOSTARIGKA A K, ROVITHAKIS G A. Prescribed performance output feedback/observer-free robust adaptive control of uncertain systems using neural networks [J]. IEEE Transactions on Systems, Man, and Cybernetics, Part B (Cybernetics), 2011, 41(6): 1483-1494.

[22] ZHOU Z G, ZHANG Y A, SHI X N, et al. Robust attitude tracking for rigid spacecraft with

prescribed transient performance [J]. International Journal of Control, 2017, 90(11): 2471-2479.
[23] LUO J, YIN Z, WEI C, et al. Low-complexity prescribed performance control for spacecraft attitude stabilization and tracking [J]. Aerospace Science and Technology, 2018, 74: 173-183.
[24] HU Q, SHAO X, GUO L. Adaptive fault-tolerant attitude tracking control of spacecraft with prescribed performance [J]. IEEE/ASME Transactions on Mechatronics, 2017, 23(1): 331-341.
[25] YIN Z, SULEMAN A, LUO J, et al. Appointed-time prescribed performance attitude tracking control via double performance functions [J]. Aerospace Science and Technology, 2019, 93: 105337.
[26] LUO J, WEI C, DAI H, et al. Robust inertia-free attitude takeover control of postcapture combined spacecraft with guaranteed prescribed performance [J]. ISA Transactions, 2018, 74: 28-44.
[27] WEI C, LUO J, DAI H, et al. Learning-based adaptive prescribed performance control of postcapture space robot-target combination without inertia identifications [J]. Acta Astronautica, 2018, 146: 228-242.
[28] WEI C, LUO J, DAI H, et al. Learning-based adaptive attitude control of spacecraft formation with guaranteed prescribed performance [J]. IEEE Transactions on Cybernetics, 2018, 49(11): 4004-4016.
[29] 殷泽阳. 约定时间预设性能控制方法及其航天应用 [D]. 西安:西北工业大学, 2020.
[30] BHAT S P, BERNSTEIN D S. Finite-time stability of continuous autonomous systems [J]. SIAM Journal on Control and Optimization, 2000, 38(3): 751-766.
[31] HU Q, SHAO X. Smooth finite-time fault-tolerant attitude tracking control for rigid spacecraft [J]. Aerospace Science and Technology, 2016, 55: 144-157.
[32] BAINOV D D, SIMEONOV P S. Integral inequalities and applications [M]. Berlin: Springer, 1992.
[33] SHUSTER M D. A survey of attitude representations [J]. Navigation, 1993, 8(9): 439-517.
[34] KOSTARIGKA A K, ROVITHAKIS G A. Adaptive dynamic output feedback neural network control of uncertain MIMO nonlinear systems with prescribed performance [J]. IEEE Transactions on Neural Networks and Learning Systems, 2011, 23(1): 138-149.

09 第 9 章 平动点轨道交会轨迹设计与控制

9.1 引言

平动点是受摄限制性三体问题中相对于两个主天体的平衡点，它们附近的轨道具有特殊的几何构型，因此平动点及其附近的轨道对于深空探测任务具有重要的研究和应用价值[1-5]。世界上已发射 10 余个日–地系统和地–月系统平动点探测器，还正在构想多个空间平动点的观测平台和载人空间站。这些观测平台和空间站成本高、质量大，若发生故障时直接废弃则代价过大，因此需要对平动点附近的航天资产进行维护。此外，考虑到平动点附近轨道的不稳定性，故障平台容易在无控状态下到达地球附近并高速再入大气层，将严重威胁近地空间安全。因此，随着平动点在未来空间探测任务中的应用日趋增多，亟需研究平动点轨道交会、保持与控制的理论和方法。另外，平动点轨道具有复杂的动力学性质，这也使在实际任务中如何利用平动点轨道的动力学性质开展复杂空间任务成为科研工作者们长期以来的研究焦点。

目前，学术界关于平动点轨道的研究主要集中在低能轨迹规划上，对于规划轨迹的在轨实现问题的研究相对较少[6-9]。面向平动点轨道目标的交会问题，考虑外部干扰、不确定性、执行器故障和信息测量受限等实际工程问题，开展平动点轨道动力学建模和交会轨迹设计与控制等问题的研究，对于平动点轨道附近航天器的维护、营救和后勤补给等任务至关重要，具有重要的理论意义和应用前景。

本章针对平动点轨道转移、保持和交会控制问题，首先对限制性三体问题的平动点及其附近的轨道运动进行描述；然后利用基于混合级数的反方法开展平动点轨道交会的低能转移轨道设计；随后基于弗洛凯（Floquet）定理和李雅普诺夫–弗洛凯转换（Lyapunov-Floquet transformation，LFT）定理研究低能标称交会轨迹的跟踪控制方法；最后利用预设性能控制方法研究了平动点轨道非合作目标近程交会的控制问题[10-11]。

9.2 限制性三体问题及动力学特性

由于平动点是限制性三体问题中相对于两个主天体的平衡点，在平动点上部署的航天器会因为受力平衡而在两个主天体的质心旋转坐标系中始终与两个主天体保持相对静止。因此，平动点及其附近轨道具有重要应用价值，研究平动点附近航天器的轨道动力学对于执行平动点附近空间任务具有重要的意义。本节对圆型制性三体问题及其动力学特性进行描述，给出了平动点、雅可比积分和不变流形等概念，分析了平动点附近的轨道运动。

9.2.1 限制性三体问题

受摄限制性三体问题的最基本数学模型为圆型限制性三体问题，它描述了两个主天体围绕着它们共同的质心做圆周运动，同时第三个质量可以忽略的航天器在两个主天体系统中的运动问题。

在圆型限制性三体问题中（图 9-1），可以建立旋转坐标系$O-xyz$：以两个主天体P_1和P_2的质心O为原点；以两主天体P_1和P_2质心的连线为x轴，且正方向为质量大的主天体指向质量小的主天体；y轴与x轴垂直，且位于两个主天体旋转平面上；z轴与x、y轴满足右手法则。定义主天体系统的质量参数为

$$\mu=\frac{m_2}{m_1+m_2} \tag{9-1}$$

式中：m_1、m_2（$m_2<m_1$）分别为两个主天体P_1、P_2的质量。

令质量可以忽略的航天器P_3在旋转坐标系$O-xyz$中的状态为$\boldsymbol{X}=[x,y,z,\dot{x},\dot{y},\dot{z}]^{\mathrm{T}}$，那么圆型限制性三体问题的状态空间运动方程为[12-13]

$$\dot{\boldsymbol{X}}=\boldsymbol{F}(\boldsymbol{X}) \tag{9-2}$$

其中

$$\boldsymbol{F}(\boldsymbol{X})=[\dot{x},\dot{y},\dot{z},2\dot{y}+\Omega_x,-2\dot{x}+\Omega_y,\Omega_z]^{\mathrm{T}} \tag{9-3}$$

式中：Ω_x、Ω_y、Ω_z分别为势函数Ω对x、y、z的偏导，且势函数Ω和航天器与两个主天体P_1、P_2的距离r_1、r_2的表达式为

$$\begin{cases}\Omega=\dfrac{1}{2}(x^2+y^2)+\dfrac{1-\mu}{r_1}+\dfrac{\mu}{r_2}\\ r_1=\sqrt{(\mu+x)^2+y^2+z^2}\\ r_2=\sqrt{(1-\mu-x)^2+y^2+z^2}\end{cases} \tag{9-4}$$

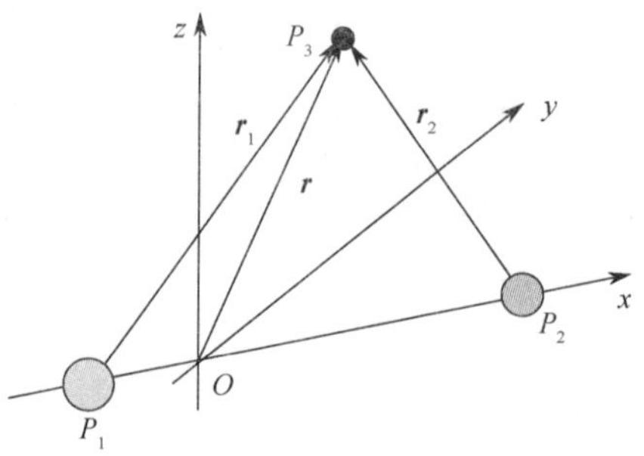

图 9-1　圆型限制性三体问题质心旋转坐标系

式（9-2）具有强非线性特征，难以获得精确的解析解，并且直接求解难度较大。而研究三体系统中的特殊点可简化动力学问题，易于得到特殊点附近的动力学特征。在三体问题中，存在着若干个受力平衡点，也就是平动点。在平动点附近飞行的航天器，能够保持长期的无控飞行，因而具备很高的利用价值。

9.2.2　平动点

为了获得平动点位置，令 $\dot{r}$=0 和 $\ddot{r}$=0（即 $\Omega_x=\Omega_y=\Omega_z=0$），并将其代入式（9-2）中可得

$$\begin{cases} x-\dfrac{1-\mu}{|x+\mu|^3}(x+\mu)-\dfrac{\mu}{|x-1+\mu|^3}(x-1+\mu)=0 \\ y-\dfrac{y}{|x+\mu|^3}(1-\mu)-\dfrac{\mu y}{|x-1+\mu|^3}=0 \\ -\dfrac{1-\mu}{|x+\mu|^3}z-\dfrac{\mu z}{|x-1+\mu|^3}=0 \end{cases} \tag{9-5}$$

若要使式（9-5）中第三式成立，则 z 必须为 0，这表明所有平动点都处于 $O-xy$ 平面上。

若要使式（9-5）中第二式成立，有

$$y=0 \tag{9-6}$$

或者有

$$1-\frac{1-\mu}{|x+\mu|^3}-\frac{\mu}{|x-1+\mu|^3}=0 \tag{9-7}$$

将式（9-6）代入式（9-5）中第一式求解，可得 3 个数值解，即 3 个 y 坐标为 0 的平动点的 x 坐标位置。因此，称这 3 个平动点为共线平动点 L_1、L_2 和 L_3。再将式（9-7）代入式（9-5）中第一式，可得

$$r_1=r_2=1 \tag{9-8}$$

即有两个平动点到两个主天体的距离相等，将其称为三角平动点 L_4 和 L_5。

5个平动点的空间位置分布如图 9-2 所示，它们与主天体组成固定构型，随主天体一起旋转。

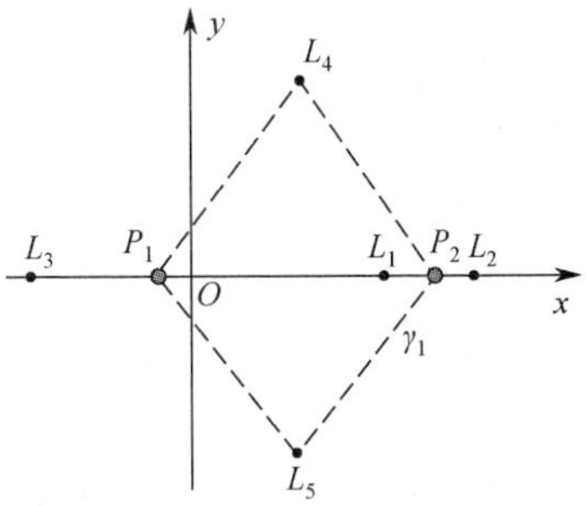

图 9-2　平动点位置分布示意图

9.2.3　雅可比积分

雅可比积分是圆型限制性三体问题中存在的一种特殊积分，也是目前找到的唯一一个积分，可以用来表示航天器轨道能量的大小，具有重要的物理意义。

为求得雅可比积分，分别将 $2\dot{x}$、$2\dot{y}$ 和 $2\dot{z}$ 乘以式（9-2）两边并相加，可以得到

$$\ddot{x}\dot{x}+\ddot{y}\dot{y}+\ddot{z}\dot{z}=\frac{\partial\Omega}{\partial r}\cdot\dot{r}=\frac{\mathrm{d}\Omega}{\mathrm{d}t} \tag{9-9}$$

对式（9-9）进行积分，可得到

$$C=2\Omega-(\dot{x}^2+\dot{y}^2+\dot{z}^2)=2\Omega-v^2 \tag{9-10}$$

式中：v 为航天器的标量速度；C 即为雅可比积分[14]。

在三体系统中，航天器的机械能由动能和势能组成，可以表示为

$$E=\frac{1}{2}(\dot{x}^2+\dot{y}^2+\dot{z}^2)-\Omega \tag{9-11}$$

由式（9-10）和式（9-11）可知雅可比积分和机械能的关系为

$$C=-2E \tag{9-12}$$

显然，$-C$ 为航天器机械能的 2 倍，航天器的机械能（能量）越大，其 C 值越小。进而可以得出：雅可比积分由航天器轨道运动方程积分得来，虽然无法直接用来确定航天器的全部运动规律，但是可以给出航天器运动的一些基本性质；对于航天器在三体系统中仅受到两个主天体引力作用下的空间运动，其雅可比积分值 C 保持不变。

考虑到航天器的动能不可能为负值，由式（9-10）可以得到航天器的势能与雅

可比积分满足下式，即

$$2\Omega \geqslant C \tag{9-13}$$

航天器的势能与其所处三体系统空间的位置有关，因此由式（9-13）可以给出雅可比积分为某一值时航天器可能的运行空间。

当航天器的相对运动速度为 0，即动能为 0 时，式（9-13）取等号，此时有

$$C=(x^2+y^2)+\frac{2(1-\mu)}{\sqrt{(x+\mu)^2+y^2+z^2}}+\frac{2\mu}{\sqrt{(1-x-\mu)^2+y^2+z^2}} \tag{9-14}$$

满足式（9-14）的位置点会在三体系统空间中形成一个超曲面，航天器只能在曲面内或曲面边界进行运动，该曲面被称为零速度面。显然，零速度面关于$O-xz$平面和$O-xy$平面对称；零速度面将三体系统空间分为可达区与禁止区两个部分；若C值发生变化，则相应的零速度面也会变化，即航天器在不同的初始能量下所能达到的运动区域不同。

三体系统 5 个平动点的雅可比积分常数C的大小关系为$C_{L_1}>C_{L_2}>C_{L_3}>C_{L_4}=C_{L_5}$。因此，可将不同雅可比积分对应的零速度面和不可达区域进行划分。图 9-3 给出了地–月三体系统的零速度面和不可达区域演化的 4 种情况：①如图 9-3（a）所示，当$C>C_{L_1}$时，零速度面为 3 个圆，一个是以坐标系原点为圆心的大圆，其余两个为分别以主天体质心为圆心的小圆，航天器只能在大圆的外部空间范围或者两个主天体附近的空间范围进行运动；②如图 9-3（b）所示，当$C_{L_1}\geqslant C>C_{L_2}$时，大圆的半径开始逐渐减小，两个小圆的半径开始逐渐增加，最后变形成为卵形的曲线并在L_1点处相交；③如图 9-3（c）所示，当$C_{L_2}\geqslant C>C_{L_3}$时，两条曲线逐渐重合，内部的卵形曲线和外部的曲线相交于L_2点；④如图 9-3（d）所示，当$C_{L_3}\geqslant C>C_{L_4}$时，航天器不可达区域将逐渐趋于为$L_4$和$L_5$点。最终当$C<C_{L_4}$时，理论上航天器能够到达圆型限制性三体问题所有的飞行空间。

结合图 9-3 和前述分析可知：①航天器的雅可比积分值C越大，航天器机械能就越小，航天器轨道就会越接近中心引力天体；②在主天体附近，雅可比积分C值出现两个代表低能区域的极值；③若航天器需要离开这两个低能区域，则需要对其施加冲量，穿过周围的高能区域。以实现航天器地–月转移为例，一般来说，首先需要对航天器施加冲量提高其能量，使其能够穿过地球周围的高能区域到达月球附近，然后在月球附近施加与速度方向反向的冲量来降低动能，减小机械能，完成地–月转移。在地–月转移过程中，施加冲量会消耗较多的燃料。寻找合适的低能转移轨道设计及优化方法，减小施加的速度冲量大小，可以显著节约地–月转移所需消耗的能量。

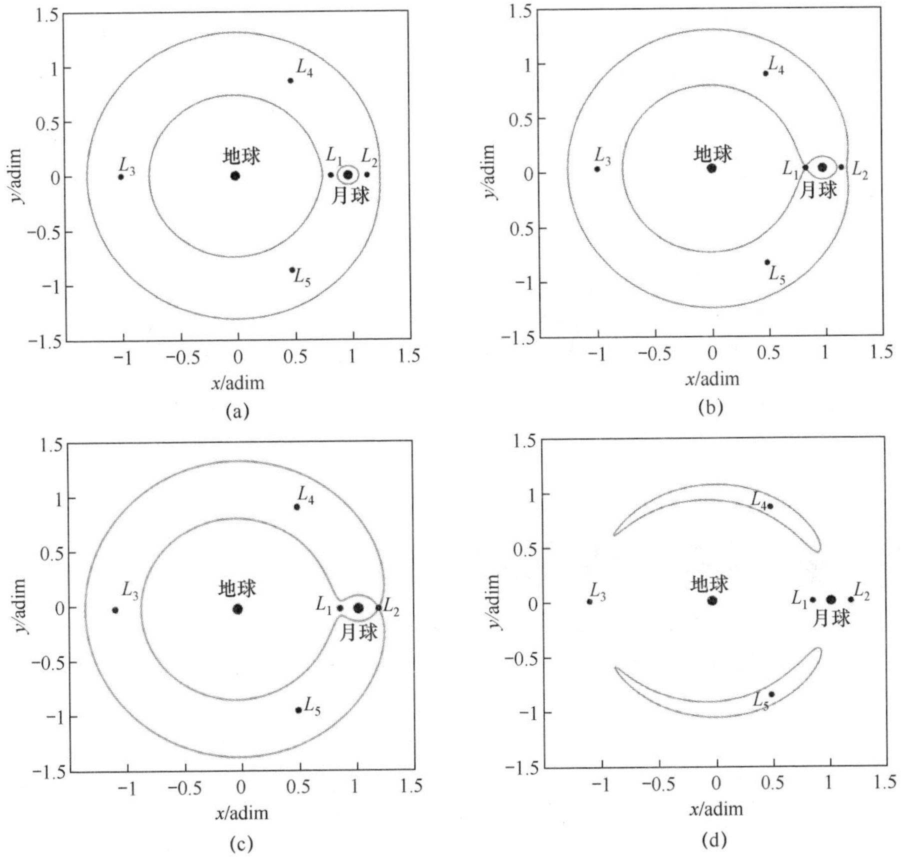

图 9-3 地-月三体系统零速度面和不可达区域的演化

（a）$C > C_{L_1}$；（b）$C_{L1} \geqslant C > C_{L_2}$；（c）$C_{L_3} \geqslant C > C_{L_4}$；（d）$C < C_{L_4}$。

9.2.4 状态转移矩阵

状态转移矩阵是描述状态向量在一次转移发生后变化规律的矩阵，常用于轨道优化设计及控制问题中。

对于 n 维非线性系统的动力学方程，有

$$\dot{\boldsymbol{X}}(t) = \boldsymbol{F}(\boldsymbol{X}(t)) \tag{9-15}$$

假设 $\boldsymbol{X}_0 = \boldsymbol{X}(0)$ 为初始状态，$\delta\boldsymbol{X}_0$ 为一个微小的扰动，$(\boldsymbol{X}_0 + \delta\boldsymbol{X}_0)$ 在 t 时刻变化为 $(\boldsymbol{X}(t) + \delta\boldsymbol{X}(t))$，且满足以下方程，即

$$\dot{\boldsymbol{X}}(t) + \delta\dot{\boldsymbol{X}}(t) = \boldsymbol{F}(\boldsymbol{X}(t) + \delta\boldsymbol{X}(t)) \tag{9-16}$$

将式（9-15）和式（9-16）相减，得到

$$\delta\dot{\boldsymbol{X}}(t) = \boldsymbol{F}(\boldsymbol{X}(t) + \delta\boldsymbol{X}(t)) - \boldsymbol{F}(\boldsymbol{X}(t)) \tag{9-17}$$

对式（9-17）进行泰勒展开，其线性项为

$$\delta\dot{\boldsymbol{X}}(t)=\boldsymbol{A}(t)\delta\boldsymbol{X}(t) \tag{9-18}$$

式中：$\boldsymbol{A}(t)$ 为非线性系统的雅可比矩阵，其矩阵元素表达式为

$$A_{i,j}=\frac{\partial F_i}{\partial X_j} \tag{9-19}$$

对式（9-18）进行积分求解，可得

$$\delta\boldsymbol{X}(t)=\boldsymbol{\Phi}(t,t_0)\delta\boldsymbol{X}(t_0) \tag{9-20}$$

式中：$\boldsymbol{\Phi}(t,t_0)$ 为非线性系统线性化方程的状态转移矩阵，它表示初始时刻微小摄动对末端时刻状态的改变程度。状态转移矩阵的初始值为 n 维单位矩阵，由初始状态出发积分一个轨道周期后的状态所对应的状态转移矩阵 $\boldsymbol{\Phi}(t_0+T,t_0)$ 叫作单值矩阵。

对式（9-20）求导可得 $\delta\dot{\boldsymbol{X}}(t)=\dot{\boldsymbol{\Phi}}(t,t_0)\delta\boldsymbol{X}(t_0)$，将其代入式（9-18）和式（9-20）可得

$$\dot{\boldsymbol{\Phi}}(t,t_0)=\boldsymbol{A}(t)\boldsymbol{\Phi}(t,t_0) \tag{9-21}$$

对于限制性三体问题来说，大多数情况下无法获得状态转移矩阵的精确解析表达式，通过联立式（9-15）、式（9-19）和式（9-21）可以求得某些特殊条件下的数值解。其中最关键的是求雅可比矩阵。根据式（9-2）、式（9-3）和式（9-4）可得限制性三体问题的雅可比矩阵为

$$\boldsymbol{A}(t)=\begin{bmatrix} 0 & 0 & 0 & 1 & 0 & 0 \\ 0 & 0 & 0 & 0 & 1 & 0 \\ 0 & 0 & 0 & 0 & 0 & 1 \\ \Omega_{xx} & \Omega_{xy} & \Omega_{xz} & 0 & 2 & 0 \\ \Omega_{yx} & \Omega_{yy} & \Omega_{yz} & -2 & 0 & 0 \\ \Omega_{zx} & \Omega_{zy} & \Omega_{zz} & 0 & 0 & 0 \end{bmatrix} \tag{9-22}$$

其中：

$$\Omega_{xx}=1-\frac{1-\mu}{r_1^3}-\frac{\mu}{r_2^3}+\frac{3(1-\mu)(x+\mu)^2}{r_1^5}+\frac{3\mu(x-(1-\mu))^2}{r_2^5}$$

$$\Omega_{yy}=1-\frac{1-\mu}{r_1^3}-\frac{\mu}{r_2^3}+\frac{3(1-\mu)y^2}{r_1^5}+\frac{3\mu y^2}{r_2^5}$$

$$\Omega_{zz}=-\frac{1-\mu}{r_1^3}-\frac{\mu}{r_2^3}+\frac{3(1-\mu)z^2}{r_1^5}+\frac{3\mu z^2}{r_2^5}$$

$$\Omega_{xy}=\Omega_{yx}=\frac{3(1-\mu)(x+\mu)y}{r_1^5}+\frac{3\mu(x-(1-\mu))y}{r_2^5}$$

$$\Omega_{xz}=\Omega_{zx}=\frac{3(1-\mu)(x+\mu)z}{r_1^5}+\frac{3\mu(x-(1-\mu))z}{r_2^5}$$

$$\Omega_{yz}=\Omega_{zy}=\frac{3(1-\mu)yz}{r_1^5}+\frac{3\mu yz}{r_2^5}$$

9.2.5 平动点附近的轨道

在共线平动点附近对动力学方程进行线性化展开，可以得到平动点附近轨道运动的线性化常微分方程组为[12-13]

$$\begin{bmatrix}\Delta\dot{x}\\ \Delta\dot{y}\\ \Delta\dot{z}\\ \Delta\ddot{x}\\ \Delta\ddot{y}\\ \Delta\ddot{z}\end{bmatrix}=\begin{bmatrix}0&0&0&1&0&0\\ 0&0&0&0&1&0\\ 0&0&0&0&0&1\\ \Omega_{xx}&\Omega_{xy}&\Omega_{xz}&0&2&0\\ \Omega_{yx}&\Omega_{yy}&\Omega_{yz}&-2&0&0\\ \Omega_{zx}&\Omega_{zy}&\Omega_{zz}&0&0&0\end{bmatrix}\begin{bmatrix}\Delta x\\ \Delta y\\ \Delta z\\ \Delta\dot{x}\\ \Delta\dot{y}\\ \Delta\dot{z}\end{bmatrix} \tag{9-23}$$

式中：$[\Delta x \quad \Delta y \quad \Delta z]^{\mathrm{T}}$ 为航天器相对平动点位置坐标的变化量；$[\Delta\dot{x} \quad \Delta\dot{y} \quad \Delta\dot{z}]^{\mathrm{T}}$ 为航天器速度相对于平动点 0 速度的变化量。

对于三角平动点来说，当三体系统满足[12]：

$$0<\mu<\mu_0=\frac{1}{2}\left(1-\frac{\sqrt{69}}{9}\right)$$

的时候，具有线性稳定解。对于共线平动点，z 方向的运动始终独立于 $O-xy$ 平面，因此共线平动点 z 方向是稳定的简谐振动；x 和 y 方向的运动由矩阵线性化后求解特征值，可以得到一对绝对值相等、符号相反的实数和一对共轭纯虚根，这说明共线平动点一般情况下是不稳定的，仅在某些特殊情况下存在稳定解，如果加以控制，则可以得到稳定的轨道。

求解雅可比矩阵的特征值，假设其特征值分别为 $\pm\mathrm{i}d_1$、$\pm\mathrm{i}d_2$ 和 $\pm\mathrm{i}d_3$，其中 d_1、d_2 和 d_3 为正实数。这样，可以得到式（9-23）相应的线性解形式为[15]

$$\begin{cases}\Delta x=K_1\mathrm{e}^{d_1t}+K_2\mathrm{e}^{-d_1t}+K_3\cos d_2t+K_4\sin d_2t\\ \Delta y=\alpha_1K_1\mathrm{e}^{d_1t}-\alpha_1K_2\mathrm{e}^{-d_1t}-\alpha_2K_3\cos d_2t+\alpha_2K_4\sin d_2t\\ \Delta z=K_5\cos d_3t+K_6\sin d_3t\end{cases} \tag{9-24}$$

式中：常系数 α_1 和 α_2 与三体问题中的势函数相关；$K_1,K_2,\cdots,K_6$ 为积分常数。

基于式（9-24），为了消除不稳定运动，选择恰当的初始条件使 K_1 和 K_2 为 0，可以得到线性条件下共线平动点附近的周期轨道为[16]

$$\begin{cases}\Delta x=K_3\cos d_2t+K_4\sin d_2t=-A_x\cos(d_2t+\varphi)\\ \Delta y=-\alpha_2K_3\sin d_2t+\alpha_2K_4\cos d_2t=kA_x\sin(d_2t+\varphi)\\ \Delta z=K_5\cos d_3t+K_6\sin d_3t=A_z\sin(d_3t+\phi)\end{cases} \tag{9-25}$$

式中：A_x 为周期轨道 x 轴方向的振幅；A_z 为 z 轴方向的振幅；φ 和 ϕ 为主平面和垂直方向的幅角；k 为比例常数；d_2 为 $O-xy$ 平面运动频率；d_3 为 z 轴方向运动频率。

根据以上分析可知，在 K_1 和 K_2 取不同值的前提下，基于式（9-24），在三体动力学下可以得到几种典型的轨道。

（1）拟周期和周期轨道。

①当 K_1 和 K_2 都为 0 时，对应的轨道为二维的李雅普诺夫轨道和三维的李萨如（Lissajous）轨道；②当 K_1、K_2、K_5 和 K_6 都为 0 时，对应的轨道为水平的李雅普诺夫周期轨道；③当 K_1 和 K_2 都为 0，K_5 和 K_6 都不为 0 时，对应的轨道为李萨如拟周期轨道；④当 K_1 和 K_2 都为 0，K_5 和 K_6 都不为 0 时，同时 $d_2=d_3$ 时，对应的轨道为特殊的李萨如轨道，即 Halo 周期轨道。图 9-4 给出了地-月三体系统周期轨道中李雅普诺夫轨道和 Halo 轨道的示意图。

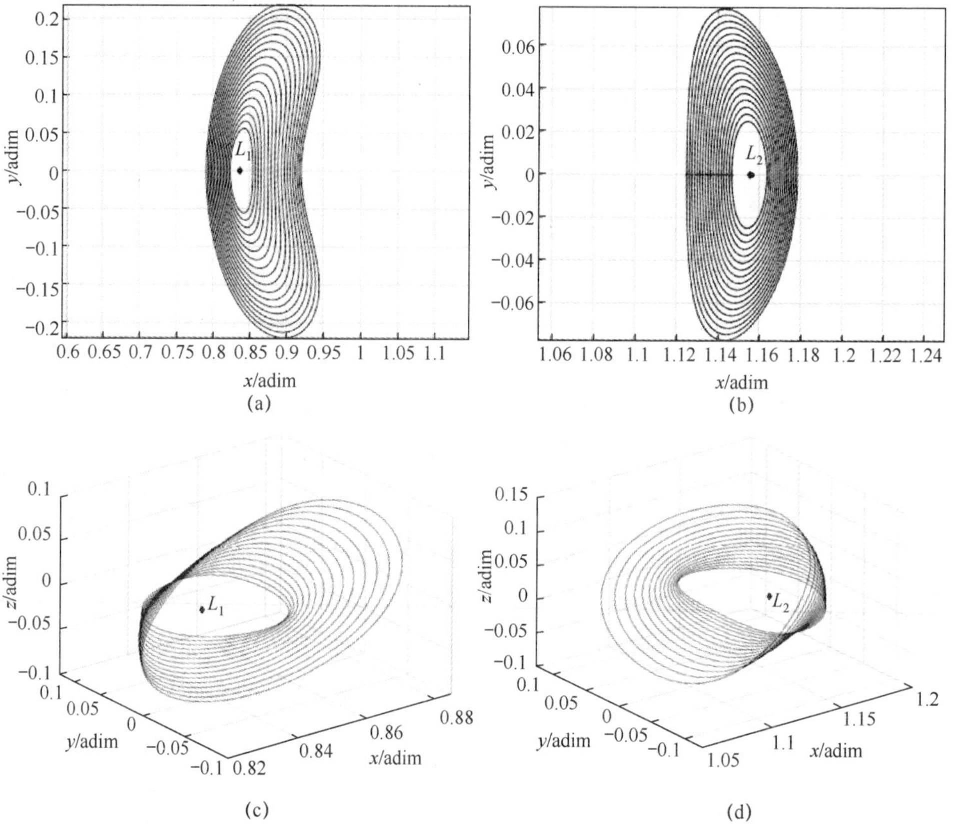

图 9-4 周期轨道

（a）L_1 点附近的李雅普诺夫轨道；（b）L_2 点附近的李雅普诺夫轨道；（c）L_1 点附近的 Halo 轨道；（d）L_2 点附近的 Halo 轨道。

以构建最常用的平动点轨道 Halo 轨道为例，通过摄动分析法可以给出其 3 阶近似解[17]，即

$$\begin{cases}\Delta x = a_{21}A_x^2 + a_{22}A_z^2 - A_x\cos\tau_1 + (a_{23}A_x^2 - a_{24}A_z^2)\cos 2\tau_1 + (a_{31}A_x^3 - a_{32}A_xA_z^2)\cos 3\tau_1 \\ \Delta y = kA_x\sin\tau_1 + (b_{21}A_x - b_{22}A_z^2)\sin 2\tau_1 + (b_{31}A_x^3 - b_{32}A_xA_z^2)\sin 3\tau_1 \\ \Delta z = \delta_n A_z\cos\tau_1 + \delta_n d_{21}A_xA_z(\cos 2\tau_1 - 3) + \delta_n(d_{32}A_zA_x^2 - d_{31}A_z^3)\cos 3\tau_1\end{cases} \tag{9-26}$$

式中：τ_1 为时间变量；A_x 为 Halo 周期轨道 x 轴方向的幅值；A_z 为 Halo 周期轨道 z 轴方向的幅值，A_x 和 A_z 互相不独立。然后对式（9-26）用迭代算法不断进行修正，得到精确的积分初值，进而积分得到 Halo 轨道。

（2）渐近轨道。

当 K_1 或者 K_2 中有一项为 0 时，平动点附近的轨道运动为渐近轨道。例如，$K_1=0$ 时为渐近稳定轨道，$K_2=0$ 时为渐近不稳定轨道。在渐近稳定轨道上，航天器可以几乎不消耗能量地接近周期轨道；在渐近不稳定轨道上，航天器可以几乎不消耗能量地远离周期轨道。但是由于渐近轨道需要较长的时间和空间进行演化，在渐近轨道飞行会增加航天任务中的时间消耗。

（3）穿越轨道和非穿越轨道。

当 K_1 和 K_2 同为正或者同为负时，平动点附近的轨道运动为非穿越轨道；当 K_1 和 K_2 的值异号时，平动点附近的轨道运动为穿越轨道。穿越轨道处于不变流形管道内部，可以穿过平动点附近的 Halo 轨道面；而非穿越轨道位于流形管道外部，无法穿过平动点附近的 Halo 轨道面，只能在 Halo 轨道面的单侧运行。

9.2.6 不变流形

不变流形是与平动点周期轨道紧密联系的动力学结构。不变流形在空间形成管状通道，它把整个空间的运动区分为管道外的非穿越轨道、管道内的穿越轨道以及管道上的渐近轨道。航天器沿不变流形运动可以以极小的能量代价到达或者离开平动点周期轨道。因此，不变流形可以作为低能轨道转移的通道，在深空探测轨道转移设计中有着重大应用价值[18]。

为了计算平动点周期轨道附近的不变流形，首先可以在周期轨道上任意一点 $\bar{\boldsymbol{x}}_0$ 处线性化，有

$$\Delta\dot{\bar{\boldsymbol{x}}} = \boldsymbol{A}(t)\Delta\bar{\boldsymbol{x}} \tag{9-27}$$

式中：$\boldsymbol{A}(t)$ 为雅可比矩阵；$\Delta\bar{\boldsymbol{x}}$ 为相对于不动点状态的偏移量。

由于航天器在周期轨道上的点 $\bar{\boldsymbol{x}}_0$ 处为动平衡状态，在理想情况下将长期处于周期轨道上，因此为了获得能够自然到达/离开周期轨道附近的不变流形，必须在 $\bar{\boldsymbol{x}}_0$ 点处增加一个微小的状态扰动，使该点运动状态经过时间积分后可以自然到达/离开周期轨道，方便与主天体的轨道进行轨道和流形拼接，移动后的状态值即为不变流形积分的初值。

周期轨道的单值矩阵有一个稳定特征根 $\lambda_1(\lambda_1>1)$ 和一个不稳定特征根 $\lambda_2=1/\lambda_1\,(\lambda_2<1)$，分别对应特征向量 $\bar{\boldsymbol{v}}_{\mathrm{s}}$ 和 $\bar{\boldsymbol{v}}_{\mathrm{u}}$，它们包含了稳定流形 $W_{L_j,\mathrm{po}}^{\mathrm{s}}$ 和不稳定流形 $W_{L_j,\mathrm{po}}^{\mathrm{u}}$ 的方向信息。在 $\bar{\boldsymbol{x}}_0$ 点处沿特征向量方向增加一个微小状态扰动，可得到不变流形的积分初值，其计算方法为

$$\overline{\boldsymbol{x}}_{0,\mathrm{s/u}} = \overline{\boldsymbol{x}}_0 \pm \varepsilon \overline{\boldsymbol{v}}_{\mathrm{s/u}} \tag{9-28}$$

式中：$\overline{\boldsymbol{x}}_{0,\mathrm{s/u}}$ 为不变流形积分初值；$\overline{\boldsymbol{v}}_{\mathrm{s/u}}$ 为特征向量，代表不变流形的方向；ε 为微小扰动标量，代表扰动的大小，其取值非常关键，取值过小，则流形的计算速度太慢，过大则无法保证其精度。对于地–月系统的不变流形确定问题，微小扰动标量 ε 的适宜取值为 10^{-6}。

在获得不变流形的积分初值后，则可以初值作为初始条件进行积分运算，生成不变流形。地–月系统 L_1 点不变流形如图 9-5 所示。从图 9-5 中可以看出，以不稳定特征根 λ_u 和稳定特征根 λ_s 可以分别获得不稳定流形 $W^{\mathrm{u}}_{L_j,\mathrm{po}}$ 和稳定流形 $W^{\mathrm{s}}_{L_j,\mathrm{po}}$，稳定和不稳定流形可以分别用来设计到达/离开周期轨道的低能轨迹。

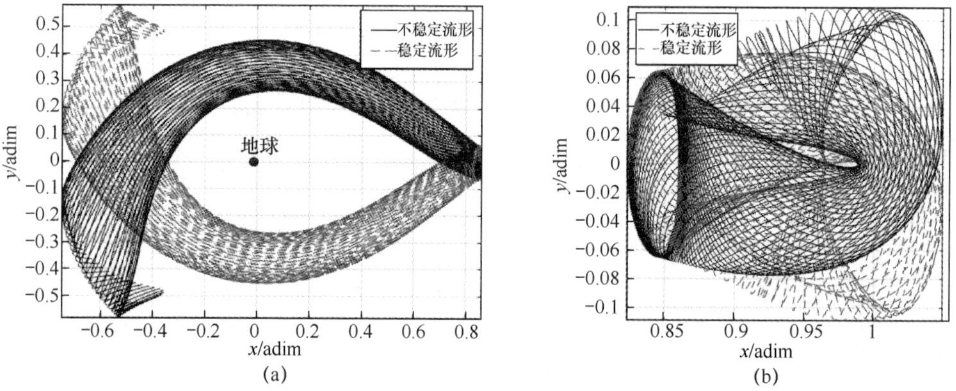

图 9-5 地–月系统不变流形

（a）地–月系统 L_1 点 Halo 轨道左侧的不变流形分支；（b）地–月系统 L_1 点 Halo 轨道右侧的不变流形分支。

9.3 平动点低能转移轨道设计

随着电推进技术的应用以及全电航天器和太阳帆航天器技术的发展，连续推力轨道机动在深空航天任务中的应用越来越广泛，因此研究深空低能连续推力转移轨道的设计与优化具有十分重要的研究意义。本书第 3 章一开始就指出，目前低能连续推力轨道设计与优化问题的解决方式主要分为正方法和反方法，其中正方法是通过推力设计，经过积分得到轨道状态，该方法难以满足机动约束。而反方法或者形状法，是先通过假设的参数化方程描述机动轨道，对设计结果进行优化后反算出实现该轨道运动的推力需求，是一个十分有效的解决思路。本节针对平动点轨道交会任务中的轨迹设计问题，研究一种基于混合级数的反方法。

9.3.1 混合级数的描述

通常情况下，空间任何一条曲线都可以用多项式函数、幂级数或傅里叶级数的形式来表示。因此，如果根据运动方程和约束条件求出多项式、幂级数以及傅里叶级数的系数，便可以确定航天器的转移轨迹。但是由于幂级数存在指数项，若展开的项数太少，则消耗的能量多；若展开式的项数太多，则可能导致矩阵在数值运算过程中产生奇异，给代数方程组求解带来困难；而以傅里叶级数为代表的三角级数可以有效地避免上述问题，也已经被广泛应用于解决动力学问题。从轨迹规划角度来看，傅里叶级数项数对优化结果的运动轨迹形状影响明显：项数较少时，其轨迹之间差异较大，项数达到一定数量后，其轨迹将向某一曲线逼近。但是，随着傅里叶级数项数的增加，优化结果的能耗最终会在某一能耗值附近浮动，相应的计算量随之增大。因此，针对小推力轨迹规划快速求解问题，将傅里叶级数与幂级数进行整合，不仅可以解决幂级数存在的奇异问题，还可以减少轨道计算量。

基于傅里叶级数和幂级数的混合级数的表达形式为

$$X = \sum_{k=1}^{n_{X,1}} [a_{k,i} \cos(k\omega\tau) + b_{k,i} \sin(k\omega\tau)] + \sum_{j=0}^{n_{X,2}} c_j \tau^j \tag{9-29}$$

式中：$\{a_{k,i}, b_{k,i}\}$ 表示傅里叶级数的系数；$\{c_j\}$ 表示多项式的系数；$n_{X,1}$ 和 $n_{X,2}$ 分别为傅里叶级数与多项式展开的项数；$0 \leqslant \tau = t / t_{\mathrm{f}} \leqslant 1$；$t_{\mathrm{f}}$ 为轨道转移的时间。

9.3.2 基于混合级数的连续推力转移轨道

在小推力机动轨道形状近似的方法中，方程通常定义在极坐标系或者柱坐标系下。对于共面情况下的轨迹设计，柱坐标系下航天器的位置仅与轨道半径 r 和极角 θ 有关，可将 r 和 θ 表示为时间 t 的函数来描述柱坐标系下的航天器动力学方程。为了便于以轨道半径 r 和极角 θ 的形式来描述转移轨道，如图 9-6 所示，构建以质量大的主天体为中心的旋转柱坐标系，可以得到柱坐标系下的限制性三体问题动力学方程组为

$$\begin{cases} F_{r\theta} \sin\alpha = \ddot{r} - r\dot{\theta}^2 - 2r\dot{\theta} - r + \mu\cos\theta + \dfrac{(1-\mu)r}{\rho_1^3} + \dfrac{\mu(r-\cos\theta)}{\rho_2^3} \\ F_{r\theta} \cos\alpha = 2\dot{r}\dot{\theta} + r\ddot{\theta} + 2\dot{r} - \mu\sin\theta + \dfrac{\mu\sin\theta}{\rho_2^3} \\ F_z = \ddot{z} + \dfrac{(1-\mu)z}{\rho_1^3} + \dfrac{\mu z}{\rho_2^3} \end{cases} \tag{9-30}$$

式中：$\rho_1 = \sqrt{r^2 + z^2}$；$\rho_2 = \sqrt{r^2 + 1 - 2r\cos + z^2}$；$\alpha$ 为推力与 x 轴正向的夹角。

假设航天器推力矢量提供切向推力，施加在航天器上加速度的解析表达式为

$$F = \frac{\dot{r}}{\sqrt{\dot{r}^2 + r^2\dot{\theta}^2}} \left[\ddot{r} - r\dot{\theta}^2 - 2r\dot{\theta} - r + \mu\cos\theta + \frac{1-\mu}{\rho_1^2} + \frac{\mu(r-\cos\theta)}{\rho_2^3} \right] \tag{9-31}$$

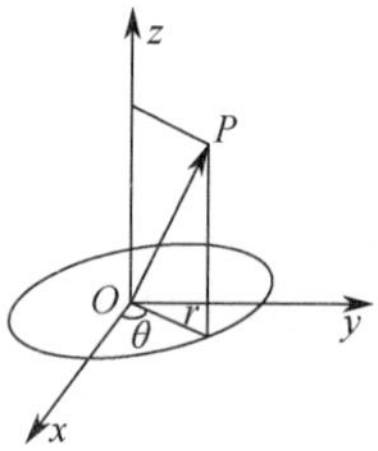

图 9-6 柱坐标系

一般轨道设计的性能指标是时间最省或者燃料消耗最少，本节选取的性能指标为固定时间内燃料消耗最少，即有

$$J=\int_{t_\mathrm{i}}^{t_\mathrm{f}}\frac{T(t)}{I_\mathrm{sp}g_0}\mathrm{d}t \tag{9-32}$$

对于动力学变量 r 和 θ，选择混合级数（式 9-29）来表示。为了准确地求解混合级数的各未知系数，至少需要 $n_{X,1}+n_{X,2}+2$ 个约束方程，需要对转移轨迹进行离散化，建立每一个离散点的约束方程。

对于初始猜测值，本节利用以下的 3 次多项式来给出初始猜测值，即

$$\begin{cases}r(t)=a_{3r}t^3+a_{2r}t^2+a_{1r}t+a_{0r}\\\theta(t)=a_{3\theta}t^3+a_{2\theta}t^2+a_{1\theta}t+a_{0\theta}\end{cases} \tag{9-33}$$

式中：常数 a_{3r}、a_{2r}、a_{1r}、a_{0r}、$a_{3\theta}$、$a_{2\theta}$、$a_{1\theta}$ 和 $a_{0\theta}$ 可根据两个边界值直接求出。

针对基于混合级数的约束交会轨迹设计问题，考虑的约束条件主要有以下几个。

（1）推力约束。在实际的航天任务中，航天器的推力是有限的，需满足以下约束，即

$$F-F_\mathrm{max}\leqslant 0 \tag{9-34}$$

式中：F_max 为发动机允许的最大推力加速度。

（2）边界约束。为了实现航天器的轨道转移，混合多项式轨迹必须满足初末端点的 8 个边界约束条件，即

$$\begin{cases}X_\mathrm{i}=X(\tau=0)\\X_\mathrm{f}=X(\tau=1)\\\dot{X}_\mathrm{i}=X'/t_\mathrm{f}(\tau=0)\\\dot{X}_\mathrm{f}=X'/t_\mathrm{f}(\tau=1)\\\dfrac{\mathrm{d}}{\mathrm{d}t}=\dfrac{1}{t_\mathrm{f}}\dfrac{\mathrm{d}}{\mathrm{d}\tau}\\\dfrac{\mathrm{d}^2}{\mathrm{d}t^2}=\dfrac{1}{t_\mathrm{f}^2}\dfrac{\mathrm{d}^2}{\mathrm{d}\tau^2}\end{cases} \tag{9-35}$$

交会问题的 8 个边界条件是为了尽可能地减少混合多项式的未知系数，这主要是因为边界条件对于未知的混合多项式系数来说，更具有实际的物理意义。实际上，因为不同边界约束对应不同的系数，直接逼近混合级数的系数是困难的。因此，尽量减少设计参数会使整个设计过程更简洁也更具有物理意义。一般来说，利用一部分变量来表示另一部分变量不会影响整个问题，尽量考虑使用具有实际物理意义的边界条件来设计混合多项式的参数。

（3）交会时间约束。为了避免奇异和算法发散的情况，任务设计中交会时间应满足

$$\begin{cases} T_0 \dfrac{\theta_f}{2\pi} \leqslant t_f \leqslant T_f \dfrac{\theta_f}{2\pi}, T_0 < T_f \\ T_f \dfrac{\theta_f}{2\pi} \leqslant t_f \leqslant T_0 \dfrac{\theta_f}{2\pi}, T_0 > T_f \end{cases} \tag{9-36}$$

式中：T_0 和 T_f 分别为初始轨道和目标轨道的周期。

（4）轨道运行方向约束。为避免航天器出现初、末时刻围绕大天体顺、逆行不一致的情况，初始位置和末端位置的角加速度满足

$$0 < \dot{\theta}_i ; 0 < \dot{\theta}_f \tag{9-37}$$

或者满足

$$0 > \dot{\theta}_i ; 0 > \dot{\theta}_f \tag{9-38}$$

以上约束分别代表逆行轨道或顺行轨道。

综上，基于混合级数的连续推力转移轨道设计的思路为：将航天器在质心旋转坐标系中的运动方程转化到以大天体为中心的柱坐标系的运动方程，将动力学变量以混合级数的形式表示，根据转移轨迹的实际需求给出了推力、边界以及轨迹转移时间等约束，此时燃料最优为性能指标的最优轨迹规划问题转化为非线性规划问题进行求解。

9.3.3 仿真算例与分析

本节以地球至月球附近平动点的低能转移轨道设计为例，基于以上分析，采用高斯伪谱法优化设计一条小推力轨道，并与不变流形进行拼接获得低能小推力转移轨道。低能转移优化轨道设计的逃逸轨道始于一个大椭圆地球同步转移轨道（GTO），GTO 轨道近地点高度 $h_p = 400\text{km}$，远地点高度 $h_a = 35864\text{km}$，地球平均赤道半径 $r_{eq} = 6378.1363\text{km}$，转移轨道圈数为 5 圈。

图 9-7（a）和图 9-7（b）分别表示利用傅里叶级数得到的轨迹与推力加速度，其中傅里叶级数项数为 6。图 9-8（a）和图 9-8（b）分别表示利用混合级数得到的转移轨迹与推力加速度，其中混合级数项由 4 项傅里叶级数和 2 项幂级数组成。从这些计算结果可以看出，在相同的圈数时，若具有相同的项数，混合级数的轨道上

升更快，而且需要的推力加速度更小。

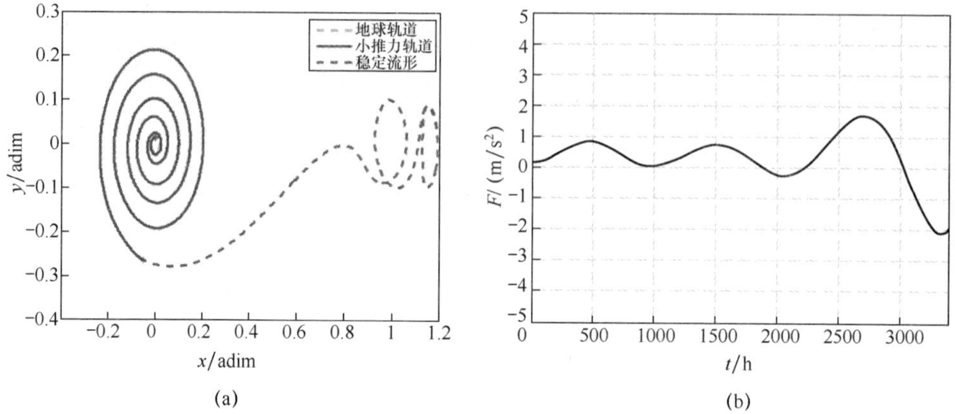

图 9-7 基于傅里叶级数的小推力转移

（a）转移轨迹；（b）推力加速度。

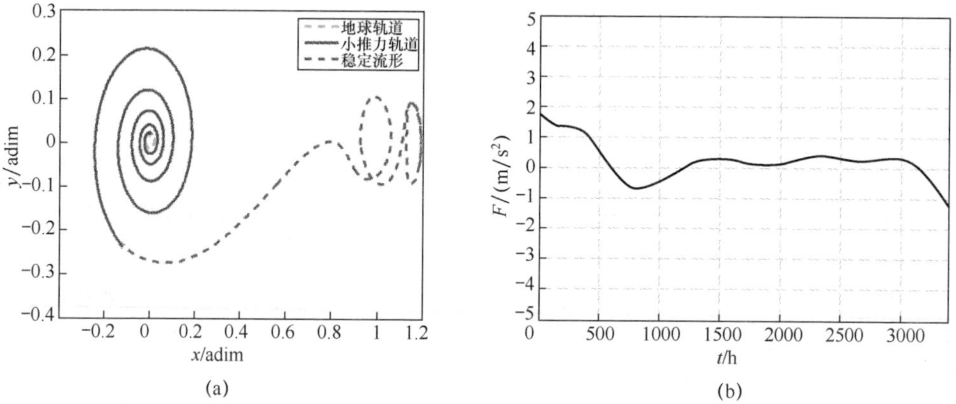

图 9-8 基于混合级数的小推力转移

（a）转移轨迹；（b）推力加速度。

值得指出的是，本小节所拼接的稳定流形段是利用庞加莱截面得到的，如果对拼接点进行优化，燃料消耗还有进一步减少的空间。对转移轨迹的时间约束是针对持续推力段的时间，而实际上航天器到达稳定流形后，还需要无动力地航行很长一段时间。

9.4 平动点轨道保持与轨迹跟踪控制

9.3 节基于混合级数与稳定流形拼接的方法设计了低能转移轨道。然而值得注意的是，上述轨迹规划过程中没有考虑摄动和外部干扰的影响。在实际交会过程中，可能会由于轨道摄动影响或执行器误差，导致航天器偏离规划的标称轨迹，使交会任务失败。另外，平动点附近的轨道具有不稳定性，航天器除受到两个主要天体的引力外，还受到诸多摄动因素的影响，主要包括第四体引力摄动、系统偏心率、太阳光压和各大行星引力等。在这些摄动因素的作用下，航天器难以长时间自然保持在平动点附近的周期轨道。因此，在实际任务中必须进行周期轨道的保持控制和交会轨迹的跟踪控制。本节基于弗洛凯（Floquet）模态法和 LFT 定理，研究了 Halo 轨道的保持和轨迹跟踪控制。

9.4.1 基于 Floquet 模态法的 Halo 轨道保持

1. Halo 轨道的单值矩阵与几何结构

对于小 z 幅值和中等 z 幅值的 Halo 轨道，其对应的单值矩阵的特征值具有以下的形式，即

$$\lambda_1 > 1,\quad \lambda_2 = \frac{1}{\lambda_1} < 1,\quad \lambda_3 = \lambda_4 = 1,\quad \lambda_5 = \bar{\lambda}_6 \tag{9-39}$$

式中：(λ_5, λ_6) 为模值为 1 的共轭复数。单值矩阵的 3 对特征值与 Halo 轨道特性的关系如下。

（1）第一对实特征根 (λ_1, λ_2) 对应 Halo 轨道的双曲特性。λ_1 为幅值最大的特征根，所对应的特征向量 $\boldsymbol{e}_1(0)$ 给出误差呈指数发散的方向。λ_2 为幅值最小的特征根，所对应的特征向量 $\boldsymbol{e}_2(0)$ 给出误差呈指数收敛的方向。由于圆型限制性三体问题具有对称性，如果 $\boldsymbol{e}_1(0) = \begin{bmatrix} v_1 & v_2 & v_3 & v_4 & v_5 & v_6 \end{bmatrix}^{\mathrm{T}}$，那么 $\boldsymbol{e}_2(0) = \begin{bmatrix} v_1 & -v_2 & v_3 & -v_4 & v_5 & -v_6 \end{bmatrix}^{\mathrm{T}}$。数值计算表明，Halo 轨道非常不稳定，而且不稳定性随着 z 幅值的增加而降低。

（2）第二对实特征根 (λ_3, λ_4) 对应 Halo 轨道的中性特性。所对应的单值矩阵部分具有以下的约旦（Jordan）标准型，即

$$\begin{bmatrix} 1 & \varepsilon \\ 0 & 1 \end{bmatrix}$$

式中：$\varepsilon \neq 0$，这表明轨道簇内的 Halo 轨道具有不同的轨道周期。

（3）第三对复特征根 (λ_5, λ_6) 对应 Halo 轨道的旋转特性。这对特征根表明，Halo 轨道附近存在拟周期轨道，即 Quasi-Halo 轨道。所对应的单值矩阵部分具有以下形式，即

$$\begin{bmatrix} \cos\varGamma & -\sin\varGamma \\ \sin\varGamma & \cos\varGamma \end{bmatrix}$$

式中：$\varGamma$ 为复特征根 λ_5 的相位角。

综上，选择合适的坐标系，Halo 轨道对应的单值矩阵具有以下形式，即

$$\begin{bmatrix} \lambda_1 & & & & & \\ & \lambda_1^{-1} & & & & \\ & & 1 & \varepsilon & & \\ & & & 1 & & \\ & & & & \cos\Gamma & -\sin\Gamma \\ & & & & \sin\Gamma & \cos\Gamma \end{bmatrix} \tag{9-40}$$

2. Halo 轨道的弗洛凯模态

为充分利用 Halo 轨道附近的几何结构，基于单值矩阵对应的特征向量，引入弗洛凯模态的概念，并以弗洛凯模态为基构成坐标系[19]。具体变换为

$$\begin{cases} \overline{\boldsymbol{e}}_1(t) = \boldsymbol{e}_1(t)\exp\left(-\dfrac{t}{T}\ln\lambda_1\right) \\ \overline{\boldsymbol{e}}_2(t) = \boldsymbol{e}_2(t)\exp\left(-\dfrac{t}{T}\ln\lambda_2\right) \\ \overline{\boldsymbol{e}}_3(t) = \boldsymbol{e}_3(t) \\ \overline{\boldsymbol{e}}_4(t) = \boldsymbol{e}_4(t) - \varepsilon\overline{\boldsymbol{e}}_3(t) \\ \overline{\boldsymbol{e}}_5(t) = \cos\left(-\dfrac{\Gamma}{T}t\right)\boldsymbol{e}_5(t) - \sin\left(-\dfrac{\Gamma}{T}t\right)\boldsymbol{e}_6(t) \\ \overline{\boldsymbol{e}}_6(t) = \sin\left(-\dfrac{\Gamma}{T}t\right)\boldsymbol{e}_5(t) + \cos\left(-\dfrac{\Gamma}{T}t\right)\boldsymbol{e}_6(t) \end{cases} \tag{9-41}$$

式中：$t \in [0,T]$，为周期轨道的时间参数；T 为 Halo 轨道周期；非零值 $\varepsilon(t)$ 表明 Halo 轨道簇内每条轨道的能量和周期有所区别；$\boldsymbol{e}_i(t) = \boldsymbol{\Phi}(t,0)\boldsymbol{e}_i(0)$，$\boldsymbol{\Phi}(t,0)$ 为状态转移矩阵，$\boldsymbol{e}_i(0)$ 为单值矩阵特征值 λ_i 对应的特征向量。

特征向量 $\boldsymbol{e}_i(0)$ 有 3 种情况：①向量 $\boldsymbol{e}_1(0)$ 和 $\boldsymbol{e}_2(0)$ 分别对应于大于 1 和小于 1 的实数特征值向量；②向量 $\boldsymbol{e}_3(0)$ 和 $\boldsymbol{e}_4(0)$ 对应于单值矩阵的约旦块，$\boldsymbol{e}_3(0)$ 正切于周期轨道，选择 $\varepsilon(0)$ 使 $\boldsymbol{e}_4(0)$ 与相切；③向量 $\boldsymbol{e}_5(0)$ 和 $\boldsymbol{e}_6(0)$ 分别对应于复特征向量的实部和虚部。

图 9-9 所示为弗洛凯模态示意图，分别代表了指数递增和递减、不增不减和旋转的模态情况。为方便计算航天器相对于标称 Halo 轨道的状态误差在弗洛凯坐标系中的分量，有必要引入映射因子的概念。令 $\Delta\boldsymbol{x} = [\Delta x, \Delta y, \Delta z, \Delta\dot{x}, \Delta\dot{y}, \Delta\dot{z}]^{\mathrm{T}}$ 为航天器相对于 Halo 轨道的状态误差，则有

$$\Delta\boldsymbol{x} = \sum_{i=1}^{6} c_i \overline{\boldsymbol{e}}_i(t) \tag{9-42}$$

式中：c_i 为 $\Delta\boldsymbol{x}$ 在弗洛凯坐标系中模态 $\overline{\boldsymbol{e}}_i(t)$ 方向上的分量。

利用线性代数的基本原理，c_i 可以表示为

$$c_i = \pi_1^i(t)\Delta x + \pi_2^i(t)\Delta y + \pi_3^i(t)\Delta z + \pi_4^i(t)\Delta\dot{x} + \pi_5^i(t)\Delta\dot{y} + \pi_6^i(t)\Delta\dot{z} \tag{9-43}$$

式中：$\boldsymbol{\pi}^i=[\pi_1^i \quad \pi_2^i \quad \pi_3^i \quad \pi_4^i \quad \pi_5^i \quad \pi_6^i]$为第$i$个映射因子；$\pi_j^i$为第$j$行第$i$列元素所对应的伴随矩阵与弗洛凯模态矩阵行列式的比值。给出弗洛凯模态矩阵$\boldsymbol{E}(t)=[\bar{\boldsymbol{e}}_1(t) \quad \bar{\boldsymbol{e}}_2(t) \quad \bar{\boldsymbol{e}}_3(t) \quad \bar{\boldsymbol{e}}_4(t) \quad \bar{\boldsymbol{e}}_5(t) \quad \bar{\boldsymbol{e}}_6(t)]$。

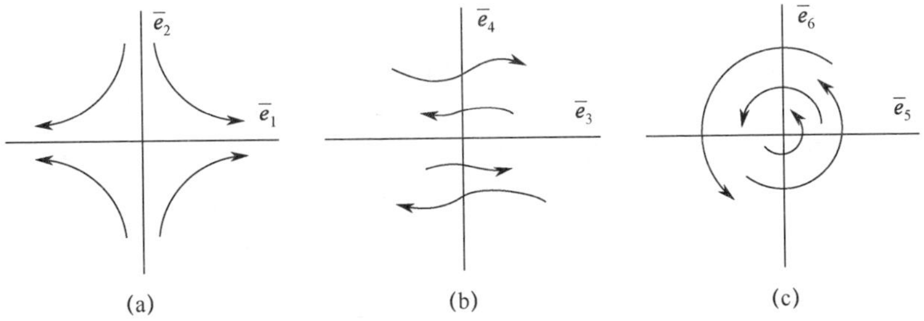

图 9-9 弗洛凯模态示意图

（a）$\bar{\boldsymbol{e}}_1$和$\bar{\boldsymbol{e}}_2$模式；（b）$\bar{\boldsymbol{e}}_3$和$\bar{\boldsymbol{e}}_4$模式；（c）$\bar{\boldsymbol{e}}_5$和$\bar{\boldsymbol{e}}_6$模式。

由于 Halo 轨道的周期性，映射因子也具有周期性。因此，可以将映射因子的傅里叶系数储存在星载计算机中，以便实时计算状态误差在弗洛凯坐标系中的各个分量。

3. Halo 轨道的保持

平动点附近的航天器除受到两个主要天体的引力外，还受到诸多摄动因素的影响，在这些摄动因素的作用下，航天器难以长时间自然保持在 Halo 轨道附近。可以采用弗洛凯模态法进行周期轨道的保持控制。弗洛凯模态法利用 Halo 轨道附近的几何结构，计算平动点轨道保持所需的速度增量。

Halo 轨道附近运动的不稳定性主要由不稳定模态$\bar{\boldsymbol{e}}_1(t)$引起，因此轨道保持控制器只需消除运动的不稳定分量$c_1$，即可保证航天器在 Halo 轨道附近做有界运动。令$\Delta\boldsymbol{V}=[\Delta v_x \quad \Delta v_y \quad \Delta v_z]^{\mathrm{T}}$为脉冲控制的速度增量，为了保证航天器在 Halo 轨道附近做有界运动，则施加控制脉冲后的不稳定分量应被消除，即

$$\pi_1^1\Delta x+\pi_2^1\Delta y+\pi_3^1\Delta z+\pi_4^1(\Delta\dot{x}+\Delta v_x)+\pi_5^1(\Delta\dot{y}+\Delta v_y)+\pi_6^1(\Delta\dot{z}+\Delta v_z)=0 \tag{9-44}$$

所以，有

$$\pi_4^1\Delta v_x+\pi_5^1\Delta v_y+\pi_6^1\Delta v_z=-(\pi_1^1\Delta x+\pi_2^1\Delta y+\pi_3^1\Delta z+\pi_4^1\Delta\dot{x}+\pi_5^1\Delta\dot{y}+\pi_6^1\Delta\dot{z})=-c_1 \tag{9-45}$$

根据实际航天器的控制系统结构，可得到满足以上约束条件并最小化$\Delta\boldsymbol{V}$模值的单轴、双轴或三轴控制器。

（1）对于x轴单轴控制器，有$\Delta v_y=0$和$\Delta v_z=0$，则

$$\Delta v_x=-\frac{c_1}{\pi_4^1} \tag{9-46}$$

（2）对于x-y双轴控制器，有$\Delta v_z=0$，可求得最小化$\Delta\boldsymbol{V}$模值的解为

$$\Delta v_x = -\frac{c_1\pi_4^1}{(\pi_4^1)^2+(\pi_5^1)^2},\ \Delta v_y = -\frac{c_1\pi_5^1}{(\pi_4^1)^2+(\pi_5^1)^2} \tag{9-47}$$

（3）对于 x-y-z 三轴控制器，可得最小化 $\Delta \boldsymbol{V}$ 模值的解为

$$\begin{cases} \Delta v_x = -\dfrac{c_1\pi_4^1}{(\pi_4^1)^2+(\pi_5^1)^2+(\pi_6^1)^2} \\ \Delta v_y = -\dfrac{c_1\pi_5^1}{(\pi_4^1)^2+(\pi_5^1)^2+(\pi_6^1)^2} \\ \Delta v_z = -\dfrac{c_1\pi_6^1}{(\pi_4^1)^2+(\pi_5^1)^2+(\pi_6^1)^2} \end{cases} \tag{9-48}$$

若速度增量的方向固定，且 $\boldsymbol{u}=[u_x \quad u_y \quad u_z]^{\mathrm{T}}$ 表示单位方向矢量，则 $\Delta \boldsymbol{V}$ 的模值为

$$\|\Delta \boldsymbol{V}\| = -\frac{c_1}{\sqrt{\pi_4^1 u_x + \pi_5^1 u_y + \pi_6^1 u_z}} \tag{9-49}$$

则

$$\begin{cases} \Delta v_x = -\dfrac{c_1 u_x}{\sqrt{\pi_4^1 u_x + \pi_5^1 u_y + \pi_6^1 u_z}} \\ \Delta v_y = -\dfrac{c_1 u_y}{\sqrt{\pi_4^1 u_x + \pi_5^1 u_y + \pi_6^1 u_z}} \\ \Delta v_z = -\dfrac{c_1 u_z}{\sqrt{\pi_4^1 u_x + \pi_5^1 u_y + \pi_6^1 u_z}} \end{cases} \tag{9-50}$$

9.4.2 基于 LFT 定理的轨迹跟踪控制

本节将基于李雅普诺夫-弗洛凯转换（LFT）定理设计轨迹跟踪控制器，保证航天器始终沿着标称轨迹以较低的能耗飞行。在进行控制器设计之前，首先给出弗洛凯定理和 LFT 定理的相关描述，这有助于理解弗洛凯因子和控制器设计的相关原理，也决定了计算弗洛凯因子的方法以及所采取的控制算法。

1. 弗洛凯定理和 LFT 定理

定理 9-1（弗洛凯定理[20]） 状态转移矩阵 $\boldsymbol{\Phi}(t)$ 可以写为 $\boldsymbol{\Phi}(t)=\boldsymbol{F}(t)e^{\boldsymbol{L}t}$，其中弗洛凯因子 $\boldsymbol{F}(t)$ 是周期矩阵，弗洛凯指数 $\boldsymbol{L}$ 是一个常值矩阵，并且下列结论也成立：

（1）$\boldsymbol{\Phi}(kt)=\boldsymbol{M}^k$；

（2）单值矩阵 $\boldsymbol{M}$ 的一个特征值为 1，特征值 1 所对应的特征向量与周期轨道

相切。

定理 9-2（李雅普诺夫–弗洛凯转换定理[21]，LFT 定理） 针对施加控制的线性化动力学系统，有

$$\Delta\dot{\boldsymbol{X}} = \boldsymbol{A}(t)\Delta\boldsymbol{X} + \boldsymbol{B}\boldsymbol{u}(t) \tag{9-51}$$

其中：

$$\boldsymbol{B} = \begin{bmatrix} 0 & 0 & 0 & 1 & 0 & 0 \\ 0 & 0 & 0 & 0 & 1 & 0 \\ 0 & 0 & 0 & 0 & 0 & 1 \end{bmatrix}^{\mathrm{T}}$$

令 $\Delta\boldsymbol{X} = \boldsymbol{F}(t)\boldsymbol{z}(t)$，由定理 9-1 可知，控制系统（9-51）可转化为

$$\dot{\boldsymbol{z}}(t) = \boldsymbol{L}\boldsymbol{z}(t) + \boldsymbol{F}^{-1}\boldsymbol{B}\boldsymbol{u}(t) \tag{9-52}$$

其中：

$$\begin{cases} \boldsymbol{L} = \dfrac{1}{T_A}\ln(\boldsymbol{\Phi}(T_A)) \\ \boldsymbol{F}(t) = \boldsymbol{\Phi}(t)e^{-\boldsymbol{L}t} \end{cases} \tag{9-53}$$

2. 轨迹跟踪控制器设计

基于 LFT 定理，时变控制系统（9-51）转化为一个控制矩阵为时变的线性系统（9-52）。由于此系统的控制矩阵为时变的，传统的最优控制方法不能直接用来求解此系统的最优控制量，因此考虑将其转化成时不变的控制矩阵进行最优控制量求解。

为进行系统转化，首先应求得时变矩阵 $\boldsymbol{F}(t)$。若采用式（9-53）中的方程 $\boldsymbol{F}(t) = \boldsymbol{\Phi}(t)e^{-\boldsymbol{L}t}$ 来计算 $\boldsymbol{F}(t)$，则必须要先求解出状态转移矩阵 $\boldsymbol{\Phi}(t)$。然而，状态转移矩阵的快速求解一直是一个难题，常用方法通常通过数值计算给出数值解，计算量大、计算效率低。为提高时变矩阵 $\boldsymbol{F}(t)$ 的求解效率，本节将不直接求解状态转移矩阵而采用两点边值问题求解 $\boldsymbol{F}(t)$ 和 $\boldsymbol{F}^{-1}(t)$。

由式（9-53）可知，$\boldsymbol{F}(t)$ 满足 1 阶微分方程，即

$$\dot{\boldsymbol{F}}(t) = \boldsymbol{A}(t)\boldsymbol{F}(t) - \boldsymbol{F}(t)\boldsymbol{L} \tag{9-54}$$

其两个边界条件为

$$\boldsymbol{F}(0) = \boldsymbol{F}(T_A) = \boldsymbol{I}_6 \tag{9-55}$$

由于 $\boldsymbol{L}$ 是常值矩阵，因此可以得到一个补充的微分方程，即

$$\dot{\boldsymbol{L}} = \boldsymbol{0}_{6\times 6} \tag{9-56}$$

结合微分方程组（9-54）和（9-56），以及式（9-55）的边界条件，可以完成对两点边值问题的求解，获得时变矩阵 $\boldsymbol{F}(t)$ 的数值解。在实际仿真操作中，可利用 Matlab 中的 bvp4c 函数求解此两点边值问题，初始猜测值为单位阵，大大减少了计算量，提高了时变矩阵 $\boldsymbol{F}(t)$ 的计算效率。

在求得时变矩阵 $\boldsymbol{F}(t)$ 后可以看出，控制系统（9-52）的控制矩阵为 $\boldsymbol{F}^{-1}\boldsymbol{B}$ 。然而值得注意的是，控制系统（9-52）的系统矩阵 $(\boldsymbol{L},\boldsymbol{F}^{-1}\boldsymbol{B})$ 并不一定满足可控性。为了保证控制系统（9-52）的收敛，构造以下线性时不变状态扩张系统，即

$$\dot{\tilde{\boldsymbol{z}}}(t)=\boldsymbol{L}\tilde{\boldsymbol{z}}(t)+\tilde{\boldsymbol{B}}\tilde{\boldsymbol{u}}(t) \tag{9-57}$$

式中：$\tilde{\boldsymbol{B}}$ 为一个阶数与 $\boldsymbol{F}^{-1}\boldsymbol{B}$ 相同并使系统矩阵 $(\boldsymbol{L},\tilde{\boldsymbol{B}})$ 满足可控性；$\tilde{\boldsymbol{u}}(t)$ 为状态扩张系统的控制输入。

对于线性时不变控制系统（9-57），可以设计以下状态反馈控制器，即

$$\tilde{\boldsymbol{u}}(t)=-\tilde{\boldsymbol{K}}\tilde{\boldsymbol{z}}(t) \tag{9-58}$$

这样，可以通过极点配置法或者最优控制方法（如 LQR 方法）使系统（9-57）是渐近收敛的，即矩阵 $\boldsymbol{L}-\tilde{\boldsymbol{B}}\tilde{\boldsymbol{K}}$ 是赫维茨稳定的。

为保证原系统（9-52）的收敛性，构造原系统（9-52）与线性时不变控制系统（9-57）的误差系统为

$$\begin{aligned}\dot{\tilde{\boldsymbol{e}}}(t)&=\dot{\boldsymbol{z}}(t)-\dot{\tilde{\boldsymbol{z}}}(t)\\&=(\boldsymbol{L}-\tilde{\boldsymbol{B}}\tilde{\boldsymbol{K}})\tilde{\boldsymbol{e}}(t)+\tilde{\boldsymbol{B}}\tilde{\boldsymbol{K}}\boldsymbol{z}(t)+\boldsymbol{F}^{-1}\boldsymbol{B}\boldsymbol{u}(t)\end{aligned} \tag{9-59}$$

为了保证误差系统的收敛，可以令式（9-59）后两项的和为 0，即

$$\boldsymbol{B}\boldsymbol{u}(t)=-\boldsymbol{F}^{-1}(t)\tilde{\boldsymbol{B}}\tilde{\boldsymbol{K}}\boldsymbol{z}(t) \tag{9-60}$$

因此，可以设计反馈控制律 $\boldsymbol{u}(t)$ 为

$$\boldsymbol{u}(t)=(\boldsymbol{B}^{\mathrm{T}}\boldsymbol{B})^{-1}\boldsymbol{B}^{\mathrm{T}}\boldsymbol{F}(t)\tilde{\boldsymbol{B}}\tilde{\boldsymbol{K}}\boldsymbol{F}^{-1}(t)\boldsymbol{z}(t) \tag{9-61}$$

综上，总结本节基于 LFT 定理的交会轨迹跟踪控制方法，可以得到图 9-10 所示的交会轨迹跟踪控制框图。

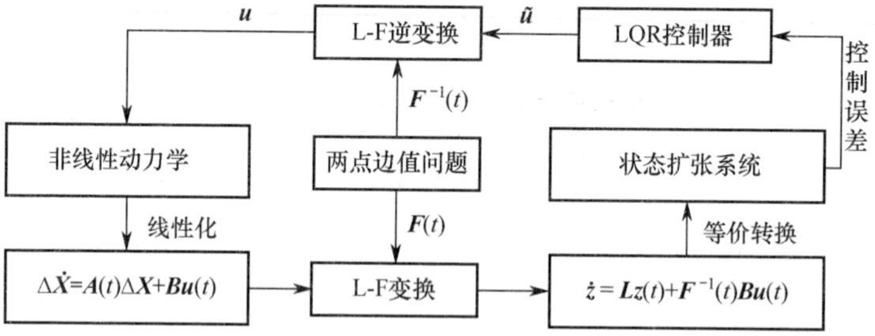

图 9-10 基于 LFT 定理的交会轨迹跟踪控制框图

9.4.3 仿真算例与分析

本节以深空探测器在地–月 L_2 点 Halo 轨道（幅值 $A_z=130000\text{km}$）中的一段稳定流形为对象进行仿真研究，控制增益矩阵 $\tilde{\boldsymbol{K}}$ 采用 LQR 最优控制进行优化。在进行不变流形计算时，考虑分别存在量级为 10^{-6}、10^{-5} 和 10^{-4} 的初始位置随机高斯扰动误差。由于地–月系统的单位长度为地–月之间的平均距离，约为 384405km，因

此初始状态所包含的方差为10^{-6}的随机高斯噪声扰动，意味着在进行不变流形计算时，初始积分位置存在 100m 级的位置偏差。依此类推，可以得到10^{-5}和10^{-4}的高斯噪声扰动分别对应 1000m 和 10km 级的位置偏差。

入轨误差量级为10^{-6}、10^{-5}和10^{-4}情况下的交会轨迹跟踪曲线分别如图 9-11～图 9-13 所示。3 组仿真图中，图（a）～（c）分别表示受控轨迹跟踪标称轨迹的相对位置误差曲线、相对速度误差曲线和控制加速度曲线；图（d）给出了不同入轨误差量级下的标称轨迹、无控轨迹和受控轨迹。从图中可以得出以下几点。

（1）当交会轨迹不受控时，无法完成对标称轨迹的跟踪，且随着入轨误差量级的增大，跟踪效果变差。

（2）当采用基于 LFT 定理的交会轨迹跟踪控制器后，受控轨迹均能保证对标称轨迹的跟踪，且当入轨误差量级分别为10^{-6}、10^{-5}和10^{-4}的情况下，相对位置误差和相对速度误差均能在 8h 左右收敛。

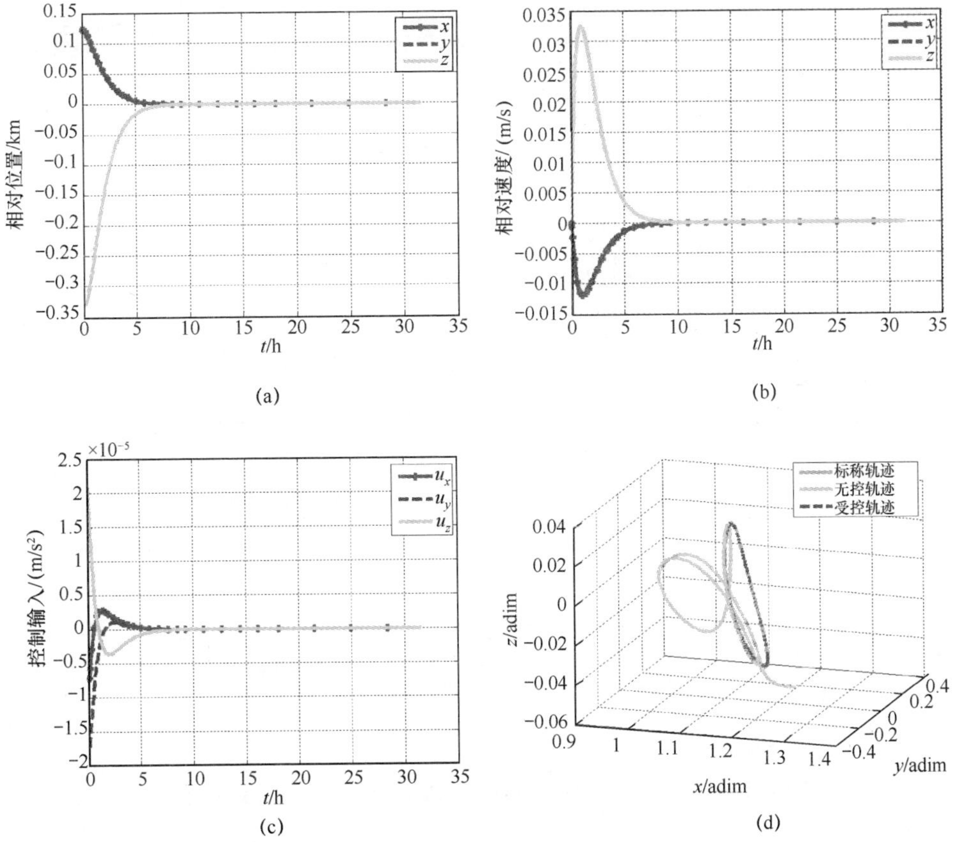

图 9-11　入轨误差量级为 10^{-6} 时的跟踪曲线

（a）位置误差；（b）速度误差；（c）控制输入；（d）轨迹演化图。

（3）基于 LFT 定理的交会轨迹跟踪控制器计算得到的控制加速度很小，且当误差收敛后几乎为零，因此追踪航天器能够以很小的控制代价完成对标称轨迹的跟踪，最终完成与平动点轨道目标的交会。

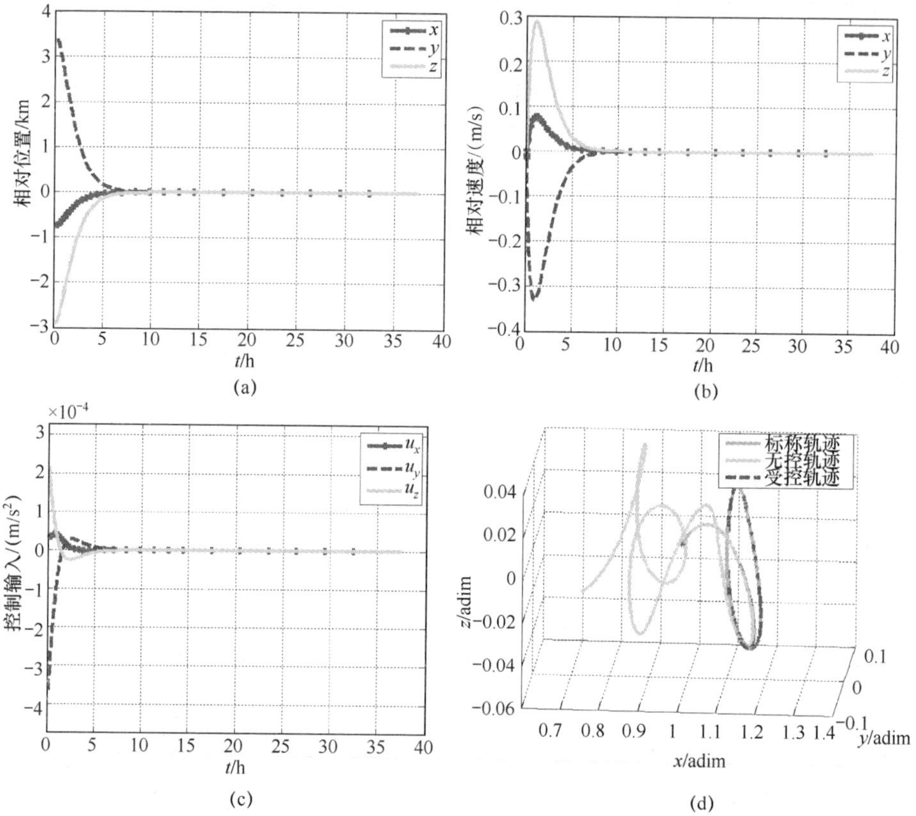

图 9-12　入轨误差量级为 10^{-5} 时的跟踪曲线

（a）位置误差；（b）速度误差；（c）控制输入；（d）轨迹演化图。

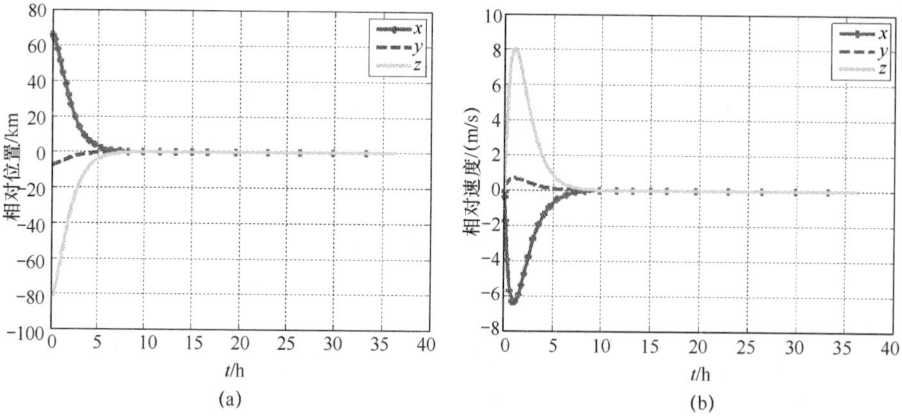

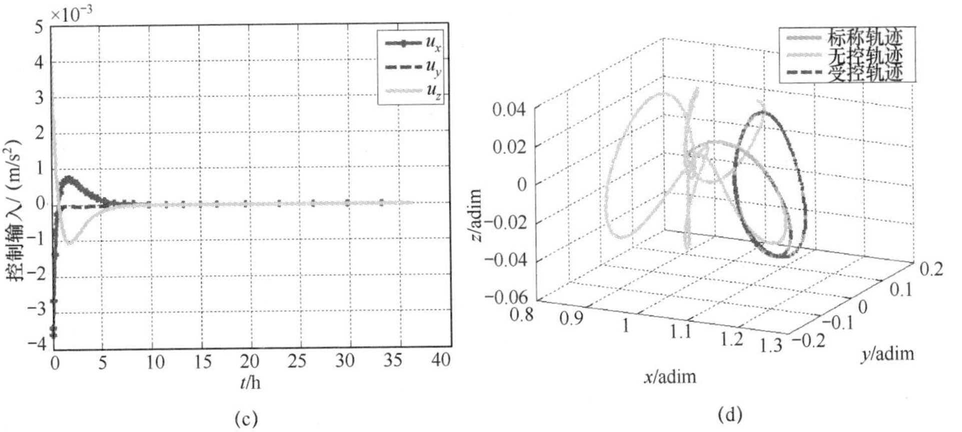

图 9-13 入轨误差量级为 10^{-4} 的跟踪曲线

(a) 位置误差；(b) 速度误差；(c) 控制输入；(d) 轨迹演化图。

9.5 平动点轨道非合作目标近程交会控制

对于与平动点合作目标的交会问题，由于合作目标在测量、机动行为等方面均会配合交会任务，因此采用 9.3 节和 9.4 节中的轨迹规划和控制方法可以顺利完成交会任务。区别于空间合作目标，空间非合作目标具有不主动提供相对测量信息、机动行为不配合等非合作特性。在相对距离较远时，非合作目标的非合作性对交会系统的影响较小。但是随着追踪航天器沿不变流形不断接近平动点轨道上的非合作目标，非合作目标相对信息测量不准确、机动行为不配合的特点会严重影响交会系统的安全性和可行性。例如，由于非合作目标位置测量不准确或存在机动行为，基于不变流形规划获得的标称轨迹可能无法顺利完成交会任务。因此，对于平动点非合作目标的交会问题，在近程交会段，追踪航天器必须依靠相对测量信息设计控制器，安全、自主地完成与非合作目标的交会任务。本节考虑到平动点轨道相对运动动力学的强非线性和强不确定性，以及相对速度难以精确测量或传感器故障造成相对速度测量信息缺失的情形，结合微分观测器和预设性能控制方法，研究无需相对速度测量信息的平动点轨道航天器近程交会的自主控制问题[10-11]。

9.5.1 基于微分器的相对速度估计

由于非合作目标存在较强的不确定性，因此其相对运动状态（主要是相对位置）存在较大的测量误差。若直接利用测量的相对位置进行状态差分来估计相对速度，则会存在相对速度估计误差大的问题，影响后续控制器的设计和控制系统的稳定性。为了解决这个问题，本节采用 3 阶积分链微分器（TICD）来估计两个航天器的相对速度[22]。

假设追踪航天器和目标航天器的状态矢量分别为 $\boldsymbol{x}_{\mathrm{c}}=[\boldsymbol{r}_{\mathrm{c}},\boldsymbol{v}_{\mathrm{c}}]^{\mathrm{T}}$ 和 $\boldsymbol{x}_{\mathrm{t}}=[\boldsymbol{r}_{\mathrm{t}},\boldsymbol{v}_{\mathrm{t}}]^{\mathrm{T}}$，则追踪航天器相对目标航天器的状态矢量为 $\boldsymbol{x}=\boldsymbol{x}_{\mathrm{c}}-\boldsymbol{x}_{\mathrm{t}}=[\Delta x,\Delta y,\Delta z,\Delta\dot{x},\Delta\dot{y},\Delta\dot{z}]^{\mathrm{T}}$。令 $\boldsymbol{x}_1=[\Delta x,\Delta y,\Delta z]^{\mathrm{T}}$，$\boldsymbol{x}_2=[\Delta\dot{x},\Delta\dot{y},\Delta\dot{z}]^{\mathrm{T}}$，当考虑推力控制以及扰动时，追踪航天器相对目标航天器的非线性相对运动方程为

$$\begin{cases}\dot{\boldsymbol{x}}_1=\boldsymbol{x}_2\\ \dot{\boldsymbol{x}}_2=\boldsymbol{f}+\boldsymbol{g}(\boldsymbol{u}_{\mathrm{c}}+\boldsymbol{d})\end{cases}\tag{9-62}$$

式中：$\boldsymbol{d}=[d_{\Delta x},d_{\Delta y},d_{\Delta z}]^{\mathrm{T}}\in\mathbb{R}^3$ 为时变扰动加速度，包含直接、间接引力及外部干扰等；$\boldsymbol{u}_{\mathrm{c}}=[u_{\mathrm{c}x},u_{\mathrm{c}y},u_{\mathrm{c}z}]^{\mathrm{T}}\in\mathbb{R}^3$ 为追踪航天器的控制输入；$\boldsymbol{g}=-\boldsymbol{I}_3$；$\boldsymbol{f}=[F_1,F_2,F_3]^{\mathrm{T}}$，其中 F_1、F_2 和 F_3 的具体表达形式为

$$\begin{cases}F_1=-(1-\mu)\dfrac{(x_{\mathrm{c}}-\Delta x+\mu)k_1+\Delta x}{(r_1^{\mathrm{c}})^3}-\mu\dfrac{(x_{\mathrm{t}}-\Delta x+\mu-1)k_2+\Delta x}{(r_2^{\mathrm{c}})^3}+\Delta x+2\Delta\dot{y}\\ F_2=-(1-\mu)\dfrac{(y_{\mathrm{c}}-\Delta y)k_1+\Delta y}{(r_1^{\mathrm{c}})^3}-\mu\dfrac{(y_{\mathrm{c}}-\Delta y)k_2+\Delta y}{(r_2^{\mathrm{c}})^3}+\Delta y-2\Delta\dot{x}\\ F_3=-(1-\mu)\dfrac{(z_{\mathrm{c}}-\Delta z)k_1+\Delta z}{(r_1^{\mathrm{c}})^3}-\mu\dfrac{(z_{\mathrm{t}}-\Delta z)k_2+\Delta z}{(r_2^{\mathrm{c}})^3}\end{cases}$$

式中：r_1^{c}、r_2^{c} 分别为追踪航天器与主天体 P_1、P_2 的距离；r_1^{t}、r_2^{t} 分别为目标航天器与主天体 P_1、P_2 的距离；r_1^{t}、r_2^{t}、r_1^{c}、r_2^{c}、k_1 和 k_2 的解析表达式分别为

$$\begin{cases}r_1^{\mathrm{c}}=\sqrt{(x_{\mathrm{c}}+\mu)^2+y_{\mathrm{c}}^2+z_{\mathrm{c}}^2}\\ r_2^{\mathrm{c}}=\sqrt{(x_{\mathrm{c}}+\mu-1)^2+y_{\mathrm{c}}^2+z_{\mathrm{c}}^2}\\ r_1^{\mathrm{t}}=\sqrt{(x_{\mathrm{c}}-\Delta x+\mu)^2+(y_{\mathrm{c}}-\Delta y)^2+(z_{\mathrm{c}}-\Delta z)^2}\\ r_2^{\mathrm{t}}=\sqrt{(x_{\mathrm{c}}-\Delta x+\mu-1)^2+(y_{\mathrm{c}}-\Delta y)^2+(z_{\mathrm{c}}-\Delta z)^2}\\ k_1=1-\left(\dfrac{r_1^{\mathrm{c}}}{r_1^{\mathrm{t}}}\right)^3\\ k_2=1-\left(\dfrac{r_2^{\mathrm{c}}}{r_2^{\mathrm{t}}}\right)^3\end{cases}$$

这里假设扰动加速度 $\boldsymbol{d}$ 是未知有界的，扰动加速度满足以下不等式，即

$$|d_i|\leqslant D_i\ \ (i=\Delta x,\Delta y,\Delta z)\tag{9-63}$$

根据上述平动点轨道相对运动模型（式（9-62）），构造以下 TICD 进行相对速度的估计，即

$$\begin{cases}\dot{\hat{\boldsymbol{x}}}_1 = \hat{\boldsymbol{x}}_2 \\ \dot{\hat{\boldsymbol{x}}}_2 = \hat{\boldsymbol{x}}_3 \\ \dot{\hat{\boldsymbol{x}}}_3 = -\dfrac{c_1}{\tau^3}(\hat{\boldsymbol{x}}_1 - \boldsymbol{x}_1) - \dfrac{c_2}{\tau^2}\hat{\boldsymbol{x}}_2 - \dfrac{c_3}{\tau}\hat{\boldsymbol{x}}_3\end{cases} \tag{9-64}$$

式中：$[\hat{\boldsymbol{x}}_1^{\mathrm{T}}, \hat{\boldsymbol{x}}_2^{\mathrm{T}}]^{\mathrm{T}}$ 为相对运动状态 $[\boldsymbol{x}_1^{\mathrm{T}}, \boldsymbol{x}_2^{\mathrm{T}}]^{\mathrm{T}}$ 的估计值；$\hat{\boldsymbol{x}}_3$ 为两航天器的相对加速度估计值；$\tau > 0$，为充分小的摄动参数，τ 越小收敛速度越快，精度越高；$c_i(\mathrm{i}=1,2,3)$ 满足赫维茨多项式的参数，根据拉普拉斯变换容易得到

$$\begin{cases}\lim\limits_{\tau\to 0}\hat{\boldsymbol{x}}_1 = \boldsymbol{x}_1 \\ \lim\limits_{\tau\to 0}\hat{\boldsymbol{x}}_2 = \boldsymbol{x}_2 \\ \lim\limits_{\tau\to 0}\hat{\boldsymbol{x}}_3 = \boldsymbol{f}(\boldsymbol{x}) + \boldsymbol{g}(\boldsymbol{u}_{\mathrm{c}}(t) + \boldsymbol{d}(t))\end{cases} \tag{9-65}$$

通过将可测相对位置 $\boldsymbol{x}_1$ 输入 TICD，即可获得相对速度 $\boldsymbol{x}_2$ 的估计值 $\hat{\boldsymbol{x}}_2$，方便后续控制系统的设计。即使可测相对位置 $\boldsymbol{x}_1$ 存在模型不确定、噪声及外界扰动，TICD 仍能有效地估计航天器的相对速度和相对加速度。当对估计精度要求较高时，τ 取得越小越好；但是过小的 τ 会使由式（9-64）所得到的相对速度容易出现很大的超调。如果将由式（9-64）得到的相对速度用于系统的反馈控制，由于强烈的振荡，会使整个闭环系统发散。因此，可以设计以下变摄动参数，即

$$\frac{1}{\tau} = \begin{cases} m_\tau \dfrac{1-\mathrm{e}^{-\varpi_1 t}}{1+\mathrm{e}^{-\varpi_2 t}}, 0 \leqslant t \leqslant t_{\max} \\ m_\tau, \qquad t_{\max} \leqslant t \end{cases} \tag{9-66}$$

式中：m_τ、ϖ_1、ϖ_2 为大于 0 的常数；$t_{\max}$ 为 τ 的最大变化时刻。这样能够保证当 $0 \leqslant t \leqslant t_{\max}$ 时，摄动参数 τ 的值比较大，从而使相对运动方程的积分链微分器在初始阶段由于摄动参数比较大，峰值现象可以得到抑制。随着时间的推移，经过初始阶段，τ 的值会变得比较小，并快速达到最小值，满足相对运动状态高精度估计的要求。式（9-66）所示的变摄动参数随时间的变化如图 9-14 所示。

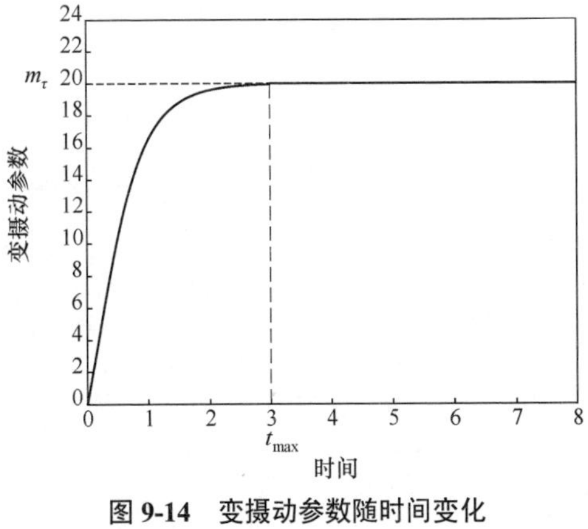

图 9-14　变摄动参数随时间变化

9.5.2 近程交会的预设性能控制

为保证追踪航天器安全自主地完成与平动点非合作目标的交会，本节采用预设性能控制方法进行近程交会控制器设计。

预设性能控制方法的示意图如图 9-15 所示。通过为相对运动状态预先设计性能边界（包括性能上界和性能下界），进而设计控制器保证系统状态始终位于性能边界以内，预设性能控制方法可以保证系统状态始终处于预设的性能指标以内（包含瞬态性能指标和稳态性能指标）。对于平动点目标的交会系统而言，预设性能控制方法可以保证相对位置和相对速度始终受控，从而保证交会系统的安全性。

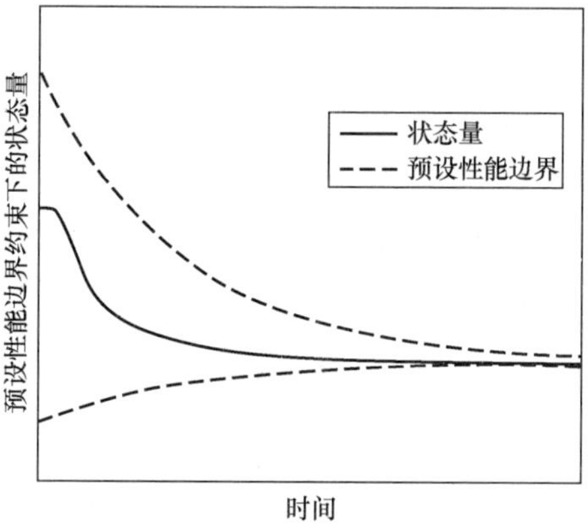

图 9-15 预设性能控制方法示意图

预设性能控制的实现主要包含 3 个重要步骤，即预设性能约束、空间对等映射和非线性控制器设计[23-26]。

1. 预设性能约束

为了设计预设性能控制器，首先设计预设性能函数，即确定相对状态的性能边界。本节设计以下预设性能函数 $\alpha(t):\mathbb{R}^+\to\mathbb{R}^+$ 作为预设的性能边界约束，即

$$\alpha(t)=\frac{\alpha^0}{\sinh(\beta t+\omega_5)}+\alpha^\infty \tag{9-67}$$

式中：α^0、β、$\omega_5>0$，为预设性能函数需要设计的参数；ω_5 为足够小的数；$\alpha^\infty>0$ 为预设性能函数的终值，能够保证状态量 $\varLambda$ 最终收敛于以下稳定域内，即

$$\varGamma_\varLambda=\left\{\varLambda\in\mathbf{R}:|\varLambda|<\alpha^\infty\right\}$$

进一步，基于相对运动模型（式（9-62）），定义以下广义状态误差量，即

$$\tilde{\boldsymbol{e}}(t)=(\boldsymbol{x}_1(t)-\boldsymbol{x}_\mathrm{d}(t))+\boldsymbol{\lambda}(\hat{\boldsymbol{x}}_2(t)-\boldsymbol{y}_\mathrm{d}(t)) \tag{9-68}$$

式中：$\boldsymbol{\lambda}=\mathrm{diag}(\lambda_1,\lambda_2,\lambda_3)\in\mathbb{R}^{3\times3}$，各个分量 $\lambda_i(i=1,2,3)$ 都是正常数；$\boldsymbol{x}_\mathrm{d}(t)$ 和 $\boldsymbol{y}_\mathrm{d}(t)$ 分别为期望相对轨道的状态和速度；$\tilde{\boldsymbol{e}}(t)=[\tilde{e}_1(t),\tilde{e}_2(t),\tilde{e}_3(t)]^\mathrm{T}$。在广义状态误差量中考

虑相对轨道速度误差$\hat{\boldsymbol{x}}_2(t)-\boldsymbol{y}_\mathrm{d}(t)$，能保证预设性能控制器在平动点相对轨道初始速度误差很大的情况下航天器仍能很快地沿着期望轨迹飞行。

结合预设性能函数（式（9-67）），可以为广义状态误差量（式（9-68））设计以下性能约束，即

$$-\delta_{\mathrm{L}i}\alpha_i(t)<\tilde{e}_i(t)<\delta_{\mathrm{U}i}\alpha_i(t) \tag{9-69}$$

其中的参数$\boldsymbol{\delta}_\mathrm{L}$与$\boldsymbol{\delta}_\mathrm{U}$满足$\boldsymbol{\delta}_\mathrm{L}=[\delta_{\mathrm{L}1},\delta_{\mathrm{L}2},\delta_{\mathrm{L}3}]^\mathrm{T}$以及$\boldsymbol{\delta}_\mathrm{U}=[\delta_{\mathrm{U}1},\delta_{\mathrm{U}2},\delta_{\mathrm{U}3}]^\mathrm{T}$，由于预设性能函数$\boldsymbol{\alpha}(t)=[\alpha_1(t),\alpha_2(t),\alpha_3(t)]^\mathrm{T}$是正函数，式（9-69）也可写成

$$-\delta_{\mathrm{L}i}<\frac{\tilde{e}_i(t)}{\alpha_i(t)}<\delta_{\mathrm{U}i}\quad(i=1,2,3) \tag{9-70}$$

2．空间对等映射

对$\forall\ell_i\in(-\delta_{\mathrm{L}i},\delta_{\mathrm{U}i})$，定义以下形式的一一映射函数$\psi_i$：$(-\delta_{\mathrm{L}i},\delta_{\mathrm{U}i})\to\mathbb{R}$，有

$$\psi_i(\ell_i)=\frac{1}{2}\ln\frac{\ell_i+\delta_{\mathrm{L}i}}{\delta_{\mathrm{U}i}-\ell_i} \tag{9-71}$$

如果令

$$\hbar_i(t)\triangleq\frac{\tilde{e}_i(t)}{\alpha_i(t)}\quad(i=1,2,3)$$

则由式（9-70）可知$\hbar_i(t)\in(-\delta_{\mathrm{L}i},\delta_{\mathrm{U}i})$。根据式（9-71）可构造以下广义误差状态量的转化状态量，即

$$\vartheta_i(t)=\psi_i(\hbar_i(t))=\frac{1}{2}\ln\frac{\hbar_i+\delta_{\mathrm{L}i}}{\delta_{\mathrm{U}i}-\hbar_i} \tag{9-72}$$

通过式（9-72）的转化，可将有约束不等式的广义误差状态量$\tilde{\boldsymbol{e}}$转化为不具有约束的状态量$\boldsymbol{\vartheta}=[\vartheta_1,\vartheta_2,\vartheta_3]^\mathrm{T}$，以方便控制器的设计。这样，后续只需设计控制器保证状态量$\boldsymbol{\vartheta}$有界，即可保证预设性能约束（式（9-69））始终成立。

值得注意的是，映射函数$\boldsymbol{\psi}=[\psi_1,\psi_2,\psi_3]^\mathrm{T}$为一一映射，存在逆映射$\boldsymbol{\eta}(\boldsymbol{\vartheta})=\boldsymbol{\psi}^{-1}(\boldsymbol{\vartheta}(t))$，其表达形式为

$$\boldsymbol{\eta}(\boldsymbol{\vartheta})=\boldsymbol{\psi}^{-1}(\boldsymbol{\vartheta}(t))=\frac{\delta_\mathrm{U}\mathrm{e}^{\vartheta}-\delta_\mathrm{L}\mathrm{e}^{-\vartheta}}{\mathrm{e}^{\vartheta}+\mathrm{e}^{-\vartheta}}$$

因此，可以求得转化后状态量的导数为

$$\begin{aligned}\dot{\boldsymbol{\vartheta}}(t)&=\boldsymbol{R}^{-1}(\boldsymbol{\vartheta}(t))(\dot{\tilde{\boldsymbol{e}}}(t)-\dot{\boldsymbol{\chi}}(t)\boldsymbol{\eta}(\boldsymbol{\vartheta}))\\&=\boldsymbol{\lambda}\boldsymbol{R}^{-1}(\boldsymbol{f}+\boldsymbol{gd}-\boldsymbol{\lambda}^{-1}\dot{\boldsymbol{\chi}}\boldsymbol{\eta}(\boldsymbol{\vartheta})+\boldsymbol{\lambda}^{-1}\boldsymbol{y}+\boldsymbol{gu}_\mathrm{c})\end{aligned} \tag{9-73}$$

式中：$\boldsymbol{\chi}=\mathrm{diag}(\alpha_1(t),\alpha_2(t),\alpha_3(t))$；$\boldsymbol{R}=\mathrm{diag}(r_1,r_2,r_3)$，其中分量$r_i(i=1,2,3)$满足$r_i(\vartheta_i,t)=\alpha_i(t)/(\partial\eta_i(\vartheta_i)/\partial\vartheta_i)$；$\boldsymbol{y}=x_1-x_d-\lambda_{yd}$。

3. 非线性控制器设计

根据预设性能控制理论和方法，针对平动点相对运动方程（9-62），基于上述预设性能函数的设计和状态映射，可设计以下的预设性能控制器，即

$$\boldsymbol{u}_{\mathrm{c}}=-\operatorname{sgn}(\boldsymbol{G})\varsigma\boldsymbol{R}^{-1}\boldsymbol{Q}\boldsymbol{\vartheta}/(1-\boldsymbol{\vartheta}^{\mathrm{T}}\boldsymbol{Q}\boldsymbol{\vartheta}) \tag{9-74}$$

式中：ς 为可调正常量；$\boldsymbol{Q}=\operatorname{diag}(Q_1,Q_2,Q_3)$，其参数应满足下述不等式，即

$$Q_i>0(i=1,2,3)\text{ 和 }\boldsymbol{\vartheta}^{\mathrm{T}}(0)\boldsymbol{Q}\boldsymbol{\vartheta}(0)<1 \tag{9-75}$$

由于 $\boldsymbol{g}=-\boldsymbol{I}_{3\times3}$，因此矩阵 $\boldsymbol{G}=(\boldsymbol{g}^{\mathrm{T}}+\boldsymbol{g})/2$ 为负单位矩阵，因此控制器可以重新写为

$$\boldsymbol{u}_{\mathrm{c}}=\frac{\varsigma\boldsymbol{R}^{-1}\boldsymbol{Q}\boldsymbol{\vartheta}}{(1-\boldsymbol{\vartheta}^{\mathrm{T}}\boldsymbol{Q}\boldsymbol{\vartheta})}$$

下面将证明平动点相对运动系统（9-62），在预设性能控制器（9-74）作用下，预设性能约束（9-69）始终成立。

由 $\hbar_i(t)$ 的定义可知，$\hbar_i(t)$ 是一初值有界系统，且其导数也具有有界性，因此 $\hbar_i(t)$ 在非空开集 $(-\delta_{\mathrm{L}i},\delta_{\mathrm{U}i})$ 内满足局部 Lipschitz 条件，则由文献[26]中的引理 1 和引理 2 可知，在非空时间区域 $[0,t_{\mathrm{m}}]$ 内，$\hbar_i(t)$ 具有唯一最大解 $\hbar_{i,\mathrm{m}}(t)$。

在非空区域 $[0,t_{\mathrm{m}}]$ 内，选取如下李雅普诺夫函数：

$$V_{\vartheta}=(1/4)(\boldsymbol{\vartheta}^{\mathrm{T}}\boldsymbol{Q}\boldsymbol{\vartheta})^2 \tag{9-76}$$

对式（9-76）的两边求关于时间的导数，可得：

$$\dot{V}_{\vartheta}=1/2(\boldsymbol{\vartheta}^{\mathrm{T}}\boldsymbol{Q}\boldsymbol{\vartheta})\,\mathrm{d}(\boldsymbol{\vartheta}^{\mathrm{T}}\boldsymbol{Q}\boldsymbol{\vartheta})/\mathrm{d}t=(\boldsymbol{\vartheta}^{\mathrm{T}}\boldsymbol{Q}\boldsymbol{\vartheta})(\dot{\boldsymbol{\vartheta}}^{\mathrm{T}}\boldsymbol{Q}\boldsymbol{\vartheta}) \tag{9-77}$$

将式（9-73）代入到式（9-77），得到

$$\dot{V}_{\vartheta}=(\boldsymbol{\vartheta}^{\mathrm{T}}\boldsymbol{Q}\boldsymbol{\vartheta})(\boldsymbol{f}^{\mathrm{T}}-\boldsymbol{\eta}^{\mathrm{T}}(\boldsymbol{\vartheta})\boldsymbol{\lambda}^{-1}\dot{\boldsymbol{\chi}}+\boldsymbol{\lambda}^{-1}\boldsymbol{y}-\boldsymbol{d}^{\mathrm{T}}\boldsymbol{g}^{\mathrm{T}}+\boldsymbol{u}_{\mathrm{c}}^{\mathrm{T}}\boldsymbol{g}^{\mathrm{T}})\boldsymbol{\lambda}\boldsymbol{R}^{-1}\boldsymbol{Q}\boldsymbol{\vartheta} \tag{9-78}$$

由范数的性质、预设性能函数的定义、平动点相对运动方程以及约束条件可知，存在正常数 κ_1、κ_2、κ_3、κ_4、κ_5 使得以下不等式成立：

$$\begin{cases}\left\|\boldsymbol{f}^{\mathrm{T}}\right\|\leqslant\kappa_1\\ \left\|\boldsymbol{\eta}^{\mathrm{T}}(\boldsymbol{\vartheta})\boldsymbol{\lambda}^{-1}\dot{\boldsymbol{\chi}}\right\|\leqslant\kappa_2\\ \left\|\boldsymbol{\lambda}^{-1}\boldsymbol{y}\right\|\leqslant\kappa_3\\ \left\|\boldsymbol{d}^{\mathrm{T}}\boldsymbol{g}^{\mathrm{T}}\right\|\leqslant\kappa_4\\ \left\|\boldsymbol{\lambda}\boldsymbol{R}^{-1}\boldsymbol{Q}\boldsymbol{\vartheta}\right\|\leqslant\kappa_5\end{cases} \tag{9-79}$$

则有：

$$\begin{aligned}&\left\|(\boldsymbol{f}^{\mathrm{T}}-\boldsymbol{\eta}^{\mathrm{T}}(\boldsymbol{\vartheta})\boldsymbol{\lambda}^{-1}\dot{\boldsymbol{\chi}}+\boldsymbol{\lambda}^{-1}\boldsymbol{y}-(\boldsymbol{d}^{\mathrm{T}}\boldsymbol{g}^{\mathrm{T}})\boldsymbol{\lambda}\boldsymbol{R}^{-1}\boldsymbol{Q}\boldsymbol{\vartheta}\right\|\\&\leqslant(\left\|\boldsymbol{f}^{\mathrm{T}}\right\|+\left\|\boldsymbol{\eta}^{\mathrm{T}}(\boldsymbol{\vartheta})\boldsymbol{\lambda}^{-1}\dot{\boldsymbol{\chi}}\right\|+\left\|\boldsymbol{\lambda}^{-1}\boldsymbol{y}\right\|+\\&\quad\left\|\boldsymbol{d}^{\mathrm{T}}\boldsymbol{g}^{\mathrm{T}}\right\|)\left\|\boldsymbol{\lambda}\boldsymbol{R}^{-1}\boldsymbol{Q}\boldsymbol{\vartheta}\right\|\\&\leqslant(\kappa_1+\kappa_2+\kappa_3+\kappa_4)\kappa_5\triangleq\kappa\end{aligned}\tag{9-80}$$

将式（9-74）代入式（9-78），并结合不等式（9-80）和$\boldsymbol{g}$为负单位阵，可得

$$\begin{aligned}\dot{V}_{\vartheta}&\leqslant(\boldsymbol{\vartheta}^{\mathrm{T}}\boldsymbol{Q}\boldsymbol{\vartheta})(\kappa-\varsigma(\boldsymbol{R}^{-1}\boldsymbol{Q}\boldsymbol{\vartheta})^{\mathrm{T}}\boldsymbol{\lambda}\boldsymbol{R}^{-1}\boldsymbol{Q}\boldsymbol{\vartheta}/(1-\boldsymbol{\vartheta}^{\mathrm{T}}\boldsymbol{Q}\boldsymbol{\vartheta}))\\&=(\boldsymbol{\vartheta}^{\mathrm{T}}\boldsymbol{Q}\boldsymbol{\vartheta})(\kappa-\varsigma\boldsymbol{\lambda}\boldsymbol{Q}(\boldsymbol{R}^{-1})^2\boldsymbol{\vartheta}^{\mathrm{T}}\boldsymbol{Q}\boldsymbol{\vartheta}/(1-\boldsymbol{\vartheta}^{\mathrm{T}}\boldsymbol{Q}\boldsymbol{\vartheta})\\&=\phi(\kappa-\varsigma\boldsymbol{\lambda}\boldsymbol{Q}(\boldsymbol{R}^{-1})^2\phi/(1-\phi))\\&\leqslant\phi(\kappa-\varsigma\lambda_{\mathrm{m}}Q_{\mathrm{m}}R_{\mathrm{m}}^{-2}\phi/(1-\phi))\\&=\phi(\kappa+\rho_{\mathrm{m}})((\kappa/(\kappa+\rho_{\mathrm{m}})-\phi)/(1-\phi))\end{aligned}\tag{9-81}$$

其中：$\phi(t)=\boldsymbol{\vartheta}^{\mathrm{T}}\boldsymbol{Q}\boldsymbol{\vartheta}$，$\rho_{\mathrm{m}}=\varsigma\lambda_{\mathrm{m}}Q_{\mathrm{m}}R_{\mathrm{m}}^{-2}$，$\lambda_{\mathrm{m}}=\min(\lambda_i)$，$Q_{\mathrm{m}}=\min(Q_i)$，$R_{\mathrm{m}}=\max(r_{i,\max})$，$r_{i,\max}$表示$r_i(\vartheta_i,t)$在区间$[0,t_{\mathrm{m}}]$上的最大值。

考虑到$0<\phi/(\phi+\rho_{\mathrm{m}})<1$，因此可以得到

$$\begin{cases}\dot{V}_{\vartheta}\leqslant 0,\ \dfrac{\kappa}{(\kappa+\rho_{\mathrm{m}})}<\phi(t)<1\\ \dot{V}_{\vartheta}\geqslant 0,\ 0\leqslant\phi(t)\leqslant\dfrac{\kappa}{(\kappa+\rho_{\mathrm{m}})}\end{cases}\tag{9-82}$$

因此，$\phi(t)$在$[0,t_{\mathrm{m}}]$内始终满足不等式$0<\phi(t)<\phi_{\mathrm{m}}=\max(\phi(0),\kappa/(\kappa+\rho_{\mathrm{m}}))<1$。进一步可以得到

$$\vartheta_i(t)\in\left[-\sqrt{\frac{\phi_{\mathrm{m}}}{Q_{\mathrm{m}}}},\sqrt{\frac{\phi_{\mathrm{m}}}{Q_{\mathrm{m}}}}\right]\subset(-\infty,+\infty)\tag{9-83}$$

结合式（9-72）以及其单调递增的逆映射ψ_i，可知

$$\hbar_i(t)\in U_{\mathrm{b}}=\left[\psi_i^{-1}\left(-\sqrt{\frac{\phi_{\mathrm{m}}}{Q_{\mathrm{m}}}}\right),\psi_i^{-1}\left(-\sqrt{\frac{\phi_{\mathrm{m}}}{Q_{\mathrm{m}}}}\right)\right]\subset(-\delta_{\mathrm{L}i},\delta_{\mathrm{U}i})$$

由文献[26]中的引理2可知，$t_{\mathrm{m}}=+\infty$。因此，平动点相对运动系统（9-62）在预设性能控制器（9-74）作用下，预设性能约束（9-69）始终成立。证毕。

9.5.3 仿真验证

本节以地–月系统平动点轨道非合作目标的近程交会任务为例，对所提交会控制方法的有效性及鲁棒性进行验证。

1. 仿真中考虑的交会过程的不确定性

结合实际交会情况，仿真中考虑以下3个方面的不确定性。

（1）未知扰动。在研究深空平动点轨道附近的相对运动问题，空间中的外部扰动一般呈现周期性变化，因此可以表示成以下周期函数的形式，即

$$\boldsymbol{d}=\left[d_1\sin(\widehat{\omega}_1 t),d_2\cos(\widehat{\omega}_2 t),d_3(\sin(\widehat{\omega}_3 t)+\cos(\widehat{\omega}_4 t))\right]^{\mathrm{T}} \tag{9-84}$$

式中：d_1、d_2、d_3 和 $\widehat{\omega}_1$、$\widehat{\omega}_2$、$\widehat{\omega}_3$ 分别为 x、y、z 方向的扰动幅值及扰动频率。

（2）相对导航不确定性。两航天器相对运动过程中需要不断获取相对运动状态，而光学敏感器测量出的相对信息本身存在一定的误差。这种误差直接影响所需控制量的精度。假设相对导航误差满足均值为零的标准正态分布，则带有导航不确定性的追踪航天器的状态可以表示为

$$\boldsymbol{x}_{\mathrm{c}}=\overline{\boldsymbol{x}}_{\mathrm{c}}+\delta\boldsymbol{x}_{\mathrm{c}} \tag{9-85}$$

式中：$\overline{\boldsymbol{x}}_{\mathrm{c}}$ 为追踪航天器的理想状态；$\delta\boldsymbol{x}_{\mathrm{c}}$ 为相对导航误差。

（3）推力器故障。由于航天器特殊的运行环境和复杂的结构，推力器很容易出现故障的情况，直接表现形式就是控制加速度的变化。将控制加速度的不确定性可以建模为

$$\boldsymbol{u}_{\mathrm{c}}=\boldsymbol{l}_{\mathrm{c}}\overline{\boldsymbol{u}}_{\mathrm{c}}+\delta\boldsymbol{u}_{\mathrm{c}} \tag{9-86}$$

式中：$\boldsymbol{l}_{\mathrm{c}}=[l_{\mathrm{c}1},l_{\mathrm{c}2},l_{\mathrm{c}3}]^{\mathrm{T}}$ 为乘性故障，$l_{\mathrm{c}i}=1$、$l_{\mathrm{c}i}=0$、$0<l_{\mathrm{c}i}<1$ 分别表示推力器正常、完全失效、部分失效的情况；$\delta\boldsymbol{u}_{\mathrm{c}}$ 为加性故障；$\overline{\boldsymbol{u}}_{\mathrm{c}}$ 为不考虑推力器故障时的理想控制加速度。

当考虑式（9-84）至式（9-86）的一个或多个不确定性时，平动点轨道近程交会控制问题对控制方法的鲁棒性具有很高的要求。

2．仿真初始条件与参数设置

幅值较小的地-月 Halo 轨道在深空探测任务中是一个非常重要的中转站。仿真中取振幅 $A_z=10000\mathrm{km}$ 的地-月 L_1 点 Halo 轨道为目标航天器所在轨道，其质量参数 μ=0.01215。假设追踪航天器和目标航天器的初始相对位置和速度状态分别为 $[50,0,0]^{\mathrm{T}}\mathrm{km}$ 和 $[-10,5,6]^{\mathrm{T}}\mathrm{m/s}$，最终期望的两航天器相对位置和速度状态为 $[1,0,0]^{\mathrm{T}}\mathrm{km}$ 及 $[0,0,0]^{\mathrm{T}}\mathrm{m/s}$。外部扰动参数设计为 $d_1=d_2=10^{-7},d_3=0$，即外部扰动的幅值选取的是太阳引力和太阳光压的最大值，$\hat{\omega}_1=\hat{\omega}_2=\pi/900$。仿真中考虑推力器故障，故障推力器所提供的控制加速度的形式如式（9-87）和式（9-88）所示[27]，两航天器的相对位置导航精度如表 9-1 所列[27]。

表 9-1　两航天器相对导航误差

相对距离/km	50～30	30～10	10～1
位置误差(3σ)/m	30	10	5

$$\begin{cases} \delta u_{ci}=0, & 0<t<1.25\text{h} \\ \delta u_{ci}=0.001+0.05\sin(0.2t), & 1.25\text{h}<t<1.75\text{h} \\ \delta u_{ci}=0 & \text{其他} \end{cases} \tag{9-87}$$

$$\begin{cases} l_i=1, & 0<t<3.5\text{h} \\ l_i=0, & 3.5\text{h}<t<7\text{h} \\ l_i=0.8+0.01\sin(0.2t), & \text{其他} \end{cases} \tag{9-88}$$

积分链微分器的设计参数为 $c_1=1,\ c_2=2,\ c_3=3,\ m=2000,\ \varpi_1=0.05,\ \varpi_2=8000$，3 阶微分器的初始误差为 $[3.8\text{km},\ 3.8\text{km},\ 3.8\text{km},\ 0,\ 0,\ 0,\ 0,\ 0,\ 0]^{\text{T}}$。控制器的设计参数如表 9-2 所列。

表 9-2　预设性能函数和控制器参数取值

参数	α_i^0	α_i^∞	β_i	ω_5	ς	$\boldsymbol{\varrho}$	$\boldsymbol{\lambda}$	$\delta_{\text{L}i}/\delta_{\text{U}i}$
设计值	5×10^{-3}	（1×10^{-9}）/3	0.15	0.0012	1000	diag（0.03,0.03,0.03）	diag（0.1,0.1,0.1）	1

3．仿真结果与分析

为有效验证本节控制方法的有效性和鲁棒性，下面对以下 5 种工况进行数值仿真验证。工况 1：假设扰动为零，也不存在相对导航误差和执行器故障，这是一种理想状态，用来验证所提控制方法的有效性。工况 2：只考虑扰动。工况 3：只考虑相对导航误差。工况 4：只考虑推力器故障。工况 5：同时考虑相对导航误差、未知扰动及推力器故障。其中，后 4 种工况主要用来验证控制方法的鲁棒性，如图 9-16～图 9-20 所示。

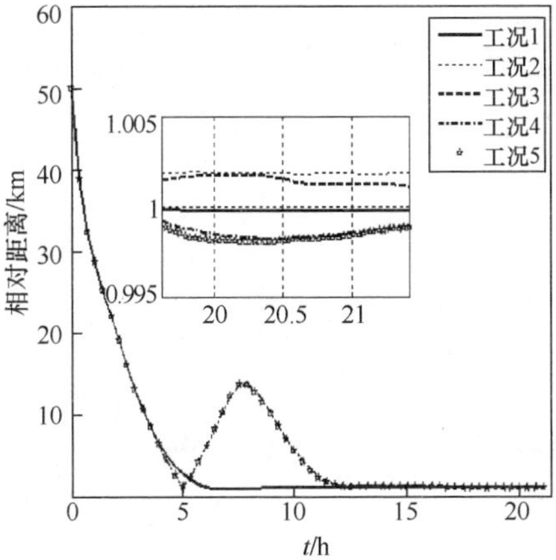

(a)

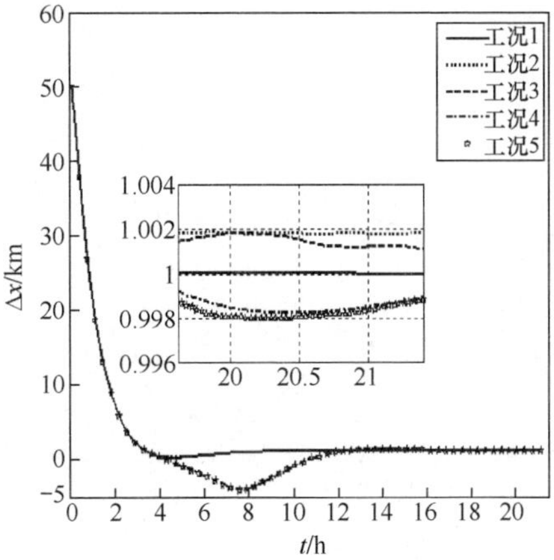

(b)

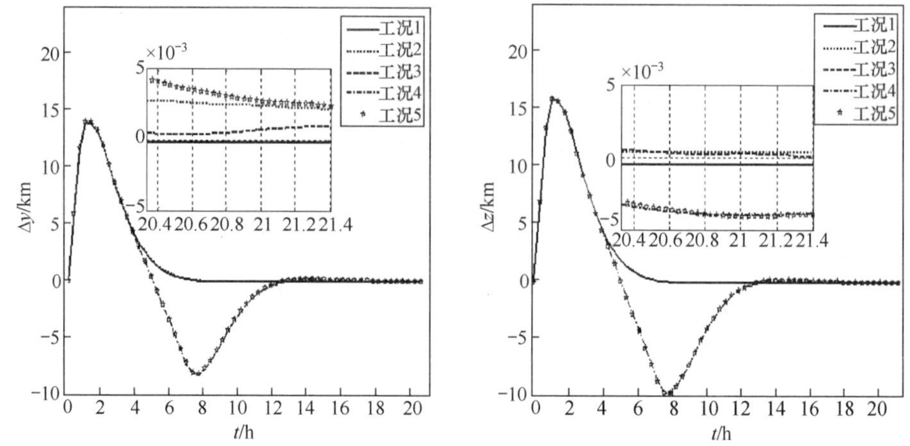

(c) (d)

图 9-16 相对位置变化曲线

(a) 两个航天器的相对距离；(b) x 方向相对距离；(c) y 方向相对距离；(d) z 方向相对距离。

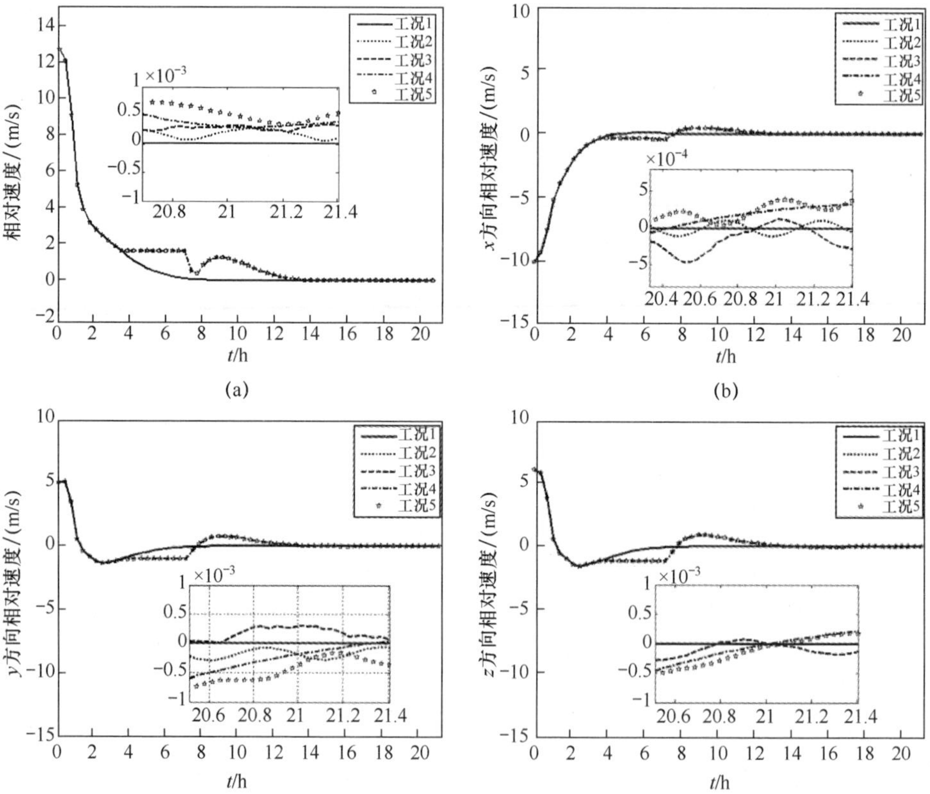

(c) (d)

图 9-17 相对速度变化曲线

(a) 两个航天器的相对速度；(b) x 方向相对速度；(c) y 方向相对速度；(d) z 方向相对速度。

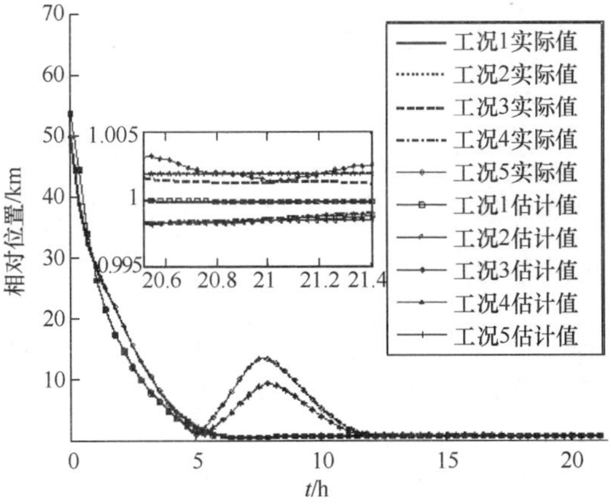

图 9-18　两航天器相对位置估计

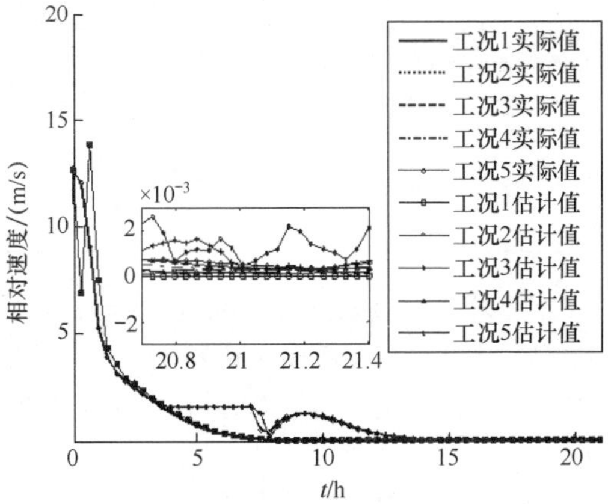

图 9-19　两航天器相对速度估计

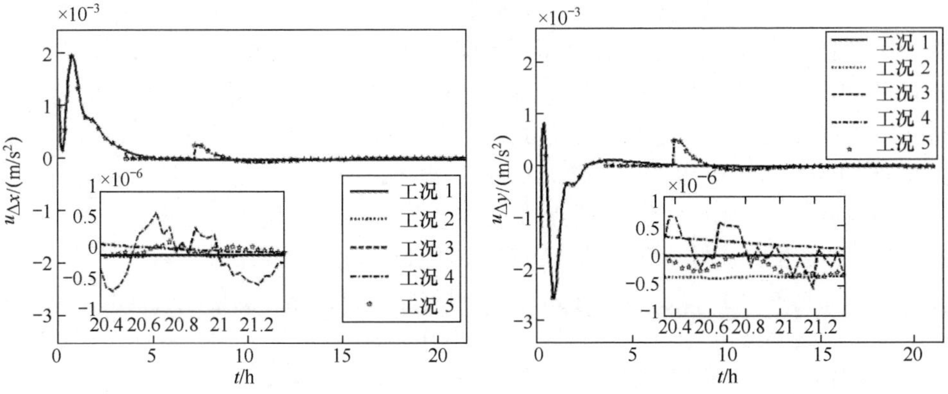

(a)　　(b)

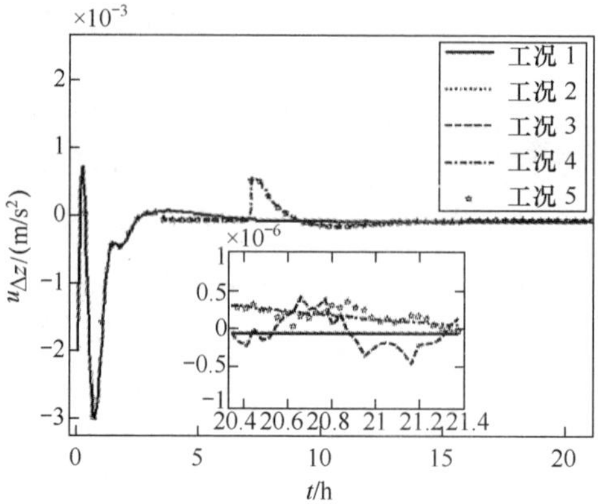

(c)

图 9-20 控制加速度变化曲线

(a) x 方向控制加速度；(b) y 方向控制加速度；(c) z 方向控制加速度。

表 9-3 300 次蒙特卡罗打靶的平均位置和速度误差

仿真情形	工况 1	工况 2	工况 3	工况 4	工况 5
Δe_{f} / m	0.324	1.794	1.107	1.064	1.850
$\Delta \dot{e}_{\mathrm{f}}$ /(m/s)	0.009	0.011	0.321	0.388	0.541

图 9-16 和图 9-17 分别为两个航天器在 3 阶积分链微分器-预设性能控制器下的相对位置和相对速度的变化曲线。从图中可以看出，相对位置和相对速度可以收敛到期望交会状态的很小邻域内。这表明，本节的交会控制方法可以实现追踪航天器与目标航天器的近程交会任务。相对于理想状态，当推力器存在故障时，系统状态收敛速度比较慢，而未知扰动和相对导航误差对其收敛速度几乎没有影响。不论考虑哪种不确定性，交会状态的末端误差的量级相同。这表明最终交会误差得到了预设性能控制方法的预设。

图 9-18 和图 9-19 是由 TICD 得到的相对位置和相对速度的估计值，从图中可以看出，即使存在各种不确定性，观测系统（9-64）的状态仍然能以很快的速度高精度地收敛到期望的系统状态，相对速度状态估计值的精度达到10^{-3} m/s，并且由图 9-18 可知，TICD 具有明显的抑制干扰和噪声的能力。

图 9-20 是 5 种仿真工况下追踪航天器所需的控制加速度变化曲线。在初始阶段，控制加速度会出现一些波动；随着控制加速度收敛，对于理想情况（工况 1），控制加速度光滑趋于平稳；对于两航天器相对运动中存在不确定性的情况，其加速度会出现轻微的振荡，但是量级非常小，为10^{-6} m/s^2。

表 9-3 给出了 300 次蒙特卡罗打靶得到的交会位置和速度误差的统计结果。可以看出，扰动误差对末端相对位置误差影响较大，对末端相对速度误差影响较小，当存在相对导航误差和推力器故障时，相比理想情况，相对状态误差都显著增加。

小　结

平动点附近的轨道对于深空探测任务具有重要的应用价值。本章面向平动点轨道交会与控制问题，开展了平动点轨道动力学建模及特性、轨迹设计与跟踪控制以及近程交会控制等问题的研究。首先，对限制性三体问题进行了描述，介绍了平动点、雅可比积分和平动点附近周期轨道等概念；然后，利用基于混合级数的反方法设计了地球同步转移轨道至平动点 Halo 轨道的低能转移轨道；随后，基于 Floquet 模态法和 LFT 定理设计了标称轨迹的跟踪控制器，保证了对不变流形的跟踪；最后，针对平动点轨道非合作目标近程交会问题，基于预设性能控制提出了一种安全、自主地保性能控制方法。

本章内容为平动点轨道目标的交会问题研究提供了理论借鉴，为未来平动点轨道航天器的资源补给、在轨维护与维修、空间救援等任务提供了轨迹规划与控制方法参考。

参考文献

[1] LO M, ROSS S. The Lunar L1 Gateway: Portal to the stars and beyond [C]. New Mexico: AIAA Space 2001 Conference and Exposition, Albuquerque, 2001.

[2] BOND V R, SPONAUGLE S J, FRAIETTA M F, et al. Cislunar libration point as a transportation node for Lunar exploration [C]. Houston: AAS/AIAA Spaceflight Mechanics Meeting, USA, 1991.

[3] FARQUHAR R W. The flight of ISEE-3/ICE: Origins, mission history, and a legacy [J]. The Journal of the Astronautical Sciences, 2001, 49(1): 23-73.

[4] DUNHAM D W, Roberts C E. Station keeping techniques for libration-point satellites [J]. The Journal of the Astronautical Sciences, 2001, 49(1):127–144.

[5] ROBERTS C E. Long term missions at the Sun-Earth libration point L1: ACE, SOHO, and WIND [C]. Girdwood: AAS/AIAA Astrodynamics Specialist Conference, USA, 2011.

[6] MARINESCU A, DUMITRACHE M. The nonlinear problem of the optimal libration points rendezvous in Earth-Moon system [C]. Denver: AIAA/AAS Astrodynamics Specialist Conference, USA, 2000.

[7] MARINESCU A, NICOLAE A, DUMITRACHE M. Optimal low-thrust libration points rendezvous in Earth-Moon system [C]. Breckenridge: AAS/AIAA Spaceflight Mechanics Meeting, USA, 1999.

[8] YURI U. Optimization of low thrust rendezvous trajectories in vicinity of lunar L2 halo-orbit [C]. Long Beach: AIAA/AAS Astrodynamics Specialist Conference, USA, 2016.

[9] LIAN Y, TANG G. Libration point orbit rendezvous using PWPF modulated terminal sliding mode control [J]. Advances in Space Research, 2013, 52: 2156-2167.

[10] 郑丹丹. 平动点转移轨道设计与交会控制方法研究 [D]. 西安: 西北工业大学, 2020.

[11] ZHENG D, LUO J, YIN Z et al. Finite-time velocity-free prescribed performance control for halo orbit autonomous rendezvous [J]. Proceedings of the Institution of Mechanical Engineers, Part G: Journal of Aerospace Engineering, 2021, 235(2): 205-218.

[12] SZEBEHELY V. Theory of orbits: the restricted problem of three bodies [M]. Academic Press, New York and London, 1967, 249-266.

[13] SIEGEL C, MOSER J K. Lectures on celestial mechanics [M]. Springer-Verlag, Berlin, Heidelberg, New York, 1971.

[14] 李济生. 人造卫星精密轨道确定 [M]. 北京:解放军出版社, 1995.

[15] GÓMEZ G, LO M W, MASDEMONT J J. Libration point orbits and applications [M]. World Scientific, 2003.

[16] 刘林, 侯锡云. 深空探测器轨道力学 [M]. 北京:电子工业出版社, 2012.

[17] THURMAN R, WORFOLK P A. The geometry of halo orbits in the circular restricted three-body problem [R]. Geometry Center Research Report, GCG95, University of Minnesota, 1996.

[18] MATTHEW J B. Cislunar mission design: transfers linking near rectilinear halo orbits and the butterfly family [D]. West Lafayette: Purdue University, 2019.

[19] GOMEZ G, JORBA A, SIMO C. Study of the transfer between halo orbits[J]. Acta Astronautica, 1998, 43(9/10):493-520.

[20] MA H, DESHMUKH V, BUTCHER E, et al. Delayed state feedback and chaos control for time-periodic systems via a symbolic approach [J]. Communication in Nonlinear Science and Numerical Simulation, 2005, 10: 479-497.

[21] NAZARI M, BUTCHER E A, BOBRENKOV O A. Optimal feedback control strategies for periodic delayed systems [J]. International Journal of Dynamics & Control, 2014, 2(1): 102-118.

[22] WANG X, CHEN Z, YUAN Z. Design and analysis for new discrete tracking-differentiators [J]. Applied Mathematics-A Journal of Chinese Universities, 2003, 18(2): 214-222.

[23] BECHLIOULIS C P, ROVITHAKIS G A. A low-complexity global approximation-free control scheme with prescribed performance for unknown pure feedback systems [J]. Automatica, 2014, 50(4): 1217-1226.

[24] KARAYIANNIDIS Y, PAPAGEORGIOU D, DOULGERI Z. A model-free controller for guaranteed prescribed performance tracking of both robot joint positions and velocities [J]. IEEE Rebotics and Automation Letters, 2016, 1(1): 267-272.

[25] WEI C, LUO J, DAI H, et al. Efficient adaptive constrained control with time-varying predefined performance for a hypersonic flight vehicle [J]. International Journal of Advanced Robotic Systems, 2017, 14(2): 1-17.

[26] 殷泽阳, 罗建军, 魏才盛, 等. 非合作目标接近与跟踪的低复杂度预设性能控制 [J]. 宇航学报, 2017, 38(8): 855-864.

[27] BENOSMAN M, LUM K Y. Passive actuators' fault-tolerant control for affine nonlinear systems [J]. IEEE Transactions on Control Systems Technology, 2009, 18(1): 152-163.

内 容 简 介

本书面向空间飞行器在轨服务与维护对航天器操控的需求，围绕服务航天器与空间非合作目标交会的运动规划与控制，重点关注多约束最优交会轨迹设计、鲁棒和安全的交会运动规划、自主交会过程中导航与制导的一体化控制。本书主要内容包括：空间交会的相对运动动力学、基于贝塞尔曲线的空间交会轨迹设计与优化、基于主矢量理论的椭圆轨道交会最优脉冲序列求解、空间非合作目标多约束鲁棒交会轨迹规划、空间交会的反馈运动规划、空间非合作目标仅测角交会的导航与制导、空间非合作目标自主视线交会制导与控制以及平动点轨道交会轨迹设计与控制等。

本书可供航空宇航科学与技术、控制理论与工程领域的科研人员和工程技术人员学习参考，也可作为高等院校相关专业研究生的教学参考书。

Introduction

This book summarizes the methodology of motion planning and control of the servicing spacecraft rendezvous with non-cooperative targets, which is oriented to the needs of spacecraft operations and control for on-orbit servicing. It focuses on optimal rendezvous trajectory design with multiple constraints, safety and robust rendezvous motion planning and control, and the integration of guidance, navigation and control during the rendezvous. The main content includes: relative motion dynamics of space rendezvous, rendezvous trajectory design and optimization based on Bezier curves, solution approach for optimal impulsive rendezvous in elliptical orbit using primer vector theory, robust trajectory planning of space rendezvous with non-cooperative targets under multiple constraints, feedback motion planning for space rendezvous, navigation and guidance of angles-only rendezvous, autonomous line-of-sight guidance and control for space rendezvous with non-cooperative targets, and trajectory design and control for liberation point orbit rendezvous.

This book can be used as a reference for research and engineering professionals in the fields of aerospace science and technology, control theory and engineering. It can also serve as teaching material for postgraduates of related majors in higher education institutions.

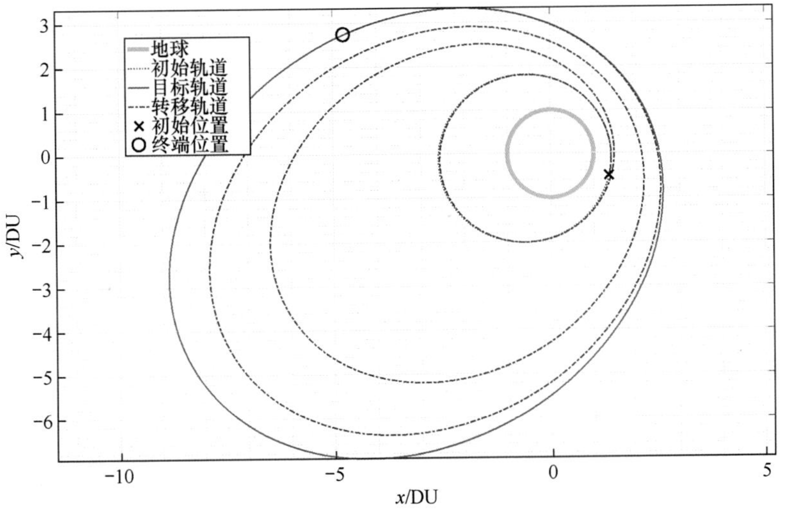

图 3-27 多段双 6 阶贝塞尔曲线设计方法直角坐标系下转移轨道图

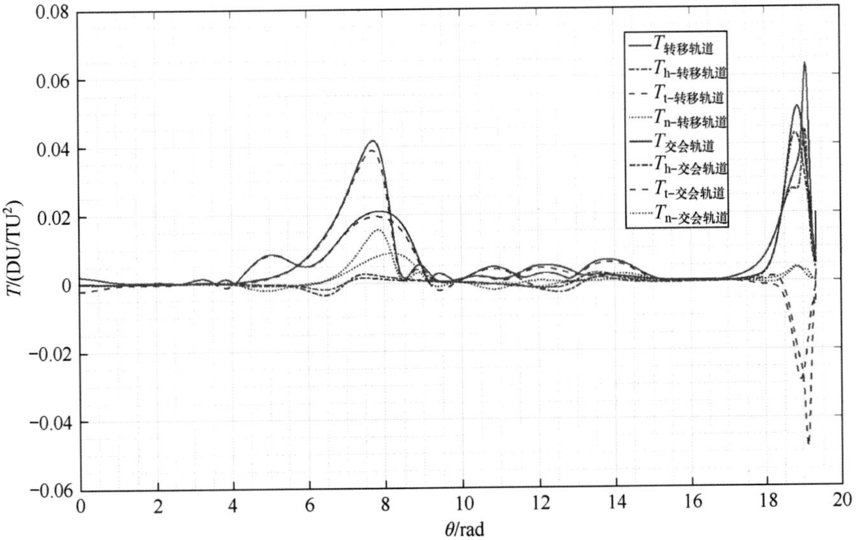

图 3-40 自由控制点参数修正后推力曲线变化

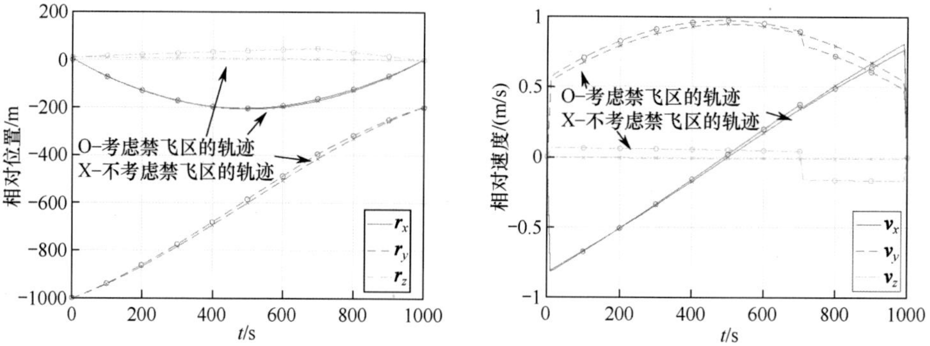

(a) (b)

图 5-7　考虑禁飞区约束的最优交会轨迹

（a）相对位置；（b）相对速度。

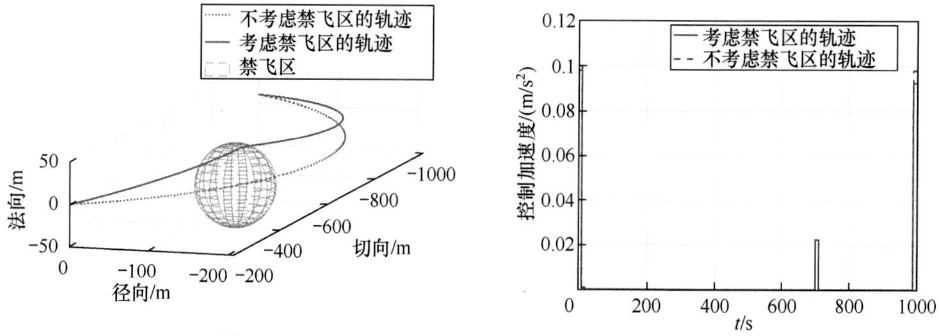

(a) (b)

图 5-8　考虑禁飞区约束的空间三维交会轨迹与控制加速度

（a）三维轨迹；（b）控制加速度。

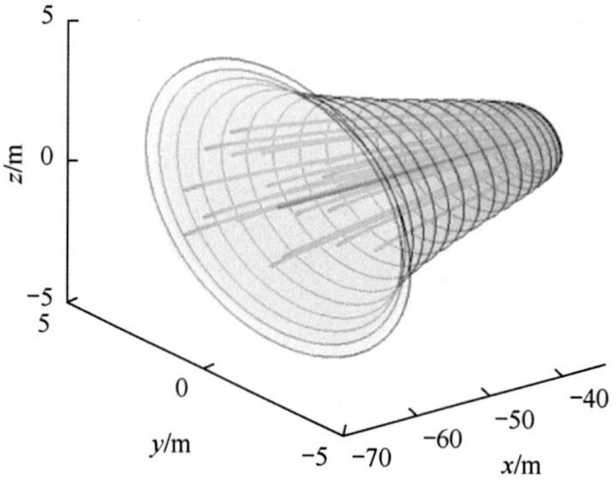

图 6-19　$\mathcal{B}$ 在 ***xyz*** 上的切片

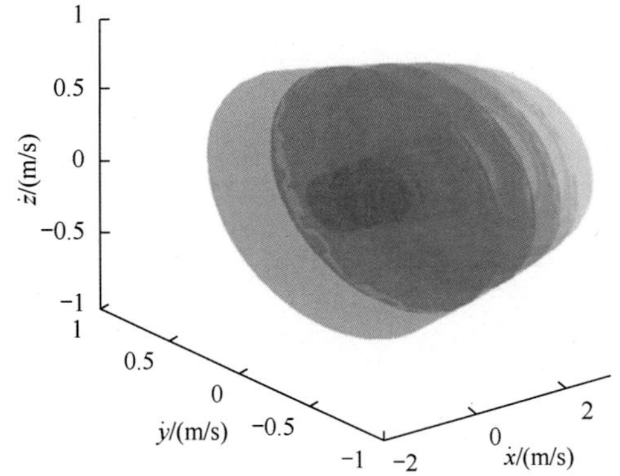

图 6-20　$\mathcal{B}$ 在 $\dot{x}\dot{y}\dot{z}$ 上的切片

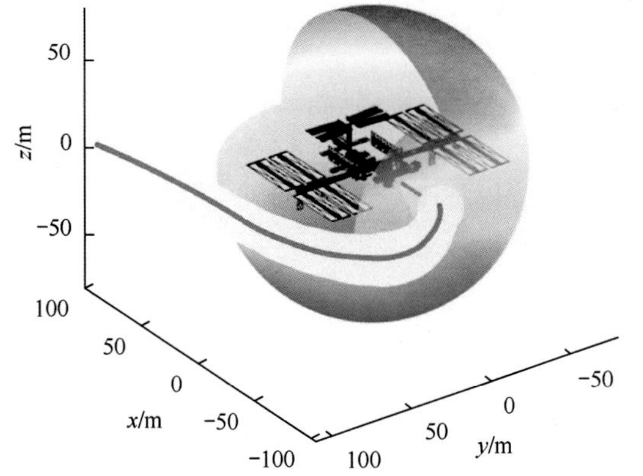

图 6-23　航天器交会对接三维运动图

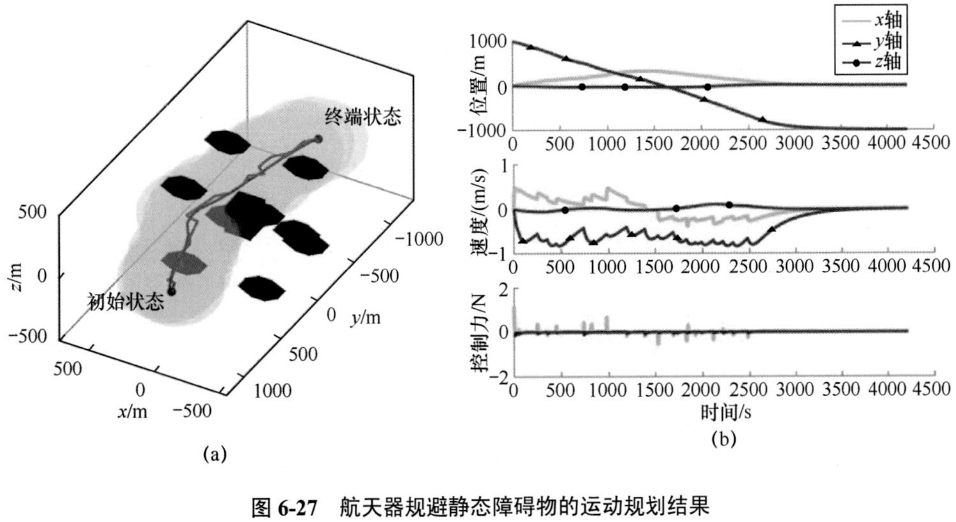

图 6-27　航天器规避静态障碍物的运动规划结果

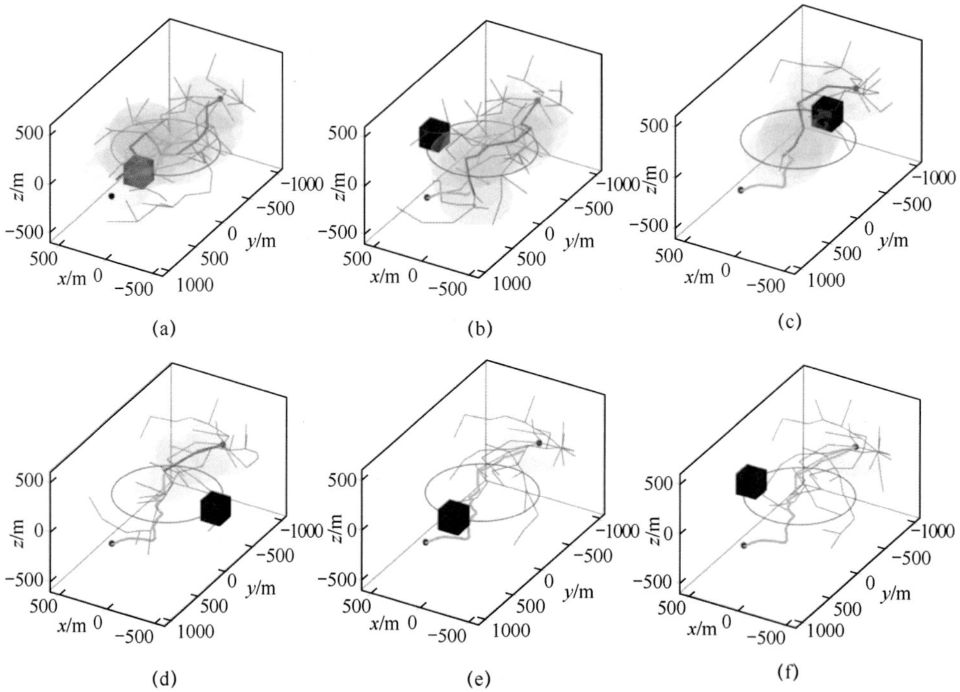

图 6-29　航天器动态避障飞行不同时刻的运动规划结果